近世 関東畑作農村の商品生産と舟運

——江戸地廻り経済圏の成立と商品生産地帯の形成——

新井鎮久　著

成文堂

はしがき

関東畑作農村の商品生産と舟運に関する研究は、これまで交通史・商業史的側面からの接近にほぼ限られていた。斯界のレベルを形成する丹治健蔵の関東主要河川を網羅した精緻な研究においても流通重視の枠を超えていない。丹治健蔵と並んで、水運史研究の双璧ともいえる川名登の業績も幕府の舟運政策を根幹に据えた原論的傾向が濃く見られ、農業生産とのかかわりを意識的に捉えた作品ではない。その点本書は、農業・農村地域の領主的・農民的流通論の枠を超えて、水運の展開が農業生産・農民生活の諸側面に及ぼす影響、とくに河岸の結節機能と農業地域形成力に注目し、解明を深めた先駆的試みといえる。同時に史学・農学領域における水運史的研究成果に依拠し、前期資本の前貸し経営、商品生産の地帯形成、農民層の階層分解まで構造的に追跡・論究した本書は、総括的な関東水運史として、また未公刊領域を捉えた独創的な試論として、一定の評価に耐え得る作品であると考える。

ここで標題設定理由とそこから導き出される研究課題について述べておきたい。まず標題設定にかかわる「Phrase」を指摘したい。新田開発と秣場の消滅・金肥需要の発生と商品生産の進展・商品生産の発展と畑方特産物生産地帯の形成・舟運の発達と河岸の結節機能・前期的資本の農村吸着と小農分解・階層分解の進行と農村荒廃、等が考えられる。

次いで「Phrase」の指摘事項と抵触しない範囲内で主な研究課題を取り出すと、「関東諸河川における河岸の成立展開と農民的流通の進展」・「新田開発と商品生産にともなう金肥需要の増大と農民層分解」・「醬油醸造業の展開による原料産地の特化と穀菽型農業地域の確立」・「西関東絹業圏の成立と穀桑型農業地域の拡大」・「関東畑方特産物生産地帯の形成と農村荒廃の進行」・「関東畑作農村の地域性とその構造的把握」等々が指摘できる。

予定の研究課題以外に執筆途上で浮上した新たな課題と成果もあった。列記すると、北上州の麻・煙草栽培地域に見出された自給肥料型畑方特産物生産地帯の確認、関東全域を対象とした金肥使用上の地域的類型化と要因の把握、その他、前期的商業資本による農村吸着の実態等についても、関東の南北間格差の存在を指摘する機会を得た。なお、高級綿絹業製品の関東から三都に向けた移出ルートの総括的考証については、ほぼ納得できる形で脱稿できたつもりである。

「はしがき」の結びとして、舟運の発達を踏まえた近世関東畑作農村の展開過程について、二つの基本的地域類型・穀菽型農村、穀菽 Plus α 型農村を視点にして統括しておきたい。

近世初期、関東諸河川の領主的舟運機構は、享保期以降の貨幣経済の農村浸透にともなう畑方特産物生産の進展等によって、農民的流通に主導的地位をあけわたすことになる。農民的河川流通の展開は、河岸を拠点とする在方商人が糠・魚肥等の金肥と商品化農産物の出し入れを通して作り出す商圏（農村地帯）と江戸を結ぶ結節点としての機能を果たしていく。その際、江戸の問屋資本に垂直的に支配された在方資本は、零細農家に「肥料前貸し、代金収穫期現物払い」営業を行い、結果的に農民層分解と18世紀の農村荒廃の契機となるものであった。

生産力が低い洪積台地や火山山麓・河岸段丘あるいは水損被害の多い沖積低地帯に展開した関東畑作農村では、代金納制にも影響されて自給用主雑穀類のほかに、煙草・綿花・麻・蒟蒻・紅花・藍等の各地各様の特産商品作物が栽培され、商品作物の創出が不可能な山付村々では林産資源を利用した紙漉き・炭焼き・養蚕等の余業地帯が形成されていった。これらの商品化作物は多くの場合、本田畑での作付が禁圧され、新田に立地誘導されることが幕府農政の基本方針であった。その結果、新田地帯には商品作物栽培地域の集積、いわゆる産地形成の萌芽的段階が進行した。

この産地形成の萌芽的段階は、その後近世末期にかけての商品作物の本田畑への執拗な侵入を繰り返しながら、西関東山地丘陵付村々における養蚕地帯の形成と渓口集落の市立を基礎にして絹業圏の形成へと連動する。一方、関東平野中央部の河川流域（砂質土壌帯）農村には、藍作をともなう綿花の産地形成が進行した。関東平場農村における綿花栽培の経営的比重は、商農的性格を色濃く帯びた畿内農村に比べると、格段に低いものであった。

近世初頭以降の関東畑作における穀菽農業は、一般的に夏作大豆と冬作大麦が畑作農業の基本的作型とされ、自給的性格ときわめて高い普及率の下に展開していた。その後中期以降、平場農村の綿花栽培地帯に隣接して、小麦・大豆を主とする穀菽農業地域が経営の規模と栽培の範囲を拡大しながら、一段と穀菽生産の比重を強めていった。なかでも霞ヶ浦周辺ならびに川通りに成立した穀菽農業地域の発展は、銚子・野田等に立地した醸造業の旺盛な需要とこれを支えた水運の便によって促進され、商業的性格を明確にした典型的な穀菽農業地域を形成していった。那珂川流域や利根川上流部でも、皆畑村を中心に養蚕や綿作の普及に圧倒されるまで大豆は穀類とともに重要作物であり続けた。当然、本来的には穀菽農村であった。

他方、近世後半から末期にかけて、西関東で広範に展開した養蚕地帯の農業方式は、近現代前半の日本農業を主導した穀桑型そのものであり、江戸東郊に成立した米プラス蔬菜型の近郊農業とともに、その後の日本農業の存在形態を定型化した「生活を担保する自給用主雑穀プラス貨幣経済に対応する特産商品作物」型経営つまり「穀菽 Plus α」型農業の原型母体となるものであった。近世における穀菽型農業と穀菽 Plus α 型農業の本質的相違点は、前者が幕藩体制下で市民権を得た伝統的農業とすれば、後者は体制存続の過程で生まれた矛盾と動揺の鬼っ子ともいえる存在であった。

両者の共通点は「穀菽栽培の深化と剰余の商品化」と「Plus α 部門の商品化」から明らかなように、ともに商品化を意識した経営である。その意味では、江戸近郊の蔬菜産地や産地丘陵付村々に広く展開した畑方特産物生産地帯、さらに穀桑型養蚕地帯も、「穀菽 Plus α」類型に納まるものと考える。結局、近世後期の関東畑作農村は、元禄～享保期あたりから貨幣経済の農村浸透を契機にして産地丘陵付村々に穀菽 Plus 商品生産の成立を促した。さらにその後の貨幣経済の深化によって伝統的な穀菽型農村は、1)醤油醸造業の発展を契機にして明確に商業化された地域、2)商品作物の新田誘導策ならびに本田畑侵入を契機に特産物生産地帯に移行した地域、3)さらには自給的性格を温存した伝統的な穀菽農村地域、とに三分化したことが考えられる。もとより穀菽型農村類型の2)型地域は、すでにこの時点で穀菽 Plus α 型農村類型に変質していることは論をまたない。

現代の関東畑作は、高度経済成長期以降の社会経済的変革に対応して、米穀・蔬菜・酪農・畜産・果樹・花卉等の専業単作農業（農家）への分化が一段と進行した。現代・関東畑作農業を牽引する東関東３県の大規模借地型露地園芸と施設園芸に象徴される二つの経営類型、突出的な蔬菜生産実績、土地条件の逆転評価問題、非農業法人の農業進出等の理解は、東関東平地林地帯の近世・近代の歴史的把握なしには画龍点睛を欠きかねない。すでに進行中の『首都圏畑作農業の地帯形成論』の研究は、西関東の養蚕、東関東の台地農業の歴史的解明なしには緒に就くことはないと考える。本書執筆の意図の一端はここにもあったのである。

最後に本書の執筆にあたって、関東都県の国公立図書館の職員諸兄姉には格別のご配慮とご指導を頂いた。衷心より深謝する次第である。また、地理学専攻の筆者が史学・農学領域において、過大なテーマと向き合うためには、多くの名著・労作・先行論文の援用は必要不可欠なことであった。当然、枚挙に尽きない御教示に預かった。なかでも群馬・栃木・茨城各県史ならびに長谷川伸三・伊藤好一・丹治健蔵の諸氏をはじめ多数の先学から受けた学恩は大きい。その際、「文献引用と参考の仕方」には遺漏なきよう十分の注意を払ったつもりであるが、万一にも不行き届きが生じた場合には、ご寛容のほどを衷心よりお願いする次第である。同時に引用・紹介の際の敬称省略についても、併せてご海容方お願い申し上げる次第である。

なお、本書の出版にあたり、平成27年度科学研究費（研究成果公開促進費・学術図書）課題番号15HP5103の交付を受けた。記して深甚の謝意を表するとともに、厳しい出版事情の中で本書の刊行にご理解を頂いた成文堂社長阿部成一氏、編集過程で多々ご迷惑をおかけした編集部飯村晃弘氏に心から感謝申し上げる次第である。

目　次

序　章

1．関東畑作農村の成立と展開

江戸時代前半の経済は、農村においては自給自足が原則とされ、封建領主の小農自立政策によって生み出された農民の収穫物を完全に収奪し、三都や城下町商人を介して商品を販売する「領主的商品流通」によって成り立っていた。ところが、元禄期以降、三都や城下町の発達とともに貨幣経済が農村に浸透し、農民たちは商品生産に深く組み込まれていった。この動きは経済の先進地畿内地域では元禄期頃から、江戸を抱える関東の農村では武蔵を中心に享保期頃から、急速に拡大していった。文政年間（1818-29）になると、中央市場を江戸に移し、全国市場を再編成しようとする動きが幕府内に起こり、「江戸地廻り経済圏」の育成と関東での商品生産の奨励策がとられることになる。他方、商品生産における階層間の不均等発展と商工業の進展で農民層の分解が加速され、やがて人口減少に象徴される農村荒廃期を迎えることになる。荒廃は北関東三国により激しく出現した。

関東地方は、北海道東部・九州南部と並ぶ畑作地帯である。いずれも近世以降の開発によって成立した新田起源の耕地が多く、水田農業が重視されてきたわが国としては、比較的歴史の新しい農村地帯である。関東地方で新田開発が活発化するのは、幕府による寛文年間（1661～73）の隠田禁止令や廻村を背景にした、新田開発政策の推進以降のことであった。しかし自立小農の創出を目標の一つに据えた新田の開発は地域的にも規模的にも限られ、畑新田の武蔵野や笠懸野以外の多くは、椿海・飯沼等にみるような広大な池沼・低湿地の干拓開田が先行した。とりわけ、東関東における洪積台地の畑新田開発は、幕府牧・御林・入会林野の存在や生産性の面から制約され、近現代に持ち越されるものが多かった。

近世中期以後の関東畑作農村では、新田開発・金肥導入・代金納化さらには江戸地廻り経済の発展や利根川を中心とする舟運の発達を背景にして、近郊蔬菜産地・工芸作物栽培地域・農村工業への原料供給地域・主雑穀供給地域・用材薪炭供給地域等での商品生産が、地帯形成を胚胎させながら各地に成立していく。とりわけ、下野・常陸・武蔵を流れる利根川・鬼怒川・古利根川・元荒川など氾濫原の新田村々における綿作・藍作地帯と上野・武蔵の山地・丘陵付村々を中心とする関東北西部の養蚕地帯の成立は、周辺各地に六斉の市立を擁する多くの在方町および絹業圏をともなう織物都市の展開をもたらした。銚子・野田・佐原・流山等における醸造業の発展も、利根川上流域と霞ケ浦北辺の畑作農村や地元産米麦・大豆の原材料を基に、江戸地廻り経済圏の一角を形成し、「下りもの」を駆逐する先行産業となる。

また北関東の上野・下野・常陸の丘陵・山間の村々における紙（楮）・煙草・麻などの農間余業的な工芸作物栽培地域や平場主雑穀農村においても、生産者農民の商品経済への組み込みと農民層の分解が、金肥導入と階層間生産力格差を反映しながら進行した。主雑穀生産基盤の脆弱な山間地農民の切羽詰まった行動としての商品作物の導入と余業の選択、あるいは平野部農村における自給用主雑穀類の窮迫販売を契機とする商品経済への参入も、前期的商業資本の「金肥前貸し経営」がもたらす負の効果によって、自立小農層を崩壊の淵に追い詰めるものであった。

幕藩制社会にあって、農民の存在形態を大きく規定したのが幕府の農民政策と前期的商業資本の小農吸着行為とすれば、現代におけるそれは、基本法農政と産業資本が繰り出す農業生産諸要素の押し出し・取り込みのセット方式であった。前者が幕藩体制の支持基盤として政策的につくりだされた自立小農層の分解没落に直結し、後者は戦後日本の創生策として革命的に推進された、創設自作農制の崩壊に連動するものであった。

寛永12（1635）年の参勤交代制の施行による江戸の急激な人口増加と関連して、近郊30㎞圏域には蔬菜栽培地域が、その外縁部村々には薪炭・用材地域が地帯形成をともないながら展開の歩を速めていった。参勤交代制の制度化を契機とする水陸交通の発達、とくに舟運発達の基本的要素と考えられた産地農山・村と消費地江戸を結ぶ河岸の結節機能は、商業的農業の促進条件として、この段階における重要な社会的変化の一つであった。

近代以降、わが国農業の基本的性格として、農家経営が小・零細規模であるという静態的特色とともに、いわゆる中農標準化傾向が指摘されてきた

『農業生産の展開構造 p131』。同時に農業の発展は、主として化学肥料の導入と品種改良によることが一般的理解となっていた『日本の経済と農業 上巻 p207』。こうした状況の下、市場条件の劣悪な南北日本の畑作農村では、自給用主雑穀生産を主体としこれに資本主義経済の進行に対応する、工芸原料用農産物生産が盛んに行われるようになる。生産された原料用農産物は、いずれも現地で加工・ないし半加工され、輸送費低減と輸送能性を付与された状態にして遠隔消費地に出荷されていった。北海道の薄荷・除虫菊・ホップ、九州の菜種・甘藷・煙草などは典型的な限界地農産物であった。一方、立地条件に恵まれた関東畑作地帯では、近郊蔬菜ならびに甘藷・大麻・煙草・茶・蒟蒻・大豆などの工芸・加工作物型の商品栽培や養蚕が安定的な生産量を挙げ、反面、藍・紅花・綿花・藺・菜種などの前期的工芸作物群は、地場産業の衰退・化学染料の開発・生活様式の変化・貿易等の影響を受け消滅していった『日本地誌 5巻 p68-69』。

関東畑作農業の展開過程において、近代化の主軸的牽引力とみられてきた養蚕農家や米麦作農家を巻き込んだ昭和恐慌期のインパクトは、近代化初期段階の綿花栽培地域の畑作農村をはるかに超える広域、深刻かつ長期に及ぶ恐慌を農村にもたらした。その間、養蚕地域の分布図は塗り替えられるが、新規作物栽培を志向する農村も甘藷・落花生・果樹等のごく限られた品種導入の成功例に留まり、多くは桑園間作による土地利用の多角化、開墾耕地の拡大による生産量の増大で価格低下分を補填する等の方法で対応を試み、やがて主雑穀偏重の戦時統制経済の時代を迎えることになる。

昨今、高度経済成長期以降の選択的拡大生産政策に乗って、関東各地に蔬菜・果樹・畜産・酪農等の成長部門が定着しつつある中で、東関東とくに栃木・茨城・千葉の洪積台地農村では、蒟蒻・煙草・大麻・冬瓜・甘藷・落花生などの限界地型工芸作物あるいは所要面積の大きい粗放作物が、首都圏内の一角に、依然、一定の栽培面積を確保している。優れた市場条件に背を向けた工芸作物群の存続は、大規模経営を保証する経営土地基盤の由来とともに気になるところであり、近郊外縁の借地型大規模経営体の形成とともに、生産手段・生産組織を含めて、いずれ解明したい問題点の一つである。

問題点といえば、近世中期以降の貨幣経済の浸透にかかわる加工・工芸用作物栽培の普及と手工業者の社会的分業・職能集団の地域的成立動向も一瞥したい点である。江戸地廻り経済圏の成立・拡大の道程とくに商品生産の展開と生産手段の普及を結ぶ河川舟運の地域的総括、あるいは東関東洪積台地の開発過程、ならびに東西関東における養蚕経営依存度の有無強弱と衰退後の経営転換にみられた地域差の存在、等の諸問題についても整理する必要があろう。なかでも、「近世関東における地廻り経済圏の成立と現代関東畑作農村の地帯形成」との間の時空を超えた脈絡や整合性の有無については、後述の予察で指摘するように基本的課題の一環として改めて吟味したいところである。

近現代において、これまで展開されてきた主要な農業政策は、明治年間の旧耕地整理法（1899）の施行を以って嚆矢とすることができる。その狙いとするところは、水田の区画整理と湿田の排水改良をともなう乾田馬耕体系の確立であり、その結果、明治農法と称する小農技術段階の成立をみることになる。以来、わが国の農業政策は、戦後の帰農政策としての緊急開拓事業を除いて、多くが開田を含む水田用排水改良事業を特色として進められてきた。なかでも高度経済成長期以降、戦後自作農体制の崩壊と零細農家層の分解を内包する基本法農政の展開は、農業構造改善事業による大型圃場の造成ならびに大型農業機械の導入による省力一貫体系の確立を目指して、水田地帯を対象に施行された。事業の狙いが、労働力不足対策としての省力技術の導入というより、農業外への新規析出にあったことは、歴史的事実となっている。

もっともこの事業が、労働節約効果を通して、広域に分布する田畑作型農村に乾田2毛作体系の採用を可能にし、選択的拡大生産部門の導入に道を開いたことも、現実的効果として認めることができる。同時に乾田化による裏作蔬菜の作付と1970（昭和45）年以降の米生産調整政策に付随する田畑転換蔬菜作の選択は、本来の水田農村に畑作経営の併用を促進することになった。こうした流れに対して、他方では、土地改良史における画期的な動きが同時進行的にあらわれてくる。1950年代後半以降の畑地灌漑事業の展開である。米の生産が緊急不可欠性を失い、水田豊度の地域的平準化が著しく進んだこと等を背景に畑作振興策が打ち出され、田畑輪換を含む畑地灌漑が土地改良の新しい形態として浮上してきたわけである。米作の安定性に依存する農民は、畑地灌漑の実施に危惧を抱き、事業展開も計画通りには進行しなかった（荒川中部・鏑川・鹿島南部）が、それでも1957年以降1960年代末までに、関東農政局管内では8事業（18,278ha）が実施をみた『土地・水・地域 p44-45』。

1970年の米生産調整策の影響で、畑地灌漑は新しい局面を迎えることになる。実施計画の順調な進行と事業目的の著しい変化―茶・桑・主雑穀から果樹・蔬菜・飼料作物への転換―が表面化した。国営事業以外にも水資源開発公団・県営の事業も実施され、関東地方では群馬用水の田畑輪換（3,900 ha）・畑地灌漑（4,900ha）と北総東部用水（畑地灌漑6,300ha）の両事業が、愛知用水事業、豊川用水事業とならぶ代表的事業であった『前掲書 p45-47』。農業基本法の制定を法的背景にした諸施策と大規模畑地灌漑事業の展開は、以下に述べる生鮮食料品に関する生産・流通・消費の3部門の有機的統合施策の結果とあいまって、現在にみるような日本農業の、あえて言い換えれば、首都圏蔬菜産地の骨格を形成する可能性を秘めたものである。

1960年代以降の高度経済成長にかかわる大都市の成立―大型需要の発生―と対応する大型産地の育成、およびこれらを結ぶ流通組織の再編成という、3領域の問題を有機的に解決すべく総合施策が策定された。流通機構の改編策として、大都市中央卸売市場の開設による集散市場体系の確立と建値市場化の実現を図り、産地の大型化については、「指定産地」指定と価格保証制度をもって対応した。1979（昭和54）年現在、蔬菜産地の地帯形成に直結する「指定産地」延べ指定数は、栃木（18地区）・茨城（41地区）・千葉（39地区）・群馬（29地区）・埼玉（23地区）・神奈川（8地区）で、合計158地区に及び、栽培指定品目数は延べ51品目に達している『関東における野菜産地の現状と方向 p263-277』。「指定産地」指定にもかかわらず、指定品目によっては、産地形成をみるに至らかった地域も若干存在する。それでも全体状況は、1900年代末葉の台地畑作農村を中心にした首都圏蔬菜産地の地域的展開（地帯形成）にきわめて近いものであり、同時に、以下の理由から、ほぼ現況を示していることが想定される。

1993年のウルグァイ・ラウンド実質合意以降、わが国の農政上にふたつの比較的大きな変化がみられた。一つは2004年の新しい米作付調整政策の実施であり、もう一つは2006年の担い手経営安定新法の制定と経営所得安定対策いわゆる個別所得保障政策の実施である。農政の迷走・逆走問題は置くとして、畑作農村にとって米作付問題は直接的なかかわりはないが、競合産地の出現という側面からは注目する必要があろう。むしろ、表面化こそしていないが農協の流通面での支配力低下『日本農業への正しい絶望法 p161-167』、ならびに右肩上がりの外国産農産物輸入の増大こそT.P.P加盟問題とともに畑作農家にとって重大な関心事である。ただし、いまのところ、「新しい米生産調整政策」・「農協の農村支配力の全般的低下」・「農産物貿易自由化問題」のいずれも、1900年代末葉に形成された生鮮食料品生産の地帯形成のうち、少なくとも蔬菜産地に関する限り、これを著しく変動させるほどの影響力は及ぼしていない、と見て大過ないだろう。

2. 関東畑作農村の研究史的展望

ここで関東畑作農村にかかわる研究史を展望しておきたい。近世以降の関東畑作農村・農業に関する研究は、商品生産の普及と流通・農民層の分解・村落構造・支配関係から村方騒動等にいたるまでの歴史（商業史・農村史）的分析をみる限り、先進的な近畿農村とりわけ摂河泉地域の重層的蓄積に比べ、若干、後れを取っているといわざるを得ない。宮本又次の批評「近畿農村の究明は最近の日本経済史学会にあって最も絢爛たる場面といいうるであろう。いわば研究の焦点なのである。」はその頃の状況を端的に表現している。ちなみに1945（昭和20）年以後の10年間に、五畿内に関する近世史研究の成果として、13本の図書と主要論文200編近くを世に送り出している『商業的農業の展開 p221-231』。時代は大きく流れ、1994（平成6）年にも大都市大阪の都市・近郊農業に関する秀逸な下記図書の出版をみた。まさに都市・近郊農業の概念修正を迫る作品である『都市農業の軌跡と展望 大阪府農業会議編』。

こうした先進的農業地域の先進的研究動向に対して、関東地方の研究事情はどう展開してきたか。以下、長谷川伸三に従って要約すると次のように纏めることができる。若干後発的な感を免れなかった関東の近世史研究は、第2次大戦後になって精力的に進められ、その過程で地方文書の発掘と分析が深められていった。なかでも農村史分析が果たした役割は大きく、農村の民主化・封建遺制の打破等の実践的課題と結びついて大きく前進した。その間、個別研究の蓄積が近世農村の諸側面を次第に明らかにし、多くの研究課題を拡大再生産していった。ただし、個別的成果が相当の量に達していたにもかかわらず、総合的な論点の整理や個別的事象の一般化が遅れ、「商品流通の発展と在郷商人」・「関東農村の荒廃」をめぐって、やや集中的な論議がなされたに過ぎなかったという。1960年代以降になると、近世史研究の方向も農村史の研究成果を基盤にして、権力構造や農民闘争・商品流通に対象が拡大され、近世封建社会の構造的把握の段階に到達することになる『近世農村構造の史的分析 はしがき p1・本章 p2』。

近世農村史研究は、高度経済成長期を経て間もないころから、あいついで発足する自治体の市町村史編纂事業と関連し合い、刺激し合うようにして一段と盛んになる（埼玉県市町村史編纂連絡協議会（1984））。たとえば、『関東近世史研究文献目録 1982』によると、1973（昭和48）年から81年にかけての9年間に、関東地方をフィールドにした近世史研究者・グループは、全領域を含めて900編前後の論文を世に出している。単純に発表本数だけで実績を論じることには問題もあるが、商業史・農村史に絞るとそれでも五畿内研究の最盛期には依然及ばないとみられる。

前述の9年間における研究の内容も多岐にわたるが、商業史・農村史関係で括ると、商業と交通（16編）・村方騒動（13編）・新田開発（10編）・村落構造（11編）・支配関係（8編）・貨幣経済と農民層分解（8編）等が主要なテーマとなっていた。きわめて商品生産的な性格の農業を、しかも商農的気質の農民たちが営んできた五畿内農村の研究に比較すると、商業史・農村史的研究に厚みが欠けているように思われるのは、あるいは、江戸を絡めた関東畑作農村の後進的な地域性を反映した結果かもしれない。

ここで「関東近世史研究会」の活動成果の報告を通して、近年の関東近世史研究動向の小括としたい。関東近世史研究会は、都内はもとより関東各地の大学ならびに博物館・資料館・自治体史編纂組織などに所属する若手研究者を中心に構成されている『関東近世史研究論集 p1-2』。研究活動の方向性は、蓄積された研究史の整理と関東近世史の普遍化・相対化を念頭に畿内地域史等との比較検討を行うことに置かれてきた。具体的には、1)江戸（関東）と大坂（畿内）研究において社会経済的視点から構造論的な把握を進めること、2)全国支配のための権力基盤として関東と畿内を明確に位置つけること、3)関東と畿内の特質を研究する上で、重要な視座と考えられる所領構成の問題（関東領国論と畿内非領国論）を踏まえて地域性を明らかにすること、などいずれも関東・畿内研究の基礎に据えられた重要な視点であった『近世の地域編成と国家 p4-6』。なお、関東近世史研究会の成果は、会誌「関東近世史研究」・『関東近世史研究論文目録』（3冊）名著出版・『武蔵田園簿』近藤出版社・『旗本知行と村落』文献出版・『関東甲豆郷帳』近藤出版社・『近世の地域編成と国家―関東と畿内の比較から―』岩田書院・『関東近世史研究論集 1村落』岩田書院、などを取り上げることができる。

今日、近世関東の研究は、市町村史と県史の成果が補い合って、ときに微地域的な諸課題を、地方課題たとえば江戸地廻り経済圏の成立や利根川水運の発展、あるいは北関東農村の荒廃と人口減少等の問題として関東地方レベルに引き上げ、より広域かつ質的な展開をともなう情報を提示しようとしている。個別的具体的事項の一般化を通して事象の全体像を描き出し、問題の本質に迫る環境も整ってきた。

一方、近現代とくに農村恐慌期以降の関東地方の蔬菜（生産と流通）関連図書に限定すると、『青果配給の研究 1939年』・『都市化と近郊農業の諸問題 1967年』・『神田市場史 上 1968年』・『都市近郊野菜経営 1968年』・『産地形成と流通 1969年』・『神田市場史 下 1970年』・『帝都と近郊復刻版 1974年』・『関東における野菜産地の現状と方向 1980年』・『農業経済地理復刻版 1980年』・『千葉県野菜園芸発達史 1985年』・『空っ風農業の構造 1985年』・『東京の地域研究 1987年』・『近代日本都市近郊農業史 1991年』・『首都圏の空間構造 1991年』・『火山山麓の土地利用 1994年』・『東京の地域研究続 1997年』・『近世・近代における近郊農業の展開 2010年』・『産地市場・産地仲買人の展開と産地形成 2012年』・『茨城県農業史第一巻 1963年』・『茨城県農業史第三巻 1968年』・『茨城県農業史第六巻 1971年』等々辛うじて十指を超える学会展望状況である。もとより、「関東畑作農村」の地域枠そのものを直接取り上げた作品は、上記『空っ風農業の構造』以外に学問的分野のいかんを問わず寡聞にして知らない。近現代関東畑作農村にかかわる農業史・農村史関連業績の空隙を埋めるものは、ここでも、近年、ひとまずの役割を終えた県・市町村史編纂事業でもたらされた成果と、底上げされた地方史研究のレベルであった。

3. 関東地方の地域性と基本的認識

近世・近現代の研究動向と若干の課題の指摘に次いで、関東地方の地理的性格と歴史的位置付けを「相違と共通」を視点に検討しておきたい。結論的には、地形的にみた空間配置上のまとまりのよさとその成因・土地利用上の対称性の存在が指摘できる。ついで幕藩体制下の一貫した分断支配の成立と米納年貢制に基づく生産物地代の支配原則とその変質について考え至ることになる。たとえば、関東地方は、北を那須火山帯・三国山脈で仕切られ、西を関東山地で画された内側に方形の広い平野がまとまりよく展開する。平野の内部は、北西から南東方向にかけて流れる利根川本流と北から南下しこれに合流する鬼怒川によって、近世の舟運体系の骨格が形成され、江戸地廻り経済圏を結ぶ重要な紐帯として機能してきた。近現代においては水田用排水路網を各地に発達させ、農業の発展に大きく貢献してきたことは人々の等しく認めるところである。今日、首都圏と関東地方が、行政的・地理的空間としてほぼ整合することも周知の事実であるが、反面、内部的には、東西関東の平野あるいは畑地の成因を大まかに整理した場合、一方は洪積台地に由来し、他方は沖積低地の地形が主体となるなど、そこには明瞭なコントラストが認められる。

幕藩体制下の関東の政治的状況についてみると、結果的に、家康の関東入府以来の伝統的支配体制である天領・旗本領・譜代大名領による同心円状の配置が、幕政末期まで継続された。加えて、大名の配置替えと旗本領の相給も多く、分断支給が一般的であり、こうした分断と錯綜が、関東支配の基本的姿勢であった。同時に幕藩体制の基礎となる石高制の採用によって、米納年貢制に基づく生産物地代の支配原則が確立する。当然、水田偏重・米穀重視の農業社会が出現することになる。この原則と金納年貢制への変質が後々関東畑作経営の在り方に影響を及ぼし、以後、畑新田の開発政策を方向つける基本的要因の一部になっていく。

地理的・歴史的共通性に富む関東地方も、考察の視点を変えると、前述のような東西性と南北性を地域軸とする区分が可能となる。以下、研究上の視点と課題設定（本書の構成）ならびに設定理由について概観しておこう。なお、ここでは、地域軸視点言い換えれば地域性の捉え方については示唆にとどめ、詳細は「第Ⅰ章　関東における畑作地帯の分布とその自然的・歴史的環境」のなかで紙面をさいて検討したい。

東西性の問題については、近現代における畑地作物編成、とくに西関東の養蚕経営対東関東の工芸作物栽培からみた分類が可能となり、さらに近世以降の東西洪積台地（平地林地域）の開発過程、あるいは水稲生産力と商業的農業の展開における西高東低型の地域格差の存在も重要な分類指標となる。南北性については、近世・近現代の江戸（東京）を中心とする蔬菜栽培の地帯形成と出荷組織（流通面）から接近することができる。同時に17世紀後半以降の金肥導入にかかわる南北・東西性の形成、あるいは商業資本と小農分解の視点からも注目する必要があるだろう。また近世後期の西関東の繊維産業の発展がもたらす人口維持機能と、対する江戸の武家屋敷・大店と近在農家の子弟との間に成立する奉公稼業とりわけ「上総抱」等の普及が、南関東農村の人口流出に及ぼす影響との対比からも、地域性の問題の存在を確認することができる。

人口動態については、19世紀初頭、北関東農村にみられた農村荒廃のメルクマールとしての激しい人口減少と南関東諸国の微増減現象のコントラストも自然災害・幕藩領主の年貢増徴策・間引きと逃散以上に、商品生産と流通＝前期資本の前貸し商法という視点からのアプローチが必要であろう。なお、人口流動では農村荒廃期の北から南への社会的負の移動以外に、その後の回復期における武蔵．江戸から北関東荒廃農村の荒れ地起返しと藩営新田開発のために送り込まれた農民の南北流動も、真宗寺院の介在した北陸農民の笠間藩・水戸藩等への概算1,750戸に及ぶ開発移動『新田開発 下巻 p490・494』とともに社会経済史的・文化史的興味をそそる問題である。もとより、江戸の労働力需要動向を農村荒廃のメルクマールとして捉えるだけでなく、近郊農村・近郊外縁農村での資本制農業の成立、手作り地主経営の成立に及ぼした影響についても確認する必要があると考える。

農村労働力のプッシュ機能をもつ農業構造改善事業と、同じく農村労働力のプル要因としての工業団地の造成とがもたらす在村非農業型の人口動態、言い換えれば、兼業農村化の実態について、時間軸を視点に南北性の存在を検証することも可能であろう。本項の結びとなったが、近世における前期的商業資本が金肥前貸し制を軸にして、幕藩体制の存立基盤とされる自立小農制の分解と農村荒廃を関東農村にもたらす一因になったことと、近代国家の形成以降とくに高度経済成長期以降の産業資本が、農地・農家労働力の流出を通して戦後日本農村の存在理念としての自作農体制の崩壊を関東農村に広くもたらしたことは、時間軸から見た関東畑作農村変貌の本質的な動因として、(地域軸も絡めながら) 改めて見直してみる必要があるだろう。

なお、1984年に地方史研究協議会では、群馬県を内陸地域として設定して、そこでの産業・交通・文化の展開を柱とする検討を通して、内陸地域の歴史的特質を抽出し臨海地域とのコントラストを描き出そうと試みている。最終的には、集約課題としての「内陸北関東地域」に対する歴史認識の深化を意識したものと考える「地方史研究第34巻4号 p2-4」。したがって本書でも、近世中期以降における「臨海対内陸」という地域間格差は、少なくとも生産と流通に関する限り、利根川水系における水運発達と貨幣経済の浸透によって均質化され、顕著な相違は見られないとする一般的理解の中で、あえて検索の筆を加えてみるつもりである。

4. 近世・関東畑作農村の研究課題とアプローチ

近世関東畑作農村の諸課題のうち、江戸近傍における地廻り経済の成立と展開・関東諸河川における河岸の成立と物流の変遷・農民的舟運機構の発達と流域農村の商品生産・農村工業の成立と原料産地の展開・特産品生産地域における前期的商業資本の前貸し制と農民層分解・商品生産の発展と河岸の結節機能ならびに商圏の成立・近世関東畑作農村の商品生産と地帯形成・自立小農の成立展開と分解・近世関東畑作農村の推移と構造的把握 (以上本巻構成課題) などの諸課題について、ある課題は時間の流れの中で、またある課題は地域の広がりを通してそれぞれ検討を試みた。こうした予定された課題の他に研究の途上で新たに表面化した課題もあった。たとえば、享保期以降の商品生産には金肥導入が必携とされてきたにもかかわらず、北上州の麻・煙草の広域栽培では、少なくとも史料的には全く金肥使用の形跡を認めることができなかった。自給肥料依存型の商品生産農村の存在が確認されたといえる。また、関東全域を対象にした金肥使用上の地域的類型化やその要因にかかわる考察は、これまで未検討課題とされてきたが、今回初めて問題として提起されることになった。本書では、予定された課題と予定外の新規課題の検討成果を含めて再構成し、終章でのまとめとした。

なお、現代関東畑作農村の諸課題ー畑作農村の近代化と平地林・東関東における工芸作物産地の成立とその経営的性格・養蚕特化地域の興亡と現代化・近郊農業の後退変質と市場流通の新展開・近郊外縁蔬菜作農村の存在形態と分布・陸田水稲作の歴史的評価と現代性（以上次巻構成課題）ーに対する時間軸を絡めた本書の具体的考察内容は、現象の時間（経過）と空間（広がり）にかかわる波及効果（影響力）の有無まで含めた解析を、現在共同研究形式で試みているところである。

一方、いわゆる地域間比較分析と時系列的な地域断面の考察をすり合わせながら、課題にアプローチした本書の試みは、そのまま、「関東畑作」研究グループの基本的問題意識でもある。それは、単に農業地理学によって方向つけられた課題意識でもなく、歴史地理学によって方法論的に枠組みされた研究でもない。一歩踏み込んで、1)江戸を中心とした商品経済の進展が、関東畑作農民を巻き込んだ分化・分解への道筋、2)幕藩制国家が目的とする地廻り経済圏の確立と、現代の首都圏全域に及ぶ都市化・工業化にともなう農村の対応過程としての農業的・非農業的地帯形成、3)近世・現代の間に介在する（と予測される）歴史的・そして社会的必然性の問題ー具体的には幕藩体制の基礎構造とされた創出自立小農層の分解と近世農村社会の崩壊、ならびに戦後の農地改革で創設された自作農層の分解と現代農村社会の崩壊変質ーまで視野に入れた、学際的な課題研究を心掛けたものである。

言い換えれば、地域軸と時間軸の接点に立つのは常に主人公としての農民である、との局面構成の上から本書は編まれたものであり、次書も編まれつつあるところである。そこでは農村変動の舞台回しは、近世に在っては封建権力ならびに前期的商業資本との確執の中から、また現代においては基本法農政および独占資本との対応の中から、好むと好まざるとにかかわらず、彼ら自身の手によって進められ、地域に影を落としてきたか、あるいは落そうとしていることが予測されるのである。

【引用・参考文献と資料】

青鹿四郎（1980）:『農業経済地理復刻版』農山漁村文化協会.
新井鎮久（1982）:「昭和初期の埼玉県北部農村における青果物産地市場の展開と産地形成」地理学評論55巻-7号.
新井鎮久（1985）:『土地・水・地域』古今書院.
新井鎮久（2010）:『近世・近代における近郊農業の展開』古今書院.
新井鎮久（2012）:『産地市場・産地仲買人の展開と産地形成』成文堂.
石川武彦（1939）:『青果配給の研究』目黒書店.
磯辺・東畑編（1967）:『農業生産の展開構造』岩波書店.
茨城県史編集委員会（1984）:『茨城県史＝近現代編』.
茨城県史編纂現代史部会（1977）:『茨城県史料＝農地改革編』.
浮田典良（1957）:「わが国における近郊農業の地理学的研究」人文地理9巻3号.
江波戸昭（1987）:『東京の地域研究』大明堂.
江波戸昭（1990）:『東京の地域研究続』大明堂.
大川・東畑編（1956）:『日本の経済と農業』岩波書店.
大阪府農業会議編（1994）:『都市農業の軌跡と展望』.
小田内通敏（1974）:『帝都と近郊復刻版』有峰書房.
落合功（1997）:「基調報告．関東地域史研究と畿内地域史研究について」関東近世史研究会編『近世の地域編成と国家ー関東と畿内の比較からー』岩田書院.
神田市場史刊行会（1968）:『神田市場史上』文唱堂.
神田市場史刊行会（1970）:『神田市場史下』文唱堂.
関東近世史研究会（1982）:『関東近世史研究文献目録』名著出版.
関東農政局統計情報部（1980）:『関東における野菜産地の現状と方向』.
菊地利夫（1958）:『新田開発 下巻』古今書院.
群馬県史編纂委員会（1989）:『群馬県史 通史編8近現代2』.
澤登寛聡（2012）:「刊行の辞」関東近世史研究会編『関東近世史研究論集』岩田書院.
神門善久（2012）:『日本農業への正しい絶望法』新潮社.
地方史研究協議会（1959）:『日本産業史大系 関東地方編』東京大学出版会.
地方史研究協議会（1984）:「大会特集 内陸の生活と文化」地方史研究第34巻4

号.
千葉県野菜園芸発達史編集委員会編（1985）:『千葉県野菜園芸発達史』.
永田恵十郎編著（1985）:『空っ風農業の構造』日本経済評論社.
日本地誌研究所編（1968）:『日本地誌 5巻』二宮書店.
農林省農業技術研究所編（1969）:『産地形成と流通』.
農林水産技術会議事務局編（1968）:『都市近郊野菜経営』農林統計協会.
長谷川伸三（1981）:『近世農村構造の史的分析』柏書房.
丸山浩明（1991）:「群馬県嬬恋村における輸送園芸農業の特質」山本正三編著『首都圏の空間構造』二宮書店.
丸山浩明（1994）:『火山山麓の土地利用』大明堂.
宮本又次編（1955）:『商業的農業の展開』有斐閣.
山本正三編著（1991）:『首都圏の空間構造』二宮書店.
渡辺善次郎（1967）:『都市化と近郊農業の諸問題』国会図書館調査立法考査局.
渡辺善次郎（1983）:『都市と農村の間』論創社.
渡辺善次郎（1991）:『近代日本都市近郊農業史』論創社.

第Ⅰ章

関東における畑作地帯の分布と
その自然的・歴史的環境

我が国における畑作地帯の分布は、北海道東南部．関東東部．九州中南部の諸地方に卓越する。小出博『日本の河川 p31-32』によれば、高度経済成長期時点の勾配3°未満の緩やかな畑地分布は、西南日本で189,900ha（23%）、東北日本で1,017,200ha（54%）となり、面積、比率（畑地総面積比）ともに東北日本が圧倒的に大きい。都道府県別に大きいところからみると、北海道464,400ha（63%）を別格筆頭に、千葉県70,800ha（83%）、埼玉県70,100ha（88%）、茨城県67,400ha（54%）、栃木県50,500ha（82%）の順になっている。東京都（82%）、神奈川県（53%）も面積こそ小さいが、日本の平均を超える比率を示している。概観すると、西関東の畑地卓越型地帯と東関東の水田卓越型地帯という区分も可能であるが、それ以上に、東関東とりわけ茨城・千葉両県の畑地面積の大きさと耕地率の高さは特徴的である（表Ⅰ-1）。この地域的指摘は、後述の洪積台地卓越型地帯および平地林卓越型地帯とも、それぞれよく対応する重要な問題点である。

北海道の畑作卓越型地帯は、十勝地方・根室・網走・釧路など、南東部の各支庁に集中している。西南日本では、鹿児島県44,200ha（35%）、愛知県

表Ⅰ-1　関東の都県別耕地面積（ha）と耕地率（%）

		水　田	畑（含む樹園地）	耕地率
東関東	栃木県	105,600	31,840	21.0
	茨城県	106,800	87,030	30.4
	千葉県	83,200	61,480	27.3
	（小　計）	(295,600)	(180,350)	
西関東	群馬県	32,000	60,950	13.5
	埼玉県	52,600	41,250	23.4
	神奈川県	4,780	22,050	9.2
	東京都	423	10,950	4.5
	（小　計）	(89,803)	(135,250)	

注：『日本統計年鑑・2000年版』（日本統計協会）より作成

26,600ha（46%）、宮崎県22,800ha（44%）となり、九州2県ではシラス台地が占めている。この他、勾配を8°まで上げると、鹿児島県に次いで宮崎・大分・熊本の各県が畑地卓越県の姿を現してくる。そこには九州南部の火山灰地帯を見いだすことができる。いずれの地方も気候・土地条件・地理的位置を反映して、かなり特徴的な農業景観を展開してきた。

関東地方の畑地卓越型地帯（以下畑作地帯と称する）は火山斜面．洪積台地．沖積低地の氾濫原を中心に分布する。ただし、戦前期の低湿水田地帯や都市近郊の水田地帯では、人工的な盛り土をした島畑や高畝式の畑地型利用も行われ、今日では、米生産調整策に基づく輪換田や転換田の畑地化が、地域を超えて普遍的に認められる。いずれも土地利用上からは「畑」であるが、地目的には一般に「水田」となっている。

本書における畑作地帯の農業経営とは、地目上の「畑地」の利用を根幹とするが、必要に応じて、水田裏作と田畑輪（転）換利用についても取り上げる。とりわけ、1970（昭和45）年以降の転作水田における露地・施設園芸の普及、あるいは近代化過程の東京近郊農業地帯に見られた集約的な水田利用形態の極致—前掲畑地型利用—についても、積極的に取り上げる予定である。

周知のように関東地方の畑作地帯は、その成立要因としての地形・土壌・水等の地理的諸条件が、東関東と西関東では大きく異なることを反映して、明らかな地域性をともなって分布する。以下、地理的諸条件言い換えれば土地条件の在り方を通して、畑地利用を規定する火山斜面・洪積台地・自然堤防帯を含む沖積低地の各分布状況について、『日本地誌 5巻（1968年）・6巻（1963年）・8巻（1967年）』と地形図を手掛かりに、地域性を視点に概括してみたい。なお、使用地図は、国土地理院発行の5万分の1地形図（野田・水海道・小山・古河・深谷・熊谷・富岡・高崎・前橋・榛名山・中之条・沼田・須坂・草津・常陸大宮・水戸・日立・ひたちなか）以上の図幅である。

第一節　畑作地帯の自然的環境

1．洪積台地と畑作地帯

東関東の畑作地帯を形成する中核的な地形は洪積台地である。洪積台地の地形面分類はこれまで多くの先学によって行われ、それぞれ微妙な相違は見られるが、ここでは『日本地誌 5巻 p17』に従った。台地の分布は、北から那須野原台地・宇都宮台地・足尾山地南縁台地・那珂台地・東茨城台地・常陸台地・下総台地の順に展開する。成因的には上流の那須野原台地の開析扇状地から南下に従って沖積扇状地・河岸段丘を経て海岸段丘の下総台地に至る。各原地形を構成する堆積物は、北部（上流）から順次砂礫質―砂・シルト質に移行し、いずれも上部は数mから10m内外のローム層が地形原面上を被覆している。

西関東における洪積台地は、大間々扇状地・寄居扇状地・大宮台地・武蔵野台地・下末吉台地・相模原台地が足尾・関東山地縁辺部を中心に分布し、その他ごく小規模の扇状地が、関東山地の前面に見出される。大間々・寄居・武蔵野・相模原の各扇状地および関東山地縁辺部の小扇状地群はすべて沖積扇状地で、大宮・下末吉両台地だけが海岸段丘起源の洪積台地である。いずれの扇状地・台地ともにローム層に被覆され、その点、東関東の洪積台地の場合と成因的にほぼ共通する。

東西関東畑作地帯の主部を構成する洪積台地の分布は、図Ⅰ-1からも読み取れるように、東関東地域でとくに卓越している。洪積台地の多くは幕藩領主の御林（藩財政維持のための材木・薪炭供給林）として囲い込まれ、入会地を含めても、農民たちが利用し得る部分はごく限られていた。しかも地形的・土壌的特質から旱魃・風害・霜害の常襲地域・低生産力地域として開墾の対象から除外され、近世初期における幕府の新田開発政策の開始以降も、武蔵野台地・笠懸野等を除く諸台地は、長い期間、平地林として存続してきた。平地林の存続は、近世以降近代にかけての薪炭供給源・有機質肥料源・秣場等にみられる入会林野機能を通して、前期的村落社会の維持と生業の継続を可能にし、畑作農村の前近代的性格を温存させる結果となった。こうした御林の成立ならびに平地林の存続と利用形態とがあいまって、その後の東関東の農業地域的性格を特徴つける重要なキーポイントになっていくことになる。

図Ⅰ-1　関東地方の地形区分

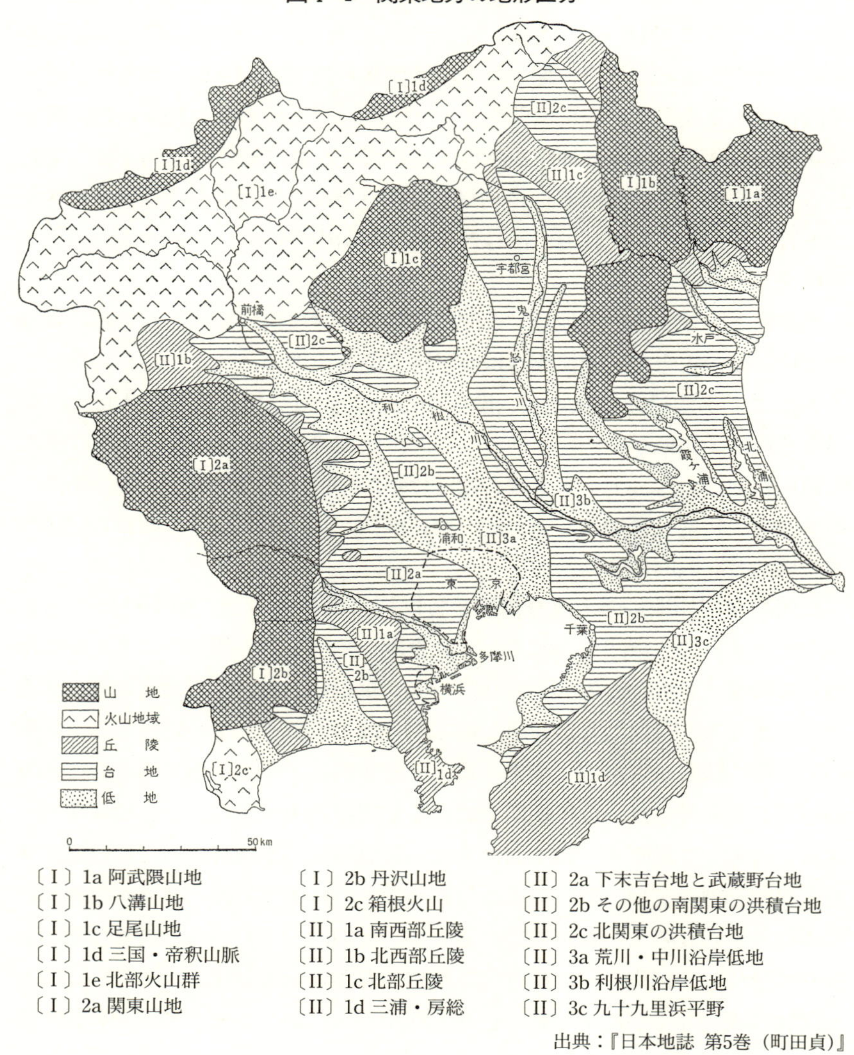

〔Ⅰ〕1a 阿武隈山地
〔Ⅰ〕1b 八溝山地
〔Ⅰ〕1c 足尾山地
〔Ⅰ〕1d 三国・帝釈山脈
〔Ⅰ〕1e 北部火山群
〔Ⅰ〕2a 関東山地
〔Ⅰ〕2b 丹沢山地
〔Ⅰ〕2c 箱根火山
〔Ⅱ〕1a 南西部丘陵
〔Ⅱ〕1b 北西部丘陵
〔Ⅱ〕1c 北部丘陵
〔Ⅱ〕1d 三浦・房総
〔Ⅱ〕2a 下末吉台地と武蔵野台地
〔Ⅱ〕2b その他の南関東の洪積台地
〔Ⅱ〕2c 北関東の洪積台地
〔Ⅱ〕3a 荒川・中川沿岸低地
〔Ⅱ〕3b 利根川沿岸低地
〔Ⅱ〕3c 九十九里浜平野

出典：『日本地誌 第5巻（町田貞）』

2．沖積低地（氾濫原）と畑作地帯

洪積台地や火山斜面に次いで畑地利用面積が多いのは、沖積低地とりわけ自然堤防帯と河川高水敷を形成する氾濫原である。氾濫原における微高地

（畑作地帯）の広がりは、近現代の水田水稲作偏重思想によって開田され、今日、原地形復元不能なまでに縮小されてしまった。高水敷とは洪水の常習氾濫地のことである。河川に面して水害防備林（竹林）を植え、背後に人工の堤防を配した特殊畑である。きわめて肥沃な高水敷の畑地には、近代初頭まで綿花・藍・菜種・櫨等が植えられ、衰退後は桑園利用が行われてきたが、第2次大戦後は河川改修の結果、多くはその姿を消した『日本の国土 下巻 p295-300』。関東地方で、氾濫原の発達する河川は西関東の荒川・元荒川・古利根川・中川・利根川の中ないし下流域である。その点、台地・丘陵の狭間を流れ、低平な平野部を流れるいとまもなく利根川に併合され、あるいは太平洋に流出する東関東の河川には、大規模な氾濫原が形成される地形的余地は少ない。

それでも、東関東では、のちに域内随一の養蚕地域を誇った鬼怒川自然堤防帯をはじめ久慈川・那珂川・小貝川等の流域にも自然堤防帯の分布が見られる。これらの自然堤防帯には、近世、綿作新田が開かれ、これを基礎として真岡等の綿業地が成立し、関連して葉藍や紅花等の染料生産の新田も開かれた『日本歴史地理総説 近世編 p258』。この他、思川・桜川等の小河川の沿岸にも、沖積微高地上に畑地が展開し、近世以降、前記諸河川とともに土地条件に適応した綿花『日本産業史大系4 関東地方編 p248-252』・紅花・桑・ごぼう等の特産商品栽培が行われてきた。

西関東の諸河川のうち荒川は、熊谷付近から下流東南方向にかけて、5～6条の蛇行河跡を中心に氾濫原地形いわゆる自然堤防帯を形づくっている。下総台地と大宮台地の間を流れる中川水系流域にも、利根川・元荒川・渡良瀬川によって刻まれた数条の旧流路跡が地形図上に歴然と残り、自然堤防帯や埋積微高地からなる畑地帯を形成していた。

前橋付近から下流に氾濫原を形成する利根川は、赤城山麓南面・群馬県南部小洪積台地群・大間々扇状地と神流川扇状地・寄居扇状地などの間に沖積低地帯を発達させている。妻沼を傾斜変換点とし、上流部は勾配が急で、扇状地の性状を示す。沖積低地の幅も狭く、流路変遷も限定的である。往時の烏川・神流川の影響圏でもあった。現在の烏川との合流点以下妻沼までの間には利根川流域でもっとも畑地が広く分布し、かつての養蚕核心地帯となっていた。現在は左岸上手の砂質土壌地帯は工業地域となり、下手の肥沃な砂壌土質地帯は対岸と同じく関東北西部有数の蔬菜園芸地域となっている。

館林の南では、関東造盆地運動の中心となるため、傾斜は緩く堆積物も礫から砂に変化する。河川は顕著な自然堤防帯を成立させ、地形発達史的には中川水系へと移行する。畑地帯の分布形態は、一般に帯状かつ断続的である。妻沼以北のような面的な展開は見られない。なお、沖積低地帯の自然堤防や高水敷いわゆる微高地状の畑地は、米作優先の長い歴史の中で、大正から昭和初期にかけての揚水ポンプの普及、ならびに戦後の養蚕不況と高度経済成長期の労働力流出対策としてほとんど水田化され、本庄―深谷―妻沼にかけての利根川右岸や対岸の境・尾島等の蔬菜の主産地、あるいは水利上の制約が強い地域に、わずかに面影を残すのみとなってしまった。

3. 火山山麓と畑作地帯

関東地方の北部山地には多くの火山群が並ぶ。なかでも群馬県の北部にそびえる草津白根火山群・赤城火山・榛名火山の山麓には、1957（昭和32）年現在、5,197haの耕地が開かれ、1,457戸の戦後開拓農家が入植した『日本地誌 6巻 p25』。標高の若干低い地域における既存耕地を含めると、沖積低地の微高地に匹敵する、あるいはそれ以上の畑地帯が広がり、高原蔬菜地帯．畜産・酪農地帯．果樹地帯．露地・施設園芸地帯として、それぞれ存在を主張している。

草津白根火山群の山麓緩斜面に立地する嬬恋村は、語ってなお余りある著名な高冷地蔬菜農村である。関東平野を前面に控えた赤城・榛名両火山山麓緩斜面にも多くの畑作村落が立地する。赤城南斜面には新里・粕川・大胡・宮城・富士見の各町村が開かれ、南縁はR.50号線を超えて桃の木川～大正用水を結ぶ線まで達している。戦後完成した群馬用水（1970年完成）と大正用水（1952年完成）が斜面上部と中央部を巻くような形で東西方向に開削された結果、畑地灌漑・田畑輪換が進み近代的畑作の基盤が確立された。加えて、水田加用水の確保を通して、農家経営の安定に大きく貢献している（図Ⅰ-2)。北西斜面には、北橘・赤城・昭和の3村が分布するが、赤城村の乳牛産地指定にともなう畜産集積と戦後開拓農家を推進力とする昭和村の高冷

図Ⅰ-2　赤城・榛名山麓の土地改良区と灌漑用水

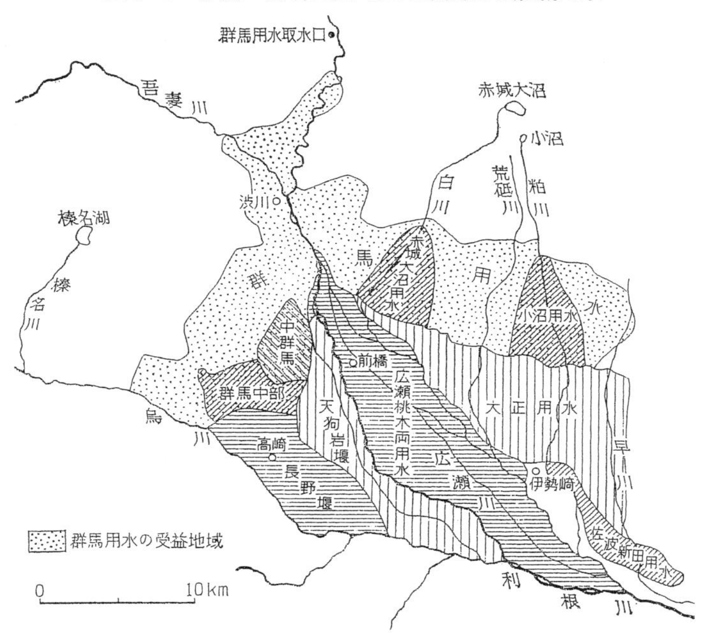

出典：『日本地誌 第六巻（内田重喜）』

地・準高冷地農業の進展は目覚ましいものがある。

東を利根川、西を烏川で画された榛名火山斜面にも畑地が広く分布し、赤城火山斜面の蔬菜作地帯と並ぶ畑作地帯とくに果樹農業地帯を形成している。西斜面の榛名町には伝統的な落葉果樹産地（室田梨）が展開し、東斜面には、箕郷（梅）・群馬・榛東（葡萄）・吉岡（葡萄）の各町村が開かれている。畑地灌漑を目的の一つに据えた群馬用水の通水効果は、赤城南面の場合に共通する。ただし、斜面上部の生産力の低い広大な相馬ヶ原は、戦前・戦後を通じて軍用地として利用され、畑地化から取り残されている。

4. 河岸段丘と畑作地帯

河岸段丘面と畑作の成立にも深い相関関係が認められる。段丘面上の模式的な地形と土地利用をみると、河川に面している段丘縁辺部では比較的砂礫質土壌の分布が多く、上位段丘崖寄りの後背地に比べると若干微高地状を呈している。ここに畑地と集落の立地がしばしばみられる筈である。ただし水利事情に恵まれた場合、上位段丘崖寄りの後背低地はもちろん、段丘面全体が水田化されることも少なくない。つまり、河岸段丘即畑地利用という図式の成立は、戦前期それも養蚕経営の発展期に広くみられたものであり、今日では、ほとんどその姿を見ることはできない。その点、まとまった畑地が残存する沼田盆地・秩父盆地等の場合は、成因を含めてむしろ特殊事例に近いものである。

かつて、畑地利用が盛んに行われてきた関東地方の河岸段丘は、東・西両関東で明らかに異なる分布を示している。つまり大型河川と多くの支川を擁する西関東には、河岸段丘を形成する河川も多い。荒川本川上流域と支流の赤平川流域の秩父盆地．利根川上流の沼田盆地．同支流吾妻川流域の中之条盆地．烏川支流の碓井川・鏑川などに発達の良い河岸段丘が認められる。さらに片品・赤谷・吾妻等の河川沿岸にも段丘地形の発達がみられる。一方、東関東では、久慈川沿岸に河岸段丘の発達した事例をみるに過ぎない。

第二節　畑作地帯の歴史的環境

1.「関東と近畿における幕藩体制と農民」の比較地域論的考察

徳川幕府はその権力基盤として、関東の経営には格別の意を用いた。周知のごとく、江戸周辺を天領で固めた結果、西関東の要地武蔵国の場合、半分は天領で占められることになった。さらに慶長19（1614）年、関東の枢要な地域、たとえば川越・忍・岩槻・高崎・宇都宮・館林・佐倉・大多喜などには、中小藩ながら譜代大名を配置し、水戸藩を以ってその要とした。いずれも水陸交通上の要地と地域均分を考慮した配置になっていた。1705（宝永2）年当時、旗本領3,778ヵ所のうち、3,009ヵ所までが関東八ヵ国に配置され、とくに武蔵（797領）・上総（475領）・下総（420領）の江戸隣接諸国に集中していた。もっとも、幕府の旗本配置にみられる特徴は、江戸隣接地域への重点配置とともに、関東の諸地域にも一国につき平均300ヵ所前後の配置を行い、関東重視の防衛姿勢を鮮明にしている点である。結果的に、家康の江戸入府以来の天領・旗本領・譜代大名領の同心円状配置が、基本的に踏襲されたことになる『神奈川県史 通史編2近世1 p26-29』・『茨城県史＝近世編 p13-14』・『群馬県史 通史編4 近世1 p25-27』。

所領配置における体制強化策とともに、大名の配置換えを頻繁に行い、その所領も分散させた。旗本領の相給も多く、分断支給が一般的であった。こうした分断と錯綜は、関東地方に共通して行われた幕府の統治形態であった『千葉県の歴史 p160』。このことが幕藩体制を引き締めるうえで大きな役割を果たしたことは疑いない（日本地誌 5巻 p9)。結局、関東と畿内に見られた幕府の分断統治形態は、追って詳述するように、前者では非領国的な地域性をして幕府の一元支配の実現を可能にし、後者、畿内地方では非領国的な地域性―私領基盤の脆弱性と操作可能な準天領的な性格―が大坂商業の発展と摂河泉農民の商農的展開を可能にする基盤となった。

ちなみに、大坂は堂島の米市場・天満の青物市場・雑喉場の魚市場ならびに大坂三郷と平野郷に象徴される庶民の町・農商工業者の町であることは改めて述べる必要もない。一方の江戸は、明治2年の資料によると、御府内総面積のおよそ70%を武家地が占め、町人地は15%に過ぎなかった。15%の町人地は寺社地の15%とほぼ同規模である。ここに暮らす住民の数は町人が60万人、武家が65万人といわれていた。人口密度を算出するまでもなく、いかに町人たちが空間的にまた社会的に狭いところに押し込まれて暮らしていたか、理解することができるだろう。言い換えれば江戸は武家の町だったのである。内藤　昌『江戸開府 日本歴史シリーズ11 p129』は、この間の事情をこうまとめている。「18世紀以降、町人の経済力が増したとされるが、それは武家の消費生活に寄生したものであり、武家の権勢に代わるべき自律的な経済力発展ではなかった。それゆえ江戸の町並みも町人文化も武家により規制された、いわば忍従の中からにじみ出た様式といえよう。」

武家社会的性格の濃厚な江戸の姿は、幕府の関東支配機構と体制を直に反映している。その結果、徳川幕府の御膝元という地理的・政治的条件とあいまって、関東の畑作農民を自給的主雑穀栽培型の農民として、従順かつ保守的な存在に押しとどめ、摂河泉地域のごとき商農的性格の濃厚な農民層の成長をみることはなかった。当然、こうした所領配置上の地域的性格は、その後、幕藩体制の根幹にかかわるような商品生産の展開をも妨げる方向で機能し、少なくとも近世前半、近郊蔬菜産地以外の江戸地廻り経済圏の成立にも、幕府の基本的流通政策とともに負の影響を残したことが考えられる。松村安一『日本歴史地理総説 近世編 p251』の指摘「関東地方の藩領においては領域が狭く、しかも地形的分離性が機能することも無に等しかったことから、独自の領国経済圏を成立させることは出来なかった。その点、東関東とくに利根川左岸や江戸川以東の利根川右岸には、天領. 藩領. 旗本知行地が交錯し、江戸地廻り経済圏の成立が容易な状況にあった」、にも拘らず事態の進行は否定的であった。むしろ相給に象徴される分断・分割支配が、村落内部の地縁性を薄め破壊し、村落社会の共同体的性格と農業生産力の発展を阻害したことは、想定に難くない事柄である。しかもこの小給旗本による相給支配の一般化は、栃木県の歴史『県史シリーズ p196-200』で大町雅美他が芳賀郡下において例証するように、旗本から郷村支配の権限を委譲された農民たちによる御館百姓の復活過程を通して、生産力の展開に有利に働くはずであった非領国地域の性格が、商品生産の発展でなくむしろ近世中期にかけて農村荒廃の条件となっていったという。一方、宮本又次『日本産業史大系 近畿地方編序説 p3』も指摘するように、摂河泉地域では、分断支配に由来する地縁性の崩壊と共同体規制の弱さが、幕藩体制下の水田稲作すら圧倒し、高度に商品化された綿花・菜種の特化生産地域の成立をもたらす一因になったと考える。なお、所領配置上の政治的性格とその地域性の問題は、後述する畿内とりわけ大坂三郷を核とする摂河泉地域により鋭く現われることになる。

摂河泉地域における商農的農民意識ならびに商品作物の広範な普及をもたらしたものは、徳川幕府の支配機構、すなわち農民を取り巻く体制的環境の特徴が、大坂・堺の直轄支配、雄藩の排除と小藩の配置ならびに多数の宮家・堂上家・社寺・旗本等の分領支配の結果、小規模所領が複雑に交錯し、封建権力の支配統制権が比較的浸透し難い地域であったことにもよると考えられる。いわゆる一元的支配の貫徹に困難をともなう〔非領国地域〕であったことにも要因の一つが認められてきた『大阪府史 第6巻 p105』。

『日本歴史地理総説 近世編 p132』を参考にしてより具体的に述べると、

「摂河泉地域の政治領域は、直轄領の大坂を主核・堺を副次核とし、圏構造に近い所領配置を取っていた。たとえば大坂城の隣接地域を天領とし、その外側（10～15㎞）に旗本知行地を置く。さらにその周りに大坂城代の飛領地が分布し、越えて尼崎・高槻・岸和田の城持ち譜代が展開する。西摂の三田藩との間には麻田（摂津）・丹南と狭山（河内）・伯太（和泉）の1万石小藩が点在していた。加えて、90家を数える旗本知行地のうち、4割以上が旧豊臣氏の家臣ないしこれに準ずる家柄であった。「所領の錯綜・非領国地域・相給所領・頻繁な所領交替等にみられる私領基盤の脆弱性と幕府の自由操作が可能な準天領的な性格」が、幕府の意図する方向への大坂の商業機能の展開と摂河泉地域農民の商農的気質の創生一蔬菜・綿花・菜種栽培にみられる高度に技術化され特化した商業的農業の展開一を生み出す歴史的環境となった。

結局、安岡重明の指摘『商業的発展と農村構造 p134』にみるように、畿内農村では幕府の政策によって入り組み支配が錯綜し、あるいは小領主の非力な支配のゆえに、封鎖性を持つ大藩では比較的有効に行われた商工業統制も、幕末の一時期狭山藩で行われた永豆腐専売以外に例をみることがなかった。当然、小藩・旗本ほかの小支配者の財政難は深刻であった。しかも商工業統制が全くなされなかったわけではない。幕府は商業資本を通じて間接的な支配を及ぼしていたのである。そのため農民たちの封建支配に対する反対運動は、文政6（1823）年の特権商人綿問屋と安政2（1855）年の油商人に対する、1,000ヵ村を超える他国に類例のない村連合の国訴となって表面化することになる。国訴に象徴される畿内小領主の非力さは、多分に領主の支配力を弱体化させる幕府の方針にあったといわねばならない『近畿農村の秩序と変貌 p24-25』。

こうした所領配置の特殊性に関しては、宮本又次『近畿農村の秩序と変貌 p22-23』の次のような重要な指摘を紹介しておきたい。一つは、大坂周辺一帯を非領国化することによって、幕府は支配権の貫徹を図ったことである。これと腹背の関係の下に、一方で、交通とくに海運の整備一東廻り・西廻り航路の開設ならびに菱垣・樽廻船の就航一と摂河泉を中心とする商品生産の発展を利用して、大坂の商業・交通の中心性を確立し、他方では、畿内および西日本の産業支配権を掌握していた大坂商業資本の保護と統制を通して、幕藩体制下の全国的な商業秩序の確立を目指した、とするものである。もちろん幕府の保護と統制は、畿内の主要水運ー柏原船（平野川）、剣先船（大和川）、過書船（淀川）、伏見船（淀川）にも及び、近世初期以降、これらの船による活発な営業活動は、大坂商業の繁栄に大きく貢献することになった。『大阪の歴史 県史シリーズ p186-189』。このなかには、新生巨大都市江戸に対する油・綿・醸造品・米・薪炭等の生活物資の政策的供給も織り込まれていたのであった『江戸時代の商品流通と交通 p60-73』。こうした「くだりもの」の意図的搬入が、蔬菜を除く江戸地廻り経済の発達の遅れに及ぼした影響については、ここでは指摘にとどめたい。

幕府の大坂に対する支配権の貫徹が狙うところは、大坂を中心にした全国的な商業的秩序の確立を目指すものであって、これに直接的なかかわりのない大坂三郷の町人衆や、大坂商業の繁栄に直結する摂河泉地域での綿花・菜種の栽培には、干渉の手が入ることはなかった。むしろ、大坂三郷ないし畿内では、町人・農民に対する幕府の対応は、近世中期以降も上方の支配機構が幕府から相対的に自立していた『江戸幕府上方支配機構の研究 p306』こと、ならびに大坂城代と京都所司代あるいは上方奉行と上方代官にみられる二元支配構造に加えて、大坂三郷の惣年寄制、散在する武家屋敷と開放的な大坂城、町人資本による大坂城の修復、蔵屋敷御留守居役と両替商人の関係、国訴の発生等々が示すように、江戸（関東）とはすべてにおいて対照的であった『関西と関東 p316』・『江戸幕府上方支配機構の研究 p297・299・305』。

2．近世・近現代における関東畑作農村の農業地域的性格

(1)　東・西関東の比較地域論的考察　近世関東における農業・農村の展開過程は、東西両関東地域に分割して考えることができる。西関東の特徴は、水田農業の地帯形成が、江戸の治水対策と幕府の財政難を大きな背景にして進行した点である。利根川の東遷と荒川の西遷、ならびに関東流治水技術としての荒川中流域の突出堤防の構築と洪水時の水位調節機能を指摘するまでもない。結果、水位の低下した元荒川・古利根川流域いわゆる中川水系低地帯の新田開発が実現した。その後、世にいう関東流の低水位遊水地方式で開

かれた新田の用水源をさらに干拓し、新田化することになる。いわば関東流土木技術の否定の上に紀州流の高水位堤防方式は展開し、この治水技術の転換によって新田開発は一段と進行した。こうして、東京湾に向かって傾斜する地勢を無視した治水政策の所産として、中川水系流域農村は、以来、頻繁な水害に見舞われることになる。この間、東関東では、印旛沼・手賀沼の干拓がしばしば試みられたがいずれも失敗に終わり、椿海（1860年代後半）と飯沼干拓以外にみるべきものはなかった。享保改革期になると西関東では武蔵野台地や笠懸野が開発され、主雑穀類の商品生産が盛んに行われるようになる。一方、東関東の常総台地では近世初期以降の平地経済林林業が広範に展開され、炭対薪にみられた東西コントラストが判然と形成されていった。

近世の西関東では、利根川水系によって地理的空間が大きく統合され、その内部は水田用水網を通して生産的に特徴づけられてきた。一方、河川交通面でも利根川水系の舟運は幕府の支配下に組み込まれ、とくに近世後期の江戸地廻り経済圏の確立にとって重要な意義を持つものであった。また、河道変更後の中川水系低地帯の大規模干拓ならびに新田集落の創設という歴史的事実も、東関東と西関東の両者を識別する近世開発史上の大きな相違点となる。加えて、古島敏雄『日本産業史大系 総論編 p114-132』も「関東の太平洋側諸県―千葉・茨城―を土地生産力のもっとも低い地帯の一つとし、また、総生産額に占める米生産額の割合の高いグループに入る県として、千葉・新治・茨城（60％台）を挙げ、これらの諸県を米作県として特筆している」。この事実から、近代初中期の東関東は、乾田馬耕体系の普及の遅れに象徴される生産力の低い米作地帯である、という総括が可能となる。

一般的に指摘されているように、近世後期と近代早期の間には、産業発達とその地域配置に関する本質的相違は見られないという。したがって、一歩深めて考察すると、上記の実態は、近世後期の農業をほぼ全面的に継承したものであること、さらに近世後半以降近代初期にかけての茨城・千葉の各県は、生産力の低い米作県という地域的性格とともに、広大な洪積台地の分布（図Ⅰ-1参照）に反して、商品作物の導入が一部地域の工芸作物たとえば、棉花・紅花・茶等を除いて、極めて貧弱であったという結論にたどり着くことになる。換言すれば、新田開発が盛んに行われてきた近世関東地方では、西関東の武蔵野台地の新田開発が先行し、東関東の場合、広大な常総台地は幕府の馬牧として囲い込まれ、開発はほとんど手つかずの状態で取り残されてきたといえる。ごく一部地域に無住戸ないし持添新田の類が開かれたが、耕地は下畑以下の切替畑が多く成果は挙がらなかった。畑地開発・畑地利用が著しく遅れ、是非はさておいて、商品生産とこれにかかわる流通組織の成立も多分に後発的であった。今日みるような東関東の畑作地帯千葉・茨城とは、かなり異なる状況であったことが指摘できる。

結局、養蚕地帯の成立・発展と商品生産が顕著な西関東に対して、低生産力の主雑穀生産に若干の工芸作物生産を加味した東関東は、農業的な生産性の格差に地場産業としての繊維産業対醸造業にみられる地域波及効果の差も加わって、西高東低型の地域性を醸成していったことが推定される。なかでも、西関東の養蚕核心地帯における蚕種・買桑・養蚕・製糸・織物等の地域分化傾向をともなう関連業務の発展動向は、生産工程の多様化と高度化を通して、雇用機会を拡げ、東関東の醸造地域を超える経済効果を地域農村にもたらしてきたと考える『群馬県史 通史編5近世2 p200～220』。とりわけ、北関東の桐生・足利地方の織物業等の農村工業に、農家の子女が労働力として吸収されていく事態には、天保改革（天保12年）でも幕府の関心を集めた経緯がみられた『目黒区史 p315』。これに対して発展期の銚子「ヤマサ」でも常傭労働力は20人前後に過ぎなかった。同業仲間を合計しても、米の移入地域化した北関東絹業地帯ほどの農産物消費社会の成立は考えられないことである『群馬県史 通史編5近世2 p288-296』。

井上定幸（1958年 p10-27）によれば、桐生・足利等の農村織物工業地域に限らず、北関東北西部の養蚕地域では労働力需要が発生し、榛名山麓養蚕農村の場合、近世中期以降の桑小作の一般化と釜方（糸繭商人）の簇生や近在での桑市の成立『群馬県史 通史編5近世2 p184』をともなう蚕糸業の発展以来、多くの奉公人が流入した。奉公人の存在形態は、近世中期から末期にかけて、譜代奉公・質物奉公と推移し、文久期を境に雇用形態は年季奉公から季節・日雇い・養蚕奉公へと変遷する。奉公人の出身地は、近在零細農家・北部山地農村・とくに越後が多くみられたが、維新期には高崎・前橋等からの「蚕女」の出稼ぎが顕著になってくるという。関東北西部農村における養蚕という商業的農業の成立と労働雇用の発生は、左記養蚕地帯とりわけ上野においては蚕糸・絹業の地域分化『群馬県の歴史 p130-132』をみるまでに発展し、18世紀末葉の北関東農村荒廃地帯と区分する一経済指標として、かつ地域分類指標として改めて確認する必要があるだろう。

ここで『日本産業史大系4 関東地方編 p1』の一文から東西関東の地域性を要約すると、「少なくとも土地利用からみる限り、西関東では水稲の反当収量と二毛作田率が高く、畑作物の商品化も進んでいた。一方、東関東ではまさにその反対であった。また西関東は開発の歴史が古く、江戸時代にはすでに近郊農業地域の成立も見られたが、東関東では多くの場合、開発は江戸時代以降に行われ、明治以後に至るまで自給的性格が残存し、農業技術も劣っていた。」以上のように纏めることができる。

⑵ 洪積台地の平地林開発と地域特性の逆転 東関東の平地林に覆われた広大な洪積台地（図Ⅰ-3）や開析扇状地の開発が本格的に進行するのは、明治期ならびに第二次大戦後の農地改革および緊急食糧難対策としての未墾地開墾の実施以降のことであった。明治期、まとまった開発が見られたのは、下総台地の旧幕府直営馬牧の佐倉七牧と小金五牧であった。馬牧の開発は、1869（明治2）年民部省に開墾局を設け、豪商を含む開墾会社（半官半民）を設立して進められた。東京の窮民救済を掲げて発足した大型開墾事業は、6,461人の移住者を受け入れて進められ、当時、東京新田と呼ばれた13ヵ村が成立した。東京新田の開発は、入植者の定着率が低く、開墾は難航した。開発当局が馬牧の広さを読み違えたことから、計画は大幅に縮小され、かつ開墾所管当局も変遷を繰り返した結果、1872（明治5）年、ついに解散の事態を迎える。開墾事業は残されたわずかの開拓農民と近在の農家5,000戸ほどによって続けられ、開墾面積7,000余町歩までこぎつけた。開墾が軌道に乗るのは明治末期以降のことであった『日本の国土 下 p316-317』・『土地改良百年史 p30-31』。結局、窮民救済の実は上げられず、一握りの巨大地主と多くの小作農民からなる地主制社会の創出と近在農家の増反に終わった。ただし、戦後、農地改革で創出された経営規模の相対的に大きな自作農民たちは、土壌改良と肥培管理の技術的普及を背景にして、下総洪積台地上のかつての寒村を常陸台地上の農村と同様、数少ない専業的な関東畑作農村に位

図Ⅰ-3　首都圏の平地林分布状況

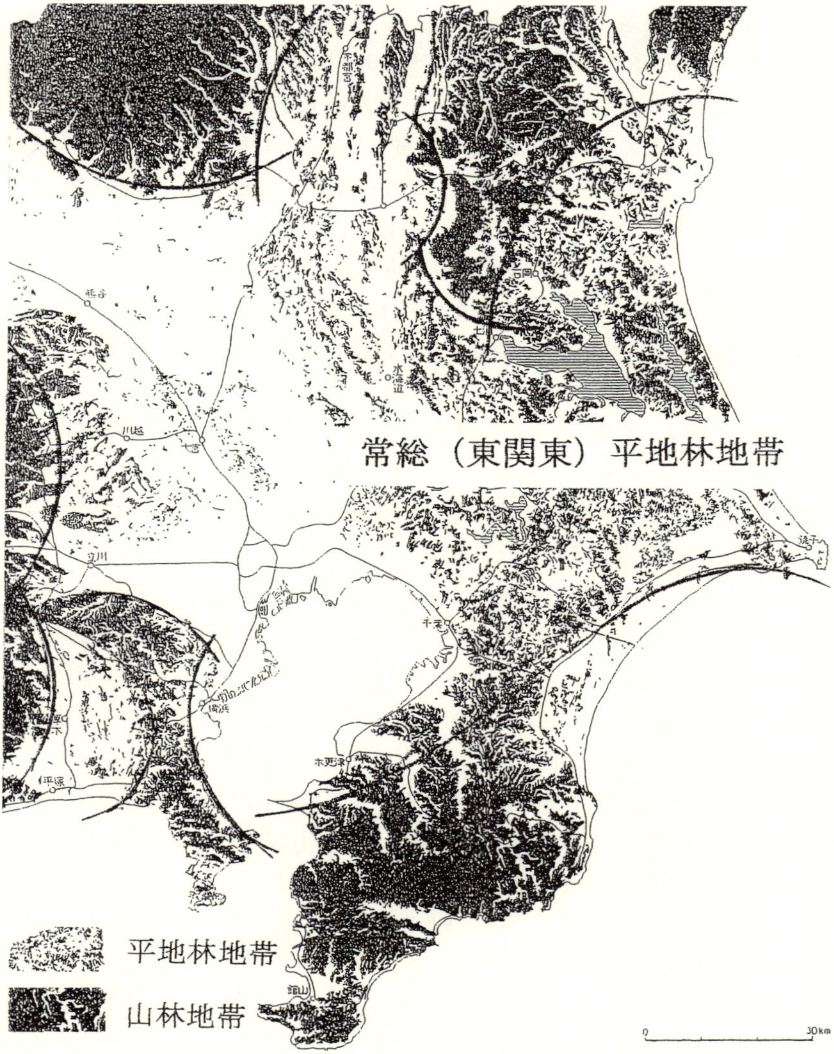
常総（東関東）平地林地帯
水戸
川越
立川
千葉
木更津
館山
平地林地帯
山林地帯
0
30km

出典：『日本地誌 第五巻（正井泰夫）』を加筆・編集
（太線は平地林と山林の境界を示す）

置づけることになる。

扇状地開発では、那須野原の開析複合扇状地開発が大規模に取り組まれた。那須疏水の開設をはじめ、新政府を後盾にしながら、地元有力者、明治維新の功労者、政商たちの手で開発は進行した。大規模な開発が多かったが、千本松農場にみるようなアメリカ型の資本制農場を除けば、内容は地主制を継承した旧態依然としたものであった。

近代初期の農地開発は、上記2大開発以外にも、常総台地の各地に中規模組織的開発の手が加えられた。いずれも零細農家の規模拡大や士族授産を指向したものが主流であった。近代の中頃になると、耕地の拡張は朝鮮・台湾で積極的に推進され、内地では乾田馬耕体系の普及のため、既存耕地の土地改良事業の推進に多くの努力が向けられ、さらにその後は、排水改良をともなう二毛作田の拡大に、農民と行政の努力が傾注されていくようになる『日本歴史地理総説 近代編 p228』。こうした土地改良を趨勢とする日本農業の全般的状況の中に在って、それでも関東地方の耕地開発は進捗し、1930（昭和5）年時点で水田総面積42万町歩、畑地総面積53万町歩に達した。

水田は主として東関東諸県のうち茨城（2.8万町歩）・栃木（2.8万町歩）・千葉（1.3万町歩）で開発され、畑地は西関東の諸県、埼玉（3.3万町歩）・東京（2.3万町歩）・神奈川（3.3万町歩）を中心に開発された『前掲総説 p228』。こうして近代中期段階の東関東では、近世後期の自給的穀菽農業路線が踏襲され、西関東では、畑地面積の増加と結合した養蚕経営の発展が、洪積台地・河岸段丘・火山山麓斜面等の桑園化を基軸にして、穀桑式農業地域の成立を実現することになる。なかでも明治以降、大里・児玉の洪積台地や伊勢崎の台地の平地林開墾をともなう桑園化は著しいものがあった。たとえば大里台地の岡部村では、明治43年以降の約40年間に、畑地が530町歩から810町歩へと激増し、全面的な桑園化を示していた。この間の平地林の推移は300町歩からわずかに4町歩に激減している「関東地方における林地とその開発 p21-22」。さらに筆者の採取資料によると、農村恐慌期の昭和5（1935）年以降の10年間に、大里・児玉台地の藤沢・岡部・本郷・榛澤4か村の開墾面積は、畑地の増加分で読み替えると463町歩に達している『近郊農業地域論 p115』。開墾目的は不明であるが、当時の台地畑作では百合根以外に有利な作物がなかったことから、繭価の低落分を収量増加で補塡しようとする機運が強く、多くは平地林が桑園化されたものと考える。なお、南接する入間・武蔵野台地北部も明治以降に桑園化が進んだ地域であった。

西関東農村に確立された穀桑式農業は、その後関東を超えて各地に拡散し、養蚕衰退期の昭和30年代まで、日本農業を代表する基幹的作型時代を創出することになる。一方、この間、東関東の洪積台地の開発は遅れ、侵食谷周辺の台地上の耕地化と虫食い状の耕地化が見られたにとどまる。残存した平地林地域では普遍的に切り替え畑が行われてきたという。木村隆臣（1970年 p12-16）によると、明治36（1903）年以降の約50年間における茨城県全体の開墾面積は71,530町歩に達し、そのほとんどは民有林地であった。ところが林地面積は大きくは減少していない。立石友男は、その理由を切替畑の畑地から山林への復帰によるものとしている。また、彼の分析によれば、稲敷台地や結城台地では、高度成長経済の初期段階まで錯綜した樹林地の姿が見られ、切替畑の残存を示唆していたという。「関東地方における林地とその開発 p22-26」。こうした近現代の平場農村としては考えられないような粗放的農業が展開する一方、東関東南半部の下総台地では、帝都防衛のための軍用施設の拡張が進み、農業地域としての暗黒時代を迎えることになる。

近世後期〜近代中期の西関東洪積台地での農地開発の進展にもかかわらず、東関東とくに茨城南西部の諸台地では、しばしば指摘したように、かなりの洪積台地が農業開発から取り残されてきた。その後、近現代にかけての耕地開発の機会―昭和初期の農業恐慌・第二次大戦後の緊急食糧難・農地改革の際の一部山林解放・新農山漁村建設総合対策事業における畑作振興策の推進・高度経済成長期の燃料と肥料革命による共有林や私有林所有の経済的・経営的価値の喪失―を契機にして、一部洪積台地上で平地林の開墾が進行した。こうした開墾を通して経営規模は徐々に拡大され、今日、ついに行方台地・猿島・結城台地・下総台地農村にみるような、近郊外縁部における経営規模の相対的に大きい農村の成立をみるに至った『産地市場・産地仲買人と産地形成 p51-55』。東関東と西関東の農業・農村を判別するきわめて有効な地域性が形成されることになったわけである。

明治後期から大正期にかけて、工業化主導の状況下に進んだ日本農業の歩みは、国内市場の拡大と自らの市場化を背景に、労働手段と労働対象に大きな変革を惹き起こしながら進行した。乾田馬耕体系の普及、化学肥料の増投、商品化作物の採用が関東の田畑作に及ぼす影響は大きかった。変化は東西関東の地域的再編をともないながら、役畜の増加と作物編成の著しい交替となって表面化した。作物編成の交替のうち、増加したのは、米・小麦・甘藷・馬鈴薯・蔬菜・果樹等で、衰退したのは、綿花・藍・紅花等の近世工芸作物群であった。大豆・大麦の作付も減少した。地域的には、東関東の米・大麦・煙草・大麻・茶等の主穀と工芸作物の生産がみられ、また西関東では、養蚕と蔬菜作の進展ならびに煙草・茶の継続的生産がみられた『日本歴史地理総説 近代編 p239-240』。

現代の関東東西両地域に形成された畑作地帯としての地域性は、養蚕地域の消滅、洪積台地の開墾という二つの大きな歴史的流れを挟んで、農業地域としての先進性と持続性ともに、その評価を逆転した感が強い。たしかに戦後の土地改良は、東関東では主として利根川下流域と房総半島の水田地帯を対象に、用排水・耕地整理事業として展開し『日本地誌 5巻 p88』、西関東では赤城・榛名火山山麓一帯での畑地灌漑を重視した群馬用水事業が進行した。これだけみると、近世・近代の農業的土地利用とその評価に現われた地域性は、現代まで引き継がれたという側面も持っている。

さらに高度経済成長期以降の状況として、東関東では九十九里平野・小貝川流域・鬼怒川流域の水田用排水計画（一部実現を含む）と常総台地の複数地域における畑地灌漑計画の実施が話題となり、西関東では、関東山地山麓の田畑輪換事業計画の実現が現地農民の強い意向となっていった『日本地誌 5巻 p89』。両地域とも畑地灌漑事業の実施という現代的課題を重視し、その意味では、いずれも目指す方向は一致しており、地域的政策課題バランスは拮抗していた（表Ⅰ-2）。したがって、歴史的にみると、東西関東の両地域性を分ける現代史的指標として、西関東における養蚕経営の消滅を、東関東では洪積台地の開発をそれぞれ取り上げることができる。当然、近郊外縁部農村として、また近県物輸送園芸地域として、関東地方を農業的に位置つけた場合、両地域の農業的性格に与えた二つの指標の意味の大きさ―逆転傾向―は認めざるを得ないだろう。

表Ⅰ-2　関東農政局管内の国営畑地灌漑事業地区一覧

事業区	施工年度	灌漑面積	事業形態	土地利用(灌漑対象)
		ha		
新利根川	1946～1965	655	多	畑(野菜)
鏑川	1958～1970	865	多	桑園、田畑輪換
荒川中部	1959～1966	4,225	多	田畑輪換
大井川	1947～1967	510	多	茶園
三方原	1960～1970	3,829	多	畑、果樹園(茶・ミカン)
石岡台地	1970～1976	3,532	多	畑(飼料・野菜)
鹿島南部	1967～1974	1,581	多	畑(甘藷・タバコ)
渡良瀬川沿岸	1971～1977	1,398	多	畑(野菜・飼料)
埼玉北部	1967～1973	955	多	桑園、果樹園(ナシ)
釜無川	1965～1973	2,052	多	桑園、果樹園(モモ・ブドウ)
笛吹川	1971～1977	5,812	単	果樹園(ブドウ・モモ)、桑園
中信平	1965～1973	2,847	多	桑園、果樹園(ブドウ・ナシ・リンゴ)
天竜川下流	1967～1976	2,806	多	畑(野菜)、茶園
静清庵	1971～1977	7,470	単	果樹園(ミカン)、茶園
北浦東部	1973～1979	3,600	単	畑(野菜)、果樹園(クリ)
伊那西部	1971～1978	2,649	多	畑(飼料・野菜)、果樹園(ナシ)、桑園

注：1）国営灌漑排水事業要覧（1971）より作成
2）全体計画を含む
3）多：多目的事業
単：畑地灌漑単独事業

広域的に残る平地林開発で土地規模型農業の可能性を獲得した東関東では、同時に平地林地域の非農業的利用も大きく進んだ。とくに昭和30年代中期以降の産業資本の地方展開とゴルフ場の建設は、平地林地帯を恰好の草刈り場として選択立地した。高度成長経済の展開初期に用地買収を開始した13工業団地のうち、山林原野の占める割合が80％を超える団地は7団地に及んでいる。筑波研究学園都市（2,757ha）や日本自動車研究所（250ha）の立地も大規模な展開例であった「関東地方における林地とその開発 p27」。近年、工業団地化は、農業経営基盤の堅実な筑西地域まで配置を終えている。これ以上の土地、労働力立地指向の工業進出は、農業専業基盤の浸食なしには不可能に近い状況となっている。

日本農業を史的に総括するまでもなく、土地生産性と人口支持力を重視する「米つくり」は、常に権力中枢と末端耕作者にとって、農業のもっとも重要な部分として位置付けられてきた。その結果、開発された畑地の多くが、それぞれの時代における技術発達段階と権力者の強い意向を映して開田されていった。この状況は米生産調整政策が強力に推進される1970年まで各地で継続的にみられた。とりわけ用水技術の社会化によって個別的な開田いわゆる陸田化が広範に進展し、また、大規模地形改変をともなう国営水利事業で、畑地は大きく減少した。昭和初期の東関東の水田開発・西関東の畑地開発の流れを経て、今日、畑地卓越地域としての歴史の長い関東は、耕地率が高くそれだけ可耕地に恵まれた水田卓越型の東関東と若干畑作に比重を残す西関東とに分かれた。

⑶ 南北地域性の形成と特質　関東の地域的把握の仕方には、江戸（東京）を手掛かりにした南北関東という捉え方も成立する。とくに経済活動の帰結としての人口動態、耕地の人口支持力、農業の地帯形成等の諸問題については不可欠の視点である。以下、「近世中期の関東地方の農業技術とくに施肥事情」と「近世中～後期の北関東の人口減少」および「戦後・東京近郊の農家減少と蔬菜栽培の発展」にみる南北地域性の問題に絞って、検討したい。

近世初期以降の関東南部とくに江戸と近接する武蔵・相模・下総では、耕地開発が進み、自給肥料基盤としての採草地不足問題が顕在化した。一方、これらの諸地域農村では、古島敏雄が指摘するように「江戸近郊農業の発展に対応した土地利用の高度化と、これを可能にするより有効な地力維持策―自給肥料から米糠・油粕・魚肥等の購入肥料へ―の改良が求められた。他方、下野・上野・常陸等の大部分は、多くの農書が示すように、農業技術的には奥州地方と同一段階に在り、部分的には干鰯や荏粕に言及するものもあるが、主体は刈敷・厩肥使用を挙げている。関東畑作の中心地である上野・下野の農書では、これらの施肥のほかに作付体系の修正が地力維持の主要方策として論じられている」『日本農業技術史 p519-527』。こうした関東南北両地方にみられる農業技術上の地域格差と、結果としての生産力水準の違いにも注目する必要があろう。

日本歴史地理総説『近世編 p258-260』によると、近世中期の寛延3（1750）年から後期の弘化3（1846）年にかけてのおよそ1世紀間の人口推移は、武蔵で0.3％増、他はすべて減少を示し、江戸に近い相模・下総・安房が10％未満の減、遠く離れた関東北部の上野・下野・常陸では20〜30％台の人口減少となっていた。このことは、天明年間の浅間の山焼けとその後の度重なる凶作で壊滅的打撃を受けた関東北部農村では、間引き・堕胎・逃散が頻発し、荒れ地・廃村・人口減少が進んだからであった。菊地利夫『前掲総説 p258』の指摘「関東南部農村で人口減少が僅少に留まったのは、幕府が近世中期以降、江戸市場圏の形成のために荒廃が進む農村に対して商品作物の導入を指導したこと、とくにその成果が立地条件の優れた南部農村に集中的に表れた」ことも一考の余地はあろう。さらに浅香幸雄『前掲総説 p260』のいうように「南関東では、商品作物の導入や産業構造の発達が、北関東に比較して、高い人口支持力をもたらした」ことが、結果的に人口動態の南北間格差として現象化したともいえる。

表裏の問題であるが、北関東とりわけ下野・常陸にみられた農村荒廃と人口の激しい減少の一因を、江戸との関連ー人口流出ーで捉えようとする視点も重要なことである『栃木県史 通史編5近世2 p111』。たとえば、天保改革の際の「人返し令．天保14年」は、関東・東北地方からの江戸奉公人を国元に戻し、同時に江戸への新規転入を禁止することで、減少基調の農村人口を確保しようとしたものである『目黒区史 p315』。加えて、商品貨幣経済の進展の下で、農民の困窮・没落・退転が広域にわたって波及し、さらに人口減少にともなう労賃の高騰を通して、上層農家まで巻き込んで問題が進行した、とする指摘も示唆に富んでいる『前掲栃木県史 p111-112』。おそらく、新田開発の進展が入会林野の減少とこれにともなう金肥依存度の増大に直結し、さらに商品栽培の導入に付随する金肥投入量の増加や農業労賃の上昇が、上層農家を含む農民層分解の契機となったものと考える。貧窮のどん底から発生した北関東農村の無宿者を含む人口流出に対して、南関東の流出問題は、「上総抱」に象徴される武家屋敷への奉公人としての離村が多く『千葉県の歴史 通史編近世1 p17』、いわば期間限定の「求められた流出」に特徴があった。

一方、近代初期、国内最大の市場・東京と本邦最大の国際貿易港・横浜を核とする関東は、国内経済の再編と世界経済への参加という二重の変革を受けた。さらに政府は、殖産興業をスローガンとする開発政策をまず関東から着手した。開発の主力はすでに農業から工業に移行し、その波及効果が農業に及ぶ形勢となっていた。育成対象工業の地域配置は、官営の重工業をはじめとする近代的工業については、京浜臨海地区に集中させ、繊維産業等の在来工業については、近世起源の発生地域（北西関東）を選び、製糸技術伝播の有力拠点として官営模範工場を設立し、近代化への道筋をつけるべく間接的指導が試みられた。結局、明治新政府の西関東重視の繊維産業政策と製糸・織物業界の活動『群馬県史 通史編5 近世2 p208-270』を超える政府の臨海部近代工業推進政策が、以後の北関東と南関東の地域格差拡大の一因となり、同時に近代化初期段階以降の西関東の先進性と東関東の後進性にも、さらなる影響を与えることになった『日本歴史地理総説 近代編 p227』。

明治以降の近代化過程の中で、産業と人口の集積が激しい南関東と農村的・牧歌的雰囲気の残る北関東では、人口の動態に大きな地域差が生じた。京浜地帯を抱える東京・神奈川に人口流入による顕著な増加率が認められ、東京に接する千葉・埼玉と若干遠隔の茨城の増加は、全国平均より低率である。後者の低率は、これら3県が東京の人口培養圏を形成しているためである。これに対して関東北部の群馬・栃木両県の人口増加は、全国平均を上回っている。原因は2県が蚕糸業県として一定の人口支持力を有していたことに加えて、東京から遠隔のため、人口のプル要因とプッシュ要因の機能がともに弱かった結果であると考えられている『日本歴史地理総説 近代編 p230-231』。

『日本地誌 5巻 p72』によると、1950（昭和25）～1960（昭和35）年の関東地方の農家減少は、東京の巨大都市化の影響を受けて顕著な南北性を示しながら進行した。1960（昭和35）年以降の農家減少地域が、高度経済成長を反映して、千葉・埼玉に向けて一挙に拡大したことは周知の事実であろう。一方、1960年の蔬菜の栽培面積率（畑地総面積分の蔬菜作付面積）の高い地域をみると、その分布は農家減少数の大きい地域と見事に一致し、相関関係の存在を示唆している（図Ⅰ-4)。その後の蔬菜栽培面積率の動向も農家減少数の多寡と地域的に一致する筈である。南北性を明らかに示す基本的分布状況に対して、農家数の減少と蔬菜栽培率の高い地域が埼玉県北部から群馬県南部にかけても認められる。いわゆる両現象の飛地的拡散地域がみられる。

図Ⅰ-4　市町村別農家減少数 a) と蔬菜栽培面積率 b)

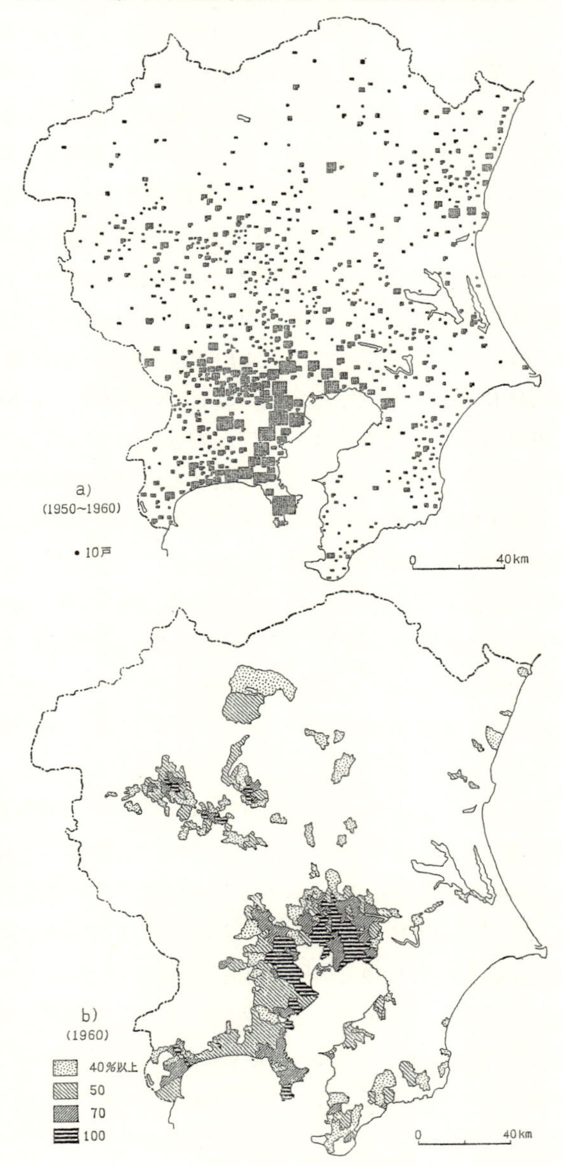

出典：『日本地誌 第5巻（白浜兵三）』

以上の事実に、東関東の分布状況を重ね合わせて検討すると、そこには南北性と東西性の二つの分布傾向を読み取ることができる。二つの地域性の成立にみられる相関関係は、南関東では都市化が激しく進行した結果、農地の減少と蔬菜需要の増大が集約的蔬菜産地の成立をもたらし、北関東では養蚕経営の衰帯が、蔬菜栽培の新規導入もしくは拡充と一部零細農家の離農に発展したことを示している。なお、本質的には東西関東の場合も南北関東の場合と共通するとみて大過はないが、あえて付記すれば、東関東で加工・工芸作物としての甘藷・茶あるいは主雑穀類の生産が低迷し、農家経営上の痛手となった点であろう。ただし、年月を経た21世紀初頭の今日、東関東茨城・千葉の洪積台地の根菜類を中心とする露地・施設産蔬菜の生産力は、西高東低の関係を完全に逆転し、関東レベルを超えて日本屈指の農業県の地位を確立している。

【引用・参考文献と資料】

新井鎮久（2012）:『産地市場・産地仲買人と産地形成』成文堂.
井上定幸（1958）:「近世期農村奉公人の展開過程」歴史評論95号.
茨城県史編集委員会（1985）:『茨城県史＝近世編』.
茨城県農業史編纂会（1963）:『茨城県農業史　第一巻』.
茨城県農業史編纂会（1968）:『茨城県農業史　第三巻』.
茨城県農業史編纂会（1971）:『茨城県農業史　第六巻』.
今村奈良臣ほか（1977）:『土地改良百年史』平凡社.
大阪府史編集専門委員会（1987）:『大阪府史　第六巻』.
大町雅美他（1974）:『栃木県の歴史　県史シリーズ』山川出版社.
小笠原・川村共著（1971）『千葉県の歴史　県史シリーズ』山川出版社.
小倉宗（2011）:『江戸幕府上方支配機構の研究』塙書房.
神奈川県県民部県史編集室（1981）:『神奈川県史　通史編2近世1』.
木村隆臣（1970）:「関東平野における林業に関する研究」茨城県林業試験場研究報告4号.
群馬県史編纂委員会（1990）:『群馬県史　通史編4近世1』.
群馬県史編纂委員会（1991）:『群馬県史　通史編5近世2』.
小出博（1970）:『日本の河川』東京大学出版会.
小出博（1973）:『日本の国土　下』東京大学出版会.
千葉県資料研究財団（2006）:『千葉県の歴史　通史編近世1』.
栃木県史編纂委員会（1984）:『栃木県史　通史編5近世二』.

地方史研究協議会（1960）：『日本産業史大系6 近畿地方編』東京大学出版会.
地方史研究協議会（1984）：『日本産業史大系4 関東地方編』東京大学出版会.
地方史研究協議会（1986）：『日本産業史大系1 総論編』東京大学出版会.
立石友男（1975）：「関東地方における林地とその開発」日本大学地理学教室編『五十周年記念論文集』古今書院.
日本地誌研究所（1968）：『日本地誌 5巻』二宮書店.
日本地誌研究所（1963）：『日本地誌 6巻』二宮書店.
日本地誌研究所（1967）：『日本地誌 8巻』二宮書店.
藤岡謙二郎編（1977）：『日本歴史地理総説 近世編』吉川弘文館.
藤岡謙二郎編（1977）：『日本歴史地理総説 近代編』吉川弘文館.
古島敏雄（1951）：『江戸時代の商品流通と交通』御茶ノ水書房.
古島敏雄（1975）：『日本農業技術史』東京大学出版会.
宮本又次（1957）：「近畿農村の秩序と変貌」宮本又次編著『近畿農村の秩序と変貌』有斐閣.
宮本又次（1974）：『関西と関東』青蛙房.
安岡重明（1955）：「商業的発展と農村構造」宮本又次編著『商業的農業の展開』有斐閣.
山田武麿（1984）：『群馬県の歴史 県史シリーズ』山川出版社.

第II章

江戸地廻り経済圏の成立と近傍農山村の諸相

江戸地廻り経済論にかかわる問題の所在と分析の視角　江戸地廻り経済論—近世関東農村研究—にはいくつかの課題が指摘されている。たとえば、長谷川伸三『近世農村構造の史的分析 p3-5』はその一つとして、特定の歴史的状況の下での関東農村の特質を明らかにすることを挙げ、もう一つの課題としては、関東農村を統合する諸契機の解明を指摘している。前者では、近世関東農村の特質の解明にアプローチする方法として、農業生産の地域的特質の把握、商品生産・流通の特質をめぐる論点の整理、農民闘争の激化と幕府崩壊をめぐる論点の整理を指摘し、後者では、幕府権力による関東農村支配のメカニズムとその変化、ならびに商品流通による地域の相互連関・統合機能として、江戸と地方都市・交通組織・商業資本の動向などに注目する必要性を取り上げている。

これら長谷川論文中の諸見解等も参照しながら、江戸地廻り経済の成立と展開の諸過程を二分し、第II章では、主として近世早期の江戸近傍地廻り物の生産と流通を通して、江戸近郊の地域的性格と社会的性格の把握を試みる予定である。

具体的には、遠距離輸送能性を著しく欠いた蔬菜生産と、重量比価が低くしたがって輸送費の面から遠距離輸送が困難な重量林産物生産、および近郊外縁新田集落の雑穀生産を重点的に取り上げ、第III章への導入を兼ねて章節を編成した。数ある江戸近傍穀作農村のうちから武蔵野農村を抽出したのは、第III章第一節で取り上げたように、新田集落として、他の既存集落の追随を許さないほどの優れた経営条件を備え、生産力・剰余の形成などの面で武蔵野農村が小農形成期の代表的新田農村であったことを評価した結果である。同時に江戸の影響を多面的に享受できたことも無視できない点であり、北関東農村との比較上からも優れた地域性を持つ農村として考慮した結果であった。

第II章で取り上げた農林業諸地域は経済的に近郊立地性が強いだけでなく、

歴史的にも元禄一享保改革期の小農自立政策に呼応して推進された武蔵野新田開発が象徴するように、近世早期という成立期を共有する点でも類似する地域であった。なお、近世後期の江戸近郊農村における農民階層の分解や農村社会の変質についてあえて付言したのは、近世後期の北関東の人口減少に投影された農村荒廃と江戸近郊農村を比較検討し、江戸のもたらす社会的経済的効果について一考するためである。

本来、関東畑作農村の地域的性格は、商品化を指標にすると特産物生産地帯、主雑穀生産地帯、自給地帯に分けることができる。しかもいずれの地帯も、近世後半期に程度の差こそあれ、商品生産・流通の展開と農村荒廃を経験してきたところである『前掲書 p2-3』。このうち、特産物生産地帯とは、「木綿・麻・煙草・和紙・紅花・藍・蒟蒻・薪炭・木材・漆・蠟・楮」等の生産にかかわる農・山村をいい、これらの特産物生産地帯および綿・絹織物等の機業地域と醸造業地域については、産地形成と流通とくに流通における生産物の移出経路の特定と前期商業資本の小農吸着一金肥前貸し制一小農分解の経緯に力点を置いて、次章「近世. 関東畑作農村の商品生産と舟運発達」で取り扱うことにした。

第一節　「江戸地廻り経済」研究に関する学会素描

江戸地廻り経済の展開に関するこれまでの研究を大観すると、報告点数の多さにまず圧倒される。百家争鳴の観なくもないが、近世畿内研究に比して、少なくとも量的には劣るとは思えない。もともと、地廻り経済の概念自体が、江戸を中心とした農林漁業の生産から流通に及ぶ広汎な概念を含み、しかもこれにかかわる幕府の政策・前期的資本や手工業者の動向等きわめて多岐にわたっている。江戸市民の消費生活に集約される諸物資の流れに限らず、地方農村に向けた「帰り荷」の動向とくに近世中期以降の商品作物の普及にともなう干鰯・油粕・米糠を主とする購入肥料の農村浸透や、商品経済の進展と連動する地域市場の成立ならびに流通組織の変貌も関東レベルの問題として現象化する。いわゆる関東地廻り経済の展開とも言える状況の広域化と変質が、農民層を巻き込んで進行していく。こうした状況を反映して、研究作品も「地廻り経済」そのものを正面から取り上げたものもあれば、問題解決の必要から部分的に「地廻り経済」に言及したものもある。極論すれば、経済・交通運輸関係の関東近世史研究＝江戸地廻り経済からみの論考、といっても過言ではないだろう。江戸地廻り経済関連の業績の多さの由来がここにある。以上の状況を踏まえた上で、あえて、表記テーマに意識的接近を試みたと見られる著書に限り抄録すると、以下のように纏めることも可能であろう。

伊藤好一（1966年）『江戸地廻り経済の展開』から寸描してみよう。「近世後期における関東農村が、国内市場の形成期に在って、どのような地域市場としての類型を持つに至ったかを、江戸との商品流通において明らかにし、江戸市場圏がどのような構造を持つか」について検討した作品をまず挙げることができる。具体的には、地廻り経済の展開過程で、関東農村とくに武蔵野新田の村々における、江戸市場への入り込み方の多様性をあきらかにした作品である。著者には、江戸向け蔬菜産地の形成過程を、地帯形成の視点からとらえようとした業績（江戸近郊の蔬菜栽培）『日本産業史大系 関東地方編（1959年）』もあり、その点、両者の関連性の深さを示唆する作品となっている。

林玲子（1967年）『江戸問屋仲間の研究』によると、化政期から幕末にかけて江戸問屋が仕入れ方法を変化させていくのは、国内市場形成に対する都市商業資本の対応の現われ、言い換えれば、都市問屋による流通独占体制の崩壊過程そのものであるとし、同時に明治以降につながる国内市場の形成過程であることを指摘している。地廻り経済問題の流通過程部分に焦点を合わせた本書の具体的内容は、「江戸問屋仲間の成立と流通独占体制の展開．流通独占体制の動揺と崩壊」の4事項2テーマに絞って考察を加えたものである。なお、林玲子編著（1990年）『醤油醸造業史の研究』は、内容的にはヤマサ醤油の社史に相当する史料を核に据えているが、質的には社史を超えた地廻り経済論の展開になっている。このことは、以下に示す章編成「銚子醤油仲間の成立・江戸地廻り経済圏の変質とヤマサ・原料仕入れ先と取引方法の変遷・醤油醸造業と労働力編成・銚子醤油醸造業の経営動向・近代醤油醸造業と農村経済」からもみてとれることである。「下り」を「地廻り」が最初に圧倒した商品こそ、江戸地廻り経済圏の代表的醸造商品としての醤油であり、常総台地農村の原料生産（米麦・大豆）と舟運・金融・労働力事情まで含めた醸造業経営の考証に示される、本書の研究史上の草分け的意味は大きい。

一方、白川部達夫（2001年）『江戸地廻り経済と地域市場』は、常陸の土浦町・竜ヶ崎町・真壁町を事例地域とし、地廻り経済の展開と地域市場（城下町）とくに「近代移行期の地域市場の質的変化（市場経済化）と村落共同体」に考察の視点をおいて検証を試みている。内容的には、「江戸積み醤油問屋の発展と衰退・魚肥商人と直売市場の展開・地域市場の発展と前期的商人資本の変質・地域市場の展開と在郷町周辺農村の諸営業の簇生」等の諸問題を取り上げ、村落の共同体的性格が、近代移行期の地域市場論にとって重要な要素であることは承認しつつ、村ではもはや解決できなくなった市場経済の動向が、移行期の地域市場論の基底にあることを指摘している。

地方史研究協議会編（1959年）『日本産業史大系 関東地方編』も江戸地廻り経済の展開を中心に採録した図書の一つである。歴史地理学的な編集に特徴が見られ、たとえば近世の江戸周辺の産業として、「江戸近郊蔬菜栽培・行徳の塩業・銚子と野田の醤油醸造・佐原と流山の酒と味醂・行田の足袋・狭山の茶・青梅の林業・津久井の薪炭」等を取り上げ、北関東の織物地帯として「真岡木綿・桐生の織物・足利の織物・群馬の生糸」の生産と流通をそれぞれ考察している。また関東の特産物としての「紙・蒟蒻・煙草」あるいは特権的保護産業の「上州砥石・足尾銅山」の開発と経営過程を明らかにし、さらに近代移行期の殖産興業策の地域的展開や近代産業への転換過程についても論及している。

古島敏雄の指摘（1950年）『近世における商業的農業の研究』「商品生産が最も早く確立したのは大都市近傍の野菜作である」にもあるように江戸近郊農業の成立は、江戸の開府と軌を一にする先発部門であった。江戸地廻り経済の先駆的存在ともいえる近郊農業問題の専門的研究者は少なく、渡辺善次郎（1983年）『都市と農村の間』以外では伊藤好一（1959年）「江戸近郊の蔬菜栽培」地方史研究協議会編『日本産業史大系　関東地方編』の業績を見るに過ぎない。江戸近郊農業論の分野には体系的な業績がないため、渡辺の作品は一層貴重な評価を受けている。国立国会図書館調査立法考査局在職の立場を生かした研究とくに地帯形成の具体的把握は、史料的な充実感を抱かせる部分である。

次に、林玲子（1968年）「江戸地廻り経済圏の成立過程」大塚久雄他編『資本主義の形成と発展』の著述を紹介したい。研究の狙いを特徴的に総括すれば、江戸地廻り経済圏の把握を首都市場圏の問題としてではなく、国内市場の成立との関係において明らかにしようとしたものである。具体的には、常州繰綿・油の生産と流通面を通じて、江戸地廻り経済圏の成立過程を幕府の政策面からではなく、経済的な側面から追求した作品である。

近年、刊行を終えた関東6県の県史近世編でも粗密の差はあるが、江戸地廻り経済圏の成立・展開に関する記述が例外なく見られる。とりわけ、『栃木県史 通史編4近世1』・『栃木県史 通史編5近世2』・『茨城県史＝近世編』・『千葉県の歴史 通史編近世1』・『千葉県の歴史 通史編近世2』・『群馬県史 通史編5近世2』・『新編埼玉県史 通史編3近世1』・『新編埼玉県史 通史編4近世2』等の各県史近世編では、江戸地廻り経済の展開動向を軸に据え、さらに近世中期以降の特産物を含む商品生産の地域的展開、水運を中心とした流通組織の発達と地方市場の成立展開過程などに関する、精査された論述をみることができる。

関東六県の県史の叙述においてしばしば取り上げられ、かつ注目されてきた近世関東農村史研究上の問題点として、商品生産の展開と農民階層の分解に深くかかわる魚肥生産と流通問題を追及した荒居英次の先駆的研究『近世日本漁村史の研究』・「近世農村における魚肥使用の拡大」（後述）・「近世野州農村における商品流通」（後述）も見落とすことのできない作品である。

結びとして、「近世関東舟運の研究」をライフワークとし、斯界の研究水準を形成する労作を世に問うてきた川名登・丹治健蔵の作品について、紹介を試みる。両氏の業績について論考する前に、まず一般論としての近世の商品流通問題ならびに研究成果を整理しておきたい。近世初頭、地方諸藩の米や特産物が中央市場に搬送される場合、多くは幕藩領主もしくは特権商人によって、水運利用を中心に推進されてきた。いわゆる領主的商品を領主的輸送機構の下で運ぶものであった。その後、近世中期以降になると農民的商品生産の発展とともに農民的流通が急速に進展していく。中央市場との距離ならびに水運利用上の諸条件に恵まれたところに商品生産地域が立地展開をみることになる。いわば商品生産地域の拡大に舟運の可否が大きな影響力を持つことになるわけである。こうして河川舟運の研究が交通史研究の枠を超えて、昭和期以降、歴史地理学・民俗学などの分野を含め、広範にわたって進行するようになる。

以下、横山昭男『近世河川水運史の研究』による昭和期の全国レベルの展望を抜粋すると、昭和10年代の研究として黒羽兵次郎『大阪の船仲間』、大山敷太郎「富士川舟運の研究」を取り上げ、水運史の体系化を試みた先駆的研究として位置付けている。同じ頃、最上川水運に関する長井政太郎「最上川水運及び輸送物資について」、阿部正巳「最上川交通漕運史」などの精力的な研究がみられた。近代的交通手段の登場と河岸荷積み問屋との相克をとらえた長井の研究成果は、歴史地理学的側面から高い評価をうけている。第二次大戦後の近世史研究は、農村史とりわけ商品生産と地主制など、社会経済史的研究の面で著しい成果を見たとされる。その中で河川水運史の研究は決して多いとは言えないとしながら、代表的な作品として古島敏雄「大坂における各種運輸機関の発展と相互の紛争」、遠藤進之助「藩政期北上川水運の一研究」、関順也「近世における木津川水運の一研究」など各地の研究を取り上げている。これらの諸論文は、商品生産と流通の発展が特権的な舟運機構に与えた影響について考察したものである。商品流通に関する研究は昭和30〜40年代に引き継がれ、必然的に河川水運史研究の増加をもたらすことになった。とくに舟運発展の諸段階を問題視した研究と利根川水系舟運に関する論考が多く見られるようになる。

本論に戻って、その後の利根川水系の舟運を中心とした代表的な作品について筆者の展望を述べておこう。まず川名登（1984年）『近世日本水運史の研究』について触れることにする。これまで江戸地廻り経済の成立に関して、多くの研究者が産地と江戸、漁村と内陸農村、周辺産地と地方市場のそれぞれを結ぶものとして舟運の成立・組織・機能の叙述に紙数を割いてきた。その際、もっとも広く人口に膾炙した作品の一つが『近世日本水運史の研究』であろう。川名登の関東舟運とくに利根川舟運に関する研究上の焦点は、元禄期以降の領主経済の推進にともなう海運・内陸水運の統一的把握の動きに対して、農民経済の発展は年貢物とは異質の物資輸送であることを必然化し、領主水運との対決姿勢を鮮明にしている。この対決を通して領主的運輸機構は崩壊し、農民的流通機構の時代に移行していく。近世水運史の基本的性格と問題点の追求ならびに内陸水運の基礎構造の確定を試みた点が、本書の大筋である。この作品では、幕府の内陸水運政策の把握がかなり意図的に取り組まれ、近世関東水運史の研究を志す学徒にとって、欠くことのできない指導書となっている。

一方、丹治健蔵の作品を見ると、まず研究地域の広汎さと研究業績の多さ・緻密さに脱帽する。丹治健蔵の水運史研究の柱は、利根川水系諸河岸を結節点とする関東農村と江戸の間に成立する荷物の出し入れ、言い換えれば利根川舟運の発展と商品流通の実態について幕藩領主の動向にも配慮しながら、検討したものである。著者は江戸地廻り経済の展開という研究視点についても、常に意を用いてきたことを付記しておきたい。この研究史の流れの中で刊行された著書が、『関東河川水運史の研究 1984年』・『近世交通運輸史の研究 1996年』・『関東水陸交通史の研究 2007年』であり、利根川水系を除く荒川水系・渡良瀬川水系・多摩川流域の水運史研究をまとめた著書が、『近世関東の水運と商品取引 2013年』である。船積み問屋史料と県市町村史の成果を網羅した彼の研究は、ここにひとまずの集大成をみることになった。なお、多くの共編書・論文については割愛した。

補足になるが、長谷川伸三（1981年）の『近世農村構造の史的分析』も見落とせない作品である。そこには、1970年代までの江戸地廻り経済の展開について、詳細な研究史ないし研究史的展望が整理されている。加えて、課題とする「近世関東農村の特質の解明」において、1)農業生産の地域的特質、2)農民的商品流通の展開と農民層分解の特質、3)幕末期の農民闘争の激化と幕藩体制の崩壊、以上の3視点からのアプローチを試みている。このうち1)・2)の内容つまり商品生産の展開と流通機構の整備は、「江戸地廻り経済の展開」に直結するものであり、同時に1)・2)の原因が3)の結果に帰結する構造になっている。文中には、近世関東農村研究を対象にした公刊図書が挙げてある。ここにその一覧を添えて本節の結びとする。

古島敏雄編（1949年）：『山村の構造』日本評論社．木村　礎編（1958年）：

『封建村落 その成立から解体へ』文雅堂書店．木村・伊藤編（1960年）：『新田村落 武蔵野とその周辺』文雅堂書店．木村・杉本編（1963年）：『譜代藩政の展開と明治維新 下総佐倉藩』文雅堂銀行研究社．木村・高島編（1969年）：『耕地と集落の歴史 香取社領村落の中世と近世』文雅堂銀行研究社．木戸田四郎（1960年）：『明治維新の農業構造 幕末水戸藩経済史研究』御茶ノ水書房．同上（1970年）：『維新黎明期の豪農層』塙書房．伊藤好一（1967年）：『近世在方市の構造』隣人社．佐々木潤之介（1969年）：『幕末社会論 世直し状況研究序論』塙書房．安澤秀一（1972年）：『近世村落形成の基礎構造』吉川弘文館．

なお、大学の研究紀要や学界誌掲載論文等については、規定枚数の制約から本節では荒居英次（1961年）「近世野州農村における商品流通」．（1970年）「近世農村における魚肥使用の拡大」の論文2本を採録し、他の多くを割愛した。荒居論文は、18世紀末葉の関東畑作農村における干鰯・〆粕の投入が、商品生産地帯のみならず、主穀生産地帯の農村にも広く普及していた状況を解明する過程で、干鰯・〆粕使用の地域性と階層性を検証し、併せて農民の干鰯と〆粕使用にともなう商業資本の収奪機構の分析を通して、近世農村の解体に及ぼす影響についても言及している。関東畑作農村における干鰯・〆粕投入と商品生産の発展は、「江戸地廻り経済圏の成立とその階層的・空間的把握」に際しても、重要な史料と先行的な示唆を提供してくれる論考である。

第二節　幕府の商業・交通運輸政策の基本と大坂

第Ｉ章「関東における畑作地帯の分布とその自然的・歴史的環境」において述べたように、摂河泉地域の政治領域は、相給所領・所領の錯綜・所領交替・非領国地域化等にみられる私領基盤の脆弱性と準天領的な性格を特徴とするが、このことが封建体制下の商工業都市大坂の繁栄と、摂河泉地域農民による商業的農業の展開を生み出す歴史的環境となった。

その一方で、幕府は地域経済政策の骨格として、交通とくに海運の整備―東廻り・西廻り航路の開設ならびに菱垣・樽廻船の就航―と摂河泉地域を中心とする商品生産の発展を利用して、大坂の商業・交通の中心性を確立し、他方では、畿内および西日本の産業支配権を掌握していた大坂商業資本の保護と統制を通して、幕藩体制下の全国的な商業的秩序の確立を目指した。このなかには、供給圏を持たない新生巨大都市江戸に対する油・綿・醸造品・米・薪炭等の生活物資の政策的供給も織り込まれていた。いわゆる京・大坂から江戸に向けた「下り物」通商の成立である。

幕府の保護統制策と大坂商人の活動の成果として、商都大坂には蔵米をはじめ全国各地の貨物が集散し、荷受問屋をはじめ、荷積・船持・委託・仕込・廻船・加工等各種問屋や仲買業者が集積した。なかでも加工問屋は職人を差配し、酒造・絞油・昆布加工等の問屋制家内工業を支配下に置くようになっていく。『大阪府の歴史 p174-175』によると、正徳年間（1711-16）の頃、諸問屋5,655人、仲買8,765人がいたという。正徳4（1714）年に大坂へ集まった各地の産物は、119種、銀高にして28万6,561貫匁、重要品目は米・菜種・干鰯・白木綿・紙・鉄等であり、また、大坂から積出したのは、91種、銀高9万5,799貫匁にのぼり、重要品目は菜種油を筆頭に島木綿・古着・綿実油・長崎下銅であった。大坂の貨物がもっとも多く送られたのは、言うまでもなく江戸である。運航に用いられたのが江戸初期の元和年間（1615-24）に始まる菱垣廻船であり、寛文年間（1661-73）に酢・醬油・塗物・紙・木綿・金物・畳表を積んで江戸に回漕した樽廻船であった。

『江戸時代の商品流通と交通 p66-67』によれば、享保期の入荷商品量の明らかなものに干鰯があるが、この頃、すでに中心の座は西国物から関東物の「帰り荷」に移行している。干鰯の大坂入津量にみられた地域バランスの変動は、関東物の増産以上に関西物の流通組織の変更ー新問屋の鼎立と地域市場の成立ーによるものと思われた。享保9（1724）年130万俵、享保19（1734）年50万俵、元文4（1739）年30万俵、寛保2（1742）年25万俵が示すように、年々大坂への入津量は衰退していった。

前掲文献（p67）の一部を要約すると「近世中期初頭（元文元年）の大坂への入津商品およびその産地、同正徳4（1714）年の入出津商品の概要は、全国ことに中部以西のあらゆる産物が大坂に集まり、長崎向けの長崎下銅を除けば、江戸への日常必需品の出荷の多いことに気がつく。菜種油・綿実油の燈油原料、島木綿・白木綿・古着等の庶民的衣料品が、出荷物の首位を占めることがそれを示している。大量商品は庶民的商品に多く、京織物・絹などは先の25品中には含まれるが、そのなかでは下位に置かれていることがわかる」。

大坂からの江戸送り商品の数量は、享保年間と幕末3ヵ年について知りうるが、このうち、享保9年の主なものは酒・醤油・油・木綿・繰棉等で、このほかに米・味噌・炭・薪・塩が挙げられている。幕末の数字は半年余りのもので、享保年間との比較は困難であるが、『大阪市史 p1096-7』は江戸廻船の衰退を示す資料として、これを掲出している。なお、江戸への油の輸送は、酒・綿とともに菱垣廻船・樽廻船の重要な積み荷とされてきたが、ここで、吹塵録に従って、大坂からの江戸入津数量を参考までに挙げておく（表II-1）。

次に大坂の繁栄とその動揺を示す商品廻着量の推移について、安岡重明『日本産業史大系 近畿地方編 p119-125』に従って、元文元(1736)年と文化・文政年間（1804-1829）を比較すると、次のような著しい増加傾向を知ることができる。米1.5倍、炭3.5倍、毛（木）綿6.6倍、実綿9.3倍、繰綿42倍、蠟13倍、藍2倍等々の増加率である。商品流通量の著しい増加原因については、生産力の上昇以上に諸国の経済が、ひいては農民の経営が商品経済化した点にあるとしている。

しかし、その後、文化・文政期から天保にかけて、大坂では全般的な商品廻着量の減少期が訪れる。本来、商品生産の進展と交易量の増大はパラレルの関係にある筈であるが、大坂では商品廻着量の減少傾向が顕在化した。文化・文政期の廻着量を100とすると、天保11（1840）年の指数は半減に近い値となり、大坂商業の衰

表II-1　江戸入津の数量表（享保11年）

商品名	数量
米	861,893俵
味噌	2,898樽 (2,828)
酒	795,858樽 (1,095,858)
薪	18,209,687束
炭	809,790俵 (809,710)
水油	90,811樽
魚油	50,501樽
醤油	132,829樽
木綿	36,135箇
綿	一本 (82,019)
塩	1,670,880俵
銭	19,407箇
船問屋	163軒

注：地方史研究協議会編『日本産業史大系　関東地方編（榿西光速）』（東京大学出版会、1959）を一部改訂

退を明示している。安岡重明『前掲書 p121』は、この状況について、大坂町奉行所与力内山彦次郎の調査結果を紹介し、説明に替えている。調査報告内容のうち、所領産物一般に対する領主の産業統制—蔵物化・専売制の実施ならびに米価高騰にともなう稼ぎ人の米作への移行（労働力の流出）—が原因として目立つことを指摘し、併せて安岡重明は入荷減少の諸条件を、1)諸国商人および諸藩のアウトサイダー的活動と、2)大坂商人の特権依存とに整理している。

幕府の保護の下で、特権的地位と交通条件の有利性の上に立って、繁栄を謳歌してきた大坂の商人と商業は、自己に内在する前期性と諸藩の産業統制から蹉跌を来し、全国的商品流通上の結節点としての地位を低下させていくことになる。商品流通における全国的地位の低下は、江戸への商品廻送量の減少をともなって進行した。享保11（1726）年の大坂から江戸に送られた商品量（表II-1参照）が江戸入津総量に占める割合をみると、醬油76.4%、油76.1%、木綿33.6%、酒23.3%という数値を示している。これに対して、味噌・薪・魚油の廻送は記録上皆無、米3俵、塩248俵も計算上は0%となる『日本産業史大系 関東地方編 p9』。

これらのことから、江戸中期初頭には江戸の生活必需品に関する限り、江戸経済に及ぼす大坂の影響は、大きいものではなくなっているといえる。米穀市場においても大坂一元的市場設定より、江戸・大坂の二元市場の設定が相応しい段階にきていることをうかがわせる数値である。江戸経済の自立化は、当然、関東農村の商品生産や在町・城下町での手工業の発展と交通運輸の整備を背景に実現したものとみてよい。いわゆる江戸地廻り経済の進展を確認できる段階を示すものである。

第三節　江戸近傍地廻り経済圏とその地域的・社会的性格

江戸地廻り経済の成立と推移　　江戸地廻り経済の成立と推移の巨視的構造について、白川部達夫『江戸地廻り経済と地域市場 p1-5』は以下のように整理し把握している。周知のように近世の市場構造は、惣城下町として100万人の人口を擁する消費都市江戸、伝統的工芸品の生産都市京都、周辺農村と結んで大衆加工品の生産技術を掌握し、江戸へ消費物資を廻送した商業都市大坂の三都体制の下に成立していた。

17世紀の江戸を中心とする関東農村は、関西農村に比べると著しく生産力水準が低く、加工技術も発達していなかった。このため、蔬菜等の生鮮食料品・薪炭・木材などの一部農林資源を除き、多くの商品を大坂からの「下り荷」に依存せざるを得なかった。その後、関東農村の生産力も次第に高まり、18世紀に入ると、江戸市場に流入する地廻り物の量が増え、野田・銚子の地廻り醤油のように下り物に対抗するものも現われるようになる。地廻り物を扱う専門の問屋が成立するのもこの頃といわれている『東京都の歴史 p205』。それでも、まだ18世紀前半（享保10年）の関東農村から江戸向け商品出荷量は、古河河岸経由上り荷7,521駄に対して、江戸向け下り荷は445駄に過ぎなかったことが示すように、当時の関東農村は、大勢としては、依然、第一次産品以外は江戸の需要にこたえることは出来ていなかったといえる『江戸問屋仲間の研究 p42』。

18世紀中葉より、西国とくに瀬戸内海地方の商品生産の発展にともない、大坂の問屋を通さない商品流通が展開しはじめると、大坂問屋の集荷力衰退と関連して江戸の物価が高騰した。これに対して、幕府は、大坂問屋に株仲間の成立を認めて集荷力の回復を図ると同時に、江戸周辺農村に商品生産を奨励しつつ、河岸問屋株の設定を通じて流通の掌握に努めた。また江戸の問屋も関東農村からの加工品の集荷に力を入れたため、農村部に広く商品生産の展開が進行した。江戸と関東農村を結ぶ商品流通の発展、いわゆる地廻り経済の進展である。

江戸地廻り経済の展開は、関東農村を商品経済に巻き込むとともに、江戸問屋による商品生産の利潤吸着をともなって進められた結果、18世紀末の北関東を中心とした激しい農村荒廃の一因となったが、19世紀に入ると次第に回復へと向かった。それとともに関東各地に地方市場が発展をはじめ、江戸の市場と問屋に直結していた商品流通が、地域市場にも向かうようになっていった『江戸地廻り経済と地域市場 p1』。こうした近世後期の地域市場の形成は、領主的商品流通に対立する農民的商品流通の発展の中に進められた。この過程で成立した関東諸地域の地域市場は、相互に規制し合いながら結節点としての中央市場（江戸市場）に結合して、国内市場を編成することになった。いずれにせよ、「地廻り」という言葉は、江戸向け商品のうち、「下り物」以外の出荷地域を指すが、本章における「江戸地廻り経済圏」とは、近世流通史上のごく一般的な理解にならって、単なる出荷地域としてだけではなく、江戸から地方市場へさらに地方市場間どうしの流れを含む、広義の江戸のヒンターランドと考えて使用している。

1. 江戸近郊農業の発展と地帯形成

⑴ 近郊蔬菜産地の成立と発展　地廻り経済圏の成立は、大坂からの「下り物」に相応しくない商品たとえば醸造品・手工業製品以外の生鮮食品・薪炭・材木等の供給から始まった。鮮度維持・重量等の商品特性から江戸近郊ないし近隣地帯を中心にして産地化は進むことになる。以下、産地形成の緊急度が高い近郊蔬菜地域の動向から拙著『近世・近代における近郊農業の展開 pP160-164』に従って概観してみよう。

伊藤好一（1966年 p138）によると、江戸の蔬菜産地は、当初、城下の町ごとに成立したという。こうした近世初期の蔬菜供給地は、江戸の発展とくに参勤交代制の実施による武家関連人口の増大にともなって急速に町場化し、消滅していった。それでもまだ、麻布・牛込・本郷辺りには蔬菜栽培が広くみられたが、都市化の進行につれて、18世紀初頭（宝永年間）には、江戸向け蔬菜の生産地は、さらに遠い周縁の葛西・練馬・駒込・目黒等に移動していった『東京都の歴史 p208』。かくして、近世中期以降、拡大された江戸を対象に蔬菜の産地が形成され、遠くは日本橋から30㎞も離れた村々までが、江戸向け蔬菜の供給地に組み込まれていった。

蔬菜供給圏に組み込まれた村々のうち、大宮近傍の事例から具体的にみてみよう。近世中葉の元文期、染谷村や上尾宿では、米麦・雑穀類のほかに、里芋・長芋・大根・牛蒡・菜類等の栽培がみられ、江戸近郊の一角を形成していたことをうかがわせる。元禄期の『本朝食鑑』に、江戸近郊にはうまい大根が多いが、とりわけ練馬・板橋・浦和で産するものが優れているとあり、武蔵野台地や大宮台地の根菜類が江戸市井の食膳に供されていたことを示している。また「南部ながいも」と呼ばれた南部領の薯蕷も将軍家献上品となり、以後、地域の特産として名を馳せることになる『大宮市史 第三巻 p404-407』。

享保期になると幕府は農政を一部転換し、商品生産を認める方向を打ち出した。大宮近傍の村々でも蔬菜園芸作物が急速に増反をみるようになる。長芋・大根・牛蒡・甘藷・唐辛子等の蔬菜類、煙草・茶・綿等の工芸作物、わずかばかりの木綿の生産も行われるようになっていった。「武蔵国足立郡染谷村鑑帳」にも「農業之間前栽物・長いも・つくいも・唐からし少々ずつ作り江戸出し申候、女は農業之間布・木綿手前遣用に作申候」とある。こうした自給経済から貨幣経済への移行は、自己矛盾を体制内に抱え込むことになり、やがて幕府存亡の危機へと連鎖していくことになる『前掲市史 p404-406』。

江戸の中心から30km圏の外側では、出荷途上で鮮度落ちしないいわゆる輸送能性の高い根菜類・甘藷・葱・蓮等（神田市場史 上巻 p37-38）か、もしくは川越・府中の瓜、佐野・足利等の葱、八王子の山芋、岩付（槻）の牛蒡、川越の甘藷等の特産品に限り栽培されていた。隔地物の搬出は史料によれば以下のとおりである。江戸向け蔬菜栽培地域の外縁あるいはこれと混じり合って、多摩郡の村々のような薪の供給圏が展開していたが、これら村々から薪と抱き合わせていくばくかの蔬菜類が馬で搬出され、「帰り荷」として灰等の肥料が搬入されて武蔵野台地畑作の重要な肥料源となっていた。この頃、武蔵野台地畑作農村の多くは、自給的雑穀作農家ないしは雑穀の部分的商品化型の農家群で構成されていた。

もっとも、初期の幕藩体制下の関東農村の生産力水準は、きわめて低く畿内先進地域に遠く及ばなかった。このことを前提に大坂との連携・分業関係を設定したとき、近世初期の江戸周辺農村に求められ、かつこれにこたえ得るものは、蔬菜以外には武蔵野台地農村の雑穀くらいしか見当たらなかった。その結果、この地域が近世の早い段階から雑穀生産を主軸に展開し、享保期には糠の使用がかなり一般化していたことを指摘する文献も見られ『新田村落―武蔵野とその周辺』、さらにこれを肯定深化する見解もみられるようになる（児玉彰三郎 1963年 p9）。地廻り経済論の先駆的作品としての意味は大きい。

他方、付加価値の高い炭がより遠隔地から搬出され、その際、佐野・八王子等の遠隔特産蔬菜は炭と付け合わせ、ときには単独で江戸に持ち込まれた。とりわけ自生の山芋・初茸（八王子・日野本郷新田）のような生産費のかからない品物や、瓜（川越・府中・小川新田）のような高価な果菜類は、長距離少量駄送にもかかわらず江戸まで搬入された『都市と農村の間 p154-155. 159-160. 201-202. 289-303』。

特例的な産地に対して、近世中期以降の江戸向け蔬菜産地として有名なところいわゆる近郊農業地域は、東郊の葛西と西郊の練馬が代表的であり、前者は葉菜を後者は根菜をそれぞれ特産としていた。いずれも沖積低地と洪積台地という異なる地形を基盤として、産地の名に相応しい蔬菜地帯を広域にわたって形成していた。たとえば江戸近郊水田農村の「村鑑」・「村明細帳」の類をみると

一、畑作大麦・大豆・小豆・粟・稗・菜・大根・茄子・牛蒡・葱百姓給料斗リ作申候、煙草・染草・菜種肥ニ致候草之類作リ不申候、
（中略）
一、 米穀、前栽物之内、瓜・茄子・牛蒡・葱少々宛作リ、千住町並神田土物店へ出シ売申候、　（延享三年「葛飾上小合村明細帳」）

とあるように、穀菽農業のかたわら、余剰蔬菜の江戸市場への搬出が広い範囲にわたって見られるようになる『神田市場史 上巻 p26』。

東西両郊蔬菜産地のうち、足立・葛西等の舟運に恵まれたところでは、近世中期以降、蔬菜栽培が一層盛んとなり、夜中に村から出荷された蔬菜類は江戸川・新川・小名木川の水路を経て、その日のうちに江戸市民の食膳を賑わすことができた。舟運の便は蔬菜の出荷だけでなく、肥培管理に必要な下肥の入荷にも重要な役割を果たした。とくに坂道の多い西郊からの馬背・荷車運搬に比べると、東郊農村の蔬菜輸送は荷痛みが少なく、下肥の輸送費も割安な舟運利用を通して、江戸蔬菜市場での主導的地位を獲得するようになる『江戸川区史 第一巻 p277』。19世紀初頭以降になると舟運利用はさらに広まり、江戸向け蔬菜産地を下肥利用と結合しながら、武蔵南東部の中川水系自然堤防帯・大宮台地南部・荒川と新河岸川の合流する柴宮河岸後背圏に

まで拡大していくことになる『埼玉県史 通史編4近世2 p465』・『関東河川水運史の研究 p110』。

江戸市中の青物市場では、近郊蔬菜の産地を「山」あるいは「山方」と呼び、仲買人や問屋が集荷交渉に出向くことを「山廻り」と称していた。それぞれの山は、方面により南山（品川方面一帯の村々)、西山（練馬・池袋・高田方面の村々)、東山（葛飾・行徳・砂村方面の村々)、北山（千住以北の村々〉と称され、各地を代表する名産・特産蔬菜が栽培されていた。こうした呼び名の成立こそ、近世中葉の江戸近郊における蔬菜栽培の地帯形成を如実にものがたる事柄であった。この頃の蔬菜流通は、東・西・南の各山方産蔬菜については神田市場の集荷力が、北山物は千住市場の集荷力がそれぞれ支配的であった。前者は江戸の中央卸売市場として、後者は投師集団の存在が示すように江戸への中継市場としての性格を特色としていた『近世・近代における近郊農業の展開 p161』。

⑵　下肥需要圏と蔬菜産地の地帯形成　　次に、「下肥需要圏の成立と江戸近郊農業の地帯形成」について、拙稿『近郊農業地域論 p19-24』に基づく考察を試みてみよう。大まかに言って、江戸時代初期の近郊農村は、東郊沖積低地帯の水田水稲作に対して、西郊洪積台地上の畑地大麦・雑穀作という単純な経営形態・地帯構成の下に推移していた。この間、近郊蔬菜作の地域的動向は萌芽的発生段階に入り、江戸西郊の場合、日本橋から15㎞近くまで蔬菜産地は拡大していた。蔬菜生産の発展につれて下肥需要も増大し、享保期（1716年～）にはすでに大量の下肥が投入されるようになっていった。その点、江戸近郊の下肥利用は、かなり早い時期から購入肥料としての性格を備えていたことが推定される『目黒区史 p549-551』。それでも薪炭・木材のような江戸地廻り経済にとって先駆的性格が強い筈の商品が、享保期になっても下り荷の一部を占めていたことからも明らかなように、依然、江戸地廻り経済の実態は大坂市場によって支配されていたことを示していた。

江戸時代中後期になると、市中人口の増加とこれに付随する生活廃棄物とりわけ増大した屎尿が、舟運に恵まれた東・北郊水田地帯に搬入され、水稲生産力の急速な上昇を促すことになる。水稲生産力の上昇にともなう農家経済の安定を担保にして、市場価格の不安定な蔬菜商品栽培の導入機運が醸成

図Ⅱ-1　中川水系下流地帯の微高地分布

注：2.5万分の1洪水地形分類図「東京東北部」より作成

されていった。この動きと連動して、増大する下肥投入が中川沖積低地帯の高・低位三角州、自然堤防地帯、洪積台地（図II-1）の蔬菜栽培と低湿地での慈姑・蓮根・花菖蒲などの生産に向けられ、江戸向け蔬菜産地としての東・北郊低地農村の比重を次第に高めていった。当時の下肥の投入量と代金を『江戸川区史 第一巻 p281』より抜粋して以下に記載する。

田畑の肥料

田方壱反に付下肥凡三十荷程、此代金弐分弐朱位より三分迄、畑方壱反に付麦作夏作共凡50荷程、此代金壱両壱分位、江戸より買上げ入申候。右之通り田畑共多分仕入相掛申候。尤肥入不申候得ば取実過半に不足仕候故年々困窮仕候。

（寛政6年「桑川村々鑑書上帳」）

江戸東・北郊低地帯を主とする近郊蔬菜産地の地域的拡大は、江戸に隣接する南足立・南葛飾両地域に留まらず、北葛飾・東葛飾両地域の一部にまで及んだ。その結果、江戸向け蔬菜の栽培前線は北に向かって境・関宿・古河辺り『都市と農村の間 p154-155. 159-160. 201-202. 289-303』まで、東に向かって水田地帯の島畑―沖積低地帯の微高地―北総台地上の村々へと進展した。北への展開ルートは、江戸川―利根川経由の線が推定され、東の東葛飾方面への拡大ルートは、陸路を八幡・鎌ヶ谷方面に向かうものと水路を市川・松戸方面に向かうものであった『千葉県野菜園芸発達史 p108』。なかでも北への展開のうち、とくに境河岸を拠点とする在方商人たちの飯沼周辺産蓮根・牛蒡の江戸出し（田畑　勉 1965年 p41-59）・『近世日本水運史の研究 p93』は、猿島・結城台地での遠隔特産地の成立を示すものであった。もっとも、遠隔産地の成立については、近世中頃にはすでに、鬼怒川舟運経由で北関東と南奥羽から輸送能性の高い蔬菜が江戸に運ばれている。ただし、安永3年の行徳領・東葛西領他所船との出入りに見られるように、ことは単純に進行したわけではなかった。江戸近郊の船持ち・船頭が江戸の糠・干鰯、行徳領・東葛西領の下肥・灰などを積んで下野国の中谷新田・上大野村ほか13ヵ村に積み送り、帰り荷として薪炭・大豆などを積んで帰るという商売渡世の動きがあり、これを古河船渡河岸の問屋・船持ちが藩権力を背景にして差し止めたことから出訴に発展した（古河市井上家文書）。結果は古河藩側の権益を尊重しつつも、行徳・東葛西領船持ち船頭たちの船稼ぎを条件付きながら認めることで決着したようである『古河市史 資料編近世（町方地方）107号』・『近世交通運輸史の研究 p157-163』。推定事項であるが、おそらく彼ら商売渡世の船持・船頭たちは、時には北関東の農村から野菜類を積みかえったことも考えられるが、古河13ヵ村以外の具体的な記録はみられない。問題はこれまでの通念を超えて、北関東まで下肥が持ち込まれたという事実である。

舟運を利用した遠隔蔬菜産地の一つ境河岸後背圏の蓮根・牛蒡の荷動きを見ると、明和6（1769）年に下り全荷量の43％を占めていたのが、天保7年には21％に急減している（境河岸問屋小松原家文書.「大福帳」）。丹治健蔵はこのことについて、「明和から寛政期にかけて、江戸近接農村に蔬菜栽培の動きが高まり、境河岸後背圏の牛蒡・蓮根が江戸市場から次第に締め出されることになった」ものと推定している『関東河川水運史の研究 p108-110』。境河岸後背圏の蓮根栽培を圧倒していく江戸近郊の蓮根栽培の発展について

表Ⅱ-2　明治初年の近郊産蓮根・牛蒡の生産出荷量

郡村名	蓮根		牛ぼう		備考
	生産量	出荷量	生産量	出荷量	
足立郡篠葉村	2,000貫目				古綾瀬川沿岸、耕作船5、水害予備船26
〃　領家村	1,100 〃	1,060貫目	3,340貫目	8,200貫目	荒川沿岸、耕作船5
〃　戸塚村	2,000 〃	1,200 〃	121 〃	101 〃	綾瀬川沿岸、荷船32、耕作船17
〃　深作村	1,225 〃	800 〃	2,400 〃	1,400 〃	見沼代用水沿岸、似艜船1、伝馬船2、耕作船44
埼玉郡瓦曾根村		50 駄			埼玉郡越ケ谷町へ輸出、元荒川沿岸、高瀬船4、似艜船14、小伝馬1、川下小船14他
〃　大間野村		112 〃			綾瀬川・古綾瀬川沿岸、川下小船14、耕作船14
〃　越巻村		160 〃			
〃　梅田村			1,500 本		古利根川・古隅田川沿岸、耕作船10
〃　西新井村		250 〃			古綾瀬川沿岸
〃　鉤上村		200 〃			綾瀬川沿岸
〃　谷下村		600 貫			足立郡鴻巣辺へ輸出、綾瀬川沿岸

出典：丹治健蔵著『関東河川水運史の研究』(法政大学出版局、1984)

は、横銭輝暁（1961年 p27-30）の研究がある。これによると、18世紀初頭から中葉にかけて、武州埼玉郡瓦曽根・登戸・八条・藤塚・蒲生の村々において、多量の下肥・干鰯・酒粕・油粕を投入する集約的な水田蓮根栽培の事例が報告されている。武蔵南東部の中川水系低地帯の自然堤防と後背低地における牛蒡・蓮根栽培は、その後も定着し、明治初年になっても舟運の便に恵まれた足立・埼玉両郡下の村々で広く栽培されていた（表II-2）・『前掲水運史の研究 p110』。

江戸周辺農村における近郊農業の成立・発展と不可分の関係にある下肥は、江戸時代初期には、相互の直接交渉で無料ないしわずかばかりの現物代価で取引されていた。しかし中期以降になると、下肥需要の増大を背景に各地の河岸を拠点に発生し、発展してきた肥料商人の手を経て、近在の農民たちに販売されていくようになる。このときの屎尿専用運搬船がいわゆる葛西船であった。水稲と蔬菜の両方に対して、肥効とくに即効性の高い下肥需要の増大は、農民間の競合や下肥価格の高騰を招き農業経営を圧迫した。このため、幕府も18世紀末葉の寛政期から19世紀前葉の天保年間にかけて、汲取り権をめぐる争いの禁止と価格引き下げを命じているが、価格の高騰は抑えきれなかった。下肥をめぐる争論は、肥料商人と近在の農民との間にも発生した。弘化3（1846）年の下肥価格引き下げ裁定の関係農村は、南葛飾・北葛飾・東葛飾のほぼ全域に及ぶものであった『千葉県野菜園芸発達史 p108』。ちなみに、近世中期以降の下肥価格の高騰は、寛政4（1792）年の値下げ裁定では「1艘（50荷）に付3分より1両位までと定められ、麦作の仕付のときは、1艘について2分2朱から3分くらいまでということであったが、次第に取り決めは破られ、ついに天保8年には1艘に付代金1両3分から2両2分にまで騰貴するに至った」という『増補葛飾区史 上巻 p762-767』。

下肥が次第に重視されていく江戸東・北郊に対して、西郊では、肥料のなかに占める下肥の地位は、価格高騰を受けて次第に低下し、加えて、武蔵野における新田開発政策の強行にともなう入会地刈敷場の消滅と金肥依存度の高まりと絡んで、糠が主たる肥料となっていった『日本産業史大系 関東地方編 p80-81』・『新田村落 p297-307』。この間の経緯を渡辺善次郎に従って補足すると、以下のとおりである。江戸市中の下肥が、無料または些少の現物代価で入手できた宝暦年間頃までは、江戸から30㎞圏の外帯に立地する多摩郡小川村や砂川村にまで、下肥は持ち込まれていた。その後、下肥価格が一定の水準を形成するようになると、駄送による少量輸送の不経済性から遠隔諸村は次々に下肥市場から脱落し、代わって、糠への依存を高めていったという『都市と農村の間 p154-155・159-160・201-202・289-303』。

ここで東郊の下肥事情について触れておきたい。渡辺善次郎『都市と農村の間 p289-193』によると、江戸下肥の利用は年代の差よりもむしろ江戸からの距離の差異が大きいことを指摘している。たとえば、江戸から2〜3里までの至近の近郊地帯では、もっぱら下肥による農業を行っていること、さらに江戸から4〜5里の村々になると、下肥を中心に、これに若干の自給肥料と金肥を併せて使用するようになるという。寛延3（1750）年の葛飾郡清水村では、自給肥料とともに多くを灰・糠・干鰯・下肥などの購入肥料に頼っていた。「田畑肥之儀、手前下肥・灰・厩肥用、干鰯・糠之儀は江戸表より積廻り候買調、下肥も右同断、灰之儀は弐三里程行、二合半領と申所ニて取替仕候、其外肥求不申候」(寛延3年 清水村村明細帳) この90年後、天保12年の村書上明細帳では、「田畑こやしは、下肥・わら灰等を相用候」とあり、舟運を基盤とした流通機構の整備によって、舟運に恵まれた同村が金肥から次第に下肥への依存度を強めていったことを推定している。ここで渡辺の下肥利用圏の圏域設定に関する結論的な見解を挙げておこう。「江戸下肥の最大の利用地帯であった東郊農村においても、下肥利用圏はほぼ5里の範囲にあり、河川輸送の便があっても8〜9里程度が限界であった」『前掲書 p293』。北郊における下肥利用圏については、東郊より若干小さめに設定しているが、安永3 (1774) 年の古河地方への葛西船の進出『近世交通運輸史の研究 p157-163』は無視できない問題であったと考えられる。

東西両郊にみられた下肥対糠に代表される施肥技術上の地域差は、舟運の便と水稲生産力の発展に支えられて、江戸東・北郊に価格変動の大きい商業的農業地帯(蔬菜産地)の成立を促したが、西郊では、一部穀類と余剰蔬菜の商品化に限られ、自給的畑作地帯の基本的性格に大きな変動を来すことはなかったようである。近世中期以降に江戸西郊の武蔵野が、近郊農村的性格を帯びてくるのは、日本橋から15〜20㎞圏域たとえば多摩郡の場合、烏山・世田谷・奥澤・松沢・上野毛等の村々辺りまでであった『新修世田谷区史 上巻 p950-974』。同じく豊島郡では、享保7年の関村名細帳「畑一反ニ下肥四駄銭一貫二百文 灰一駄四百文 馬屋肥五駄一貫文程」が示すように、関村はもとよりこれと等距離にある西窪・吉祥寺・連雀等の新田でも、江戸の下肥利用によって土地生産力は上昇し、これにともなう商品生産の高まりがみられた。ただし、新田の場合、下肥は穀類の肥培に充てられ『続新田開発 p94-95』、江戸向け蔬菜の生産に直結するものではなかった。

一方、江戸東・北郊の下肥対西郊の糠に代表される施肥技術の展開に対して、江戸近郊農村での干鰯・〆粕の普及は、少なからず遅れ、史料年次は不明だが「葛西地方では農作物の肥料として、主に下肥が用いられた。まれに千住あたりの乾物問屋から、干鰯(ほしか)・鯡(にしん)を買い入れて使用した場合もあったが、量としてはわずかなものであった」『増補葛飾区史 上巻 p759』。あるいは、近世中期(元禄15年. 大熊家文書)に、江戸近郊外縁部の埼玉郡大室村では、秣場がないので干鰯を買い入れ、1反歩に付き2〜3俵を投入するという比較的早期の記録がみられた『新編埼玉県史 通史編3近世1 p463』。穀類肥培用の下肥・緑肥代用としての購入であろう。こうして徐々にではあるが干鰯投入は、以下の記述「近世中後期の江戸近郊農村の存立は、下草・金肥（干鰯・絞粕）とともに江戸の下肥に負うところが大きかった」『板橋区史 通史編上巻 p825』」が示すように若干その役割と評価をあげてくる。下目黒村加藤家文書によると、さらに近世後期になると下肥のほかに干鰯・油粕も使用されてくるようである。天保6年、荏原郡下の蔬菜作農民と肥料問屋との間に生じた「干鰯・油粕直売一件」の吟味結果は、浦方からの直買が許可されて落着した。蔬菜作農民の干鰯・油粕使用の普及を、訴訟の経過の中から看取することができる『目黒区史 p235』。なお、江戸近郊で蔬菜作が発展し、武蔵野で新田開発が進行する17世紀後半になると、新田地域では刈り敷場の減少に対応する糠と灰に干鰯を加えた購入肥料の使用が普及していく。金肥の普及は、購入価格の高騰という一連の現象をともなって進行した。この間の事情は、『日本経済叢書 巻一 p259-260』に次のように記されている。「近年段々新田開発に成尽して、草一本をば毛を抜くごとく大切にしても、年中田地に入るる程の秣たくはえ兼ねる村々有之、古しへより秣の馬屋ごへにて耕作を済したるが、段々金を出して色色の糞しを買事世上に専ら多し、よって国々に秣場の公事不絶、（中略）古へは干鰯1俵の直段金1両に50俵60俵もしたるを、今は7・8俵にも売らず、近年干鰯金1両分を買ふて粉にして計り見るに、魚油の〆から抔は4斗5・6升より漸5斗位にあたりて、いかように悪敷も6斗にはあたらず、是享保子年まで5・6年の間の相場なり」。

古島敏雄『日本農業技術史 p526-527』によると、近世中期の武蔵・下総葛飾郡の村明細帳11ヵ村分のうち、自給肥料のみ記すのは4ヵ村、購入肥料の使用を挙げている村々は7ヵ村であった。7ヵ村のうち3ヵ村では自給肥料を主とし、不足分を購入肥料で補っていた。近郊とその外縁農村のこうした商品経済への対応の違いは、刈り敷場の有無（荒居英次 1970年 p40）と村落の立地位置によるところが大きいと思われる。東海道筋にあたり、江戸にもより近接した荏原郡八幡塚村の場合、「田畑江下こやし・鰯・〆粕等多ク用イ、其外海藻相用イ申候、田壱反ニ付〆粕壱石程、下肥四十荷程入申候、畑壱反ニ付下肥廿二荷」多量の購入肥料が投入されている。しかしながら、金肥を多く用いれば肥料価格の影響をそれだけ強く受けざるを得ないことになる。それでもこの村では、「近年諸肥値段至而高値ニ而引合不申、難儀仕候」肥料の高騰に耐え、利益の出ない農業を継続しないわけにはいかなかったのである。

こうした金肥需要の普及の実態を、その投入量からみておこう。『大田区史 中巻 p266』によると、享和2(1802)年、下丸子村では、「田方1反歩について干鰯1石ほど、下肥17〜8荷ほどを必要とするが、近年では、肥料が米穀値段より高値となり引き合わない」ことを取り上げ、また同年、前記の八幡塚村の明細帳でも、「田方1反歩について絞粕1石ほどと下肥40荷ほど、畑方で下肥25荷ずつを入れるとしているが、下丸子村同様に肥料代の高騰で経営が圧迫されている」という記録がみえる。肥料の購入は春先に前借し、出来秋に代金または現物を返済する方法がとられた。このため、収穫期にかかる農民の負担は重く、とくに小作農家では、小作料と肥料代に収穫物の大半があてられるのが実情であった。したがって、災害や凶作に直面した場合、零細農家層の経営破綻は目に見えていた。いわゆる18世紀以降の金肥と奉公人賃金の高騰によって、零細農家層の分解にともなう直小作の増加と富裕農家層の手作り経営から小作経営への変質が進行した『大田区史 中巻 p250-253』。農民の階層分解は東郊の東葛西領笹ヵ崎村でも進行した。ここは本来水田稲作農村であったが、すでに享保年間から蔬菜を栽培し、江戸本所辺に売り出していた。蔬菜栽培の発展にともなう貨幣経済の浸透が、農村の社会構造を変えていった。化成期頃から中農層の分解が始まり、天保期以降、ごく一部の上層農家化と下層農の滞留増大が著しくなっていった『江戸地廻り経済の展開 p134』。

18世紀以降の金肥高騰と奉公人の賃金上昇が、近郊蔬菜作農民に与えた影響は江戸南郊に限った問題ではなかった。西郊にも影響は及んだ。元禄・享保期以降、ここでも年貢増徴策・貨幣経済の浸透・自然災害の発生なども加わって、小農経営の変質解体が進行した。小農経営の崩壊にともなう余剰労働力の発生は、江戸への吸収または農間余業化され、地主経営の成立基盤をも弱体化させていった『新修世田谷区史 p712-724』。幕藩体制下の社会的・経済的基盤階層の自立小農たちは、江戸近郊でも成立早々に挫折に直面

することになる。こうしてついに、享和2（1802）年の八幡塚村の村明細帳にみるように

近来ハ百姓奉公人之殊之外払底ニ付、給金至而高直ニ相成、耕地稼ニ而ハ引足不申候、依之近頃ハ大高所持仕候百姓、奉公人給金高直シ故、年肥之代引負ニ罷成、農業渡世斗ニ而ハ取続兼、難儀仕候、

労働人口の減少の結果は、奉公人賃金の高騰となって農業経営を圧迫し、加えて手余り地の増加要因となって小農体制の動揺と崩壊に結びついていった。大高所持の上層農民の経営でさえ例外ではなかった、という事態を迎えることになる『大田区史 中巻 p274-275』。

以上に述べてきたごとく、江戸近郊農村での蔬菜栽培の盛行は、貨幣経済のさらなる浸透を通して農民層の分解を推し進め、結果、滑落農家は発生余剰労働力を江戸勤めとして容易に放出し、あるいは恵まれた余業機会を利用して安易に余業化を選択する結果となった。このことが手作り大農や地主経営を雇用労動力面から圧迫し、江戸近郊独自の農業課題の一つとして地域に投影することになった。農民階層の分解にかかわる江戸近郊独自の問題と考えられる動きがもう一つ想定される。東郊水田地帯の中農層分解についてである。これまで近世・関東農村に見られた農民層の分解は、小農層が貨幣経済に他律的に組み込まれ、やむなく商品生産に踏み切る場合に金肥導入を前借制で行うことになる。ここに小農の分解滑落の契機が存在するわけである。

これに反して、東郊水田地帯では農民層の分解の前面に出てくる階層は中農層であった。しかもその理由は伊藤好一が新編武蔵風土記稿から引用した蔬菜作農民の姿『百姓五穀の他にも栽蔬を樹へ、あるいは芸園を開き、花木を養いて鬻（ひさ）ぐものあり、平常の農人に至りても、自ら府下を学ひて淫靡の風俗あり』を生み出し、その一方で蔬菜作農民は『常に奢りて美食をなす故に』多くは貧窮であると述べている『江戸地廻り経済の展開 p134』。これらのことから、幕末期の養蚕景気に沸いた西関東畑作農民と同様に、奢侈に基づく家計崩壊を分解要因と考えることが可能かもしれない。この分解要因以外に、説得力のある理由が見いだされないとすれば、領主権力、前期的商業資本、自然災害などいずれも他律的要因によって農民階層、それも最低の

弱者階層の農民が分解滑落の標的にされてきた中で、唯一自律的な滑落の道程を歩んだのが、江戸東郊の水田地帯における奢侈能力を持つ中層の一部蔬菜作農民ということになるかもしれない。

ともあれ、江戸東郊水田地帯の蔬菜栽培には、近現代日本の商業的農業の産地形成に際して、常に問題視されてきた重要な課題―農家経済と農業経営の安定性の実現という問題―が含まれていた。それは昭和初頭の近郊農業最盛期に南葛飾地方に成立展開した独立自営農民（鎌形勲 1950年 p272）の存在が証明する事柄であり、具体的には、水田農業の生産力上昇で担保された自給部門に、価格的に不安定な商品生産（蔬菜栽培）を組み入れた経営形態の中に見出すことができる。

中農層を分解基軸とする近郊農村の研究では、長谷川伸三の武州都筑郡王禅寺村を対象にした労作がある。多摩丘陵上の王禅寺村は、江戸近郊農村として主穀生産を主としながら近世後期には江戸向け商品作物のほか、労働力放出と農間渡世の展開がみられたところである。文化期以降、分解が急速に進み、とくに明和～天保期に上層への土地集中、中層の減少（分解）、下層の増大と潰れ株の続出がみられた。農民層の分解要因では、18世紀前半における領主拝借金が、商品経済の発展に対応した一種の収奪方式であったことを明らかにしている。また、中下層農民の農間渡世と江戸奉公・出稼ぎが、再生産の条件として重要な役割を果たしたことを指摘している。東郊東葛飾領笹ヵ崎村の事情と共通する点は多いが、商品生産の面でかなり遅れをとった地域のようである。それは寛政～文化期以降の諸階層の成立と対立にかかわる再編要因は、基本的には農業生産力と商品生産の発展の低位性に帰するとする見解にも表れていることである『近世農村構造の史的分析 p75-99』。

江戸初期、近郊蔬菜栽培は市域のごく近辺に限って行われたが、市街地の充実と拡大につれ、周辺に立地範囲を広げていった。その結果、近世中頃の江戸の近郊農村は、日本橋から15㎞圏辺りまで、さらに中期以降には西郊で30㎞圏の内帯にまで広がり、東郊とりわけ北郊では、舟運を利用して楔状に40～50㎞までその範囲を拡大するにいたった『近郊農業地域論 p24』。この間、近郊蔬菜の種類と栽培方法も幕府・武家・町人たちの消費需要の高まりに応じてより多様化し、高度化していった。促成栽培の普及にいたっては、幕府の禁令をみるまでになった。いわゆる社会的要請が、近郊農業の技術的水準を規定することになったといえる。

近世中期以降、近郊農業は、江戸での蔬菜需要の増大と流通機構の整備と連動し、地帯形成をともないながら一層の発展を遂げていった。近郊農業の地帯形成に最も大きくかかわる要因は、江戸からの下肥輸送条件の優劣であった。下肥輸送条件の優劣は、西・南郊台地畑作農村への駄送単位2荷対東・北郊低地水田農村への舟運単位50荷の差となって、前述のような地帯形成に作用した。下肥輸送条件の経済性は東西両郊のコントラストとなって現象化しただけでなく、東・北郊とくに東郊において、江戸からの輸送条件の差異に基づき下肥専用地域―下肥・干鰯混用地域―干鰯・糠使用地域へと漸移的に展開している。

下肥需要圏と江戸向け蔬菜の供給圏とは、空間的に必ずしも一致せず『近郊農業地域論 p24』、台地畑作農村および低地水田農村ともに蔬菜供給圏を超えて江戸下肥の需要圏が成立した。台地農村および低地農村での江戸下肥の用途は、前者の場合が自給的性格の強い主・雑穀作に充てられ、後者の場合は江戸地廻り経済の展開と深くかかわる蔬菜商品作のために、主として用いられていたようである。その後、下肥・糠の普及に若干遅れて、干鰯・絞粕が関東畑作農村をはじめ、江戸近郊農村に普及する。近郊農村における干鰯・絞粕の経営価値は、少なくともその普及状況から見る限り、東・北郊では下肥に劣るものとみられた。一方、天保年間、西郊の多摩・豊島の村々では糠・灰・ふすま・干鰯・〆粕を専一に使い、下肥は少々ばかりの蔬菜つくりに限って使用する程度で、主作物麦・雑穀には下肥はさして重要な肥料ではなかった。寛政年間に比べ、下肥の経営価値は大きく低下したことが推定される『江戸地廻り経済の展開 p137』。

以上述べてきた蔬菜産地の地帯形成過程と、その展開に大きくかかわる肥培管理技術を整理すると次のようになる。近世中期以降、江戸近郊には、日本橋から30㎞圏内の蔬菜産地と、その外側に特産蔬菜の産地が散発的に展開した。このうち江戸西郊の蔬菜産地とその外縁の特産蔬菜産地には、糠を主たる肥料源としこれに灰を加えて、穀類の商品化を進める武蔵野新田農村が広がり、東・北郊には下肥利用に基づく肥培技術の向上によって、水稲生産力を高めつつ、これを農家の経営・経済的基盤にして、所得効果の不安定な蔬菜の商品生産に傾注する葛西・豊島・足立等の水田水稲作プラス蔬菜作型農村の分布がみられた。このほか、下肥・糠両地帯のなかに混じって、油粕・干鰯の使用が行われていた。結局、荒居英次（1970年 p41）によると、巨大都市江戸が下肥・糠・灰の供給源になっていた関係で、近郊農村や武蔵野台地農村では、干鰯・〆粕をあまり利用しなかった。近郊外縁農村で広汎に干鰯・〆粕を使用したのは荒川と江戸川に挟まれた埼玉・足立・葛飾諸郡の田畑米麦作農村であったという。

蔬菜作・穀作地帯の外側には、自給肥料依存度の高い山付の村々ならびに房総・常総・奥武蔵等の里山・平地林・丘陵地帯が分布し、薪炭・木材出荷に特化した山地農村が成立していた。これらの3地帯が空間的に一体化して、江戸近傍における地廻り経済圏の一角を相対的に早期形成するにいたった『江戸地廻り経済の展開 p113-135』といえる。

⑶ 近郊農業の発展と蔬菜流通機構の整備――問屋支配の確立と動揺　流通機構の整備―問屋支配の確立過程―にかかわる概要について、以下、拙稿『近世・近代における近郊農業の展開 p170-174』を中心に整理してみたい。江戸市中の需要増大にともなう蔬菜産地の発展は、流通機構の整備と広域的な展開、言い換えれば、青物市場と問屋の成立およびその繁栄をもたらした。とりわけ、神田市場は、筆頭特権市場としての地位を確立し、7箇市場の触元として権勢を誇った。なお三公認市場の実態と特権分割差配の詳細については、上記小論『p170-171』を参照されたい。

駒込・千住・神田各市場のうち、後発の神田市場がまず公認され、さらに筆頭特権市場の地位を獲得していく過程において、大坂の官許天満市場対木津・難波市場の設立をめぐって展開したような激しい抗争は発生せず、わずかに公認三市場と新興四市場の間に、御納屋制度にかかわる紛争事例をみたに過ぎなかった。

幕藩体制下における商品流通の典型とも言われる、蔬菜流通上の整然たる流れ「産地―上納請負人（問屋）―仲買人―小売人」にも、やがて混乱の時代が訪れる。18世紀の半ば頃になると江戸近郊農村に貨幣経済が広範に浸透してくる。これと軌を一にして農村内部に在方商人層の発生が進み、同時に江戸市中にも従来の問屋流通を差し置いて、在方商人と直取引を行う新興商人の台頭がみられた。その結果、旧来の問屋層の禁圧妨害にもかかわらず、以下に述べるような新興商人層の活動と新しい流通経路の定着が進んだ。

青山久保町・渋谷道玄坂町・澁谷広尾町・品川台町・麻布日窪・六本木・永峰町・高輪台町のいわゆる8ヵ所の青物問屋は、渋谷・品川・世田谷方面から搬入される蔬菜荷を扱って発展してきた商人たちであったが、公認市場問屋からは「素人」と呼ばれる存在であった。しかし寛政11（1799）年、奉行所から公認を受け、問屋として認定された新興商人たちは、「御用青物土物前栽物納方」の御用が課され、名実ともに府内の一角に、公認市場としての基礎を固めることになった。寛政年間における「納方」御用勤めを前提とする問屋体制の再編成を推し進めたのが、北山物を扱う千住・駒込両公認市場に対して、南山物を扱う8ヵ町の青物問屋たちであった。周辺市場の発展は、中央特権市場神田の衰退を反映しながら展開していった。江戸地廻り経済の進行過程、たとえば農村工業製品・各種工芸作物・干鰯等の流通において、多面的に生起する中央特権問屋と地方市場の新興商人たちとの確執の中から、彼らは直買・直引請を通して、確実に農民流通・町人流通の実現に向け力をつけていった。江戸の青果物問屋体制の変革も、以下に述べる直売農民の輩出問題とともに、その前奏曲ともいうべき性格の大きなうねりであった。

新旧市場間摩擦の発生こそみられはしたが、対農民的な意味での幕府公認の蔬菜市場問屋は、所詮、幕府の権力基盤に乗った合目的的な収奪経営体であることには変わりがなかった。当然、江戸府内向け蔬菜流通において、独占的地位を築き上げてきた新旧問屋商人たちの立場は、必ずしも盤石ではなかった。天保・慶応両年間、葛西領・淵江領・下総小金領の農民たちは、千住市場問屋の一方的な口銭値上げに対して、再三にわたって結束し、口銭の一部据え置きと値上げ期間の据え置きを勝ち取っている。また、安永年間には、新興商人たちの産地仲買の際の横暴に反発した惣百姓たちが、買取り慣行の完全履行を求める申し入れを行っている『江戸地廻り経済の展開 p248-251』。しかしどちらの問題提起も所詮、蔬菜流通上の主導権はあくまでも問屋側に握られており、最終的には、領主流通の枠内での是正要求という限界をともなうものであった。

これに対して、天保年間にみられた、江戸の蔬菜流通過程への農民の関与形態は、既成の流通機構の枠内での抵抗から一歩踏み出し、いわゆる「立売り」と呼ばれる直売農民を輩出するに至った。立売り農民の出現は、南山物の集荷市場である青山久保町ほか7ヵ町問屋の独占的買い付けに対抗して生じた。問屋と村方との正面衝突は訴訟に持ち込まれ、結局、農民たちは問屋に若干の手数料を支払うことで、立売りの継続を認められることになった『江戸地廻り経済の展開 p249-251』。ただし、江戸における立売り農民の発生は、京都や大坂に比較するとかなり遅れ、かつ規模も小さく執拗さにも欠けていた。このため当事者間の問題に矮小化されて、近世の蔬菜流通に与えた影響力は微弱に留まり、京・大坂における野市や公認市場の成立にまで発展することはなかった『近世・近代における近郊農業の展開 p184-217』。とくに大坂における近郊農民のこうした歴史的実績は、近郊地方卸売市場群の成立、近郊産地仲買人の集積、中央卸売市場の近郊産地対策等として、現代に大きな影響力を残すものであった。

2. 江戸近郊農村における農民層の分解と農村社会の変質

(1) 金肥需要の地域性と近郊農民の階層分解　江戸近郊農村問題について考察する際、その地域的性格をどうとらえるか。少なくとも、江戸近郊農村を肥料の入手ならびに生産物販売機会に恵まれた有利な農業地域とみるか、それとも採草地の消滅で自給肥料基盤を失ない、金肥依存度の著しく高い農村とみるか、あるいは労働力面において農業雇用対農間余業や江戸流出で競合するマイナス地域とみるか、さらには大都市経済の多面的影響を受けて、貨幣経済の一段と深化した地域とみるか等の諸問題に注意を向ける必要がある。以下、これらの点にも配慮しながら、江戸期・金肥需要の地域性とその増大にともなう近郊農民の階層分解の推移を追ってみたい。

これまでの江戸近郊農村・農民・農業に関する著書・関係諸学会誌・県市町村史等の業績をみると、商品生産の深化、購入肥料使用の増大、前期的商業資本の農民吸着、果ては幕藩領主の年貢増徴策から気象災害まで含めた農村問題が、農家の経営的性格ならびに農村の社会的性格に及ぼす影響を目にする機会は少なくない。

とりわけ、戦後、関東地方における農業の商品化・農民層の分化分解論のメルクマールになったのが、古島敏雄の『近世日本農業の展開 p226』であろう。「江戸地廻り経済の展開論」にも一石を投じることになった彼の論考の基本を抄録すると、「関東農業は江戸の商品需要によって直接影響されることが少なく、農業生産の発展に裏付られた積極的な農民階層の分化を見なかった」という内容であり、畿内農村の商業的農業の発展段階とその諸影響に比較し、関東農村の低生産性と農民層分化の低位性を指摘したものである。この書の公刊以来、「近世関東の商業的農業の展開と農民階層の分化」に関する議論がにわかに研究者の俎上に上ることが増えていった。

たとえば古島敏雄に師事してまとめられた横銭輝暁（1961年 p24-33）の研究もその一例であろう。彼の研究の概要は、近世末期の江戸近郊農村とされる武州葛飾・足立・埼玉・多摩・豊島・荏原のうち、葛飾・足立・埼玉の3郡を対象に史料収集の成果をまとめたものである。古島敏雄が村明細帳を手がかりに取り上げた村々は、荏原郡八幡塚村・足立郡染谷村・葛飾郡藤塚村・橘樹郡六角橋村・愛甲郡半原村で、多くは畑方の村々であること、雑穀・大小豆に自家用の木綿と煙草を少々栽培することの2点で共通していた。これらのほかに必要と思われる多くの史料を加えて彼は、練馬地方以外の近郊農村を含む関東の農村では、主雑穀型の自給的農業が行われ、商品生産の入り込みは見られず、農民層の分化は低位段階にとどまっていることを結論つけている『近世日本農業の展開 p226-240』。

これに対して、横銭輝暁論文（1961年 p26-28）では、埼玉郡伊勢野村・大瀬村・二丁目村・蒲生村・四条村を例に、安政2（1855）年の村方明細帳を用いて、葱・茄子・唐辛子・菜・胡瓜などの生鮮蔬菜類が、千住市場を中心に江戸向け出荷されていたことを明らかにしている。さらに足立郡瀬崎村の蔬菜・穀菽類の販売率を通して、江戸近郊農村における農産物の商品化の度合いまで把握している。幕末期、農産物の商品化にともないこれら農村が貨幣経済の渦中に巻き込まれていく過程を、「農間渡世」の分析から考察し、古島敏雄が低生産性、自給的性格、階層分化の低位性を指摘したどの村々よりも、この地域には農間余業者が多く発生していたことも明らかにされた。

さらに横銭論文は、これら商品化の進んだ村々の農業技術水準はかなり高く、採草地に乏しいこともあって、施肥量とくに金肥依存度が大きいことを述べ、裏付けとして、基幹的商品作物の蓮根・慈姑の生産には下肥が多く使用されていることと併せて油粕・干鰯の使用についても報告している。これらの事実から、江戸北郊における農村地帯では、近現代農業にも通じる集約度のきわめて高い近世農業の成立を推定することができると結論つけている。

以上、横銭論文を要約すると、近郊農村を含めて、生産力が低く雑穀を主とする関東農村では、農民層の分化は低位段階にあり、当然、商品生産の入込も見られないとする古島論文に対して、上記江戸北郊農村では生産力水準が高く、蔬菜の商品化はかなり進んでいることを証明し、同時に農民階層の分化の進行と、埼玉郡蒲生村・後谷村・柳ノ宮村にみられるような広汎な地主・小作関係の成立を確認している。これらのことから、古島論文の関東農村における農民階層分化の低位性に対し、江戸近郊農村の高位性が実証されたと結んでいる。古島敏雄は『近世における商業的農業の展開 p226-227』で「農民の階層分解は、もちろん商品流通の農村への浸透を契機とするものであるが、その形態は（以下、抄録）余業の本業化・封建領主の年貢増徴策・助郷制の重圧で滑落した農家が、在地の高利貸資本の餌食になっていく過程である」としている。しかし横銭論文では、八条領青柳村他6ヵ村（蔬菜作農村）における農間余業者の個人持高表を見ると、土地集積を行いうる質屋が多かった、とは必ずしも言えないとし、この事実から、「生鮮蔬菜の商品化とその発展のなかから農民階層の分化が進行する」（前掲論文 p30-32）という結論を導き出している。ただしこの結論には商品化の進展と農民層分解を結ぶ中間項、たとえば「商業資本の肥料前貸し制と蔬菜農家の階層間生産力格差の発生」が欠落し、説得力を曖昧にしている感がなくもない。

さらに、伊藤好一（1966年 p90-96）の近郊蔬菜作農村・農民に対する以下の指摘「野菜作の盛行にともなう貨幣経済の浸透は、村落構造（階層関係）を変えていった。野菜作が盛行したと見られる化政期より中農層の分解がみられ、天保期を経過して、下層農の著しい増大がみられるにいたった」も、蔬菜栽培の発展と階層分化の関係をとらえた論考といえる。また前掲伊藤は、幕末期の武蔵野台地の主雑穀栽培農民に関する考察で、概略次のように述べている。「金肥導入による穀類生産の高まりは、台地畑作農民をして、貨幣経済への入りこみを余儀なくさせ、自給的農業を基礎とした幕藩体制下の農村を徐々に破壊していくことになった。その結果、江戸府内への穀類販売が活発化する化政期以降、農民階層に両極分解の様相がみられるようになる。両極分解をもたらしたものは金肥使用による農業の（階層間）不均等発展によるものとみられた」。なお、金肥価格については、享保10（1726）年の江古田村明細帳記載の「田畑こやし1反ニ付代金2分2朱余」（深野家文書）を取り上げ、比較的高いことを指摘している。おそらくこの糠価格に耐えうる上層農家と、ときには質地借入をも必要とする下層農家との間の生産力の不均等発展と、その結果としての農民層の分化を示唆したものと思われる。

近世初期の江戸近郊農村では、村落支配層の農民が、基本的な生産手段を掌握することで、村落支配をより強固なものにしていた事例は少なくない。しかし商品経済の浸透で、支配力喪失に直面する場合もないわけではない。その過程を、商品流通（小川村の瓜の販売）・（中野村．江古田村の下肥汲み取権）上の既得権喪失を通して指摘した作品を見ることもできる『江戸地廻り経済の展開 p132-133』。だが多くの場合、下肥流通上の支配権を掌握してきた地主・村の旧家・村役人等は、農民たちが下肥価格の上昇で経営を圧迫されていく中に在って、むしろ経営拡大を推し進める機会としてこれを捉えていった『目黒区史 p234-235』。

⑵　江戸近郊農村の比較地域論的考察　　江戸近郊農村での自立小農層の分解と金肥使用による不均等発展の結果、一段と深化した零細農家の経営難ではあるが、18世紀の浅間山焼け・凶作・年貢収奪の強化などで激しく動揺した北関東畑作農村の実態に比較すれば、窮迫の度合いはかなり相を異にするものと思われる。干鰯・魚油・〆粕等の金肥普及と問屋資本の質地商法で、自立小農から没落していく北関東畑作農村に比べると、江戸近郊農村ー南関東農村ーの農民は特殊の条件に恵まれていたことが考えられる。そこで「江戸の近郊蔬菜作農村とその後背地の主雑穀作農村」について、その特殊性の有無と実態を検討してみた。

既述のように、江戸近郊の農村で使用された肥料は、少なくとも近世中期までは糠・下肥が主体であった。まず糠から検討してみよう。江戸入津の蔵米は、すべて江戸で精米される仕組みになっていた。その際、大量の糠が生産される。「江戸糠」以外にも文政3（1820）年の史料によれば、房総・相州・近国近在の糠を「地廻り糠」と称し、駿・遠・三・豆4州物を「下り端糠」と唱え、江戸の糠問屋がそれぞれ買い受けていた『江戸地廻り経済の展開 p6』。このように、江戸では大量の糠が問屋経由で出回っていたことは明らかであり、近郊農民がその入手機会に恵まれていたことは疑いの余地もない。

一方、下肥については、初期には農民の武家屋敷・商家・民家への巡回集荷が主であったが、江戸中後期には需要の増大・広域化を受けて問屋流通に交替する。つまり特権的な村役農民層から下肥問屋商人たちに下肥配給機能が移行することを示すものであった。糠・下肥ともに製品過程の廃棄物もしくは人間の最終的廃棄物という点で、本来的には商品価値のない品物であったが、需給関係のアンバランスから財としての価値を生じて取引の対象になったものである。下肥配給機能の移動が特権的上層農民の地位の低下をともなって進行する一方で、蔬菜作の盛行にともなう貨幣経済の浸透は、村落構造を変えていった。たとえば東葛西領笹ヶ崎村では、享保年間から江戸本所辺に蔬菜を売り出していたが、その後、化政期には1石以上～10石未満層を分解基軸とする中農層の分解が進み、天保期以降に至ると、1石未満の下層農の著しい増大が目立つようになる『江戸地廻り経済の展開 p134』。蔬菜の商品化を契機とした農民層の分解と基本的な生産手段の取扱権を喪失した村落支配農民層の凋落が始まり、やがて村落秩序の崩壊期を迎えることになる。

近世中期以降、糠・下肥価格の相対的水準が高騰し、商業資本の介入をみたとはいえ、下肥問屋資本の価格支配を受ける場面は、関東畑作農村の干鰯・〆粕使用で見られるような、少なくとも下層農民に著しく不利益な状況「田植の日、大豆6升より5升、貧民3升位、又は鰯粕に候得ば7升より右に順し、介相配植付」とか「植代えも厩肥を入、其上鰯粕大豆等5.6升つつも掛け不申候而は不宜、併貧民共は苗代計に而植代えは掛不申」（荒居英次 1970年 p46）ではなかったと考える。たしかに既述のように、下肥価格の高騰はその入手と生産性をめぐって、階層間に格差をもたらしたとする見解もある。

しかし総括的には、下記・天保14（1843）年の町奉行裁定にかかわる証拠史料が、実態を最も適切に表現したものと理解してよいだろう。

下肥値下げ連印書

武州葛飾郡興之宮村

名主　三郎右衛門外8人

此者共儀諸色値下儀に付ては、厚き御世話有之候処、近来追々下肥値段引上候に付、月々諸作物値段に相響、小前の者に於いては田畑養方手当とも差支難渋致し候間、凡て寛政度の趣に申渡して立戻り取引相成候様致度、（以下省略）『増補葛飾区史 上巻 p763-764』。

関東内陸畑作農村で普及する干鰯・〆粕等の使用に比べると、近郊農村が下肥導入に際し、前期資本の介入で質地を失い、農民層の分化・分解に至った事例は、管見の限り史料的にはきわめて少なく、わずかに江戸南郊の下丸子・八幡塚両村で金肥導入の際の「肥料前借・代金出来秋現物または現金決済」事例を認めたにとどまる。ただしその内容は、収穫期の農民の負担は重く、直小作の発生を懸念する論調であった『大田区史 中巻 p250-253』。それでも全般的には質地喪失や農民層の分解が取り上げられる機会が少ない理由の一つは、おそらく舟運利用上の便益とくに輸送費と糠・下肥価格の相対的低廉性に基づく結果であると考える。もとより、この時期の近郊農村に干鰯や〆粕の移入が全くなかったわけではない。享保元（1716）年、足立郡南村では、田畑の肥料に灰・干鰯・油粕・粉糠・馬屋肥の使用がみられ、水田投入費用が1反歩に付き1両Ｉ分、畑地は1両3分ほどを要するとされている。同じく、天保年間の足立郡中分村矢部家文書にも、灰・干鰯・糠・粕・大豆等の購入肥料の投与がみられる『新編埼玉県史 通史編4近世2 p360・372』。寛延3（1751）年に葛飾郡清水村でも、灰・下肥とともに干鰯の使用が記されている。近世中期以降の江戸南郊および北郊の舟運・街道交通に恵まれた地域の事例については、さらにページを割いて後述する予定である。

もともと、江戸近郊農村の蔬菜作経営で当初段階から広域的に投入された金肥の主流は糠と下肥であった。干鰯や〆粕に比べると相対的に安価とされた下肥投入も、徳丸（板橋）の農家の場合、弘化2（1845）年の大根の売り上げ金135貫のうち、肥料代の50貫（40%）の支出が農家経済を圧迫する数値であったことは疑う余地もない。船賃の42%、駄賃の40貫の支出も大きい。支出を合算すると純益は僅か28貫750文しか残らない『江戸時代の商品流通と交通 p34』・『江戸地廻り経済の展開 p129・131』。

近世後期初頭の天保5（1834）年には、江戸近郊農村の西郊（糠）対東郊（下肥）にみる施肥技術上の地域性に、新たに南郊下目黒村の〆粕・干鰯使用例が加わることになる。この時期と前後して、江戸南郊の農村では、多摩川や主要街道沿いの村々を中心に、油粕・干鰯の普及期を迎えたことが推定される。推定理由は以下の一文による。「天保6（1835）年7月、中目黒・上北沢両村より、下目黒村組頭茂十郎と江戸深川熊井町の肥料問屋慎蔵、同蛤町平右衛門との干鰯・油粕一件の吟味がながびいて、苗代・仕付に差し支えるから、問屋に前金を渡さず、浦方より干鰯・油粕を直接に買い入れたいと願い出て許されている」『目黒区史 p235』。解説するまでもなく、近世後期初頭の目黒や世田谷地方などの江戸南郊蔬菜作農村では、湾岸漁村から直取引で、干鰯・油粕等の水産肥料を入手できる流通ルートができ上っていたことが考えられるわけである。なお、南郊農村の主な肥料は、下肥・干鰯・絞粕・糠などで、江戸東・西両郊型に新たな施肥技術が追加された形跡を示し

表Ⅱ-3　近世中期末葉の江戸南郊農村の使用肥料

村名	年代	種類
下沼部村	寛政11年(1799)	田方　干鰯・下糞・刈草 畑方　下糞・灰糠・下水など
蓮沼村	文化13年(1816)	干鰯・油類・下糞
堤方村	〃	下糞・油粕
徳持村	文政7年(1824)	田方　鰯絞 畑方　じゃこ・尿
馬込領久ケ原村	〃	肥・干鰯・尿
石川村	明治5年(1872)	田方　下糞・干鰯 畑方　灰糠・馬糞・下水など
嶺村	寛政11年(1799)	田方　下糞・干鰯・〆粕など 畑方　下肥・糠・下水
下丸子村	享保4年(1719)	田方　酒粕・干鰯・下糞・醤油粕 畑方　下肥・干鰯など
八幡塚村	享和2年(1802)	下糞・干鰯・〆粕・海藻など

出典：『大田区史 中巻（佐々悦久）』

ていた（表II-3）。史料的には表面化していないが、この実態こそ、近世末期の江戸近郊農業の施肥技術を代表する地域的パターンと考える。天保6（1835）年、干鰯・〆粕使用農民の増大は、直売りを拒否する江戸干鰯問屋との間に、橘樹・多摩2郡56ヵ村を巻き込んだ連帯訴訟事件の発生となって表面化する『目黒区史 p235』・『江戸地廻り経済と地域市場 p114-117』・『近世農村構造の史的分析 p62』。以下、関係文書の一文を掲げる。「私共村々田畑肥之儀安房・上総・下総・相模国其外浦々分干鰯〆粕等従来直売仕相用来候」と述べ「最早や彼岸ニも罷成、苗代時節に差掛り、此節田肥買入不申候而は間に合兼」と結んでいる『日本農業技術史 p527』。この地域の水産肥料の利用は、特殊な商品作物のためでなく、田畑一般とくに米作に用いられていたことが明らかである。もとより、金肥利用にかかわる訴訟事件は、干鰯・〆粕に限らず、下肥利用においても、江戸廻り農民の価格引き下げ要求となって、再三、町奉行所に持ち込まれてきた。いずれも、使用価値が高く、かつ広域的に普及していたことの証としての訴訟事件であった。

ともあれ、近世中期以降、江戸近傍では東郊水田地帯の下肥、西郊畑作地帯の糠がそれぞれ代表的な購入肥料であったことは、繰り返し述べてきた。これらの主・雑穀生産に蔬菜生産を組み合わせた近郊地帯の外縁部に特産蔬菜の散発的産地が展開していた。近世後期になると、江戸近郊農村のうちの南郊部ならびに近郊農村のほぼ外縁部にあって、舟運の便と街道交通に恵まれた地域に、干鰯と下肥の混交地帯が新たに形成されるという状況が推定されるに至った。この場合、下肥・糠価格の高騰自体は、多くの農家の農業経営をストレートに圧迫することはあっても、汎地域的レベルで下層農民を無高の小作農民に滑落させるほどの過酷な状況ではなかったものと思われる。関東内陸の畑方特産物生産地帯で、〆粕・干鰯等の金肥依存度の高い中小農家が、質地前借契約で破産し、農村荒廃の道を歩んだことに比較すると、一部近郊農村での干鰯・絞粕導入は、下肥をはじめ各種肥料との混合使用技術が進んでいたため、金肥依存度が小さくその分、経営的には若干安定していたことも考えられる。近世後期における江戸湾沿岸漁村からの干鰯の直請け流通の成立とともに、近郊農村の場所的有利性を示す事柄の一つといえるかもしれない。

もとより、江戸近郊農村という下肥と糠の供給に恵まれた立地上の有利性は論を待つまでもない。視点を変えて前掲横銭・伊藤論文を見直すと、近郊農村では、穀類と蔬菜生産の発展を契機に農民層の階層分化が進行したが、関東内陸の畑作農村でみられたような金肥購入にかかわる分化・分解要因としての明確な指摘は、武蔵野農村に関する伊藤論文以外には、いずれの区史においても特段認められなかった。わずかに寛政11（1799）年、大森村の干鰯商人が、代金の返済に下丸子村の農民から質地を取得したことを思わせる文言が認められるだけである『大田区史 中巻 p293』。一歩ゆずって、江戸近郊農村に前期資本による「肥料前借制」が普及し、零細農民の滑落層が農村に滞留・集積する社会的危機が発生しても、当時の江戸には各種の奉公口があり、かつその影響を受けた農業労働条件の向上で、北関東のような各種の記録に残る激しい人口減少をともなう農村荒廃は発生しなかったものと考える。

(3) 近郊農村社会の変質　次に江戸近郊外縁農村の構成主体となる自立小農の成立からその分解に至る過程、言い換えれば、幕藩体制の確立から動揺─崩壊にかかわる近郊外縁農村（武蔵野新田）の社会変動を、貨幣経済ならびに商品生産の浸透と結果としての農民層の分化・分解を視点に、不充分ながら東京都の区史を基幹史料に据えた範囲内で整理してみよう。

武蔵野の一角を占める世田谷地方の場合、1)天正19（1591）年から寛永期（-1644年）までの検地を通して、知行割・年貢賦課等の農民支配の基礎と小農自立化のための基礎が固まる。次いで、2)寛文・延宝から元禄期までの検地によって、新田畑の開発と自立小農の広汎な成長が体制的に把握され、小農村落が確定する。さらに、3)享保期以降の検地で、新開地の把握と年貢増徴の基礎が固まる『新修世田谷区史 上巻 p487-489』。小農層と小農村落が確立する元禄期には、多くの村々で人口増加と耕地増出のピークがみられ、村高も上昇していく。村高の上昇は畑新田の増加によるものであった。こうした体制と農村における安定化基調も長くは続かなかった。まもなく近世中頃以降から世田谷地方の小農層は、畑作による雑穀・蔬菜生産を主体とする経営に年貢金納化も絡んで、貨幣経済の浸透に激しくさらされ、ついには、階層分化を変動基軸とする農村社会の変質に直面することになる。小農経営の変動分化要因にはこのほかにも、自然災害と飢饉さらに年貢増徴策なども深くかかわっていたことも見落とせない事柄である。

一般的に言って、近世前期には人口増加が進み、近世後期の人口は減少ないし停滞を示すといわれる。一方、近世後半の大都市周辺の半商工・半農地帯と沿海農漁村地域は、比較的人口増加が顕著であるとされるが、世田谷地方をはじめ、江戸近郊農村の多くを含む大都市近郊純農村地帯は、減退もしくは停頓基調であるという。このことについて、世田谷地方の彦根藩諸村の事例をみると、全体的には凹（鍋底）型を示すが、具体的には、元禄期の上昇ピークと寛政・文化期の最低を記録している。人口動態と密接にかかわる戸数の推移を、彦根藩諸村・天領諸村についてまず総括してみる。家数の増加は、近世初頭以降、元禄・享保期と上昇の一途をたどり、宝暦期にピークを迎える。以後、若干の減少ないし横ばい状況を経て幕末期に至る『新修世田谷区史 上巻 p696-712』。このような近世中期の家数増加とそれ以降における固定化現象に対して、化政期から天保期にみられる人口減少問題をどう理解したらよいか。以下、この問題を念頭に置いて村落構造の時代的推移を概観しておこう。

近世前期の家族構成を延宝3年の上野毛村の場合でみると、夫婦・親子を中心とした単婚家族を特徴とすること、土地所有高と家族数がほぼ比例していること、手作り経営を原則とした近世前期にも、下人（年季奉公人）を抱える手作り経営農家（村役人層）の存在がみられること、下人を所有しない1町歩以下の農家が、逆に下人を放出する農家層を形成していること、等の特色を認めることができる『新修世田谷区史 上巻 p712-713』。

また、近世中期初頭（元禄期）における世田谷領の家族構成を「世田谷領弐拾ヶ村御帳」からみると、総人口6,288名のうち下人が768名を算し、このうち35%が村役人に所属し、65%が普通の本百姓に分属していた。下人経営の普及が明らかであり、このことから元禄期の世田谷領では、年季奉公人による手作り経営が主流をなしていたと考えられる。なお、1戸当たりの家族構成は、総戸数979戸中1夫婦の単婚家族は51%、親子2世代にわたる夫婦の同居家族29%、兄弟夫婦、叔父・叔母の夫婦が同居する複合家族10%、さらに独身または夫婦一方の死別10%となっている。以上のことから、元禄期には、すでに近世的な単婚家族が主流をなしているが、分出して、家数を増やす可能性のある複合家族の存在も留意したい点である『新修世田谷区史 上巻 p712-724』。

元禄期の村落構造は、ほとんどの農民が、1町歩から2町歩程度を所有する単婚小家族経営として村社会の基礎を形成し、これに若干の村役人層が3町歩以上の耕地と、家族のほかに数人の下人を雇い入れ、村社会の指導者として、いわゆる手作り経営を行っていた。しかし元禄・享保期以降、村社会の主部を構成する小農経営が、自然災害と飢饉さらには年貢増徴策と商品・貨幣経済の進展等を契機にして変質・解体し、地主化する一部の層と無高の小作人・水呑百姓に滑落する層とに分解して、農村の激しい変動期を迎えることになる。

そこで延宝元（1673）年から慶応4（1868）年までの195年間の上野毛村の階層構成の変遷をたどってみた。以下、2点に要約すると次のようになる。1)元録10年の農民数21人から宝暦3年には33人に増えているが、増加した人々を階層的にみると、5反歩以下の層である。2)中農層が両極分解をする時期は明和期以降とみられ、化政期には一層顕著となり、慶応期にはさらに激化している。このうち1)の宝暦期までに増加した零細土地所有農民の多くは、いずれも本家から分家・別家したものである。分地令を無視した零細な分家の創出は、零細規模でも生計が立てられる条件ができたことを意味している。別家・分家の際に本家から与えられる金子で、農間余業を営む可能性が生まれていたからである『新修世田谷区史 上巻 p940-943』。この別家・分家こそが農家数の横這いの一因であり、以下に述べる余剰労働力の村外流出が、農村人口の減少要因と考えられるものであった。

階層分解で発生した多くの水呑百姓・潰れ百姓の余剰労働力は、農間余業や江戸への流出によって吸収されていった。その結果、近郊農村の年季奉公人の払底と労働賃金が上昇し、彼らに依存する手作り経営は行き詰まることになる。ちなみに、天明元（1781）年の二子村の奉公人給金は、三年季で3両1分2朱に若干のお仕着せが付き、天保14（1843）年の太子堂村では、1年季契約で金3両と高騰している『新修世田谷区史 上巻 p1204』。このため、手作り経営に代わって、土地の集積を進めてきた地主層による「請負小作」

経営が増加する。しかし、請負小作制度も、農業生産力の上昇による供給過多と江戸地廻り経済の確立にともなう関東・奥州米の流入で、米価の低落傾向が続き、小作農家の借地返上の事態を招くことになる。地主たちの小作料減額や肥料代補助の努力も限界に達し、農村荒廃の一因である「手余り地」の増加につながっていった『大田区史 中巻 p250-253』。

最後に、幕末期における西郊畑作農村の階層構成と家族構成について、『新修世田谷区史 上巻 p1183-1197』を中心に整理してみよう。とくに註記がない限り、以下すべてこれに基づいて叙述した。まず、天保期以降〜幕末期の太子堂村の階層構成と家族構成の動向を「宗門人別改帳」からみることにする。幕末期の家族構成は、近世後期の諸村一般にみられる在り方を示す。この家族構成を持高別に検討してみた。それによると、幕末期を通じて、3町歩以上を所有する上層農家の実労働人口はわずか2名である。この2名による3町歩の自作は不可能であることから、日雇い・年季雇いを入れて、手作り経営を行うとともに、一部小作にも出していたことが考えられる。1町5反歩前後を所有する中農層では、労働人口は平均4人と多く、したがって、家族労働型の自作経営農家を想定することができる。次に、1町歩から5反歩までの層は、労働人口の平均が3〜4人とみられ、家族労働を中心に、自作地と少々の小作地を耕作していたことが考えられる。5反歩以下を所有する下層農家の労働人口は平均3人弱である。彼等の多くは、小作経営かもしくは日雇い・年雇い労働者として生活している階層である。この階層のさらに下層の人々の約半数は、経済的に家族を構成する能力の不十分な一人百姓である。

太子堂村の特徴として、一人百姓の多いことが挙げられる。一人百姓に関する詳細については、表II-4に示すとおりである。同時に、幕藩体制確立期の体制維持基盤とされた自作小農制がほぼ完全に崩壊していることも、明瞭かつ重要な特徴である。

弘化4年の代田村の場合をみると、持高による階層と家族構成の関係は比例関係に在り、近郊農村一般と同じ傾向を示す。しかし農民の階層分解は激しく、75石8斗と大幅に石高を集積している名主万蔵に対して、無高の農民が7名、2石以下の農民が55名を占め、すでに村民の半数以上が零細な石高所持者に転落している。この他に、潰百姓が15戸も存在する。以上の諸階層の

表Ⅱ-4 太子堂村の一人百姓の動向(天保9年)

名前	年齢	持高	順位	備考
	才	升	番	
鉄五郎	9	39.67	36	天保11年伯母(26才)と一緒に住む
平次郎	31	36.60	39	天保11年弟第之助(32才)帰村し□人となる
熊次郎	32	34.73	40	嘉永2年結婚する。農間渡世
直次郎	17	44.45	47	嘉永3年結婚する。農間渡世
きく	13	62.213	25	天保10年伯父(44)と同居、農間渡世
松五郎	25	43.457	31	嘉永4年同5年奉公人にでる。1人居
市左衛門	61	42.22	34	1人居　農間渡世
茂兵衛	50	不明		天保10年離村
台次郎	44	不明		天保11年離村
兼次郎	32	不明		天保12年離村

注：順位とは持ち高の順位をいう
出典：『新修世田谷区史 上巻』

うち、もっとも持高の大きい農家では、労働力10名、うち下男・下女計4名を抱え、村内唯一の奉公人を雇用する農家となっている。20石以下5石までの農家は、労働人口3〜4人で自作経営型の階層とみられる。2石以下の零細層は55戸（53%）で、労働人口は2.5人である。明らかに労働力を他地域・他産業に放出していると考える。無高層は7戸で、労働人口2.1人は、この階層もまた、労働力の放出層であることを推定させる。

零細農家層に家族労働人口が少ないのは、十分の扶養能力を持たないため、相続人以外は出稼ぎ・奉公人という形の放出によるものであろう。この村にも、一人百姓が9戸もみられた。またここでも零細持高層の労働人口が少ないことは、小作経営に必要とされる十分の労働人口が、村内に存在しないことを意味している。一般に農民の階層分解が顕在化する近世中期以降の労働力流出は、下層農家からの経済的理由に基づく放出とされているが、江戸西郊の徳丸四ッ葉村の場合のように、零細農・下層農の出奉公は同一村内または近隣諸村を対象にし、中・上・最上の各層からはすべて江戸市中への奉公で占められていた。江戸市中奉公の大半は若い女性で、行儀見習い的な性格の強いものであった『板橋区史 通史編上 p745』。こうした社会的・教育的流出は、武家と有力町人で市中を分けあっていた江戸では、結構、需要も少なくなかったものと思われる。ただし、このことに関する定量的史料に出会うことはできなかった。

結局、江戸西郊・南郊の武蔵野農村にみられた労働力の経済的流出や一人百姓の存在は、農民層の分解が極限状況に近づき、生産力の維持も限界に近いことを物語る状況といえる。極論すれば、幕藩体制を支える基本的な仕組みの一端である自作小農制の崩壊—幕藩体制の破綻—そのものを示唆する事態といえる。それでもなお、村落内部では、金肥需要をともなう商品生産の継続と生産力の不均等発展が、農民層の分化・分解を一層促進する契機となり、その結果析出された零細農家の余剰労働力が一部は江戸の武家屋敷・商家の奉公人として流出し、一部は近郊農村内に滞留して、農間余業もしくは農業雇用労働力として存続することになる。北関東の農村荒廃と根本的に異なるきわめて重要かつ恵まれた労働力事情といえる。もっとも土地利用的に見る限り、農業の雇用経営にも限界が生じ、江戸近郊とその外延農村でも、ついには手余り地の発生をみることになるわけである。

3. 江戸外縁武蔵野農村における商品生産と農民層分解

(1)　武蔵野新田農村の穀類商品化と在方商人　　18世紀後半、近郊外縁の武蔵野新田の村々にも、穀類生産力水準の上昇『新田開発 下巻 p37』と連動する貨幣経済の浸透と農民層の分化・分解が進行し、農間渡世人の出現いわゆる農間余業の成立がみられた。明和・安永頃にはじまる農間渡世人の出現は、この地方の貨幣経済の浸透と同調し、化政期に急増する。以下、『江戸地廻り経済の展開 p215-234』の引用を中心にしてその動きを纏めてみよう。農間渡世商人の当初段階の業種は日常消耗品扱いが多いが、やがて彼等のなかから、農業経営に直結した穀類の買い取りと肥料の販売を手掛ける業者としての在方商人があらわれてくる。煎本増夫（1963年 p18）によれば、在方商人の存在が、幕藩領主層に意識され始めるのは、安永元年の下記の幕府法令が出された頃からとされる。

覚

一、酒造　一、醬油造　一、真木河岸　一、酢造　一、水車運上

右者御代官所并御領所村々之内、酒・醬油・酢造・油等を絞、近村売買いたし、

并水車等を稼、且山方より真木を伐出船廻いたし、年来助成致来候村々有之趣候

穀作地帯に出現した在方商人たちの多くは、村役人層であった。しかし、必ずしもすべての業者が村役人を出自とするわけではなく、寛政期頃からは中農層も農間商いに参入してくる（伊藤好一 1958年 p4）。在方商人と在町商人の相違点は、前者には特権的保護がなかったこと、ならびに農業経営と水車稼ぎ・醸造業・絞油業などを兼営していたことである。

こうした業者の発生以前の農民たちは、自ら馬背に穀類を乗せ、淀橋の穀商・川越五河岸の河岸問屋・在方町の穀商に赴き、あるいは穀商の出買いを待ってこれを売りさばき、肥料を求めていたという。販売品としての穀類と購入品としての糠・灰は、近世を通じて武蔵野農村における最も重要な商品であった。前者は年貢金納制と絡んで近世前期から商品化され、後者購入肥料の導入期は、元禄・享保期とされている。天保7（1836）年、川越五河岸の一つ寺尾河岸問屋の総水揚げ件数に占める購入肥料の割合は、糠47.1%、灰17.7%に達していた（伊藤好一 1958 p2）。

流通量の増大とともに、武蔵野と江戸の間には2様の商品流通ルートが成立する。南武蔵野の農村からは青梅街道と甲州道中が、江戸との駄送交易路として利用された。これに対して北武蔵野の農村は、新河岸川の舟運で日本橋・浅草方面と結ばれていた。馬背輸送に比べ、舟運の輸送費は遙かに低廉であったことから、河岸の商圏は予測を超えた広範囲に及ぶものであった（児玉彰三郎 1959年 p13）・（伊藤好一 1958年 p3）。ちなみに江戸期から明治初期における川越五河岸の商圏について、原沢文弥（1952年 p42-46）「武州新河岸川交通の歴史地理学的研究」はその範囲を、武州入間・高麗・比企・秩父・横見・多摩（一部）とし、さらに信州飯田・甲州表裏街道の宿駅の荷物が、扇町屋宿継立で川越五河岸に運ばれ江戸積みされたという。

その後、享保14（1729）年、武蔵野の穀作農民たちは、江戸天満町の馬喰問屋との間に訴訟を起こし、通行権無料を勝ち取る。天明2（1782）年には、内藤新宿の口銭取立てに対して、多摩郡42ヵ村が結束して生産物搬出の自由を手中に収めている。天明期前後以降、輸送上の独占体制は次第に崩され、

自由な商品流通の途が切り開かれていった。

さらに幕末期になると、在方商人たちも川越五河岸問屋の独占的営業を排除して、入間・高麗・比企・秩父・横見5郡の村方荷物を引き受け、船積みするようになっていく。在方商人の成長は、町方商人を排除し、従来の流通機構を崩壊させていった。米穀の江戸小売商との直取引、糠の産地との直取引まで実現する。穀作農村である限り、穀物の販売と糠の買い入れを通して、農民の生活と生産活動の全領域は、在方商人の牛耳るところとなり、ついに価格操作まで行われるようになる。こうして、以下に述べるような道筋の下に、武蔵野台地の畑作農民たちは、領主流通から農民流通への移行にもかかわらず、在方商人の前貸し支配を一因とする小農崩壊への道程を踏み出すことになる。結果、小川村の事例『江戸地廻り経済の展開 p90-95』に象徴される化政期以降の中農層を分解基軸とする農民階層の両極分解が、台地農村に進行することになるわけである。

農民的商品生産の展開による農民層分解の激しさを多摩郡中藤村の事例でみると、「当村御検地以来数年之事故、本田新田共ニ田畑山林屋敷迄御検地御水帳名請にて持続百姓少く、多分は分地譲地質地流等にて、或は畝歩分に被成持主相替候而、地面入狂ひ御水帳江引合兼」るため、新規に「地改」を行わねばならないほどの変動が見られたという「地改議定証文帳 寛政4年(渡辺家文書)」『幕末社会の基礎構造 p94』。中藤村では、寛政から維新期にかけて中農層の激しい分解を受けて1石以下の水呑層が大量に発生した。水呑層への滑落農民は、寛政期の10戸から天保末（1843）年の32戸、明治初(1868）年には55戸と急増する。階層変動は農家の経営選好．具体的には雑穀生産から織物・養蚕への転換をともなって進行し、家族構成と労働力事情にも大きな変化をもたらすことになった。

以下、大館右喜『幕末社会の基礎構造 p94-109』の研究に依拠して、雇用労働力問題に絞り検討を試みた。狭山丘陵南面の古村．中藤村では、寛政期、戸主の下に相当数の次三男が家族労働力として滞留し、村内外への流出は少数派であった。過小農や次三男の流出には労働市場の成立、つまり商品生産の盛行が前提となる。寛政期の武蔵野農村では、貨幣経済を支える仕事は雑穀作であり、平均的な小農の必要労働力は、家族労働で十分充足されていたとみてよい。この頃（寛政11年）の村内下男・下女は16名であったが、享和3年には23名に増加し、その後も増加の趨勢は変わらなかった。下男下女の比率は嘉永年間まで下男が勝り、19世紀中頃の安政期以降下女の雇用が急速に進み、幕末維新期には下男の2～3倍の雇用率となる。幕末の年季奉公は平均すると2年季が最多層を構成していた。

一方、日雇い労働者についてみると、その雇用は次第に増加し、幕末期にはついに年季奉公人を上回るようになる。中藤村源蔵組、佐兵衛組では、「日雇之もの、但平生わ弐拾四人、仕付取入れ七拾弐人ゟ弐百人居り候」「諸職人請印帳（渡辺家文書）」普段でも年季奉公人20数名と同じく日雇い人20数名を受け入れ、加えて播種・収穫期には200人もの日雇いを入れる状況であった。しかも中藤村全体の下男下女雇用状況は、必ずしも上層農民に限らず、19世紀前半の天保年間以降は、4石以下の小農階層が全体の5割を雇用し、慶応2年以降は1石未満の農民も多数の下女を使用している。近世後期を通じて、小高持農民層が村内雇用者の大半を占める事態は何に由来するのか。かように多くの被雇用者の発生がどこからくるのか。以下の史料がその疑問に一部答えてくれる筈である。

「諸色直段前ト三倍ト成リ、米穀天保酉年ノ凶作ト同シケレトヒ金銭流通ヨロシク世上普請造作多ク諸仕賃漸ク引上ケレトモ普請猶多シ（略）当年此辺ノ給金ハ男12両諸色共給金取払ハ一八、九両ナリ、女トテモ八両十両の給金ナリ」（指田日記）

「此節麦粟直段ト糠コヤシ物とツリ合作徳少ナク人手ヲ借ル者ハ手間代コヤシ代ニ不足ニヨリ自然藍作葉油モノ紅花紫等ヲ作ニヨリ以後ノ飢饉ニハ云々」（指田日記）

結局、開港景気に沸く好況下の雇用条件の向上が、零細農家の滞留労働力流出を促進し、同時に商品経済の進展が、農家の経営選好を雑穀から商品生産にシフトさせたのも、貨幣経済の深化に対する農民の全層的対応の結果に他ならない。とりわけ、雇用形態の短期化・雇用契約内容の改善とともに、賃金水準の上昇をもたらした商品生産（織物と養蚕）の発展に、女子労働力が深くかかわっていることについて、大館右喜『幕末社会の基礎構造p108』は確信に近い指摘をしている。もっとも女子の農間余稼ぎの件については、武蔵村山市史『通史編上巻 p947-948』の中藤村『品々御尋書上帳下書』（寛政11年）に「女は蚕を飼、絹青梅縞・木綿嶋を織稼ニ仕り候」とあることから、すでに1799年には養蚕の成立を知ることができる。これ以前の記録としては、隣村山口領横田村の『反別指出シ帳』（正徳元年）の「女かせき麻・木綿少々仕り候事」から機織り稼ぎの発生を認めることはできるが、養蚕の成立記録は1711年段階ではまだ見られなかった。

嘉永期以降、雇用労働力の下男から下女への比重移行と小高持農民の下女雇用が優位に立つ時点の一致から、女子労働を重視する織物・養蚕業の発展を推定し、さらにこの時点は、零細農家の所有馬匹数が急激に減少することから、余業稼ぎの中心が男子の薪炭付送り稼ぎから女子の商品生産（養蚕・織物）に移行することを明らかにしている。しかもたまたまこの時期、『指田日記』に本畑への桑園の侵入や桑市の開催が記録され、元治元（1864）年、水田の桑園化を禁止するお触れが出されている。養蚕景気の過熱を反映したこれらの現象の背景には、女子労働力の大量需要が見え隠れしていたことは言うまでもないことである。

そもそも、商品生産の普及以前の武蔵野穀作農村では、家族数に応じた経営を行うこと、作付反別に相応した十分の肥料を与えることの2点が満たされる限り、およそ1反歩の肥元金は1分から2分ほど要するが、取り上がり方もおよそ1反歩につき3分から1両余りあるので、手広に耕作すれば「農作の余分を以て困窮の場所も自然と立ち直る」といわれるほどに、相応の収益を上げることができたのである（伊藤好一 1958年 p8）。こうした可能性の存在にもかかわらず、農民の困窮化と分解を招いた在方肥料商の反農民的な経営―肥料価格の操作―に規制された農民の対応、具体的には作付規模と肥料投入量の減少にともなう生産性の低下は、荒居英次（1961年 p119）の近世下野水田単作農村の分析でも明らかにされている。これらのことから、田（米穀）畑（雑穀）作地帯の差、ならびに糠対干鰯に代表される南関東畑作農村と北関東水田農村での購入肥料の違いを超えて、在方商人が近世後期の小農経営とその崩壊に与えた影響は、有力な特産商品作物を欠いた主・雑穀型農村では、汎関東的に共通することが考えられる。

雑穀生産中心の時代には、上層農民の一部が肥料・穀物商人として武蔵野新田農村の小農を経済的に支配し、土地の集積も進めてきた。しかし天明期を境にして没落していく上層農民が現れてくる。大館右喜（1981年 p109-115）によると、農家経済が穀作依存から商品生産に移行したことと、余業の商品生産が本格化したためであるという。つまり、当時の武蔵野農村では、雑穀生産から縞織物の生産に比重が移行した。これにともなって、かつての在方肥料・穀商の立場が後退し、代わって、織物の在方仲買人が大きく成長していくことになった『新編埼玉県史 通史編4近世2 p345』。

ここで在方商人の流通機能一存在意義について整理すると、以下のように纏めることが可能である。近世初中期、江戸西郊外縁部の武蔵野地方、広くは南関東畑作農村では、在方市が成立し、雑多な商品を周辺農家に販売する分荷型流通機能を果たしていた。その後江戸地廻り経済圏の成立につれ、在方町の成立とそこへの特定商品の集荷機能が、江戸問屋を通して新たに付与され、強化されていった『新編埼玉県史 通史編4近世2 p387』。このことと並行して、比較的規模の大きい元質屋が成立し、群小の送り質屋を組み込んで穀作農村の金融支配を強めていった。この状況は、在方市の衰退と分荷機能の退潮と引き換えに、在方町が近隣農村から穀類等を集荷する市場として成長してきたことを示すものであり、在方町の質屋の多くが、在地の集荷問屋を兼営するに至ったことを反映する姿に他ならない。高利貸業務と穀類集荷業務の一体的営業形態ならびに重層的農村吸着形態こそ、近世後半の、そして少なくとも関東畑作地帯における農産物流通業界の業者的性格を特徴的に示すものであった。

地廻り経済圏の成立を示唆する江戸問屋の広域的な流通機構の把握は、在方商人を江戸問屋と結びつけることでもあった。江戸問屋の買い付けは産地商人の力に頼らなければならなかった。複合経営を営む在方商人たちは、地域の上層農家であり、また村役人として生産と流通に大きな影響力を持っていたからである『新編埼玉県史 通史編4近世2 p390』。

江戸の荷受け問屋は、在方商人への資金供与ならびに産地の集荷機能と江戸の荷受け機能を系列化することで、荷受けの独占体制を確立する。しかし化政期以降の在方商人による直買い・直売りの動きは、産地と江戸の両地域においてその体制を崩していった。結果、直売買に関する争論を多発させながら、その動向はさらに雑穀・薪炭・糠・木綿などにも拡大していった。荷受け問屋の2大支持基盤とされる直取引禁止権の動揺と打越荷物禁止権の弛緩は、問屋仲間の統制力の低下を物語るものであった。こうした問屋仲間の商業統制力の低下が、やがて天保12（1841）年の株仲間の解放令に連動していくことになるわけである。『江戸地廻り経済の展開 p258-266』。

結局、新田村落を中心に雑穀生産を展開した武蔵野農村では、近世初中期には、近郊立地条件を生かして、馬背あるいは新河岸川舟運による雑穀と糠・灰との出し入れを通じて江戸との流通関係を確立する。流通機能を掌握したのは上層農出自の穀商たちであった。その後、近世後期から末期にかけて薪炭・織物とりわけ木綿縞や青梅縞織りの盛行を背景にして、八王子・飯能・所沢・青梅等の縞市によって立つ織物仲買商人たちが、農民的小商品生産を支配し、流通の実権を握ることになる。

小括として南関東畑作農村と対照的な性格の北関東水田単作農村．下都賀郡下初田村の生産と流通の事情をみることにする。ここも近世の比較的早い時期から米麦・大豆の商品化の契機が存在し、展開を可能にする市場条件を認めることができた。決して自給自足的な農村ではなく、農具・肥料・塩の購入と金納貢租を契機とし、河岸、在方町、城下町における穀物市場と酒・醤油・味醂醸造業の成立が、市場条件の形成を物語る商業的環境であった。こうした商業的環境の成立にもかかわらず、水田単作農村の商品経済への参入の仕方はきわめて厳しいものだったようである。

たとえば、荒居英次（1961年 p119-128）の研究によれば、下初田村の干鰯購入事情「決して商品作物を導入し、拡大再生産をするためではなかった。農民の多くは貨幣収入を得るために積極的に干鰯を導入したわけではなく、むしろ貨幣獲得の必要に迫られて、生産物の一定部分の販売を余儀なくされ、得られたわずかばかりの収入の一部を、金肥購入代として捻出していたことが推量される。この金肥購入のための貨幣支出が、やがて在方商人の現物前貸し制の流通機構を通して農民の大きな負担となり、階層分解に連鎖していくことになる。」は、必要最低量にも満たない干鰯投入や、享保期以降の窮迫販売に近い穀類流通ならびにこれと深くかかわる干鰯代金未納問題とは、いずれも表裏の関係にあることを示唆している。いわば商品経済への消極的参入農村あるいはこれに巻き込まれた農村ともいえる状況であった。この状況が北関東水田単作農村の平均的な姿であるか否かについては、にわかに言及することはできない。しかし少なくとも近世後期の江戸近郊外縁畑作農村で展開された、雑穀生産依存からの離脱を賭けた商品生産・養蚕経営の導入に比べると、かなり切羽詰った状況を感じ取ることができる。

(2) 前期的商業資本の営業形態と小農崩壊　在方肥料商・穀商は、前貸しで糠を販売し、糠代金の回収は穀類で現物清算をする（児玉彰三郎 1963年 p10）。その際、「近村身元よろしき商人」たちが、糠の安い時期に買い込んでおき、「諸作盛農の砌」になると、至って高値で貸し与える。前貸しを理由に2割から2割5分の利息を取られたという。さらに代金として生産物を収納するときには、「商人共が相廻りはかりたて」相場より下値で仕切っていく『江戸地廻り経済の展開 p232-233』。まさに荒居英次の指摘する北関東畑作農村（1970年 p46-55）ならびに野州水田農村（1961年 p119-120）における干鰯商人と商品生産農民の関係と同質の取引形態といえる。このような肥料商兼穀商の農村支配は、享保〜元文期に見られるようになり、その後関東全域に展開していく。後者の下野水田農村では、干鰯商人による2重支配の結果、宝暦〜寛政期以降、急激に戸数・人口の減少が進み、農民の没落・農村の荒廃を招来する。しかしこの段階では、まだ農民は家族内人員の縮小で対応しているが、化政期段階になると、もはや人員縮小だけでは再生産の維持も不可能となり、耕作放棄をせざるをえなくなる。結果、北関東3県により強調的に現象化する戸数の激減・弱り百姓の発生・手余り地の増大を招くことになるわけである。

武蔵野地方の肥料商・穀商たちは、それぞれに専門化した経営ではなく、同一業者の多角経営が一般的で、穀類・糠・灰等のほかに炭・荒物・青梅縞・その他も手広く商っていた。同時に、時機を見ての買い占め、価格のつり上げで、近世中期以来の畑地生産力上昇の果実を吸収していった。しかも流通過程における利潤の吸着に留まらず、水車稼業の兼営・醸造業への進出・糠の前貸し代金を荏で返済させ絞油業を営む者も現われてくる。幕末期にいち早く藍・生糸・繭の仲買に手を染めるのも、またこれら在方商人たちであった（伊藤好一 1958年 p9）・『江戸地廻り経済の展開 p221』。

表Ⅱ-5　多摩郡大沼田新田、孫市貸金内容

貸し先	貸し金	返済期	返済条件
	両分朱		
新右衛門	1.0.0	翌年荏作出来の時	荏で返却
勘右衛門	1.0.0	〃	〃
清谷	1.0.0	〃	〃
角左衛門	1.2	〃	〃
弥右衛門	2.2.0	翌年小麦芥子出来の時	小麦芥子で返却
平右衛門	1.1.0	翌年荏作出来の時	荏で返却
五郎右衛門	3.0	〃	〃
直右衛門	1.0.0	〃	〃
八右衛門	3.0	〃	〃
市左衛門	1.2.0	〃	〃
為八	1.2	〃	〃
勝五郎	2.0	〃	〃

出典：伊藤好一著『江戸地廻り経済の展開』（柏書房、1966年）

在方の肥料商・穀商はその取引方法のなかに、すでに高利貸的要素を内在させていた。天明年間の多摩郡大沼田新田の「孫市貸金内容」（表II-5）が、当時の在方商人の業者的性格を物語っている。孫市たちはやがて質屋を兼営するようになっていく。農村の富農層を形成したこれら在方商人たちは、化政期になると質屋稼ぎをはっきりと表に出してくる。伊藤好一（1966年p226）によれば、南関東における在方質屋は、一般的に言って天明期以前に町方に成立し、化政期以降、在方にも広まったという。しかも化政期以降には、元質屋を営むものも見えるようになる。児玉彰三郎の報告（1963年p10）をみると、西武蔵野の畑作地帯においても、雑穀商品化の展開とともに小規模な地主一手作り地主が成立している。彼等は、自作分・小作料分・近在からの買い集め分を合わせた穀類を売り出し、肥料を移入していた。こうした村役人層を中心とした商人（在方質屋）の土地集積は、伊藤好一の指摘と微妙に異なる内容を含むが、天明期にもっとも多く、化政期には頭打ちとなる。かわって、新たな商品生産の掌握者一在方商人の土地集積が進展することになるという。つまり富農層出自の前者は、肥料・雑穀商として、農民を前貸的に支配しながらある程度の土地集積を遂げ、あるいは手工業部門への進出を果たすものも見られた。しかし化政期には、在方商人の活動によって商品流通の担い手の地位を失い、没落ないし維新期に寄生地主化する運命をたどることになる（児玉彰三郎 1963年 p10）。

化政期以降に成立する在方商人の多くは、質屋をはじめいくつかの商売を多角的に兼営していた。彼等がその地方の生産に関係の深い商業・手工業を経営していたことの中に、高利貸としての側面を見出すことができる。しかも彼等は、「麦手・荏手」（肥料）や貢租に窮する農民たちから融資の担保としての質地を集めて、やがて質地地主に成長していくことになる。この状況は、対極に農民層の分化・分解をともないながら進行し、その過程にある多くの武蔵野農民を苦しめた。農民たちの激しい不満は、天明4（1784）年の羽村の打ち壊し騒動、76ヵ村を巻き込んだ寛政2（1790）年の糠値下げ請願運動、天保7（1836）年の穀類・糠の買い占め商人を対象にした打ち壊し張り札騒動となって表面化する『江戸地廻り経済の展開 p232-243』。なお、天明・天保期の飢饉を引き金にして、関東各地に村方騒動が多発するが、標的にされた穀商・質地地主は打ち壊しに至る前に施金・施米を提供し、あるいは関東取締出役の出動で、不発に終わったものも少なくなかった『新編埼玉県史 通史編4近世2 p654-658』。蜂起したのは下層農民や没落して離村した店借・日雇・雑業者たちであった。

本来、近世初期の関東農村の生産力は、畿内先進地に遠く及ばず、江戸の需要にこたえることは出来なかった。ここに初期幕藩制下における畿内と江戸の地域的分業関係成立の政治的・経済的基盤があった。児玉彰三郎（1963年 p9）によれば、かかる体制の下で、江戸周辺農村に求められたもの、そして供給できるものは雑穀くらいでしかなかった。かくして、武蔵野農村では早くから雑穀生産を中心に展開し、享保期にはすでに糠の使用がかなり一般化していた。この頃（享保期）幕府は物価政策とくに灯油問題を契機に、「関東地廻り経済」について着目するようになるが、その背景には畑作農村の発展があったといわれている。

⑶ 武蔵野農村における農民的商品生産の展開　武蔵野農村は古村と新田に大別されるが、全体としては一つの大きな地域を構成している。新田は前期新田と享保改革の一環として取り上げられた後期新田とからなっている。これら新田農民の古村は狭山丘陵、加治丘陵の山付の村々と多摩川、秋川渓谷の山間集落であった。前者2丘陵の古村は持添え新田の創出で人口圧を解

消し、他方、多摩川渓谷・南秋川渓谷の集落は地形的制約から持添え的耕地拡大を断念し、出百姓形態の新田移住で人口問題に対応することになる。その結果、新田が雑穀作地帯を形成するのに合わせて、「農業の外、男は江戸表へ炭を附け出し、馬これ無きものは縄くつ・草履・草鞋等渡世稼ぎ仕り、女は蚕を飼い、絹・青梅縞・木綿縞織出し稼ぎニ仕り候」（文政4年 中藤村村明細書上帳）から明らかなように、古村では雑穀作を維持しつつも山稼ぎと養蚕・織物業などの商品生産に転換し始める『武蔵村山市史 通史編上巻 p947-953』。

前述のように、近世中期以降、武蔵野台地には雑穀作を主とする農村地帯が成立し、西多摩の山地には林業地帯化が進行していた。その後、これらの地域に新たに綿絹業地帯の性格が加えられることになる。菊地利夫『新田開発 p538』によると、武蔵野台地の新田に木綿作が導入されるのは近世後期であり、さらに桑園化は近世末期のことであった。ただし筆者の知る限りでは、武蔵野新田農村における綿作の定着発展の形跡は見出すことができなかった。横浜開港以降の養蚕経営の普及と桑園拡大については、武蔵野農村と武蔵野西部（奥武蔵）丘陵地帯農村における養蚕と絹業の発展が、上州西部養蚕地帯の延長線上に展開したことを除けば、改めて付記するほどの事項はない。むしろ指摘すべき問題点は、武蔵野と奥武蔵丘陵地帯の織物業が、上州西部養蚕地帯の延長線と武蔵東部綿作・綿業地帯の延長線と交わって、綿・絹業の2本建てないし青梅縞のような交織地帯として成立したことである。同時に、絹業に関しては養蚕・製糸・製織は地域的に完結しているが、綿業では地元繰綿生産がほとんどみられず、後述のように、原綿糸の供給を利根・鬼怒川氾濫原地域の城下町岩槻・陣屋町真岡などに全面的に依存していたことである。

村山絣や青梅縞の膨大な生産量を誇る交織圏の成立にもかかわらず原糸生産は外部まかせの状況が続いた。このことは、当然、近世後期の武蔵野新田への綿花栽培の導入が普及を見るに至らなかったことを示すものである。たとえば、武蔵野農村における商品作物生産は、「麻・木綿仕付け申さず候事」（正徳元年 山口領横田村反別差出帳）が示すように、村明細帳でみる限り、多くの村々で栽培をしていなかったかもしくは栽培について全く触れていなかった。麻・綿花の栽培はもとより、少々の紅花（北武蔵野）と藍（武蔵野東部）の栽培事例を若干の市町村史等で見出すだけであった『所沢市史調査資料別集6 p4-13』・『飯能市史 資料編Ⅷ p129・133・138・150・152』・『入間市史 通史編 p566』・『武蔵村山市史 通史編上巻 p948』。

次に丘陵と台地の境界地域を占める飯能村近傍の余業・余作の実態を、天保期の近世文書（村明細帳）から展望しておこう。ここは武蔵野新田農村と奥武蔵丘陵付村々（古村）との、両農村地域の性格を併せ持つところである。ただし横田村（正徳元年）は狭山丘陵付きの村方である。

（前略）
一、当村百姓農業之間ニハ炭越焼木挽炭駄賃を取り或ハふじ越伐槇薪を拾ひ野方邊江負出し菜大根ニ取替夫食之足会ニ仕候女ハ朝夕之飯をたき野菜拵夏ハ蚕越飼絹を織又ハ糸ニ引置冬春ハ嶋麻太布少々織申候紙漉百姓も御座候何連茂少々宛々仕候
一、秋作ハ粟稗大豆木綿黍蕎麦菜大根芋何首鷹たばこ何れも少々宛作り申候
（中略）
一、青梅村三里余飯能村二里余と申市場御座候
一、水車壱ヶ所去ル未より当辰迄拾ヶ年季御運上差上申候
一、当村より大豆荏麻売出上納不仕候
一、当村より菜種類出不申候
（後略）
天保3辰年壬11月　　　　武州高麗郡赤沢村

赤沢村に限らず、農産物は「木綿多葉粉之類少々作り手前夫用斗ニ御座候」（高麗郡上岩沢村 貞享4年）のように手前遣いにされるか、もしくは「女かせぎ麻・木綿少々仕り候事」稼ぎ仕事はしても「麻・木綿仕付け申さず候事」（山口領横田村 正徳元年）栽培はしないことが多かったが、「棉紬永御割付之通御上納仕候」（高麗郡真能寺村 明和4年）・「棉売出永4百26文3分、紬売出永58文4分」（高麗郡永田村 明和4年）など一部地域の特産物化した商品生産は、貢租・商品として流通段階に達していたことが考えられる『飯能市史 資料編Ⅷ p127-153』・『武蔵村山市史 通史編上 p948』。

武蔵野とその周辺農村に定着した商品作物は薩摩芋（三富新田）と茶（狭山．入間丘陵）・紅花（北武蔵野）・藍（武蔵野東部3郡）・桑（西武蔵．奥武蔵の丘陵．武蔵野台地）および18世紀中葉まで確認される高麗川上流村々の楮（紙漉き）にほぼ限られていた。武蔵野の各地に導入された雑穀プラスアルフアー部門としての商品作物は、農業生産と農民生活を十分自立化しうるものではなかった。農業は依然、雑穀作経営に依存する面が大きかった。実はこの状況の中に、商品作物の導入に代替えされる商品生産展開の契機が内在していたのである。つまり「地味至而落地困窮」の村々では、雑穀栽培には多量の金肥投入を必要とした『入間市史 通史編 p570-571』。そこに肥料・穀商人とのかかわりが発生し、彼らの農民支配の深化が進んだ。「近村身元宜敷商人安き時節買調、諸作盛農之砌至而高直ニ成リ候節貸始メ、猶又其月ヨリ作物出来月迄二割半位之利子ヲ加へ、金子又者出来穀ヲ相渡シ」（肥元入金拝借願 天明五年）こうした文言から、大館右喜『幕末社会の基礎構造 p84』は在郷肥料商人の「肥料前貸し、出来秋現物納」の桎梏をはねのけない限り農家の経営経済が成り立たないとし、そこに養蚕と機織りの盛行をもたらす要因があったとしている。さらに大館は、武蔵野農村の畑作を商品生産上の低位性と位置付け、手作り地主の成長を阻害した主要因と捉えている。農民的商品生産の展開に際して、地主手作りよりも商品生産を指向する上層農民が多かった理由もここに求められるとしている『前掲書 p100』。もっとも、大館の見解は、武蔵野農村の畑作の生産性と新田畑作の生産性を峻別する伊藤好一論文や菊地利夫論文の見解とは、若干異なったものとなり、違いをもたらした原因は研究対象地域・年代に由来すると考える。

近世中期以降、関東平野の平場畑作農村に綿花・藺・藍・紅花・小麦・大豆などの織物、醸造用原料作物栽培の展開が見られるようになるのは、農村工業の成立と関東畑作農業の相対的優位性を示す状況そのものに他ならない。伊藤・木村『新田村落 p260』は、田・畑作の優位性については、米と商品作物のいずれが近世農村の商品生産の進展上で重要な役割を果たしたか、を明らかにすることで評価が可能となり、同時に畑新田造成の評価の一視点になることを指摘している。

18世紀後半以降、西多摩の山付村々に農間余業が展開する。寛政期に高麗郡の楡木村、下直竹村、入間郡二本木村などで綿織物が零細農民の農間稼ぎとして登場してくる。しかもその後、一世紀近くを経た明治初期の同郡梅原村の物産表によると、織物（縞織り）は群を抜いて筆頭の地位を占めるまでに発展する。狭山丘陵南麓から青梅周辺でも織物生産が活発に行われるようになる。多摩川渓谷沢井村や秋川渓谷前面の五日市村では、八王子の市に向けて黒八丈（絹布）の織物出荷が目立ってくる。こうした武蔵野西縁丘陵地帯から奥武蔵山地にかけての女子の農間稼ぎとして成立した機織りは、やがて高麗・入間・北多摩・西多摩4郡に飯能・所沢・扇町屋・青梅・八王子などの特産物集荷機能を持つ在方市を成立させ、ここを核に機業圏の形成を促すことになる。農業生産の低位性に代替えされた商品生産つまり生糸・綿絹織物生産は、江戸市場を目指す地方産業として急速に成長を遂げ『新田村落p281-283』、江戸地廻り経済の展開を大きく促進する状況となっていった。

化成期に入ると雑市の衰退に替って在方の農間商人が増えてくる。天保14（1843）年、武蔵野西縁に近い新田村の新町市でも村戸数の半分を超える農間商人の成立がみられ、この中に穀商・青梅縞渡世の7人が含まれていたことは、産地特産物集荷商人の発生として注目すべき存在であった。雑市機能の強い新町市が衰退する間に、縞市の性格を持つ青梅市が新町と市日を争い、これを奪取して繁栄するようになっていく『江戸地廻り経済の展開p147-150』。西武蔵丘陵地帯でも成立の早い雑市高麗と、遅れて成立した産地特産物集荷市飯能との間で主導権の交代がみられた。『新編武蔵風土記稿』記載の状況「そのはじめは山あいの村民、縄莚を第一として売買し、或炭薪を出せしが、今は青梅縞、絹太織、米穀等に至るまでを交易す」となった。商業的には、山方と里方の両農民の直接的売買（高麗市）から問屋間の業者取引（飯能市）に、市機能が変質したことを意味するものであり、同時に分散から蒐集への市機能の変化をともなうものであった。こうした状況を伊藤好一『江戸地廻り経済の展開 p154』は以下のように分析している。「在方町が産地特産物集荷を担当するようになった。城下町さえも、藩領経済圏の明確でない藩では在方町化して、地廻り荷集荷組織に編み込まれていった。このことは在方町が地廻り荷の江戸送りを通じて、次第に江戸に従属し系列化されていく過程でもあった。」

武蔵野西縁丘陵地帯から奥武蔵山地にかけて婦女子の農間稼ぎとして成立した機織りは、近世後期に入るとやがて江戸市場向け地方産業に成長していく。機織りの展開地域を、文化14年の三井店取引織物商人の分布（『三井店割合帳』青梅公民館）からみると、多摩川沿いと草花・秋留両丘陵に広く展開するが、とくに青梅と拝島に多くみられた。彼ら在方仲買人によって江戸市場に駄送された織物の生産は、幕末期には賃機形態への変化をともなって普及していく。在方商人が積極的に生産に関与するようになっていった結果である『新田村落 p286』。

青梅扇状地扇頂部北縁の塩船村の場合、農間稼ぎの婦女子の機織りは、仲買商人を機屋とする賃機に転化し、さらに明治初年頃には1)機屋として機業を営むか、2)農間期の賃織り稼ぎに従うか、3)機織り女として労働力を放出するか、のいずれかの道を選んでいたものと思われる。こうした状況の中で織物専業を指向するものも現れてきた。機屋としての賃機稼業を超えて、複数の織工を雇用し、マニュファクチュアーへの指向を明確化した業者の成立である。彼らは幕末期から伸びてきた在方商人で、質地集積を兼ね営む者たちであった。しかも村役人の系譜をひくものが多く見られたようである。マニュファクチュアー経営を指向する業者の発生は、高麗地方や古村の性格を持つ狭山丘陵南麓の村々にも見られた『前掲書 p292』。一方、織物仲買商人の台頭は、肥料商の土地集積に替る新たな土地集積の推進者として、かれらを幕末期の商品生産業界の表舞台に押し出すことになっていった。

以上、新田を含む武蔵野農村とくに山地・丘陵付村々の商品生産の展開過程について、近世中期以降の縞織物、末期の絹織物を中心に概観してきた。横浜開港を契機とする関東西部養蚕業地域の桑園の拡大をともなう急速な発展については、周知の事実とみなして、立ち入った言及を割愛するが、武蔵野新田における綿花栽培に関しては、以下のような補足的な説明が必要と思われる。これまで、近隣在方町の六斉市での繰棉の取引ならびに武蔵野西縁地方での太織・青梅縞等の余業生産にかかわる村明細帳『飯能市史 通史編 p317-322・同資料編Ⅷ-1～11・同資料編Ⅹ-9～11』の記載事項から棉花栽培の存在を想定してみたが、菊地利夫の指摘（新田開発 p538）にもかかわらず、産地と生産量の把握は不発に終わった。むしろ、入間市史『通史編

p575-584』の指摘のように、明治初期、入間・高麗・西多摩・北多摩4郡にわたる縞木綿生産地帯成立の原型は、文化年間の「志木宿ヨリ製棉糸ヲ購入シ」た事例からみて、19世紀初頭から綿糸形態での原料導入に基づく製織が始まったとみられ、その際、原料綿糸の供給は平場畑作農村の真壁郡や埼玉郡等の綿作地帯からなされたものであった。

したがって、少なくとも狭山丘陵を軸にした南北武蔵野農村では、史料的にみる限り、近世後期以降、商品化レベルでの綿花栽培はほとんど行われていなかった、『日本資本主義と蚕糸業 p46』・『福生市史 上巻 p723』と理解するのが妥当と考えるべきであろう。ただし、武蔵野台地に隣接する多摩川右岸の八王子盆地には、近世中期、綿花の商品栽培の記録が複数村落で認められた。おそらく浅川流域の氾濫土壌帯での栽培の可能性が高いと考える。武蔵野農村において綿花栽培が全く存在しなかったわけではない。たとえば文化6（1809）年の新座郡膝折村明細帳には、「女の木綿採り」『朝霞市史 通史編 p884』が記され、また高麗郡新堀村の高麗家の圃場13枚のうちの2枚には、文久元年以降の12年間にそれぞれ7回ずつ綿花が栽培されている『幕末社会の基礎構造 p281-285』。栽培の仕方には、零細圃場の部分的使用や桑と木綿の混作に際し、桑下に雑穀をさらに組み合わせるという綿作軽視の姿勢がみられ、「手前遣い」用の綿花栽培を推定することができる。

多摩地域（南武蔵野）における農業と余業生産の展開は、基本的に北武蔵野の場合とほとんど相違が見られず、享保期の福生村明細帳にも「男は市へ罷り越し、炭・薪買い、江戸へ附け出し、こやしニ取替」、「女は木綿縞少々ツヽ織り、渡世のかせぎに仕り」とあり、基幹作物も大麦を中心に雑穀類が作付され、畑作の肥料も糠・灰・下肥が江戸から買い求められている『福生市史 上巻 p722-726』。化政期以降の養蚕の普及も地域的に突出した状況とは思えない。田畑の畦畔や多摩川の河原に桑を植え込み、不足する場合は、拝島、羽村、八王子方面まで買桑したという『前掲市史 p725』。こうした村明細帳記載の状況は、桑の植栽が河原から丘陵斜面に変わったことを除けば、狭山丘陵南面の村々にも広く認められる事柄であった『東村山市史 通史編上巻 p682-683』・『武蔵村山市史 通史編上巻 p948-949』。

それでも大局的にみると、多摩地方の余業生産には地域差と時間差が見られる。以下、福生市史『上巻 p729-730』と光石知恵子（2002年 p8-17）からその概要を紹介したい。福生市史によると文化・文政期の南北両多摩地方と西多摩地方の一部では、すでに養蚕業が広範に行われ、この養蚕業の広域的な発展を基盤にして南多摩地方の製糸、および三多摩地方全般の織物業の展開が進行した。三多摩地方の織物業ではとくに西多摩地方が傑出し、なかでも青梅縞の生産は顕著であった。また南多摩地方の織物では太織に、さらに北多摩地方では木綿縞にそれぞれ特色が認められた。天保期の福生でみられたような織物業の確立が、多摩地方で広く成立するようになるのは一足早い化政期のことであった。ちなみに八王子機業圏において、発展度のメルクマールの一つとされる地域的分化と分業圏が、生糸生産業者が集中する南郷村々と織物生産地帯と目される北郷村々、さらに原料繭供給地の相模川流域と生糸・撚糸の供給地として知られた高座・愛甲郡を中心に、それぞれ形成されるのも天保期の頃とみられている（正田健一郎 1959年 p144-147)。

近世中期、貞享2（1685）年の「生糸絹輸入制限令」以降の養蚕経営の発展と安政6（1859）年の横浜開港後の繁栄を受けて、八王子盆地を中心とする絹業圏が形成され、生産形態の分化とこれを踏まえた地域的分業が進行する。ここでは、近世中期の八王子村々の養蚕経営の推移について、光石知恵子の考察に従って一見しておきたい。光石によると『八王子織物史』では、「養蚕、製糸、製織は長い間分業化することなく、地方市場を交易の場とするにとどまり、商品としての生糸の生産流通が本格化するのは江戸中期である」としている。しかしながら、天正19（1591）年の石川村・大谷村の家康検地では、畑43町七反歩のうち、19%に当たる8町6反歩余に桑畑が存在したこと、しかも肥沃な上中畑により多くの桑が栽植されていたことから、八王子の村々では、幕府の作付統制以前にはかなり養蚕の比重が大きかったことが考えられる。我が国に養蚕、製糸が定着するのは一般に元禄期以降とされている。この頃、八王子の村々では、地元の蚕種問屋が仕入れる蚕種は結城・上州産で占められていた。結城・上州蚕種を掃き立て養蚕経営を行っていた農家は、上椚田村をはじめ15ヶ村の名が挙げられ、この他に青梅、津久井を含む17ヶ村が採用していた。八王子から青梅にかけてのかなり広範な地域にわたる養蚕経営の成立と理解してよいだろう（光石知恵子 2002年 p11-

12)。

次に農間余業としての絹綿業の姿を光石知恵子（2002年 p14-15）が整理した「村明細帳」から一部抜粋してみよう。

享保5（1720）年、上恩方村「村差出」に「蚕六月土用より太絹・木綿入り紬織り申して御年貢上納」とあり、紬とともに「棉売り出し永四貫290文」とあることから、両者が有力商品部門であること、ならびに年貢の高さからみて、綿作が主力部門を占めていることが明らかである。正徳年間の検地帳にも木綿畑が圧倒的に多かった。

寛保3（1743）年、由井領川村「差出帳」には、「養蚕糸綿機に仕り、御年貢稼ぎ、但し春は袴地、秋冬は木綿入り嶋その外色々浅草嶋」とあることから、秋冬は生糸・綿糸の混紡を用いて浅草嶋などを織っている。袴地は高度な技術を要し、高額の手間賃を稼げたと思われる。延享3（1746）年、「片倉村諸色明細帳」では「女は蚕仕り、農間には白紬木綿織り申し候」とある。

寛政11（1799）年、石川村の「品々書上帳」は「田畑山林へ植え候木は、畑は桑を植え、女は蚕を飼糸を取り木綿機を織り」と記され、寛政年間に桑畑があることを伝えている。桑・楮・漆・茶の四木は、上畑の等級を付され、年貢もそれ相応に課税された。周知の通り、四木の本田畑への植栽を禁じ、屋敷廻り、畦畔、河川敷・山野などへの植え込みを奨励した。したがって本畑への桑の植栽には疑義を抱くものであるが、あるいは禁令無視の本畑侵入かまたは御定法に沿って新田植込みが行われていたことも考えられる。

以上要約すると、18世紀の八王子村々では、農間余業としての養蚕・製糸・機織りを行っていたことが明らかである。しかしながらこの段階では、まだ八王子機業圏内における分業関係は、地域的にも業種的にも未成立だったようである。

武蔵野農村では、これまで取り上げてきた雑穀生産、林業生産、綿絹織物生産の三つのキーワードに、新田・古村を組み合わせると、複数の農業地域設定言い換えれば農業地域分化ないし特産地形成の把握まで可能となる。たとえば、林業と絹織物業を特色とする奥武蔵地域、丘陵地帯山付古村の林業と成熟した賃機経営および青梅縞に代表される武蔵丘陵地域、和紙衰退後の林業稼ぎと養蚕業さらに絹と青梅縞の在方市が散開し、武州世直しの発火点となった丘陵一台地の境界地域、雑穀・茶の生産と養蚕に零細な縞木綿織りを組み込んだ武蔵野新田地域、綿絹織物業と養蚕に木綿・藍栽培の実績を持つ武蔵野東部地域などである。加えて、すべての地域に共通する事項として、男仕事の雑穀生産と林業関連諸稼ぎならびに女仕事の養蚕・製糸・機織りを指摘することができる。同時にこれら諸地域を、大館右喜『幕末社会の基礎構造 p84・94』の言葉を借りて特徴的に括ると、農民層の分解を胚胎する「農民的小商品生産」の展開が、これまたほとんどの地域で認められるということになる。

⑷　武蔵野農村の生産品・原料の移出入と河岸の結節機能　近世中期以降、武蔵野農村地方では、これまで述べたように雑穀と糠・灰ならびに各種織物とその原材料が広く流通していった。以下、これらの生産物と金肥・原材料の移出入について、整理しておきたい。あえて整理する理由は、第III章で検証予定の「近世. 関東畑作農村の商品生産と舟運発達」において存在が予測される相関関係の成立を、多摩川水系・相模川水系ともに見出すことができなかったからである。

端的に言って幕末期の武蔵野農村地方の商品流通は、製品・原材料を問わず大まかに括れば、青梅街道・甲州街道あたりを境界線にして北部の新河岸川舟運利用圏と南部の駄送圏に分類できる。武蔵野農村を南北に区分する河岸の結節機能は、川越五河岸の寺尾河岸の場合、西に直進して青梅扇状地をほぼ把握し、また、商業機能の旺盛な志木（引又）河岸の商圏は、青梅街道を超えて八王子に至る範囲を支配圏に組み込んでいた（図III-22参照）。立川・八王子周辺を商圏に編入することの交通・商業史的意味は、川越五河岸から糠・灰の青梅渓谷への浸透、八王子石灰の青梅街道経由江戸あるいは武蔵野駄送一新河岸川舟運一江戸送り、北武蔵野農民の奥武蔵での薪炭仲買いと川越五河岸積下げ、上新河岸問屋炭屋利兵衛の飯田山形屋、甲府白木屋との炭取引契約の成立、さらに甲州表裏街道の宿駅荷物が扇町屋継立で川越五河岸に運ばれ江戸積されたこと（原沢文弥 1952年 p42-46）等とともに、きわめて重要な意味を含んでいる。つまり河岸の持つ結節機能の強大性である。

加えて付言するならば、南武蔵野農村の近世中期以降の雑穀と各種織物製品が江戸にどう結ばれていったか、繰綿の移入径路や糠灰の流入経路なども、穀商・織物仲買人の動きとともに気になるところである。これらの問題が、ややもすると水運に癒着しかねない史料的雰囲気の下におかれていたことで、懸念はさらに増幅されることになる。つまり、既述のように水運の圧倒的な地域支配力の展開が、南武蔵野農村も席巻しているような錯覚すら覚えるのである。狭山丘陵南麓中藤村の御林からの伐り出し材が、2里半の道を芝崎村まで陸送され、そこから多摩川経由で鉄砲洲まで送られた記録『武蔵村山市史 通史編上巻 p916-917』を見ると、もはや何をかいわんやである。以下、南武蔵野地方における流通問題を薪炭と織物に絞って検討してみた。

南武蔵野農村における諸荷物の輸送手段に言及した史料としては、農家の男衆が自分馬で江戸に炭を運んだこと「男は江戸表へ炭を附け出し、馬これ無きものは縄くつ・草履・草鞋等渡世稼ぎ仕り」（文政4年 中藤村村明細書上帳）くらいしか関連する記述を見出すことはできなかった。ただしこのような余業形態は中藤村では近世中期以降村民たちに広く普及しており、おそらく山付・丘陵付村々のどこにでも見られる状況だったはずである。一方、在方炭仲買商の場合、炭の流通は、青梅・五日市仕入れと藩邸・江戸炭問屋出荷が多くみられた。彼ら炭仲買商の分布は、狭山丘陵周辺の村々にとくに集中的であった『東村山市史 通史編上巻 p696』。

正徳期以降、馬背輸送で始まった狭山丘陵周辺の炭売りは、その後新河岸川舟運の利用で一挙に営業能力を拡大し直売を始める。結果、利権を脅かされた江戸の薪炭問屋との間に険しい緊張関係を醸成することになる。寛政11(1799）年、両者の関係はついに出入りへと発展する。江戸の薪炭問屋たちは、在方薪炭商たちの直売を阻止するために村々を訴え、一方、多摩・入間・新座3郡35ヵ村の83人は、これを不当として訴訟に及んだのである。裁許は両者の権益を保護する内容で決着する。駄送段階で何ら問題の生じなかった両者の関係が、舟運利用の大量江戸出しで急速に悪化した結果の出入り一件であった『東村山市史 通史編上巻 p700-705』。

なお、余業農民の出荷先は馬背による江戸附け出しが多く、一部は町屋が対象となっているが詳細は不明である。『武蔵村山市史 通史編上巻 p950-952・975』。ちなみに近隣村々の男衆の余業を挙げると以下の通りである。

岸村・享保3（1718）年　「山口領岸村差出明細帳下書」
　「耕作の間、男は炭・薪をつけ江戸表へ罷り出、こいはいニ取替え申し候」
岸村・天明3（1783）年　「村鑑書上ヶ帳」
　「男農業の間、炭・真木江戸へ附け出し売り申し候」
三ツ木村・文政4（1821）年　「村差出明細帳」
　「農業の外、男は江戸表へ炭を附け出し高（馬）これなき者は縄くつ・草履・草鞋・稼ぎ仕り候」

次いで織物輸送について考察を試みてみよう。多摩丘陵周辺で生産される黒八丈や青梅縞の移出については、青梅・八王子への仲買人搬出段階までしか追跡できなかった。多摩川や相模川の舟運も筏流しに限定され、わずかに多摩川の筏の上荷（うわに）として、山村農民の余業生産物（一次加工雑材と薪炭）が積下げられた『五日市町史 p542-543』だけで、関東諸河川舟運と商品生産との間に成立する深い相互依存関係を認めることはできなかった。木綿織・縞織りの盛行を支えた移入繰綿も、天保元（1820）年に利根川・鬼怒川流域産ものを志木宿から購入したこと『織物沿革誌・所沢織物誌 p5』、また安政年間（1850年代）に常陸北条糸を購入したこと『下館市史 p714-715』以外に、移動のルートを明らかにできる史料は発掘できなかった。以上の管見を踏まえて総括すると、南武蔵野農村の商品生産は江戸・横浜（生糸）積送りに関する限り、農民の余業出荷または仲買人の手で坪買いされた商品が、青梅・八王子の織物市に出荷され、荷主（仲買人）の手を経て馬付けで送り出されていたことが推定される。その後18世紀後半になると、絹織物を中心に生産量が増加し、対応して青梅・青梅新町・八王子・五日市・拝島・伊奈・平井に市が立ち、多いところでは年間4万反の絹織物の取引が見られるまでになる。江戸の呉服問屋も産地に買い宿を設け、買い役を派遣して集荷に努めるようになる『東京都の歴史 p216』。

主な江戸出しルートとして考えられるのは青梅（成木）街道・甲州街道・五日市街道・東海道脇往還の中原街道などであるが、18世紀後半以降、陸付荷物のうち在地の炭仲買による薪炭出荷量の多くが新河岸川舟運に移行し、街道筋を駄送された薪炭類は余業的農民出荷分が主体を占めるに至ったものと推定される。著名な地理学普及書の中で、青梅・五日市両街道とも流通商品として林産資源のみを取り上げ、織物類にふれていないことには若干の疑義を持たざるを得ない。林産資源も一部の炭・薪に限られ、木材等の重量品は別記のように筏流しによっていたはずである。ともあれ、南武蔵野農村は関東畑作農村としては、次に述べるように異例の駄送地帯であるが、江戸までの距離と軽量高価な特産品生産地帯であることおよび多摩川・相模川両河川の経済河川としての限界を考えると、北関東絹織物地帯の製品搬出方法と共通する駄送地帯であることもまた妥当な姿というべきかもしれない。

これまで、織物の江戸移出を示す史料と具体的論究に触れることができなかった。そこで本項の結びとして、八王子織物の江戸出しについて正田健一郎の『八王子市史 689-713』を参考に整理しておきたい。織物を中心とした生産と流通の変化は、八王子周辺の交通・運輸事情にも変質をもたらすことになる。もっとも大きな影響は領主的運輸機構のかなめの一つ甲州街道に現象化した。

文化2（1805）年、駒木野、小仏両宿助郷20ヵ村惣代たちは八王子宿駅問屋・甲州定飛脚問屋を相手に出入りに及んだ。原因は、諸侯御用荷物の中に糸・繭などの農民的商品を混ぜ込み、助郷村々の犠牲において、運賃引き下げと輸送の能率化を図ろうとしたことにあった。こうした事件は、これまでもしばしば発生し、少なくとも近世中期以前は散発的・偶発的なものもみられたが、その後次第に計画的・必然的な状況に変っていった。元来、宿駅継立は費用と時間と公務優先において非経済的であり、そこに脇往還継立の駄賃馬稼ぎが発生する余地があった。脇往還の発生と並ぶもう一つの動きが領主的運輸機構の後退、具体的には宿駅制度の弛緩であった。商人と宿駅問屋の利害が一致する限り、制度悪用の風潮は改まることがなかったようである。とりわけ、甲州街道筋では、領主井伊家の名を悪用する江州商人の行動は目に余るものであった。こうして宿駅と助郷・無役農村の対立は幕末期に近づくにつれ、ますます激化していくことになった。こうした経済外的な圧力に対して、助郷・加助郷の村々では「村々難渋之儀者、何国も同様之儀に可有之候得共、眼前近郷ニ手明村々茂有之候故」（嘉永元年 横川家文書）という主張をせざるを得なかったのである。領主的運輸機構の後退現象の中で無視しえない本質的な意味、それは商品生産の進展という新しい流通の流れに対応しきれなくなった旧体制が、矛盾を露呈した姿に他ならなかったことである。経済的な舟運採用の余地がなく、しかも信州中馬の付通し遠距離輸送手段の導入も不可能に近いな五街道筋で、起こるべくして起こった不協和音であった。

ところで、宿駅と助郷村々との対立は、一部商人たちの公用人馬徴発量の増大だけが作りだしたわけではなかった。近世中期以降の商品輸送量の増大がもたらした影響も大きかった。公用人馬の供給を一義的に標榜する宿駅制度は、物流の動向とは本質的に相いれない社会的側面を以て発足したものであった。横山・八日市宿による中継荷物の引き受け、旅人宿泊の独占に対する反発も、宿駅制度に拘束されない自由な商品輸送を求める動きとなった。

こうした社会的要請にこたえるべく農民的新運輸機構の形成─駄賃稼ぎによる脇往還の付通し─が模索され、案下往還・玉川上水ルートの暫時の成立となって結実する。しかしまもなく玉川上水通船差し止めで、再び甲論乙駁の混乱状態に陥ることになる。表裏甲州街道筋の混乱の中に、我々は二つの重要な問題点を指摘することができる。一つは背景に見え隠れする国中地方の果実・綿花・煙草・繭蚕糸、郡内地方の甲斐絹ならびに八王子に集中する西関東の絹業製品等多くの特産商品の江戸への移出量の増加傾向であろう。もう一つの問題は、甲州街道と脇往還に対する江戸への物流ルートとしての意義が、史料的かつ具体的に明らかにされたことであった『八王子織物史p704-708』。

八王子商人は一般に縞買いと呼ばれ、その存在は多分に階層的でかつ多様・流動的であった。

乍恐以書付御訴訟奉申上候

織物絲類売捌之儀者八王子横山八日市両宿之内邊、毎月六度つゝ市を立、宿方ニ而者年々御運上、在々村々ニ而ハ真綿永御上納仕、江戸表買送商人者宿方在方無差別勝手次第市場邊罷出、在々織元ゟ持出し候紬絲類江戸表邊持越、店向其外売捌仕候。或は織元之者市場江持出せり立候而も、織手間にも引合不申候節者、自身にも江戸表邊持出し売捌仕候　　（文化10年 諸星家文書）

とあるごとく、19世紀初頭の産地縞買い（江戸流通業者）の存在形態を大雑把に分類すると以下の通りである。1)江戸大手呉服屋の代買い的商人といわれ、縞市において買い付けをするグループ、2)江戸の中小呉服屋を対象に仲買を業務とし、集荷ルートは縞市が中心で経営活動は主体的なグループ、3)坪買い商品を江戸市中に搬入し、行商や素人を対象に販売するグループ、以上3類型の業者集団によって、上記諸街道を八王子織物は江戸に向け陸送されていったのである。八王子織物が江戸に向け陸送されていく一方で、安政6（1859）年の横浜開港を契機に急速に生産量を拡大する生糸が、武相一帯の生糸集散地八王子から、絹の道と呼ばれた神奈川往還を横浜に向け、多摩屈指の鑓水商人たちを中心に陸送されていくことになるのであった。

4. 江戸外縁農山村の林業発展と入会機能の変質・本百姓体制の崩壊

江戸幕府成立の初期段階から、徳川歴代の将軍たちは江戸城と城下町建設ならびに日光東照宮をはじめとする多くの神社仏閣の建設に、諸大名と全国の著名森林資源を総動員して、着手することになる。巨大な用材需要は尾張・紀伊・遠江・三河・土佐・信濃などの下り荷と、武蔵・上野・下野・上総・下総・常陸などの地廻り荷の供給に支えられていた。こうした需要に刺激されて、江戸西郊の四谷林業、関東山地山麓の西川林業（名栗川上流）、高麗川林業（高麗川上流）、青梅林業（多摩川上流）が興った。林業成立以降近代初頭まで、一貫して青梅林業地域産木材の松・杉・栗・檜は深川市場の建値の基準とされ、このうち松・栗は奥地材が主であった『日本産業史大系関東地方編 p183-184』。近世の多摩川材が針広混交の天然林と杉・檜の人工林からなっていたことを物語っている。

同時に関東の諸大名たちは、所領における城下町建設やとりわけ参勤交代の制度化以降、江戸生活のための建設用材と薪炭の手当てに奔走することになる。たとえば鬼怒川上流域は、宇都宮藩や日光山の御用材生産地帯として古くから開発されたが、それはあくまで領主が自らの使用に宛てる御用材として扱われ、厳しく管理統制された領主的商品であった。したがって一般の材木商人が自由に取引できる商品ではなく、とくに領外への移出は厳禁されていた。それでも初期林業形態はそれなりに、農民に対して農間余業の機会を提供する貴重な存在であった『栃木県史 通史編4近世1 p737』。

こうして、関東各地の河川に廻米津出し河岸の整備と前後して、上流部を中心に筏河岸が成立する。いずれも領主流通として近世中期以降もこうした状況が継続される。利根川・荒川・鬼怒川・新河岸川をはじめ舟運下り荷物をみると、商品経済の進展期にも一般商荷とともに薪炭・木材・木工品が例外なく江戸に向けて搬送されている。荷積み問屋の扱荷を見ても、問屋間の分業関係が成立している平塚河岸や川越五河岸では、木材・木製品・薪炭の専門業者の成立をみるほどの重要江戸地廻り商品であった。

⑴　**幕府の林業政策および御林の囲い込みと稼ぎ山**　幕府・大名・旗本・農民それぞれにとって、農地に次いで重要な山林原野の所有と利用関係は、きわめて多面的かつ重層的である。以下要約整理すると、次のようにまとめることもできる。近世林業経営の主体は、初期には藩であり、後に寺社と農民が加わってくる。前者が領主林であり、多くの地方で御林（厳密には幕領に限定された名称である）と呼ばれものであるが、ときに水戸藩領のように御立山と呼ばれることもある『茨城県史 近世編 p254-255』。武蔵では藩営直轄林に限らず、旗本のいわゆる地頭林も御林と呼ばれていた『新編埼玉県史 通史編3近世1 p446』。一般的にいって、御林の成立は16世紀初頭頃に、資源確保と保護を目的に領主によって林野が囲い込まれ、御留山にされたことにはじまる。幕府の御林も入府直後から関東各地に設定されていったが、その目的は軍事上・治安維持上の観点が重視されたとみられている。用材林野の囲い込みは木曽・伊那等で進められ、近世初期における幕府の材木需要は、これらの地域の御林設定を中心にしてほぼ賄われていた。一方、高まる需要増大の結果、材木資源の枯渇と山林の荒廃が進み、幕府をして山林支配の強化策を取らせることになる。貞享2（1685）年の御林奉行の設置と「諸国御林帳」の作成が幕府の意向を象徴的に示している『新編埼玉県史 通史編3近世1 p452』・『近世林業史の研究 p107-116』。

こうして上信地方に通じる武蔵の奥山（秩父地方）も、木曽・飛騨の資源枯渇ならびに幕藩体制の安定化で軍事・治安上の意義が薄れるとともに用材林化され、慶長年間から江戸の膨大な用材需要に対応して盛んに切り出されていくことになる。したがって、近世初頭から中期にかけて荒川を利用した

材木の流送は、幕府御林の御用材が中心であったと思われ、このことは、延享4（1747）年の「材木改所仕来書付」に

秩父郡中ハ江戸近山ニ而、材木川下ケ被仰付候得共、川筋も能候処、其年之内ニ茂江戸出仕候ニ付、御材木蔵国事之山ニ候間、猥ニ伐為出申間敷

と記されていることからも明らかである（丹治健蔵 1988年 p8）。

とりわけ元禄期以降、木曽や飛驒地方の森林資源の枯渇を反映して、秩父奥山の御林伐り出しは顕著になり、平行して農民の山稼ぎに対する規制も強化されていった。大滝村からの伐りだし強化と前後して、貞享3（1686）年、中津川村の御林に対しても「御城様」御用材確保のための5か所に及ぶ御用木山＝御留山が設定された『新編埼玉県史 通史編3近世1 p452-453』。上野の奥山事情も武蔵の奥山と同様に、近世初期の軍事上・治安維持上の重要性を配慮した御林・御用林の囲い込みに際して、関所の分布からも明らかなように、かなり厳しい管理下に置かれていたことが考えられた。しかし知りえた限りでは、上州・野州における御林の設定は平場洪積台地上の平地林地帯に多く見られた。たとえば享保10（1725）年、下総猿島台地の飯沼新田周辺では、8か村で640町歩の指定が見られ（表II-6）、同じく筑波郡村々の御林では、文久3（1863）年、品川お台場の建設用材の伐り出しが32か村に命じられ、鬼怒川下流の宗道河岸から搬出された『千代川村生活史 前近代通史 p477』。また大間々扇状地扇端部村々でも御林から薪炭の伐り出しが盛んに行われ、平塚河岸問屋北爪家の積下し荷物の筆頭を占める歴史が長く続いた『群馬県史 通史編5近世2 p866-868』。

一方、北毛利根郡の奥山では山地の過半数が、概算100か村を超える村々の稼ぎ山として開放され（図II-2）、山村農民にとって重要な生業の場となっていた。話題は異なるが、北毛に

表Ⅱ-6 飯沼新田成立直後の御林分布（享保10年）

村名	内容
猫実村	御林2か所10町歩余惣百姓持林願い
大口村	御林2か所7町歩程百姓持林願い
弓田村	雑木御林4町歩余百姓持林願い
沓掛村	雑木御林107町歩余
生子村	雑木御林35町歩余
山村	雑木御林124町歩余
逆井村	雑木御林242町歩余
東山田村	雑木御林111町歩余

出典：『猿島町史 通史編（森朋久）』

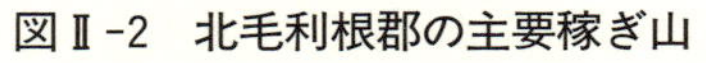
図Ⅱ-2　北毛利根郡の主要稼ぎ山

（　）内の数字は入会村数

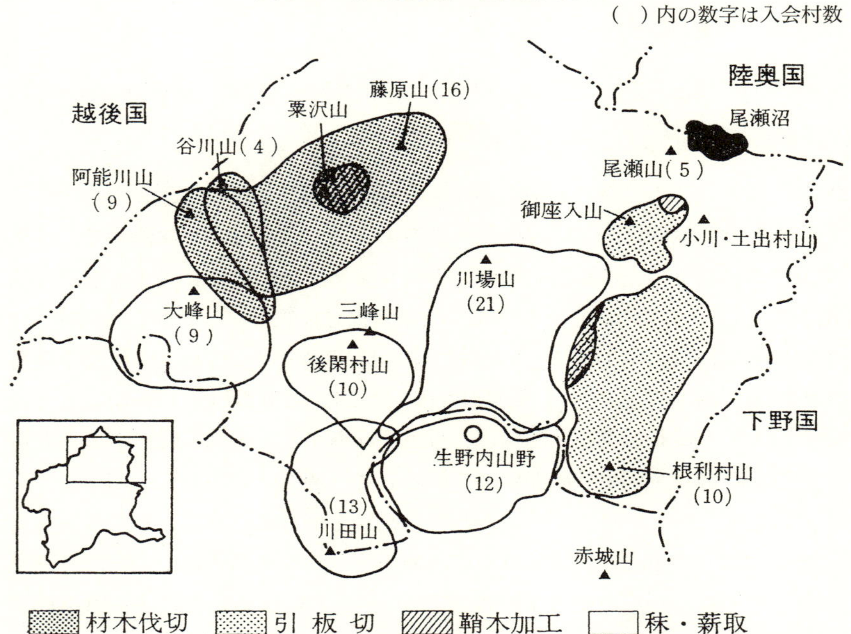

出典：『群馬県史 通史編5近世2（井上定幸）』

おける百姓稼ぎ山の広域分布が、あるいは近世中期以降の利根・吾妻両郡の麻・煙草の生産を支える有力な自給肥料源になったことも考えられ、金肥の浸透した形跡のない北毛の商品生産にとって、重要な意味を持つ可能性を秘めている。西毛の幕府直轄支配地山中領や北毛沼田藩の林業政策に比較すると、平場の高崎藩・前橋藩・伊勢崎藩などの山林管理は、御林の指定をはじめ山奉行の支配下にぬかりなく処理され『群馬県史 通史編5近世2 p403-417』、村人との間に格別の紛争例を聞くこともなかった。関係村々にとっても生業とのかかわりの深さは、里山と深山では山と村人をつなぐ絆の有無と太さが全く異なっていたためであろう。

御林の設定わけても平場の平地林野における幕府・大名・旗本による御林の設定あるいは広大な下総牧（小金牧・佐倉牧・嶺岡牧）の囲い込みは、その後の元禄期を中心とする畑新田開発政策と抵触し、とくに東関東諸国の洪積台地に広範な平地林を残存させる大きな要因となったことが考えられ、戦後の農地改革における山林残存とともに、常総地方の現代農業に特徴的な性格をもたらす重要な一因となっていった。ただし近世における平地林の林業経済価値は相対的に低く、山武林業を除けば、薪炭生産以外に特筆すべき林業地域も林産資源も認められない。

常総・武蔵などの江戸後背圏の台地・丘陵に成立した大名・旗本の御林は、一般に規模が小さく用途も領主の用益に供される経済林が多かった。西川林業地域の一角を占める名栗の御林山のように、幕府の重要な薪炭供給林として扱われた事例は必ずしも多くはない。

奉差上御請書之事

一、此度武州秩父郡下名栗村有馬山御林ゟ御炭焼上納村請被仰付江戸廻シ御座候ニ付右山元ゟ飯能村中継ニ而川越新河岸迠附出シ新河岸ゟ船積ニ御座候間御用中道筋村々駄賃馬等被仰付奉畏候御事

一、中略

一、御炭附出シ途中ニ而不斗雨婦り候節者道通之内ニ而雨やとり仕勿論荷覆等心附御炭ぬらし不申候様ニ可旨是又奉畏候御事

宝暦十三未年九月　　　　　　『飯能市史 資料編X-15』

このため貨幣経済の農村浸透が激しさを増す元禄期頃から、良木を伐りつくし、備蓄林の意味を失った御林は有力農民に払い下げられ、百姓林となることも少なくなかった（榛沢郡北根村）『後掲県史 p448』。同時に享保改革の一環として新田化される御林も、藪塚台地や猿島台地、狭山丘陵などで見出すことができた『猿島町史 通史編 p349-354』・『境町史 歴史編上 p424-426』・「新田町誌 第一巻通史編 p531-537」・『武蔵村山市史 通史編上巻 p913』。一方、武蔵榛沢郡荒川村では森林資源の減少を背景にして、逆に百姓林を取り上げ、御林にしようとする動きも認められた『新編埼玉県史 通史編3近世1 p448』。

林産資源の商品化の歴史は古く、関東最奥部山村の一つである北上州利根・沼田地方では、近世初期から江戸の後背地として木材の伐採が盛んに行われ、利根川本流上流や支流の片品川の筏河岸から川下げされ、下流の五料

河岸で本筏に組み替えられて江戸に向かった。真田時代を通じて木材乱伐が続いたために資源枯渇をきたし、寛文2（1662）年、ついに東入り地方の一部は留山にされることになる『沼田市史 通史編2近世 p21』。林産資源の乱伐状況は西上州の関東山地付き村々あるいは赤城裏の根利村・外沼田周辺でも続けられた。西上州神流川流域の場合、村々では近世中期まで薪炭生産が中心で、板・貫の生産が記録にあらわれるのは中期の貞享3（1686）年の記録（三波川村江戸城入用材木書上覚）・元文3（1738）年の記録（緑野郡三波川村様子書）以降末期にかけてのことであった『鬼石町誌 p386-387』。一部留山指定を受けた赤城裏村々の場合も伐採は続き、文化2（1805）年、大量の薪炭類と材木・板類が、大間々経由平塚河岸から積下されている（山田武麿1960年 p4-5. 平塚河岸北爪家文書）。この頃になると江戸の林産資源需要が、関東地方の奥深くまで商品経済に巻き込んでいる様子、いわゆる江戸地廻り経済の山村浸透を理解することができる。

ここで江戸地廻り経済の北上州奥山への浸透について、山村農民たちの山稼ぎ問題を視点に、群馬県史から一部を抄出してみた。江戸期の山林・原野の大半は、幕藩領主が所有する御林もしくは御用林で、村の共有林や個人所有の百姓山（林）などは少なかった。当然、林業は御用林からの用材伐り出しから、山師・材木商人の山売り（立木の払下げ）を主流とする形態へと発展した。御用林の中には、御巣鷹山のように地元農民でも一切の立ち入りを禁止された例もあるが、一般的には山付村々の入会権が認められ、薪・秣取りをはじめ様々な山稼ぎの場として利用された。平場では自給肥料源としての緑肥利用が主であったが、山間地域では、薪・秣以外に炭焼き・挽板・桶木・曲げ物加工など、いわゆる山稼ぎの場として利用され、まさに「稼ぎ山」そのものであった。典型的な豪雪地帯の利根地方では、山稼ぎを抜きにしては生活設計が立ち行かなかったのである。

山稼ぎは吾妻郡下でも広く見られた。浅間山北麓一帯も山稼ぎの場として江戸中期から入り合うようになったとされている。万座山は真田氏時代の運上山が、幕領時代に運上が金納化され百姓持ち山同様の稼ぎ山になったもので、和薬掘り出し渡世に特徴が見られた。また、吾妻川の北に位置する入山・四万山も稼ぎ山の性格が強かったという。とくに四万山の山元四万村は山稼ぎへの依存度が高く、領主に伐り挽運上を収めて鋤鍬柄・うす・荷鞍・箕などを作り、中之条の市へ出し、生計を立てるものも多かったという『群馬県史 通史編5近世2 p28-30』。移入米をはじめとする多量の脇往還荷物稼ぎ『岩島村誌 p285-287』の駄賃馬収入と稼ぎ山収入とが、北毛奥山付村々の商品・貨幣経済の浸透と向き合う暮らしを可能にする、重要な拠りどころであったことは疑うべくもない現実であろう。

稼ぎ山の存在は、西上州の鏑川上流域や神流川上流域にも「物産書上」等を通して推定することができる『前掲県史 p28』。近世中期以降の利根川東入り地方の稼ぎ山の成果が、赤城裏を越えて上州平塚河岸に送られ、問屋北爪家の主要扱荷を構成していることから、北毛山付の村々の江戸地廻り経済への関与を改めて確認できるわけである。もっとも、上野をはじめ関東各地の奥山付村々が、全面的な商品化を目的にして山稼ぎをしていたわけではない。たとえば沼田盆地の沼田町明細帳（寛保2年）によると、男稼ぎとして「当町作間の節は商等仕り、又はわらじ・ぞうり作り、手前焚用薪等入会山より取り申し候」と記され、同じく奈良村明細帳（寛保2年）では、『耕作の間手（前）焼料の薪取り、雪中の間は遣縄莚等仕り罷り有り候」と述べている『沼田市史 通史編2近世 p387』。また、西毛神流川上流の「三波川村様子書」（元文3年）では、「農業之間之稼ニ男ハ扶食不足之村方故薪秣伐取、鬼石・渡瀬・藤岡の市場江出シ、穀物ニ代替申候、」『鬼石町誌 p380』とあることから、地域・農家によっては薪炭生産を自家用あるいは近隣の町場へ売り込み、江戸市場出荷とは無縁の農家が、少なからず存在したことも十分考えられる。ちなみにこれらの農家では養蚕・大豆・麻・煙草などの商品生産がすでに定着し、林業経営の必要性がなかった村々とみることができる。

(2) **江戸近郊集約的林業地域の成立と展開**　江戸に隣接する安房・上総・下総の丘陵と台地からも諸藩の指示で薪炭・材木などの林産資源が江戸に向けて積み出されていった。幕藩領主たちも在地の有力農民に命じて御林の維持管理と山林資源の確保に力を注いでいる。なかでも嶺岡・小金・佐倉三牧の炭の生産は有名で佐倉炭のブランドまで生まれ、また嶺岡牧で焼かれた炭は江戸城御用炭として評価されたという。房総の林産物は養老川・小櫃川・小糸川の舟運を利用して積下し、河口から木更津船などで江戸に送られていった。牧士の製炭とともに房総の林業では山武杉がよく知られていた。関東地方の略奪林業が一段落する18世紀半ば頃から植林され、成木化を待って杉材の売買が活発に行われた。この産地では木材の商品化と同時に建具生産も積極的に進められた。職人たちはそれぞれ上総山辺郡組・上総武射郡組・下総組などの広域的な地域組織の下で製造に従事していた。製品は陸路を江戸湾岸の寒川村まで運ばれ、海路を江戸まで送られた『千葉県の歴史 通史編近世1 p106』。

関東屈指と称された房総の台地・丘陵付き村々からの生産移出に対して、幕府お膝元の武蔵でも林業地域の成立は早かった。もっとも江戸に近い林業地域として成立したのが、江戸西郊のいわゆる「四谷丸太」のブランド名を残した足場用杉丸太の産地であった。立石友男「関東地方における林地とその開発 p23」は、四谷林業地域について、青梅街道・五日市街道・甲州街道の往還に沿って散在していた杉丸太の生産地であるとしている。ここは本来、近郊蔬菜や薪炭の産地で、用材林の産地成立理由は不明であるという。しかし四谷林業の特色として磨き丸太の生産が挙げられることから、京都の北山林業と同様に、江戸の特殊需要に応じたものであろうと推考している。松村安一（1975年 p281-301）によると、四谷林業の名称の起源は不詳であるという。俗説として四谷塩町・四谷伝馬町の商人が取り扱う木材を元禄期頃から四谷丸太と呼ぶようになったといい、文政年間には四谷林業の名称が定着したという。

四谷林業は、一般的に言われる山地林業・平地林業・近郊林業の分類に従えば、集約的な生産形態を特徴とする近郊林業の成立であり、生産される柱材は関東を代表する杉の良質材として、北山林業の磨き丸太、吉野林業の洗い丸太と並ぶ高い評価を市場から与えられていた。その後近世中期に成立する西川林業地域（名栗・高麗・越辺川流域）や青梅林業地域（秋川・多摩川・浅川流域）の先駆的な存在となる産地であった。なお、四谷林業は切り替畑としての性格を持ち、多くの林業地域が専業ないし専業的な経営を強めていく中にあって、最後まで農業経営の一環としての地位から抜け切れず、輸送手段の発達にともなう競合産地の出現で衰退していった。

青梅・西川両林業地域とも江戸の発展にともなって成立し、発展した産地であるが、杉を中心に檜を加えた人工林が育成されるようになるのは、近世後期からであった。吉野林業の経営手法を取り入れ、密植強間伐によって小径木から小角材と足場丸太を生産する点に、集約的な四谷林業に共通する林業地域としての特色がみられた『日本地誌 5巻 p93-97』。

江戸時代以前にすでに炭・木材の流通が指摘されている青梅林業地域は、家康入府当初から天領がほとんどを占め、近世初期段階に多くは御巣鷹山・御林に囲い込まれていた。御林は檜原・海沢下流に分布していたが、開墾や村への移管で大幅に減少し、近世末期には10ヵ所を算するのみとなった。常畑に隣接する切替畑には、早くから漆が入り、里山には楮・桑が植え込まれたようである。その後、漆・楮のいずれも元禄ころまでに急速に衰退し、桑（養蚕）と杉・檜（林業）に交替し、本格的な近郊集約林業地域への道程を歩みだすことになる。

以下、松村安一の研究『日本産業史大系 関東地方編 p186-196』に依拠して、青梅林業地域の成立発展過程の骨格を要約してみよう。近世前期の青梅林業は、まだ微力な在方資本による天然林を対象にした採取林業段階であった。今日の青梅林業の中核材. 杉が生産的な意図のもとに植栽されるようになるのは、寛文・元禄期と推定されている「関東地方における林地とその開発」・『定本市史 青梅 p363-400』。その後近世中期の享保年間になると、木場商人の中で西川材を扱う千住組、野州材を扱う日光組に対抗して、青梅材の荷請機関として青梅組が組織され、木場の特権商人と在方資本の提携を背景にして青梅林業の経済的性格が明確にされていった。前掲青梅市史によると、この頃の造林形態は、農業生産性の低い耕地一漆畑や下下畑あるいは屋敷廻りの隙間に数十本単位で植林するという規模の小さい林業であった。もうひとつの特徴として、奥地の堅木長大材の伐り出しに、筏師と呼ばれる流通業者の介在と先進地域労働力の受け入れが進んだことである。筏師たちは「山師」ともいわれ、立木の購入・販売等の流通面で利潤を得ている業者であった。林産物の商品化が進展するにつれ農民層の分解が進んだ。結果、土地を集積して原木生産力を高めていく生産者と林業労働者の発生がみられるようになる。分解上向農民の金融業務・商業への参入は、商品生産が進行する近世中期の関東農村の姿と変わるところはなかった。

近世末期を迎える頃になると、川越五河岸を中心にした新河岸川諸河岸経由の糠と灰が在方商人や河岸問屋の営業努力の結果、沢井・御嶽方面にまで普及していった。そのため自給肥料源としての農用林の意義が変質し、肥料給源から解放された里山が次第に人工林に切り替えられる機運を強めていった。平行して、里山の機能の一部は入会山に移行していった。こうした状況の中で、化政から天保期にかけて入会山に零細農家のための分収林が設定されるようになる。分収林は持ち分権を否定して発足したが、経過過程で分収林の権利が譲渡され、いつしか持ち分権の発生と土地の集中が進行していった。入会山における分収林の権利移動の発生は、およそ19世紀前半から明治初年にかけて行われた模様であり、分収割合は山主5対植主5が一般的であった。松村安一は「武蔵野台地農村が採草地の減少にともなう代替地を山麓丘陵地の村々入会地に求めたことに対して、多摩川流域村々はこれを排除し、植林対象地としての利用を選択したため、山麓広域入会地帯では、地元と入り合う平場農村とが鋭く対立し、最終的に人工林成立上の下流限界をこの地に形成することになった」という重要な指摘をしている『日本産業史大系 関東地方編 p194-196』。なお、この分収林経営は村山・村々入会山に限らず、土地集積を行った人々の地にも普及し、山地地主が次第に山林地主に転化していった。同時に植林規模も大型化し、数百本から数千本の植林が一般化してくる「関東地方における林地とその開発 p29」ことも指摘しておく必要があるだろう。

御林・村々入会地・私有林を問わず、江戸近郊外縁部の山地丘陵付の農山村では、立地条件と旺盛な江戸需要に恵まれて、近世早期から薪炭・木材・木工品などの林産物が江戸に向けて搬出され、蔬菜とともに江戸地廻り経済の早期成立段階の一端を形成していた。農間余業としての林産物加工地域は、和紙の小川と木工家具の都幾川（西平地区）が西川林業地域に北接して知られている。都幾川村周辺の村々（大野・椚平・白石・皆谷・坂本・御堂）は、秩父奥山の用材生産に対して、柏や雑木を焼いた製炭集落であった。幕府はここを慶長年間より御用炭の上納地域に指定してきた『都幾川村史 p369-378』が、本来、百姓持ち山であった。それを享保元（1716）年、権力で御林に囲い込んでしまった『新編埼玉県史 通史編3近世1 p453-454』。こうして百姓林野と領主林野が峻別されていく一般的状況の中から、各地に「百姓稼ぎ山」が創出されることになる『前掲村史 p333-343』。百姓の利用が保証される代償として、彼らは山役永を領主におさめなければならなかった。なお、以上に述べた江戸近郊とその外縁地帯における林業地域の成立以外に、関東北部奥山に鹿沼木工・建具生産の背景となった日光林業地域、水戸・黒羽両藩の林政の所産ともいえる久慈（八溝）林業地域の成立がみられ、また今市扇状地の杉の灌水林業も小規模ながら特徴的な存在であった『日本歴史地理総説 近世編 p257』・『日本地誌 第五巻 p474』。

⑶ 津久井林業地域の入会林野機能の変質と本百姓体制の崩壊　ここで江戸近郊農村の外縁地域の一角を占めるとみられる相模の津久井林業についても、以下の史料に依拠して展望しておきたい。『神奈川県史 通史編2近世1 p528-530』。近世の相模で林産物の商品化が盛んに進められた地域は、相模川流送の便に恵まれた津久井・愛甲地方である（小田原城下と結ぶ箱根―足柄間の林業地域についてはここでは付言しない）。材木輸送における相模川の輸送機能は、関東諸河川のどこよりも優れ、水量・水勢・河幅・河口距離の短さなど多くの点で恵まれていた。このため開府初期段階から江戸市中の整備のために相模川上流の材木が大量に送られた。明暦3（1657）年の江戸の大火は再び大量需要の発生を招いた。この年2月、老中阿部忠秋と松平信綱は、津久井領と三増山の材木に対する大量伐り出しを関係村々に下命している。領主需要以外にも常に一般商品としての需要があって、荒川番所の検閲と「分の一運上」の上納を経て河口の須賀浦まで積下されていった。

平場農村の平地林でも少々の炭は焼かれていたが、商品としては大量生産が必要であり、そのためには一定規模の山林であることが必須の条件であった。道志川渓谷（津久井地方）の青根山はその点格好の製炭山であった。ここは正保5（1648）年当時、すでに11ヵ所に53の炭窯があり、青野原村（17窯）、青山村（28窯）、三ケ木村（2窯）、道志村（6窯）によって所有されていた。青根村ではこれらの窯から1窯につき1分を徴収していた。これだけの金を支払ってまで炭窯を経営するのは、炭の商品価値がそれ相応に高いことを意味しているからにほかならない。この頃、津久井林業地域では、青根山以外に鳥屋村下郷にも40口の炭窯が「散在」に設営された記録を見ることができる。寛文4（1664）年の検地帳から推定すると、鳥屋村全体で1人1口の炭窯所有が見込まれている『日本産業史大系 関東地方編 p202』。

承応2（1653）年、中津川渓谷の愛甲郡清川村でも、村人の生産した薪炭を名主が買い取って江戸商人に転売したが、損金の発生をめぐって農民との間に争論が生じた『神奈川県史 資料編6近世3-251』。結局、上記の状況が示す事柄は、すでにこの時期、津久井郡や愛甲郡の村々では薪炭生産が広く展開し、農民にとって不可欠の生業となっていたことを物語ることであり、江戸の薪炭需要の発生とこれをめぐる商業活動が、農民たちの薪炭生産に大きな刺激を与えていたことを明示している。言い換えれば、薪炭・木材にかかわる初期江戸地廻り経済の展開は、かなり広域的で深い影響を、少なくとも西関東の相模農山村に及ぼしていた、といえるであろう。しかもこの需要動向は商品経済の進行とともに一段と高まり、ついに安政年間（1854～60年）には、青山村名主平山家の炭店経営実績を見ると、1ヵ年間に10万俵前後の出荷量を記録するまでに至っている『日本産業史大系 関東地方編 p202』。

次に津久井製炭業の社会関係を日本産業史大系『関東地方編 p200-209』に依拠して、山林所有と生産組織の両面から整理してみたい。津久井林業地域の山林所有形態、言い換えれば存在形態は御林・百姓林・内山散在・奥山に大別される。津久井の場合、御林は直轄支配を反映した幕府所有林である。寛文年間（1661～72年）にほぼ設定を完了したといわれる。御林面積1,700町歩、設定当初の狙いは軍事的性格を強く持っていたようであるが、近世中期以降は経済的側面の評価が強められていったとされる。設定範囲が川下げ・運材に有利な道志川以南に限られること、植林の対象に挙げられたことを以てその証左としている。

山村農民にとって御林のもつ経済的意味は、御用炭請負を通じて地元農民の農間稼ぎの対象となる点であろう。費用を幕府が調え労働を農民が請け負うことにも、経済林の性格の一端をみることができる。百姓林は農民の個人持山林のことである。幕府は本来農民に対して山林の所有は認めていなかったが、歴史を経て、延享2（1745）年、「百姓林書上」をもって幕府の承認を得ることになる。百姓林はほぼ全員が持つことになるが、1反未満の零細所有が多数を占め、薪炭林業の展開とは直接のかかわりを有するものではなかった。津久井林業地域の薪炭生産は、「内山散在」と「奥山」の共同利用を通して成立する。前者は各部落に所属し、排他的な権利をもって部落内でのみ共同利用される。一方、奥山は広い範囲で利用されてきたが、やがて内山散在の利用が一般化し、権利意識が高まるにつれ、奥山も生産の場として意識されてくる。これらの意識は、部落間・村落間の争論を通して次第に帰属が明確にされていくことになる『日本産業史大系 関東地方編 p205』。

ここで薪炭生産組織面から社会関係をみておこう。薪炭生産組織には二つの形態がある。一つは農民自身が生産者として市場に出す場合である。彼らは、近世前期から自己の部落に属する「内山散在」あるいは一部「奥山」を利用して製炭してきた。慶安4（1651）年の鳥屋村の手形に記されているような、「惣百姓相談」という村の規制を受けながらも、基本的には農民が個別に窯を築いて炭を焼いてきたものと考えてよいだろう『日本産業史大系 関東地方編 p206』。

こうして焼かれた炭は青梅や五日市の炭市への出荷と同じく、近在農民たちが生産者として市場に出荷することになる。しかしこのような事例は津久井林業地域の場合希少例というべき状況であった。流通機構が整備されていない早期段階では、個別農家にとって出荷労働は大きな負担となっていた。加えて、津久井の炭を相模川から積下す際には、農民たちは荒川番所で荷改めを受け、「五分の一運上」を村方経由で上納する必要があった。当然村の有力者の手を経て輸送することが便利になるわけである。結果、薪炭生産の主たる形態は、名主、在方商人、江戸商人の下請けである賃取り稼ぎとなっていく。これが生産組織の第二の社会的形態である。

津久井林業地域における薪炭生産組織の二つ目の社会的形態は、以下に記す断片的状況の影響を強く受けて形つくられたものと考える。

正保2（1645）年、江戸商人　宮ケ瀬村にはいる。

明暦4（1658）年、「薪炭の儀、前々より方々の商人に売申候」こと。

寛文2（1662）年、鳥屋村名主清左衛門　村民延800名を材木伐り出し人足に使用する。

元禄5（1692）年、江戸材木商　牧野村から材木を流送する。

17世紀後半の断片的な記録が物語るように、名主や都市商人に製品を売渡し、あるいは下請け的賃取稼ぎをするほうが農民には安易な道であり、しかも「五分の一運上」と荷改め制度は、農民の選択を権力的に方向付けるものであった。江戸中期以降、この関係は村内に新しく生まれた在方商人によってさらに推進されていくことになる。こうした生産関係の進展と流通面の変化は、山の利用面にも変貌の兆しをみせはじめる。有力農民が製炭専業化して下層の農民を炭焼き労働に使役することは、入会地入山の原則一本百姓の平等な入山権一の崩壊を意味するものであった。「草代金徴収制度の新設は、従来の共同体原則を金銭的決済方式で維持しようとする現れである」杉本・神崎両氏はこう状況分析をしている『日本産業史大系 関東地方編 p206-207』。

⑷　**多摩川・秋川渓谷の林業発展と土地所有・利用の機能的変化**　これまで青梅林業の成立と発展過程について分収林の成立を視点に概観し、また津久井・愛甲の相模林業については用材林林業と製炭業の成立を手がかりに触れてきた。以下、木村・伊藤『新田村落』に従い、「小農経営と商品生産」を視点にして、多摩川渓谷と秋川渓谷の村々における土地の所有と利用にかかわる社会的性格の変化を検討整理しておこう。

初期本百姓解体後に成立する小農経営は、限定的な耕地面積の中から収穫量の増加を徐々にもたらしていく。このことは18世以降の人口増加となって一般的に表面化する。しかし古村における畑作生産力上昇の量的限界は比較的早期に訪れたようである。木村・伊藤はこの状況到来を、享保7（1722）年の五日市の穀座立てをめぐる奥秋川村々との争論発生の中に読んでいるようである。つまり西多摩山地の村々では、自給的畑作経営の限界を超えるべく、消極的には新田開発に労働力の放出を求め、他方では積極的に畑作物以外の商品化の道を薪炭生産に求めた結果としての争論発生、と捉えたことが考えられるわけである『新田村落 p273』。

薪炭林にせよ用材林にせよ近世初期段階では、居山の天然林を伐るか、切替畑の循環過程で林木を伐るかのいずれかであったが、近世中期以降、林業の発展にともなって切替畑の利用形態が変化していく。その結果、穀畑と漆畑の利用が消滅し、跡地の林畑化が経済的な重要性を帯びてくることになる。

文政期頃には切替畑が炭山・杉山として流通対象となり、林業は天然林から植林段階へと移行する。こうした状況の下に零細な切替畑所有農家は、炭焼き業者や材木業者に持ち山を年季売りし、彼らは林業労働者として林務に従事するようになる。

杉山年季証文之事

右ハ金子無拠義ニ差詰り私持高宮ノ沢ニ而杉山壱ヶ所当辰ノ年ゟ来ル亥年迄廿年季売渡申所実正也、右之金子七両只今請取申所明白也、此山付村内新類不及申一切違乱申者有間敷、若又六ヶ敷申者候ハヽ証人何方迄も罷出急度埒明可申候、右之年明候ハヽ地所御返被成可被可候、為後日之年季証文仍而如件、

文化五年辰ノ七月二十五日　　　　　　　(多摩郡檜原村出野 宇田守男家文書)

切替畑の利用転換—林業の成立—商品生産の展開—山村農民の階層分解という一連の事態が進行する。西多摩山地における商品生産の展開と林業の発展は、入会林野を次第に個別的用益対象に移行させ、入会林野の解体へと向かわせることになる『前掲書 p276』。いずれにせよ、多摩川本流上流渓谷における林業の発展は、植林林業を成立させ、その際、原木生産者に対して居山・切替畑の集積に基づく地主階層への上向を促すことになった。同時に土地集積を進める原木生産者から用材を買い取る伐木業者の成立が進行する。伐木業者は原木生産者を兼ねる場合が多く見られたが、彼らの出自は村役層の有力者で、元締め・筏師として木場の材木問屋に用材を送り込む仕事を負っていた。

一方、秋川渓谷村々の場合は、多摩川渓谷諸村の用材生産地域化と若干趣を異にし、炭焼き稼ぎから発足する。炭焼き稼ぎの初期段階は居山・切替畑の天然木利用から始まった『五日市町史 p473-476』。その後、江戸の需要増大に支えられて一層活発に生産されるようになるとともに、居山・切替畑への植林、炭山の購入へと原料供給規模も拡大していった。炭焼き稼ぎの繁栄を背景にして、享保20 (1735) 年、この地方の村々に炭運上が設定され、炭問屋の手を経て秋川渓谷村々の炭は独占的に買い取られていくようになる。炭運上の設定と炭問屋の独占体制の成立には次のような経緯があった。つまり五日市村の場合、運上金は流通税として炭1俵を単位に山方の製炭者に課

徴される仕組みになっていた。しかも35軒の問屋集団は市立以来、市庭権を掌中に収めて独占的業者化し、さらに五日市炭問屋の焼印札の交付なしには、売買が成立しないという運上金徴収制度の下で、一層強固な独占的集荷問屋体制を作り上げていった『江戸地廻り経済の展開 p154-160』。以後、独占的業者化した五日市炭問屋の横暴な商売と抑圧された渓谷の村々との間に、厳しい対立と再々の争論が生じることになるのである『前掲新田村落 p274-277』。

秋川渓谷の村々に対する炭運上に若干遅れて、延享4年以降、多摩川渓谷の竜壽寺村を含む村々にも炭窯運上が課されることになる。それまで「百姓共農業手透を見合銘々持山へ炭窯補理雑木伐採炭焼立何れも自分遣料又者青梅市場江附出し売捌」いていたが、延享4（1747）年以降、「竜壽寺村・丹三郎村永三五文五分、小丹波村永五三四文五分、棚沢村永四六一文五分」が村請として課されている。秋川渓谷村々との課徴の差は、炭焼きの発展の度合いの相違を示すものとみられている『新田村落 p294-295』。なお、秋川渓谷の炭焼き稼ぎと多摩川渓谷の林業経営の場合との間には、林業地域としての展開過程に関する限り、発展段階を除けば、本質的な相違点は見られなかった。

林業の成立と農間余業の展開にともない、山間村落における畑作経営（穀作）の地位は林業経営の補助手段的なものに転落する。生産力停滞を打破する方策として畑作から林業に切り替えたことは、多摩川渓谷村々の畑作経営技術を緑肥段階に停滞させることになった。宝暦5（1755）年、青梅林業地域の沢井村明細帳を見ると「畑方肥之義、山野幷畠畔ニテ草刈所々其外落葉等肥ニ仕候、田方肥シ畑畔草刈肥シ仕候」とあり、関東畑作農村における金肥普及期にもかかわらず、依然、秣場依存度の大きいことを伝えている。このことから近世末期、青梅扇状地農村における川越五河岸経由の糠・灰の浸透普及に反して、さらに青梅林業地域の成立にともなう入会機能の解体動向に反して、多摩川渓谷林業山村の畑作経営は、逆に秣場・茅野としての「居山」・「散在」などの入会地利用にかかわる共同体規制の強化『前掲書 p280-281』を選択することになる。武蔵野台地の緑肥依存型農業は、開発の進行にともなって、享保期には糠の導入を見るようになるが、多摩川渓谷とくに五日市地方の山間農村では金肥使用は大幅に遅れ、故老の談によると明治期になってもほとんど刈敷段階に停滞していたという『五日市町史 p483』。この頃、関東畑作農山村で自給肥料依存が明確に存続した地域は、北毛、秩父、奥武蔵以外にその例を見ることはできなかった。

小括として近世末期、文久3（1863）年の「諸色直段引下」（旧幕府引継史料）によって、江戸に送られる薪炭の産地を総括すると、炭は武蔵・伊豆・相模・駿河・甲斐・遠江・常陸・上野・下野・上総・下総・安房の諸国から、また薪は上記諸国のうち駿河・甲斐・遠江を除く諸国から入ってくる。房総3国は炭と薪の両供給地に挙げられ、品質的にも最も優良な産地とされていた。

江戸に送られる薪炭を独占的に受託するのは薪炭問屋である。重量比価が低いものは隔地輸送が成立しないことを薪の移動が示している。薪炭荷は房総・相模・伊豆などの海手荷とその他の内陸産奥川荷に分けられ、薪炭問屋も海手薪問屋・奥川薪問屋・川辺薪問屋などのグループに分けられていた。薪炭の流通は薪炭問屋を介して流通する荷物以外に、たとえば幕府の場合、炭会所を経て江戸周辺国々の御林から相当量を直接調達し、同様に江戸近国に所領や知行地を持つ大名・旗本たちも自領から薪炭を江戸屋敷に送付させていた。したがって万延元（1860）年頃の平均的な江戸入津量238万俵『千葉県の歴史 通史編近世2 p100』を大きく超える量が、実際には、江戸に送り込まれたとみられる。近世中期以降、産地が関東諸国にほぼ限定される商品となるがゆえに、江戸地廻り経済に占める薪炭の経済的評価は大きかったといえるだろう。

【引用・参考文献と資料】

青野・尾留川編（1968）:『日本地誌 第5巻』二宮書店.
朝霞市教育委員会市史編纂委員会（1989）:『朝霞市史 通史編』.
荒居英次（1961）:「近世野州農村における魚肥使用の拡大」日本大学人文科学研究所 研究紀要第三号.
荒居英次（1970）:「近世野州農村における商品流通」日本歴史第294号.
新井鎮久（1994）:『近郊農業地域論』大明堂.
新井鎮久（2010）:『近世・近代における近郊農業の展開』古今書院.

板橋区史編纂調査会（1998）：『板橋区史 通史編上巻』.
五日市町史編纂委員会（1976）：『五日市町史』.
伊藤好一（1958）：「南関東畑作地帯における近世の商品流通」歴史学研究219号.
伊藤好一（1959）：「江戸近郊の蔬菜栽培」地方史研究協議会編『日本産業史大系 関東地方編』東京大学出版会.
伊藤好一（1966）：『江戸地廻り経済の展開』柏書房.
伊藤好一・木村礎（1960）：『新田村落』文雅堂.
茨城県史編集委員会（1985）：『茨城県史＝近世編』.
煎本増夫（1963）：「関東の在郷商人」歴史学研究275号.
入間市史編纂室（1994）：『入間市史 通史編』.
岩島村誌編集委員会（1971）：『岩島村誌』.
江戸川区史編纂委員会（1976）：『江戸川区史 第一巻』.
大田区史編纂委員会（1992）：『大田区史 中巻』.
大舘右喜（1981）：『幕末社会の基礎構造』埼玉新聞社.
大宮市役所編（1978）：『大宮市史 第三巻』.
青梅市史編纂実行委員会（1966）：『定本市史 青梅』.
鬼石町誌編纂委員会（1984）：『鬼石町誌』.
神奈川県県民部県史編さん室（1973）：『神奈川県史 資料編6近世3』.
神奈川県県民部県史編さん室（1981）：『神奈川県史 通史編2近世1』.
川名登（1984）：『近世日本水運史の研究』雄山閣.
神田市場史刊行会（1968）：『神田市場史 上巻』文唱堂.
菊地利夫（1958）：『新田開発 下巻』古今書院.
菊地利夫1986）：『続 新田開発』古今書院.
群馬県史編纂委員会（1990）：『群馬県史 通史編4近世1』.
群馬県史編纂委員会（1991）：『群馬県史 通史編5近世2』.
古河市史編纂委員会（1982）：『古河市史 資料編近世（町方地方）』.
児玉彰三郎（1963）：「近世後期における商品流通と在方商人」歴史学研究273号.
埼玉県県民部県史編纂室（1988）：『新編埼玉県史 通史編3近世1』.
埼玉県県民部県史編纂室（1989）：『新編埼玉県史 通史編4近世2』.
境町史編纂委員会（1996）：『境町史 歴史編上』.
猿島町史編纂委員会（1998）：『猿島町史 通史編』.
下館市史編纂委員会（1968）：『下館市史』.
楫西光速（1959）：「関東地方編序説」地方史研究協議会編『日本産業史大系 関東地方編』東京大学出版会.
新修世田谷区史編纂委員会（1962）：『新修世田谷区史 上巻』.
正田健一郎（1959）：「八王子周辺の織物・製糸」地方史研究協議会編『日本産業史大系 関東地方編』東京大学出版会.

正田健一郎編著（1965）：『八王子織物史』.
白川部達夫（2001）：『江戸地廻り経済と地域市場』吉川弘文館.
杉本・神崎（1959）：「津久井の薪炭」地方史研究協議会編『日本産業史大系 関東地方編』東京大学出版会.
杉山・児玉（1969）：『東京都の歴史 県史シリーズ』山川出版.
滝沢秀樹（1978）：『日本資本主義と蚕糸業』未来社.
瀧本誠一編（1924）：『日本経済叢書 巻一』日本経済叢書刊行会.
立石友男（1975）：「関東地方における林地とその開発」日本大学地理学科 五十周年記念論文集 古今書院.
田端勉（1965）：「河川運輸による江戸地廻り経済の展開」史苑第6巻第1号.
丹治健蔵（1988）：「近世荒川水運の展開（一）」交通史研究第20号.
丹治健蔵（1996）：『近世交通運輸史の研究』吉川弘文館.
千葉県史料研究財団（2007）：『千葉県の歴史 通史編近世1』.
千葉県史料研究財団（2008）：『千葉県の歴史 通史編近世2』.
千葉県野菜園芸発達史編集委員会（1985）：『千葉県野菜園芸発達史』.
千代川村史編纂委員会（2003）：『村史千代川村生活史 第五巻前近代通史』.
東京都足立区役所（1967）：『足立区史 上巻』.
東京都葛飾区役所（1985）：『増補 葛飾区史上巻』.
東京都立大学学術研究会（1961）：『目黒区史』.
都幾川村史編纂委員会（2001）：『都幾川村史 通史編』.
所三男（1980）：『近世林業史の研究』吉川弘文館.
所沢市史編纂室（1984）：『所沢市史調査資料別集6 織物沿革誌・所沢織物史』.
栃木県史編纂委員会（1981）：『栃木県史 通史編4近世1』.
栃木県史編纂委員会（1984）：『栃木県史 通史編5近世2』.
新田町誌刊行委員会編（1990）：『新田町誌 通史編』.
沼田市史編纂委員会（2001）：『沼田市史 通史編2近世』.
松村安一（1959）：「青梅の林業」地方史研究協議会編『日本産業史大系 関東地方編』東京大学出版会.
長谷川伸三（1981）：『近世農村構造の史的分析』柏書房.
林玲子（1967）：『江戸問屋仲間の研究』お茶ノ水書房.
林玲子（1968）：「江戸地廻り経済圏の成立過程」大塚久雄他編『資本主義の形成と発展』東京大学出版会.
林玲子編著（1990）：『醤油醸造業史の研究』吉川弘文館.
原沢文彌（1952）：「武州新河岸川交通の歴史地理学的研究」東京学芸大学研究報告第3輯.
飯能市史編集委員会（1984）：『飯能市史 資料編Ⅷ』.
飯能市史編集委員会（1985）：『飯能市史 資料編Ⅹ』.

飯能市史編集委員会（1988）：『飯能市史　通史編』.
東村山市史編纂委員会（2002）：『東村山市史　通史編上巻』.
藤元篤（1969）：『大阪府の歴史　県史シリーズ』山川出版.
福生市史編纂委員会（1993）：『福生市史　上巻』.
古島敏雄（1950）：『近世における商業的農業の展開』日本評論社.
古島敏雄（1951）：『江戸時代の商品流通と交通』お茶の水書房.
古島敏雄（1975）：『日本農業技術史』東京大学出版会.
松村安一（1975）：「四谷林業とその地理学的意義」歴史地理学会紀要17.
光石知恵子（2002）：「近世八王子の養蚕と生糸」多摩のあゆみ第106号.
武蔵村山市史編纂委員会（2002）：『武蔵村山市史　通史編上巻』.
安岡重明（1960）：「大坂の発達と近世産業」地方史研究協議会編『日本産業史大系　近畿地方編』東京大学出版会.
横銭輝暁（1961）「江戸近郊農村における商品生産と村落構造」地方史研究第53号.
横山昭男（1980）：『近世河川水運史の研究』吉川弘文館.
渡辺善次郎（1983）：『都市と農村の間』論創社.

第Ⅲ章

近世・関東畑作農村の商品生産と舟運発達

――江戸地廻り経済圏の展開と農業地帯形成――

問題の所在と分析の視角　本論の中核部分ともいうべき第Ⅲ章「近世. 関東畑作農村の商品生産と舟運発達―江戸地廻り経済圏の展開と農業地帯形成―」では、1)商品生産の成立・展開に関する空間的把握、2)商品生産の発展を刺激し、その展開と表裏の関係にある舟運とくに河岸問屋の展開と地域形成機能、3)商業的農業の発展にかかわる前期的商業資本の社会的性格・経済的意味とその地域性の確認、4)商品生産・舟運・商業資本のかかわり合いの中に生起する地域の主人公としての農民階層の動向、換言すれば小農経営の成立と分解の過程、以上4点を主な手がかりに検討をする。具体的には、関東畑作農村における特産品生産地域の成立とこれにかかわる河岸の結節機能の実証、貨幣経済の農村浸透に大きく関与する干鰯・〆粕・糠・灰等の金肥普及の地域性と階層性の確認および前期的商業資本による自立小農吸着の実態を、既往の文献を中心にして、金肥前貸し制の普及と小農分解を通して整理しようとするものである。

本来、関東畑作農村の地域的性格は、商品化を指標にすると、特産物生産地帯・主雑穀生産地帯・自給地帯に大別することができる。しかもいずれの地帯も近世後半に程度の差こそあれ、商品生産・流通の展開と農村荒廃を経験してきたところである『近世農村構造の史的分析 p2-3』。

次節に述べるように、関東畑作農村の生産物流通については、すでに丹治健蔵の「舟運と商品流通」視点の汎関東地方的な労作群をはじめ、多くの課題研究が先学の手で進められ、問題の輪郭が明らかにされてきた。しかしこれらの研究作品の多くは、舟運と商品流通を融合させた商業史的性格がややもすると先行し、本来、不離の関係にあるはずの生産と流通視点の考察を欠く傾向が認められた。この傾向は、前期的商業資本の吸着行為と小農分解にかかわる研究者の問題意識レベルの中にも反映され、農業と農民不在に近い不満感となって学徒の心中に漂うことになる。

こうした状況の中であえて本書を世に問う理由は、1)農村地域と農村史の主人公は農民であり、三者を同一局面上で捉えてこそはじめて課題解析のための現実的かつ本質的なアプローチが可能になると考えたこと、2)近世関東畑作農村の商品生産と流通上の諸問題を舟運の展開を通して総括し、かつ一般化を試みた入門書が未公刊であること、という単純な発想に基づくものであった。近世関東畑作農村の諸課題を解析するためには、たとえ本書のオリジナリティを希釈することがあっても、史学・農学分野の成果を多分に援用した学際的な考察が、必須に近い要件であると考えるに至った理由も実は1)にあったわけである。

第一節　新田開発および商品栽培にともなう金肥需要と農民層分解

1. 新田開発と金肥需要の発生ならびに在方商人

⑴　新田開発の展開と関東畑作農村　江戸時代の新田開発は、菊地利夫『新田開発 上 p121-131』によると、その展開期を三期に分けることできる。第一期のいわゆる前期新田開発は、寛永～寛文期にかけての約50年間に行なわれた。関東地方の場合、その対象地域は武蔵東部の中川水系流域における低湿地帯を中心に選定された。開発の重点は圧倒的に水田面積の増大におかれ、その前提条件として、関東における伊奈忠治の事績が示すように大規模な築堤・河道付け替え事業をともなっていた。第一期新田開発の政治的狙いと社会的意義は小農自立の実現であり、実現のための幕府の姿勢は、二合半領もたい新田藤右衛門宛関東郡代伊奈忠治の印判状の内容「諸役不入・鍬下年季・無利子の種貸・人沙汰」に関する温情と保護を骨子とする文言の中に、その一端を認めることができる『新田村落 p11』。

第二期新田開発は、享保期の年貢増徴策を色濃く反映したものである。木村礎・伊藤好一編『新田村落 p16-17』には、「享保前後の幕府法令から年貢増徴への激しい意欲を見出すことはきわめて容易なことである」という指摘を見ることができる。いずれも検地に関する心得のような性格の法令であるが、要約すれば「無理な検地をするな」という内容で共通し、その限りにおいて、小農自立政策と対応した条目であった。だが、享保11（1726）年の「新田検地条目」は、過去の諸法令に反し、年貢増徴の意図が明白に盛り込まれていた。「旱損水損之申立有之候共一切聞上不申、其土地相応之石盛可相極事」と農民無視の高圧的な姿勢を示すものであった。また、貞享条目が漆・桑・楮・茶などを浮役ないし小物成として扱っているのに対し、享保条目では本途対象として位置付けている。畑方の年貢は引かない、という考え方が確認されたのもこの頃といわれる『前掲書 p18』。

元禄時代以降に開発された新田、いわゆる第二期（後期新田）開発にかかわる新田は、享保改革の一環として計画・推進された。武蔵野新田をその代表とする後期新田は、この時期に成立したものがほとんどであり、年貢軽減・養い料の下付などに見られる扱いは、その後の新田経営発展の一条件になるものであった『前掲書 p319』。台地中央部への進出と村請畑新田を特徴とする後期新田には、個人または仲間を結んで請け負う開発形式も見られるが、請負人は前期開発で支配的とみられた在地土豪に代わって、商人資本や有力農民による利益追求型の開発が多かった。『新編武蔵風土記稿』によれば、武蔵野新田の分布は、多摩郡40ヵ村・新座郡4ヵ村・入間郡19ヵ村・高麗郡19ヵ村の合計82ヵ村に及んでいる。

幕府の新田開発政策でもっとも精力的に推進されたのが享保改革を契機とする後期新田開発であり、代表としての武蔵野畑新田開発であった。新田創設の際の有利性一耕地配分における規模と集中一と江戸近郊外縁部の立地条件が結合して、明和・安永・天明期以降、雑穀類の有力供給農村地帯が成立する。需要金肥は、入手と搬送に便利でかつ雑穀栽培に適応する江戸糠・近国糠と灰であった。児玉彰三郎（1959年 p13・23-25）によると、生産手段と生産物の出入りは、ほぼ青梅街道以北が新河岸川舟運を利用し、立川・拝島近辺村々を含む街道以南は、駄送に依存したようである。また、伊藤好一（1958年 p3）・（1959年 p3）は享保期以降の武蔵野地方と江戸を結ぶ商荷輸送ルートのうち、北武蔵野の場合は、川越五河岸や引又河岸などの有力河岸問屋を中心に江戸へ積下げ、南武蔵野の場合は、青梅街道もしくは甲州街道経由江戸への自分馬駄送ルートの存在を取り上げている。出入り荷物の主なものは登り荷が糠・灰で、下り荷は穀類に薪炭を加えたものであった。このような肥料と穀類の出入り量の増大は、天明から寛政期にかけて在町の糠・穀商と並んで、「村内有徳の百姓」が在方の糠・穀商として成立し、次第にその数と力を増しながら、流通過程の掌握を通して農業と農民支配の度合いを深めていくことになる（伊藤好一 1958年 p5)。児玉・伊藤両者の指摘する輸送ルートと流通圏に若干のずれがあるのは、もともと在方商人の商圏が広域的でかつ複雑に入り組んでいるためであるという（児玉彰三郎 1959年 p24)。

次に武蔵野新田の商品生産と農民層分解について、木村礎・伊藤好一『新田村落 p286-289』による検討成果を整理すると以下のように要約できる。幕末期になると江戸向け雑穀生産地帯としての武蔵野新田農村では、繭・藍・茶が商品作物として新たに加わり、仕向け先の変更をともなって漸次入れ替わっていくことになる。茶・繭（生糸）は横浜港から輸出され、藍は関東西部機業圏へ染料として送られていった。武蔵野穀作農村の新しい動きに連動して、織物生産が展開するようになる。狭山丘陵南麓の多摩郡中藤村では、肥料商に代表される在方商人の土地集積は天明期をピークに、以後、次第に頭打ちとなり、代わって化政期以降、新たな商品生産の差配として、織物業者の土地集積が進展する。織物業者としての経済的実力は、青梅扇状地の渓口集落塩船村．加藤武平家・本橋菊次郎家に見るように、賃機業からマニファクチュアーへの成立過程で養われたものであろう。こうした織物生産の展開は、村役人の系譜を引く中〜上層農家によって進められてきた。当然、地元の小農たちは、商品生産の多角化と深化・質地関係の成立を介して階層分解に追い込まれる機会が多くなる。当時、武蔵野新田村落に限らず関東農村一般の傾向として、商品生産に深く吸着しながら、在郷商人資本の前貸し経営が広く浸透していたことを考えると当然の帰結と思われる。

武蔵野新田でも農民の多くは、「江戸表又者在々商人方より右肥糠灰借り請仕仕付、麦作肥代者秋作之力を以返済」という厳しい前借状況であった『江戸地廻り経済の展開 p87』・(児玉彰三郎 1959年 p26)。しかし他方では、幕末期の塩舟村のように、農民層分解はきわめて緩慢であったという見解もある『新田村落 p289』。一般論として述べれば、自給的性格の強い農村では、在方商人が妄動する余地は限られ、金肥前貸し流通をともなう商品生産地帯と異なり、階層分解を契機とする小農体制の崩壊は比較的軽微の筈であった。したがって、武蔵野新田では早期段階からの代金納制の実施で、雑穀類の商品化に触れ、その後の明和・安永・天明期以降の商品経済の普及で、農民層の分解はある程度進行したとみるのが、一応全般的状況として確認されるべき問題である。その点、塩舟村の状況はむしろ例外的なものと理解すべきことであろう。

木村・伊藤『新田村落 p258-261』は、近世中期以降の関東畑作農業の優位性を、畑作地の増加・畑地における商品作物の広域的普及・農村工業の進展が原料需要を通して畑作の商品生産を一層促進していることなどから説明し、一方、その反証として平場水田農村埼玉郡大塚村の事例を「近世を通じてつぶれ百姓が続出し、享保期以降には出奉公による労働力不足から手余り地さえ出ている」と述べている。さらに松平定信の目に映ったような、一村退転に至るという激しい村落窮乏の状態は、武蔵野畑作農村には見られないこと、加えて幕末期に5町歩の水田が畑地転換され、すべてに木綿が栽培されていること『前掲書 p259-261』などを取り上げ、畑作とくに武蔵野畑作農村の経済的優位性について語っている。しかしながら、これらの諸事実は、必ずしも農民階層の分解が緩慢なことの背景になっているとは思えない。少なくともこの論述には、畑作商品生産農家において、生産力上昇の際にしばしば発生する顕著な階層間不均等発展の問題がクリアーされていないからである。

関東地方では古来畑地が卓越する。したがって畑作こそ関東の農業を特徴付けるものであり、とりわけ、近世中期以降、商品経済の発展・畑作物の代金納制・年貢課税評価における相対的有利性・質地と売買上における畑地評価額の相対的有利性などに支持されて、武蔵野台地を含む関東畑作農業は、石高制を基盤とする幕藩体制下の水田農業を超えて、近世農業の前面に浮上してくることになる。加えて、享保期の殖産政策の展開とその後の新種栽培の奨励策の推進で、植栽が普及する作物は薩摩芋・菜種・荏胡麻・甘蔗・岡稲・唐茄子など多種に及んだ。その結果、関東畑作農村における商業的農業の展開は、武蔵・上野・下野・常陸では、楮・漆などの工芸用樹木作物、絹(養蚕)・綿・麻・藍・紅花に見るような織物関連作物、菜種・荏胡麻などの油脂原料作物、あるいは蒟蒻・干瓢などの食用作物等々が穀類生産に不適当な山村・丘陵地農村を中心に各地で産地形成を進めていった。一方、武蔵野新田を含む関東平野の平場農村では、地形と地力に適合する穀菽生産が、商品作物としてこれまで以上に重要視されるようになり、さらに江戸近郊では、蔬菜産地が地帯形成をともなって進行した。こうした山村・丘陵台地農村における工芸・織物関連作物と平場農村における穀菽生産の広範な展開は、醸造・製紙・織物・製粉等の農村工業や農間余業を舟運利用と結んで、各地に成立する契機となった。

新田開発にともなう入会地の消滅は、刈敷に依存する自給肥料体系を崩壊に追い込み、江戸や城下町近郊での局地的な下肥利用に次ぐ、新たな営農体系の確立を関東畑作農業に対して要請することになる。この時登場するのが干鰯と糠に代表される金肥の導入と普及であった。金肥使用は西関東の糠、東関東の干鰯にみるような使用上の地域性をともないながら拡大していった。結果、農業生産力は上昇し、剰余の発生を農民たちにもたらすことになった。こうして外部的には貨幣経済の農村浸透を、また内部的には剰余の発生を契機にして、元禄・享保期以降における広範な商品生産一商業的農業の普及と農村工業の展開一が関東畑作農村で進行することになる。なお、本稿では、生産力の上昇による剰余の発生を一元的に商品生産の契機として扱ったが、木村礎・伊藤好一はこの問題について以下のように触れている。藤田五郎の『封建社会の展開過程 p226-256』では畑作物の商品化を商品生産の契機として捉え、大石慎三郎は『封建的土地所有の解体過程』において、従来看過されてきた米穀販売を商品化の重要な契機と理解していることをそれぞれ指摘している『新田村落 p260-261』。いずれも近世商品経済進展の主翼を構成する諸状況であったことでは共通している。

補足的事項であるが、元文3（1738）年の利根川下流の流作場開発に関する幕府の開発姿勢とその後の影響について、千葉県の歴史『通史編近世1 p714』記載事項の紹介をしておきたい。流作場開発とは、河川敷・中洲に堤防などの治水施設を一切築くことなしに耕地化することである。享保改革の後半期（元文～延享期・1736～1747）に関東地方を中心に実施されたが、以後の新規実施例を見ることはなかった。最初の導入は利根川で、佐原から関宿に至る河川敷6,000町歩が対象にされた。流作場開発の特徴は、開発した土地を石高に結ばず、反高場にしたことである。河川敷に生い茂る萱・葦の商品価値に着目し、これを基準に税を課そうとしたものである。幕府の年貢増徴策の性急な姿勢を示す開発方式といわれた所以であった。幕府の廻村示達と同時に関係村々は一斉に反対し訴願をおこした。幕府はこれを封殺し、河川敷の放棄と開発の二者択一を農民たちに迫った。結局、享保改革前半期の新田開発政策は、農耕地の実質的拡大を目指したものとなったが、後半期のそれは、開発という名のもとに、採草地などの分割を通して年貢増徴策を進めたものであった。

⑵ 金肥流通と前期的商業資本の農村収奪機構　畿内先進地帯に比べ、経済発展が著しく遅れていた関東農村にも、元禄から享保年間（1716～35）にかけて活発な商品経済の流入がみられ、舟運機構の整備拡充と結んで、特産品生産地帯の形成が進んだ。一方、江戸近郊には、旗本・御家人の幕臣および参勤交代で江戸に詰める諸大名とその家臣・家族が、推定50万人『日本産業史大系 関東地方編 p28-29』に達した。これに町方人口50余万人『大田区史 中巻 p901』を加えた推計100余万人の需要を背景にして、広域的な蔬菜産地がいちはやく成立し、薪炭・木材の供給とともに早期江戸地廻り経済の成立が見られた。

荒居英次（1970年 p37-42）によれば、新田開発による自給肥料源の消滅と商品生産の発展にともなって、元禄期以降、関東畑作農村に購入肥料（金肥）の干鰯使用が普及するようになり、享保期には厩肥や下肥と並んで田畑穀作・特産作物栽培等に対して、全面的に使用される存在となった。干鰯は鰯を浜辺で乾燥させたもので、〆粕は釜で煮て絞って油を落としたものであった。施肥効果は〆粕の方が高かったが、近世では干鰯の使用が一般的で、肥料価格の建値を形成する重要商品であった。近世中期以降、江戸近郊農村における蔬菜作向け下肥・糠の普及と西関東畑作農村における雑穀作向け糠・灰の普及に対し、東関東畑作地帯の商品栽培では、干鰯・〆粕の使用がそれぞれ広まり、これらの金肥流通と商品生産は農家経営に重大な影響を及ぼすことになる。

農民層の大半を占める中小農民たちにとって、干鰯の使用には何らかの社会的便法が必要であった。当時、干鰯の導入と使用を可能にした便法は、1）

幕藩領主層による干鰯（代金）の貸付制、2)地主による干鰯（代金）の貸与制、3)商人による干鰯の前貸し制であった。1)の代表的事例には下総飯沼新田における幕府代官の貸付金交付や武蔵国増上寺領王禅寺村の領主拝借金問題がある。古河藩や秋田藩の飛地における事例もよく知られている。貸し付け形態は、一般に干鰯金の利息付き貸与と出来秋返済である。王禅寺村の場合、拝借金の貸付は、享保期～宝暦期（1716～1763）にかけて行われ、条件は五年賦返済、年利一割五分、滞納の場合は拝借金一両に付田地一反歩を引き渡すことになっていた。本来、農民の困窮を救い、再生産を維持するための貸付にかかわらず、しばしば農民層の分解を引き起こしたことから、以後、領主側も拝借金貸付の危険性を認識し、極力貸付を制限するようになっていく『近世農村構造の史的分析 p72-74』。2)の事例では関西の鴻池・三井新田、関東では飯沼新田の一つ孫兵衛新田地主秋葉家が知られている。代金に利子を付けた出来秋返済が一般的であった。3)はもっとも広範に行われた前貸し制である。形態的には干鰯前貸し・出来秋現物売り渡し金返済が一般的のようであるが、村役人が口入人として両者の間に立ち、仲介保証を以て前貸しが実行されることもある（荒居英次 1970年 p46-49）。

既述のように、干鰯の流通は、一般に干鰯商人による生産者農民への前貸し形態をとって行われた。しかも干鰯商人たちは、取引先農村の生産物まで支配したため、高利を加算した干鰯代金は、不当評価額の生産物で返済される方式が多くみられた。荒居英次（1970年 p52-54）によると、18世紀末の農家の干鰯借入利息は、仕付けから出来秋までの半年間で20～25％に及んだという。その結果、生産者農民たちは干鰯商人による二重、三重の搾取、具体的には干鰯・〆粕の高値前貸し、前貸し利息の高率賦課、前貸し代金としての生産物の安値買取りにさらされることになった。近世中期以降の小農分解と農村荒廃の一因として、干鰯流通をめぐる収奪の強化がしばしば指摘されるのはこのためである。

19世紀に入ると、関東各地の商品生産も次第に安定した展開を見せ、農村荒廃の克服が進むことになる。同時に関東の干鰯を中心とする金肥の流通事情にも変化の兆しが現れる。天保5（1834）年、江戸西郊下目黒村組頭と江戸干鰯問屋との直買い一件は、稲毛領38か村と府中領18か村を巻き込む連帯訴訟事件に発展した。結果、自家用に限って直仕入れが認められることになる。以来、江戸問屋の集荷力が弱体化し、関宿・境・古河などの中継河岸の成長と産地干鰯問屋の「通売り」と呼ばれる直売りが強化されていく。白川部達夫によると、通売りと提携しその普及を可能にした河岸問屋は、下利根川筋では佐原・関宿・藤蔵河岸などであり、取引の形態は現金決済が望ましい方法であったという。こうして幕末期の干鰯流通の変化に即応して、受皿である干鰯商人の経営も変化していった。このことについて、白川部達夫『江戸地廻り経済と地域市場 p111-137』は常陸竜ヶ崎町の干鰯商人筆屋の経営分析結果を次のようにまとめている。「ここでは、前貸し・生産物決済は全く認めることはできず、その経営を一方的に高利貸的な特質においてとらえることが、必ずしも適切でないとし、干鰯をめぐる金融も干鰯商人に一元化されるものではなく、重層的に展開する」とみている。結局、1)干鰯問屋筆屋のような比較的低価格・低利の現金販売が行われ、これに応じた金融市場形成の欲求が生まれていたこと、2)筆屋が営業する竜ヶ崎町周辺には、高利貸的性格の強い地主・商人などの干鰯商いが存在したと思われること、3)さらに村方では、村役人などを中心に共同体的な干鰯購入が図られていたことなども、注意すべき点であるとしている。以上のことから、「幕末維新期の関東在方での干鰯・〆粕流通は、高利貸的な商人資本の吸着に一元化するのではなく、上記のような三極構造として理解すべきである」と結んでいる。

小農分解と農村荒廃の進行と同時に、干鰯・〆粕の使用をともなう商品栽培は、プチブルジョア的経営の発展と寄生地主制への転換と絡んで、先進地域と後進地域の間に大きな問題を投げかけることになる。すなわち、畿内先進地域の上層農民が綿・菜種の栽培に際し、雇用労働力を導入して高い利潤を確保したことは、プチブルジョア的経営の代表と目された。一方、関東などの後進地域では、商品集荷商人が肥料前貸し経営で質地を集積し、巨大な地主に成長する。ここではプチブル的生産余力は地主に収奪され、畿内先進地域とは大きく異なる状況を招くことになる『江戸地廻り経済と地域市場 p111-113』。

関東畑作農村の場合、肥料前貸し経営で質地を集積し、巨大な地主に成長していく干鰯商人の存在形態は、地主．問屋．買継商．質屋渡世等のいずれかを複数以上兼ねているものが多くみられた。干鰯商売に限らず、彼等は原料・肥料・生産物ときには手間賃等の前貸しを通じて、麻・木綿・煙草等の流通面を掌握すると同時に、その資本力を用いて在地の商品生産を組織化し、近世中期以降の特産地形成上の主導力になっていくことになる『栃木県の歴史 p212-219』。

武蔵野地域の場合も、農民たちは江戸の商人を介して糠を入れ、穀類を出すことによって商品生産に入り込んでいった。商品生産への農民たちの入込につれ、江戸商人と農民の間に立って在方商人たちは急速に成長を遂げ、河岸問屋の仲介業者化とともに、穀商あるいは肥料商として糠や穀類の取引に参入していった。その後、在方商人たちの前貸し収奪は、江戸商人と北武蔵野農民の間を結ぶ仲介業者化した寺尾河岸問屋蔦屋を排除し、江戸商人との直取引を通して、北武蔵野農民の剰余を余すところなく吸い上げ、零細農家の経営に破綻をきたすものでさえあった。前貸し商法は、野州水田農村の事例と同じく、「猶又其月より作物出来月迄二割或者二割半位之利足ヲ加へ金子叉者出来穀ヲ相渡」ことになるが、この場合の肥料代は「別而高直ニ相当リ右ニ准相渡候下直ニ受取」られることになる。このため寛政年間には、「何様出精仕候共肥代差引候得者穀物払代金手取候分無御座候」という有様であった『新田村落 p306-307』。在方商人の一部には、明和・安永期頃から仕入れた穀類を蕎麦粉・小麦粉に加工製粉し、より付加価値の高い水車稼業を併用する業者が急増する。水車稼ぎに転じた業者は、多くが村役人の出自を持つ階層であり、その分布は玉川分水に集中し、天明8（1788）年の設置総数は34基を算していた『前掲書 p308-309』。

2．干鰯流通および商品生産と農民層分解

⑴　関東畑作農村における干鰯流通と商品生産の地域性　特産品の産地形成にかかわる干鰯商いと農民の関係も、はじめから生産者農民対町場の商人という図式で成立したわけではない。むしろ当初は、栃木県史の指摘『通史編4近世1 p738-740』にみるように、「商品貨幣経済の農村浸透は、すべての農民層へフラットな形で進んだわけではない。現実には資力を有する村内

上層農家が、リーダーシップをとって金肥を導入し、生産物の商品化を展開する過程で、小前層への金融を行い、質地関係を展開していくことになる。小農経営は商品貨幣経済の波涛にさらされると、経営基盤と生産力の限界から、自立的に商品生産を行うことが困難となる。多かれ少なかれ、有力農民の資力に依存しなければ、再生産の維持は覚束なくなる。この関係は、農民的商品経済が端緒的に展開し始めた18世紀前期の農村における、商品流通の在り方を典型的に示すものと思われる。」この時期の商品流通は、城下町およびまだ完全に吸収し尽くされていない在方の小市場と結びついて展開し、その中枢となるのが商人的性格を多分に持った前述の上層農たちであった。

近世初頭、上方漁民の房総進出成果に触発され、17世紀末葉に九十九里浜で鰯漁業と干鰯生産が地元漁民の手ではじめられる。干鰯は、はじめ浦賀の干鰯問屋の手で集荷されたが、関東農村の干鰯需要の高まりとともに江戸の干鰯問屋が成長し、集荷の中心は浦賀から江戸に移行した。干鰯需要地・需要作物も拡大し、17世紀中葉には関東内陸の下野でも使用事例が報告されている『栃木県史 通史編4近世1 p700-702』。18世紀初頭以降、量的には多くないが、水田水稲作にも使用され、中葉には一般化する。施肥量は田畑平均反当たり2表程度とされていた。干鰯使用の普及に反し、有利な商品作物のない農村もしくは貧農層は、肥料代の捻出に苦しんだという(荒居英次 1970年 p46-47)。

18世紀中葉の宝暦〜明和期以降、変動含みの関東農村社会は、天明大飢饉を通じて、本格的な分解過程を歩むことになる。高持から無高水呑百姓への転落や無宿人の発生が広く進行した。同じ頃、干鰯の使用と流通問題は、18世紀末葉における干鰯商人の前貸しによって、さらなる農民層分解と農村荒廃を生み出したが、19世紀に入ると関東各地の商品生産も次第に安定した展開をみせ、農村荒廃の克服が進むことになる。同時に、干鰯の流通機構も大きく変貌していく。とくに産地問屋の台頭、なかでも北関東の需要増大に対応する利根川中流関宿・境・古河の中継河岸問屋の成長は著しく、直売りの普及とあいまって、江戸干鰯問屋の市場支配力の低下を惹き起こす原因となっていった『江戸地廻り経済と地域市場 p111-116』。

ここで、江戸干鰯問屋の凋落と鰯産地荷受け問屋の台頭に発展する、北関東畑作農村での商品生産の普及について、近世中期の金肥導入を視点に広域的な概観を試みる。北関東畑作農村における干鰯使用の歴史は、17世紀中葉の下野農村の事例が、もっとも早い時期とみられる。元禄期前後、関東内陸の下野・宇都宮藩では、米麦・綿・麻の栽培のため厩肥・下肥と配合して干鰯・荏粕の使用が普及し『栃木県の歴史 県史シリーズ p207-217』、また、元禄期以降、干鰯・絞粕等の積極的な金肥依存は、常陸煙草の産地久慈川流域でもみられた『近世日本水運史の研究 p371-373』。近世中期以降、上野でも商品生産の発展にともなう導入が進んだ。利根川舟運の遡行終点倉賀野河岸や積み替え河岸平塚の問屋史料から、塩・茶・小間物・綿とともに干鰯・糠が、上り荷として大きな地位を占めていたことが明らかにされている。これらの農村肥料は、大半の利根川河岸で扱われたという『群馬県の歴史 県史シリーズ p142-143』。また、寛政期以降、宇都宮藩の都賀地方一帯では、畑作のなかでもっとも集約度が高いといわれた麻の栽培に、多量の干鰯投入がみられるようになっていった『前掲栃木県の歴史 p207-217』。なお、水田水稲作の場合、干鰯利用が始まるのは18世紀初頭とされているが、畑に比べて、もともと土地生産力が相対的に高い水田の施肥量は多くなく、一般化するのは18世紀中葉であったという『江戸地廻り経済と地域市場 p114』。いずれも多分に集約的な商品栽培の発展を背景にした金肥流通であることは推定に難くない。

そもそも、北関東とくに下野・常陸北部における商品作物・特産商品の生産の多くは、山地緩斜面・河岸段丘・扇状地・洪積台地などの耕地面積の狭小ないし低位生産力土壌地帯で展開してきた。そこでの小農層の農業生産は、生産量の極大化を目指した多分に労働集約的な経営と、狭小かつ低生産力土壌からの同じく生産量の極大化を指向する資本集約的な経営とが必要不可欠の条件となる。後述するように、干鰯・〆粕・糠（上野）の投入は、金肥購入にかかわる前貸方式を通して、破滅の危険性を胚胎する農村荒廃と裏腹の関係の下に小農層に普及していった。関東内陸農村への購入肥料の浸透を、文化7年の境河岸問屋願書からみると、「当河岸之儀者、武蔵上野下野下総常陸右五カ国江通船宜場所ニ而私儀、南部仙台又者銚子辺其外浜々荷主共ヨリ魚〆粕干鰯引受、前書五ヶ国町々在々まで売捌仕来候」とあるように、対岸関宿の干鰯問屋とともに、普及の拠点として境河岸問屋が重要な機能を果たしていた。干鰯とならぶ肥料の灰も「当町之儀、干鰯塩灰問屋御座候而、丁子鹿島辺之浜方、行徳小松川かさい辺之塩灰商人陸船共ニ不断出入仕罷有申候」左記のように両河岸の問屋を通して農村に流通していった。ちなみに、境河岸問屋の扱う荷物の基本的ルートは、小網町—阿久津—南奥羽を結ぶ鬼怒川舟運であり、後背圏の深さは南奥羽から遠く越中・越前にまで及んでいた『近世日本水運史の研究 p119-121』。

なお、明細帳からみる限り、南関東における干鰯・〆粕などの金肥使用農村の分布は、舟運の発達した中川低地帯の農村、街道の整備された大宮台地の畑作農村、直取引の実現する江戸湾沿岸漁村近傍の江戸南郊農村にもみられた（表II-3参照）。とくに、近世中期における干鰯・絞粕等の購入肥料に依存する農村と江戸近傍の下肥導入農村との境界は、日本橋から30㎞圏を若干超えた武蔵南東部、いわゆる中川低地帯の中流域農村地帯に引くことができると考える。このことについて、荒居英次（1970年 p41）は「武蔵で広汎に干鰯・〆粕を使用したのは、荒川と江戸川に挟まれた埼玉・北足立・北葛飾の平野部の田畑米麦作の農村である」と述べ、筆者と同じ地域を指摘している。

⑵ 関東畑作農村の金肥普及と農民層の分解　一般的に言って、購入肥料の投入は、生産力の増強分が剰余を生み、それが次の生産に再投資されるという形で商品生産が展開し、金肥の利用が普及・拡大していくとは限らない。このことが、この段階での関東畑作農業における商品貨幣経済の進展を特徴付ける問題として重要である『栃木県史 通史編4近世1 p708』。そこで元禄11（1698）年、河内郡簗村の年貢減免願書提出当時の小農の置かれた状況と立場について、『前掲栃木県史』から一部を紹介しておこう。

年貢減免願書

一、当村ノ義悪地二御座候故、干鰯、粉ぬかを入不申候へハ、ほ(穂)ニ出不申候故、ほしか、こぬか千俵ほとかり仕付仕候、此の義ハ結城町、小山町、ほしか、こぬか問屋ニて名主加判を以かり申候、又ハ田畑をしち物ニかき入、金子借り申者も御座候、秋ニ成申候へハ、右之金子ニ利足を加へ返進

申候御事、

一、簗村之義ハ悪地故、田畑へほしか、こぬか大分ニ入不申候へハ、ほにさき不申候ニ付、結城町、小山町ニて、ほしか、こぬか秋手ニかり、壱反歩之所へハ金子弐分ッヽ之積りにほしか入、作り申候、然所ニ右之ほしか金之御積り無御座、

「一村全体のことであろうが、千俵にものぼる干鰯が、小山・結城両町の肥料問屋から前借りされるか、田畑を質に入れてつくった資金によって購入されている。そして、いずれにせよこの借金は、秋の収穫期を目安に利息をつけて返済されねばならないのである。金肥投入が、必然的に、小農をこのような高利貸的な金融関係に巻き込まざるを得なくなってきているところに、農民的商品経済が展開し始めたばかりの元禄～享保期の農村の特徴があるとみなければならない。それは小農にとって土地生産力増強のチャンスであると同時に、不安定な小農経営崩壊の危険をもはらむ動きであった」『栃木県史 通史編4近世1 p708-710』。

関東畑作農村における近世中期以降の特産物栽培の成立と購入肥料の多投は、貨幣経済の農村浸透を通して、農民層の分化・分解を激しく進行させ、その結果、幕藩体制の構造的支持基盤とされる自立小農層の解体をもたらし、村落構造を変質に導くことになっていく。わけても、この頃までに関東諸藩に普及する貢租の定免請負制と代金納化の動きは、農民たちに階層を超えたさらなる商品経済の導入を求めることになった。このような商品経済の導入を不可避とする状況の進行に対して、他方では、元禄期の上方商人の江戸への一斉進出の結果、江戸問屋による下り荷の関東・東北への転売一荷受け問屋機能一が一変し、買い付けを業務とする仕入れ問屋が急速に台頭してきた。仕入れ問屋の前貸金商法は、木綿・和紙・麻等の特産地生産者を自己の集荷系列下に編入し、積極的に産地の統制支配を強行するものであった『栃木県の歴史 県史シリーズ p207-212』。

具体的には、元禄・享保期以降、江戸の仕入れ問屋は、まず在地の買次問屋に対して、仕入れ金前貸しを通じてこれを支配下に置き、さらに買次問屋は、生産者に資金や肥料を前貸し、返済は生産された現物をもって決済する

『前掲．栃木県の歴史 p212』、というものであった。買次商人のなかには、干鰯商や質屋渡世を兼業するものも見られ、結果的に借入金返済不能—質地喪失—自立小農からの脱落という事例も少なくなかった。余力のある上層農家は、肥料価格の安い時期にこれを買い集めて適宜使用し利益を挙げる。一方、零細農家は需要期ときに高値でこれを借り入れ、不作・凶作の年に当たれば、土地を手放し小作農家に転落することになる。こうした農民層の没落機会は、享保期以降、貨幣経済の深化はもとより、浅間の山焼・凶作・貢租収奪の強化等によって一層促進され、土地を失った農民層の農村滞留は、自作小農を主体に構成されていた幕藩体制下の農村社会を変質・崩壊させ、18世紀の北関東で特徴的に現象化する農村荒廃、具体的には手余り地・人口流亡・農間余業者等を多発する要因となっていく。同時に農間余業者の簇生問題は、後述するような在方町・在方市場を中心とする地方市場の発展を通して、江戸送り商品量の減少と、特権的河岸問屋の衰微をもたらし、やがて江戸地廻り経済圏の変質『近世日本水運史の研究 p383-384』にかかわっていく問題となる。

元禄・享保期以降の前期資本による干鰯の前貸し金（現物）営業と小農分解の進行に対し、江戸初期の関東在方では、まだ江戸商人の資本の力は伸びていなかった。仲買商人たちは自己資本で仕入れ、江戸資金の前貸し援助は受けていなかった。彼等の取引範囲は関東一円に及び、取引内容も質物・穀物・木綿・水油等多岐にわたる商品のノコギリ商法が一般的であった。もちろん干鰯の取引開始以前の状況であったが、質残高が目立つことからすでに土地の集積が動き出し、小農分解の序章が始まっていたことが推定される『新編埼玉県史 通史編3近世1 p694-695』。

下野の事例にみるとおり、北関東の畑作農村では、18世紀中葉から19世紀前半にかけ、前期的資本の金肥とりわけ干鰯をめぐる前貸し商法によって、他律的な経営の集約化が促進された結果、一面では潰れ百姓の輩出、荒廃地の増大を招き、他面では特産地の成立と系列化された商品生産の展開という、かなり両極的な状況を創出することになっていった『栃木県史 通史編5近世2 p53』・『栃木県史 通史編4近世1 p39』。こうした金肥使用と農村荒廃をともなう商業的農業の展開、言い換えれば、江戸地廻り経済の成立進行を促進した要件が、次節に述べるような、領主的流通から農民的流通への変化を基調とする近世関東舟運体系の展開であった。

第二節　農民的舟運機構の発達と特産品生産地域の展開

「関東における近世の商品流通は、多かれ少なかれ江戸を媒介している。江戸を中継市場とするにせよ、あるいは江戸を直接消費市場とするにせよ、関東の諸農村は江戸との結合の上に近世の商品流通を展開してきた。江戸と農村との結合のあり方のなかに、関東における近世の商品流通を特徴つけるものがある」（伊藤好一 1958年 p1)。視線を関東から江戸に置き換えれば、そこには江戸地廻り経済の成立と特質を重視する筆者（伊藤）の姿勢がみてとれる。

江戸地廻り経済の展開については、これまでに多くの先学によって、商品生産の展開・前期的商業資本の動向と農村支配・農民層の分解・農村の荒廃・河川交通の整備拡充などの多面的検討がなされてきた。とりわけ、古島敏雄（1963年）『近世日本農業の展開』の報告以来、研究の深化・発展は著しい。本項では、既往の文献に基づいて、江戸地廻り経済圏の展開過程とその地域的特徴、ならびに、この問題とセットさせた交通運輸体系の確立と商業的農業の展開を視点に検討する。具体的には、関東畑作地帯の地域的・商業的核となる河系の配置とこれにまつわる河岸問屋の分布・機能・支配圏の考察を通して、江戸地廻り経済圏における単位地域としての特産地形成上の実態的把握を試みるものである。

関東地方における商品流通は、主として利根川水系をはじめとする河川交通によって展開した。したがって河川における商品流通を分析することで、商品生産・流通の内容と発展度（時系列的・地域的展開過程と特質）を明らかにすることができると考えられてきた『近世農村構造の史的分析 p16』。これまで、この問題意識の下に、もしくはある程度踏まえてまとめられた研究を管見すると、難波信雄（1965年）・田畑勉（1965年）・手塚良徳（1962年）・丹治健蔵（1961年)．(1984年)・(1988年)．(1996年)・(2007年）ほか・川名登(1984年)・田中昭（1957年）・山田武麿（1957年）・老川慶喜（1990年）・児玉彰三郎（1959年）等々の業績がみられる。

古河・境河岸のように行き先が大きく分岐することで拠点機能を付与された積み替え河岸、後背地域が遠隔特産地域にまで拡大した平塚河岸、遡航終点として他に卓越した集配荷機能を備え、かつ信州中馬の起点を兼ねた倉賀野河岸『江戸時代の商品流通と交通 p145』、あるいは後背圏の著しく深い鬼怒川遡航終点の阿久津・板戸両河岸など、取り扱いに十分の配慮を必要とする問題もあって、本書の重点的考察対象である産地の成立・展開にかかわる流通機能（舟運効果）の特定には、かなりの困難をともなうことが予測された。このため、積み替え河岸の荷物については、行き先が特定ないし推定されるものを中心に取り上げ、諸河川の舟運系統内に立地する諸河岸とそこでの商品の動向を手掛かりに、水系別商圏と圏域内部での特産地形成の地域的性格を考えてみることにした。なお、特産地形成と金肥の流通に深くかかわる城下町・在方町の商業機能については、必要に応じて触れるに止め、章節立は割愛した。

1. 鬼怒川水系舟運と特産地形成

下野における公荷・商品流通の展開には、二つの特徴が認められる。まず近世の初期に公道としての奥州・日光・例弊使の3街道の利用上の制約から、脇街道（会津西・中街道・原方道・関街道）ならびに枝道の整備が促進され、那珂川・鬼怒川・黒川上流部の遡航終着点に廻米積出河岸が設けられて、領主的流通の基礎が確立されたことである。次いで近世中期以降には商品経済の展開につれ、在方町の成立と中小河岸の発展をともなう農民的流通の活発な展開がみられるようになる。こうした歴史的状況を踏まえて、以下、鬼怒川水系の河川交通と特産地形成ならびにその空間的把握について整理してみたい。

A）鬼怒川舟運の展開過程と陸運事情

(1) 鬼怒川舟運の特質と脇往還の発達　北関東諸河川舟運のうちでも、下野の中央を北から南に流れ利根川に合流する鬼怒川流通圏は、もっともヒンターランドが深く、その集出荷範囲は北関東・奥羽南部一帯から越中・越後にまで及ぶ近世物流上の幹線水路であった。関東内陸舟運諸河岸の中で、関東地廻り経済圏外からの物資輸送を大きな設立要因として開かれた河岸は、倉賀野以外では、ここ阿久津・板戸だけであろう。奥羽内陸荷物の積込河岸阿久津・板戸両河岸が江戸と結ばれ、領主流通の一環として本格的に整備され、機能し始めるのは17世紀半ば頃と考えられている。会津・白河藩等からの江戸への廻米輸送と参勤交代の制度化にともなう公荷輸送量の増大につれ、河岸につながる街道と阿久津・板戸両河岸の本格的整備が進んだ結果、元禄期以降の両河岸は飛躍的な活況を見せるようになった『栃木県史 通史編4近世1 p608-609』。

元禄6（1693）年の板戸河岸文書によれば、板戸配下の五河岸には、7百7艘の小鵜飼船が諸物資の輸送に従事していたことが知られている。こうした繁栄の背景は、奥羽南部・下野北部の経済伸長と物資流通量とくに公荷と煙草荷の増大によるものであった。とりわけ、会津廻米をはじめとする二本松・白河・大田原・烏山・喜連川の諸藩、一橋・清水の旗本等の廻米輸送の活発化の影響は顕著であり、なかでも会津藩廻米の占める割合は格別に大きかった。会津藩廻米の下野諸河岸への輸送路は、1)会津若松から白河を経て奥州街道、関街道、原方道いずれかを下るコース、2)会津若松より大峠一三斗小屋経由木幡にて原方道に出る、いわゆる会津中街道利用コース、3)会津若松から三王峠一藤原経由で今市に出る、会津西街道利用コースの3本がある。1)または2)が一般的なルートとされ、3)のルートは高徳で急転し氏家に出ることもあった。

鬼怒川舟運における代表的な貨物は、会津廻米と奥州煙草であろう。商荷の主体を占める煙草荷のうち、会津坂下煙草の生産は、寛文期頃にはすでにかなりの量にのぼっていたことが考えられ、江戸中期の延享3（1746）年の移出額は金1万320両、同4年は9,405両に達している『若松市史 上巻 p171』。坂下煙草の江戸への輸送は、享保7（1722）年6月の五十里（いかり）村惣百姓代から会津藩役所宛ての以下の嘆願書によると、仲付駑者（なかつきどちゃ）によって搬出されていたことが明らかである。

乍恐以願書御訴訟

五十里村之儀四十年以前亥年湖水ニ罷成、地方不残水底ニ罷成、駄賃船賃を以

漸渡世相続罷有候、然所ニ坂下莨荷物当春中まて前々この筋通申候処ニ、当三月中より何様ノ存寄御座候、哉、一切懸り不申、至極迷惑奉存候、坂下莨之儀駄数多ク出申候故、別て渡世ニ罷成候所ニ、
（中略）先規より掛来候坂下莨脇道（会津中街道）へ相廻シ候ニ付、（後略）
享保七年寅六月

『藤原町史 資料編 p480』

会津坂下煙草は江戸初期から西街道や中街道を駄送され、奥州街道の氏家宿を経て、鬼怒川遡行終点河岸阿久津あるいは板戸配下の五河岸から川下げされていたことが、万治4（1661）年の「川下げ荷物船賃定」からも知られている『栃木県史 史料編近世3-41』。

一方、坂下煙草と並ぶ竹貫煙草の主産地について、天和2（1682）年以降正徳6（1716）年までに限ってその出荷量をみると、白川郡竹貫村・松川村・台宿・棚倉町・三春町・石川町が順位を入れ替えながら上位産地または集散地として浮かんでくる。寛保3（1743）年、境河岸扱いの竹貫煙草の総量は、5,969俵であった。このうち三春町が2,986俵、竹貫村が2,116俵、仁井町が445俵をそれぞれ占めていた。このような出荷地・出荷量の変動は、丹治健蔵によれば、奥州煙草の産地拡大と流通経路が絶えず流動的であった結果によるという『近世交通運輸史の研究 p504』。ところで奥州煙草の輸送に関する史料が極めて少ない中で、「享保20年正月所々駄賃万留」は煙草を含む奥州商品の三都への輸送経路・運賃等が記載され、極めて貴重な存在となっている『茨城県史料＝近世社会経済編1』。

「駄賃万留」に従って、近世中期における三春町から江戸へ向けての奥州煙草の輸送経路を展望しておこう。⑴三春町から仁井田一羽田宿を経て那須郡の伊王野一与瀬を抜けて板戸河岸に至るコース、⑵三春町から仁井田一伊王野一喜連川一氏家を経て阿久津河岸に至るコース、のいずれかが享保から宝暦期には多く利用されたという。

当時の奥州荷物は、鬼怒川からの川下げの途上で下流右岸の上山川・小森・中村他9河岸で陸揚げされ、境通り六ヵ宿を駄送し、利根川左岸境河岸から高瀬船など大型の舟に積んで江戸に向かった。元禄14（1701）年と推定

される板戸河岸他配下五河岸の取り扱い荷物総量は9万2,055駄に及び、うち板戸河岸問屋弥七郎・五兵衛の2軒で約5万駄を占めていた。これらの諸荷物がすべて会津地方からの出荷とは限らないが、煙草を中心に相当量を占めていたものとみられる。享保10（1725）年の「板戸河岸船賃定書」には坂下・竹貫・那須・川又などの煙草運賃が記され、延享3年の「境河岸諸荷物駄賃船賃帳」から境河岸取り扱い荷物を見ると、最上青苧・米沢青苧・白苧・最上蠟・米沢蠟・米沢煙草・坂下煙草・竹貫煙草・小俵煙草など奥州産荷物が目立って多かった『近世交通運輸史の研究 p496-497』。奥羽南部と鬼怒川を結んだこれら鬼怒川東部の諸街道は、遠隔地に発するもの、近くの在方町と河岸、城下町と河岸などを結ぶものなど、奥州街道に対する脇往還として米荷道・荷物街道と呼ばれ、公用人馬の通行によって妨げられることの少ない物資輸送路となった『江戸時代の商品流通と交通 p146』。

古島敏雄（前掲）によると、こうした多種の商品輸送量は、享保10（1725）年の原方道出入文書に記載された「奥州会津白河幷其外ゟ江戸御廻米諸荷物商人諸荷物」でみると、正徳5（1715）年から享保9年までの10年間の平均で40,790余駄となっている。中奥街道川島問屋の文化5（1808）年の訴状に記された、享保から宝暦に至る間の坂下煙草は、年間平均3,700～4,000駄に及んだといわれ、板戸河岸支配下の五河岸では、元禄14（1701）年の荷扱量は92,000駄に上っている。商品荷物の大量輸送は、宿駅を備えた街道の「米優先」の取扱や宿継送り上の不便を避けて「3～4駄手前馬ニ而附通し往行」し、また運送牛を買い上げて宿々を通うものができて、ついには宿場、河岸の衰微をみることになったという。

奥州街道や原方道の整備と脇街道網の成立を踏まえた物資輸送量の増大は、同時に宿内および周辺村々に対して、公私の諸荷物を駄送する「附子」の多発をもたらす。一方、会津西街道では、駑者（どちゃ）と呼ばれる搬送業者が成立する。前者は宿の問屋に所属して継立てに従事し、後者は津出し河岸ないし目的地の在方町まで「附通し」で搬送する。いずれの業者も、焼き畑に依存する貧しい山村農民たちであった。このため同業者間対立をはじめ、街道間・街道と脇街道間の対立に問屋を巻き込んでの紛争が絶えなかった。天和年間（1680年～）から元治元（1864）年にかけて、会津西街道関係の街道争論は、記録に残るものだけでも39件に上った『栃木県史 通史編5近世2 p318-319』。商品生産の発展と生産物流通量の増大を示唆する街道争論の多発現象であった。

会津藩廻米の津出し体制の整備に反映される領主的流通網の確立に対して、元禄3年、幕府は関東一円の「河岸改め」を実施する。運賃の不統一・不同をただし、さらに17世紀末時点での廻米積み出し河岸とそのルートを確認するためであった。河岸改めで把握された河岸の分布は、当時の領主流通の実態を一目瞭然の下に示してくれる。

⑵ **鬼怒川沿岸諸河岸の成立と後背圏** 次ぎに、鬼怒川舟運の遡行終点にある阿久津・板戸をはじめ、沿岸諸河岸の後背圏における農産物の生産と流通について検討してみたい。阿久津・板戸河岸の上流にも小規模河岸は存在したが、これらは宇都宮藩の筏流しの基地として開かれ、領主荷物とくに蔵米の津出湊ではなかった。

阿久津・板戸両河岸とも鬼怒川上流河岸としては、開設の歴史が古く江戸時代初期とされ、規模も大きい河岸であった。このことは、両河岸が「領主河岸」として、とくに奥羽南部諸大名の江戸への廻米輸送拠点として開かれ、以来重視されてきた歴史によるものであった。領主河岸としての性格は、宇都宮藩の荷物輸送統制の歴史の中にも認めることができる『栃木県史 通史編4近世1 p616-617』。その後、両河岸とも江戸と結ばれた領主的流通機構の一環として、17世紀半ば頃には、本格的に整備され機能し始める。領主河岸の性格を反映して、権力の至近距離にいる村落の特権的支配層や富農層が問屋稼業に当たることになる。彼らは、領主又は権力者より付与された特権を最大限に利用し、河岸本来の商業的機能を駆使しながらやがて商荷輸送にも精力的に手を染めていくことになる。天保13（1842）年の記録『慶長3戊年ゟ河岸相始り其節ゟ寅年迄代々問屋長百姓ニ而』に見るとおり、近世初期の板戸河岸問屋も長百姓クラスの有力者であった（手塚良徳 1962年 p15）。

開設当初の板戸河岸の運送範囲はきわめて狭く、近隣河岸に限られていたが、寛永元（1624）年には下総山川・山王・中村河岸までの運賃が定められ、慶安3（1650）年には山川河岸限りの廻送権が奉行所より公認されて就航圏も確立することになる。これらの状況からみて、かなり早い段階遅くとも寛永年間には、積換え河岸の確立ならびに利根川遡上関宿経由の大廻りN字型コース以外に、山川河岸等から境河岸に陸継する後々の六ヵ宿コースの成立を推定することができる。こうした近世初期の限定された漕運も、元禄期に入ると飛躍的な活況を見せてくる。元禄6（1693）年の板戸文書によると、板戸配下の五河岸には、707艘の小鵜飼船が諸物資の輸送にあたっていた（手塚良徳 1962年 p17）「小鵜飼船書上帳（元禄6酉年）」。舟運の繁栄と河岸機能整備の背景には奥州南部・野州北部の経済発展、とりわけ、会津・白河等の諸大名が領国の貢租米を多量に江戸へ輸送する必要が生じたこと、参勤交代の制度化で河岸を含む舟運整備の必要度が増したことなど既述の理由によるものである。阿久津河岸と接続する会津西街道の整備（会津藩）、原街道の開削（白川藩）もこのときに進められた事業であった『栃木県史 通史編4 近世1 p608-609』。これらの脇往還は米荷道・荷物街道・荷街道などの別称で呼ばれ、蔵米と並んで多くの商荷が輸送された。脇往還に河岸問屋結託の中継問屋の布置が完了するのは明暦4（1658）年といわれる。中継問屋は2～3頭の内馬を持っていたが、多くは相対日雇い人馬に依存していた。中継問屋を結んで一大交通ルートが確立されただけでなく、中継問屋は馬子を支配し、河岸問屋は河岸人夫の支配ならびに各中継問屋と強固な結託をして、ここに組織的な輸送集団の成立をみることになる（手塚良徳 1962年 p15）。

脇往還の整備とともに舟運体系も充実していった。元禄14（1701）年の文書「己之船御極印帳　元禄14年」によると、板戸配下の五河岸の極印船は262艘、うち板戸河岸所属分は58艘であった。当時の廻米を主とする荷高は、板戸河岸配下の五河岸で9万2千駄に達し、板戸河岸分だけで2万3千余駄の津出しとなっていた。板戸河岸に運送された廻米は、会津をはじめ二本松・白河・大田原・烏山・喜連川・黒羽の諸藩と一ツ橋・清水の旗本であったが、とくに会津藩の廻米が大部分を占めていた（前掲手塚論文 p18）という。

元禄半ば頃の地方直しによって、所領関係が細分化され錯綜したことから、大田原・黒羽・喜連川・烏山等の野州東北部の中小大名をはじめ旗本や幕府直轄地の年貢・領米輸送路も当然必要となり、板戸の南に柳橋・道場宿両河岸が開かれることになる。黒羽藩・烏山藩の廻米は関街道経由板戸か道場宿河岸に、黒羽藩の益子領飛地の年貢米や御用材は柳橋河岸へ出された。小田

表Ⅲ-1　南奥羽・北関東の主要輸送路と河岸

出荷地	荷物	経路	鬼怒川河岸
(米沢 会津) 地方	会津藩蔵米 坂下たばこ 材木・薪炭 ろう・うるし 塗物他	白河廻り、原街道 会津中街道 会津西街道	(阿久津)
(福島 白河) 地方	白河藩蔵米他 福島・二本松・ 須賀川産物 松川・川俣・竹貫	原街道 奥州街道	(阿久津)
		奥州街道 関街道	(板　戸)
北関東 (下野)	宇都宮藩北部蔵米	会津西街道	(阿久津)
	黒羽藩蔵米 烏山藩蔵米	関　街　道	(板　戸)
	宇都宮藩中東部蔵米		(下岡本) (石　井) 西岸
	馬頭・烏山紙・たばこ	関街道	(板　戸) (道場宿)
	黒羽藩益子領蔵米		(柳　林)
	小田原藩真岡領蔵米		(石法寺) (粕　田)
	天領蔵米		(柳　林) (石法寺) (若　旅)
	茂木藩蔵米		(石法寺)

出典：『栃木県史 通史編4近世1（河内八郎）』

原藩領の真岡の年貢米輸送は、石法寺と粕田の河岸で請け負った。このように、17世紀末から18世紀初頭頃までには、芳賀郡から結城郡にかけての鬼怒川沿いに、久保田・宗道・水海道などの阿久津・板戸河岸に匹敵する大規模河岸『茨城県の歴史 県史シリーズ p189』や多くの中小規模河岸が、それぞれ後背圏の領主流通を背景に成立し、これに商人荷物を積みだす船着き場を整えて動き出していたという。

この頃の主な荷物は、領主流通段階を反映して、公用品としての米・大豆をはじめ薪炭・竹木が運ばれ、商用荷物としては竹木・炭がみられた。このほかに、公私の区分は不明であるが、米沢・会津地方の蠟・漆・塗物が、さらに下野の馬頭・烏山の紙・煙草等の特産品が積みだされ、商品経済の奥筋への浸透を読みとることができる（表Ⅲ-1）・『栃木県史 通史編4近世1 p610

-611』。陸奥・出羽等の奥羽内陸筋への広域的な商品経済の進展は、近世後期のことであった。少なくとも、18世紀前半（享保10年）の船賃に関する史料から見る限り、奥羽地方農村の特産物構成には、変化は認められなかった『栃木県史 資料編近世3 p480』。ただし、あくまでも定性的把握であって、定量的な推移は不明である。

⑶　上流廻米津出し河岸の衰退と新興河岸の繁栄　鬼怒川流域諸河岸のうち最も古くて規模の大きい河岸が、阿久津と板戸であった。両河岸とも奥羽南部諸藩の廻米津出しとともに、初期宇都宮藩の廻米・御用荷物、とくに高原地方の林産物の積み出しにかかわっていた。この時期、元禄3（1690）年の「河岸改め」の直後、鬼怒川東岸の芳賀郡一帯で「地方直し」（元禄10～11年）が実施された。地方直しにともなう所領関係の細分化は、中小新河岸設営の動きとなって問題化し、既存河岸との間に係争を発生させる一因となった。元禄10（1697）年の石法寺河岸争論もその一例であり、曲折を経て同河岸は承認されることになる。こうして17世紀末には、芳賀郡の鬼怒川沿いには多くの中小河岸が成立し、中小大名・旗本領の廻米・武家荷物に商人荷物を加えて、稼働するようになる。地方直し以前にも、鬼怒川上流の領主河岸周辺では慶安3年、正保元年、明歴3年と相次いで新河岸設立の動きが表面化している。ただし石法寺河岸以外は、いずれも既存河岸との対立だけでなく、河岸街道沿いの村々の強固な反対で拒否されている。結局、河岸の利害は、河岸そのものの盛衰だけでなく、そこにつながる街道や脇往還の宿々の利害にも強くかかわる問題だったからである『栃木県史 通史編4近世1 p610-620』。

しかし、その後、近世中期になると阿久津・板戸等の領主河岸は、在地の社会構造の変化、商品作物生産の進展等を背景とする農民的商品流通の成立を受けて、衰退の途をたどるようになる。18世紀の初期から船運上も荷口銭も減少傾向を示し、享保―寛保―元文期を経て、19世紀後半からは、さらに衰退の傾向を深めていった。理由は、以下に述べるような、積み出し商品の増加・多様化に対して、初期以来の領主河岸が対応しきれなかったこと、具体的には、従来の領主河岸の独占的機能が、次第に周辺の問屋まがいの業者を含む諸河岸に分散していったためである。安永3（1774）年の河岸吟味の際、河岸の立地がみられなかった鬼怒川西岸に、新河岸が成立していることも重要な問題を含んでいる。つまり、鬼怒川西岸の河内郡南部・都賀郡東南部では、前々から領主年貢米の津出しを思川諸河岸から行ってきた。この慣例に反していくつかの新規河岸が登場してきたのは、周辺地域の村々で干鰯・〆粕の導入を契機とする生産力の上昇が、穀類を主とする生産物の余剰化と商品化を活発化し、商荷の増加をもたらした結果である。加えて、後述のような新しい流通路も開かれて、鬼怒川下流の中小河岸へ荷物が廻るようになったからである『栃木県史 通史編4近世1 p622-623』・『栃木県史 通史編5近世2 p349-358』。

手塚良徳（1962年 p18-19）・難波信雄（1965年 p101）等によると、繁栄期の板戸河岸にもたらされた流通物資は、境河岸の場合と同じく、鬼怒川舟運を通して奥羽内陸地帯と一つの経済圏を構成し、顕著な一体性の下に江戸に結ばれていたといわれる。米穀に限らず、元禄・享保期以降の商業的農業の発展をうけて、商品作物・地方特産物等が多くみられるようになっていった。明和7（1770）年の「相定申船賃」には、以下のように記録されている。

一、小俵部と申者、米・荏・大豆・大麦・小豆之類ニ候
一、大俵部と申者川役弐ッッ附那須、三春竹貫四ッッ附板貫之類ニ候
一、荷物部と申者武士荷幷ニ坂下．米沢煙草・白苧・青苧・蠟糸・紅花・真綿・小間物・塗・玉子・煙草入紙・鍬・荷銭・藤・小羽板・銷煙草・醤油・油・附木・薪炭・水油・縄・煙草・綿種之類ニ候

「船員定目録 明和7寅年」

このほか縄・莚等の藁加工品も多くみられる。これらの流通品の出荷範囲を挙げると、米沢・坂下・三春・二本松・会津地方から下野北部の那須・塩谷・芳賀各郡の広大な地域に及んでいる。また、用材・薪炭・丸太・竹などの林産資源の運送も盛んに行われた。これに対して、板戸河岸の第一次後背圏つまり野州荷物の日常的な搬出範囲は、那須・芳賀・塩谷・河内諸郡と烏山・鹿子畑・西戸田・小林・岡村・塙・市塙など、板戸河岸を隔てること10里の那珂川流域にまで及んでいた。こうした奥羽内陸南部・野州北部の広大な地域から輸送された多様な物資が、元禄14（1701）年に9万2千駄という多

量の荷をもたらすことになる。この繁栄は、明暦以降元禄・享保を経て、明和・安永の頃まで持続され、やがて18世紀前葉の衰退期を迎えることになる(手塚良徳 1962年 p19)。

一方、18世紀初頭以降の鬼怒川遡行終点河岸の機構的欠陥と、これに起因する衰退傾向に拍車をかけるような事態が天明期に進行する。阿久津・板戸河岸の衰微を決定的なものにした要因は次のような事態であった。それは天明3年7月、浅間山の山焼けによる関東地方を覆う惨憺たる泥流・降灰の被害、翌年の大飢饉と周期的に発生する凶作、年貢増徴策の強行、助郷役の範囲拡大と強化などで農民の窮乏は甚だしく、なかでも貧農・小作人層の生活はその根底から崩壊した。手塚良徳によると、文政5年当時の塩谷郡泉村の場合、従来の戸数40軒、人口170人が、戸数20軒、人口108人に減少した。こうした農村の衰退は交通路の荒廃をもたらし、河岸問屋の付子などの人足確保に遅滞を生じることになった。結果、諸物資の輸送も円滑を欠くようになり、早くも宝暦9（1759）年には、関街道を通る煙草荷が取り決めに反して板戸河岸に継がれず、喜連川から阿久津河岸に継送られるという抜け荷状態があらわれた。宝暦11（1761）年には、宝積寺村が地内の川端から竹木などを無届運送するという問題が露見する。さらに天明4（1784）年には、先規の定賃請を無視して糶請（せりうけ）をする商人も出現し、安永7（1778）年には、新河岸計画も表面化することになる。こうした一連の秩序喪失の事態に対し、板戸河岸問屋は度々「右例相守」の議定を出して防止に努めたが、「氏家より阿久津河岸へ」、「喜連川宿道より阿久津河岸へ」と公然たる抜け荷がさらに続出した。かくして元禄から享保期にかけて年間3万駄に達した荷高もわずか5千駄余りという凋落の事態を呈するに至り（手塚良徳 1962年 p20-21)、文政5(1822）年、ついに河岸株譲渡の破目に陥った。

最後に衰退過程における小康期とされる天保13（1843）年の上下荷の概要を整理してまとめとしたい。

一、川下げ御廻米（総計）

1,122駄　平米175駄

一、川下げ荷物

小造り煙草（869駄2分）・切粉煙草（155駄3分）・草造り煙草（193駄2分）・銷煙草・生糸・下駄甲・棒鍬・茶荷（51駄8分）・塗・糸荷・水油（73駄）・諸荷物（44駄2分）　〆1,167駄2分

一、船下げ

板（2,468駄7分）・杉川（140駄）・附木駒・挽木（284駄9分）・檜皮・才真木・柾板　〆3,006駄5分

一、筏組下ヶ之分

挽木（2,296駄2分）

一、檜車　竹角（2,400駄）

惣〆　10,763駄2分

「問屋平次左衛門諸荷物書上帳（天保13寅年）」

前掲明和7（1770）年の状況と品目的には特段の相違は見られない。他方、江戸向けの積下げ貨物に対して帰り荷の登り荷物について、丑・卯・辰の3年分をまとめると、粉類（1,286駄）・茶荷物（236駄）・小間物（147箇）・綿（44箇）をはじめ塩（92駄）・干鰯（112駄）等が挙げられる（前掲手塚論文p22)。近世後期には、すでに農業生産上の必需品化していた魚肥の比重が低いのは、那珂川中流右岸河岸から陸揚げされた魚肥が野州農村に拡散し、市場を占有した結果であるが、塩については、阿久津河岸から黒羽方面を結ぶ塩道の成立を考えると、むしろ鬼怒川上流河岸は塩を周辺地域に広く供給する立場にあった河岸（大島延次郎 1971年 p20）といえる。したがって、板戸河岸の登り荷に塩が認められないのは、単なる欠落史料ということになるかもしれない。

B）鬼怒川中下流舟運の特殊性と商品生産の地域的拡大

(1)　**鬼怒川中流河岸の性格と争論の発生**　　後述するように、鬼怒川中流部の下り荷は、傾斜変換点の中請積換え河岸で、小鵜飼船や艜（ひらた（たいら））船（ぶね）から大型の高瀬船に積み替えて川下げされるか、または境通り六ヵ宿経由で境河岸まで陸付し、江戸川を下った。久保田河岸他の陸付経由以外にもいくつかの輸送系統があった。いわゆるN字型「大回し」航路と布施河岸等から流山付近へ陸送するA字型経路である。難波信雄（1965年 p110）に従って各輸送

経路の功罪をみると、大回し経路は「平水二日路相懸り干川洪水風雨之砌は幾日と申際限茂無御座候、時に寄候得は廿日余茂延着仕諸産物売荷等売捌方相場之旬を失い多分之損失毎度有之」とあるように所要日数と自然災害が懸念され、久保田河岸経由の陸路併用がしばらくは有力視されていた。その後、N字型コースを途中で分断するA字型コースが出現することになる。久保田河岸陸揚げの場合と同じく、安全性と迅速性をもって発展した布施等の陸揚新河岸群であった。その結果、明和8（1771）年、「近年野州・常州ゟ送来候紙・多葉粉荷、鬼怒川を積下ケ下利根川通布施村江船揚仕、江戸川通流山村江附越仕候故、（中略）境通少ク罷成候」という状況を招き、境河岸問屋との係争に発展していくことになる（図Ⅲ-1)。このように傾斜変換点の鬼怒川中流諸河岸は、拠点河岸と同時に「争論」、「議定」が象徴する利根川・江戸川・鬼怒川舟運が交差する関東水運史上のきわめて重要な場所であった。

下総の東北部を流れる那珂川河口は海に開くため、当時の海運技術の下では利用価値が限定されていた。したがって那珂・芳賀両郡内の街道はいずれも鬼怒川左岸の河岸に結ばれ、これらの諸河岸ないし境河岸の商圏拡大に一役果すことになる。同時にこの道路配置が、常陸北部の流通拠点那珂湊から舟運経由陸送で、水戸藩領と野州方面の村々に干鰯を拡散していく筋道となり『茨城県史 近世編 p226』、あるいは那珂川下り荷が中流の川井・飯野・生井等で陸揚げされ、茂木等を経て鬼怒川左岸の諸河岸から積下げられていった。これに対して、鬼怒川右岸には河岸の開設が少なかった。その理由は、思川・巴波川等の河岸が東照宮の設営を契機に近世の早期から整備されたこと、元文元（1736）年の「河岸分け」議定の規制を受けたこと『結城市史 近世通史編 p505』、ならびに鬼怒川の河身が東に移動する傾向を持っていたこと等のためである。元和～寛文期にかけて宇都宮藩の年貢積み出し河岸として、下岡本・石井両河岸が開かれた以外の記録が見当たらない『栃木県史 通史編4近世1 p626』のも、上述の理由によることが十分考えられる。

集荷圏が限定され、河岸の成立が少ない鬼怒川中流右岸地域でも、近世中期以降次第に商品生産が進み、幕末期には「結城郡山川村方産物調書（安政4年)」に見るような状況たとえば真岡綿業圏への組み込み、あるいは関東平場穀菽農村化への歩みを示すことになる。

図Ⅲ-1　鬼怒川・利根川・江戸川筋の新河岸・新道争論関係図

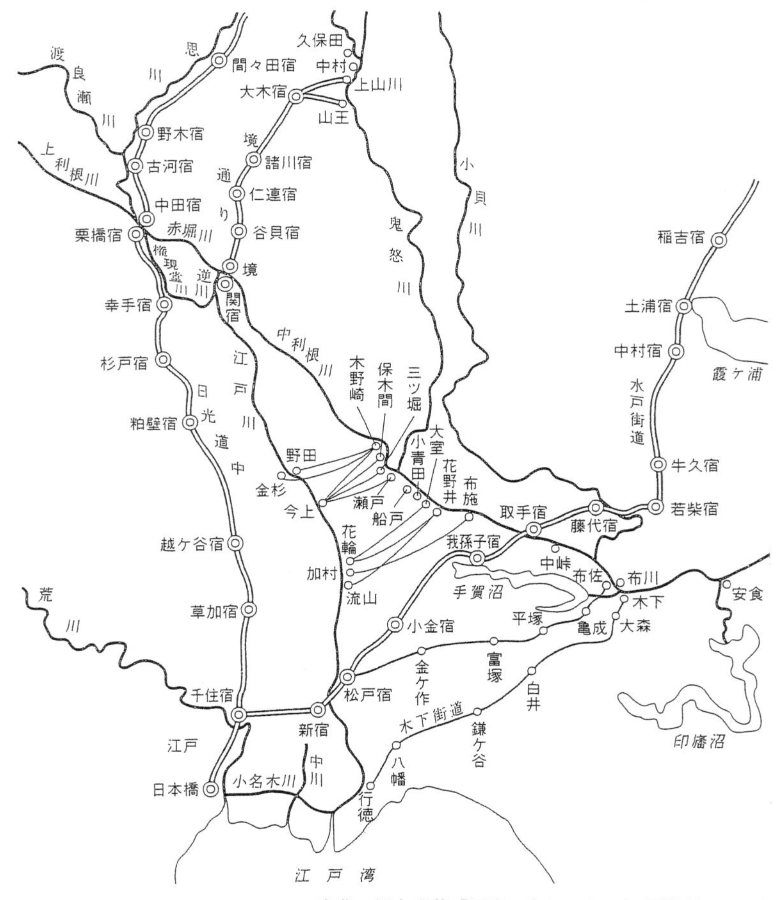

出典：川名登著『河岸に生きる人々』（平凡社、1982）

凡一ヶ年売出候高

一、大豆五百俵程　但四斗六升入

　　右者江戸表江売出申候

一、菜種百俵程　但五斗入

　　右者結城町江売出申候

一、薪等千五百束程　楢雑木一束長一尺六寸縄〆二尺八寸

　　右者江戸表江売出申候
一、醬油十五石也
　　右者村内江売出申候
一、水油五拾石程
　　右者村内並隣村江売出申候
一、木綿二百反程
　　右者結城町江売出申候
右之通ニ御座候

『北下総地方史 p683-684』

この他に幕末期の産物調査（明治10年発表）から、鬼怒川舟運にかかわると考えられる結城郡産の諸荷物を補足すると、実綿（42,497斤）、生糸（117斤）、藍（5,270斤）、製茶（6,940斤）、煙草（680斤）が浮上し、商品生産の進行を物語っている『前掲書 p683』。

ここで万延元（1860）年の結城郡上山川村岩岡家での主要作物と施肥事情について紹介すると、苗代（〆粕）、田圃（厩肥し・〆粕）、岡穂（厩肥し・煤・灰・〆粕）、大麦小麦（厩肥し・大豆・小糠・灰）、蕎麦（厩肥し・灰・油粕）、胡麻（〆粕）、綿花（鶏糞・〆粕）、菜種（下肥・灰・油粕）、朝鮮菜種（下肥・湯殿溜・灰）などが記され、舟運経由の金肥の浸透が明らかである。この他にも蓮華草を水田に蒔きつけ、田植えどきに鋤き込んで肥料にするなど自肥使用についても工夫がなされていた『茨城県史＝近世編 p359-360』。

これまで鬼怒川舟運の特質と脇往還の発達、上流廻米津出し河岸の衰退と新興諸河岸の繁栄等について述べてきた。以下、久保田河岸他の中請積換え河岸の性格と、その下流に成立した後背農村直結型の宗道・水海道の2大河岸の機能的特色・後背商圏等について、若干細部にわたる検討を試みたい。

結城地方の久保田をはじめとする中請積換え河岸群と境河岸を結ぶ大木町・諸川町・仁連町・谷貝町の、いわゆる境通り六ヶ宿（日光東街道宿駅）の陸付輸送路が、領主的流通ルートとしての地位を確立したのは17世紀半ばであった『結城市史 近世通史編 p518』。中請積換え河岸は、二つの積換え課題を以て展開していった。たとえば積下る場合、一つは、傾斜変換・流量変化・流速変化に対応する高瀬船に積み換えて、下流の大回しN字型コースを行くものである。その後、利根川東遷以降間もなく、N字型大回しコースの各地に発生した浅瀬を避けて、合流点付近の布施河岸で陸揚げし、馬継ぎ後に再度舟運（江戸川）に乗るA字型コース利用が普及するようになる。もう一つは、水濡れ防止や輸送時間の短縮のために中請積換え河岸から陸揚げし、日光東街道の一部．境通り六ヵ宿を経て境河岸から利根川—江戸川に入る方法である。それぞれ一長一短はあるが、大回しN字型コースに浅場が広域的に出現して以来、水深を増す豊水期以外には、一般にA字型コース利用が定着するようになっていく。新輸送コースの成立は、旧コースの存否を左右するきわめて重大な問題を内包し、多くの争論を発生することになる。境通り六ヵ宿とA字型コースあるいは新旧A字型コース間の陸揚げ荷物争奪にかかわる村落間対立は、後述するように深刻かつ多くの争論をもたらすものであった。以下、本項では、鬼怒川下流最大の河岸宗道の後背圏と扱い荷、ならびに宗道河岸と境通り六ヵ宿との荷動きをめぐる確執とその背景の2点について考証したい。

(2) 宗道河岸の展開と境通り六ヵ宿との確執　鬼怒川下流最大の河岸といわれた宗道河岸は、安永3（1774）年の河岸吟味の際、「宗道河岸五左衛門、善左衛門、治兵衛儀者、壱人ニ付永壱貫文宛」（安永三年 鬼怒川通問屋御証文 茨城県立歴史館所蔵）とあり、この時期すでに3軒の問屋が存在し、上・中・下3河岸からなっていたことが明らかである。しかも各人壱貫文の運上永は、水海道河岸の3問屋各壱貫文、中請積換え河岸群の上山川・久保田両河岸の7問屋各壱貫文に準ずる上納額『結城市史 近世通史編 p510』であったことから、鬼怒川水系舟運における宗道河岸の高い評価と繁栄の程度を知ることができる。

元文2・3（1737・38）年の河岸問屋五右衛門家の「河岸荷物出入帳簿」によると、大廻しを利用して宗道河岸と境河岸が結ばれていたことがわかる。このことを反映して、江戸に向けて木綿・銭・護干木などを移出し、宗道河岸へは古河・佐野・倉賀野・高崎本町・猿山村などから煙草・堅紙・味噌その他雑貨類が移入されている（「大福帳」元文2年境町小松原家文書）・『千代川村生活史 前近代通史 p474』。ただしこれらの宗道河岸出入り物資には、享保期以降の商品経済の進行や金肥使用の普及を反映する重要商品、たとえば干鰯・〆粕・塩の移入が見られない。理由は後述するように那珂川舟運の鬼怒川東岸農村支配によるものである。河岸後背圏の主要商品作物をみても、わずかに綿花栽培の確認ができるだけである。もっとも、数年を経た延享3年には、境河岸経由で干鰯・〆粕・糠が鬼怒川筋を積み上っていく記録を認めることができる（図Ⅲ-2)。当然、宗道河岸後背圏の農村地帯にも導入されていたものとみてよいだろう。

宗道河岸の後背圏を確定できるほどの史料は見当たらないが、関城町史『通史編上巻 p430』では、宗道河岸を常陸西部の年貢米や商品作物の船積河岸としてとらえ、鬼怒川西岸の積換え河岸と対比している。この他、延享年間に豊田郡仁江戸村から大豆・茶を、寛政年間に菜種をそれぞれ宗道河岸から積下げた記録が見られ、また天明年間には小貝川西岸の真壁郡横根村から米・大豆・菜種が出荷されている。これらの史料から鬼怒川左右流域にわたるおよその後背圏は把握できると考える。下妻町史『中巻 p209』には、「下妻をはじめこの地方の産業文化に広く大きな影響を与えた宗道河岸は、久保田・水海道とともに鬼怒川筋の3大河岸といわれ、常に数十隻の高瀬船が舫(もや)っていた。後背地は筑波山麓一帯に及び、各藩の廻米をはじめ酒、醤油、砂糖、空樽なども小揚衆によって盛んに揚げ下ろしされていた」と記されている。千代川村生活史『前近代通史 p466・476』でも、筑波山西部の幕領や私領から、宗道河岸を通して、江戸へ領主米の津出しがかなりあったとみているが、さらに上記のように常州真壁郡や総州豊田郡の物資も輸送されていたことを推定している。綿花・大豆など生産物によっては、移出先との関係で、桜川水運と競合する場合も見られた（後掲7、下利根川・霞ケ浦水系舟運と後背圏の商品生産・流通上の特質 所収)。あえて移入の一例をあげると、矢口圭二（1997）は貞享年間、下妻地方では土浦から桜川を遡上し、北条経由で搬入された鹿島灘産の干鰯・〆粕が商品生産の成立に寄与したことを指摘している『地方史事典 p204』。宗道河岸の後背圏を市場とする流通商品の一部について把握したが、さらに江戸地廻り経済の一翼を構成する舟運荷物の実態について以下の補足を加えることにした。

享保年間（1716-35）に真岡木綿として江戸にその名を馳せるようになっ

図Ⅲ-2　利根川境河岸の中継ぎ荷物（延享3年）

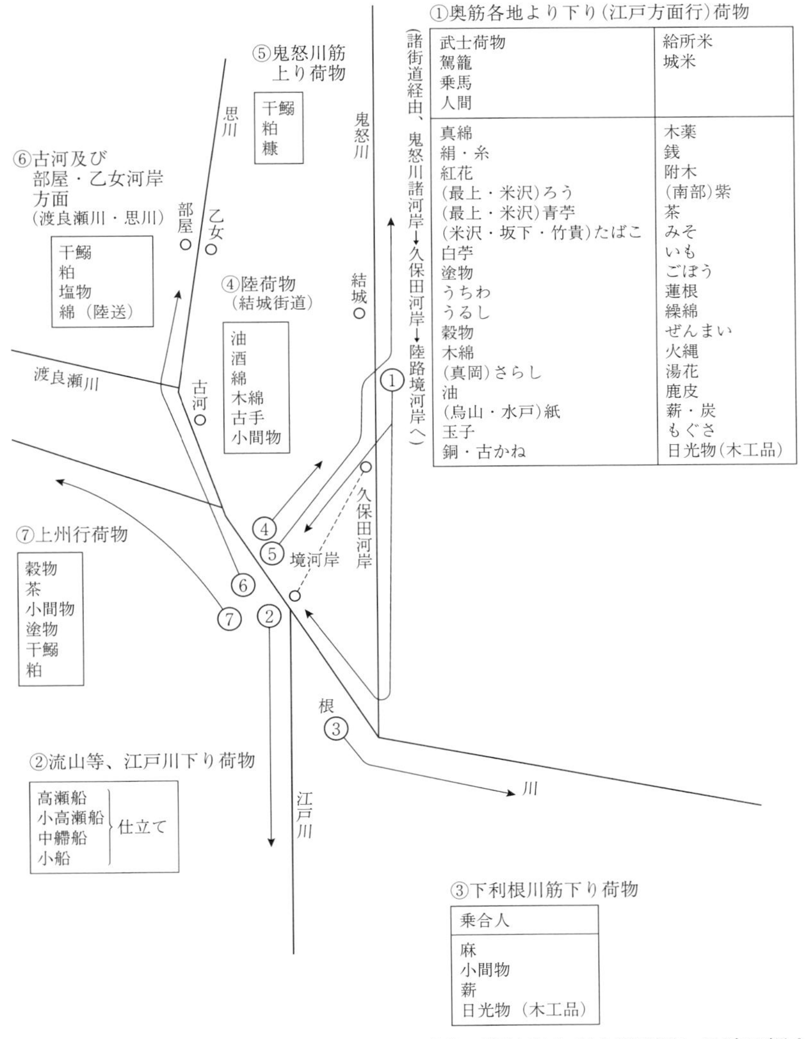

出典：『栃木県史 通史編4近世1（河内八郎）』

た晒木綿以外の商品作物とその江戸出しを関城町史『通史編上巻 p411-412』のなかに認めることができる。梶内村の飛田佐平治日記『茨城県史料＝近世社会経済編Ⅰ』に下妻・下館の市相場が記録されている農産物、言い換えれば商品作物として米・大麦・小麦・大豆・小豆・菜種・荏が登場してくる。商品作物の多様な展開を可能にし、推進したのは干鰯・〆粕等の金肥投入効果に負うことが大きいことは、辻村正根知家の元治元年小貝川流域13か村113人に及ぶ販売実績に読むことができる『前掲関城町史 p408-409』。こうした商品化作物は、鬼怒川中下流域左岸農村の場合、関本・下館・結城などの商人の手を経て江戸に出荷されていった『前掲町史 p412』。主要積下し河岸として宗道が浮上してくることになる。

そこで宗道河岸の後背圏の中核を占める、下妻地方からの江戸送り荷を見ると、米・大豆・薪炭などがあり、帰り荷は干鰯・塩等が挙げられている『下妻市史 中巻 p204』。そもそも下妻は米麦・大豆の主産地、いわゆる穀菽農業地帯として知られ、このうち肥土（あくと）（肥沃な氾濫堆積土）の村々では米・綿花・大豆・菜種・藍が栽培され、野方（火山灰土壌の台地）では、麦類・茶・繭・生糸の産出が多かった。重要商品作物としての茶は、筑波郡や真壁郡の台地の村々で主として生産され、下妻では大木・江・前川原・藤花で主に作られていた。また下妻木綿は、元禄・宝永期に大和から取り寄せた繰綿で縞木綿が織られ、東北方面に売捌かれたという『下妻市史 中巻 p204-205』。その後、間もない元文期あたりから下妻後背圏では農村家内工業製品としての関東木綿が、自給生産の枠を超えて江戸に向け流通しはじめていった。下妻の上手に拡がる関城地方の商品作物も、下妻地方で生産され、商品化されていった農産物とほとんど違いは見られなかった。重要農産物綿花は、村内で織られ、下館の仲買人によって真岡に運ばれた。織物になる前の実綿や繰綿も18世紀後半には商品として流通するようになっていく。木綿が商品作物として広く栽培されていたのである。付記するとしたら、穀菽類以外では菜種・荏・薩摩芋の生産額が相対的に高いことと、近現代の果樹地域としての片鱗を梨栽培に見ることができる点である『関城町史 通史編上巻 p410-412』。

一方、鬼怒川左岸流域での宗道河岸を結節点とする江戸地廻り経済の重層的展開とともに、地域内部に茂木・笠間・真岡・久下田・下館などの肥料や穀物の流通拠点が成立し、米価の高い北部山間部の煙草・和紙の商品生産地帯に流通するようになる『栃木県史 通史編4近世1 p40-41』。北西毛の煙草・麻産地、東毛・秩父・奥武蔵の養蚕と織物地帯などに見られた米不足地域の先駆的地域市場の成立の一環である。いうまでもなく、上記流通拠点は、後に那珂川中流右岸諸河岸から陸揚げされ、鬼怒川左岸農村一体に拡散流通していった魚肥の集散市場となる街々でもあった。

この頃（18世紀後半）から宗道河岸後背圏おける綿花の栽培が盛んになり、鬼怒川・小貝川流域の砂質土壌地帯に作付されるようになっていった。宗道河岸が設けられたのもまさにこの時期であった。栽培には宗道河岸の江戸積下げの帰り荷として運ばれた干鰯が多く用いられたという。しかし化政期にになると取引は下館商人の手に移り、下妻木綿の名も真岡木綿の名声に飲み込まれていった『下妻市史 中巻 p204-205』。元禄・宝永期の縞木綿の奥羽地方への移出や真岡木綿の江戸出しに、鬼怒川舟運が重要な役割を担ったことは周知の事項である。

次に宗道河岸と日光東街道（とくに境通り六ヵ宿）との関係について千代川村生活史『前近代通史 p466-468』を参考に整理してみたい。結城地方の北部・鬼怒川右岸に集中立地する中請積換え河岸まで積下された荷物は、二つのルートを経て江戸方面に送られていく。一つは大廻しと呼ばれたN字型コースであり、他の一つが積換え河岸から境通り六ヵ宿とも呼ばれる日光東街道経由の陸付コースである。天和2（1682）年、鬼怒川・利根川付越し一件の裁許以来、幕府は境通り六ヵ宿の保護姿勢を明確にしている（「木野崎より今上付越ニ付除願」天和2年 境町小松原家文書）。このことは、少なくとも当時の鬼怒川舟運経路における主役は境通り六ヵ宿の陸継であり、N字型大廻しは脇役であることを改めて人々に確認させるものであった『前掲生活史 p466』。しかしその後の享保9（1724）年には、天和2年の裁許にかかわらず、布施河岸に対して奥羽・下野・常陸・下総の鬼怒川下り荷、利根川筋の下り荷の付越を公認し、境通り六ヵ宿の事実上の衰退と鬼怒川舟運繁栄の契機をもたらすことになった。

布施河岸に対するA字型陸揚げ・陸継ぎ輸送の公認直後の享保11（1726）年、山村・芦ヶ谷村新問屋取り立一件の議定に、「境通宿幷谷貝町・仁連町へ古来かゝり候下妻・鎌庭・宗同（道）筋、幷水口・恩名より荷物、仁連・

谷貝両町へ不掛候ニ付」（三和町鈴木家文書）とあり、また寛延元（1748）年の若宮戸村・鎌庭村玉子荷物継送り証文「拙者共玉子荷物之儀、前々より仁連・谷貝・境と宿継致来候処」（三和町鈴木家文書）にもあるように、享保期頃まで下妻・宗道・鎌庭周辺の荷物は、仁連・谷貝経由で境へ輸送するのが正規のルートとされていた『前掲生活史 p467』ことが考えられる。こうした幕府の舟運管理・掌握の意図に対して、享保11年の新問屋取り立て一件の議定後も、飯沼新田内における新問屋・新道建設の執拗な動きはやまず、ついに元文3（1738）年に芦ヶ谷村は飯沼通船による新道付越を実現する。同様に寛延元（1748）年、若宮戸村と鎌庭村は飯沼新田内の平塚村経由で境河岸へ直接付け越すことを取り決め、飯沼新田の新道新河岸が事実上公認されることになる。六ヵ宿の衰退がさらに一歩深まったことは確かであろう。

こうしたこれまでの舟運体系を崩そうとする動きが、宗道河岸にとっての営業活動上の制約を緩和し、あるいは有名無実化したわけではなかった。むしろ鬼怒川舟運の繁栄につれ、宗道河岸の扱い荷も増加し、荷物の取り扱い方法をめぐって宗道河岸と日光東街道諸宿（境通り六ヵ宿）との間に確執が生じることになった。宗道河岸後背圏における諸荷物の扱いは、長塚・菅谷を陸継し、日光東街道諸宿を経由して境河岸に陸付するという「天和2年 鬼怒川・利根川付越一件の裁許」や「享保11年 山村・芦ヶ谷村新問屋取り立一件の議定」一連の鬼怒川東筋荷物の搬送方法には、日光東街道を正規ルートとする考え方が根強く存在していたようである。

文化4（1807）年、境・谷貝・仁連各町と菅谷・長塚両村は、真壁・北条・下妻等の鬼怒川東筋から境河岸へ移出される江戸出し荷物、ならびに古河宿経由の上州運送荷物に関する取り決めを行った（「為取替一札之事」三和町鈴木家文書）。取り決め内容のその1）鬼怒川東筋から長塚・菅谷・仁連と継がれ、古河宿または境河岸へ移出すべき荷物が、近年長塚を経由せずに宗道から菅谷へ直送されているので、従来通り長塚を経由すべきこと。その2）境河岸から鬼怒川東筋への下り荷は、長塚・宗道へ直送せず、谷貝・仁連・菅谷を経由すること。その3）宗道河岸から陸付で境河岸を経由すべき荷物が、宗道河岸から木野崎経由江戸川筋へ付け越しているようなので、長塚を経由すべき荷物は菅谷・仁連・谷貝・境を経由すること等である『千代川村生活

史 前近代通史 p474-475』。

以上のことから、取り決めの狙いは明らかに日光東街道宿駅（境通り六ヵ宿）の利権確保であり、議定の背景には、流域農村における生産力の上昇と流通量の増大が考えられた。19世紀初頭、鬼怒川水系下流の宗道河岸等では、江戸向け・上州向け荷物の多くを正規のルートである日光東街道または境河岸を通さずに、利根川—江戸川を陸継で付越すA型コース利用が一般化していたものと思われる。この状況は、豊水期における大廻しと呼ばれていたN字型コース利用と、渇水期の利根・江戸川間のA字型陸付コース利用とが幹線舟運としての確立期を迎えていたこと、ならびに鬼怒川中下流東部農村の商品生産が次第に実力をつけ、宗道・水海道河岸の大型化と相まって、在来の輸送機構の矛盾と対立する勢力にまで成長したことを暗示するものといえる。生産と流通事情の変化と発生し拡大する矛盾の進行にもかかわらず、文化4（1807）年の取決めに次いで、文政元（1816）年に境・谷貝・仁連の各問屋は、宗道河岸問屋と宗道河岸からの江戸出し荷物に関して議定を交わした(「為取替申規定之事」三和町鈴木家文書)。狙いは鬼怒川下流東部農村からの津出し荷物の輸送権益を独占しようとする『千代川村生活史 前近代通史 p474-475』時代錯誤の愚かな足掻きの繰り返しであった。

なお、鬼怒川に隣接平行する小貝川舟運は、元禄期の河岸改めで公認された河岸が樋口河岸と道仙田河岸の2例にすぎず、明和・安永期の河岸吟味でも1例増えたにとどまっていた。このほかに、小貝川水系では近世期を通して非公認の12河岸が稼働していたが、以下に示すように全体的には、きわめて限定された存在であった。小貝川舟運を特徴的に把握すると、最下流部の河岸を除いて、鬼怒川を中心に一部は利根川への付越しで水系の舟運が完結する点である。この点、那珂川に大きく依存する久慈川の水運と酷似した性格といえる。小貝川筋諸河岸から移出される荷物は、まず小貝川の淵頭河岸へ運ばれ、そこで陸揚げされて水海道河岸から鬼怒川舟運に乗ることになる。逆説的な言い方をすれば、水海道河岸の後背圏と輸送荷の少なからぬ部分が、小貝川舟運よって支えられていたということになる。たとえば、小貝川左岸の土浦藩谷原領の村々の諸荷物は、鬼怒川の水海道・細代両河岸または利根川の小堀河岸に送られ、小貝川舟運を利用していない『千代川村生活史 前近代通史 p480』。舟運の発達を阻害した要因は、鬼怒川舟運よりはるかに大回りであったことと、中下流域に福岡堰をはじめ幾つもの用水堰が分布し、舟運を阻害したことである。低湿な水田地帯を蛇行し、通船条件には比較的恵まれた河川であったが、その分、農業的水利用と競合することになり、結果的に武州新河岸川の対極と目される舟運低調河川となったものである。

⑶　商品生産の地域的拡大と主要商品　　商品作物栽培の動向は、河川舟運の積荷変化に敏感に反応しながら、江戸地廻り経済の一端を構成していく。このことを踏まえながら、まず鬼怒川舟運体系内での商品作物栽培について整理する。田畑勉（1965年 p50-54）は、文政年間に、境河岸問屋小松原家に集荷された下り商品を次の3地域に分類し、それぞれについて商品生産の状態を検討している。以下、主としてこれに依拠しながら、鬼怒川水系経由の商品を取り上げ、生産と生産物流通の問題を考えることにする。

1) 境河岸近接地として、飯沼を挟んで東西に分布する栗山・山崎・平塚・泉田・逆井・大歩・長須の7村を挙げ、村々からの出荷品として、蓮根・牛蒡を中心にぜんまい・米・大豆・芋・卵・煙草などの農産物および茅・附木・杉板等の林産物を取り上げている。いずれも、江戸近郊外縁農村における輸送能性の高い農産物供給地域の成立を示唆する産品である。なお、農林産物の出荷は、生産者農民による境河岸への直接出荷が考えられるが、筆者（田畑）は大量出荷人の存在から在郷商人の成長を予測し、さらに単一商品の大量出荷からは、商品生産の広汎な展開を指摘している。たとえば、すでに享保20（1735）年には逆井村が蓮根の大半（76%）を、また牛蒡は生子村と沓掛村が二分し、さらに米・大豆・小麦は沓掛村がそれぞれ出荷品の大部分を占める『猿島町史 通史編 p426』ことから、特定産品の地域的集中一産地化を推定することも可能である。

2) 中間地として、結城・下妻・真岡・栃木を挙げている。出荷品として綿・綿一次製品・麻・麻一次製品・太物・古手等の工芸作物・繊維関連商品ならびに銅・油・蠟等の特産物とともに米麦・大小豆・牛蒡・蓮根・茶・煙草のような近接地と同種の工芸作物を含む農産物類も書きあげている。この地域の特徴は、元文期（1736-1740）にはすでに関東木綿の集散地として、農村工業や農村家内工業製品が自給生産の域を超え、江戸に向けて舟運で流通し商品化され始めていることである。もっとも、原料ないし一次製品・完成品まで含むことから、綿業地域としての性格は初期段階に在ることが知られる。各種商品の取扱業者としては、特権的町方商人ないし新興の在方商人の存在が考えられている。ただし、栃木からの出荷品は、巴波川（うずまがわ）（渡良瀬川水系）経由で境河岸に入っているため、改めて後述する予定である。

3) 遠隔地としては福島・会津・米沢・最上の4都市を取り上げている。このうち会津と最上は、城下町若松と山形を指している。出荷品は真綿・木綿・絹・麻・太織・蠟・漆・塗・紫根・紅花・紙・銅・火縄・卵・ぜんまい・茶・もぐさ・粕等多種類である。とりわけ、加工原料農産物・地方の特産物的商品・衣料関係の一次製品がめだっている。明和6（1769）年の記録では、出荷地域に仙台がみられることから、奥筋の空間的な広がりの深さを推定することができる。以上要約して筆者（田畑）は、遠隔地では前期的特産地商品が特権商人の手によって流通していたことを推定している。

田畑勉（1965年 p59）の指摘によれば、享保・明和期（1716～72）における北関東の河川運輸に基づく商品流通は、急激な拡大をみせるようになったという。事実、近世中後期の北関東畑作農村における蔬菜類・木綿・麻・生糸・煙草・紅花・茶・藺草・大豆・菜種等々の商品生産の発展は著しく、これを受けて農村家内工業の展開も各地に進行する。なかでも蔬菜類の商品生産にともなう在郷商人の輩出、その後の醸造業・織物工業の発達は特筆に値する事柄であった。しかも関東醬油と並ぶ蔬菜類の江戸供給量は、本来、領主的輸送手段として成立した舟運において、圧倒的優位を占めるほどの農民流通を展開するにいたっている。同時に、古河河岸の船問屋史料によると、江戸から供給される上り商品が、糠・干鰯等の金肥主導の段階に達したことを示している。しかしながら、このような状況も、鬼怒川・渡良瀬川・上利根川の3水系全般にかかわる古河河岸の船問屋史料を通して、北関東の産地と流通の発展を示したものである以上、水系別の実態は分離して考察する必要がある。この必要を多少なりとも満たし、田畑勉の指摘を補強傍証する史料が、挿入の境河岸中継荷物とその行方（図Ⅲ-2 参照）であろう。

田畑勉（1965年 p59）はこうした制約を超えて、北関東という地域枠の下に、次のように結んでいる。「享保・明和期になると、江戸と北関東農村を結ぶ経済的サイクル、江戸地廻り経済の端緒的段階が成立しつつあったと見てよいであろう」と。なお、北関東農村と江戸との間に成立した経済的サイクルの問題は、鬼怒川舟運利用農村対江戸との経済的関係のなかにも十分存在することが考えられる。ただし、上野・武蔵等に比べると、商品生産の進展度の遅い常総地域（鬼怒川・那珂川水系流域を含む）では、生産・流通過程における生産者や在地商人の発言力の強化も、都市問屋と激しい抗争を起こすほどのものではなかったと考えられている『茨城県史＝近世編 p18』。

以上、猿島町史・茨城県史＝近世編ならびに田畑　勉の鬼怒川上流河岸の研究を手掛かりに、流通的側面から産地の範囲と農産物の種類に絞って概観した。以下、具体的地域と代表的商品作物を単位として、鬼怒川舟運がかりの農村を対象に、産地の動向と分布についてまとめを試みる。改めて述べるまでもないが、近世も半ば頃になると貨幣経済が農村に浸透し、村々では生活必需品入手のために、さらに年貢金納のためにも商品の生産と販売にかかわらざるを得なくなっていく。他方、元禄・享保期以降、買継問屋の金肥現物前貸し商法による産地農民支配と、流通機構の整備．基本的には鬼怒川舟運の確立が、次に述べるような、各地に適応した木綿・和紙・煙草等の地域を代表する特産商品の成立・展開の要因となっていく。

C）特産品生産地域の展開と舟運の発達

⑴　**真岡木綿**　　真岡木綿の名で知られる晒木綿は近世下野を代表する商品作物である。下野における自給的農民衣料としての木綿生産は、17世紀前半には始まっていたと推測されるが、史料上その産出が明らかとなるのは、17世紀後半である。近世前期の隔地商人真壁町中村家店卸史料によると、近郷農家の女性によって織りだされた縞木綿類は、主として奥羽地方に送られていった『茨城県史 近世編 p235-236』。以下、栃木県の歴史『県史シリーズ p212-219』に従って概観する。宝永2（1705）年の江戸大伝馬町組の「町内記録写」によれば、当時の同組の関東からの仕入れ先として、栃木・鹿沼・佐野・岩槻等とともに名前が出てくるのは、真岡・結城・下妻であった。3地域とも鬼怒川水運を利用する在町である。江戸木綿問屋柏屋の記録による

と、享保～宝暦の頃から京都仕入れが減少し、替わって関東物の比重が高まっていく。仕入れ先の買継の名前に高崎・桐生と並んで真岡の業者名が出ている。寛政元（1789）年、白子組の「関東木綿仕入高写」には、関東木綿の仕入れ総量の77%を真岡木綿が占めるまでになっている。おそらく安永～寛政期に鬼怒川舟運を利用して飛躍的発展をしたものとみられる。事実、これを遡ること半世紀の享保期には、すでに鬼怒川を下った木綿が荷揚げ河岸布施で把握されている『関東水陸交通史の研究 p255』ことからも推定することができる。ちなみに、もう一つの移出ルートは佐野・足利綿織物業地帯への繰綿に仕立てた積み出しであった。

綿作地帯の成立は、下野の芳賀郡から常陸の真壁郡にかけての鬼怒川・小貝川流域の砂質土壌の沖積低地帯を中心に分布がみられた。具体的には、河内郡の上三川・石橋、都賀郡の中・上泉・穂積、真壁郡下館周辺の野殿などの村々が綿作地として知られていた。畑地に占める綿作地の割合は、多い農家で4割、少ない農家で1割程度で、畿内のように田方綿作まで含む全面的な綿作地帯ではなかった。ちなみに畿内先進綿作地域若江郡荒本村では水田綿作率は平均50%（寛延～天保期の90年間）、畑地綿作率は95%（寛延～文政期の70年間）を超えていた『近世における商業的農業の展開 p112-113』。

綿作農家の綿花作付規模はきわめて零細な点に特徴があった『日本産業史大系 関東地方編 p251-252』。19世紀に入ると（晒）木綿生産地域は一層広がった。文化2（1805）年、江戸両組木綿問屋仲間から買継商に出された江戸出府要請書の宛名には、真岡・下舘・結城・真壁・宇都宮・水戸の商人が挙げられている。これら買継商人に対して生木綿を売り込む仲買人の分布を、天保11年の江戸問屋仲間からの通達でみると、真壁・石田・村田・田中・北条・中根・水海道・下妻・辻・黒子の村々に広く及び、19世紀前半の真岡木綿の主産地が常州であったことを明らかにしている。また、仕上げ加工を行う賃晒屋の分布を、天保3年の江戸問屋仲間発晒業者宛の無株業者仕入れ統制通達の際の請状からみると、稲野辺・仙在・菅谷・谷貝・和泉・子不思議・真壁・下中山・高島・中館・久下田・真岡などの地名がみられる『茨城県史 近世編 p381』。買継・仲買・晒加工等の綿業関連業者の分布も、木綿栽培農村の分布を反映して、かなり広域にわたって認められた。

綿作地で生産される地綿を原料にして、近在の農民たちが農間余業に織りだしたのが真岡木綿であった。真岡木綿の生産高は、官報によれば、文化〜天保期が最も盛んで年間38万反、以後減少して嘉永期12万反、明治8年には4万反まで減少する。もっとも、実綿の収穫が半減していないことから、実綿の大半が繰綿に仕立てられ、佐野・足利などの織物市場に移出されたことを物語っている『前掲書 関東地方編 p252』。生産量からいえば真岡近辺よりも、常陸の真壁郡地方の方が多いが、晒加工過程が真岡地方で行われたこと等から、真岡木綿と呼ばれたものと考えられてきた。生産工程のうち、綿作・糸とり・綿織りが同一農家で一貫して行われ、わずかに綿打・晒業者が分離していたに過ぎない。林玲子によれば、このような形で生産される真岡木綿の流通は、ほぼ完全に江戸問屋によって掌握されることになるという。最終加工部門の晒し業者が、買継商人からの材料費・手間賃の前払金によって拘束され、結果的に在地の仕上加工工程を買継によって支配されることになる。しかも買継は江戸問屋の規制をもっとも受けやすい立場にいる。真岡木綿の流通が、在地の買継商人ー江戸問屋間で資金的に結合していた結果を反映した支配関係の実現であった。『江戸問屋仲間の研究 p139』。

その後、真岡は綿業地域としての発展の契機をつかみ切れず、近世後期になると常総の下舘・真壁に中心が移行し、これらの町々に仲買・買継の集積をみるようになる『茨城県史 近世編 p17』。化政期を迎える頃、地綿が佐野・足利に供給され、この地に原料綿糸の取引市場が開かれることになる。19世紀の初めに、麻・絹織物の生産から綿織物に転換した足利地方では、いちはやく高機を採用し、綿作・綿糸・綿織物の分離を軸に、元機・賃機ー買継・仲買等の生産と流通における分業関係が成立する。旧来からの技術的基礎の上に木綿織りを移植した足利織物は、綿替制による問屋制家内工業の成立をもって、いざり機段階に低迷する真岡木綿を圧倒し、関東屈指の先進的農村工業地帯を形成することになった『日本産業史大系 関東地方編 p250-256』。

ともあれ、19世紀、常陸・下野の晒し木綿の発展にともなう地廻り綿の集荷機構は、他の特産物地帯と同じく、買継ー仲買ー生産者農民の順に系列化され、在地の買継が江戸の繰綿問屋と結合して完成する。この時点の在地繰綿商人にとっては、もはや上方綿の売買はまったく付随的なものとされ、営業の中心は地綿の集荷に向けられていた。言うまでもなくこの実態は、綿業部門における江戸地廻り経済の完成を示すものであった「江戸地廻り経済圏の成立過程 p250」。同時にこの系列化は、真岡木綿の流通過程そのものを示すものであった。これに対して当時の真岡木綿以外の関東木綿の流通経路は、織元一小仲買一仲買一買継問屋一江戸木綿問屋という分化を取らず、小仲買もしくは仲買が荷主として江戸の木綿問屋と取引する仕組みとなっていた。輸送手段が鬼怒川（利根川）一江戸川一江戸という舟運利用によったことは、繰り返すまでもないことである。

最後に前期的資本と木綿生産農家の関係について整理を試みる。近世における金肥依存度の高い集約的な木綿生産の展開は、必然的に前期的資本の生産への食い込みを招くことになる。以下、このことにかかわる栃木県史『通史編5近世2 p24-25』の一文をなるべく忠実に紹介しておこう。「烏山藩は享保20年以降天保9年にかけて、城下・領内外の有力商人から1万5千余両の借財をしたが、そこでは藩財政の窮乏化一年貢収奪の強化一荒廃地化の進行一前期的資本への依存一側圧の強化一年貢収奪の加重化というスパイラルな悪循環にあえぐことになった。こうして前期的資本は、領主の年貢収奪に影響を及ぼし、基礎過程の解体を促したが、反面、自らが生産の食い込みに向かわざるを得なくなった。その結果、前期的資本は一方で株仲間による競争の排除を求め、他方で前貸し資金の供与による生産の掌握に進んだ。享保期(1716～35）に江戸両組木綿問屋が、在地の木綿問屋（買継商人）に前貸し資金を供与し、一時的に木綿生産を刺激しながら、やがて系列化した買占独占体制を幕府の価格政策と結んで確立していく事例は、一つの典型的な例証といえよう」。いわば、領主の年貢増徴策と前期的商業資本の「前貸し・買占め」商法による収奪で、綿作農民たちの多くが質地を失い、自作小農から零細小作農・各種奉公人・農間余業者・逃散者として、18世紀末の農村荒廃の象徴となっていくことになる。

林玲子は、地廻り経済圏を上方市場との関連で捉え、綿製品・油・醸造品等のある程度の技術水準を必要とする加工品の生産流通を通して分析している。ここでは所説の一端を筆者なりに咀嚼して紹介し、結びにかえたい。17

世紀後半、上方からの繰綿が下舘・真壁等の商人を経て、関東各地や南奥羽へ大量に中継・移出される。18世紀、江戸問屋の地位が確立し、上方からの繰綿は江戸問屋が仕入れ、江戸市内・関東・南奥羽に販売されていくようになる。この間、下り物の販売圏内である常陸・下野等に綿作が広がり、繰綿の生産量が増大してくる。この状況と歩調をそろえて江戸問屋の独占が強化され、江戸問屋はこれを集荷する側に回って、地廻り繰綿の江戸集中を強力に促進するようになっていく。いわゆる江戸問屋の「上方荷の荷受販売から地廻り荷の仕入販売」への業者的性格の変質である。地廻り荷の集荷業者としての独占体制の確保が、買継商への前貸金の供与と運輸機構の掌握（飛脚・廻船両問屋）によって維持されたことは、すでにとり上げたとおりである。広域的な綿花産地の成立ならびに流通量の増大と問屋の独占的支配を推進力にして、18世紀後半（明和元年）の木綿問屋の販売先は、江戸における旧来の荷受け問屋的商人の排除をともないながら、北に向かって下野・上野・武蔵・相模・上総・下総・常陸・安房から奥羽まで、西へは甲斐・伊豆まで拡大していった『江戸問屋仲間の研究 p150-152』。

19世紀前半になると、江戸市場では地廻り綿が上方綿を圧倒するようになる。綿花産地を確立した常陸・下野・下総では、多数の買継・仲買商人が輩出し、江戸問屋の支配系列に編成されていった。結局、19世紀半ばになってようやく江戸の需要の4割をまかなうまでになった「油」を除けば、ある程度の技術水準を必要とする諸商品に関する江戸地廻り経済圏の成立は、18世紀の後半から19世紀にかけてほぼ実現したといえるようである『江戸地廻り経済圏の成立過程 p255-263』・『江戸問屋仲間の研究 p11-175』。

⑵　**烏山・西ノ内和紙**　　八溝山脈を背に常陸の久慈郡と境を接して、下野の那須郡に和紙と煙草の生産地帯が広がっていた。このうち、烏山・馬頭を中心とする地域が、常陸の西野内地方と並ぶ和紙の産地であった。和紙の産地は、他の製紙地と同じく山間渓流の河畔に多い。烏山周辺の村々の元禄・享保期頃の差出帳には、楮の栽培記録もみられるという。とくに久慈川上流の本支流地域は、近年まで全国的に名を知られた原料楮の供給地であった。

元禄16（1720）年の酒主村諸色指出帳から製紙関係業種を挙げると、次の7種28人となる。

一、紙漉但シ漉返シ　壱人
一、江戸紙荷才料　6人
一、江戸紙商人問屋　6人
一、紙商人　3人
一、紙売買宿　7人
一、紙漉たかさし職　弐人
一、楮売買宿　3人

製紙に関する職業が分化していること、あるいは原料・製品の売買宿や問屋の数の多さから、当時の製紙業の発達と酒主村（烏山町）の紙業集散地化を窺い知ることができる『日本産業史大系 関東地方編 p329』・『栃木県史 通史編4近世1 p716』。これに対して、水戸藩領久慈地方における集散地は太田村で、2・7の六斎市には煙草・楮・紙などが持ち込まれ、近世の早い時期から町場化していた。寛政3（1791）年、太田村の商人の取扱商品は、紙・茶・煙草・地綿・紅花などで、入込商人の買付商品は茶・地綿・紅花などであった『茨城県史 近世編 p210-211』。

享保11（1726）年、生井村諸色差出帳には、家数37軒のうち、「紙漉」に従事する者が11人を数え、烏山近在でも製紙が行われたことを示している。楮の植え付けも盛んに進められ、元禄～享保期の間に興野村（1719年）37,757本、酒主村（1720年）8,745本、生井村（1726年）2,859本が差出帳に記録されている。久慈地方の著名の楮産地は、比藤・西金・袋田・大沢・初原・西野内・上高倉・下高倉・常福地などの村々で、水はけのよい小石混じりの壚土（ろど）によく育つとされている。楮の植え付けは段々畑のへりや畑の境界に土砂の流出防止を兼ねて栽培されることが多く、また蒟蒻畑の畝間にも植えられた。両者は排水の良いこと、小石交じりの壚度を好むことで共通し、夏の日差しを嫌う蒟蒻にとって楮はマザーツリーの役を果たしていた『山方町誌 p190-191』。

寒冷期に開かれる楮市には、近郷の業者はもとより、美濃方面の業者も参集したという『茨城県史＝近世編 p232』。太田・山方・天下野などで毎年10月から翌4月まで六斉の楮市が立ち取引された。水戸藩内の鷲子山麓はもとより、下野烏山の漉き場や遠く美濃・岩代まで広く流通した。楮値段の上昇で紙価格が高騰するたびに、楮・紙仲買人らの占め売りが横行し、経済界の混乱をきたしたので、水戸藩では天明8年、寛政元年、天保5年と再三にわたって楮の他領移出を禁止している『山方町誌 p191-193』。

また、紙漉船の所有状況を延宝8（1680）年の「興野村紙船改覚」でみると、18人の所持者が記載され、うち3人は延宝7年、1人は延宝8年の新舟であり、年々の増加がみられた『日本産業史大系 関東地方編 p329-330』。ここで「諸国紙日記」に基づいて、近世北関東山村の紙業地の分布を整理すると、下野では大木須村・烏山・下堺村・上堺村・生井村・向田村が、一方、常陸では鷺子村・檜沢村・高部村・下小瀬村・松之草村・太田村・西野内村が代表的な紙業地となっていた。

近世、常陸・下野の那賀川と久慈川上流山村における紙業地形成過程の特徴は、興野村の延宝8（1680）年の「万留書覚帳」記載の一節、「年貢に替えて、烏山藩に御用紙が納入されたこと」の中に象徴的に表れている。近世初期の和紙生産は、このように年貢の代替物もしくは専売品として一括買い取られ、領主の保護奨励を受けた藩御用紙として発達していった『栃木県史 通史編4近世1 p716』。言い換えれば、村々の紙漉は、すでに年貢や浮役の対象として領主から掌握されていたのである。したがって、この頃の紙漉は、農民の自由な意志によって採択され、発展したわけではなく、あくまでも領主の統制と保護の下に展開した産業であり、生産過程は、特定の世話人によってすべて取り仕切られていた。18世紀初頭は、元禄元（1688）年に始まる水戸藩の紙専売制が続いていた時期であり、小生産者保護の名の下に各村の紙漉人を在方の世話人の統制下において、紙漉人が流通市場に直接接触することを防止し、かつ農間余業の紙漉が小生産者のあいだに自由に拡散することを妨げていた時代であった『栃木県史 通史編4近世1 p716-720』。

18世紀初頭、水戸藩御用紙の漉立ては、製紙干上げ過程で必要とされる紙板の支給や、在方世話人による紙代金の前貸し等の保護奨励を受けながら発展していくが、やがて藩専売制の枠組みを超えて、江戸商人が生産地帯に直接進出してくるようになる。元禄年間の江戸紙商人による下野国芳賀・那須両郡の紙漉農民を相手に起こした訴訟「紙前金出入」では、前貸金を武器にして積極的進出を図る姿を認めることができる『栃木県史 資料編近世3 p558』。

当時の紙生産は、農民に貨幣経済参入の機会を与えることになったが、基本的には、冬季農間余業としての生計補完機能に限定され、藩の強い統制保護の下に、領主的商品流通のなかに組み込まれていた。水戸藩の生産と流通統制は、特定の在方世話人と講を通して行われたが、やがて、その管理網を縫って江戸商人の前貸金が在方生産者の下に浸透し、農民的商品生産を直接掌握しようする動きとなって表面化してくる『栃木県史 通史編4近世1 p723-724』。具体的には、生産者と在地問屋を船前制度と呼ばれる従属関係によって把握していった。船前（紙漉き人）は、江戸の前貸資本に操作された在地問屋に支配されながら、各種の紙類を生産した。船前制度の定めに「紙問屋ならびに商人一統紙漉人へ前金貸出し船前と名付け取引堅く仕らず現金売買仕るべく候事」とあり、船主たる問屋は紙漉人たる船前に前金を貸出し、その代償として生産期に紙でもって決算をした。その他に原料の供給、道具類の貸付はもちろんあらゆる生活必需品を貸し与え、問屋の支配体制の中に二重、三重に組み込んでいった『日本産業史大系 関東地方編 p334』。近世中後期の関東農村に広く展開した中小商品生産農家を対象にした在郷資本の「前貸し制度」収奪と本質的にまったく同類であった。

生産された野州那須地方産の紙類は、水戸領産の抜け荷紙をも含めて集散地酒主村（烏山）に集められ、講という名の独特の流通組織の下に、鬼怒川筋最上流部の河岸から江戸に積み出されていった。そもそも烏山・馬頭・黒羽などの山間地帯と鬼怒川を結んで関街道を始め幾本もの脇道が形成され、近世中期以降活発な動きを見せていた。これらの諸道を利用して馬頭・大山田地方の煙草と烏山から常陸鷲子地方にかけて生産された和紙が、鬼怒川上流河岸板戸や道場宿から積下されていった『栃木県史 通史編5近世2 p311-315』。そのほか烏山下流5里ほどの那珂川流域の野口・長倉周辺の和紙も烏山に集荷され、鬼怒川上流のこれらの河岸から江戸に下った。いずれの場合も那珂川筋の河岸を近隣にもつ産地であったが、あえて江戸直送の便を選んで鬼怒川下しを行っている。その理由は、水戸藩の手が及ばない烏山藩城下町での抜け荷行為にあったとされている『日本産業史大系 関東地方編

p336』。一方、久慈川上流西野内を中心に久慈地方で生産された和紙は、久慈川下流の高和田河岸で陸揚げされ、那珂川筋の小野河岸への陸送を経て舟運で水戸・那珂湊方面に下った。ただし久慈川舟運の成立以前の紙荷・煙草荷などは南郷街道を陸継し、那珂川の小野河岸で積下されたという。久慈川本流の西野内地域以外にも幾筋もの久慈川支流があり、それぞれに産地が形成されていた。これらを含めた西野内紙の集散地が太田村であった。2.7の6斉市で集荷された和紙は、江戸・水戸城下・土浦・竜ケ崎・下総香取などに出荷されていった『山方町誌 上巻 p215』。和紙の出荷先から見て、すでにこの頃、江戸地廻り経済圏の拡充とともに地方市場の形成を推定することができる。

結局、18世紀前葉から末期にかけて成立する地元紙問屋は、八溝山中の産地山村に所在して、江戸問屋の資金注入を受けながら、生産者支配のための「船前制度」と同時に生産物流通組織掌握のための仕組み「講」を通して、和紙の産地を囲い込んでいくことになる。

ここで和紙流通組織としての「講」を、『諸国紙日記』から補足説明すると以下のようになる。「右3人にて江戸商人共布袋講、大福講、住吉講7人之者共引請け相調い候」から明らかなように、講の組織は江戸問屋によって組まれたもので、それぞれの講は「布袋講と申すは御国へ入込み定宿へ馬おり致し候紙相調い申し候。大福講は御国へ入込む事表向は相成らず候。故ニ烏山城下ニ4人定宿ヲ頼み当時も罷り有り候。（中略）菰包み致し草荷と名付け烏山定宿へ引取り烏山二て荷造り江戸指出し申し候。住吉講と申ハ御国へも烏山へも下り申さず候。江戸幷ニ御国幷ニ諸国より紙持参の商人ヲ江戸ニて引請け相払い申し候」『日本産業史大系 関東地方編 p334-337』三者三様の取引形態であった。

なお、水戸藩内に小僧言人として特記される紙商人が存在した。『茨城県の歴史 p194』によると、彼等は商業機能面で旧来からの問屋に対して対抗的立場に立つものであった。寛政期にかけての新株問屋の衰退に乗じて、江戸の前貸し資本を通して生産者に深く食い込んでいったという。もっとも、彼等の商品流通機構は、所詮、江戸問屋との結合であり、新ルートを出現させるものではなかった『日本産業史大系 関東地方編 p338』。

⑶ 水府煙草・大山田煙草　関東北東部の畑作山村地帯における煙草栽培は、元禄期（1688～1703)、常陸の久慈郡金砂郷村（赤土村）周辺を発祥の地としている。一方、下野の那須郡大山田郷（馬頭町）から那珂郡西北部や久慈郡西部への煙草栽培の普及も、この頃に始まったとされる。享保年間（1716～35）には檜沢村が大山田郷と並ぶ産地となるが、檜沢村～大山田郷間に挟在する村々にも栽培は普及していったものと思われる『茨城県史 近世編 p366-367』。煙草は当初「御前煙草」として領主への献上品であったが、次第に現金獲得の手段として注目され、ついに水戸藩の一括買い上げ品となり、本田畑の生産を阻害しない範囲で、栽培がむしろ保護奨励されるようにさえなっていく『栃木県史 通史編4近世1 p726』。八溝山地の山村では、すでに元禄の頃から下野・常陸ともに赤土煙草として知られるようになっていた。初期には葉煙草のまま売却されていたが、後に刻み加工も行われるようになっていく。集散地の馬頭町や黒羽町には、煙草関連の職人・商人も多かったという。

近世以降近代中葉にかけて、久慈・那珂・猿島3郡から周辺各郡に急速に拡大する茨城の煙草生産は、引き続き全国の首位を争う存在であった。煙草産地としての経営的性格は、資本（多肥）投入量と労働投下量の大きい集約的経営であるという特徴が見られる。その点、耕地規模が狭隘な山間丘陵地帯で相対的な余剰人口を抱える農村では煙草は恰好な商品作物であった。単位面積当たりの収入が比較的高いことから、余業・兼業機会に恵まれない県北地方では、後述のような問題を内包しながらも、歴史的に重要な栽培作物であり続けることになった。もっとも単位日数当たりの労働生産性は米麦類に劣ることから、今日的な経営価値は必ずしも認められない作物といえるだろう『茨城県史＝近現代編 p273』。煙草栽培の地域性に対して、さらにこれを階層視点でみると、耕地の少ない小作農家や零細農家に盛んに栽培され、このため「貧農作物」と性格つけられることも少なくなかった『茨城県史＝近現代編 p275』。反面、煙草栽培は輪作体系を組む余裕耕地のない貧農層にとって、収穫を左右する金肥投入は、経営構造的に前期資本の吸着（肥料前貸し．出来秋現物決済）に直面する危険を内在するものであった。

明和5（1769）年には、水戸藩領内産煙草の販売を担当する「煙草荷物会所」が設立されている。この時期、各種の会所が江戸や水戸城下に設立された。水戸藩領の場合、寛政年間から文化・文政期にかけて煙草生産は一段と発展した。寛政3（1791）年、物資集散地太田村から水戸藩に提出された他所移出商品「書上」をみると、1万両の商品出入りの内、地綿が全移出額の5割を占め、これに紅花・和紙が続き、いずれも2千両に達する。煙草は4位で5百両であった。寛政11（1799）年、太田村村役人が水戸藩に提出した村内煙草問屋の買い上げ量をみると、寛政10年の1年間に、7軒の問屋が1万7百俵（6万4千2百貫・5千2百46両）の煙草を村内外から買い集め、領内に販売している『茨城県史＝近世編 p367』。文化3（1806）年、茨城郡下41ヵ村を扱い村としていた増井村の御用留記録には、切粉煙草2千駄ほど、代金1万両ほどとある。白楮・古内茶などを抑えて最大の産額を示している。これは那珂郡や茨城郡の山間部でも煙草の栽培が増加してきたことを表している。大山田郷から江戸への出荷もさらに盛んになっていった。

水戸藩郡方手代板場流謙によれば、煙草は1反に付き金3、4両から10両までの収入を上げられるが、裏作の収入はその分少なくなり、肥料代もかさむから、煙草生産の多い村は困窮人が多いと述べている。煙草の特産地では田畑の荒所も多い。煙草耕作は農家1軒に付き、5畝とか3畝ずつ程度がよいとしている『茨城県史＝近世編 p369』。察するに煙草栽培は地力収奪が激しく、十分の魚肥投入がなされない場合に荒れ地化し、これを防ぐためには金肥の貧窮購入しか手立てがなかったのであろう。小農層の商品生産への参入を経営規模面から制約する連作障害―嫌地現象―の発生も考えられることである。干鰯の施肥効果と購入にかかわる肥料問屋の収奪、ならびに自作小農の階層分化や農村の荒廃化を示唆する板場流謙の文言である。

両刃の剣ともいうべき商業的農業の発展と農村荒廃の進行とは、北関東の畑作農村にはことのほかシビアに出現する。こうした状況の進行に危機感を抱いた水戸藩の煙草栽培規制にもかかわらず、天保期になると、楮畑を煙草畑に転換する村々がさらに増えていく。転作の契機は、国府種の普及と幹干法の開発であった。天保初（1830）年、水戸藩から他領に売り出された煙草は、約1万八千両に及んだ。このうち久慈郡の葉煙草は、水戸領内産額の半ばを占め、大山田地方のそれと匹敵した。大山田地方では、新品種の達磨種が導入され、生産も増大した。この影響は当然、那珂郡西北部にも波及した筈である。文久年間（1861-1863）の水戸の煙草業者と太田商人との対立抗争は、那珂郡西北部の煙草生産が、久慈郡のそれに対抗し得るまでに成長発展したことを物語っている『茨城県史＝近世編 p369』。

なお、江戸一ツ目の水戸藩の藩営物産会所では、幕末まで江戸市場へ出荷される煙草荷を取り扱ってきたが、領内には会所の設立はなされなかったという。一方、大山田地方では、明和年間から江戸出荷が活発に行われてきたが、天保年間には、新しく台頭してきた在地の出荷商人の活動によって様々な問題が生じてくる『前掲県史 p370』。麻の場合と同様に、煙草の栽培には多量の金肥投入が必要とされ、その供給を通じて、問屋資本の支配を受けることになるためである。常陸・下野北部の煙草栽培地域への干鰯問屋の浸透は那珂湊経由那珂川諸河岸から進められた。北関東の畑作農村における木綿・和紙・煙草・麻の栽培に際し、これを原料・肥料・手間賃などの前貸しによって、生産と流通の両面から支配する豪農層（買継・問屋・元機）の存在が、特産品生産地域・農村余業的家内工業地域・問屋制家内工業地域形成の原動力になってきたことを考えたとき、彼ら豪農たちが、近世後期以降の関東畑作農村の商品生産を組織化し、特産地形成の主導力になったことの歴史的意味を知ることになるわけである。もとより、対立軸に展開する農民層の階層分解を一因とする農村荒廃を見落とすことは出来ない。

金肥の導入と前貸し制の普及にともなう商業的農業の発展と農村荒廃の進行というまったく異なる状況の発生を、栃木県史『通史編5近世2 p118』は長倉保の研究「商経論叢7巻4号」に依拠し、次のように整理している。「金肥の導入は小農にとって土地生産力増強の技術的基礎であると同時に、小農経営自体が本来的に持つ不安定性を増幅させていく要因でもあった。質地地主小作関係はこのような金肥導入を契機として胎胚し、元禄期以降の下野農村における農民層分化の主流となっていく。そして享保期以降、とくに宝暦期を中心に年貢収奪の強化策と絡み石代納・先納金等が強制されるとき、小農経営の商品貨幣経済化と前期的資本の吸着は一段と推し進められ、小農経営崩壊の危機は避けがたいものとなっていった。」いわば生産力発展条件が未熟のまま、他律的に金肥の導入と商品生産の導入に向かわざるを得なかったところに問題があったといえる。

D）鬼怒川舟運後背農村の生産と流通の変貌過程

ここで、元文期と寛政期の商品生産ならびに流通に関する比較検討に際し、考察の前提として、鬼怒川上流河岸と境河岸との一体性の問題について触れておきたい。難波信雄（1965年）の「近世中期鬼怒川―利根川水系の商品流通」と題する研究は、境河岸問屋小松原家の元文期ならびに寛政期のおよそ半世紀を経た間の大福帳分析から、関東東北部と奥羽南部の商品流通を検討し、とくに河川舟運の積極的要因が幕藩制解体期に在って、どのように具体化し、どのような意味を持ちうるか、について考察したものである。問題はその場合、境河岸の位置から、史料の性格は生産地の状況を間接的に反映するにとどまる、とする一方で、鬼怒川上流阿久津河岸・板戸河岸の流通商品も境河岸と同様であり、一体性を示していると述べ、後背圏の異なる両者の識別にやや不明確の面を残していることが懸念される。少なくとも18世紀中葉から末葉にかけての奥羽南部・関東東北部の諸荷物流通経路の下野思川水系へのシフトならびに那珂川舟運業者の不評に発する舟運荷物の那珂川中流積換え河岸経由鬼怒川中流左岸河岸への陸継輸送の成立の結果、一定量の荷物が阿久津・板戸両河岸を迂回して境河岸に結ばれていることが推定される。このことを計算に入れて鬼怒川上流河岸と境河岸との比較がなされる必要があったように思われる。筆者の理解力不足に帰する問題意識としたら汗顔の極みである。

⑴　元文期の商品生産形態と流通組織の実態　前掲田畑勉（1965年 p47）が取り上げた時期とほぼ同年代の元文2（1736）年、大福帳からみた主要流通物資の量とその産出地は表Ⅲ-2の通りである。ただし表中の史料で、明らかに鬼怒川水系以外の舟運で境河岸に入津したと見られるものについては、筆者の判断で削除した。

近世中頃の元文期（1736年～）における境河岸の流通物資は、河岸後背周辺農村の農産物と、奥羽南部地方および結城・日光・水戸・その他の地方の特産物からなっている。貢租米を除き他は零細な商人荷の集積である。同時に生産者による商品化が偶発的であり、集荷組織も未成熟であると推定している（難波信雄 1965年 p101)。以上の2点を前提に検討した結果、難波信雄

表Ⅲ-2　境河岸の主要流通物資と生産地(元文2年)

物　資	数　量			主要産出地
晒・木綿	156駄	400箇		結城63%、真岡・真壁・上三川・下妻27%
繰　綿			27本	結城60%、下妻40%
古　手	1駄	58箇		結城52%、近在48%
着　物	42駄	249箇		日光41%、結城21%、福島等17%
麻	2駄	611箇		栃木60%、近在39%
紙	55駄	606箇		水戸61%、近在23%、福島等15%
切粉・煙草	46駄	1,114箇	2,048俵	近在、水戸、竹貫、宇都宮
銭	106駄	584箇		近在、北関東70%、福島・須賀川等25%
糸	58駄	11箇		福島等98%
太　織	27駄半	13箇		福島等97%
真　綿	144駄	27箇		福島等65%、南部・仙台11%
蠟	1,092駄	547箇		会津37%、最上32%、福島等12%、米沢9%
漆	56駄半	78箇	21桶	米沢44%、最上16%
塗　物	67駄	487箇		会津81%、米沢19%
紅　花	71駄	6箇	4俵	仙台67%、福島等17%、最上16%
紫	58駄半	14箇		南部
生　薬	126駄	117箇	25俵	仙台40%、須賀川等28%、日光14%
古　銅	52駄	222箇		福島等38%、水戸14%、会津13%
卵	223駄半	706箇		須賀川等43%、近在20%、水戸17%、仙台14%
小間物	21駄半	29箇		米沢59%、須賀川等30%

出典:『歴史 第30・31輯(難波信雄)』

は次のようにまとめている。

近在の農産物としては、江戸近辺の穀物・生鮮蔬菜生産地帯の外縁における保存・輸送能性の高い穀物・根菜を主として、これに醤油・茶などの工芸品が注目される。納屋米(商米)や大豆などの農民的商品の地位も高いが、他は蓮根・ごぼうが目立つ程度で、総じて商品生産は未展開である。結城を中心とする晒・木綿のうちでは木綿が圧倒的に多い。農民層の商品生産への参加が広く認められる。また日光・結城・福島辺から着物が相当量送付され、在地小規模織物業の江戸市場化が想定される。水戸の切粉をはじめ下野那須郡の赤土煙草の流通も多いが、半世紀後の寛政期に比し生産地はかなり分散的である。栃木・鹿沼の大麻・水戸の和紙など、後世の下野・常陸の零細な台地・段丘上の畑方特産物生産地帯にとって、より重要視されてくるこれら商品作物は、まだ萌芽的段階に在った。

奥羽南部の白川・三春・須賀川周辺や仙台から、また北関東では古河・水戸・氏家・馬頭近辺から卵が多量に送られ、江戸近郊農村の生産を補充している。注目すべきこの状況は、難波信雄（1965年 p101）が指摘するように、鬼怒川・利根川の舟運に陸継される奥羽南部内陸地帯が、江戸地廻り経済圏の一端をすでに構成していることを示すものである。鬼怒川上流阿久津・板戸両河岸の流通商品も境河岸と同様であり、一体性を示している。福島・梁川・保原・掛田・伏黒等の糸・真綿・太織、会津の蠟・塗物、米沢の漆・塗物・小間物、南部の紫、仙台領の生薬・紅花などの特産物流通に城下町商人・在方町商人・在方商人があたっている。これらの特産品流通は、奥羽南部・関東北部の場合、送付先の記載を欠いているという一般的特徴がみられる。河岸から遠距離の地域では、委託輸送が未熟のために荷主自身が「乗下げる」という方法がしばしば採用された結果である。送付先の記載を欠くことには、もう一つの理由が考えられている。江戸商人による在地商人の掌握が、十分に行われていないことを想定させる点である。元文期における地廻り経済の初期的段階を示す注目すべき事柄であろう（難波信雄 1965年 p99-102）。

結局、元文期の江戸地廻り経済圏における商品流通を整理すると、一般に奥羽南部の煙草荷を中心とする特産物生産と北関東における自給的農業経営の変容ー商品生産の展開ーのなかから、江戸市場へ直結する商品流通がみられ、その地域的分業も未熟ながら進行している段階といえる。奥羽南部と北関東の農村を江戸に結ぶ広域経済圏の形成の上でも、利根川・鬼怒川水系の舟運の存在意義は大きかったということになる。

⑵　**寛政期の商品生産と生産形態・流通組織の充実**　次いで、元文期以降の半世紀間の変化について、寛政期（1789年～）の大福帳に基づく難波信雄の検討成果を概観してみたい。まず農民荷主の増加と集団化を通して、商品生産の恒常化と組織化を指摘している。この傾向は、遠隔地に比し北関東により顕著な状況である。周辺農村では、元文期に奥羽南部に依存していた卵の江戸積みが進み、酒・水油・種粕の生産と木材加工品が目立ってくる。商米と荷主の商標を付した大豆の流通から穀商の成長を読み取ることができる。

渡良瀬川支流・鬼怒川・那珂川の舟運に依存する北関東農村では、宇都宮の干瓢、鹿沼の麻．真岡中心の晒．那須・黒羽・大山田・水戸などの切粉・煙草あるいは和紙などの生産が発展し、地域的分業の成立がみられる。木綿から移行した晒と水油はこの期の代表的商品であり、なかでも棉業関係では、元文期の荷主数53人に対して、寛政期では12人と大幅に減少し、独占体制の深化を示している。元文期から寛政期に至る間の流通形態の変化を、難波信雄（1965年 p106）は、在地における前貸問屋制支配の進行と、寛政改革の一環としての「江戸地廻り経済圏」への指向が生み出した結果として捉えている。

第2の大きな変化は、奥羽の占める商品流通上の地位の後退である。会津蠟の場合はとくに顕著であり、長倉保「会津藩における藩政改革 p85」によれば、主要な原因は西南諸藩からの櫨蠟の進出と市場価格差の消滅にあるとしている。正保期から会津蠟の積み出し経路は、乙女河岸経由あるいは鬼怒川の吉田河岸から友沼河岸まで陸送し、そこから思川を下していたようである。明和6（1769）年、会津藩は境通り6ヵ宿の境河岸問屋や谷貝・諸川・大木などの陸継問屋に蔵蠟輸送のための運賃を協定させている。経路の分散化による輸送費の軽減を狙ったことは明白であるが、同時に水戸藩の紙業統制にみたような抜け荷を生み出すことに繫がっていく問題でもあった。ともあれ、特例を除けば、会津・最上の蠟、会津・米沢の塗物、南部の紫、須賀川から仙台にかけての卵・煙草等総体的に後退が著しかった（難波信雄 1965年 p104-109）。

このうち、享保期において鬼怒川舟運を利用する奥州荷物のなかで最も荷量の多かった煙草荷が、文政・天保期には著しい後退を示すことになる。煙草荷の減少は生産量の問題ではなく、領主の流通政策や市場構造の改変・産地移動の結果、輸送ルートがこれまでの古殿地方―鬼怒川上流河岸―境河岸経由江戸から、主として陸路を古殿地方―塙―常陸太田―那珂湊―北浦（銚子)―布施河岸経由江戸に送られるようになった結果であり、さらに海上交通、那珂川舟運の利用によるものであった。輸送コースの変更は、生産者出荷から産地仲買人・問屋商人出荷への変更をともなって進行した『関東河川水運史の研究 p89-90』。

下って天保7（1836）年には、関東における流通機構の新たな展開とともに、奥羽地方からの紅花・切粉・卵・蠟等を中心に村山・郡山・白河等の諸地域からの出荷が目立ってくる。ただし天領や所領関係の比較的錯綜した地域に、流通圏が限定される傾向は見逃せない現象であり、加えて、天保の株仲間解散令の前夜、上方商人・江戸商人・関東商人・在地商人が入り組んで商品流通を担っている状況も、幕藩制下の市場構造を考える上で無視できないことである。また、この時期紅花が鬼怒川舟運に乗るようになったことは、京都一辺倒の紅花流通に対して、江戸の市場化―地廻り経済の質的進展―を示唆する現象とみることもできるとしている。

まとめとして、難波信雄（1965年 p112-113）の元文～寛政期の北関東・奥羽南部地方と江戸との商品流通に関する総括の一端を紹介しておきたい。元文期では、町方・村方商人たちが、江戸市場の問屋層との取引を形成していたが、商品生産の地域的分化は過度的状態の段階であった。この時期、奥羽南部地域の商品流通は、諸大名の物産奨励策と交通対策の推進によって比較的早期に成立しており、結果的に、錯綜した領域支配下の関東農村の商品生産を規制する側面を認めることができた。その後、このような生産と流通上の地域分化の問題、たとえば、蠟や煙草をはじめとする特産物は、関東等の諸地域にも一般的にみられるようになり、逆に奥羽地方の商品生産を規制するに至っている。地域的分業関係の進行は、流通形態にも影響をおよぼした。まず、流通担当者が、原産地農民から周辺の町場商人に交代する。次いで、宝暦・安永期を中心に三都飛脚問屋の営業網が確立する。営業網は宇都宮から福島・仙台を経て一関にまで及んだ。特権城下町商人に替わる上方商人と領主権力の結合、あるいは近江商人の定住も注目されることである。農民的商品流通が江戸市場を中心に展開した内陸経路（河川舟運）の場合でも、大飢饉以降、農民的流通は、江戸商人資本の流通支配網の中に組み込まれていった。

ここで、鬼怒川水系の舟運流通を含めた近世中期とくに享保～明和期のほぼ半世紀の間における古河・境河岸問屋経由の商品流通を、田畑勉（1965年 p43-48）に従って特徴的側面から総括を試みると、以下のように纏めることができる。古河・境両河岸から江戸に向けた下り荷の動向から、1)江戸向け商品の多様化を通して、北関東農村における商品生産の進展を推定することができる。2)安永年間には、特産商品を産出しない関東中央部平場農村から、主・雑穀類が中利根川・江戸川の河岸商人によって江戸向け出荷されている。このことから、近世中期後半における汎関東農村的な貨幣経済の浸透を把握することができる。3)明和期には、すでに商人荷が武家荷を超えて下り荷の中心となり、しかもその増加趨勢は顕著であった。結果、舟運発生期の領主的流通から舟運発展期の農民的流通への交替が進行する。4)積み荷の主体は蔬菜類（牛蒡・蓮根主体）が占め、半世紀の間に19%から42%に急増している。元文期に拮抗していた主・雑穀類をぬいて、明和期には1位となる。なお、北関東に向けた上り荷では、1)糠・灰・〆粕・干鰯等の肥料が中核荷となり、とくに糠の割合が高い。2)肥料に次ぐ登り荷は、日常必需食料品をはじめ嗜好品・衣料関係品・雑貨商品等が挙げられている。

以上、田畑勉（1965年 p45）の考察を集約すると、「近世中期以降の商品流通経済の進展については、登り荷として肥料、下り荷として蔬菜を代表的商品として位置づけ、北関東における農業生産が、糠と蔬菜を媒介にして江戸と結びついていた」ことを強調している。主要荷物の動向に関連して、難波信雄（1965年 p103）も天明年間に上州・鬼怒川筋・乙女川方面へ塩魚・干鰯・粕が送られ、この他上州方面には糠・穀物が送られたことを指摘している。これらのことから、少なくとも近世中期以降、北関東の農村では、金肥投入をともなう商業的農業の進展・貨幣経済の浸透を通して、江戸地廻り経済への参入の一端を捉えることが可能であるとしている。ただし、その段階は、登り荷の中に「下り物」が依然少なからず認められることから、端緒的状況といわざるを得ないだろうと結んでいる。

⑶　天保期の生産・輸送体系の構造的変化と商圏の縮小　最後に18世紀中葉から19世紀前葉の文政～天保期における境河岸の荷受け動向について、丹治健蔵の天保7（1836）年の大福帳（小松原家文書）を用いた前二者との比較考察結果に加筆し、箇条に整理すると以下のようになる。1)寛政期（1789～1800）に比較して、穀類とくに武家米の減少が目立つ。年貢米の金納化・地払いの増加以外に、那珂川水運の台頭による廻米コースの変更（那珂川一涸沼一北浦一下利根川）によるもので、小堀河岸の艀舟で浅川を遡行し、関宿で本船に積み替えて江戸川を下るN字型経路が成立した結果である。このコ

ースは、後に浅川の広域化が進行したことから、布施河岸陸揚げ一馬継で流山に結ぶA字型経路への変更の契機となるものであった。2)蠟・漆の流通量の減少は、会津藩の流通政策の結果とみられ、紅花生産の停滞は、立地条件の優れた武州紅花の産地形成の影響を受けたものと推定される。境河岸後背圏の牛蒡・蓮根を主とした下総蔬菜の激減は、江戸近郊農村での産地形成に圧倒された結果とみられる。反面、蔬菜衰退後に伸びた作物が下総猿島・結城両郡の茶の栽培であり、玉子の出荷量であった。このうち、茶の出荷は、半ば問屋商人化した富農層の手を経て行われたことが推定されている。3)〆粕・干鰯・五十集(いさば)荷物などの銚子方面からの登り荷物にみられるように、寛政期から盛んになった農間商いや城下町商人の衰退とも関連する商品流通機構の改変、具体的には、「隣村所々夥敷商人見世出来」あらゆる物資を取り扱うようになり、さらに「当河岸江一向附船不仕、武州・上州・野州之河岸々へ直積ニ相為登、猶又江戸表へ積下ヶ候」ようになったので、干鰯をはじめ各種問屋・仲買人が困窮・退転の仕儀に立ち至ったことである。4)奥州産煙草荷をはじめ穀類・蠟・漆の流通改変を象徴する鬼怒川舟運の衰退と那珂川水運の台頭などは、改めて指摘すべき大きな変化であり、また、会津藩の廻米輸送路としての中奥街道宿駅の衰退とあいまって台頭してきた仲付駑者の進出がある。彼らは19世紀初頭以降勢力を増し、江戸商人が抜け買いした会津米を「若松城下より野州今市まで米穀付通し商売仕」結果、中奥街道宿駅の衰退を加速させ、これと連結してきた鬼怒川舟運の退潮ひいては境河岸の衰退の一因となるものであった。5)最後に、丹治健蔵は、天保7年における鬼怒川下り荷の境河岸扱い分の地域的特徴を、次のように総括している。A)半径20km以内の近隣直接的流通圏では、茶・大豆・蓮根などの農産物扱い分が圧倒的に多く、B)次に半径100km以内の中間地域からは、那珂川上流の切粉煙草・鬼怒川中流に散開する地方都市の晒し木綿・さらに甲良下駄・箪笥などの加工品が多く積み出されている。C)100km以遠の奥羽内陸地方産の下り荷は、荷量が著しく後退していることを指摘している『関東河川水運史の研究 p108-116』。

以上の総括の中から、近世末期の境河岸は商圏が極度に縮小され、川筋一般の有力河岸レベルにまで低落していることが考えられる。このうち後背圏で生産される農産物は、輸送能性の高い近郊外縁部型の特性を示している。中間地域の特色とされる加工品生産は、付加価値を意識した農村工業の発生として捉えることができるだろう。ただし、農村工業としての技術段階は、渡良瀬川支流の麻を含めて、西関東の織物工業に見るような付加価値の高い完成品を創出するまでには至ってない。なお、奥羽内陸地方の諸荷物が著しく減少したことは、単純に江戸地廻り経済圏の盛衰を語るものではない。確かにかつて奥羽産商品が関東での産地成立を規制してきた側面もあったし、その後、関東における商品生産が奥羽内陸農村の産地形成を規制する逆の動きも指摘されてきた。しかし、最も重要なことは既述のように輸送条件とくに海上輸送の進展であり、次いで問題になるのは、江戸地廻り経済圏内での地方市場の成立と付随する輸送体系の変更であろう。これらの問題について、ここでは立ち入って検討する予定はない。

2．渡良瀬川水系舟運と特産地形成

下野南部と西部の農村地帯には、渡良瀬川・巴波(うずま)川・思川3河川からなる舟運体系が成立していた。都賀・河内両郡の南部地方でも、江戸との諸荷物の上下は鬼怒川を利用せず、思川―渡良瀬川経由で利根川を利用した。とくに元禄の地方直し以降、細分化した諸領からの貢租米江戸積みのために、ヒンターランドの狭いいくつもの小河岸が発達していくことになる（表Ⅲ-3）・（図Ⅲ-3）。河岸成立当初は廻米輸送を主体とした領主河岸の性格が強かったが、奥羽筋の廻米津出し基地として開かれた鬼怒川水系の板戸・阿久津河岸に比較すれば、河岸の性格は固定的なものではなかった。近世中期以降、宇都宮・鹿沼・栃木・壬生・古河・佐野などの在方町・城下町の発展と農村部での商品生産の進展で、河岸の機能は農民的流通に主導された商業河岸の性格を濃厚にしていった。たとえば、栃木のような在方町と河岸、壬生・黒羽のような城下町と河岸のそれぞれ一体化した発展も、その結果としての一例である。

初期の積出し河岸は、思川・黒川筋が島田・三拝・半田・藤井・壬生の諸河岸、巴波川筋では栃木・平柳・片柳のいわゆる栃木三河岸であり、渡良瀬川筋が底谷・大谷田両河岸と支流秋山川筋の越名河岸であった。部賀(べか)船から

表Ⅲ-3　利根川舟運の上下荷物

	年次	上り荷物	下り荷物
島　村	安永3	塩、糠、油など	近河岸廻米、炭薪穀物、板貫など
伊勢崎	明和8	塩、ぬか、水油	米、大豆、薪
	寛政5	糠、しほ、干か	御城米、殿様米、商人もの、炭竹木類
	文化	小間物、俵物、大坂糖、塩、八斗島、苦塩、赤穂塩、ふすま、干鰯	
新河岸	明和8	糠、干鰯、繰綿、太物、小間物、油、塩、茶、肴	米、大豆、板木、上荷物、沼田多葉粉
		（上下10,030～10,040駄）	
	文政12～天保2	塩、茶、糠？、干鰯、綿、太物、水油、小間物 （文政12　2,500駄 13　2,100 天保 2　1,920）	御城米、大豆、炭、綿、御廻米、板木、たばこ （文政12　2,000駄 13　1,900 天保 2　2,100）
川　井	文政12～天保2	塩、茶、糠？、干鰯、綿、太物、水油、せと （文政12　250駄 13　350 天保 2　420）	御城米、大豆、小豆、炭、板木、柏皮、大角豆 （文政12　320駄 13　450 天保 2　560）
倉賀野	明和8	塩、茶、小間物、糠、干鰯、綿、太物 （22,000駄）	米、大豆、麻、紙、多葉粉、板貫 （30,000駄）

出典：『群馬県史 通史編5近世2（田中康雄）』

高瀬船への積替河岸は思川の乙女・友沼・網戸三河岸、巴波川の部屋・新波両河岸であった。

近世中期以降になると、奥羽南部と江戸を結ぶ鬼怒川水系の舟運に、船荷の増大を変革の梃子にした新たな動きが出てくる。鬼怒川中流部の吉田河岸で陸揚げし、下野中央部を陸送横断して思川水系の三拝や半田河岸に連結する計画の浮上である。輸送量の増大を背景に、輸送時間と所要経費の削減をもくろんだこの計画は、両水系の関係河岸問屋によって勘定奉行に願い出るところまで進んだが、再三の計画と請願も下流河岸問屋等の反発もあって結局は実ることがなかった。この計画とともに、宝永年間と文化年間に那珂川水系―北浦間の駄送に替えて水路掘削計画が松波勘十郎・小貫万右衛門等によって提案された。前者は水戸藩の事業として推進されたが、諸般の事情で

図Ⅲ-3　下野南部諸河川の廻米積出河岸と集荷圏(明治2年)

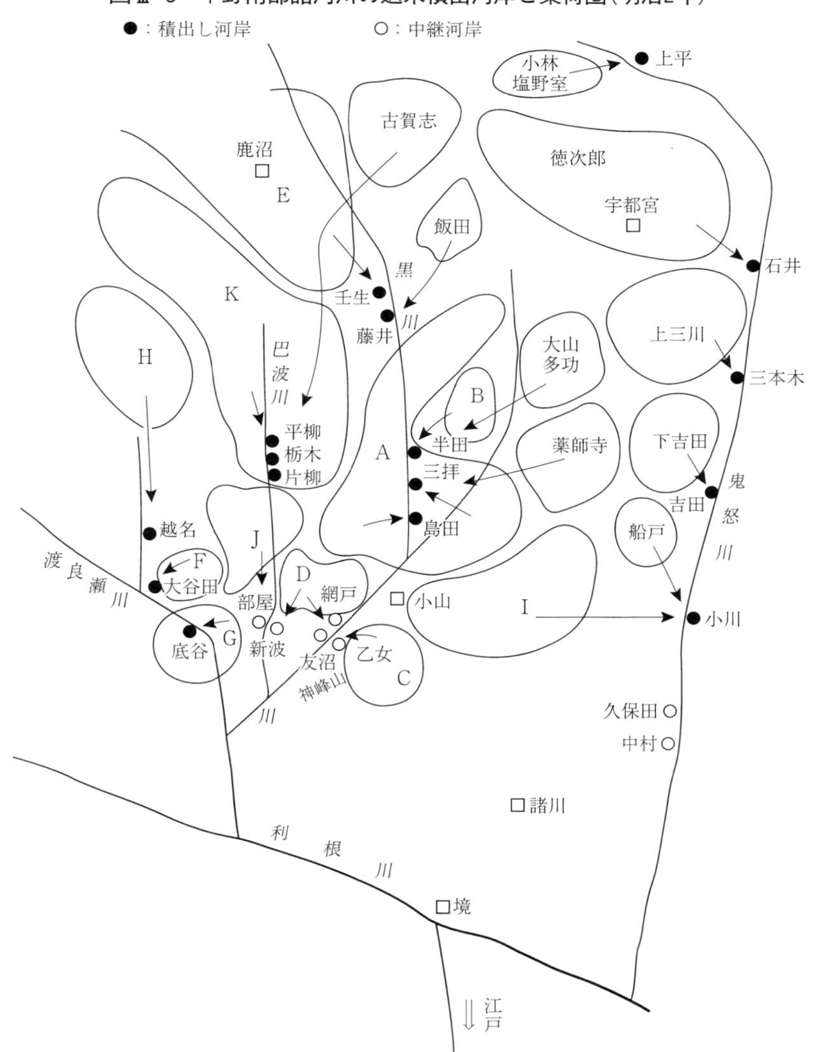

出典：『栃木県史　通史編5近世2（河内八郎）』

後者ともども陽の目を見ることはなかった『栃木県史　通史編5近世2 p377-378』。もともと、奥羽筋からの物流は、1)会津西街道・会津中街道・奥州街道・原街道を陸送して、鬼怒川の阿久津・板戸河岸に出すか、2)または会津西街道経由で今市・鹿沼を経て壬生もしくは栃木からそれぞれ黒川や巴波川舟運を利用するか、3)あるいは関街道から那珂川を経て多くは鬼怒川河岸へ、一部は涸沼経由陸送で北浦に至るという3コースが開かれていた。したがって、この実績を踏まえて立案された上記運輸計画は、鬼怒川舟運・那珂川舟運・思川舟運の3コース展開の歴史の上に立案されたものであった。

A）思川舟運の上下荷と壬生五河岸の結節機能

舟運の発達は、船の小型化・曳舟・河底浚い等の努力を傾注して、河川の遡行終点を限りなく上流へ引き上げようとする一面を持つ。思川支流の小倉川分岐点上流は黒川となる。黒川上流に立地する壬生城下の上・下・藤井諸河岸の開設もその一例である。また、乙女と壬生の中間、思川と姿川との合流点付近にも島田・三拝・半田・大光寺等の諸河岸が開かれていく。これらの諸河岸は、元禄時代頃から日光街道の東側、宇都宮南方の広範な村々からの貢租米積出河岸として開設されたと見られている。ヒンターランドの具体的範囲は、雀宮宿を挟む東西の村々から、小金井・新田宿の東側辺までの鬼怒川の西側に散開する比較的豊穣な村々である。宇都宮藩領の縮小をともなう元禄の地方直しによって、所領が細分化され、それぞれに廻米積み出し河岸の開設を必要とした地域であった。黒川舟運の高瀬舟による遡行終点は壬生である。その南、姿川と思川の合流点の北に飯塚河岸が立地する。日光廟造営の際の陸揚げ河岸として、元和期の乙女河岸利用から享保期には15㎞上流の飯塚河岸に変更された経緯を持つ河岸である。17世紀末葉、壬生城下町の発展にともなって、中・宮下2河岸が増設され、武家荷物や商人荷物の扱いが増えていく。

元禄期に入ると、全国的商品経済の発展とあいまって、北関東農村地帯にも江戸との間に商荷輸送が盛んになっていく。その結果、元禄元（1688）年、思川中流左岸の飯塚河岸と上流の宇都宮・日光・鹿沼・壬生などの商人との間に、登り荷をめぐって、象徴的とも言える争論が発生する『近世関東の水運と商品取引 p24』。

乍恐以口上書御訴訟申上候事

一、宇都宮・日光・鹿沼・壬生商人登荷物之儀、乙女・網戸かしより壬生新かしへ積登申候故、近年ハ飯塚かしへ一切登荷物参不申候ニ付、町中馬持共之儀は不及申上ニ、舟乗等迄迷惑仕候御事

一、(中略)

自今以後堅上下之荷物積申間敷旨、証文一札指上申候所ニ、近年壬生新かし数多出来仕候ニ付、登荷物之儀乙女・あしとかしより壬生河岸へすぐニ積登申候ニ付、飯塚町へ荷物一切上り不申候故、町中困窮仕、御拝借御年貢上納可仕様も無御座迷惑仕候（後略）

訴訟の文言が示唆するように、壬生河岸に新規に商人荷物を取扱う複数の船積み問屋が出現したことで、既存の業者が大きな影響を受け、商品輸送方法の変更さえ余儀なくされていく。しかも後述の如く、壬生諸河岸自身が流通過程の変革の波に翻弄されることになる。

河岸の発展は後背圏の動向と深いかかわりを持つ。黒川諸河岸いわゆる壬生五河岸の場合は、舟運遡行終点として、会津西街道経由で後背圏とくに鹿沼扇状地農村および会津地方と深い流通関係を持つ河岸であった。同時に、会津西街道を楡木で分岐し、例幣使街道経由栃木に送られてきた商品を巴波川舟運で捌く栃木諸河岸と競合関係にあった。会津方面から送られてくる下り荷物は煙草・薪・炭等であったが、近世中期以降、鹿沼地方の扇状地を中心に、都賀・安蘇郡の山間部に広く普及する麻の生産が、地域の重要商品作物として、かつ下り荷の基幹商品としての地位を確立することになる（図Ⅲ-4）。

集約的な麻の栽培には、干鰯・〆粕の投入が欠くことのできない施肥技術とされていた。当然、麻栽培の発展は大量の金肥需要となって舟運の繁栄をもたらし、反面、貨幣経済の農村浸透となって農家経済に波紋を広げることになる。在地問屋による干鰯・〆粕の前貸し商法で、農民層分解の胎動が現われるのは19世紀後半のことであった『栃木県史 通史編4近世1 p43』。麻栽培の発展とともに増大する干鰯・〆粕の輸送荷が、途中河岸で陸揚げされ、壬生まで回漕されない事態が多発した。姿川との合流点諸河岸や飯塚河岸で積み下ろされるのは、遡上不能の河況によることも考えられるが、周辺村々

図Ⅲ-4　鹿沼経由の商品流通

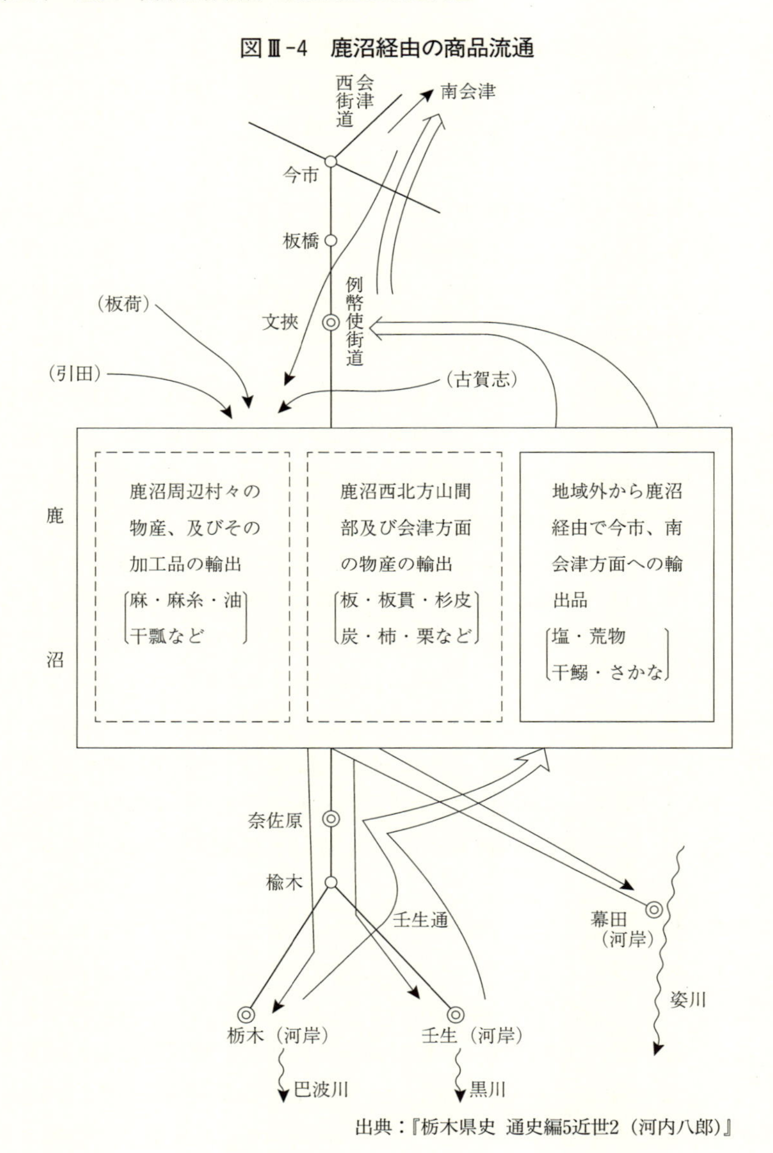

出典：『栃木県史　通史編5近世2（河内八郎）』

の農民が魚肥荷物を壬生の問屋を通さないで各地に送り出し、駄賃馬稼ぎを始めたためでもあった『栃木県史　通史編4近世1　p634-637』。

魚肥と麻の出し入れが象徴する舟運の発達と商品経済の農村浸透は、下野農村を超えて北関東全域に波及する事柄であった。安永3（1774）年、古河河岸船問屋が幕府評定所へ提出した「書上」を抜粋すると、以下のような状況が明らかになってくる。

江戸表より之荷物、糠・塩・酒・油・其外諸荷物古河船ニ重ニ積登り、（後略）
一、関宿より粕・干加積参候段申上候事
一、京都より奥筋へ通り候呉服荷、三度飛脚廻しニ而倉賀野河岸より古河河岸へ積参候、尤多葉粉等も積参候得共、古河町商人共荷物ニ有之段申上候事、
一、栃木より荒物積参候、部屋・新波・乙女・女沼・網戸、此河岸々々よりも不時ニ荷物積参候段申上候事
一、佐野越名河岸より炭・荒物類積参候段申上候事

「書上」には、江戸と下野を含む北関東との間を運ばれた荷物が記載されているが、享保から安永にかけての上り船の難船史料によると、18世紀中ごろには、古河河岸に輸送された商品はその多様化からみて、北関東農村での経済的需要が明らかに拡大してきたことを示している。とくに享保以降、江戸からの糠・灰・鳥糞、九十九里浜からの干鰯・〆粕等の金肥は、舟運の中心的商品として登場するようになる（田畑勉 1965年 p44）。金肥のうち、糠が北関東へ格別大量に送られている。行き先までは明らかにされていないが、南関東とくに武蔵野農村と同じく、上野にやや集中的に送り込まれたと考えてよいだろう。視点を変えれば、下野における麻栽培地域の主な使用金肥は、下野および常総地域一般と同じく、干鰯・〆粕であったということになる。田畑勉（1965年 p44-45）の指摘「北関東に送られた金肥のうち、糠はきわめて大量で、干鰯・〆粕・灰・鳥糞は少なかったと考えられる。これは北関東農村における農業生産が、糠を媒介にして江戸と結びついて展開し始めたことを示している。」は、下野と上野では肥料事情が若干異なることを見落とした大まかな地域分析といえるかもしれない。ちなみに18世紀後半の思川向け登り船の破船資料から主な荷物を上げると、安永5（1776）年、古河付近での破船荷物は、糠200俵・斉田塩30俵であり、次いで天明4（1784）年、野渡村付近での破船荷物は、塩270俵・干鰯131俵・箇物類36品であった。両船

とも行き先不詳の破船事故であったが、糠と干鰯の割合には決定的な差は見られなかった『近世関東の水運と商品取引 p46-48』。むしろ河内郡下蒲生村田村家の場合を宝永年間の『金銭出納帳』からみると、「入金の部では米・麦・大豆を中心とする販売代金収入があり、支出面では干鰯・荏粕・小糠、中でも干鰯の購入代金が多い。典型的な穀菽農業地帯である。干鰯の購入量が多いのは田村家の自家用消費だけでなく、周辺農民に販売または前貸しされる部分をかなり含んでいるためと思われる」と記録されている『栃木県史 通史編4近世1 p739-740』。いずれにしても、下野では干鰯の消費量が農家の階層枠を超え、決して小さいものではなかったことを示唆している『前掲県史 p636』。

17世紀末葉における思川舟運の商荷については、これを明らかにする直接的史料は存在しないが、元禄8（1695）年、鹿沼内町の「差上申一札之事」をみると、鹿沼田町の市日には、木綿・古手・紙・茶・あい物・木地類・わき・にんにく・繰綿・鍛冶炭・鍬鎌・くし柿が出品され、内町の市日には、麻・こま物・塩・布・竹木・煙草・板堅炭・真綿等が出回っていたことから、流通商品の一部は舟運の対象になったとみることができる『鹿沼市史 資料編近世1 p823-824』・『近世関東の水運と商品取引 p29』。元禄期から半世紀を経た延享元（1744）年の「村差出明細帳」によると、鹿沼宿の9・4六斎市には穀物・麻布・古着・肴・堅炭・木綿・素麵・煙草・薪等が取引されていた。このうち麻布・堅炭・木綿・煙草等は近在農家の生産物であった『近世関東の水運と商品取引 p33-34』。当然、思川舟運の江戸向け主要流通荷となる可能性が大きい商品群である。

近世後期の思川舟運をみると、登り荷には特段の変化は見られないが、下り荷に鹿沼産絞油が目立ってくる。文化4（1807）年「絞油御改穀数書上帳」には、鹿沼宿の絞油業者13名が記され、、荏胡麻・胡麻油の大部分は江戸に送られていた。送り荷の合計は232樽であった。輸送は壬生河岸・栃木河岸まで馬付で送り、その先は舟運に依った。ここで19世紀前葉（文政13年）の鹿沼宿の江戸出し商人42名の壬生河岸・幕田河岸（姿川）・栃木河岸（巴波川）からの出荷荷物をみると、最も多いのは材木・板・板貫・屋根板・杉皮等の林産物であるが、注目すべきは麻・麻糸・胡麻油・それに干瓢等の農産物である。丹治健蔵の指摘『近世関東の水運と商品取引 p62』を待つまでもなく、近世後期の北関東農村地帯に河川舟運を媒介にして、商品経済がかなり深く浸透している状況の一端を示す事柄である。

B）巴波川舟運の上下荷と栃木河岸の商圏

巴波川は栃木町に北接する御手洗沼（みたらいぬま）に発し、30㎞ほど流れて渡良瀬川にそそぐ小河川である。下都賀の水田地帯を蛇行して流れる比較的水量の豊かな川である。栃木河岸の起源は、黒川水系の場合と同じく、日光廟造築の際の御用荷物の送り込みにあったとされるが、歴史的起源以上に重要なことは、下野南部の三水系と諸河岸の中で、もっとも重要な役割を果たしたのが巴波川と栃木河岸であったという点にある『栃木県史 通史編5近世2 p387』。

小河川の常として、遡行終点の重要河岸手前で、小型の高瀬舟に積み替えるための中継河岸を開かねばならなかった。黒川水系の壬生五河岸に対する生井・網戸・乙女の諸河岸が、また巴波川水系の栃木河岸に対する新波・部屋両河岸が、それぞれ中継河岸の機能を持って存在した。

御用荷物・商人荷物の上り下りで繁栄した栃木河岸の後背圏は、清兵衛の干鰯売掛金からみた流通範囲27か村、最遠村落5里が示すように、かなり広範であったことが知られる。例幣使街道経由の鹿沼・今市、宇都宮西方地域、南会津方面は壬生河岸の後背圏とも競合する地域であったが、永野川・粕尾川沿いの諸街道と足尾山地東南部の広大な山間地帯を控えた奥の深い河岸であった。特徴的なことは、早くからこの地域の特産物となっていた木材・薪炭・石灰・紙と周辺畑作農村の麻など地元商品生産物の積み出しと、干鰯・〆粕・塩・魚類の移入品の陸揚げの2点であり、果たした役割は大きい。在町としての栃木の繁栄とその基盤となった栃木河岸の発展は、相互に関連し機能し合って展開した。下野における金肥の導入は、17世紀末の元禄期頃から急速に活発化していく。導入のルートのうち、一つは那珂川を遡行し、下江戸河岸中継を経て烏山南部辺の諸河岸に陸揚げするものである。ここで陸揚げされた金肥は、宇都宮・真岡商人たちによって、鬼怒川以東の下野東部一円に売り捌かれていく。もう一つは、利根川を遡行し、中継河岸境を経由して鬼怒川筋と思川・巴波川を含む渡良瀬川筋に流通していくことになる。このとき、渡良瀬川水系の舟運で中心的役割を果たすのが栃木河岸であった。

ここで巴波川舟運登り荷の基幹商品を、「五番川船御用留」（古河河岸問屋井上家文書）から確認しておこう。享保15（1730）年、向古河村の出し下で登り船が破船した。積み荷（塩340俵・束塩65樽）は塩が主要荷物であった。さらに明和6（1769）年、野渡村付近で登り船が破船した。この時の積み荷（〆粕干鰯214俵・糠26俵・外箇物43個）は肥料が本体であった。内陸南会津地方にとっての塩、ならびに鹿沼近辺山間地方の施肥量の大きい麻栽培にとって、巴波川舟運のもたらす肥料と塩は重要不可欠な登り商品であった『近世関東の水運と商品取引 p42-47』。

慶安4（1651）年の『下野一国』には、巴波川の河岸（船渡場）として11地点名が記されているが、元禄3年の「河岸改め」には、黒川水系の壬生・乙女・網戸の3河岸に対して、巴波川では部屋河岸だけが挙げられ、栃木河岸は欠落している。もっとも、「河岸改め」は廻米積み出しのための御用河岸を確定したもので、商用荷物の集散地である栃木河岸は、指定理由を欠いていたわけである『栃木県史 通史編4近世1 p637-638』。当然予測出来ることであるが、巴波川沿岸諸領の廻米津出しは部屋河岸から行われたものと見られる。

元禄時代に入ると巴波川の舟運は、黒川・思川舟運とともに一層盛んとなっていく。廻米津出し、ならびに特産物生産地帯の発展と金肥購入量の増大等による舟運の繁栄は、元禄11（1698）年、用水堰と通船、曳舟道路と通行妨害等に絡んで、船積み問屋がかりの3ヶ村と川筋12ヶ村の間に「川筋往来争論」を発生させた。争論は、翌12年に幕府の裁定による両者痛み分けの形で決着した『栃木県史 通史編4近世1 p637-640』。舟運の発展は多様な性格の争論をともなって進行する。元文3（1738）年、古河町河岸問屋井上家文書によると、栃木町惣商人代善左衛門等は江戸で登り荷の舟積みを扱っていた船頭衆を相手取って、商人の指図通りに船積みをするよう訴えを起こした。

乍恐以書付御訴訟申上候

（前略）

下野国都賀郡栃木町商人共申候ハ、此度右舟頭共一列、登り荷物指置候、新規先番積ニ可致江戸登り問屋栃木屋伝兵衛・乙女屋五兵衛・伊勢屋三右衛門・松

坂屋伝兵衛四人之方へ、当二月十一日之夜舟頭多勢罷越相断段、只今迄登り荷物商人差図之船ニ積来り候処ニ、左様仕候得は我等共勝手ニ不罷成、向後先番積ニ可致之旨相断、同十三ニ登り荷物一切積不申候

その後の文面をみると、「別而糠、干鰯之儀は不罷成と時分柄在々御百姓方へ指出シ候所、必至と差支候」と述べ、商人に限らず農民も難儀している状況を訴えている。右文書の後文には舟運荷物について、「尤商売物之内、糠・干鰯・塩之義ハ、在々御百姓より毎年米穀・麻・煙草其外前度ニ請取置、為其替糠・干鰯・塩相渡し申筈ニ年々仕来り候」とあることから、巴波川流域の商い慣行と河岸を通して出入りする重要商品が判明する『近世関東の水運と商品取引 p41-42』。上記の資料から、享保期における北関東農村地帯の商品生産の進展と貨幣経済の浸透を確認することができる。

河岸の経営にかかわる争論が、栃木河岸と隣接新田村の河岸との間に発生する。両者の商いをめぐる争いは、化政期頃から顕在化していく。とりわけて、嘉右衛門新田河岸との対立は激しく、弘化3（1846）年の裁許「嘉右衛門新田においては、塩・干鰯の類は栃木町より引受けて売捌く分については別にして、元方からの直仕入れは致すまじく」でようやく決着することになる『栃木県史 通史編5近世2 p391-395』。このとき、嘉右衛門新田河岸に加担した村々の分布域も、干鰯商いの商圏とほとんど一致し、栃木河岸商圏の広がりの深さを示していた。

C）渡良瀬川舟運の上下荷と留まり4河岸

渡良瀬川は足尾町に発し、大間々町で平野に出て、桐生・足利・佐野を経たのちに古河で利根川に合流する大河である。足利辺から河川勾配が急となり、遡上が困難となるため、近世初期の渡良瀬川遡上終点は、足利の数km下流の猿田・野田河岸であった。夏季の就航は、豊富な水量と南東風に助けられ容易であったが、冬季は渇水と強い北西風に影響されて難航した。近世初期の渡良瀬川筋の諸河岸は、南10km前後の位置に利根川が流れたために商圏が競合し（図Ⅲ-5）、右岸流域からの集荷記録は、支流矢場川および本川上流猿田河岸への積み替え河岸的性格を持つ下早川田河岸から、館林藩の廻米津出しと館林町の商人荷物の積み出しがおこなわれた事例をみるに過ぎない

図Ⅲ-5　近世渡良瀬川・思川水系の河岸分布

出典：丹治健蔵著『近世関東の水運と商品取引』（岩田書院、2013）を元に編集・作図

『群馬県史 通史編5近世2 p840』。多くは、北方足尾山地の支谷葛生町などに産する特産物と狭小な本川近傍からの農産物流通に依存する状況であった。慶安4（1651）年の記録では、遡行終点は足利下流南岸の野田までだが、元禄3年の「河岸改め」では、野田の上流猿田河岸まで遡っている。なお、この時公認された渡良瀬川上流諸河岸は、猿田・梁田・羽田・早川田・越名の五河岸を数え、その多くが明和、安永期（1764～1780年）の開設といわれている。

安永3（1774）年、「諸国川岸御改メ」によって、渡良瀬川水系諸河川の河岸船問屋株運上永が決定された。運上永の合計額は、河岸規模の総合的表現と見ることができる。これによると、近世後期の渡良瀬川筋には比較的小規模河岸が多く成立していたが、一部には思川・巴波川筋にみられないような大規模の河岸も存在していた。大規模河岸の分布は、本流および支流秋山川の遡行終点に成立した南北猿田・馬門・越名の4河岸であった。また、河岸の存在形態を時間的に捉える場合、河岸問屋の継続性でみることができる。存続期間が長かった河岸は、上述の遡行終点河岸と羽田・下早川田河岸とに限られ、その他は近隣村々の出入り荷に依存する地廻り河岸で、存続期間も短いものが多かったという（奥田久 1961年 p20-22）。

(1) 留まり河岸猿田の成立と桐生・足利織物の繁栄　渡良瀬川筋では、本流および支流秋山川の遡行終点付近に河岸が集中的に分布し、これらの遡行終点河岸一南・北猿田河岸、越名・馬門両河岸一の規模と期間からみた中心性が格別に高かったことから、渡良瀬川の物流拠点がこれらの諸河岸とりわけ北猿田河岸に置かれていた（手塚良徳 1971年 p33）ことは明らかである。以下、奥田久（1961年 p22-24）に従って、渡良瀬川舟運の拠点河岸の展開史を中心にしてまとめと考察を試みる。

貞享・元禄年間（1684-1704年）、河道変遷・流水量の年変化・河底の上昇等の河況変動にもかかわらず、渡良瀬川筋の物流は桐生織物の商圏拡大を背景に次第に活況を呈していく。元禄3年の「河岸改め」で下早川田・越名外3河岸が廻米津出し河岸として公認される。正徳3（1713）年の北猿田村と享保10（1725）年の岩井村における新河岸設立機運の浮上『足利織物沿革誌 p16-17』は、足利織物を含む渡良瀬川の舟運需要の増加傾向を示すものであった。渡良瀬川筋の河岸と船問屋の配置が整備されるのも、商品経済が川筋の村々に浸透するこの時期とほぼ整合すると考えられている。明和年間（1764〜72年）には足利地方の織物生産量が増加し、さらに近世後期には貨幣経済の浸透した村々で石灰使用量が増加して、渡良瀬川舟運は一層盛んになっていった。しかしその後文化6（1809）年の「河岸分」に関する協定成立は、渡良瀬川舟運の過集積状況を露呈することになり、結果的に河岸荷積み問屋衆の停滞局面打開のための市場分割とみなされることになる。

本流における中核河岸南・北猿田の上流は、「平水浅キ処壱尺深キ処七八尺、広キ処七八拾間狭キ処三四拾間、急流ニシテ清水ナリ」にみるとおり遡行は困難であった。しかも猿田の地は足利の外港として適当な距離にあり、桐生地方や足利周辺山地とも本流沿い、峠越えで容易に結ばれることができた。その結果、渡良瀬川沿岸地方の藩米・知行米は北猿田河岸から、南方の米は南猿田河岸からそれぞれ津出しされていた。また、「桐生新町村鏡帳」によると「御米津出の儀者、野州足利郡猿田河岸にて船積仕候」とあり、さらに菅田村（足利）の場合も「丑御年貢皆済目録」に「米壱石七斗四升八合猿田河岸迄四分、御廻米運賃米渡」とある。桐生・北郷方面の年貢米も駄送され、北猿田河岸から津出しされていたことがわかる。かかる経済的・交通的重要性が舟運不能の不利を補い、「延宝年中土井能登守様御領分ニ相成候節御添翰被下置、御竹倉御帳面ニ足利桐生迄ノ留リ川岸ニ被仰附候テ、御手舟一丸ノ御印共御預ケ被遊候」に示される政治的措置を引き出す背景となっていったものと考えられる（手塚良徳 1971年 p33）。

近世の桐生地方の織物は、桐生の5・9、大間々の4・8の六斎市で取引されたが、市日の関係で織物の大半が大間々市に出荷され、銅街道経由の駄送で平塚河岸に送られそこから積下げられていった。その後、享保13（1728）年、桐生は退勢を挽回すべく市日を大間々市の前日3・7に変更した。加えて元文3年、京都西陣の製織技術を導入し、以来、機業の興隆期を迎えることになる。結果、渡良瀬川を下る織物が増加し、このことが明和8年の南猿田河岸の成立に少なからず影響力を及ぼしたものと思われる（奥田久 1961年 p23）。ただし手塚良徳（1971年 p32）は、南猿田河岸の開設を1）足利織物の生産の進展、2）農民的商品生産の活発化、3）背景としての田沼政策の推進、以上3点にあるとしている。若干、所説の異なる奥田・手塚両論文を統一的に理解するためには、次のような補足を加える必要があろう。つまり、桐生は市日の変更と西陣の高機移入で興隆の契機をつかみ、繁栄の道を歩み出す。当然、渡良瀬川を下る織物の量は増加していく。一方、足利では桐生の新しい製織技術を導入して産地の基礎を固め、明和の発展期を迎えることになる。当初足利織物は桐生へ搬出され、「桐生織物あるを知って、足利織物あるを知らず」の状態であったが、明和・安永の頃から京都の嶋屋・京屋両飛脚問屋との取引が始まり、足利から渡良瀬川の舟運を通じて直接江戸・京都・大坂との販路が開かれていった（手塚良徳 1971年 p34）。明和8（1771）年の南猿田河岸の開設は、こうした桐生・足利両織物産地の発展動向の中から必然の所産としてもたらされたものである。

なお、支流秋山川の中核河岸は、越名・馬門である。両河岸は田沼盆地の複合扇状地の伏流水を集流する年変化の比較的少ない秋山川に臨み、付近に渡良瀬川の自然的調整池ともいえる越名沼があった。周辺村々の中心地佐野が載る台地は、東・西・南を低湿地帯で仕切られていたが、南東部に突出し秋山川に3mの比高で臨むところに、越名・馬門の河岸が佐野の外港的性格の下に開かれた。渡良瀬川本支流の遡行終点に立地した4河岸について、奥田久（1961年 p23）は、渡良瀬川筋最大の交通結節点としてその重要性を指摘し、手塚良徳（1971年 p33）は北猿田河岸を中枢拠点河岸として取り上げている。共に正鵠を射た指摘であることには違いはない。

⑵ 留まり4河岸と河岸分けの成立　渡良瀬川舟運の流通空間には2点の特徴がみられる。一つは野州石灰の流通範囲が、江戸近辺での八王子石灰との競合を除けば、利根川筋・江戸川筋・霞ヶ浦・北浦・鬼怒川筋・渡良瀬川水系諸支川のきわめて広い範囲に独占的に供給されていたことである。下り荷でこれだけ広域的に流通した商荷は、他に例がないといっても過言ではないだろう。土壌酸性度が比較的高い関東平野北部農村においてとくにその傾向が強いという（奥田久 1961年 p19）。ちなみに、八王子石灰は新河岸川の河岸問屋に大量に駄送されているが、搬出先は江戸に絞られ、北武蔵野の新田農村に送られ、開墾土壌の酸性改良に使われた記録は予想に反して発見できなかった。

二つ目の特徴は、「惣仲間従古来銘々積場所相分、渡世仕候」に示されているように、渡良瀬川舟運地域では船問屋仲間の協定によって、元文元（1736）年以降、河岸分けと称する集荷先分割が行われてきたことである。ちなみに文化6年の河岸分は、以下の通りであった。

南・北猿田、小生川、野田、高橋、羽田、下早田諸河岸（足利町在々・桐生町在々・および河岸場在々）

越名、馬門河岸（天明町・犬伏町・田沼町・葛生町在々）
大谷田、高取、底谷諸河岸（藤岡町在々）

つまり上野国東部ならびに足利・梁田両郡を下早田河岸とその上流諸河岸が、安蘇郡を馬門・越名両河岸が、現在の下都賀郡の一部を大谷田以下の3河岸が、それぞれ奥田の呼称に従えば、後方地域としていたことになる。また年貢米等の公用荷も特定の河岸から津出しすることが決められていた。その結果、各河岸への商人荷・公用荷の発送地域、換言すれば河岸分けの結果としての集荷圏は一定していて、しかもその範囲も広いものではなかった(前掲論文 p19)。問題は河岸分けの結果ではなく、それを行うことを必要とした流通事情そのものに在ると考える。奥田　久はその間の事情を、享保・元文以降の新旧河岸による後背地域の争奪の結果として析出している（前掲論文 p22)。まさに指摘の通りとみられるが、あえて加えれば、荷積問屋の過密立地ないし集荷圏域の荷不足状態を確認しておく必要もあったと考える。河岸分けに関する加筆の理由は、上利根川14河岸・新河岸川川越五河岸・利根川中流右岸2河岸とともに、地域舟運の状況と河岸問屋集団の性格を示す重要な側面として捉え直す必要を感じるからである。

なお、渡良瀬川本流筋の河岸分け以外にも、古河市史によれば河岸問屋相互間に取り決めが行われ、河岸分けが存在したことが指摘されている。たとえば、船渡河岸の場合、享和3（1803）年の「自分船荷差配の村方書付差出控」に次のような記載をみることができる『古河市史　近世編（町方地方）107号』・『古河市史 通史編 p330』。

一　渡良瀬川通り、中田町より上手篠山村まで15ヵ村
一　思川通り、野渡村より上手3ヵ村
一　利根川通り、本郷村より飯積村まで3ヵ村

上記船渡河岸の舟運荷物取り扱い範囲の村々は、いずれも商品生産の展開が活発な畑方として、河岸問屋には商圏に取り込む価値のある農村地帯であった。ただし競合対立河岸が存在しないこと、談合なしに一方的に支配村々の確保を宣言していることの2点で、若干異質な河岸分けといえる。おそら

く新興業者の新河岸開設や河岸問屋まがいの動きに対する牽制行為とみるべき事案かもしれない。

⑶ 渡良瀬川舟運荷物と綿花栽培　ところで渡良瀬川諸河岸とりわけ遡行終点4河岸中では、遡行終点の利を生かした北猿田河岸が、集荷圏規制にもかかわらず、後背圏・扱い荷等において若干有力だったようである。北猿田河岸の起源は、同河岸問屋小泉家の記録によれば、次の通りである『栃木県史 通史編4近世1 p642』。

寛永元甲子年（1624）先祖忠兵衛、初て小船ヲ作申候処、渡良瀬川瀬細ク、其上所所ニ難場多ク、右河迄、足利郡桐生山中迄ノ諸荷物瀬取リ、右河より江戸迄船相頼ミ、（中略）
段々瀬取船村方ニ出来、川筋御普請等モ有之候故、川瀬深ク相成リ、江戸往来ノ大船出来仕候ニ付、

一、正保乙酉年（1645）忠兵衛、御公儀様へ御願申上候処、問屋役儀被仰付候ニ付、川北通足利郡桐生迄ノ御成（城）米並に御給所様方御物成リハ不及申ニ、諸商人荷物北猿田河岸問屋場出来申候、

正保2年、幕府の許可を得て河岸問屋を開設し、川の北側の足利・桐生辺の城米・給所米・小物成の産物などのほか、商人荷物まで集荷するようになったものである。とりわけ北猿田河岸では、平場からの貢租米等の集荷は限られていたと思われるが、山地から峠越えで運ばれる薪炭・飛駒紙あるいは織物の積み出しは盛んであった。とくに18世紀以降の桐生・足利・佐野織物の積み出しでは、一層その重要性を増していくことになる。六斎市で取引された織物は、その日の午後に北猿田をはじめ南猿田・越名・馬門などの本支流遡行終点諸河岸に届けられ、翌朝には江戸に積み出されていった。近世末期には六斎船と呼ばれる専用船が下るほどの盛況であった（奥田久 1961年 p16）・『栃木県史 通史編4近世1 p642』。いわば、近世、北関東に展開した多くの河岸・河川交通が、発生的には領主流通の歴史の下に成立し、やがて商品経済の発達を受けて農民流通に主導権をあけわたしていくのに対して、渡良瀬川の舟運史は、佐野・足利・桐生等の農村工業とその生産物をめぐる商業機能によって、特色づけられていったといえるかもしれない。なお、渡

良瀬川の支流秋山川には、馬門・越名の2河岸が開かれ、田沼・葛生等の奥地から野州石灰・天明の鋳物・足尾山地南部山村の炭をはじめ木材・竹・米穀など、地域の物産が積み出された。

登り荷に関するまとまった史料はないが、安永3（1774）年、渡良瀬川経由桐生新町に入った荷物をみると、塩・油・酒・生麩・黒砂糖・藍玉・繰綿・天草などの食料品・織物原料品・鉄等があった。この他に下野南部・上野東部に向けた赤穂塩・くさだる（樽詰め魚肥）・木炭・雑貨類が、足尾に送られる雑貨類とともに北猿田河岸に陸揚げされたといわれる（前掲奥田論文 p16-17)。ただし常陸・下野地方で登り荷物を独占した干鰯・〆粕・糠、等の金肥については、少々の樽詰めの魚肥（くさだる）と下早田河岸揚げの品目不明肥料以外に見出すことができなかったこと、ならびに左記と関連して、畑方特産品作物の生産実績も認めることはできなかった。登り荷における魚肥・糠等の欠落は、本川諸河岸だけでなく、経済活動の活発な支流秋山川筋の越名河岸の陸揚げ荷物にも認められるが、この点については、秋山川筋の生産活動が林・鉱産資源に偏向していた結果によるものである。年次不詳であるが、越名河岸から葛生の石灰、山村地方の薪炭・木材・粗朶、栃本方面の瓦、佐野の天明鋳物、その他米雑穀・野菜・荒物などが津出しされ、河岸揚げ荷物としては、あらゆる生活必需品が網羅され、佐野・足利・葛生・田沼をはじめ桐生・鹿沼・足尾・栃木方面の問屋に流通していった（須藤清市 1962年 p10)。

たしかに文化5（1808）年、羽田河岸からの積出荷物と目された下り荷を「船問屋仲間定録」からみると、穀物・麻・煙草・藍玉・紅花・綿・紙・石灰・鉄製品・木材木工品・酒・酒粕等々の農産物・地方特産物・農村工業品が目白押しであった。商品化作物に限ってみても関東畑作農村の代表的作物がそろい踏みである。この状況を手塚良徳（1971年 p34-35）は国内市場の拡大にともなう商品生産の発達の成果として、定性的史料に基づいて是認している。しかしながら、少なくとも金肥の普及はもとより、諸河岸から積下す荷物の品目構成から見た限りでは、渡良瀬川流域を代表するような商品化作物は、近世中後期を通して明確には存在していなかったとみることができる。もっとも、渡良瀬川下流部と利根川間に挟在する上州邑楽郡一帯と新田郡の一部利根川流域を綿花の商品生産地域として特定する見解は、青木虹二『日本産業史大系 関東地方編 p249-256』の報告、小泉町―大佐貫村―板倉村の綿花栽培に関する井上定幸の瞥見的な検討成果『群馬県史 通史編5近世2 p264-265』、市誌掲出の「上州館林組合村々地名其外書上帳」『館林市誌 第2巻 p327-333』、尾島町誌上巻、大泉町誌下巻の記載にも見られることから、産地規模や生産量に関する評価はさておくとして、商業的な綿花産地の形成を認定することはできると考える。この場合、生産された綿花は足利・佐野・館林方面の綿業地域に送られるため、舟運荷物として記載される機会は当然考えられない。注意すべき点である。

ともかく、渡良瀬川流域農村は、農産物商品化を介して、江戸地廻り経済の展開に直接かかわる機会が比較的少ない地域であった、といえるかもしれない。それは唯一に近い商品作物の綿花が農村家内工業原料として地元の中野や館林で消費され、江戸地廻り経済の一翼を形成するのは2次的生産物の織物だからである。このことと桐生・足利における織物工業の発展と江戸地廻り経済の成立が、流域農村社会の存立形態と地域経済にいかなる性格を付与することになったか、一考の意義はあるだろう。少なくとも後述するように、桐生・足利織物の発展に付随する婦女子労働力の流出と後述するような穀物需要の発生は、農村労働力の農業外流出と地域穀物市場の成立という多分に近世末期型社会の先駆的状況を提示していることが考えられる。

⑷ 商品経済の浸透と破船荷物　河川流域農村の経済的性格は、河岸から出入りする上下荷の質量から容易に推定できる。そこで近世中期以降の商品経済・貨幣経済の渡良瀬川流域農村への浸透について、「自給的性格が色濃く存続する地域」として括ることが果たして可能かどうか。以下、上記の課題について破船の積み荷史料（川船御用留）に基づく整理と再検討をしてみたい『近世関東の水運と商品取引 p42-50・88-97参照』。

享保14（1729）年、渡良瀬川羽田河岸で登り船破船、積み荷（糠百五十俵・外に干し大根・蠟燭・水油・煙草・繰綿など多種少量）

寛延元（1748）年、渡良瀬川茂平河岸下で下り船破船、積み荷（山煙草弐百九拾箇・酒弐拾樽・麻三箇・炭八百五十八俵・味噌弐樽・杉板五拾束）

宝暦2（1752）年、渡良瀬川駒場村で登り船破船、積み荷（糠四拾俵・酒四樽・油四樽・塩壱百俵・鍜冶炭五十六俵・醤油十九樽・明キ樽百五十・鉄荷三拾三箇・繰綿三本）

宝暦11（1761）年、渡良瀬川本郷村渡し場下で下り船破船、積み荷（炭六百俵・煙草廿箇・石灰四拾俵・麻六箇・反物壱箇・紙荷壱箇・真木弐百束）

安永2（1773）年、渡良瀬川伊賀袋村付近で下り船破船、積み荷（石灰三百三拾俵・炭八百拾三俵・真木4百束・米弐拾俵・藁四拾五束・松板拾七束）

安永2（1773）年、利根川宝珠花村付近で登り船破船、積み荷（糠百五拾俵・斉田塩五拾俵・抹香五俵・油弐俵・酒17駄・箇17品）

天明7（1787）年、渡良瀬川下宮村渡し場付近で下り船破船、積み荷（公荷米四拾壱俵・商荷炭千壱百俵）

寛政8（1796）年、渡良瀬支流秋山川伊賀袋村で下り船破船、積み荷（小麦弐拾壱俵・大豆壱俵・石灰弐百俵・炭五百八俵・莝仕立百六十三束）

寛政12（1800）年、利根川右岸常木村付近で登り船破船、積み荷（小麦四拾俵・大麦四拾俵・米・大小麦・割麦九拾六俵、全て下宮古川積行田河岸行き）

文化11（1814）年、渡良瀬川本郷村付近で下り破船、積み荷（米五拾五俵・大豆四俵・炭五百俵・煙草五拾俵）

18世紀における破船積み荷史料から渡良瀬川上下荷の特徴を把握し、当時の流域農村の商品生産とこれを支える生産手段とくに金肥導入について検討する。まず、下り荷について総括すると真木・板・炭・石灰等の林・鉱産資源の出荷が目立ち、これに米麦・大豆と少量の煙草・麻がみられる。近世中期以降、関東畑作農村に普及するいわゆる特産商品作物の生産は、上野東南部から下野南部にかけての渡良瀬川流域では、綿花ならびに山間部のごく一部産品を除いて、ほとんど成立していないことを示している。一方、登り荷をみると、糠・塩を中心に酒・油・醤油等の日用食料品類が河岸で荷揚げされている。とくに糠の流通が多いことはその需要が米麦作に向けられているものと考える。結果、施肥効果としての生産性の上昇分が商品化され、貨幣経済の浸透に対応していることが、下り荷に占める穀叔類の割合からも推定される。舟運にみられる糠と穀叔の出入りは、農間余業や余作（特定商品作物生産）の未成立な北関東平場畑作農村ないし田畑作農村のごく一般的な状況のように思われ、必らずしも自給的性格が色濃く残る地域とはいえないようである。

⑸　**織物生産と輸送手段**　渡良瀬川上流部農山村、たとえば足尾・大間々・桐生・藪塚・あるいは本流渓谷沿いの村々からの生産物は、一部の駄送荷物と繁栄期の桐生・足利の織物関連商品を除いて、銅街道経由で上利根川の平塚河岸まで陸送され、そこから積下げられていった。『群馬県史 通史編5近世2 p865-873』。本来、内陸における物資輸送は可能な限り舟運を利用する傾向があった。しかも「京都西陣・縮緬……下総結城紬等、いずれも陸付運送重（主）之品ニて、下品之絹太もの類ニ至候而ハ、船積運送有之」というように、織物類のうち高価なものは陸運、比較的安価なものは水運によって主に輸送されたことが明らかである。『東京市史稿市街篇44号 p800-873』・(奥田久 1976年 p49)。このことは諸荷物一般についても言えることであるが、足利・館林・佐野および初期の桐生織物輸送については、輸送経路の整備状況が陸運・水運の選択を規定し、織物の商品価値が輸送手段を決定する傾向は特段みられなかったようである『館林市誌 第二巻 p322-325』・『足利織物史 上巻 p302』。ごく近隣の地に、安価で大量輸送の可能な舟運が成立していたことが、濡れ荷・破船の危惧を超えてその利用を選択させたものであろう。とりわけ、留まり河岸猿田は、最上流河岸としては例外的な中継ぎ無用の河岸で、江戸に向けて直航船を仕立てることのできる河岸であった。定飛脚制度採用以降の上州絹・桐生織物の移出は陸継ぎ飛脚便が主流となり、一方、足利では明和・安永の頃から次第に京屋・嶋屋の飛脚便を利用して渡良瀬川を積下すようになっていった『足利織物史 上巻 p353-354』。なお、詳細については「Ⅲ章二節3-C」を参照されたい。

これまで那珂川・利根川・鬼怒川水系等に代表される河川交通において、随所にみられた長距離陸送経由の積替舟運は、渡良瀬川舟運の場合、上流域の荷物が谷口集落大間々から銅街道に吸引され、ついにその本格的成立をみることがなかった。いわゆる集荷圏が著しく狭い反面、配荷圏が極めて広い水運体系を構成していた点に渡良瀬川舟運の特徴の一つを認めることができる。既述のような渡良瀬川の舟運環境も、天保年間（1831-1843年）になると大きく状況が変わってくる。農村工業の分離・主雑穀流通の進展・払い米と作徳米販売等が一般化するようになる。以下、手塚良徳（1971年 p37-39）の考察に従って河岸出入りの発生と既成河岸問屋の後退について整理してみた。天保4（1833）年の南北猿田河岸の出入り文書によると、

足利郡村々より相納候御年貢米並に売米は御当地に積送候処、近年来村々に於て過半織物渡世相始め織下女多数召抱右人別夥敷銘々夫食員取御年貢米も金納に相成、其上上州、桐生辺に売渡米不少『足利織物沿革史』

文政年間には足利郡の農家の過半数が織屋を始めるようになり、さらに弘化年間の桐生の一文書に「近辺村々に而桐生領の高機諸道具見習織物相始候得共、格別の障にも不相成捨置候所、次第に足利近在別而悉移行」との記録が見られ、桐生織物側としても高機の普及が無視できない存在となったことを認めている『足利織物史 上巻 p354-355』。館林・中野はこの頃、問屋制前貸し形態の賃機生産、いわゆる「元機」の「賃機廻り」が一般的であったが、足利ではこれに一歩先んじて、高機の普及をバネに問屋制家内工業＝賃織りが成立する『下妻市史 p715』ことになる。結果、こうした織物産地の繁栄につれて米の需給関係にも不足が生じ、集荷圏の狭い南北猿田河岸にとってはことのほか重大な状況となった。「河岸分」の縛りも絡んで、事態は新たな紛糾の火種になっていく。

とくに南猿田河岸後背圏は、耕種農業地帯でありながら生産力が低く、そのうえ並行する利根川左岸河岸問屋に荷物を奪われ、北猿田河岸後背圏に進出せざるを得なかった。南猿田河岸問屋の具体的蚕食行為は、猿田ー足利間の瀬取船輸送の開始となって表面化した。当然、北猿田河岸問屋は評定所へ出訴に及んだが、天保4年の「差上申済口証文事」によれば、北猿田河岸側の訴えはすべて却下された。ただし、南猿田河岸問屋と組んで瀬取り船輸送を行った足利の新興河岸問屋源八とともに行動した「無極印船」の荷輸送は禁止された。前述の訴訟にみられる既成河岸問屋の特権の後退について考えたとき、新河岸問屋（源八）とこれと結合した新船持層（無極印船）は、既成河岸問屋から支配されない新しい階層であり、訴訟結果にみるとおり、既

成問屋の後退と入れ替わるように進出してきた新興の業者衆であった。この状況は明治初年にまた一段と鮮明になってくる。明治6（1873）年、「以書付願上候」の一節、南北猿田河岸の問屋総数4軒が6軒に増え、増えた2軒が両河岸の中枢的地位を占めていくことにも窺い知ることができる。

D）特産野州麻の生産と農民階層の分化・分解

⑴　**北関東畑作農村の商品生産の全層化と特産地形成**　　下野・常陸北部から常総にかけての、いわゆる鬼怒川流域に成立した木綿・和紙・煙草の産地に対して、下野南部の渡良瀬川水系の舟運流域に成立した代表的特産物は、麻・干瓢であった。近世初期に成立し、中期に普及発展するこれら商品作物も、北関東畑作農村に展開する特産作物群と軌を一にした経緯の下に推移し、18世紀の農村荒廃に呑みこまれていく。

栃木県史『通史編5近世2 p13-14』によると、元文2年、境河岸問屋小松原家の大福帳に、結城・真岡の晒木綿、水戸の和紙・煙草とともに野州麻が江戸向け商品として記載されている（前掲田畑勉・難波信雄論文)。この時期の「輸送商品と荷主」の検討結果を並記すると、関東農村は自給的生産から次第に江戸市場に直結した商品生産に移行しはじめる。しかし荷主は富裕な上層農家に限られ、荷主の「乗り下げ」も多く舟運の未成熟さが感じられる段階である。江戸商人による在地の掌握も進んでいない。さらに下って、明和・寛政期の境河岸扱いの商品内容を検討すると、宇都宮の干瓢、水戸・大山田の煙草、真岡・下館の晒木綿等とならんで鹿沼・栃木の麻糸が、重要な江戸送り商品となっている。元文期に比較して、この時期の商品流通は北関東における必需品（糠・干鰯・〆粕・塩・醤油・呉服・太物等）の増大につれ、江戸向け商品の品目・量も飛躍的に増え、江戸地廻り経済の成立を想定させる状況が進行する。この頃になると、商品生産は全階層的となり、多数の農民が流通に参加するようになる。ここに結果としての地域的分業（特産地）の成立をみることになる。以下、18世紀後半以降、関東的な地域レベルで上記状況が進行する中での、前期的商業資本による野州麻産地支配の特質と性格に関する栃木県史の考察『通史編5近世2 p15-16』に、若干の私見を加えながら整理を試みた。

⑵　**前期的資本の麻場農民吸着の構図と農民層分解**　　野州麻の産地では、

在地問屋の仕入れ金の不足を補うべく、買い手側の特権商人から資金の前貸しが積極的に行われる。こうした仕入れ金の前貸しが、江戸市場問屋から在地問屋へ、さらに在地問屋から仲買を通じて生産者に向けられていくとき、北関東における特産物生産は、その範囲と密度を一層拡充することになる。言い換えれば産地の拡大と個別農家当たり栽培面積の増大と同時に、前貸し商法による江戸特権商人の特産地支配網が完成することになる。

前期的商業資本による特産地農家支配の構図に次いで、麻栽培農家の生産構造上の特質と性格について以下、前掲栃木県史『通史編5近世2 p15-16・57』から明治21年施行の「農事調査」を参照しながら一考してみたい。1)麻栽培には労働力配分上の季節性が存在し、さらにきわめて集約的な労働投下量（大麦の4〜5倍）を必要とする。2)資本集約的な金肥投入（大麦の4倍）も不可欠である。3)連作を忌避し、輪作体系の導入を要する。4)栽培・製麻・加工の三工程のうち、加工部門が未発達である。5)栽培・製麻は単一農家内の作業として固定し、分離は強く阻まれている。以上に述べた麻生産上の特質と諸性格が、麻の栽培規模を制約する基礎的条件となっているが、この問題を決定的なものにしているのは、麻の特産地を編成している市場構造上の問題である。箇条に要約すると以下のようになる。1)多額の生産費を要し、金融面で商人の支配を受けやすい。2)麻の流通は、江戸問屋ー在地問屋ー仲買ー小仲買ー小生産者という資金ルートを遡及するかたちで組織されている。3)綿・絹業生産に比較して、産地内における分業関係の発展と販売市場の拡大を図ることが困難である。このように生産と流通の両面で規制されながら、麻特産地帯独特の商品生産と分業関係のあり方が決まってくるわけである。

野州麻特産地いわゆる麻場農村の分布地域は、都賀郡一帯である。なかでも小倉川支流の粟野川・南摩川・大芦川の流域と黒川流域の扇状地上の畑地帯に産地は展開する。生産量は、自然災害の影響を敏感に受けて、大きく変動をしながら推移する（下南摩村阿久津平左衛門家「麻売払帳」）が、明治17年の「興業意見」でも麻場農村の地域的範囲には特段の変遷は見られなかった『栃木県史 通史編5近世2 p56-60』。文政年間には、「この近郷すべて麻苧を産す、粟野・大芦をもって頭とす、鹿沼に買占めて後諸国に販売するが故に、此地の産物とす」（押原推移録）といわれるごとく、鹿沼麻の名で知られるにいたった。生産された麻は、ほとんどが在地の麻問屋や仲買人に買い取られ、壬生河岸や栃木河岸から消費地に送られた。三都のほか下総等の漁村地帯に送られ、漁網の原料になったものも多かった『栃木県の歴史 県史シリーズ p216-217』。いわゆる地方市場の成立を示唆する状況もみられた。

野州麻特産地の生産額の内訳を明治10年の全国農産表『日本農業発達史10巻』からみると、普通農産額72%に対して特有農産額は麻20%、藍2.6%、菜種と実綿各1.6%をそれぞれ占めていた。一方、麻特産地を形成する上都賀郡の小作地率は、24.2%となり、当時の県平均小作地率26.1%を若干下回っている。貨幣経済や前貸し商法の浸透にもかかわらず、階層分化が低位レベルに留まっていた要因はどこにあるのか。以下、関東農村と野州麻場農村における商品生産と農民層の対応について、農民階層の分化・分解に視点を置きながら、栃木県史『通史編5近世2 p84-103』の分析結果と総括を抄録してみた。

関東農村の近世後期の階層分解については、古島敏雄『近世における商業的農業の展開 p66』の古典的な見解がすでに出されている。そこでは、江戸の需要と生産力の低さに規定された自給依存度の強さ、主要街道沿い地域からの都市的生活の浸透、宿駅機能維持のための過重負担問題とが、階層分化の低位性と新しい芽生えの困難さを規定したとされている。こうした階層分化の積極性の喪失によって、高利貸資本の土地集積と下層農民の余業とくに消費的余業参加を一般化させていったことが、足利・桐生・秩父・八王子などの機業地・江戸近郊蔬菜産地・常陸の煙草特産地等を除く、関東一円農村の一般的景況とされていた。

18世紀後半から19世紀にかけて、北関東農村では農村人口の相対的・絶対的減少が生起する。さらに農村荒廃化の進行、継続的な停滞現象の基底に、前期的資本の生産への食い込みを軸とした特産地化の展開が同時進行する。他方、麻場農村では、小農の欠落・農村の荒廃と特産地化の進行・余業機会の増大という事態の中で、地主手作り経営の維持困難・質地一小作関係の停滞ならびに中農肥大化傾向が浮上してくる。前期的資本の生産過程への介入は、生産と流通の単位としての経営体の集約度を高める方向で作用し、かつ、加工業の展開を否定する方向で機能した。北関東農村とりわけ麻場農村の場合、江戸需要との結合の強さに規定された階層分化の低位性（長倉保 1972年 p100）＝中農肥大化の一端は、こうした重層的状況の下に成立したと理解すべきであろうとしている。『栃木県史 通史編5近世2 p56-57』。もとより、麻に限らず和紙・煙草・蒟蒻等の特産物を持つ北関東山間農村における中農肥大化や商品生産農民の輩出は、平野部の水田農村・畑作農村にも時期はずれても共通するといわれている『明治維新の農業構造 p99-153』。

⑶　江戸麻問屋の垂直的産地支配と産地の構造　　まとめとして、幕末～維新期の前期的資本の動向と麻場農民の関係の中から、農民層分解＝中農肥大の問題を捉え直してみよう。明治2（1869）年、日光県の指導で「下野製麻紡績」の設立が企画された際、競売方式による価格形成が従来からの商慣習に馴染まないとして、麻商人と生産者は執拗な反対を試み、その実現を阻んできた。ここにも麻商人の肥料前貸しによる強力な農民掌握がみられるとしている『前掲書 p99』。幕末～維新期に、野州麻がなお強く江戸問屋に依存していたことは、以下の史料（粟野町中枝武一郎家文書）からも明らかである。

覚

一、麻苧　片見替り、うら附、切出し、まけ込み、そく落、折込み、尽縄結、しめりもの右者先年も御披露申上置候処、近頃猥ニ相成、外国発行いたし、野州麻売先甚不宜、自然国産衰微之基も成行可申旨、江戸表より巨細申来リ候ニ付、今般相改、上麻位立、国益ニ相成候様いたし度、依之前書之品一切取扱不申候間、御組頭御承知可被下候、

以上

（明治元）辰七月　　　　栃木組　麻問屋　印

内容は、上麻生産に精励すべしという問屋から生産者へのきつい通達であり、農民管理の文言化である。栃木県史『通史編5近世2 p99-103』では、この通達を江戸問屋から在方問屋経由の生産者への垂直的指示と捉え、この規制の強さが、農民層の分解を規定し、自立的分業の生成を抑制したとしている。つまり麻繊維加工の欠如に帰結する問題であり、同時に織物中心地桐生・足利・佐野との結合を遮断するものであった。いわば、原料産地において付加価値生産の大きい加工業の展開を否定することは、前期的資本の麻生

産者掌握の手段であり目的でもあった。麻場農村に典型的にみられた北関東畑作農村の農民層分解の特質（中農肥大化）、ならびに麻生産額第1位の栃木県が麻生産額に占める製品加工額の割合は最低であるという現実は、産地の構造つまり麻加工業の不成立に起因する問題であった。

結論としてまとめると、下野南部の野州麻は、足尾山中の南摩をはじめとする小河川の流域で栽培されたいわゆる〔本場物〕ならびに鹿沼扇状地上の平場で栽培された〔場違い物〕のいずれも、労働・資本の集約的投入、輪作体系の導入、前期的資本の産地支配さらには市場の狭隘性などに発展を制約され、地方特産地の枠を大きく超えて展開することは出来なかったといえる。

3. 上利根川水系舟運と特産地形成

A）上利根川水系における14河岸と過密立地

⑴ 14河岸仲間の結成と寡占体制の確立　利根川水系を正式に上・中・下各水系に分類する基準はない。したがって、ここでは便宜上中継河岸の平塚・中瀬の立地点上流を上利根川、平塚・中瀬河岸下流～下総境河岸上流を中利根川、浅川化の著しい境河岸下流を下利根川として区分する。周知のごとく関東北西部に広がる上利根川水系は、近世舟運に関係する諸支流を遡上順に列記すると、左岸広瀬川・右岸神流川・右岸烏川・烏川支流鏑川・烏川支流碓井川・右岸吾妻川・利根入り・利根東入り．同西入り諸渓谷が分布し、ここに諸河岸の成立と歴史が展開する。

上利根川水系諸河岸の成立期をみると、倉賀野・平塚・川井・五料・新などは、近世初頭（慶長～寛永）の最も早い時期に成立した河岸と伝えられ、また、八町・靭負・藤ノ木・山王堂・広瀬・伊勢崎・一本木等の諸河岸も近世初期（寛文期以前）の成立とされている『群馬県史 通史編5近世2 p829-830』。著名な河岸としては、「河岸改め」に登場する上流の靭負河岸から下流の葛和田河岸までの11河岸、ならびに安永5（1776）年の「上利根川14河岸仲間」としての倉賀野河岸以下高島河岸までの14河岸が挙げられる（図Ⅲ-6)。前者には領主流通的性格の下に成立した河岸群が多く、後者には、貨幣経済、商品流通の発達する近世後半に農民流通的性格を強めながら活動する河岸群を多く含む。なかでも後者は、上利根川舟運を代表する河岸群であ

図Ⅲ-6　近世上利根川の河岸分布

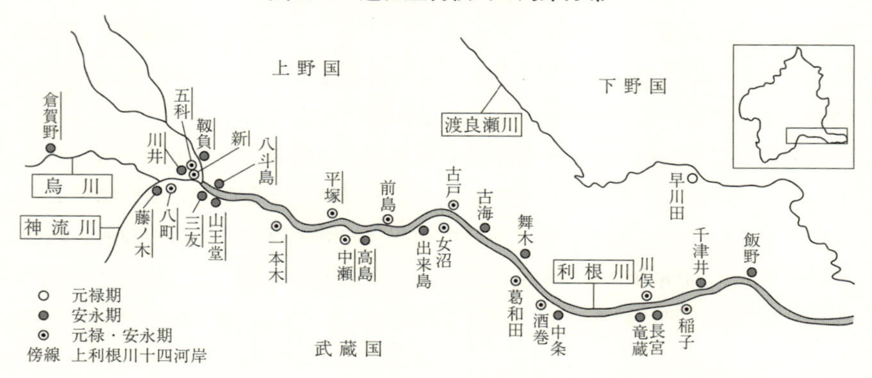

出典：『群馬県史 通史編5近世2（田中康雄）』

る。両者ともに利根・烏・神流3川合流地帯から中瀬・平塚にかけて集中的に分布する。とくに最下流部の平塚（対岸中瀬）河岸付近から上流部では、浅川のため江戸廻りの元船（高瀬船）・艜（ひらた）の就航が不能となり、ここで小型船の艀（はしけ）に積み替えて、利根川上流部の川井河岸まで遡行することになる。ここから烏川に入り利根川水系遡行終点の倉賀野河岸まで、さらに小型の艀で輸送するかもしくは陸送することもあった『群馬県史 通史編5近世2 p850-851』。

大河利根川本流の最上流河岸五料から上流一帯にかけて、十分広大で奥行きの深い農業地帯が展開していたにもかかわらず、近世を通して河岸の成立がみられなかったのは、前橋南西部の流れが急であったこと『前掲県史 p880』、さらに一般的に言って上流本支川では、急流河川と巨礫の堆積、洪水時の河況変動、天明の浅間山山焼けによる河道埋積等によって、安定継続的な就航と河岸場の運営が不可能だったからであろう。こうした事情を背景にして、上利根川14河岸は、集積傾向を前提に成立したものとみられる。しかしながら、上流域の舟運需要まで満たすべく成立した河岸群とはいえ、さすがにその集中は度を超えていたため、安永5（1776）年、石谷備後守の調査結果に基づいて、新規の河岸・問屋は差留との令が出されるに至った。一方、関係諸河岸内部でも経営の安定を図るべく、「14河岸組合」を結成し、以下に述べるような、河岸場機能の強化と社会的性格の確立に努めた（田中昭 1957年 p4-8)。

一、年番行事の設定による連合体制。
一、問屋による関係業者（船主・船頭等）の支配強化。
一、河岸場（船積問屋）に与えられた権利（問屋株）の確保。
一、各河岸の営業圏（後背地）の配分確保。
一、口銭・運賃等の協定一荷主に対する結束。
一、運送規定、輸送上の契約等に対する統制。

川名登が指摘するように、他に例を見ないほどの強力な組合仲間が成立した一因は、集中的な河岸の立地とそこに派生する諸問題解決のための組織と行動が求められたためであるという。河岸体制の確立＝問屋株設定を契機にして成立した組合仲間は、実質的には河岸問屋組合というべきもので、河岸内部に成立した問屋の体制的支配を、近接河岸間の連合によって一層強化しようとするところに当初の目的があり、それは具体的には新道・新河岸・新問屋出現に対する共闘であり、河岸相互間の後背地等の協定であったが、後には特権的河岸問屋間の輸送荷物獲得競争の緩和にその主要目的が移行することになる『近世日本水運史の研究 p226-227』。また、丹治健蔵は、条文の中で最も強く主張しているのは、以下に述べるような、未公認の新河岸・新問屋の阻止、在郷商人と船持ち・船頭の結託による直積み・直揚げの禁止であったとみている。つまり第二条「御運上永一統差上候上者、於河岸々船問屋株無之もの、商売荷物手船たり共直積直揚ニ者為致間鋪候、少分之荷物江戸廻シ致候共、船問屋江引請　船積可申事」および第三条「船頭共直買荷物幷荷主江相廻り直相対荷物致船積候事、決而為致間敷候、何荷物ニ不寄問屋引受船積可申事、」の重視である『近世交通運輸史の研究 p110』。

14河岸組合の結成で、新規河岸開設が未然に抑え込まれたものもあれば、表面化した新河岸の設立運動が14河岸組合の手で封殺された事例も複数見られる。後者に限って指摘すると、寛政12年の渋川・総社河岸の開設と五料河岸までの通船願、天保3年と同じく7年の吾妻郡川戸村から五料河岸までの年限付通船願、天保3年の岩鼻村における新規河岸の建設計画等、出願に至ったケースもあれば計画段階でつぶされたケースもあった。利根川水系舟運史上の最大の通船事業といえる嘉永3（1850）年端緒の吾妻川通船計画は、吾妻郡の改革寄場組合78か村の合意を取り付け、再三にわたり出願されたが打開の兆しは見えなかった。ようやく嘉永6年ペリーの浦賀来航という外圧と江戸地廻り経済の確保という国政的な見地から、事態は好転し、嘉永7年に勘定奉行所の認可が出た（岡田昭二 1989年 p43-51）『中之条町誌 第1巻 p629-641』。

利根・渡良瀬川の分岐点上流には、上利根川14河岸以外にも平塚河岸の足尾銅津出しを引き継いだ前島河岸、上り船の曳舟拠点となった葛和田・舞木・赤岩諸河岸等の多くの河岸が、それぞれ領主的流通や農民的流通という歴史的背景の下に開設され、発展していくことになる。もっとも、これらの地域に設定された諸河岸は、立地条件とりわけ後背圏に恵まれた倉賀野・藤ノ木・川井・一本木・平塚等の14河岸グループに比べると、渡良瀬川や荒川の舟運と部分的に競合するため、少なくとも問屋数でみる限り、河岸規模、商圏規模で劣っていたことが考えられる。

一方、遡行終点河岸五料（利根川）や倉賀野（烏川）の本・支流上流部においても、商品生産の発展と河川運輸の経済性が高く評価され、上流遡行の計画は、領主・商人・舟運業者を問わず繰り返し立案され実行されていった。利根川本流（樽河岸・渋川河岸）、利根川派川の広瀬川（広瀬河岸・伊勢崎河岸・白井河岸）、支流鏑川（福島・森新田・下仁田）、支流神流川（鬼石）、支流吾妻川（中之条・山田河岸・岩井河岸・原町河岸）などには、短期間ながら河岸場が開かれ、通船をみるようになるが、洪水による河況悪化からいずれも短命に終わっている『群馬県の歴史 県史シリーズ p143』『群馬県史 通史編5近世2 p876-890』。なお、嘉永年間、原町の名主外2名によって作成された「吾妻川通船見込帳」を土台に、「上野・越後国境山路切開、利根川通船航路」開設計画が、幕府の実地検分にまでこぎつけることになる。その際書き上げられた「吾妻川通船見込帳」は、当時の北毛地域における商品流通の輪郭を推定する手掛かりの一つである。このうち、登り荷の塩・茶荷物・干肴・砂糖などの日常食料品の流通見込み量はそのまま納得できるとしても、干鰯・〆粕等の購入肥料が、麻・煙草・繭等の商品生産の進展した地域で、その他の品目として備考欄に補記されていることの意味は一考の余地があるだろう。少なくとも、下野の鬼怒川・思川・巴波川流域や西毛地域における商品生産地帯の展開に比較して、遡行終点河岸からの陸送距離の長さが、金肥導入上の阻害要因になっていたことは考えられることである。したがって、北毛山村における商品生産の比重あるいは自給肥料の使用について注目する必要がある。下り荷については、農産・林産・鉱産に関する特産品が挙げられている。ただし、外圧下の江戸経済の安定確保を視野に入れた幕府の壮大な流通政策も、吾妻川と広瀬川に既述のようないくつかの河岸場を実現させただけで立ち消えとなる（岡田昭二 1989年 p43-51）。

⑵　新興勢力の台頭と14河岸問屋の動揺　利根川遡行終点河岸の上流部や利根川支流諸河川の河岸場開設動向とともに、文化元（1804）年の武州13河岸問屋仲間の取扱手数料に関する議定について瞥見しておこう。文化期に入ると江戸地廻り経済の波に乗る新興の在郷商人・船持・船頭たちが、結託して河岸問屋の独占的営業を突き崩そうとして画策をはじめる。一方、無株百姓の船積み問屋志向が中川筋・古利根川筋に続出するようになる。丹治健蔵は、こうした動きの背景は、江戸に近接する武州農村に貨幣経済の波が急速に波及してきたためである、としている『近世交通運輸史の研究 p111-113』。

武州13河岸問屋の議定内容の狙いは、安永4年の14河岸組合の議定の目的とほぼ同一で、河岸問屋相互の権益を守るための協定と考えてよい。13河岸問屋仲間は、葛和田・酒巻・稲子の3河岸を除いて、いずれも近世中期以降の商品経済の発展とともに成立したいわゆる農民河岸であった。図Ⅲ-7が示すように中利根川右岸の河岸分布はやや乱立傾向がみられた。当然、過当競争が問題になると考えるべき状況であった。中利根川筋の中核河岸大越河岸と権現堂河岸の間に生じた営業権をめぐる訴訟は、起こるべくして起こった紛争であった『古河市史 資料編 p564』。ちなみに13河岸問屋仲間の議定書に「仲買荷主」の名称が見られ、このキーワードを通して、地廻り経済の進展、在郷商人の活動、流通機構の変貌などの一連の動きをみることができる。

その後、文化～天保期の利根川水運にかかわる動向に船持・船頭・水主たちの台頭がみられた。文化5（1808）年、利根川・烏川筋の船持惣代から河岸問屋衆に宛てた九ヶ条の要望書を見ると、彼らの動きが明白になってくる。

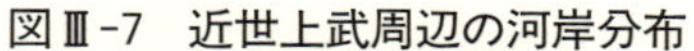

図Ⅲ-7　近世上武周辺の河岸分布

出典：丹治健蔵著『近世関東の水運と商品取引』（岩田書院、2013）を元に作図・編集

内容を要約すると、浅間の山焼け以降、浅川化が進行し、ともなって水主の不足と賃金の高騰で船頭の取り分も減り、船持たちは苦慮している。依って船賃を値上げしてほしい、という趣旨の要求である。以下、要望書の一部を列記する。

（前略）

一、此度船持共其河岸々是迄積来り候下り運賃荷品ニより高下有之ニ付、荒々書分ヶ幷ニ御問屋方口銭艀懸り引除き、上川筋者中瀬河岸ニ而手取之積り、試書仕候筆算疎々相違可有之ニ付、御覧之上御出入可被下候、此度下り船賃増方御願之儀者河岸々下ヶ札を以御願申上候、

一、上川瀬取荷物前書小舟重モ積ニ而度々難船等有之、詰り船頭共弁金と相成、是等之儀も格別重積不仕、濡荷物諸掛り等之儀茂夫々御割付御定被下、御荷主方江も無訳御損毛不相懸候様御取調被下候

（後略）

文化5辰年6月

17川岸船持惣代

河岸々　問屋衆中様

（平塚河岸北爪清家文書）

こうした船持・船頭たちの動きに対して、上利根川14河岸組合加盟の問屋衆と嶋村名主たちは、文政9（1826）年、4ヶ条の議定をかわし、島村をはじめ自由な船稼ぎを行う船頭たちの取り締まりに乗り出した。

議定一札之事

一、河岸場に無之所ニ而荷物積方決而致間鋪候事、

但シ最寄船問屋ニ而送状いたし口銭可受取事、

一、上り下り荷物問屋名宛無之送状持参致し申間鋪事、

一、町々在々荷主へ相廻り書付貰請荷物糶積決而致間鋪事、

（後略）

文政9戌年4月

14河岸船問屋

（藤の木河岸小樽（こぐれ）家文書）

その一方で、文政9年7月、14河岸組合の問屋仲間は、連名の議定書をもって船持層の運賃値上げ要求のうち、塩の運賃値上げを認めている。この間、新興船持衆の増加が続き、文政13（1830）年、中利根川筋の葛和田村・大舘村・武蔵島村・堀口村などの船持ならびに船持惣代らの幕府川舟改め役人宛の願い書によると、これまでの渇水期の中瀬河岸―栗橋宿間の農間艀舟稼ぎ

から「向後は其外類船並通り壱艘ニ付御年貢長銭百五拾文御役銀拾匁三分三厘宛上納、然ル上は以来之儀は川筋に不限何れ迄も勝手次第通船稼手広ニ致候様」範囲を大きく広げて通年稼ぎをしたいと願い出ている『新編埼玉県史資料編15 p761』。こうした動きを象徴するかのように、無株の河岸問屋が各地に輩出し、あいつぐ争論の発生を招くことになる。安永5（1776）年の平塚河岸問屋と中島村重兵衛の争論、寛政6（1794）年の中大越村河岸問屋を中心に栗橋・下村・稲子・本川俣・上川俣五河岸連名の川辺領佐波村名主を相手取った争論、文化10（1813）年の中・下大越村河岸問屋を筆頭に葛和田・俵瀬・酒巻・下中条・阿加・上新江・上川俣・輪子・下・栗橋宿11河岸連名の佐波村百姓勘蔵を相手に起した争論、天保3（1832）年の倉賀野河岸惣代河岸問屋が岩鼻村百姓店茂次郎ほか1名を出訴した争論は、いずれも無株新興河岸問屋の敗訴でひとまずは終息する『関東河川水運史の研究 p22-24』。中利根川諸河岸を巻き込んだ争論発生は、河岸場の過密集中に一因を求めることができるが、丹治健蔵の以下の見解が、幕末期の舟運展開にかかわる争論発生の本質を把握したものと考える。

これらの争論を踏まえて丹治健蔵『近世交通運輸史の研究 p123-124』は、明和・安永期以降、上・中利根川筋には相当数の船持・船頭が存在し、さらに新興の船持・船頭・水主らが増加傾向にあることを取り上げ、あわせて、彼らが従来の領主的運輸機構を支える河岸問屋仲間の支配を抜け出し、幕府への上納金と引き換えに、次第に特権的問屋仲間を脅かす存在となっていくことを指摘している。加えて、新興勢力台頭の背景として、江戸と関東農村の商品流通の結節点になっていた、河岸場を中心とした商品取引が次第に活発化しつつあったことも重視すべき問題としている。文政6（1823）年、中瀬村の繭・生絹・太織など江戸地廻り経済の新展開をめぐる深谷宿との係争もこれを象徴するできごとであった『武州榛沢郡中瀬村史料 163-164』。

天保期の利根川中・上流域における商品流通の進展、在郷商人の活動は目覚ましいものがあった。とくに河岸場を拠点の一つにして、大豆や米などの農産物が預り手形を利用して活発に取引され、江戸の穀問屋へと送り出されていった（平塚河岸北爪清家文書）。預り手形による活発な取引の背景には、凶作―食糧不足―米価高騰という一連の社会的問題があったことも考慮すべきことである。こうした情勢を反映して、上利根川筋14河岸組合では、船持の要望を受けて、天保7（1836）年8月、下記のような暫定期間の運賃値上げ議定を行っている。

議定書之事

一、当節米穀幷諸色高直ニ付船持共稼方難渋之趣ニ而、下り荷物之儀是迄定之船賃外増方致し呉候様拾四ヶ川岸船持共願出候、依之一同及会合得と相談之左之通取決申候

一、下り諸荷物　倉ヶ野川岸より江戸表迄
是迄船賃高外三割増
但　江戸表外川筋上ヶ荷物船賃増方前同断割
右増方之儀来ル酉晦日迄之事

（後略）

『深谷郷土史料集 第二集 p73-77』（中瀬河岸河田家文書）

また、これと並行して、中瀬・平塚河岸より上手の9河岸問屋は、同年8月左のとおり荷主から徴収する蔵敷・口銭の値上げも行っている。船持ちに支払う値上げ分を荷主から徴収し、補填したものであろう。

議定之事

一、塩荷物　壱駄ニ付　蔵敷口銭　銀弐分四厘

一、茶荷物・登諸荷物　壱駄ニ付　蔵敷口銭　銀三分四厘

一、塩荷物・俵物　壱駄ニ付　右蔵入置荷之分壱ヶ月ニ付六厘宛
但シ　蔵入置荷預り手形荷主より申来候名前書換相成節は、月懸り蔵敷外筆墨料旁として壱駄ニ付銀四厘宛請取之事

（後略）

『深谷郷土史料集 第二集 p73-77』（中瀬河岸河田家文書）

さらに天保12年閏正月、上利根川河岸問屋を巻き込んだ島村の船持惣代等による奥川筋船問屋相手の「急ぎ荷物増運賃」に対する賦課反対の出入り、天保15年10月の上利根川筋16河岸との塩運賃値上げ議定の成立等々、船主側の度重なる要望が実現していった背景を、丹治健蔵は次の3点に整理してい

る。1)江戸地廻り経済の進展による輸送量の増大、2)利根川下流域の浅川化にともなう艀輸送の発生と小船持層の増加、3)株仲間の解散令によって、河岸問屋・奥川筋船積み問屋の独占的な地位が動揺しつつあったこと等であるとし、最後に「天保12年の株仲間解散令以降、在郷商人・船持ち・船頭さらには水主などの直積み直揚げや商品流通ルートの改変等により、既存の河岸問屋はますます不利な立場に追い込まれ、領主的運輸機構もまた徐々に衰退の一途をたどることになる」と結んでいる『近世交通運輸史の研究 p134-136』。

B）脇往還経由の信越・会津払い米と皆畑地帯

近世における物資の交流は水路交通で、また人々の交流は陸路交通でそれぞれ行われたと考えられてきた。しかしながら、信州中馬や塩の道に象徴されるごとく、陸上の駄背輸送も重要な意味と価値を持つことがある。わけても、奥州街道の脇往還として、奥羽南部の廻米・特産商品を下野の鬼怒川・巴波川・思川あるいは常陸の那珂川に結ぶ会津東街道―原方道・会津中街道・会津西街道等の発達と商業史上の重要性は、広く知られるところである。北西関東の一角を占め、山越えで信越に接する上野も、その地理的性格は下野・常陸に近似している。以下、この点を踏まえて、近世上野の主要街道輸送地域にについて概括しておく。

上野国の陸上交通では、本街道としての中山道がある。表街道の東海道に比べると、峠道が多い反面、川止めなどの障害が少なく、また北国街道に接して東西を連結しているため、北陸の加賀藩をはじめ30〜40家の参勤交代でにぎわい、東海道に次ぐ交通量の多さがみられた。また、上野国内を通る中山道筋では、信州中馬が進出して商荷物の輸送を行っていた。中山道における中馬の活動範囲は、幕府の裁定によって倉賀野宿までとされ、出荷物は米穀類と酒、戻り荷物は塩と茶荷物に限られていた。信州中馬の上州進出については、嘉永5年の吾妻川通船計画出願の際、信州小県郡中馬組合35ヵ村惣代より通船路見分役人宛、吾妻郡原町までの附通し許可願が提出された経緯もある。ただしこの件に関する結末は、吾妻川通船事業が短期間で頓挫したため、不明である『原町誌 p441-443』。

越後経由佐渡に至る三国街道は、高崎で中山道から分岐して北に向かう。

越後諸藩の参勤交代に利用され、積雪の難はあったが重要な物資輸送路でもあった。とくに元禄期以降、塩沢・湯沢の天領米が金納となり、国境手前の永井宿は払い米市場として栄え、沼田・中之条等の酒造米・飯米需要をまかなってきた。この他に上越を結ぶ三国街道は庶民の動きが多い道であった。上野からは馬を求めて多数の馬喰(ばくろう)商人が三国峠を越え、越後からは大工・木挽き・杜氏等の職人が、さらに田植え・養蚕の繁忙期には日雇稼人が足しげく往来した。近代化以降の上越2国間の労働力需給関係の萌芽的成立を窺い知ることができる。産物については、米・酒・縮・鉛荷物などが江戸や関東に運ばれ、幕末には生糸が伊勢崎・横浜向けに輸送されている『群馬県史通史編5近世2 p729』。例幣使街道は朝廷の日光奉幣使の順路である。倉賀野で中山道から別れ、八木宿・楡木宿等を経て日光に到達する。明和元年、道中奉行の管轄となり五街道に準じた。この他に銅街道も開かれていた。幕府御用銅を大間々・大原を経て、上利根川の平塚河岸まで搬出する目的でつくられた道であるが、元禄7年以降、前島河岸から積出すようになった。銅街道は桐生織物の搬出と赤城裏廻りの農村との商品流通に利用された記録がみられるが、例幣使街道については、芝・境町などでの市立てに際して一部経済効果が推定される以外、格別の効用を記録上にみることはできない。むしろ経済効果や農民の生活にとって重要だった街道は、通行制限の多い公道を避けて開かれた脇往還であった。脇往還は貨幣経済の浸透、農産物商品化の普及とともに国境を越えて各地に伸張拡散していった。

上野の脇往還物流でとくに目立つのは信州米・越後米の移入である。もともと上野は畑が多く、ところによっては水田皆無の村落も少なくなかった。なかでも北上州の山村と西上州の山中領附近でこの傾向は顕著であった。こうした状況も峠越えの脇往還が成立する一因とみられる。脇往還の一つ、中山道高崎宿から分岐し、鳥居峠を越えて須坂に通じる信州街道は、中山道の脇往還として廻米と商荷物の流通で栄えた。当時、信州から江戸に運ばれた荷物は、煙草のほか穀類・豆類・水油・酒などで、関東筋からは茶荷物などが運ばれた。穀類のうちとくに米は重要商品とされ、享保6年の大笹村の穀市願の提出とその後宝暦10年の「須坂藩城米請け払いに関する通知」の背景に、北信米の流入ならびに北信三候の地払い米市場として、少なくとも18世紀半ば頃から、機能し始めていたことが考えられるという『前掲県史 p580-581』。また享保年間の干俣・門貝他7ヵ村民が、信州からの買付商品を大笹村附け通しで搬入売買したことに発する紛争は、後々、信州中馬の上野進出の一契機となったといわれている『前掲県史 p739-742』。

中山道の脇道として本庄宿を起点に開かれた下仁田道は、内山・余地・矢川・和美・香坂・田口の各峠越えに分かれて信州借宿・岩村田・野沢・臼田・高野に通じ、佐久米の移入路としてあるいは善光寺詣の女性客でにぎわったという。正徳年間、国境の本宿・市ノ萱も米市が立ち多くの人々を集めた。また、天保年間に、砥沢村・下仁田村に穀屋の集中が目立ったのは、両村が余地峠や田口峠を越えた佐久米の米市場だったからである。もっとも、下仁田の米市場では、香坂・志賀・内山峠等を越えて流入する佐久米とともに小諸・上田米等も売買されていた。西上州の下仁田道・十石街道経由で山中の村々に搬入された信州米は、明治2年、信州御影役所が実施した「上州出米世話人制度」によると、年間合計で35,297俵に達した。その多くは藩の払い米、手馬売り込みの農家余剰米、西上州商人の出張買い付け米等とみられた『前掲県史 p592-596』。下仁田道は、信州諸藩の廻米や西上州の特産である絹・麻・石灰・煙草・紙などの附通し輸送のほか、砥沢村産の砥石の江戸への搬出路としても重要な道筋であった。御用砥としての特権（独占的な採掘統制権）と保護を与えられた「上野砥」の搬出は、藤岡一本庄宿から中山道経由江戸へという道順と、藤岡から藤ノ木・八町・三友河岸津出しの利根川舟運で、江戸深川に至る二通りの方法が採られた「上州の砥石 p371-372」。ただし幕末期には、下仁田・富岡経由倉賀野河岸へ出すコースが採られるようになる。明治2年、沿道28ヵ村の駄賃馬稼ぎに従事した農民の延べ数は1,501人に達していた『前掲県史 p744-747』。北佐久への帰り荷としては麻荷物の他、塩・茶荷物もあったと考えられている『近世日本水運史の研究 p138』。公用街道の宿継輸送に対する脇往還附通し慣行の公認は、輸送量の一層の増大と附通し輸送のさらなる普及をもたらしたことが考えられる。

中山道脇往還の入山道は、坂本宿手前の原村から分岐し、入山峠を越えて追分手前の借宿村で本街道に合流している。入山道が開かれた当初は、地元村民以外の往来を禁止していた脇道であった。入山道は交通量の激しい険岨な碓氷峠越えに比べると、はるかに通行しやすい道であった。しかも軽井沢・坂本両宿の継立費用も節約できるという利便性を持っていたため、近世中期以降の商品経済の発展とともに通行荷物・利用者はきわめて多かった。他方、本街道には碓井関所とその要害地域が近傍に設けられていたことから、利用諸藩と道中奉行の間で、入山道の通行をめぐって対立が繰り返された結果、文政10年、信州7家大名と旗本に限って、廻米・払い米の輸送が許可された。許可された年度の認可駄数は10,980駄に上り、そのほとんどが、信州農民の手馬によって付け送られ、払い米は松井田の米市場で売却され、廻米は倉賀野河岸から舟運で江戸へ廻送されていった。ちなみに、当時、信州から江戸に運ばれた荷物は、煙草のほか穀類・豆類・水油・酒などで、関東筋からは茶荷物などが運ばれた。上信間を結ぶ西上州の脇往還には、下仁田道の他に十石峠越えの十石街道がある。しかしこの道は武家の往来や公用荷物の輸送がなく、したがって定められた馬継場もなかった。楢原村の枝郷白井の南佐久米市場を中心に、主に山村畑作地帯の山中領村々の飯米や酒造米の移入路として利用されていた。産物も林産資源に限られ、木の実・炭・下駄・紙などが出荷されたに過ぎなかったようである『群馬県史 通史編5近世2 p744-747』。

この他、上野の国の北部には、ほぼ南北方向に通じる沼田街道と会津街道がある。沼田街道には、利根川を挟んで東西2本の道筋があり、東通りが沼田藩主の参勤交代路として利用された。江戸時代中期以降、武家の公用道というより商荷物の流通路として重要な役割を果たしてきた。沼田地方から前橋・伊勢崎の市場へ主に柿・煙草・大豆・小豆・炭等が運ばれ、前橋方面からは砂糖・畳表・小間物・荒物・砥石等が送られたが、干鰯・糠等の金肥の搬送がみられないのは気になる点である。後述するように、前橋藩御取立ての川井河岸における塩・干鰯・糠等の市立ての際、高崎・惣社・渋川商人の参加も見られることから、赤城南面の前橋領の村々から沼田領の山村にかけてこれらの商品が流通し、大豆・麻・煙草等の特産品生産に関与していたと考えることは、必ずしも無理な推論ではないだろう。

なお、沼田街道では、東西両道間の継場で再三の紛争が生じたが、このことは商品経済の進展にともなう脇街道の著しい物流増加を示す結果とみられる。天保14（1843）年の八崎村、文久元（1861）年の米野村の「旅人改帳」によると、名所・旧跡・湯治場の多い沼田街道には多くの旅人が訪れている。なかでも越後・下野等の近隣諸国の旅人・職人・商人の往来がとくに多かったのは、この街道が物流を含めて、関東と越後を結ぶ重要な交通路であったことを示すものである『群馬県史 資料編13-313・316』・『群馬県史 通史編5 近世2 p747-751』。

会津街道は、沼田城下から片品川流域の東入りの村々を経て会津郡檜枝岐村（ひのえまたむら）に通じている。道筋は大きく二つに分かれ、一つは千貫峠越えで土出村方面に至る道であり、他の一つは栗生峠または数坂峠越えで片品川沿いに上っていく道である。このほかにも赤城東麓の根利村経由で大間々に通じる道があり、会津街道と呼ばれていた。江戸時代初期には軍事的交通路として重要性を持っていた会津街道も、天和元年の真田氏改易以降その意義も薄れ、以後、東入り地方の村々や会津と大間々・渋川・前橋の市場を結ぶ商荷物輸送路としての役割が大きくなった。会津方面からは仲附駑者（なかつけどちゃ）（馬背運送業者）によって板類・蚕種・薬種のほかに会津米や馬などが運ばれた。とりわけ、米は東入り村々の飯米として重要な商品であったが、江戸時代後期には、大間々や前橋に継送られ、払い米として売買されたようである。一方、大間々方面から東入りの村々に搬入された荷物は、米・塩・味噌・海産物などであった『前掲県史 近世2 p751-754』。会津・沼田・信州の諸街道を流通した主要商品は塩と米であった。最大の米消費地沼田領への移入経路は図示の通りである（図Ⅲ-8）。

なお、東上州の脇往還としては、館林藩主転封の所替の道とされた古河往還、近世中期以降、桐生織物の中山道経由江戸への陸送路として利用された古戸・桐生道、諸大名の日光参詣の復路となった日光脇往還、例幣使街道五料の宿から日光に通じ、赤城南麓の村々と五料河岸を結ぶ商荷物の道としても活用された日光裏街道等がある。沼田地方と大間々方面を連結する根利道も、繭・板などの商荷物輸送路のほかに日光参詣の道だったことから、日光裏街道と呼ばれていた。一部を除いて、経済的評価の低い脇往還のため詳細については省略した。

図Ⅲ-8　沼田領内の米流入経路と改所

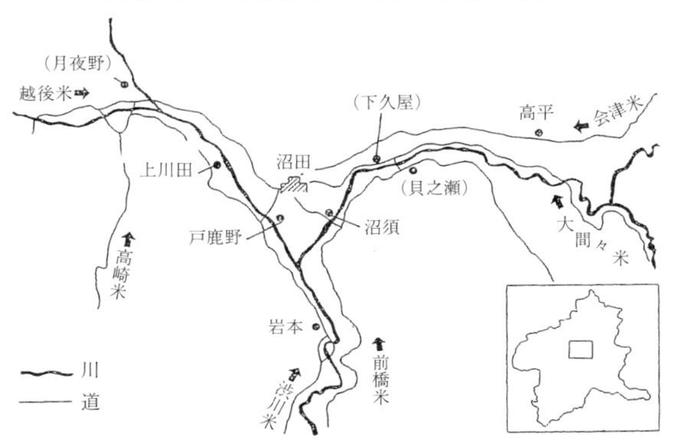

出典：『群馬県史 通史編5近世2（井上定幸）』

最後に、上利根川上流本支川で網羅される北毛地域と西毛地域における、本街道とくに脇往還の展開と機能を中心に整理しておく。要約すると以下のようになる。1)筏河岸を除くと、河岸と舟運の発達がみられない北毛・西毛地域には、反面、多くの街道と脇往還の形成がみられ、新道・抜け道まで含めると、かなりの路線密度となる見込みである。2)峠越えの脇往還が各地にみられるが、商荷物の流通圏は信越の一地方・一郡にほぼ限られ、下野の鬼怒川（板戸・阿久津河岸）思川（壬生河岸）巴波川（栃木河岸）や常陸の那珂川（黒羽河岸）の舟運と峠越え諸街道の結合によって形成された、奥羽内陸に及ぶ広大な流通圏とは比較にならない規模である。3)上野に流入する商荷物も、その多くが、払い米市場を通して地元で消費される米穀需要のように、主として脇往還の範囲内で流通するいわば地方経済レベルの商品だったといえる。4)以上と関連して、一つは上利根川舟運では、倉賀野河岸を除いて、奥羽南部ものを扱う大規模河岸の成立がみられなかったこと、他の一つは、脇往還の展開と機能が、一部の商品流通と人的交流を除いて、江戸地廻り経済圏の成立を空間的に限定するものであったということであろう。

C）上州定飛脚問屋の諸機能と織物輸送

三都問屋は各特産物生産地帯で買い継ぎを頂点とする集荷機構を通じて集荷を行うが、集荷商品を三都へ運んだり、仕入れ資金を生産地へ送るための運輸手段を必要としていた。近世における運輸手段は、陸上では人馬、水上では川船・廻船が主要なものであった。これらを結合し、運輸機構を形成していたのが飛脚問屋・河岸問屋・廻船問屋であった。林玲子『江戸問屋仲間の研究 p140』が明らかにしたように、「都市問屋はこれらの運輸機構を掌握することにより、集荷独占をより確実なものとなしえた」のである。また「江戸問屋は特産物生産地帯からの仕入れに際して、内陸で産出するものや、生糸・絹織物などの高価なもの、あるいは湿気を嫌うもの、仕入れ資金の輸送など多くの点で、陸上運輸に依存する必要性はますます大きくなった。このため江戸問屋は三都および生産地に設けられた飛脚問屋と密接な関係を結ぶようになる。とくに上州や奥州の生糸・絹織物の仕入れのために飛脚問屋が置かれるようになる過程ではその傾向が著しかった」という。林玲子の以上の見解を前提において、以下織物輸送の実態について多角的検討を試みたい。

養蚕・織物生産地帯として栄えた上野では、江戸中期から定飛脚問屋が織物商品・現金・書状の輸送を担い、また遠隔地諸情報を伝達するなど、経済動脈として活躍した。ここでは上州定飛脚のネットワーク展開と現金・商品・情報輸送のうちとくに織物輸送について、巻島隆ほか『交流の地域史 p124-125』に依拠しながら整理を試みる。上州における飛脚の出店は「嶋屋佐右衛門家声録」によると、桐生（享保年間）、高崎（享保3（1718）年）、伊勢崎（享保14（1729）年）、藤岡（享保20（1735）年）の開設が記録され、このほか前橋（安永2（1773）年）や渋川、太田、尾島、丸山にも出店記録が残されている。嶋屋・京屋の進出に次いで、近江屋・十七屋の出店が見られるが、店の盛衰を経て、19世紀初頭には京屋と嶋屋の独占体制となる。

上州定飛脚展開の経済要件は絹の取り扱いであった。18世紀の絹の生産・出荷状況をみると、西上州では藤岡の絹市を集散地とし、平織りの生絹を中山道経由で京都へ出荷した。他方、東上州では桐生新町の絹市を集散地とし、先染め紋織り技法の高級絹織物を中山道継立で京都へ出荷した『関東の醤油と織物 p174-209』。上州各地に京屋と嶋屋の出店網がはりめぐらされ、出店の衛星的存在の取次所が出店の補完機能を果たしていた。飛脚の仕事は、在郷町商人だけが利用したわけではなく、足尾町あるいは出店先周辺の村々、たとえば桐生から10kmも離れた塩原村や15kmも離れた水沼村、さらに遠くは上州北部山村から40kmの道を山越えし、大間々の取次店から領主宛てに現金を発送した事例も認められた『交流の地域史 p127-128』。領主宛ての現金発送はおそらく皆畑山村からの年貢金納を示すものとみられるが、領主以外にも江戸城内、御三家御屋敷、寺院方との取引も指摘されている(藤村潤一郎 1968年 p221)。

本項で筆者がもっとも大きな関心を寄せている問題は、関東北西部機業圏の織物製品がいかなる経路で江戸・上方に輸送されたかという点の解明であり、その際、定飛脚制度が果たした具体的な役割について確認することであった。高価な上州絹や絹織物の輸送については、平塚河岸からの積下しあるいは渡良瀬川遡行終点4河岸からの重要下川商品として、指摘する先行論文を見かけることができる。筆者が問題にする事柄は、単なる積下しの有無ではない。織物業の繁栄にともなう高価なるが故の輸送手段の成立と変革の有無を確認することであった。

巻島隆は『交流の地域史 p128-131』の一節で次のように述べている。「上州で飛脚が輸送したものは、絹織物と現金・書状が筆頭にあげられよう。絹織物の輸送は、陸上輸送を主力に幸便・川便が使われたと思われる」。以下に掲出する書状は、文政年間に桐生新町機屋吉田清助が尾張藩に宛てたもので、定飛脚の実態と効用を述べたものである。

> (前略)彼地(桐生)ニ各問屋定見世建置嶋谷方者毎月一六四九之日荷物相集翌朝江戸出立、道中二日ニ而桐生着仕、五十三八之日荷物相集翌朝桐生出立仕候。京屋方者四之日、十之日江戸荷物相集翌朝出立、四之日、九之日桐生荷物相集、翌朝出立仕、双方ニ而者月々入十八度、出十八度つつ往来仕、其外幸便、船便等大体毎日之様ニ便御座候へ者、御上様之御用向蒙仰候共、彼地より御用物上納仕候儀ニおいて御差支有之間敷与奉存候。(後略)
>
> (吉田幌家文書)

この史料から、桐生の定期便は1か月に18度ずつ出入りがあり、これに出入りの回数を足せば、ほとんど毎日飛脚が出入りしていたことになる。このことから見る限り、飛脚網とその内容はかなり充実したものとして捉えることができる。一方、上州諸地域で飛脚問屋の開店が進む享保年間は、西上州特産の生絹の生産と流通が拡大し、大都市商人による上州絹の買い入れも活発化する段階である。連動して京都への輸送を請け負う飛脚問屋も出現するようになってくる。

絹織物は以下の史料が示すように、商品保護の必要から舟運より陸継輸送が重視されたとみることができる。たとえば、桐生織物史『上巻 p341-342』では、桐生新町の荷主と南猿田河岸問屋との間に交わされた船賃協定書において、絹および糸類が一括紙扱いにされ、絹織物としての扱いが見られないことから、「織物の輸送は主として陸路によったらしいという見解のもとに、貨物の性質上安全到達を要するに由るものであろう」との解釈で結んでいる。また、伊勢崎市史『通史編2近世 p484』には、「伊勢崎には記録はないが、桐生の飛脚屋から定日には駄馬10数匹を連ねて江戸に向かっている」という陸継ぎ傍証記述が見られる。また「飛脚問屋の手を経て糸絹が各地に送られたとみられる」という記述『通史編2近世 p484』も確認できるが、伊勢崎河岸から船積したという記録はない。ただし文久3（1863）年5月に、定飛脚嶋屋佐右衛門から伊勢崎陣屋に当分の間飛脚賃7割増の願い書が出ていること、ならびに「飛脚便を利用したのは領主と商人が多かった」という市史の記述を絡めて推考すると、伊勢崎織物の陸送を推定することは十分可能であると考える。冒頭で述べたように、藤岡に集散した西上州の平織生絹も烏川を超えて中山道経由で京都に送られている。

安永2（1773）年、江戸定飛脚問屋が道中奉行所に東海道筋馬継を願出た際に提出した「道中三度飛脚御宿并取次所」の上州分は次の通りである。

東上州飛脚仕出し定日

四日　十四日　廿日　十七屋孫兵衛

桐生　新田勢良田　御領主　十七屋孫兵衛

大間々　足尾銅山　　　　　同忠兵衛

右者御当地江飛脚仕出し日々御座候、両処より京都迄、木曽路飛脚荷物都合次第、不時ニ差立申候、依之右道中筋所々御用向往来共御請負申上候「定飛脚問屋願済一件（一橋大学付属図書館蔵）」

「問屋願済一件」文書には、割愛したが「西上州飛脚定日」も記載されている。また上記文中の「両所」とは桐生と藤岡を指すと思われる。つまり桐生織物も中山道経由で送られたことが考えられるわけである。さらに当時の秩父絹関係の輸送費をみると、荷物では藤岡経由（中山道）京都が桐生経由（東海道）京都より28.5％の減額といわれ、買金の現送では33.9％の費用減を示していた。西上州とくに藤岡絹市の十二斎市に象徴される商品集中と繁栄の一因をここに求める研究者も見られる（藤村潤一郎 1968年 p219-220）。

18世紀末葉における桐生織物の上方方面への輸送は、江戸経由東海道継立と木曽路経由中山道継立の2コースが使われていた。貞享・元禄のころの取引が何れによったかは明らかでないが、天明3年の浅間焼けで本道・裏街道ともに人足輸送箇所が生じ、その際の飛脚問屋の運賃値上げ願い書をみると、当時、中山道が利用されたことは明らかである。

天明三年九月運賃割増願書

為登御荷物不相替両家へ被仰付難有奉存候、然る処浅間山大荒之砌より、本通り幷に下仁田共、人足持の場所も有之、増銭多く相掛り、（中略）飛脚之儀に付、無據御願奉申上候

卯九月

島屋善兵衛

十七屋七兵衛

運賃については、寛政期の記録からみると、江戸廻り東海道が壱貫目に付、代銀9匁9分、木曽廻り中山道利用が同じく代銀8匁とされ、前述のようにやや後者のコースが安かった『桐生織物史 上巻 p350-352』。なお、飛脚が取り扱った荷物の駄数は、桐生店扱が中山道と東海道経由の2系統に分かれることから、単純に推計することはできない。しかし藤岡・高崎の飛脚店扱と桐生の飛脚店扱の一部が、中山道経由で駄送されている傾向と輸送費の経済性を考慮すると、おのずから主流を推定することができるだろう。

結局、絹織物の輸送は、陸上輸送を主流とする考え方が支配的であり、そのコースは関東西部では秩父機業圏の場合をはじめ、正丸峠越えなどの陸路で江戸に運ばれたとする情報が通説となっている『日本歴史地理総説 近世

編 p275』。秩父絹の輸送路についてさらに詳述しておこう。秩父盆地からの舟運の歴史は、筏流し以外に存在しない。したがって、熊谷通りと本庄通りを除くすべての物流は釜伏峠、粥新田峠、正丸峠、雁坂峠越ということになる。このうち秩父絹の輸送に最も利用されたコースが、江戸に最短の正丸峠越の吾野道であった。吾野道は、天保12（1841）年の「秩父峠道普請勧化帳」（秩父市 新井耕四郎家文書）の存在が示すように、峠両村だけでは補修不能なほどの悪路と化すこともあったようである。繁栄期の秩父絹の輸送は「絹荷物附送之飛脚」が担当した。安永9（1780）年3月の御用日記（松本家文書）「私義当所ゟ江戸表江、絹荷物附送之飛脚支度奉願上候、尤出府仕候節、御用等之義茂御座候ハヽ、組合江相頼置申候」をみると絹布専門飛脚の成立を知ることができる。ただし願人の署名から、多分に個人的な性格の業者だったようである。彼らは、馬背に絹布を格納した行李を積んで、大宮―吾野―飯能―所沢―四ツ谷まで継送または直送したという『秩父織物変遷史 p78-81』。

これに対して、桐生以外の足利・佐野・伊勢崎等の中核産地では、陸路を特定するに至っていないが、桐生の場合は二宮村の馬と馬方を使って、中山道経由で上方方面に継送りされたことが具体的に明らかである『交流の地域史 p129-131』。運ばれた商品は西陣織に匹敵する高級絹織物と思われる。また、古島敏雄『江戸時代の商品流通と交通 p36-38』も取り上げているように、江戸と桐生を結ぶ飛脚荷物の逓送経路として、桐生―丸山―太田―古戸―武州妻沼を経て、中山道熊谷宿から江戸に至る最短距離コースが成立していた。この経路筋にあたる太田町と妻沼村が飛脚荷物の取次宿を請け負っていること、ときに古戸―妻沼間の利根川渡船が不通の場合は、下流の川俣回りを利用することもできたこと等々、桐生織物を江戸さらに京都へ陸継するための条件も整っていたと考えられる。ただしこのコースは、地元の百姓たちが使用する野良道で、渡し場も多く、加えて街道筋外のため修復管理状態も悪く、大変な悪路であった『日本歴史地理総説 近世編 p337-338』という。それでも古島敏雄の指摘のように、桐生織物の高級商品としての重要性から、舟運にともなう破船事故や水濡れ事故を避けて、あえて高い運賃の陸継輸送が採用されたものであろう。他方、上記の利根川渡船利用―熊谷宿継の中山道利用が不能の場合には、渡良瀬川の北猿田河岸から水路輸送する場合もあった『群馬県史 通史編5近世2 p772』。渡良瀬川舟運利用は少量ながら17世紀中頃にはすでに行なわれていたようである『前掲県史 p338-340』。

渡良瀬川舟運における織物輸出が組織的かつ量的なまとまりをもって実施され始めたのは、明和・安永期（18世紀の半ば過ぎ）からであった。幕府の御用飛脚問屋嶋屋太右衛門と京屋彌兵衛両問屋の取次宿を通して、足利織物が渡瀬川の留まり河岸から直接江戸・大坂・京都へ向けて販路が開かれ、積下されていった『足利織物史 上巻 p302-303』。足利織物の流通基盤が確立され、やがて桐生織物から独立するための基礎が固まるのはこの時以降である。

結局、近世後期の桐生・足利からの江戸向けの織物は、飛脚問屋嶋屋と京屋によって陸路または渡良瀬川水運で積み出されていった。このうち桐生織物は、多くは伝馬の継立によって陸路を送り、他方、足利織物は当初の桐生市場出しから渡良瀬川舟運を利用して、江戸から京坂地方に販路を開いていった。ただし、買継商発生当時の足利織物の信越地方や上方出荷は、依然、桐生市場にいったん出荷された後に、諸国の問屋商人によって積み出されていった。『足利織物史 上巻 p353-354』。

渡良瀬川舟運で論及した際にも取り上げた問題であるが、18世紀末葉以降、足利・桐生織物輸送史上における遡行終点河岸とりわけ南猿田河岸の評価は、著しく高いものであった。留まり河岸猿田は、最上流河岸としては例外的な中継ぎ不要河岸で、江戸まで直行可能な織物積み出し河岸であった。その結果、足利織物業の発展は、舟運の活発化によって支えられてきたとまで言われている『栃木県史 通史編5近世2 p401』。同様に結城機業圏でも鬼怒川舟運を利用して江戸に搬出したとされ『日本歴史地理総説 近世編 p274』、山田武麿（1960年 p10-11）も幕末期における前橋藩から横浜港への生糸輸送に際し、平塚河岸が重要な役割を果たしたことを指摘している。もっとも、すべての生糸が平塚河岸から積下げられたわけではなく、叢生した小資本の商人たちは駄送が多かった、と推量している。ただし繰り返し指摘するが、舟運と競合する陸上逓送の経路は特定されていない。あるいは中山道以外には成立しなかったことも視野に入れるべきかもしれない。

こうした『交流の地域史』・『群馬県史』・『桐生織物史』にみられる高価な商品価値を重視する陸上輸送優先説に対して、東京市史稿『市街編 p800-873』では「京都西陣、紗綾縮面（縮緬）、下総結城紬等、何れも陸付運送重（主）之品ニて、下品之絹太もの類ニ而候而ハ、舟積運送も有之」と記載され、高価なものは陸送、比較的安価なものは舟運によったとしている。奥田久（1976年 p49）も左記の考え方の下に貨物の運賃負担能力の相違が、輸送方法の相違をもたらしているという一歩踏み込んだ見解を示し、輸送方法選択上の根拠を提示している。また、日本歴史地理総説『近世編 p276』において、斎藤叶吉は「織物出荷は北関東では主に水路を、西関東では陸路を経由した」と結んでいるが、この総括の方法は足利織物史とともに多分に地理学的な手法による分類といえる。貨物の多寡が輸送手段を分けたとする山田武麿の考察もこの範疇に入れるべきものと考える。なお、斎藤叶吉の総括では、具体的な輸送手段とコースの特定は認められなかった。

陸路における具体的な輸送方法としては、定飛脚問屋の宰領が各宿場を中継点にして、馬方と馬を交換しながら、隊商を組んで江戸・上方へ運んだとみられる。つまり従来から言われているように、飛脚が各宿場の人馬継立（伝馬制）を利用してリレー輸送したことが再確認されている『交流の地域史 p130-131』。江戸地廻り経済圏のなかで、最も定飛脚網が整備されていた上毛地方の飛脚業務実績を、史料の範囲内で総括すると以下の2点に集約できる。輸送内容その1)、絹織物商品が圧倒的に多い筈であるという予測に反して、現金・書状輸送が意外に多かったことである。その2)、リスクの小さい為替利用も少なかったことである。ちなみに現金・書状輸送は、村名主から江戸旗本宛の年貢からみが多く、絹織物の取引代金ではなかった。むしろ「半石半永」の上州を象徴する飛脚輸送内容であった。以上、飛脚輸送に関する考察内容は、史料と見識の不足から、各論並記の域を抜け出ることができなかった。なお、桐生・足利織物の販出先は初期においては主に三都であったと思われるが、後期には次第に大消費地江戸市場の比重が高まり、地廻り経済の確立を内外に示すことになっていった『足利織物史 上巻 p376』。

D）主要河岸および後背圏の商品生産と流通

上利根川上流地域では、広域にわたる農業地帯の展開にもかかわらず、生産・流通に大きくかかわる長期継続的な河岸の成立が皆無であった。いわば需要に対応する流通環境になかったことが、商品流通のポテンシャリティを通して上流14河岸の集中的成立をもたらしたと考える。反面、成立した14河岸は、それぞれ共通性の高い商荷（表Ⅲ-3参照）と後背圏を持って営業活動を展開することになる。このため利根・烏・神流3川合流地域の武蔵側に立地した藤ノ木・八丁・三友各河岸では、西南上州産諸荷物の集荷に関して競合する状況がみられ、同じく武蔵側の一本木河岸と三友・山王堂・中瀬・高島の4河岸が秩父荷物をめぐって争論となり、訴訟沙汰に持ち込まれたことからも明らかなように、過集積の弊害を露呈することになる。安永4年の上利根川14河岸組合仲間結成の一契機「新規の河岸・問屋の成立を規制し、船持ち運送業者の暗躍を封じ込めると同時に、内部的にも後背圏の分割支配と共存体制の確立を必要とする状況」がここにあったわけである。

ここでは積み替え河岸の性格を長期にわたって維持し、商圏が赤城南・東麓から北毛にまで及んだ平塚河岸、中山道の宿駅に立地し、本街道と三国街道・信州街道を利用して信越地方まで商圏を拡大した利根川水系（支流烏川）最上流の倉賀野河岸、前橋藩取り立ての御用河岸として成立し、信越の商荷と前橋・沼田両藩の廻米ならびに商荷を仕切った利根川最上流の五料河岸と川井・新等の隣接河岸群、「上野砥」・西上州麻・館煙草・大豆をはじめ特産品生産の著しい西南上州の商品流通を江戸につないだ藤ノ木河岸と八町・三友・三王堂の近接河岸群、武蔵榛沢郡を中心に形成された武蔵藍の生産地と流通を掌握し、秩父地方まで商圏に取り込んだ積み替え・渡津の中瀬河岸と中山道宿駅本庄商人と結んで栄えた一本木・山王道河岸等の中から以下、積み替え河岸平塚、同じく積み替え河岸に渡津集落機能を加えた中瀬、大規模河岸倉賀野、立地点と商圏を共有する河岸グループから藤ノ木河岸をそれぞれ選んで検討し、上利根川諸河岸の後背圏の範囲とそこでの流通ならびに特産品生産の特徴的把握を試みたい。

(1)　平塚河岸の上下荷と流通圏　　平塚河岸は上利根川の北岸、新田郡の西南端に立地し、後背圏には前橋・伊勢崎・桐生・大間々・境等の城下町・在方町が展開していた。中山道熊谷宿から伊勢崎・前橋を経て三国峠に抜ける通路にあたり、隣接する境町は例幣使街道に面している。また、天明3（1783）年の浅間の山焼けで七分川が埋没するまでは、利根・広瀬・烏3川合流点に近接ないし対面し、水量の増加も加わって、舟運上きわめて優れた河岸であった。近世中期以降、浅間の山焼けで流出し堆積した砂礫で、平塚河岸から上流が一段と浅川になったため、元船はここで小型の艀船に荷物を積み替える必要が生じた。このことがまた平塚河岸に積み替え河岸の性格を付与し、その存在価値を一層高めることになっていった。

平塚河岸の成立年代は定かでないが、足尾銅山の御用銅津出し関係の史料から丹治健蔵（1961年 p38）は、正保4年から慶安5年にかけての間に河岸の成立期を推定している。しかしながら河岸成立の重要な契機とみられる御用銅津出しの機能も、元禄6～7（1693～94）年ごろを境にその特権は停止され、以後下流の亀岡河岸から廻銅される運びになる。その結果、一時的ではあったが河岸の活動も衰微を余儀なくされた『境町史 歴史編上 p419』。もっとも、この特権的性格の喪失は、山田武麿（1957年 p3）・『群馬県史 通史編5 近世2 p866』のように、むしろ平塚河岸の商品流通機能を高める方向で働いたとみる向きもある。廻銅業務の喪失分を商荷輸送で回復すべく、それぞれの問屋が努力を傾注した『前掲町史 p419』ものと思われる。

平塚河岸の後背圏は図Ⅲ-11（後掲）に示す通り、近隣農村はもとより赤城南・東麓一帯から北毛にまで及んだ。とくに中期以降は上流諸河岸への積み替え河岸として、本流ではもっとも繁栄した河岸の一つになった。取り扱われた諸荷物を文化2（1805）年の荷物船積帳（河岸問屋北爪家史料）でみる限り、下り荷で際立って目立つのは薪炭である。薪は大間々扇状地の新田郡本町村・市村・多村の幕府御林から切り出されたものである。次いで多いのが炭である。問屋北爪家が2万1,100俵を扱っている。荷の送り人は前橋近在の商人であり、受取人は江戸の薪炭問屋と仲買人であった。この他、材木・板類・木製品も重要商品である。材木は主産地の一つ赤城山北面山地の外沼田・根利村などから薪と一緒に大間々経由で出荷されたもので、取扱商人として大間々・境・沼田・伊勢崎等の業者を予測している（山田武麿 1957年 p4-5）。これに米穀類・嗜好品・肥料（酒粕等）が続く。ちなみに赤城北面から出荷されたと考えられる桶木は、関宿・水海道ゆきが多く、用途は野田・流山の樽材料とみられ、また武蔵榛沢郡の商人扱いの酒粕が割合に多いのは、同郡ならびに児玉・幡羅郡の武蔵藍の栽培に用いられたものとみられる。このとき、酒粕の請け払いを取りまとめたのが中瀬河岸問屋であった。荷積問屋の業者的性格の変化（仲介業者化）として注目すべき事項である。なお、文化2（1805）年の「荷物船積帳」記載内容に薪炭・材木等の林産資源が卓越するのは、問屋間の取扱荷物分担の結果を反映したもので、必ずしも平塚河岸の一般的性格を示すものではない（山田武麿 1957年 p6-7）。

次に積み荷の中でとくに注目されるのは、菜種・胆礬・硝石である。発送地は桐生およびその近辺と考えられている。菜種が江戸市場を中継して大坂・名古屋方面に進出しているのは、渡良瀬川下流域や那珂川下流域農村とともに、その栽培が北上州一帯に普及したことを示している。この状況の中から、利根川舟運を媒介して、足尾産の胆礬・硝石、北毛産の菜種などが、江戸地廻り経済圏の枠を超えて全国流通圏形成の兆しを見せていることを窺い知ることができる。以上が文化2年の荷請帳からみた船積荷物であるが、発生的には公荷輸送の利根川舟運が商荷輸送に変化したこと、ならびに上州地方を全国市場に結び付けたことの流通史上の意義は大きいといわねばならない。

文化2（1805）年に若干先立つ天明4（1784）年の平塚河岸問屋北爪家の「荷主書上帳」から平塚河岸の取引圏（商圏）を推定すると、大きく4地域に纏めることができる（図Ⅲ-9）。北毛の利根・沼田山村、赤城東麓の渡良瀬川渓谷山村、赤城南面の平坦地農村、河岸近隣農村である。荷主がもっとも多いのは赤城南面農村の28軒、次いで渡良瀬川渓谷山村の21軒、北毛山村の19軒、河岸近隣農村の8軒、その他2軒となり、このうち渡良瀬渓谷地方からの送り荷は銅街道を利用し、北毛の荷物は赤城裏経由銅街道利用の馬背輸送でそれぞれ河岸まで送られ、また赤城南面の前橋藩領の一部と伊勢崎藩領の農村からは主に広瀬川舟運を利用したことが考えられている『境町史 歴史編上 p422-423』。ちなみに、19世紀初頭．文化年間に伊勢崎河岸から津出しされた江戸向け諸荷物を見ると主に米・薪炭が占め、隆盛期を迎えた伊勢崎織物の船積は見られなかった。玉村宿や伊勢崎での馬市の成立、伊勢崎の

図Ⅲ-9　平塚河岸問屋の荷主分布(天明4年)

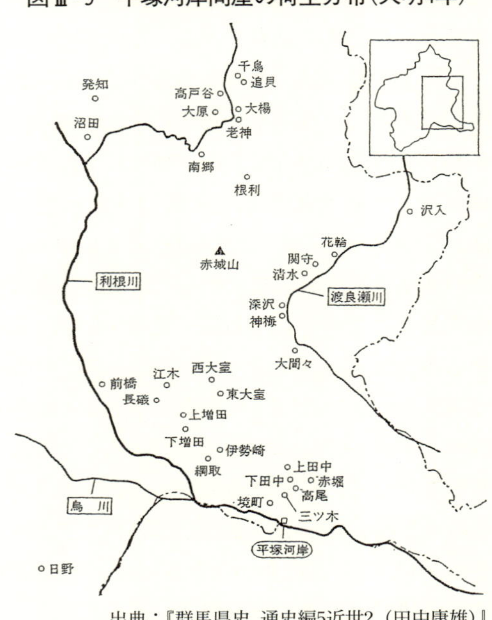

出典：『群馬県史　通史編5近世2（田中康雄）』

六斎市と生絹や太織等の特産品出荷を勘案すると、飛脚問屋を通じた陸付で軽量高価な織物の輸送が行われたとする伊勢崎市史『通史編2近世　p484』の考察は妥当なものと考える。なお、伊勢崎河岸の登り荷は塩・糠・魚肥が主要な荷物で、この他に綿麻織物・古着・紙・水油・瀬戸物などの生活必需品もみられた。文化5（1808）年の「入船帳」に登り荷の入荷推移が記されている。1月から4月にかけて塩・苦塩を中心にして魚油・酒粕・水油・酢・醤油・味醂・明樽・瀬戸物などが陸揚げされる。4月から糠・干鰯の入荷が始まり10月まで続く。干鰯は5月に入荷しただけで、以後10月までの登り荷は糠一色となる。この間の糠の陸揚総量は6,900俵に達する。9～10月の3,900余俵は麦の元肥として購入され、施されたとみられている。6月は広瀬川が農業用水として利用されるため、通船は不能となり、したがって荷動きもなくなる『前掲市史　p492-493』。

伊勢崎藩領を地域中枢とする伊勢崎河岸の後背圏は、表作の大豆生産に裏作麦を組み合わせた伝統的な畑作地帯である。この畑作地帯は2里ほど下流の平塚河岸や手前の広瀬川中島河岸から荷揚げした肥料も使用していた。たとえば、『近世日本水運史の研究 p184』に「平塚河岸でも安永以前、例年下総関宿河岸より大量の干鰯を受け入れ、伊勢崎町・境町その他後背地農村へ送っていた』(安永5申年5月、「乍恐以書付御訴訟申上候」平塚・北爪家文書)とあり、常総畑作農村と同じく、雑穀産地ながら金肥使用を通して生産力を上げ、剰余農産物の商品化を進めてきた地域であることを推定させる。このことは、伊勢崎の六斎市が18世紀以降、雑市的存在から特産物集荷市に変わっても、依然、米麦・大豆は市の中核商品の地位を保ち続けたことにも表れている『前掲市史 p347・388』。関東平場畑作農村では、金肥使用をともなう商品作物栽培の普及が、本来自給的作物としての雑穀の評価を特産商品作物のレベルまで引き上げたことを意味している。上利根川筋では、貞享2(1685)年には倉賀野河岸への干鰯の積み出しが知られ、明和8(1771)年にも糠・干鰯の積み送り史料がみられる『群馬県史 資料編10 p725』。

伊勢崎藩領あるいは平塚河岸後背農村では、以下に述べるように干鰯以上に糠が多く用いられたとみられ、伊勢崎市史『通史編2近世 p355』には「江戸時代も半ばころになると、いわゆる金肥が入るようになるが、その多くは糠であった」とあり、同じく『前掲市史 p492』に「江戸からの登り荷は糠と斉田、明穂と呼ばれた塩が主な荷物であった」と記述されている。この状況が示すように、糠依存度の強い農村地帯であることが感じられる『伊勢崎市史 通史編2近世 p493』。平塚河岸問屋自身も明和5年の名細帳(北爪家文書)に「こやしは小ぬか・わらを使い、ここが畑作地帯ゆえ、それらはすべて他所より買いいれている」と記している『近世日本水運史の研究 p184』。古河河岸付近で難破した上州向け登り船の積み荷分析から、糠の積載量が格別高い数値を占めていたことも、平塚河岸の後背圏を超えて上州一帯が、糠の使用を通して江戸地廻り経済圏の一端を形成していたことを物語っている。具体的には、近世中期以降の糠・干鰯の使用が、上州平場畑作農村における特産物生産としての麦・大豆の栽培に肥培効果を発揮したことを意味するものである。

ここで平塚河岸から後背圏に送り出された荷物を、文政～天保期の送り状からみると、もっとも目立つものは藍玉である。送り先は平塚近在をはじめ境・伊勢崎・桐生・前橋などの上州機業地帯と渋川以北の北毛農村が多い。北毛農村の需要は明らかに農家の自家消費分である『近世関東の水運と商品取引 p8』・(山田武麿 1957年 p7)。これらの機業地帯には在方市が各地に成立し、18世紀の半ば以降、当初の雑市的性格から生糸・絹等地域特産物の集荷機能を強めていった。一方、平塚河岸の後背畑作農村では、早くから雑穀生産に加えて養蚕が盛んとなり、生絹・太織の産地として知られるようになっていった。養蚕地帯の成立と特産物集荷市の繁栄は、市日をめぐる競合や新規市立てによる対立と争論を各地で惹き起こすようになる。

宝永6（1709）年、世良田村に新市が立ち、境町と出入りになったが、境町が勝訴し新市は否定された。その後、享保2（1717）年の紛争再燃を経て、享保13年7月、再び境町が世良田村と太田町を相手取り訴訟に及ぶ事態が生じた。訴状内容は太田町が3・8の六斎市に加えて近年、7の三斎絹市を立てるようになり境町の2・7の市に支障を及ぼしていること、また世良田村でも近年市立てしているが、新たに絹商いを始めたため甚だ迷惑をしているというものであった。世良田村との対立はその後も続き、享保18年に三度目の新規市立て紛争が生じている。この時の紛争には伊勢崎町も同調して幕府に出訴し、世良田村の新市の取り潰しに成功した『群馬県史 通史編5近世2 p531』。

とりわけ、桐生・大間々・境・伊勢崎の中間に位置する堀下村の市立ては、周辺在方町と市に与える影響が大きく、ついに境と伊勢崎両町役人による江戸奉行所への共同出訴という事態に至った。紛糾の元凶と目されたのが、平塚河岸問屋権之助の後ろ盾と彼の出店をともなう積極的な買い付けにあった。河岸問屋の仲買業への進出の一端を示す注目すべき出来事でもあった。このとき、境・伊勢崎の市に近在の農家から持ち出された農産物は、幕府奉行所あての訴状によると、絹・糸・繭・太織等であり、この他に糠・塩・煙草等の商品が持ち込まれたという『群馬県史 通史編5近世2 p531-534』。

在方町の市の流通品目は、地域農村の商品作物と生産・生活に必要な肥料や日常品であり、その多くは商品流通の窓口としての河岸を経由して移動したものである。言い換えれば、文政・天保期の平塚河岸が薪炭・材木とともに藍玉等の上下荷物を通して、これらの地域を商圏として確保していたことの証左の一つである。さらにほぼ同時期の河岸問屋内田家の預かり手形によると、米麦・大豆類が多量に商品化されていることがわかる。産地は伊勢崎・境周辺村々の主に洪積台地と自然堤防帯とみられる。養蚕が急速に発展する幕末期以前の河岸近隣農村とくに畑地帯では、武蔵野地方と同様に大豆がもっとも重要な商品作物であり、北から順に茂呂・今泉・伊與久・木島・武士・境町・平塚にかけての広瀬川東岸一帯に広く栽培されていたことが、手形預け人の分布から把握できる（山田武麿 1960年 p7-8)。大豆の移出先は北上州産の大豆と同じく、利根川下流域の醸造業地帯と考えるが、一部は館林周辺の醸造業者に送り込まれたとする指摘も見られる。こうした醸造業地帯への移出以外に、天保6未（1835）年8月の船問屋幾右衛門の穀菽類横領事件の「俵物取調帳」をみると、大豆415俵が江戸の神田、深川へ大量に積み出された記録が確認される『関東河川水運史の研究 付録関係資料 21-28』。用途・最終送り先などは不明であるが、当時、江戸に送り込まれた大豆は相当量に上るとみられる。

農業生産力の向上は、商荷物の増加を通して流通面に反映する。天保期（1830-44年）になると平塚河岸でも商荷物としての穀類が大量に集荷され、河岸が市場機能まで果たすようになっていく。以下、天保4（1833）年の1年間における穀類の動向を預かり手形・荷物取調帳からみておこう（丹治健蔵 1961年 p48)。預かり手形を累計すると、大豆4,141俵、麦699俵、米591俵、小豆184俵となり、大豆の比重が圧倒的に高い。これは現存手形の数字であって、実際はさらに大きく上回ることが予想されている。丹治健蔵（前掲論文 p48-49）が指摘するように、手形は在町・在郷商人や近在の農民が保管を委託したものであり、彼等は預かり手形を中心に活発な穀類取引を進めた。こうして平塚河岸では「翌市渡之積ニ而金三両相渡候処、翌市手形相渡候ニ付、内金返済致候」とあるように市が開かれ、市場圏の形成をみるに至る。穀菽類が商品として大量に河岸に登場するようになったことは、利根川周辺農村を貨幣経済の渦中に引き込み、一方で農民層の分解を促進し、他方では利根川の舟運に新たな問題を投げかけることになった。つまり、丹治健蔵『関東河川水運史の研究 p47-49』が指摘する「河岸問屋が仲買機能を持つことは、在町・在郷商人との対立を深めることであり、他方、積荷の斡旋による口銭の徴収は、従来からこの仕事に従事してきた船持・船頭層とも対立すること」でもあった。

平塚河岸の市取引の範囲を河岸出入り穀商人の所在地からみると、北は前橋町（2軒）、南は熊谷宿（2軒）の間に境町（3軒）、平塚村（3軒）、近隣村々(7軒)、伊勢崎町（2軒）その他芝宿・玉村宿・深谷宿近郷・羽生町近郷などの在方・宿町・城下町などを含めて、合計36業者が広い範囲にわたって分布していた『関東河川水運史の研究　表10』。活発な取引の展開は、天保9年の触書「在方ニ而米所持之者共ハ白米ニ舂立、来年三月中を限、江戸内江積送、問屋ハ勿論素人までも勝手次第売捌可申候」に影響されたことは当然理解できるが、それ以上に平塚河岸の後背圏が、麻・煙草等の畑方特産物生産地帯を控えた上流諸河岸の場合とは異質の、というよりはむしろ関東平場畑作農村一般に共通する穀菽作地帯であったことの結果であった。なお、このことと併せて、山田武麿（1957年 p7-10）は幕末期の平塚河岸について、かつての穀物を中核とする積み出し河岸が、その後の蚕糸業界の繁栄を背景にして前橋藩の生糸の重要な積み出し河岸になっていくことを指摘している。このことは、文久元（1861）年、前橋藩領の国産生糸が平塚河岸に集荷され、平塚河岸問屋田部井惣治から関宿河岸問屋野村勘兵衛経由で深川佐賀町御蔵まで搬出されていったという記録『群馬県史 資料編14』からも肯首できることである。

利根川舟運の骨格は、領主河岸として開発されたものとみてよい。公用輸送路としての整備充実は、江戸と関東諸地域との結びつきを深め、商品流通をも活発化していく。商荷物の増大を背景にした、領主流通の独占的体制とその下に保護された問屋資本に対して、手舟を持った農民流通サイドからの反発の胎動が、次第に軋轢と動揺を増幅していくことになる。

平塚河岸問屋訴状　　　安永5年（北爪　清家文書）

是まで平塚河岸江、古来より出来り候伊勢崎町、境町、其外近在の商人荷物等、我侭ニ荷主江相廻り荷物せり取請運送仕候ニ付、平塚河岸の衰微ニ相成、惣百姓一同難儀仕候、（中略）今般総州関宿より例年平塚河岸江水揚来り候干鰯荷物

三百表、同国佐位郡嶋村権次郎船江積入、当河岸江引上り掛候、(下略)

享保・宝暦・安永年間を通じて、干鰯等の商荷物の輸送をめぐって争われた平塚河岸問屋と中島村手舟稼ぎ人十兵衛との間の抗争は、再三訴訟の場に持ち込まれ、その都度問屋側の勝利に終わっているが、14河岸における百姓手舟の活動は衰えることがなかった。結果、平塚河岸における船持ち稼ぎ百姓の発生を契機にして、上利根川周辺農村に船持ち船頭と呼ばれる階層が新興勢力として成長し、既存河岸問屋仲間の地位を脅かすことになるわけである(丹治健蔵 1961年 p40-42)・『近世日本水運史の研究 p370-372』。

この争いの中には二つの大きな問題が含まれていた。一つは、河岸場機能を担当する新旧勢力の対立であり、他の一つは争論の一端を形成する干鰯の大量荷揚とその用途である。つまり平塚河岸近辺や境町近郷の畑場農村=皆畑農村における大豆の生産拡大を支えた背景に、享保期以降、関宿から登ってきた干鰯の投入が考えられる。いわば、手舟稼ぎ人と荷主の利害が一致し、この結合関係を近在農家の干鰯需要が積極的に支持したことが、十兵衛の平塚河岸への執拗な挑戦の背景になったものと思われる。

⑵ 倉賀野河岸の上下荷と流通圏 倉賀野河岸は利根川の支流烏川に面し、河況が悪化するまでは江戸へ直航する本船(艜船)の利根川水系における遡行終点でもあった。中山道の宿駅、高崎藩・安中藩の外港、三国街道、例幣使街道に接続し、上信越にも通じる水陸交通上の要地であった。群馬県の歴史『県史シリーズ p141-142』によると、優れた立地条件を反映して、「安永年間河岸絵図」では上利根川沿岸諸河岸のうちで、倉賀野が9軒の問屋を擁して最多を誇り、以下平塚・一本木(7軒)、川井(6軒)と続き、その他の河岸は1~3軒と小規模になっている。

倉賀野河岸が河岸としての地位を対外的に確立するのは、元禄3年から4年にかけての、玉村宿との出入り一件の勝訴を契機とする。当時の玉村は、三国街道の宿場であり、倉賀野で中山道から分岐する日光例幣使街道の最初の継場であった。この玉村が倉賀野を相手取って奉行所へ訴え出た。理由は「これまで上方・信州方面から中山道を下ってくる荷物は、倉賀野より玉村継で上利根川の新河岸まで送っていたが、この決まりを破って倉賀野が地元で船積みをした。誠に不届きである。」というものであった。これに対して、倉賀野の反論は「倉賀野河岸では古来これらの荷物を積み送ってきたのに、近頃になって急に差し押さえるのは納得できない」という見解を固執した。最終的にこの争論は幕府評定所の裁定によって、「船積み荷物は荷主と河岸問屋の相対次第で自由に積み送り、玉村宿が妨害することを禁止した」ことから、倉賀野河岸の勝利で決着し、烏川舟運の権利が確認されることになるわけである『近世日本水運史の研究 p76-79』。

慶安3年以来40年余に及んだ争論の一つの焦点として、三国街道を流通する商荷物も玉村宿継立で川井・新両河岸に結ばれてきたが、この既得権益すら争奪されかねない、という玉村宿の危機感も争論の背景にあったことを川名登『前掲書 p78』は想定しているが、高崎市史『通史編3近世 p525』および『関東河川水運史の研究 p15』では、本街道の中山道倉賀野宿と脇街道の三国通り玉村宿との対立関係に、「かがり荷物」をめぐる川下3河岸（川井・五料・新）の利害感情が絡んだ争論とみている。廻米津出し河岸の成立以来、上利根川上流地域では、幕府領の村々が五料・川井などの河岸から積下し、他方、高崎周辺の場合、おおむね高崎藩・安中藩等の大名領や旗本領の村々が、主に倉賀野河岸から津出ししていたようである『高崎市史 通史編3近世 p525』。元禄3年の「河岸改め」に、利根川水系屈指のかつ創業の歴史の古い倉賀野河岸の名が挙げられていないのは、この状況に拠ったものと思われる。

年貢米・商荷物の津出しに際し、多くの点で立地条件に優れた倉賀野河岸であったが、負の条件の克服の努力と順応の姿を認めることもできる。川床の浅瀬化に対する川下河岸の利用と船底の浅い艀下船の採用である。倉賀野河岸では水深が浅く、江戸廻りの艜船は遡行不能であった。そこで下流の川井・新河岸に繋留しておいた艜（ひらた）船まで艀（はしけ）船で往復積荷し、その後、出航するわけである。上り荷の場合も同様である。この欠陥は天明の浅間焼けで河道が埋積され、一層悪化することになる。その結果、江戸廻り船の遡行終点は、今日の利根・烏川合流点付近から利根・広瀬川合流点付近まで下がることになった。このため、天明から寛政期にかけて、「所働船（ところばたらき）」と呼ばれる小船稼ぎが流域農民の農間渡世として出現し、「浅川」具体的には倉賀野―

図Ⅲ-10　倉賀野河岸の積出荷主の分布（天保6年）

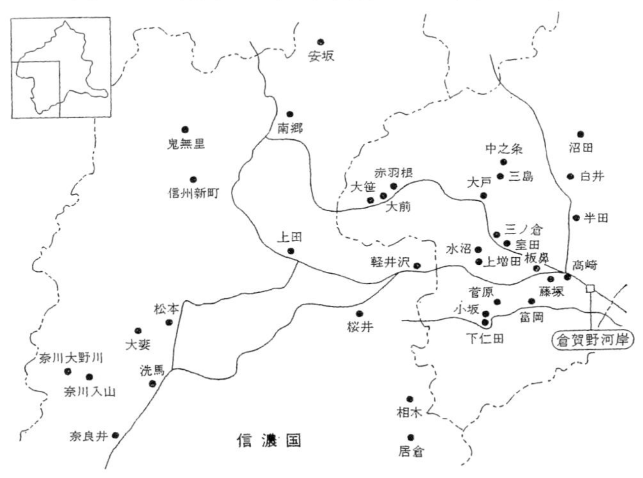

出典：『群馬県史 通史編5近世2（田中康雄）』

平塚河岸区間の艀下流通に重要な役割を果たすことになる。こうした農船や漁船で稼ぐ小船持ち層の台頭が、やがて領主的流通から農民的流通の時代への変質を加速させる一因となっていく。

享保9（1724）年の「武家御米宿覚」によると、倉賀野河岸を御米宿（荷物宿）に指定していた大名・旗本は、高崎藩をはじめ松本藩・飯山藩などの上州西部と信州北部・東部の大名・旗本39氏にのぼり、廻米量の合計は5万6,990俵に達していた。加えて、後背圏が鬼怒川水系に次ぐほどの規模を有していたことから、近世中期以降は、信州木曽谷・梓川渓谷をはじめ遠近各地との間に種々・多量の商荷物が広域流通したという（図Ⅲ-10）。商品生産の発展する近世中期（明和8年）の文書には、

上り荷　塩・茶・小間物・糠・干鰯・綿・太物・小間物（約22,000駄）
下り荷　米・大豆・麻・紙・煙草・板抜類（約30,000駄）

とある『前掲書 p141-142』。

⑶　干鰯・糠の荷揚げと流通範囲　　利根川上流諸河岸でも、上り荷では塩が筆頭で次いで茶荷物が続く。既述のように、この2品目は信州中馬の戻り

荷として公認された重要荷物である。干鰯・糠等も上流河岸の多くが取り扱った上り荷であるが、倉賀野河岸でも、貞亨2（1685）年にはすでに干鰯の入荷が知られ、また明和8（1771）年以前から、糠・干鰯が北上州や信州農村に送られていったという『近世日本水運史の研究 p184』。北上州や信州農村において、麻・煙草・大豆等の商品栽培の発展にかかわったと考えられる糠・干鰯の荷揚げは、倉賀野河岸以外に川井・新両河岸からも行われたとみられている（表Ⅲ-3参照）。このことは「新河岸・川井河岸の最寄り船積み荷物は、三国通り越後筋ならびに沼田町・白井町・吾妻郡原町・中之条辺りから渋川町へ出て、下道通りの八木原・惣社・玉村町を継由して、上り下りの諸荷物を引き受けてきた」『群馬県史 資料編 14-373』とする請け払いの記録からもうなずけることである。さらに天明7年、岩鼻代官所に宛てた川井河岸問屋の答弁書「（前略）塩市場取立1・6・4・9之定日を極メ、月次12さい市立来り申候、勿論穀物等糠干か売買仕候、右ニ付塩商人之義者三友河岸・八丁河岸・横瀬・嶋村・平塚其外近在より入込ミ市日ニは高崎・惣社・渋川辺其外より近在之塩買共12さいニ参り、塩売買仕間、船問屋之外13軒之者共迄、右商売仕候」『関東河川水運史の研究 付録史料63』にも、毎月12斎の市を立て、塩をはじめ穀類・糠・干鰯の売買をしてきた。市日には三友・八丁等の下流諸河岸の商人に川井河岸の問屋まで加えた塩商人が集まり、一方、近在ならびに渋川等の遠隔地からは塩・穀類・肥料の買人が参集したと記されている。以上に挙げた諸史料からも、渋川ないし渋川以北の山村に糠・干鰯が持ち込まれた可能性は一応考えられることである。

ところが、いずれの河岸関係史料や北毛市町村史関係文書をみても、北毛から信州にかけて送られた筈の干鰯・糠の定量的史料はもとより、それが使用された痕跡すらほとんど不明である。少なくとも前橋藩お取り立ての五料・川井・新の3河岸陸揚げ肥料が、前橋・渋川等の商人の手を経て赤城南面の村々にまでは流通していたものと考えた。事実、前橋市史『第六巻資料編1. 262-296』によると、近世後期から明治初年にかけての前橋藩を中心にした村々29ヵ村の「村明細帳」には、肥料事情について次のような状況が記されている。駄肥・堆肥・緑肥などの自給肥料のみを使用する農村は水田経営8ヵ村・畑作7ヵ村であり、金肥のみ使用と記す村々は水田農村4ヵ村・畑作農村5ヵ村にすぎないが、両者併用の村々は水田農村18ヵ村・畑作農村17ヵ村と多数を占めていた。内容的に若干信憑性を欠く部分もあるが、少なくともこの数字から金肥の普及を確認することは十分可能である。投入肥料の中核は水田で大豆・干鰯が多く、畑では糠・干鰯の組み合わせが目立った。大豆の多用は自給肥料および商品作物としての重要性を示し、畑への糠投入の普及から麦小麦の栽培を窺うことができる。

肥料事情をより具体的に見ると、天明6（1786）年の泉沢村「銘細書上帳」には、「田肥、干鰯、粕、大坂粕、馬屋肥いたし申候、畑こやしの儀右同断」とあり、寛延2（1749）年の不動堂村「銘細帳」には、「田こやしに赤城山ニ而馬草刈取入申候、ほしか買入申候、畑之肥やしニ者赤城山ニ而馬草刈取入申候、こぬか買入申候」とある。両村とも寛延、天明期頃には自給肥料のほかに購入肥料を併用していたことが明らかである。さらに榛名山麓東手前の前橋藩東国分村の有力農民住谷家史料によると、寛延2年に「干鰯・糠・荏粕・酒粕・こぬか」の使用がみられ、また、文政5（1822）年の「田植付入用覚」には「干鰯代拾駄、両ニ七駄替、金壱両壱分弐朱ト三百六拾壱文、ふすま両ニ九駄かえ、金壱分弐朱四百六拾八文」とあり、当時購入肥料の中心的商品であった干鰯の異常な高値と使用の痕跡をうかがい知ることができる。翌文政6年の「揚田地米麦壱町歩作仕付入用取上等之積り控帳」によれば、住谷家が1町歩の田に使用予定の肥料は以下の通りであった『前橋市史 第三巻 p372-374』。ここでも金肥使用の実績を認めることができる。

干鰯	拾五俵	銀一五〇匁	金換算で二両二分
米糠	四石	銭八貫文	同約一両一分
堆肥	六十駄	銭四貫文	同約二分

前橋藩領の肥料事情を管見すると、渋川以南の村々では採草地がある限り、自給肥料に依存する姿勢を貫き、そのために赤城・榛名の山麓に秣場を確保し、境界争論を繰り返しながら経営の維持に努めていた。一方、永年の開発で採草地を喪失した村々と商品経済に深く巻き込まれた村々では、貨幣収入の限度内で購入肥料の導入も余儀なくされていったものとみられる『前掲市史 第三巻 p373』。ともあれ、赤城以南・榛名以東の前橋藩領までは干鰯・

糠などの金肥使用が普及していったことだけは確実である。文献調査から明らかにされた赤城以南・榛名以東の金肥使用農村と、これより以北の北上州自給肥料依存農村の分布上のコントラストはかなり顕著である。このことは古島敏雄『日本農業技術史 p520-521』も近世後期の北上州の肥料事情について、渋川に残る写本『樹芸考 第四巻 p149-151』と上箱田村・三ノ倉村の村明細帳を用いて刈敷・厩肥農法の実態を論じている。その際、北関東の農業は、農法的には明らかに東北型であること、ならびに先進地帯以上に作物作付順序の交代＝輪作体系の確立が重要であることに触れているが、金肥使用については言及していない。

ここで上州の肥料事情を小括的に整理しておこう。近世中期、上野における干鰯等の購入肥料の導入地域は、山田・勢多・邑楽・群馬・碓井諸郡等の平場農村が多かった。もちろん、利根川・渡良瀬川諸河岸に近い那波・佐位・新田郡における金肥導入は一層進行していたことが考えられる。他方、刈り敷・駄肥・人糞尿などの自給肥料の使用も、広範な地域に展開していたが、なかでも以下に問題として取り上げる利根・吾妻・勢多郡等の山村により多くみられたようである『群馬県史 通史編5近世2 p151』・『群馬県史 資料編12近世4 175・176』。このことは、すでに堀江英一『明治維新の社会構造 p123』の指摘にもあるように、「上野の山地農業や桑の栽培は、幕末まで自給肥料に依存していた」とする事実とほぼ符合する状況である。しかも「金肥と称して、購入肥料としてあらわれたのは、明治中年頃からの大豆油絞り粕であった。」とする吾妻郡の『高山村誌 p571』記載事項のように、近世期に麻栽培の記録が明らかに残る地域においてさえかくの如き状況であった。

以上に述べたように、近世後期、上利根川諸河岸経由で魚肥類が渋川までの前橋領村々に普及していたことは明らかになった。しかしながらその先沼田領まで輸送された形跡は曖昧である。たとえば「前橋沼田間駄賃定書」（万延元年）によると、食品・衣類・小間物・荒物・金物とともに干鰯の駄賃が「壱駄につき九百文」と書き上げられていた『前橋市史 第六巻資料編1-367』。沼田町商人仲間の上記定書から、少なくとも万延年間には一定量の干鰯搬入の可能性と、これを補強する帰り荷としての煙草・麻の搬送問題がが浮上してくるが、史料の性格上これ以上の言及は不可能である。したがって解析のすべは、北毛村々での干鰯投入実績の確認に移行することになる。

⑷ 北毛の商品生産（麻・煙草）と肥料事情　ここで倉賀野河岸ならびに上流諸河岸の後背圏とみられる北上州の肥料事情について、若干立ち入った考察をしてみたい。明治後期（37年）の吾妻麻購買販売組合の麻栽培指導例をみると、冬場の打ち肥（尿・糞）、掛け肥（厩肥）ならびに播種期の元肥（厩肥・人糞尿・蚕糞・酒粕・糠・大豆・配合肥料）としてそれぞれを挙げている『吾妻郡誌 復刻版 p603-604』が、糠・大豆・酒粕を除いて、干鰯・〆粕とともに当時すでに関東北西部の畑作農村、とくに養蚕地帯に導入され始めていたと思われる身欠き鰊の使用にも全く触れていなかった。肥料購入事情は、一気に配合肥料の時代を迎えている。

一方、時間を大きく戻して、宝暦4年の吾妻郡干俣村の村差出帳をみると、

一、粟・稗・黍肥し馬屋より出し重ね置候を見積り1反歩山灰1俵下肥4桶入れ能々踏み立て8駄に致し畑へ持運び又程合の節、水を入れ踏み立て作り申候

一、大麦・小麦肥しは馬屋肥よく腐り候を1反歩8駄程下肥4桶灰4俵入れ、程合いの時水を入れ踏み立て蒔付候

と書かれているが、どこにも購入肥料の記載は見当たらない。わずかに執筆者のカッコ書きで（当地ではその他少量の糠・干鰯を使った処もあるらしい）とあるに過ぎない『中之条町誌 第1巻 p588-590』。

また「高橋景作日記（抜粋）嘉永6年」および寺子屋の教科書「百姓往来」＝(往）には次のような記述がみられる『中之条町誌 第1巻 p589-590』。

三月　田畑こやし、秣場から刈りとりて作る

四月　籾蒔き・蚕掃立て

(往）　夏季に至れば麦秋刈込み、大豆・小豆・大角豆・茄子・粟・稗・黍・唐・胡麻・綿・牛蒡・人参・など夫々に仕立てべし。肥は下肥・馬屎尿・馬の踏草・干鰯・魚腸・豆糠・油絞粕・藁灰也。小雨あるを待って蕎麦・粟・大根をまくべし（以上、百姓往来記載）

五月　大豆蒔・小麦刈り・繭かき・田植え

六月　田植え・農休み・田の草取り

七月　夏蚕上蔟・繭かき

八月　糸220匁に下がる。粟上作・田作よし・桑畑すき・大小豆はずれ

九月　麦蒔き

十月　田麦蒔き・稲あげ・枯木伐り・干草おろし・醤油つくり

十一月　まき伐り始め

十二月　年貢取立・煤払い

日記（1854年）から判るように高橋家は在地地主であり、貨幣経済の浸透を反映して、養蚕・大豆など商品作目の種類も少なくない。しかしながら生産力の向上は、自給肥料作りによって進められている。寺子屋の教科書「百姓往来」に影響され、購入肥料に関する必要な知識は持っていたと思われる。加えて高橋家には、干鰯・糠等の購入に必要な経済力もあったとみてよい。とくに水田裏作麦の栽培は、農業技術水準の確かさを示すものであるが、生産力向上のために購入肥料を導入した形跡は全くない。干し草おろし・薪の伐り出し・醤油つくり等自給的性格を反映した肥料事情といえよう。

以上のように中之条町の近世中期以降の肥料事情には、干鰯・糠・〆粕等の金肥使用は認められない。そこで麻栽培の核心地区を抱える原町の元禄・享保期における「田作覚帳」から改めて問題点を見直してみた。結論的に言うと、水田経営に際して、原町の農家一場家が投入する肥料は、正徳3年、「こみ塚田」に閏5月7日田植えをし、刈り敷22駄と馬屋肥26駄を入れ、次いで、「こふかいと田」に5月14日田植えをし、刈り敷10駄・馬屋肥20駄・豆こやしを入れている。元禄11（1699）年〜享保8（1724）年にかけての田植え時期の施肥は、刈り敷（柴肥）と馬屋肥を基礎に年度によって、これに豆こやしを加えている『中之条町誌 資料編 p524-534』。元禄・享保期は商品経済が顕在化する時期であり、したがって、原町でも商品作物としての麻の栽培が盛んに行われるようになっていく段階である。商品作物としてもっとも重要視されてきた水田経営（主穀生産）に、干鰯・糠等の金肥が投入されるようになるのは、荒居英次（1961年 p116-117）が明らかにしたように畑地商品作の場合と時期的に異なるものではない。（むしろ主穀生産地帯では、金肥投

入が畑に先行するのが一般的でさえあった。）とすれば、この時期、金肥の普及は北毛地方に認められなかったという推論が成り立つことになる。

沼田藩領村々の文化年間と推定される明細帳によると、田の肥料として「山野草を刈取り、田畑へ入れ申し候」（下久屋村）、「田のこやし、木灰、草刈り入れ申し候」（渡鹿野村）、「青草肥多く入作申し候、但し稲肥は灰下肥或は馬糞多く入作申し候」（石墨新田）とある『沼田市史 通史編2近世 p378』。いずれも刈り敷・灰・馬糞・人糞などの自給肥料であり、金肥利用の片鱗も見られなかったことをここでも確認しておきたい。

なお、補足的事項であるが、元禄・享保期以降、原町・中之条町等の市町商人の活躍が目立ってくる。群馬県史『通史編5近世2 p548』では、彼等の業者的性格について、米穀・塩・肥料等を取り扱う問屋であるとともに、麻・煙草・繭等特産物の在方荷主であるとしている。問題は彼らが市立において扱う商品に肥料が全く含まれていないことである。加部家（大戸村）・菅谷家（郷原村）・山口家（原町）・二宮家（中之条町）・田村家（五反田村）のいずれにしても、本質的に農間商人の彼等は、金融業を通しても農民に深く接触してきた。質屋としての経営内容は、麻・繭・煙草・田畑はもちろん時には桑葉までも質草に扱っている。しかし関東農村に広範に普及していた肥料の前貸し商法だけは見いだせなかった（後掲質置証文参照）。北上州の特産商品作物の生産が糠・干鰯・〆粕等の前貸し商法の対象に組み込まれていたとしたら、そこでの農民層の分解はさらに深刻な状態を露呈していたものと考える。それでなくても経営の零細性・劣悪な耕地条件・天明の浅間山焼け・度重なる北関東の気象災害に年貢増徴策が加わって、関東各地の如何なる農村をも上回る悲惨な状況だったからである。加部家のある大戸村では、農民たちは繭・麻・田畑を抵当に借財した結果、土地は質流れとなり『岩島村誌 p514』、収穫物は繭手・麻手として引き上げられ、村人たちの生活は一段と貧窮の度を深めていった。

蚕籠質置証文事

一　蚕籠六拾枚質置仕、価金壱両慥ニ請取借用仕候処実正ニ御座候、嵩者故籠之義者、請人方ニ預り置候、流月之義者、来戌ノ三月廿日限り其節請出シ

兼候ハゞ右之蚕籠貴殿方江相渡し候共請人金子立替候共貴殿勝手次第可仕候、少茂御苦労ニ相懸申間敷候、為後日、蚕籠質置証文依而如件

文久元年酉7月

奈良村　質置人

同村　　請人

同村　源兵衛殿

『沼田市史 資料編2近世-238』

借用申蛹麻手金証文事

一　金三分壱朱

右金子之義者当御年貢其外無拠要用ニ差支書面之金子慥ニ請取借用申候処、実正ニ御座候。但し此金返済之儀者来ル未年拙者手作蛹・麻出来候節、時相場ヲ以貴殿江売り渡し元利共急度返済可仕候。如此相定〆候上者少茂相違無御座候、万一異変および候ハゞ、請人引受急度埒明貴殿江少茂御損耗相掛申間舗候、為後日借用申蛹麻手金証文依而如件

弘化3午年　　　　郷原村　借用人

請人

同村　菅谷勘右衛門殿

『岩島村誌 p519』

ここに取り上げた近世末期の2件の借用証文は、農村荒廃を問題にするためのものではない。ましてやこの時期は近世後半の商品経済の盛行期である。したがって問題とするところは、零細農家における商品生産の導入と肥料代操作の関係をみるためである。具体的にいえば金肥導入、とくに干鰯・糠の特産物栽培への投入の有無と前貸し商法の普及について確認するためであった。結果的に、収穫期の現物払いで困窮化していく農民は、『池田村史 p151』に残る『質置証文』数百件の事例が示すように、決して少なくなかったが、そこには肥料前貸し商法の浸透を示す状況は認められなかった。

その点、加部家の経営方針が象徴するように、北上州の農間荷主商人たちも、その営業範囲を地主経営はもとより、金融業・輸送業・鉱山業・材木業・麻．繭の仲買荷主業・酒造業など利潤をもたらしそうな諸部門にわたっ

て、どん欲に拡大してきた『岩島村誌 p513』。それにもかかわらず、関東各地の多くの穀商が兼営する肥料商部門だけは開業していなかった。このことこそ北上州の在地大商人たちの業者的性格を示す特徴的側面であった。たしかに群馬県史『通史編5近世2 p548』では、「元禄期以降、中之条町の桑原・二宮家あるいは原町の山口・富沢家等の有力市町商人たちが、米穀・塩・肥料などを取り扱う問屋であるとともに、麻・繭・煙草などの特産商品を扱う在方荷主であった」としているが、少なくとも肥料だけは、県史はもとより利根・吾妻両郡の市町村史のいずれをみても、六斎市のどこにも取引された形跡がなく、さらに生産者農民の諸記録にも使用された実績はほとんど現われてこない。

これまで北毛地方では、近世中期以降幕末期にかけての麻・煙草・養蚕にみるとおり、特産商品作物の栽培が活発に展開されてきた。これらの商品作物は本来、きわめて資本集約的側面を持つにもかかわらず、全面的とも言える範囲と時期において、粗放的な桑の植栽以外は、中・上畑に限られた耕地と自給肥料に依存する生産を繰り広げてきた。沼田城下近隣の村々たとえば桃野村における自給肥料の使用状況は、水稲作には青草・厩肥を入れ、畑作には灰・堆肥・下肥を施している。下肥は湯宿や湯原まで少々の費用と多くの時間ををかけて汲み取りに行った。しかもそんな遠方の町屋まで汲み取りに行くのは限られた一部の篤農家だけであった。魚肥のワタ樽が使用されるようになったのは明治の後半であったし、煙草の肥料は油粕が良いという情報の普及自体が明治に入ってからであった。明治43年の村の調査によると、依然、自給肥料の使用が主流を占め、金肥を全く使用していない集落もまだ存在していた『月夜野町史 第1集 p301』。また利根郡高橋場町では、近世以降、大正の初期に化成肥料が普及するまで、厩肥・堆肥・下肥などの自給肥料全面依存の農業がずっと続いていたという。下肥の汲み取りは沼田の町まで出かけていった。化成肥料の普及する頃には油粕なども流通していたが、値段が高くて一般的な農家では購入しにくかったという『高橋場町誌 p431-432』。奈良村の場合も前2者と同じく、村書上明細帳によると水稲作には下肥・青草を用い、畑作には下肥を施したという。購入肥料については、植物性・動物性を問わず全く触れていなかった『薄根村誌 p67』。

こうした栽培技術・肥料環境の下で、わずかに商業的農業の片鱗をのぞかせているのが、岩下村中村三右衛門家の経営であろう。それは以下の点に基づいて下された評価である。「セト畑廿塚、かす壱駄買、下こえ壱桶かす半桶ニて婦んくるみ致し、但シ蒔入之節下こえ壱桶都合かす共二桶半ニテ蒔入仕候。」ここに来て初めて「かす壱駄買」という文言に出あうことになる。もっともそこに書かれている「かす」が魚肥の〆粕を指すのか、原市・中之条・沼田等の在方町や城下町の醸造業や絞油業の絞り粕を指すのか不明である。文化12年に利根郡町田村堀江家の「堀江家日記」に文政年間になって毎年のように、沼田下之町から下肥を取り寄せている記事が出てくる『沼田市史 通史編2近世 p378-379』。たとえば、

一　去る子年、下之町より取る下ごい19駄也、内弐駄は水も
　　下ごい3駄、丑の2月19日に三吾附る、〆21駄、此金壱両弐分也
　　大豆弐石遣す、此代金壱両弐分弐朱と弐百六拾八文、壱石弐斗かへ（後略）

このとき、堀江家では、1両に付き1石2斗の換算で大豆2石を支払っているが、おそらく下肥購入問題と同じく、中村家の「かす」購入も地元産酒粕・油粕の調達だったように思われる。結局、北上州の活発な商品生産を支えた肥料事情は、以下に示す『岩島村誌 p594』記載の一節によってさらに明確となる。

上州吾妻郡郷原・矢倉・岩下三ヶ村之儀、麻作第一仕候処、右麻作之儀馬肥沢山懸不申候而者出来方不宜、尤三ヶ村之儀者粕・干鰯等之肥可調場所無御座候。往古より秣一通り之肥を以、仕付仕候。「乍恐書付を以御書申上候」（宝暦13年入会係年文書）

この入会係年文書を例に、岩島村史は「麻作はとくに肥料を要するが、ここでは金肥入手困難故、秣場だけに依存しなければならなかった」とし、その点、木村・伊藤『新田村落』の指摘する「享保期の関東平坦地では金肥使用が一般化されていたところ」とは、趣を異にしているという趣旨の考察をしている。この「趣を異にしている」ことこそが、高山村誌の一節「金肥と称して、自給肥料でなく購入肥料としてあらわれたのは、明治中頃からの大

豆油絞り粕であった」に記載されている事態そのものであった。それまでは、入会慣行における「山の口」規制を忠実に守り続け、自給肥料に依存した農業を商品生産も含めて、継続してきた農民たちであった。『吾妻郡高山村誌 p571』。また、文化2（1805）年の『山中竅過多（さんちゅうあなだらけ）』に「煙草は舘のものにも劣らず、大白豆は秩父物に勝り、酒粕を麻畑に用い」という一文がある『群馬県史 資料編9-644』。肥料としての酒粕利用については、文化6年当時、沼田藩領内に26軒の造酒屋が存在し、このうち師田村原沢家の記録によると、元禄15（1702）年に酒・焼酎のほかに絞り粕・糠等の副産物を売却し、金20両3分と銀4匁を得ている『群馬県史 資料編12-296』。これから推論できるように、絞り粕のような副産物が、商品作物栽培農家の金肥需要のごく一部を満たしたことは考えられる。たとえば『薄根村誌 p68』記載の明治4年の岡谷村明細書上帳のなかに「田畑こやしは油粕米糠にて作立申候」という文言を見つけることができる。

しかしながら、金肥使用の実態が地場産酒粕・油粕利用段階であったこと、それも通観する限り、ごく稀な用例として記述されているに過ぎない。上述の状況は「明治初（1868）年、岩島村では麻の作付反別が多いのにもかかわらず、大正期の収穫量に比して半減しているのは、明治初期には施肥の近代化が行われていなかったからである」『岩島村誌 p594』との見解、つまり化成肥料はもとより、干鰯・〆粕・等の魚肥や糠の使用が明治初期になっても依然、一般化していなかったことの証左にほかならない。利根川舟運の余恵が届いていなかったわけである。その後、明治・大正期になってようやく大麻栽培は、1)打ち肥として尿または人糞尿、2)掛け肥として未熟堆肥、3)元肥として堆肥159貫、人糞尿1石5斗、米糠8斗、蚕屎（乾燥）4斗4升、酒粕17貫500匁（または大豆粕6貫）を投入し、さらに場所によっては、播種の際の元肥として硫酸アンモニア、過燐酸石灰、完全人造肥料を適当に使用すべし、と書き記されているような時代を迎えることになる。これでみると基本的に必要とされる1)～3)の肥料は、近世の北毛でも農家階層によっては（代替え投与を前提にした場合）ほぼ自給が可能であり、これに若干の地元産植物性購入肥料を加えれば、大麻栽培は曲がりなりにも成立することになる筈である『吾妻郡誌 合冊復刻版 p603-604』。ただし現実は上述のとおり厳しい状況であった。

以上整理すると、これまでの多角的考察の結果として、近世中期以降の北上州の特産品生産とこれを推進した自給肥料利用について確認ができたこと、ならびにこの状況を否定する有力史料が、地場産酒粕・大豆油粕以外に発見されなかった事実と、その使用が必ずしも産地全域的・全階層的性格を帯びたものとは推定されないという理解は、それなりに大きな果実であったと考える。ただしこれまでどこにも浮上しない蚕糞の利用問題であるが、可能性として指摘する意味はあるように思われる。近世末期、多摩丘陵畑作農村における蚕糞利用の事例と評価が、大舘右喜の指摘『幕末社会の基礎構造 p93』にもみられるからである。とくに蚕糞利用の評価において、多摩丘陵地帯の商品生産では蚕糞が購入肥料に代用されたこと、ならびに雑穀栽培に比べ桑園経営は在郷肥料商の支配から離脱することになる、という2点を取り上げている。こうした状況把握を経て、利根・吾妻地方の特産商品生産の展開史は、次の段階すなわち、嘉永年間の吾妻川通船計画の推進に向けて始動していくことになる。

⑸　吾妻川通船事業計画の推進と倉賀野河岸　　通船鑑札下渡し願書の中の「出願の由来」によると、「水戸様御石場にて魚・〆粕・干鰯等払下、船積にて烏川河岸まで運搬、其より陸路原町・岩井・山田へ運搬せしも、駄賃高まり、為に収支償なはざりし為に、各所より通船にて、運搬するの便を感じ、出願の決意をなし（後略）」と述べ、干鰯・〆粕等の金肥搬入を吾妻舟運開設の筆頭条件に位置付けていること『吾妻郡誌復刻版 p914』、また嘉永4年の「吾妻川通船見入帳」（山田正治家文書）にも、新河岸から原町までの13里半の馬背搬送では、宿ごとの荷物の付け下ろしや街道の駄賃に取られ、肥料が高値になる事情を述べ、舟運搬入の必要性に結んでいる『中之条町誌 第1巻 p637』。さらに嘉永5年の広瀬川通船計画再開のための願書の中で、出願者・前橋町米穀問屋三川民平は、御用炭をはじめ前橋藩産品の出荷と引き換えに干鰯・糠・塩・茶などを買い入れれば、前橋町はもとより群馬・勢多・吾妻・利根諸郡からから沼田地方にいたるまで、村々への助成は莫大であると強調している『群馬県史 通史編5近世2 p882-883』。これらのことを考え合わせると、近世後期の沼田煙草や吾妻麻の栽培・桑園管理にとって、干鰯

や糠の使用は重要な生産資材とみなされていたことは明らかである。そこにこそ、「諸色高直」の折にもかかわらず、多くの難所を越えて、九十九里浜から関東最奥部まで付け通す舟運開設運動が、原町商人と在郷富農層の主導の下に中之条・原町40ヵ村組合ならびに38ヵ村寄場大戸組合農家を巻き込んだ請願になったものと思われる。

以上の史料を整理すると、近世中後期以降の北上州における商人資本や農民たちは、1)糠・干鰯等の経済価値と使用効果については十分の認識を持っていた。2)しかし、購入肥料の供給地から北上州までは、遠隔かつ陸送距離が長く輸送費が価格に大きく転嫁されていた。3)その結果、商品生産を含めた一般農民の農業生産活動は金肥利用を排除し、自給肥料にほぼ全面的に依存する状況であった。4)新編埼玉県史・群馬県史が取り上げているように、肥料問屋が存在したとすれば、干し鰯・〆粕などの魚肥以外の酒粕・糠などの地場産金肥流通がある程度行われたことは考えられる。たとえば、近世後期の北上州には、片品川・利根本流上流部・西入地方・吾妻川流域から上流大笹村・草津地方にかけて、概算60を超える動力水車が設置され、米麦・粟・稗・黍の精白に、また蕎麦・小麦の製粉に使用されていたようである。沼田藩士の飯米用と沼田藩領内26造酒屋（文化6年）から供給される糠と絞り粕は一定の量に達したものと考える『群馬県史 通史編5近世2 p152・618』。ただし既述のように、これにかかわる十分の使用実績とその結果としての農民階層の変動現象を確認するには至っていない。

近世中期以降の商品生産の発展を可能にした技術的条件として、北関東とくに上野では糠の大量使用によることを、難破船積み荷資料から指摘する研究者もいる。ちなみに、江戸から古河河岸に向けて遡行中に難船した上り船の主な積み荷をみると、

享保14年　糠201俵・繰綿21本・菅笠42個
寛延 3年　斉田塩170個・糠110個・酒30樽
宝暦 6年　塩165俵・糠158俵・砂糖3個
安永 2年　糠250俵・斉田塩50個・酒34樽
安永 3年　塩100俵・地糠80俵・太物37個・酒27駄

安永 9年　斉田塩40俵・酒酢35駄・鳥糞13俵

糠に次いで塩・酒が多い。とりわけ北関東に干鰯を超えて大量の糠が供給されていることがわかる。北関東農村における農業生産が、糠を媒介して江戸と結ばれ展開しはじめたことを、上記史料から田畑勉（1965年 p43-44）も指摘している。ただし荷揚げ河岸、使用された地域についての具体的史料は不明である。むしろ下野の場合と異なる点として、上野では、糠と魚肥の両者併用を考える必要を示唆することかもしれない。武蔵野台地の糠、江戸東郊の下肥、江戸近郊外縁部と江戸南郊の干鰯と下肥の混交地帯、下野・常陸の干鰯・〆粕等、いずれも地域性を反映した興味深い肥料事情である。

本論にもどそう。下り荷の米には、城米のほか高崎・板鼻の商人によって脇往還経由で移入された大量の佐久米・上越米・会津米がある。上野西部の山中領の村々と並んで北部の沼田・中之条・原町および東入りの村々では地元消費が多く、江戸地廻り経済の発展にかかわるほどの商品価値のある作物は多くない。それでも大豆・麻・煙草・板抜等はいずれも利根・吾妻産の重要特産物であり、吾妻麻・沼田煙草の銘柄の下に三国街道・信州街道・会津街道等の諸街道を経て信州へ、また倉賀野河岸経由の舟運で江戸に送り出され、江戸地廻り経済圏の形成に関与することになる。

なお、倉賀野河岸からは、上州麻の2大産地、西上州（甘楽郡）と北上州（利根・吾妻郡）の両産地物が出荷され、信州産の煙草も多数口積み下される。見られる。倉賀野河岸からの積み出し荷物は、天保期でも基本的に変化はないとみられている。その地域的な広がりは、信州では佐久から上田・松本・木曽にかけての広い範囲に及んでいる（図Ⅲ-10参照）・『群馬県史 通史編5近世2 p863-865』。若干の疑義を含むが、ここで倉賀野河岸から信越地方を対象に出入りした荷物を整理すると、以下のとおりである。越後の米・織物・魚類は三国街道から、北信の米・大豆や南信の椀・元結・煙草・紙・麻苧は信州往還・北国街道・中山道からそれぞれ倉賀野河岸に到達し、そこから江戸に積み出された。上り返り荷として塩・茶・小間物・糠・干鰯・綿・太物が内陸へ運ばれた『日本歴史地理総説 近世編 p280』。若干、例外的な動きを見せる商品として、京都から奥州方面に送られる呉服類がある。安永

3（1774）年、古河河岸船問屋から幕府評定所へ提出された書上によると、「呉服類は三度飛脚が中山道を倉賀野河岸まで輸送し、ここから舟運で上利根川を下って古河河岸に陸揚げし、日光街道・奥州街道へと継送された」という（田端勉 1965年 p44）。

北上州農村の場合、糠・干鰯等の移入と使用に関する具体的史料が欠落している。その結果、商品作物の栽培・集約的農業の推進に対する必要性が、関係者の間で十分認識されながらも、総体的に高水準の肥料価格に阻まれてその普及は停滞し、加えて農民の金肥購入上の低実績が史料不足＝不明に連鎖連動したことが考えられる。かろうじて麻・煙草の生産と養蚕経営の中の、ごくごく限られた一部上層農家で醸造・搾油粕導入例と多くの自給肥料型農家の成立が推定されるにとどまる。少なくとも、畑作においてもっとも集約的な作物とされる麻作りが、自給肥料体制の下で推進されるためには、岩島地区を中心とする優れた立地条件、上畑主体の耕地利用、輪作体系を導入し得る中〜上層農家の参入が必要最低条件とみられ、この条件を満たすことなしには、特産地の成立はきわめて困難だったはずである。

⑹ 藤ノ木河岸の上下荷と流通圏　寛永期、利根川東遷と参勤交代の制度化によって、関東各地に領主年貢米の津出河岸が成立する。藤ノ木河岸も寛永元年に毘沙吐村地内に設立をみている『近世日本水運史の研究 p62』。その後、河岸の機能が小幡・吉井藩の廻米と武家諸荷物輸送（領主流通）から農民流通に大きく転換する近世中頃の享保14年には、藤ノ木・八町・三友の3河岸は、特産品生産の顕著な西南上州を後背圏として、年間総計で22,000駄以上の荷を流通させるようになる。下り荷では信州米・甘楽郡の麻・煙草等の他に、砥沢産の「上野砥」の占める割合が目立った『群馬県の歴史 県史シリーズ p143』。同時期（享保14年）、藤ノ木河岸で扱った荷物をみておこう。まず下り荷としては、廻米・武家諸荷物・煙草・板・大麦・大豆・小豆・砥石・麻などがあり、登り荷では、塩・茶・太物・小間物・干鰯・俵物（魚）等が記されている。これらのうち、とくに下り荷では廻米・煙草・大豆が多く、登り荷では塩が重要品であった（田中昭 1958年 下 p3）。藤ノ木河岸の場合、大方の下り商品は河岸の右岸後背圏から集荷され、上信国境ー下仁田ー吉井ー藤岡を経て積出されるが、煙草だけは若干、異質のルートを

経て集出荷されている。それは藤ノ木河岸問屋の持ち船が、川俣河岸で破船した際、倉賀野・藤ノ木両河岸の荷元問屋の積み荷の一部に、西上州産の館煙草とともに北上州産の沼田煙草が、ほぼ同量程度の割合で含まれていたことからも言えることである（前掲論文 p2-3）。津出しでは、本来、もっとも所要経費の少ない河岸が利用されることは、新田郡安養寺村小川家や館林目車町の正田家の蔵米津出し河岸の選定状況にも明らかである。たとえば小川家の場合、新田郡下の村々で集荷された蔵米は、集荷地最寄りの河岸古海、前小屋、武蔵島、徳川、ときには中島河岸や渡良瀬川の猿田河岸から積下げられた『群馬県史 通史編5近世2 p604-615』。

次に上里町史『通史編上巻 p786-790』に従って、文化年間（1804～1818年）以降、藤ノ木河岸を通して藍玉・大豆・蚕種等の商売を手広く展開し、質屋金融をも兼営してきた須賀家の営業活動から、藤ノ木河岸の性格の一端を明らかにしてみたい。下り荷として大量の大豆が烏川―利根川―江戸川を通って野田へ津出しされてきた。大豆の集荷は金久保村の須賀家が仲買し、藤ノ木河岸の問屋木樽家と中沢家を介して野田の醤油問屋と取引を行っている。須賀家の安政4（1857）年の仕切によると大豆1,273俵（代金650両）、翌5年は810俵（代金863両）の取引が行われた。大豆の帰り荷として野田から大量の醤油を藤ノ木河岸に運送し、河岸問屋から仲買人の須賀家に、さらに須賀家から新町宿・藤岡・本庄宿・玉村宿・安保村・金久保村等に配荷された。直近後背圏の村々に醤油が運ばれてくるのは塩に比べて新しく、文化年間の頃と推定されている。

「嘉永5年藍玉出方帳」によると、同年から翌年にかけての1年間に藍玉80駄余、金額にして523両に上る取引がなされている。須賀家では藍葉を仕入れ、藍玉にして上州・武州・信州の染物屋へ売りこんだ。上州では高崎宿・新町宿・館林周辺、武州では羽生町・加須町周辺の染物屋が多い。藤ノ木河岸問屋を通して、利根川の大越河岸・川俣河岸・下村河岸・長宮河岸周辺の染物屋に売っている。信州では佐久町・臼田町・真田町などの紺屋と取引を持っていたという。こうしてみると、藤ノ木河岸の後背圏は、神流川流域を越えて児玉・本庄・深谷地方に広がる武蔵藍の産地ならびに、点の分布ながら利根川を越えて関東綿作地域の西半部に浸透していることが明らかである。

図Ⅲ-11　近世後期における綿・絹織物産地と集散地

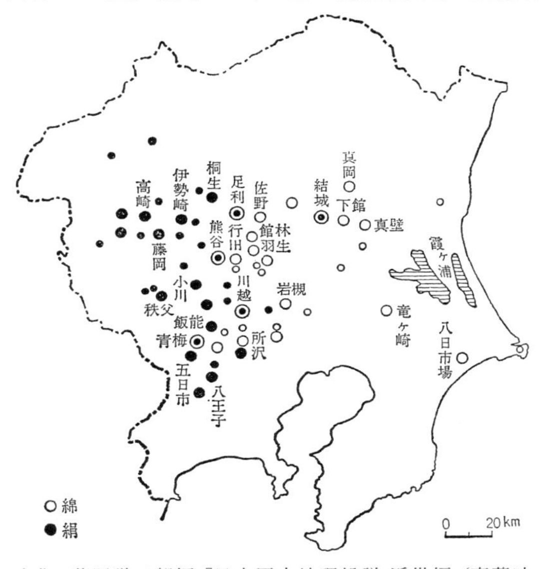

出典：藤岡謙二郎編『日本歴史地理総説 近世編（斎藤叶吉）』（吉川弘文館、1977）

同時にここは、近世後期に成立した綿織物業地域とも重なる地域であった（図Ⅲ-11）。

享保14（1729）年、藤ノ木河岸の史料「藤ノ木河岸分控書扱」から藤ノ木・八町・三友3河岸と藤岡、吉井間における諸荷物の取扱量と問題点を特徴的に把握すると以下の通りである。まず基本的な問題は、数年来、吉井町から藤岡町へ荷物が継がれず、さらに三友河岸から吉井町へ直接付け通ししていることについて、藤岡町が前橋藩に出訴していることである。八町河岸もまた「河岸より附通し勝手に能候由にて附通し申し候」『群馬県史 資料編9-452』と付け通しを主張している。史料でみる限り、藤ノ木河岸だけが付通し実績が少なく、三友・八町両河岸の足並みからはずれている。このことと荷物取扱量の少なさとの間の因果関係については明らかでない。しかしながら少なくとも、河岸街道本来の物流つまり吉井町―藤岡町―烏川右岸3河岸（三友・八町・藤ノ木）への流れに、以下のような部分的滞りが生じたことは確かであろう。たとえば下り荷の場合、吉井から藤岡へ継がれている荷物は2,891駄のみであり、八町河岸へ廻米4,558駄と荷物1,337駄、三友河岸へ荷物598駄、藤ノ木河岸へ荷物295駄がそれぞれ吉井から付け通されている。それにしても藤ノ木河岸の取扱量は少ない。河岸からの登り荷物は、吉井町へ11,462駄、藤岡町へ7,730駄が記録されているが、この差は主として三友河岸から吉井町への荷物4,405駄の付け通しから生じたものと考えられる。

江戸への下り荷は、吉井町・藤岡町からそれぞれ藤ノ木・八町・三友各河岸に馬継で送られる。上州・信州の大名廻米は、吉井町から八町河岸経由で送られる。南牧村の砥石は・富岡町ー藤岡町経由で八町河岸から積出される。登り荷では圧倒的部分を塩が占めている。江戸への河岸別下り荷扱量は、八町河岸14,328駄、三友河岸838駄、藤ノ木河岸487駄となり、八町河岸からの積み出し荷がとくに目立つ。江戸からの登り荷扱い量は、八町河岸4,481駄、三友河岸4,405駄、藤ノ木河岸2,391駄となり、上り下りとも藤ノ木河岸の扱い量の少なさが目立つ。ともあれ、烏川最上流河岸の倉賀野の上下荷（明和8年）に比較すると、3河岸併せても半分に満たない。倉賀野河岸扱いの大名・旗本の廻米総量（享保9年）を加えると、両者の格差はさらに拡大する。『上里町史 通史編上巻 p721-722』。

18世紀初頭、吉井町・藤岡町と烏川下流右岸3河岸経由江戸との間の旺盛な物流を可能にした条件の一つに、「河岸街道」ともいうべき香坂峠越えの脇往還の成立がある。享保6（1721）年に中山道追分宿と岩村田宿の間で「香坂通り日影新道新規付け通し」をめぐって争論が発生し、岩村田宿は勝訴する。その結果、公用街道に対する脇往還付け通し慣行の公認は、上信国境を越える多くの脇往還の交通を刺戟し、烏川下流右岸3河岸との間に活発な付け通し輸送を展開することになる。岩村田宿から中山道を外れ、香坂峠を越えて市野萱・中ノ平・本宿・藤井関所・中小坂を経由して下仁田町・一宮・松井田へ至るコースで米穀付送りが普及する。「信州佐久郡御用米御買上げ、武州八町河岸より御廻米仰せつけられ候節も下仁田・一宮・吉井・藤岡・八町河岸と御先触をもって御継送り遊ばされ候」『群馬県史 資料編9-453』とあり、岩村田ー下仁田ー吉井町・藤岡町ー藤ノ木河岸・八町河岸・三友河岸を結ぶ「河岸の道」は、信州と上州の米・砥石ならびに西上州特産作物煙草・麻・大豆を諸河岸へ運び、河岸から塩・茶・糠・干鰯等を運ぶ重要な流通路となっていった『上里町史 通史編上巻 p723』。

その後、18世紀中葉の鏑川流域における商品生産の進展と輸送荷の増大を背景に、より経済的な輸送手段を求めて、安永3（1774）年、鏑川水系に下仁田・福島・森新田の3河岸場が取り立てられ、舟運が試みられた。鏑川水運の開始は、火災による持ち船の焼失と河況の悪化を主因として、短期間で撤退の憂き目を見ることになる。あるいは安永5（1776）年の上利根川14河岸組合の結成とその排他的性格に何らかの影響を受けた対応だったかもしれない。

なお、文政9（1826）年の藤ノ木河岸を含む「上利根川14河岸組合」と「奥川筋船積問屋」間の塩・糠をめぐる争論、同じく文政9年の「十組塩仲買問屋」と「奥川筋船積問屋」の塩直積出入りについては、塩は格別なものとして直積黙認扱いで終結した。ただし、糠の直積みに関する結末を確認することはできなかった。また文化5（1808）年の魚・干鰯・肥し類の直積出入りが関係業者間にみられたが、これは船積み問屋引き受けで解決した。さらに陸上輸送でも、明和年中、中山道往還筋諸荷物付通しの出入りがあったが、塩は米に次ぐ大切な商品という理由から付け通しが認められることになった。いずれも農民的商品流通の進展という状況の中で生じた問題であった『新編埼玉県史 通史編4近世2 p460』・（田中昭 1957年 下 p5-6）。

ここで藤ノ木河岸の商圏（後背圏）、特産品生産、流通について田中昭（前掲論文 p8-10）に従ってみておこう。藤ノ木河岸の商圏は小幡・吉井・藤岡・鬼石を含む鏑川下流域と神流川流域であった。これらの西毛地域では、近世初頭から生絹や紙等の特産品生産が始まり、中期以降になると鬼石地方の大豆・鏑川流域の西上州麻・鏑川南縁通り48ヵ村における舘煙草等の生産拡大とあいまって、関東屈指の商品生産地帯を形成するようになる。これに既述のような信州米の流入・享保期の年間平均12,000駄を算する上野砥の生産『富岡市史 p83-119』が加わって、穀市・絹市等の市立てが進み、脇往還筋の在方町や荷継宿の繁栄をもたらすことになる。生産された各地の諸荷物は、吉井・藤岡・鬼石等の問屋から出荷されたものも多かったが、藤ノ木他の河岸問屋もこれら諸荷物の仲買業務に積極的にかかわり、さらに糠・干鰯、塩の問屋や金融業まで兼業し巨大な利益を挙げていた（前掲論文 p10）。

また脇往還筋在方町の繁栄、とりわけ「持下り商人」の上州進出を背景にした藤岡の繁栄は顕著で、以下に示すように上武2国における中核的な生絹集荷市場を形成することになる。

藤ノ木河岸問屋文書「口上書之覚（年不詳）」

藤岡町之儀者上州無双之盛場ニ而月12才之市1．6．4．9ニ相立誠ニ近国ニ無之大場ニ御座候申伝ニも絹出盛候節者朝五ッ時（午前8時）までに千両の売買も有之場所ニ而江戸、京、伊勢、近江其外諸国大商人之出張店々有之殊ニ問屋金左衛門地内ニ者江戸駿河町越後屋絹仕入出店有之候問屋七左衛門地内ニ者京店ニ而菊屋太兵衛与申呉服店有之手代5．6拾人も有之大店ニ御座候其上江戸表白木屋、亀屋、槌屋等之絹仕入之出張宿仕候其外町中不残商人店斗ニ御座候

こうして西上州の畑作農民たちは、幕藩制下の貢租金納を一つの契機とする商品生産の早期導入によって、東関東の自給的主雑穀型農村の対極に立つ商業的農村を創出すると同時に、18世紀初頭以降、江戸地廻り経済圏を超えて、全国的な市場経済に組み込まれていくことになるわけである。結局、対岸上野側の五料他の河岸群は、倉賀野・平塚両河岸との競合を経ながらも、後背圏の領主流通、北毛畑作山村の特産物生産、赤城南面の大麦・大豆を主とする穀菽類生産によって存続の基盤を確保し、一方の藤ノ木他の武蔵側の河岸群は、集中乱立の懸念を農鉱特産商品の産出によって払拭し、生き残りを果たすことになったと考えて大過ないだろう。

上利根川上流14河岸を成立させ、その繁栄をもたらした北西関東畑作農村における麻・煙草・大豆・藍さらには蚕糸業等の特産品生産地域の発展は、水田米麦作を超える商品価値と、相対的に有利な代金納制に裏付けられた高水準の畑地（質入れ）価格を各地に出現させた（表Ⅲ-4）。群馬県史『通史編4近世1 p564-565』によると、近世中期以降、貨幣経済の浸透にともない農民の土地の質入れ・質流れが上野国内の至るところで急速に進み、村々で標準的な土地の質入れ値段ができるようになる。この表によれば、寛延4年の土地1反歩の質入れ値段も水田より畑がかなり高い傾向にあった。しかも明和4（1767）年の質入れ価格は、上田4両、中田3両2分、下田2両3分と幾分値上がりするが、上畑6～7両、中畑5両2分～6両2分、下畑3両2分～4両2分とな

表Ⅲ-4　上州村々の田畑質入れ価格（田畑1反歩の質入れ価格）

郡名	村名	年次	上田	中田	下田	上畑	中畑	下畑
碓氷	東上磯部	明和7	3分	2分	1分2朱	1両1分	1両	3分
緑野	藤岡	明和7	1両1分	1両	3分	7両	5両2分	4両
群馬	中室田	天保9	1両1分	3分2朱	2分2朱	1両2分	1両	3分
吾妻	矢倉	文政7	5両	4両	2両2分	7両	5両	3両
吾妻	箱島	天保8	1両1分	2分2朱	2分	1両2分	1両	3分
利根	平川	寛延4	4両～3両2分	3両～2両2分	2両～1両2分	5両2分～4両	4両～3両	2両2分～2両
勢多	下箱田	天保11	1両～2分	3分～2分	3分～2分	1両～3分	1両2分～1両	3分～2分
邑楽	川俣	弘化3	1両2分	1両1分	1両	2両	1両2分	1両1分

出典：『群馬県史 通史編4近世1（田畑勉）』

り、下畑が上田に匹敵するほどの値上がり幅となっている。原因の一端は、地主が手作りした場合、寛延4年の基準で、1反の収益は上田米1斗8升、下田米3升に対して、春秋両作を米に換算すると上畑3斗5升、下畑で1斗5升となり、下畑ですら上田に迫る高さを示していたことにある『群馬県史 資料編12近世 4-112』。畑は水田より年貢が安いうえに、経営的に有利な麻・桑などの商品作物が栽培できることから、利根郡平川村でも質入れ値段が高騰したものとみられる。同じく前掲の表Ⅲ-4によれば、明和7（1770）年、緑野郡藤岡町では、1反の質入れ値段が上田1両1歩、中田1両、下田3分ときわめて安いのに反し、上畑7両、中畑5両2分、下畑4両と全体的に水田の5～6倍の高値になっているのは、絹市が繁栄するほどの商品貨幣経済の発展を反映し、大丸屋・白木屋・三井越後屋をはじめとする各地の大商人たちが、絹買いのための出店を開いたことを象徴する地価水準であった。いずれも近世中～後期の西上州畑作農村における非農業的土地利用と商業的農業との競合関係の成立を暗示するデータである。こうした質入れ価格に見られた田畑別・地域別の動向は、同一郡内（勢多・群馬）の年次（寛延2・天保11）の異なる史料や近世後期の前橋藩領村々29か村分の「村明細帳」記載の売買価格・質入れ価格・小作価格における田畑格差の存在にも歴然と表れていた。むしろ田畑の格差は、水田の権利移動に際し、著しい流通・流動性の停滞をともなって現象化した。『前橋市史 第六巻資料編1 429-580』。

西関東農村における商品生産の盛行と農業先進地域の展開に対して、東関東農村では、後進的な農業地域を象徴する商品生産の未発達によって、田畑の質入れ価格に西関東農村の場合とは全く逆の状況が出現していた。安永～文化期の鹿行地域の事例を見ると、畑地については「代値段相定不申候」とされ、畑を質物として預かる者はいなかった。わずかの流通ケースでも畑地価格は田地の半値に近いものであった『鉾田町史 通史編上巻 p515-516』。

畑地価格の異常高値を形成した商品生産の進展は、反面、金肥前貸し制にともなう階層間不均等発展の結果、農民層分解の発生と小農層脱落の危機をより厳しく胚胎することになる。そこで、寄生地主的土地所有の成長発展過程と深くかかわる農民層分解の起点として、小作証文・質地証文・売渡証文・畑抵当借金証文等の金融行為を取り上げてみた。事例地域富岡は、鏑川流域の河岸段丘上に成立した先進的な商業的農業地帯の一角を占め、絹商人坂本家の発展過程に示される絹業取引の中心地でもあった。

『富岡市史 近世通史編・宗教編 p182-186』によると、市域の近世土地関係証文類は35所蔵家・1,027件に上る。以下、小野村に関する白石健郎家文書の概要を市史に従って要約してみた。「寛永期に金融が初見され、以降明治期までに扱い金高は合計4,400両に達する。年次的にみると、初期にはごく少額であるが、宝暦・明和期以降急激に貸付高が伸び、この傾向は天保期まで続き、弘化期以降また減少を示す。全体的にみた場合、貸付高、質入れ高は18世紀後半以降の農村荒廃期に集中している。言い換えれば農村窮乏と金銭貸借関係が軌を一にしていることである」。白石家はかつて七日市藩の御用達であり、金融業・質屋を営んでいた。したがって融資対象は大名・武家を含み、すべてが農民であるとは限らないという。しかし少なくとも貨幣経済の進展期、商品生産の先進的な地域にもかかわらず、人々の疲弊の度合いは深刻であったといえるだろう。

関東西部の織物生産地帯では、多くの絹市が開かれるようになる。しかも市立は西上州に集中し、なかでもその中心は藤岡であった。天明初（1781）年、商勢盛んな藤岡の市立は、桐生とともに月間12回におよび、取引額は絹市全体の25%を占めていた。藤岡の繁栄の基礎となる位置上の優位性は、中山道の脇往還下仁田道と十石街道の交点に位置することに加えて、西上州の養蚕・絹織物業地帯の中核に立地するため、藤岡周辺の絹だけでなく、下仁田・富岡をはじめ熊谷・吉田地方から様々な種類の絹が集荷された。たとえば大手商人の買い継範囲を白木屋の場合でみると、上州買い物役は藤岡に常駐し、ここから桐生・八幡山・小川・秩父・下仁田・富岡・高崎の市に出張した『江戸問屋仲間の研究 p109-110』。藤岡は各地からの絹の集散地だけでなく、各地絹市での買い付け拠点の様相を帯びていた『藤岡市史 通史編近世・近現代 p124-125』。

絹市における売買方法は、流通量が増大する享保期前後に大きく様変わりしていく。享保期以前は荷主と呼ばれる在地商人が絹市で購入する場合と、手代による農家からの直買が行われていた。商品は京都・名古屋・江戸の絹問屋に売り込む。伊勢・近江商人による出店方式の買い付けと系列店への仕送り、大都市絹問屋への販売もみられた。ところが享保期以降になると、都市の呉服問屋が産地に進出し、出店を設けて直仕入れをするようになる。こうした動きと軌を一にして、仕入れ方式も手代の直接買い付けから絹宿方式に代わっていった。絹宿とは買い手と売り手の商談を取り持つ仲介業者である。安永5（1776）年における絹宿数は、藤岡11名、桐生9名・高崎8名・富岡7名・伊勢崎4名であった。その後絹宿は特定の呉服問屋との結びつきを強め行くことになる。文化11（1814）年、藤岡の絹宿で買い付けていた江戸・京都・大阪などの呉服問屋は越後屋・白木屋・大丸屋・伊勢屋・松坂屋・近江屋ほか計40軒を数えるほどであった『藤岡市史 通史編近世・近現代 p131-133』。

⑺　中瀬河岸の上下荷と流通圏　　近世初期に成立した河岸の多くが、廻米津出を中心とした領主側の需要によるものであったが、中瀬河岸の場合は、江戸城普請の際に必要とされた良質な栗石の輸送を発端として成立している。「当代記」によると慶長12（1607）年の頃であった。この栗石（浅間・白根系の火山岩）は上流仁手付近から河道の傾斜変換点妻沼付近までのものがとくに良質とされた。栗石の搬出以降、廻米輸送に商荷輸送が加わり、対岸平塚河岸と同様の積み替え河岸的性格の下に、中瀬河岸の基礎が形成されていくことになる。中瀬河岸周辺の主要街道は、中山道を軸として、これに深谷宿手前の東方で右折し、上州経由越後に通じる脇往還北越街道（清水越え）が

ある。また地方道としては近世後期以降、中瀬往還・秩父道がつくられ、商荷物が深谷宿・秩父地方との間に馬背で往来したと見られている。このことは、「深谷宿屋並絵図」（天保14年）ならびに寛政13（1800）年の中瀬南庚申塚の「秩父道」道標の建立からも推定できることである。こうして天明3（1783）年の浅間の山焼けまでは、中継河岸に渡津集落の関所機能が加わって、15軒もの旅籠屋を抱える町場として繁栄した。その結果、幕府も中瀬河岸の役割を重視し、脇往還北越街道の馬継場に指定するとともに、馬匹・人足を問屋に備え、周辺11ヵ村に助郷役を課して人馬の継ぎ立てを行った。しかしながら天明の大噴火以降、利根川の河道が変化して本流が北に傾き、対岸の平塚河岸が好条件となる反面、中瀬河岸は「烏利根」の時代を迎え、30年もの間不振にあえぐことになる『深谷市史 追補編 p187-194』。

元禄期の河岸改めで公認河岸となっていた中瀬河岸問屋は、正徳から享保期にかけて秩父地方に新荷口ルートを開発し、享保14（1729）年の一本木河岸問屋との紛争、同20年の曳舟人足との紛争を経て、新規問屋の公認を勝ち取る『埼玉県史 資料編6-707』。安永3年の河岸吟味の際、上利根川筋の武州側河岸群の中で最も高い運上金上納額永1貫250文を支払うことになった。上納額が河岸問屋の営業実績を十分検討して決定されるいきさつから、当時河岸吟味を受け、問屋株を取得した高島・葛和田・俵瀬・出来島・小島の各河岸のなかで、中瀬河岸が特段の営業実績を上げていたことになる『近世交通運輸史の研究 p108』。

河岸吟味を契機にして、関東諸河川ではかなりの河岸組合が結成された。多分に独占的・排他的な上利根川14河岸組合の設立もその一つであった。14河岸組合がその性格を示す争論に、文政年間の塩荷をめぐる江戸奥川積問屋との係争があった。本来、登り扱い荷には干鰯・糠・木灰等のほかに日常雑貨があったが、塩だけは江戸の塩仲間の買問屋が直積みしていた。これを文政9（1826）年、奥川積問屋が独占をはかったことから、14河岸組合との間に争論が生じた。結果は14河岸組合の独占阻止で落着した。この争論の直前、上方との木綿・繰綿の出入りを契機として、文化8（1811）年の「持場協定」が結ばれるが、その直後に発生した同12年の新河岸舟会所との口銭争いとともに、農民的商品流通の進展を背景にして登り荷の独占的・排他的集団一江戸奥川積問屋一の斜陽化の兆しが露呈されてくることになる。

江戸中期以降、利根川上流最大の中継河岸中瀬には、下り荷として米・麦・薪炭・蚕種・藍玉などが、また登り荷として塩・醤油・石炭・昆布・干鰯・酒のほか多くの日用雑貨が流通する。その集配荷範囲は秩父の奥にまで及び、幕末期、中瀬河岸問屋の商荷口は、寄居の中継問屋を通じて、秩父郡中二百数十口にも達していたという「新編埼玉県史 通史編4近世2 p464」。元治2（1865）年の得意先の具体的分布状況を「秩父郡中荷口覚帳」からみると、大滝村4軒・大宮町28軒・小鹿野町21軒・吉田町16軒・野上村13軒・末野村8軒・皆野村8軒その他とも合計で170軒余りとなり、近世後期の駄送範囲は荒川上流の秩父郡全域に及んでいた『関東水陸交通史の研究 p97』。

登り荷の主流は塩で、帰り荷は雑穀・薪炭であった。木村・伊藤『新田村落 p280』の指摘にもあるように、秩父・多摩等の奥武蔵の山村では、近世中期以降も自給肥料に依存し、北関東の山村で卓越した特産商品生産の動きは見られなかった。もっとも秩父66郷の商荷が、以下に示すように、一貫して寄居経由中瀬河岸の線で結ばれていたわけではなかった。「是迄ハ秩父荷物ハ一本木河岸江津出相成居成、然ル所享保14（年）一（本）木河岸より隣村新規川岸場出来、跡々より一本木河岸出候荷せり取申候趣、及御公訴三友河岸・山王堂・中瀬・高島・4ケ川岸相手取及御出訴」つまり享保14年、一本木河岸は、隣接4河岸を秩父荷物にかかわる既得権を侵害したかどで出訴している。これは明らかに上利根川右岸の武蔵諸河岸が、いずれも秩父荷を扱っていたことを示す史料に他ならない。『関東河川水運史の研究 付録史料12』。

山田武麿（1960年 p5-7）の考察に基づいて、文化・天保期の平塚河岸における下り商品流通を、文化2（1805）年の荷請帳からみると、薪炭・木材類・米穀・醸造品と続く。中瀬河岸にとって問題となるのは、醸造品の中身酒粕367俵の動きである。醸造品一般は江戸に向けて積み出されるが、酒粕だけは対岸武蔵藍の栽培地域を直近後背に控えた中瀬・山王堂・一本木の各河岸に陸揚げされ、中瀬・牧西・山王堂・一本木等の在郷商人の手を経て産地に送り込まれる。荷主は伊勢崎または前橋の商人たちとみられている。酒粕の送り先を明確に示す資料はないが、状況的には武州榛沢郡を中心とした藍栽培のための肥料であることに疑問の余地はない。なお、山田郡大間々町高草木文書によると、桑の栽培にも酒粕を使っていることから、藍作・養蚕等の商品生産の発展が酒粕の需要増加を促し、平塚河岸の集荷積み出し、対岸武州諸河岸の陸揚げ配荷という近距離流通パターンを作り出したといえる。

次に武蔵藍にかかわる特性とくに中瀬河岸の藍集産地としての評価および藍栽培における干鰯と〆粕の高い肥効性と武州藍の流通圏について、その概要を以下に示す（山田武麿 1960年 p5-6）。

一、武蔵国之内児玉・榛沢・幡羅3郡之中、産物第1之品者藍草ニ限リ、至而地味相応致莫大出来、右藍玉売先義者上野下総者不及申、信州越後東ハ常州西総南ハ甲相豆駿州まで一円売捌来り、年柄ニより下り阿州藍と引競候得者、余程徳用而已ならず（中略）右肥之儀者糠干鰯ニ限リ外品々二而者養ひ難相成（後略）（乍恐以書付奉願上候）

一、武州榛沢郡中瀬村之義者、藍草出来之土地最寄至而弁利之場所ニ而是迄積出来候ニ付、同村川岸江取扱所相建、〆粕干鰯積置貸渡申度存候事（御国産粕干鰯幷藍玉捌方仕法書）

化政期になると、明和・安永の河岸吟味による秩序を破壊する事態が各地でみられるようになる。その一つは、平賀源内（安永8年没）の荒川上流通船株譲渡にかかわる上利根川上流14河岸組合が起こした事件である。秩父地方に利権を持つ14河岸組合は、文化年間に3度にわたって争論を起こした。事の顚末は以下の通りである。古くから奥秩父全域を集荷圏としていた利根川筋諸河岸と、新しく寄居市場を中継して奥秩父の商荷輸送権を掌握しようとした末野村伊太郎らとの対立によって惹き起こされたもので、背後には秩父地方を領有していた忍藩の動きもあったとみられている。結局、文化11（1814）年に船株は末野村伊太郎に譲渡されて事態の決着をみたが、寄居に公認河岸場は設定されず、従来からの最上流河岸新川が荒川遡行終着河岸として据え置かれることで段落を迎えた『新編埼玉県史 通史編4近世2 p465-467』。3度にわたる争論で14河岸組合側の主導権を握っていたのが、中瀬河岸問屋十郎左衛門であり、また、先の一本木河岸対近隣河岸の争論では、以下の資料からも判るように、一本木河岸の業績悪化から生じた焦りを感じ取ることができる。

差上申一札之事（享保15年）

「秩父郡中66郷之河岸ニ相極候処、近年隣郷新井村・山王堂村・中瀬村・高嶋村右四ケ村ニ而新河岸取立、跡々より一本木河岸江附来候右秩父郡之荷物、其外所々私領方年貢米商人諸荷物、右四ケ所にて新問屋取立荷物せり取、一本木河岸及困窮迷惑之旨申上候」一本木河岸の左記訴状に対して、中瀬外三河岸は次のように返答している。「当河岸之儀者古来より立来候河岸ニ而公儀御役船差出、其外川岸役品々相勤来新河岸ニ而者無之候、一本木河岸より諸荷物せり取候由申掛候得共、秩父郡荷物并諸々私領方年貢米商人荷物之儀、道法遠近を相考掛り物等無之、勝手能河岸江荷主共津出シ仕候間、何方之荷物ニ而も荷主より頼来候得者引請運送致し候」と述べ、古来役船御用を勤め、運上金も上納してきた河岸である。新規河岸でもなければ、荷物の横取りをしているわけでもない、と切り返している『関東河川水運史の研究付録史料（河田文質家文書1）』。

こうした集配荷圏をめぐる争論の発生、近隣河岸問屋間の不協和音の発生は、14河岸組合が抱えた設立当初からの課題、換言すれば過密立地と市場圏配分という困難な問題を内包する事態そのものであり、たまたま河岸後背圏が浅く、藍・大豆以外の特産商荷の存在しない本庄・深谷地先の諸河岸経営に14河岸組合の抱える矛盾が表面化したものであろう。

ここで幕末期（年不詳）の中瀬河岸問屋の扱い荷（届け先）から商圏（図III-12）を大まかに推定すると、地元日常生活圏（7件）グループ、深谷（6件）、本庄（3件）、熊谷（1件）等の中山道宿駅グループ、倉賀野（8件）、高崎（7件）、藤岡（3件）、安中（3件）、信州（2件）等の上利根川河岸とこれに接続する城下町・在方町グループ、寄居（3件）、秩父（1件）、小鹿野（1件）、皆野（1件）、児玉（3件）、小川（1件）等の秩父盆地ならびに西武蔵丘陵沿いの在方町グループに大別できる。上利根川河岸とこれに接続するグループが多いのは、中瀬河岸で積み替えて上流の八町・藤ノ木・倉賀野河岸等に中継し、さらに藤岡・安中等に馬継ぎしたためとみられる。また中瀬河岸には元禄年間（1866-1704）頃から河岸を中心に熊谷道・深谷道・本庄道・そして秩父道

図Ⅲ-12　武州中瀬河岸の主要取引圏（明治3年頃）

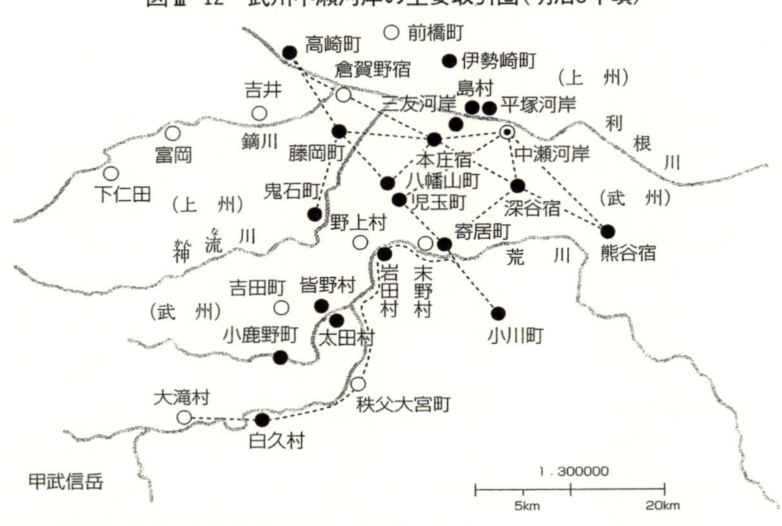

注1：●印は1870年の荷主所在地
　2：○印は参考地名
　3：⊙印は武州中瀬河岸
　4：------は陸運推定路
出所：「河田満次家文書」、「秩父郡中荷口覚え帳」（1865）および「預り荷物仕訳書上帳」（1870）などにより作成。
出典：丹治健蔵著『関東水陸交通史の研究』（法政大学出版局、1984）

などの脇往還が発達していた。「登り下り荷物運送之儀者、秩父郡、寄居町中、中山道深谷宿、本庄宿、熊谷宿、八幡山町、藤岡町、小川町右宿々在々に御座候」とあるように、これらの脇往還を利用して、中瀬河岸に揚げられた商人荷物は、馬付けにして得意先の在方町・中山道宿駅や秩父・上州の町村にまで駄送されていった。河岸荷物の馬付輸送を担当したのは、周辺の矢島・岡・原宿・新戒・滝瀬等を中心とした村々20ヵ村の馬持ちで、その総数は132人に及んだ『関東水陸交通史の研究 p264』。陸揚げ専用の布施河岸の駄送体制に比肩される状況である。

この頃、運ばれた荷物について、中瀬河岸問屋河田家の「預り荷物仕訳書上帳」から主な商荷に限って指摘すると、最も量的に多いのは瀬戸内産の塩であった。そのほとんどが武州北西部の在方町に送られていった。とりわけ、寄居町の商人からの預かり荷は多く、斉田塩・苦汁・南京米などの調味料・

食料品を通して、秩父地方との取引が盛んに行われていたことを裏付けている。また、児玉町・八幡山町の商人からも塩・砂糖・蛎灰・石灰・舶来油などを預かり、両町の六斉市で売買取引される手筈を窺い知ることができる『関東水陸交通史の研究 p100-105』。

中瀬・平塚河岸における商圏の拡大と繁栄は、天明年間の浅間山焼け以降の浅川化によって一段と進行することになる。浅川化にともなう中継機能の強化要請に対応すべく浮上したのが艀稼ぎであり、手舟業者（小船持）の簇生問題である。以下、川名登『近世日本水運史の研究 p386』に従って、舟運史における手舟稼業簇生の歴史的意味について抄出してみた。「近世の河川交通では、河岸問屋が幕藩権力を後盾に、新河岸・新問屋出現の禁止、川船の把握等を通して支配体制を確立し、その後、上利根川14河岸組合にみるような連帯によって、体制の維持に努めた。にもかかわらず、新道・新河岸・新問屋争論が続発する。この背後には、後背地農村における新規商品生産と商品流通の出現ならびに新しい流通を担う「小船持」の展開があった。彼等の出現と発展こそが従来の支配体制を突き崩すテコであった」。

寛政5年、川船役所は、「上利根川烏川筋浅瀬の場所ニ而近年無極印之船ニ而荷物ヲ積、船稼ぎ致し候趣雑風聞有之間右船稼ぎ致し候河岸々村々小船員数等、有躰不包可申上」とし、武州上州の河岸村々に差紙を廻した。武州八町河岸の返答書には、とくに八町河岸より倉賀野河岸までの間は「艀艜通船相成兼、猟船並作小船ニ而少々宛船稼仕候儀有之候所」と窮状を訴えている『前掲書 p403』。寛政5年頃の中瀬河岸と倉賀野河岸の間には、この「小船持」の持船が3～4百艘余も活動していたという。小船持層は農耕船・漁船による農間余業が専業化したものと、雇船頭が船を買い受けて独立し小船持になる場合との2コースがあった。手舟を操る「小船持」と直売り業者の出現の中に、農民流通の特質と川名登の指摘（前掲書 p368-379）する「河岸問屋体制の動揺」を解くキーワードが潜んでいるのかもしれない。

なお、幕末期から明治初年にかけて、中瀬河岸で流通した商荷は、日用雑貨、衣類、食品をはじめ伝統的な塩・干鰯・肥料・穀類に地域性と時代を感じさせる蚕種・藍が主な品々であった『深谷市史 追補編 p153-155』が、さらに繭・糸・太織などが加わり、上州境・伊勢崎圏の主要河岸として、江戸地廻り経済圏の一翼を形成していくことになる。こうした状況を背景に、中山道屈指の在方町深谷宿の商業機能と、江戸と武州北部農村を結ぶ物流の結節点としての中瀬河岸の商業機能とが、互いの市立を通して競合し、文政6（1823）年の争論発生をみることになる。深谷宿からの出訴に対して、中瀬村では「農業の間蚕をいたし、絹・太織物織出し、亦者穀物・糸・繭・外諸色取捌候物も有之候得共新町場、新市等取立候儀ニ者無御座候」と申し立て、双方が争ったが、最終的には中瀬村が新町・新市など紛らわしいことはしない、ということで落着した。

中瀬河岸に見るような、河岸問屋による市立てないし市立まがいの営業は、河岸問屋の機能変化を示すと同時に、河岸問屋に機能変化を選択させたものとして、商品生産の一層の進行と地廻り経済のさらなる展開を指摘することができるだろう。こうした河岸機能の変化は、享保期以降、塩・肥料の問屋稼業から金融業にまで手を広げた上利根川右岸の藤の木河岸および近隣諸河岸、穀類預り手形の取引を主にした営業で広範にわたって顧客を集め、流通圏の形成にまで至った平塚河岸、天明年間に肥料・穀物・塩などを扱う12斉の市を立て、上利根川諸河岸の多くの問屋を集めた川井河岸など、上利根川筋だけでもほぼすべての河岸問屋においてみられた。この状況は以下のE）項に述べるような流域農村の特産品生産の発展を意味するだけでなく、江戸と流域農村を結ぶ結節点として河岸問屋がその機能を独占的に発揮していく姿でもあった。河岸の問屋機能が、運輸業務を超えて商品流通にまで拡大された事例は、上利根川筋以外では新河岸川筋の川越五河岸と下流の中河岸引又を顕著な事例として指摘することができる。いずれも河岸の立地が過密状態を示す地域である。ただし相関関係の有無について触れた論究は寡聞にして知らない。

E）特産品生産地域の成立と展開

⑴　吾妻麻と西上州麻の生産と流通　　上州麻の起源は古く、『続日本紀』にその記載をみることができる。しかし麻が商品として農民の生活に重要な意味を持つようになるのは、近世以降のことであった。上利根川水運とかかわりを持つ麻の産地は、北上州と西上州である。このうち北毛の麻産地は、吾妻郡原町以西の吾妻川沿いの地域が中心であった。一方、利根郡下の東入

り地方にも、片品川流域に産地が形成されていた。吾妻川沿いで生産される上麻は越中、下麻は越後に移出され、一部は細美（粗布）に加工・売却された。利根郡下産の麻は、質が悪く細美として根利道経由大間々商人の手にわたっていったという。また少なくとも16世紀には、榛名山北麓地帯でも麻が栽培されていたものとみられている。「群馬県史 通史編5近世2 p545』。

近世初期における北毛の麻栽培地域を前掲県史『p546-547』から抽出すると、小雨・日影・赤岩（六合村）・前口（草津町）・林（長野原町）・中山（高山村）・箱島（東村）・大柏木・萩生・馬場・三島・岩下・郷原（吾妻町）など幕府領・藩領を問わずかなり広範な村々にわたっている。しかしこの時期では、麻の作付状況や生産規模を知る史料はきわめて乏しい。近世中期以降になると村明細帳等によって、作付地域や麻布の織出し状況を概観できるようになるが、戸別農家の生産規模を知り得る史料はほとんど皆無に近いことであった。その意味でも、浅間焼け被害状況を記した大柏木村の「畑方秋作小前書上帳」の存在は貴重である。これによると、村の畑地の上畑を中心に4町1反余（7.1%）に作付けられ、農家86人（68.3%）が栽培していた。全体的に農家の作付規模は零細であったが、なかには4反歩も経営する農民も見られた。高温・多湿・無風という栽培条件がとくに優れた三島・岩下両村の麻は有名であった。このことも絡んで、隣接する郷原村の山焼けにともなう破免願書の中で「拙者共村方麻場にて、小前持分高半分も麻作、半分麦作に御座候」『前掲県史 p547』とあることから、麻場の中心的村落では50%とまではいかないにしても、かなり作付率と農民の麻依存度は高かったことが推定される。

ここで主として群馬県史『通史編5近世2 p548-551』を参照しながら、吾妻麻の流通について触れてみたい。近世前期の吾妻麻は、領主の現物収納かもしくは代金納制のいずれかによって、商品化過程が若干異なってくる。元禄期以降、中之条町で有力市町商人の活躍が目立つようになる。いずれも米穀・塩・肥料等の問屋と同時に麻・繭・煙草等の特産商品を扱う在方荷主でもあった（ただし、肥料問屋の件については若干疑義があるので留保したい）。彼等は吾妻郡下から広範囲にわたって麻・煙草等を集荷し、江戸や越中に出荷していた。18世紀中頃の宝暦前後から麻産地の村々に麻商人が輩出し、活動が目立ってくる。在地の麻商人たちは、大戸村の豪商加部安左衛門の資金を背景に繭・麻・煙草等の本格的な集荷活動を展開する。

以下の史料は、加部安左衛門と傘下の在地仲買人との買入れ資金貸借関係を示すものである。

たばこ質置申証文之事

一　煙草上々物揃五千四百把　但　壱把正味百目把

此俵九拾俵也　壱俵六拾把入

右書面之通りた葉粉九拾俵質物入置、代金三拾両慥ニ請取、借用申候所実正ニ御座候、此金来ル巳之六月迄ニ元利相済、急渡請出し可申候、右たはこ請人方ニ預り置申候間、御勝手次第貴殿方江御引取可被成候、無相違荷物相渡シ可申候、若又来ル巳之六月中迄ニ金子調兼請出し兼申候はゞ、右たはこ前書之数急度貴殿方江相渡シ可申候間、(後略)

寛政8年辰11月

群馬郡渋川宿　質置金子借り主
吾妻郡川戸村　請人　煙草預り主
同村　請人
岩井村

吾妻郡大戸村　加部安左衛門殿

『群馬県史　資料編11近世3-278』

麻質置金子借用証文之事

一　金拾弐両壱分弐朱也

外金壱両弐分　　合金拾三両三分弐朱也

此質物上うみ麻八拾貫目

書面之麻質物ニ入置、右金慥ニ請取借用申候所実正ニ御座候、此金返済之儀者来申六月迄ニ元利相済、急度請出可申候、拙者以勝手右麻請人方ニ預り置申候間、火事盗人等変儀在之、紛失御座候共相弁、貴殿江少茂御損耗相掛申間敷候、若又来申六月迄ニ金子調兼受出不申候ハゞ、右麻不残貴殿江御引取可被成候、万一不足御座候ハゞ、拙者所持之上田上畑合弐反歩相渡可申候、(後略)

郷原村　借主

文化8年未11月　　　　同村　　請人

岩井村　口入

大戸村　加部安左衛門殿

『群馬県史　資料編11近世3-281』

在方荷主問屋が傘下の仲買人の手を経て集荷する場合、仲買人に対する産地買い入れ資金の融資形態は、煙草に限らず、麻についても違いはなかった。

麻の集荷範囲は吾妻川沿いの生産地域に限られ、出荷先は越中・江戸・名古屋等に分荷されていたようである。在地商人と農民たちとの融資関係は、12月に翌年の収穫予定麻を担保に証文貸しを行い、収穫時の相場を以って麻で返済させる方法が一般的であった。近世関東農村において、商品生産の展開を貫徹する商業資本の運動法則をここにも見出すことができる。ただし融資にかかわる具体的条件については不詳である。

文化2（1805）年から天保11（1804）年にかけて、群馬県史『資料編11近世3-279』所収の岩下村蛹麻買い商人・片貝清兵衛が残した麻買い関係の帳簿と、上里町史『通史編上巻 p722』を整理すると、麻の出荷先江戸への輸送は、越後ー沼田町ー白井ならびに越後ー須川ー原町・中之条ー渋川町を経て、八木原ー総社ー玉村宿ー川井（または新）河岸に至る下道通（佐渡奉行街道）と、渋川町を経て、金子宿ー高崎宿ー倉賀野河岸に結ぶ上道通（三国街道）がある。おそらくこのコースは、干鰯・糠などの金肥が流入し、麻・煙草等の特産商品が送り出される道筋であったことが推定される。ただし倉賀野河岸の上州・信州との商荷流通は重要品目を網羅しているが、川井・新河岸については越後・利根郡・吾妻郡を商圏としながらも、廻米積出し以外は、登り商品の送り先が近隣後背圏に限られていること、あるいは利根・吾妻産の特産商品の江戸出荷例も史料的に制約されていることから、両河岸ともその機能・規模・範囲に限界があった『上里町史 通史編上巻 p722-723』ことも考えられる。同時期・文政4（1821）年の片貝家記録「永代記録万覚控」には、江州の麻買付け商人との取引が記され、直買の手が産地にまで及んできたことが明らかである。幕末期には越中・越後を含む生産地・生産者直買商人の進出傾向はさらに強まり、地元農間麻買商人との間に軋轢を生むようになる『前掲県史 資料編11近世3-283』。

一方、西上州麻の生産は、17世紀前半には栽培が定着したと見られている。以下、群馬県史に従って要約してみたい『群馬県史 通史編5近世2 p552-555』。栽培地域は鏑川流域の下仁田・一ノ宮・丹生・南牧等の甘楽郡下の村々を中心に、前橋藩・安中藩・七日市藩・直轄領の各領域にかけて分布した。作付状況は、中核産地の下宿村の場合、上・中・下畑から山畑にかけて、平均50％の割合で万遍なく栽培され、重要な商品作物となっている。どの耕地にも万遍なく栽培されるところが、北上州麻の場合と決定的に相違する点であり、この違いが金肥投入の有無によってもたらされたと推定するわけである。商品作物としての麻の相対的地位は格別に高く、それぞれの農家の栽培規模も年を追って増大していった。享保20年の本宿村では、28農家中2反歩を超える農家が8軒に達し、最高4反歩に作付する農民も現れた。良質な西上州の麻は、近江高宮布の原料として着目され、江州持下り商人によって生絹・生糸とともに登り荷の対象にされた。初期の西上州麻流通の担当者として、さらに麻産地発展の契機をもたらした者として、持下り商人の果たした役割は大きい。

井上定幸の研究によると、その後、江州持下り商人の止宿先となった村役人の中から、自作麻・買付麻を江戸の荷積み問屋や江州の荷受け問屋に出荷する麻荷主層が形成される。江州出荷は、中山道宿継で彦根まで送っている。江州のほかにも彼等の手によって名古屋・大坂・江戸・越中など多方面に移出されていった『近世の北関東と商品流通 p241』。しかし彼らの営業形態には「返り荷」規制がともなうこと、生絹部門が江戸問屋の買宿化するなど経営面で自立性を失い、専業的麻荷主の台頭にとって代わられることになる。代表的な麻荷主としての下仁田桜井家の場合、18世紀半ば以降、下仁田周辺から信州にかけて、麻を中心に生絹・生糸の買い付けを手掛ける典型的な在方荷主であった。桜井家の営業種目を井上定幸『前掲書 p254-255』に従って整理すると、1)麻・繭糸・絹などの地域特産物、2)再生産に不可欠な肥料、3)利貸し、の3部門に分けることができる。最も重要な営業部門は地域特産物の販売で、とりわけ麻の占める比重は大きく、天明2年から寛政5年までの

8か年間における総利益の74%をしめ、次いで繭・糸・絹を合算して14.3%、米・粕・利貸しは〆て2.8%に過ぎない。

桜井家の麻の集荷方法は、市買い・坪買い・仲間買いの3態様に分かれ前2者がほぼ90%前後を占めていた。このうち坪買いは本人買いと代人買いに分かれ、仲間買いは在地の小仲買いおよび在方荷主からの買い入れに分けられる。なお生産者農民を中心にして麻の流れを追うと、問屋荷主に直売する流れ、麻小仲買経由問屋荷主への流れ、麻市場経由問屋荷主への流れに分類される。集荷された麻荷は、江戸麻荷積問屋と江州等麻布生産地荷受問屋に送り出され、江戸出荷分の一部が名古屋と大坂に分荷され、積み送られていった。積み出し経路は、江州へは中山道宿継で陸送され、また江戸へは烏川右岸諸河岸から津出しされ、さらに廻船問屋の手で目的地まで海路を積送られたとみられる。

中井信彦『幕藩社会と商品流通 p205』によれば、元禄・享保期における中央都市問屋の地方取引相手は、持ち下り商人と同様に隔地間の「のこぎり商法」によって利益を得ていた在郷町商人であったとされ、事例として富岡町の坂本家を挙げている。同家は絹・真綿・麻を江戸・名古屋などへ出荷し、尾州産の綿・太物や江州麻布等を名古屋から仕入れ、在地販売していた。取引量・利益率とも名古屋がもっとも大きかったという『元禄・享保期における北関東在郷商人の成長 p308』。ところがこの「のこぎり商法」を前提とした独占的集荷体制に、18世紀以降、動揺が目立ってくる。おそらく享保期以降、都市呉服問屋が絹生産地市場に買宿を設けたことから、半加工製品としての西上州絹の流通が、都市問屋資本による独占的集荷体制に組み込まれたことと深くかかわりを持つように思われる。この間、名古屋からの最大の帰り荷商品であった太物の取引が姿を消し、「のこぎり商人」としての業者的性格が顕著な変質をたどり始めた。同時にセットで流通した絹・麻が次第に商品価値を高め、単独に流通し得る可能性を示すようになっていった。

坂本家と同様の経営的推移をたどった事例は享保4年の時点だけで7件に上ったという『群馬県史 資料編9近世1 p559』。ともあれ天明〜寛政期以降の在地麻仲買人に対する江州麻仕入れ問屋からの仕入れ資金の前渡し、さらに麻仕入れ問屋の現地での直買いの動き等が表面化し、結果的に元禄・享保期の坂本家にみられたような麻荷主としての主体性は資金面からも失われ、漸次、取引の主体性が麻仕入れ問屋の側に移行『近世の北関東と商品流通 p304-307』して、ついには以下に述べるように、商勢を誇った専業的麻荷主たちも、やがては麻布生産地荷受問屋による在地仲買人経由の産地買付けや、荷受問屋の直買いによって集荷力をそがれ、衰退傾向を深めていくことになる『群馬県史 通史編5近世2 p555-559』。

産地における「麻荷取引の諸形態と業者的性格の変貌」の考察に次いで、取引終了後の麻荷の輸送経路について整理しておこう。西毛産の麻の輸送は、江州向け荷物の場合、中山道を陸継ぎで運ぶ。しかし江戸向けの麻荷輸送は、烏川右岸河岸から荷積み問屋によって廻船問屋に搬入する。一方、北毛産の麻荷は、佐渡奉行街道や三国街道を陸継ぎで上利根川まで搬送し、倉賀野・川井・新の諸河岸から江戸に向けて船積みする。西国出荷の場合は、利根川―江戸川水運を利用して江戸の廻船問屋まで持ち込み、海路を託すことになる。なお、西上州の麻荷主の経営諸般については、井上定幸「近世西上州における麻荷主の経営動向　群馬県史研究14」の研究に詳述されている。参考にされたい。

⑵　舘煙草と沼田煙草の栽培と移出先　元禄5（1692）年の『本朝食鑑』には上州の高崎を煙草の名産地として挙げている。また『和漢三才図会』で、山名舘煙草の名で紹介されてきたこれらの煙草の出自は、古くから鏑川沿岸で栽培されてきた光台寺煙草に求められるという。「口中佳味にして奇なる名葉」であることから、近在の農家であいついで栽培するようになり、その範囲は、鏑川南縁の多胡・甘楽2郡を中心に緑野・碓井・群馬各郡の一部にまで及んだ。やがてこの地方の煙草は、高崎舘または単に舘の名で広く知られていった。

高崎藩主間部氏の時代．宝永7（1710）年、江戸屋敷から高崎城代にあてた用状の中に、絹とともに煙草も年々調達させていたことが記されている。ちなみに正徳元（1711）年5月19日付用状では上煙草500把、同2年1,000把、同5年2,200把と生産量の増加とともに年々、将軍家への献上品・進物として絹と併せて調達させる量も増えている『新編高崎市史 通史編3近世 p257-258』。

少なくとも17世紀末葉から全国に名声を馳せるようになった舘煙草は、巨大消費市場の江戸に向けて送られ、江戸地廻り経済の一端を担うようになる。煙草生産量の増大を産地荷主と仲買人の動きを通して概括してみよう。18世紀中葉の宝暦10（推定）～11年の一か年間に、在方の舘葉荷主木部家から江戸の舘問屋湊屋仁左衛門に送付された舘葉荷は1,548個に達した。これに対して、舘問屋湊屋から支払われた仕切り代金は1,304両5分であった。舘葉荷主木部家によって集荷された1,548個の煙草は、傘下の舘葉仲買人30名の手を経たものである。

これほど多くの買い付け商人＝小仲買による坪買資金が、すべて自己資金で賄われたとは考えられない。そこで彼等に坪買資金を前渡しする有力商人として、産地荷主木部家の存在が浮上してくる。産地荷主木部家に舘問屋湊屋から前渡しされる巨大な資金と商品の流れが推定される。ところで安永から宝暦期にかけて舘煙草の生産と流通に二つの大きな変化が現れる。一つは安永6年から10年余を経過した寛政2年段階に、仕入れ内金に利息を課する仕法が廃止されたと見られることである。二つが、宝暦10年（推定）と寛政2年の8～12月までの仕入れ内金の前渡し高を比較すると、前者の1,136両余に対して後者は480両と半分以下にまで落ち込んだことである。当然、舘葉の買い付け量にも同様の傾向がみられ、30年間の差は、1,552個対314個比という数字になって現われた。18世紀後半以降の舘葉の増産を前提とした流通量の拡大という状況にもかかわらず、同紀末葉におけるこれほどの変動は何に起因するのか。

新編高崎市史『通史編3近世 p369』はこの点について、「この背景には、少なくとも18世紀末頃には営業を開始したとみられる高崎城下の舘刻煙草問屋の存在が大きくかかわっていた」ことを指摘している。このことも含めて、井上定幸『近世の北関東と商品流通 p343』も「18世紀初頭から舘葉生産の普及と流通量の増大を背景にして、江戸舘問屋資本の配下で活動していた舘葉産地の荷主が、18世紀末頃からは江戸舘問屋の支配から脱却し、高崎舘問屋との取引を主流とする荷主へと変身していったのではないか。その背景には、高崎城下で刻み煙草への加工生産が盛んになったという事情があったのではないか」と結んでいる。そこには江戸地廻り経済の展開を通して力をつけてきた地方商人たちが、地域市場の形成に向けた胎動を始めていく姿を認めることができる。

戸別農家の作付規模を知る資料が乏しいなかで、甘楽郡上野村の「たばこ仕付反歩改帳」の存在は貴重である。元禄15年、村内49農家の煙草作付状況は、畑地総面積4町1反6畝余のうち、煙草作付畑は2町8畝余（50%）、一人当たりの平均作付規模で4畝余となり、中には1反歩を超える農民が3人もいたという『群馬県史 通史編5近世2 p560』。

宝永7（1710）年、藤岡町で「舘煙草買付問屋」設置の動きがみられた。主旨は「市場所を無視して辻買いをするため、売買に甲乙が生じ売人が難儀している。往古しきたりの問屋売買を復活されたい」というものであった。当時、煙草は市町で集荷されることも多かったが、18世紀中葉から有力在村荷主が、手付金を前貸しし、多量に集荷して江戸煙草問屋に売り渡す傾向が見られるようになった『前掲県史 通史編5近世2 p561』・『鬼石町誌 p382』。糠・干鰯等の金肥前貸し制による近世特産地帯の生産と流通支配の構図は、この段階ではまだ明確には見えていなかった。

その後文化3（1806）年、多胡・甘楽郡下に煙草荷の継送りにかかわる争論が起きた。概要はこうである。藤岡町の荷継問屋2名が、江戸出し荷物を多胡郡小串村から緑野郡下栗須村までの野道・裏道を通って、武州黛村の藤ノ木河岸まで付け通すのは不当であるとし、以後必ず藤岡町を継由させるよう奉行所に訴え出たものである。訴訟の相手は、吉井宿の荷継問屋と藤ノ木河岸の船問屋外2名であった。この争論に対して、2郡48ヵ村の農民たちは、藤岡町荷継問屋の付け通し不可とする主張に対して、これに反論する立場から以下のような願書を提出した『群馬県史 資料編9近世1-454』。

一、館煙草は当国の重要産物なので、畑方一帯に作付け、江戸問屋へ送っている。その際、村々から河岸までの距離が近いので、先年から煙草荷は手馬を利用し、日帰りの付け通しをしている。この代金で年貢を上納している。

一、藤岡回りは、上下で1里20町余も遠くなり、荷物を継ぎかえると駄賃も増し、荷痛みが生じる。船積みも遅延して取引の不利となり、ひいては年貢上納にも支障が出る。

この願書の始末と争論の結末については明確な言及は見られない。ただし、煙草荷を扱う荷継ぎ問屋の利権争いと産地村々の対応には、在村荷主や江戸問屋の利害も大きくかかわっていたことだけは確かなことのようである。

これに対して、北上州利根・吾妻地方の山間部で、中・上層農家を中心に栽培されていた煙草（下久屋村倉品家文書）は、「沼田煙草」の名で知られ、舘煙草と並んで江戸ではかなりの需要があったといわれている。真田氏治政下の年貢割付状によると、当時、利根郡下では本畑への煙草の作付が知られている。勢多郡生越村の例でみると、延宝7（1679）年には上畑を中心に計1町6畝、翌8年には計2町1反8畝、さらに翌々年には3町1反1畝と作付規模が拡大している。この場合、畑の品等にかかわらず税率が30%引き上げられていることから、煙草栽培の拡大は、明らかに年貢増徴策への対応と見ることができる。真田氏改易後、幕府領になってからは年貢割付状から煙草畑の記載が消え、年貢増徴策から外されたことが農民たちに理解され、以来、麻とならぶ特産商品作物として北上州全域に拡大していった『沼田市史 通史編2近世 p18』。沼田煙草の名が普及するようになるのは、元禄から享保期にかけてのいわゆる商品経済の展開期であった。

18世紀後半以降、煙草生産の発展とともに、中小の仲買人を含む在方の煙草商人が輩出していく。麻商人の輩出とほぼ軌を一にした動向であった。文化3（1806）年、吾妻郡川戸村の煙草仲買人が、商品を担保に有力荷主から買集資金の融資を受けている。麻・繭と同様に有力市町商人（荷主）からの資金助成付きの集荷形態である。集荷された煙草は荷主によって江戸に移出されるが、荷主たちもまた、江戸の沼田煙草問屋の経営干渉と資金援助を受けるという垂直的な支配環境に置かれていたことは、麻の流通を考えれば、容易に想定できることである。

煙草荷の搬出経路は、江戸の場合、佐渡奉行街道の渋川から総社を経て新河岸で船積みされたと見られるが、利根西入り地域の煙草は、一部関東煙草の名称で越後長岡へも出荷されていた。西入り地域は、大道峠を越えて買い付けに来る中之条・原町方面の荷主の集荷対象にもなっていたことが知られている。他方、利根東入り地域（片品川流域）の煙草は、木材・木工品・麻・細美と同じく、大間々町・大原新町商人の手を経て江戸に出されるルートも成立していた『沼田市史 通史編2近世 p18-19』。したがって利根東入り地域の煙草は、銅街道経由で平塚河岸から積み下ったものとみられる。また、吉井宿の荷継問屋ならびに藤ノ木河岸荷積み問屋対藤岡町荷継問屋の争論にみるとおり、烏川右岸の藤ノ木河岸も舘煙草の積出しを扱う河岸であった。とくに説明がない限り、煙草荷の送付先は江戸と考えてよいだろう。以上、史料に基づいて纏めた舘煙草と沼田煙草の産地から消費地までの主要輸送ルート以外に、以下の新流通事情とくに各地の買付け商人による新たな煙草市場開拓が、新しい地域市場の成立と輸送ルートの成立に、どうかかわることになるのか気になるところである。

沼田煙草は、宝永年間（1704～10）頃から前橋・玉村市場で取引され、また明和2（1765）年頃には伊勢崎と例幣使街道の柴宿でも煙草市が立ち、取引されるようになる。なかでも柴宿の煙草市には、利根川を越えて武州各地から買い付け商人が集まり、沼田周辺の産地商人と前橋の問屋商人との間で活発な取引が行われた。煙草市をめぐる新たな流通の出現は、文政5（1822）年の産地農村30ヵ村による「上総・下総2ヵ国への煙草直売り願」の提出とともに、地域市場の成立を示唆する現象として注目する必要があるだろう『群馬県史 通史編5近世2 p565-567』。

⑶　桑・繭・生糸の生産と移動および産地の性格　上野国では、奈良時代からすでに絹が特産物として知られていた。平安時代の『延喜式』には、調として絁を貢納する国に指定され、中世には御厨として伊勢神宮に主に布を献上していた。また御厨のなかには、園田・須永（桐生）や高山（藤岡）等の中世紀末からの絹の産地が含まれていた。なお、近世検地で確証のあるのは、慶長3年の石見検地であるが検地帳は現存せず、加えて貫文制のため養蚕規模等の実態を知ることは出来ない。その後の寛文年間（1661～72年）の新検地では、渡良瀬川上流山中入りの水沼村の場合、畑面積の横に桑何足と注記され、桑高を石高として登録している『群馬県史 通史編5近世2 p177-178』。同様に近隣花輪村の寛文7年の検地帳にも、桑合6,224束、分米62石2斗4升、但1束1升代と記され、桑高が全体の13％に相当し、一経営部門としてそれなりの地位を占めていたことが知られる『前掲書 p179（高草木文書）』。

こうした伝統を受けて、近世初頭には、養蚕がほぼ上州全域に行われていたようである。西上州の山中領でも検地帳に桑畑の名がみえ、浮役として割付けられている。このほか桐生・大間々・渋川・沼田・富岡・藤岡等の畑作地帯を控えた山寄りないし山間部の町場に、中世から近世初頭の創始を伝える絹市が分布したのも、養蚕の普及と分布地域を示す史料の一端であろう『群馬県の歴史 県史シリーズ p128』。しかし当初の普及目的は、多分に貢納に置かれていたとみられ、養蚕が主要な生業として評価されるようになるのは、近世中期以降のことである。その間、織物業の発達にかかわる中国産白糸の輸入増大が貿易収支を圧迫した結果、幕府は貞享2（1685）年以来、数次にわたって輸入を制限した。このため京織物の原料として和糸の需要が急増し、上野はもちろん、全国各地に養蚕地域が拡大していくことになる。

養蚕業の発展の結果、18世紀半ば頃には、北毛・南毛皆畑地域の養蚕業、赤城南麓・東麓山中入りの製糸業、桐生・伊勢崎の織物業の三工程が地域的に分化していくと同時に、西毛地域には三工程一貫の蚕糸織物生産地帯が成立した。上州における養蚕関連産業の地域分化は、個別部門の専門化と技術革新を通して西関東養蚕地帯の成立と発展の推進力として機能することになる。なお、本書の主要な課題の一つは、貨幣経済の浸透著しい近世中期以降の農民の対応を、商品化作物の導入と生産物の動き（商品化過程）を基軸に検討することにある。具体的には関東畑作農村にみられた商品作物生産と河川舟運を視点にして江戸地廻り経済の成立過程を地域的に整理することである。その際、資本の動きや階層変動にも必要に応じて目配りしていく予定である。利根川上流農山村の蚕糸業について検討する場合、対象になるのは以下に述べる桑・繭・生糸の生産と移動であろう。農村工業としての織物業の動向については、ここでは章節を設けて触れるつもりはない。

赤城南東麓の製糸地帯では、山中入り水沼村星野家に代表される賃挽（釜懸）製糸が成立し、生糸の商品化が広範に展開するようになる。釜懸製糸の成立は、また一方において糸繭商人の変質を促し、結果として、原料繭の調達を主業とする蛹（繭）釜売り商人と釜方業者（賃挽き製糸家）への分化が進行した。こうした状況の下に、利根・吾妻両郡にまたがる養蚕地帯が成立し、沼田・中之条等を核とした繭の集荷市場が形成された。在地の繭荷主および製糸地域の繭買い商人らによって集荷された繭は、沼田道や根利道を駄背輸送され、糸繭商人に流通していった。具体的には、「沼田周辺および西入り（赤谷川流域)、利根入り（沼田より先の利根川上流地域）で生産された繭は、大部分が沼田の繭市場を通じて、白井や前橋の糸繭商人の手に渡ったと見られるが、東入り（片品川上流域・東部地域）の繭は直接根利道を経て大間々市場に流れたものが多かった」『沼田市史 通史編2近世 p424』といわれ、さらに「原町や長野原を中心とした西吾妻地域の繭は、高崎の繭問屋の手に渡ったのち、東上州の製糸地帯に流通していった」という『群馬県史 通史編5近世2 p202』。なお、南毛皆畑地域の繭は、境町の糸・繭集散市場を経て近在の太織・生糸業者へ出荷されたことが考えられる。また、境町市場には横瀬・手計・中瀬・深谷等の武州系坪商人が集荷した生糸が大量に出荷されている『境町史 歴史編上 p362-363』。上州糸・繭市場のうちでも三本指に数えられる境市場の培養圏としては、南毛皆畑地域は狭小に過ぎると考えたが、生産性の高い養蚕地域であることと武州系の糸・繭が大量に搬入されることで納得できた。あえて付け加えるならば、上武両地域とも利根川の自然堤防帯を中心として、桑の生育に適した肥沃な皆畑地域であると同時に、近現代の養蚕最盛期に年4～5回の掃き立てを行うきわめて集約的な養蚕地帯であった点で共通している。

北上州養蚕地域における養蚕の盛況を、沼田城下の町田村繭荷主堀江家の仕入れ金の推移からみると、創業時の寛政6年には金343両に過ぎなかったが、文政10年には金1,827両に達している。さらに享和元（1801）年から天保2（1831）年までの間の「蛹売り帳」から繭売り相手の地域分布を整理すると、利根郡域の沼田町ほか6ヵ村に27人、群馬郡域の安中町に1人、吾妻郡域の泉沢村に1人、勢多郡域の前橋町ほか25ヵ村の66人、山田郡域の大間々町ほか5ヵ村に28人、佐位郡域の赤堀村ほか3ヵ村に6人、新田郡域の鹿田村ほか1ヵ村に3人、総計132人もの取引相手が前橋・大間々を中心に分布し、沼田繭の流通圏の広がりを知ることができる『前掲沼田市史 p20-21』。製糸地帯の発展を反映して、繭・糸の集散市場として栄えたのが前橋・大間々・境などであり、前記製糸地帯への原料繭の供給地域が北上州の利根・吾妻ならびに上武にまたがる皆畑地域であった。

ここで利根・吾妻養蚕地域の繭の売買を町田村堀江家の集繭活動から追ってみよう『前掲沼田市史 p426-428』。寛政年間、堀江家では農間稼ぎとして煙草の集荷を行っていたが、蚕糸業の発展につれ蛹（乾繭）商の比重を高めていった。商いは、村役人層を世話人として取り込み、彼らを通じて集荷を進める方法を取った。生繭が乾繭化する時期に集中的に坪買いで購入する。坪買いの対象地域は沼田町と利根入りが多い。坪買い以外に「市買い」と「溜め買い」を併用する。溜め買いとは集荷中継糸繭商人との利益折半買入れである。沼田繭市場での買付けには、堀江家のほかに植木家（白井村）・高橋家等の参入が目立った。とりわけ植木家の場合、地元白井・渋川での市買い・坪買い以外に沼田繭市場での買付けならびに周辺村々での坪買いに重点を置いて行動した。安政元（1854）年、潤沢な資金を持って前貸し制を採用し、沼田周辺から東入りの50ヵ村50人に対して、繭引当貸金293両余を貸し付けている。文化・文政期に入ると、それまで堀江家の繭買いの世話役をしていた村役たちの繭商いへの参入が見られるようになる。厳しい年貢取立てや不作の下で借金返済にあえぐ零細農民たちと前貸しを進める上層農民との間に、格差の増大＝階層分化が一段と進行していったことが予測される。それでもなおかつ養蚕収入の家計寄与率は大きく、「私共村方之儀者養蚕ニ而暮し方七分通ニ御座候」『沼田市史 資料編2近世-237』が示す通り、70%に達していた。このため養蚕熱に取りつかれた農民たちが、上畑まで桑原仕立てで桑園化していくことに危惧の念を抱いた役所は、文化・文政期に次のような触書を廻している。

沼田領桑畑規制触書（写）

御領分村々古来上畑中畑ニ者、桑並無之処、近年上中下畑之無差別、猥ニ桑苗植込、或者桑原等仕立、多分ニ蚕をいたし金銀之利欲而巳ニ拘り、百姓肝要之夫食耕作者疎略ニいたし候故、自然穀類出来方少く、凶年之貯無之、（中略）一体雑穀取入少キ事与相聞、甚不埒之事ニ候、以来上中下畑共、桑苗植候義致間敷候、下々畑山下下畑或者悪地等ニ而、作物難実入場所ニ而も役処江伺之上、桑苗植候様可致候（後略）

文政9年戌

6月11日

『沼田市史 資料編2近世-236』

触書にもかかわらず安政期には各地に桑原景観が出現するようになってくる。同時に繭の商品化で農家経済が潤い、一部の農民は奢侈に走った様子が窺われる。これを憂いた役所は奢侈禁止の触書を廻したほどであった『前掲市史 資料編-246』。こうした農民たちの動向に対して、安政期の中之条でも岩鼻役所の廻状が回っている『中之条町誌 資料編-435』。幕末期の利根・吾妻地域における養蚕経営の過熱のほどが想定される触書であった。

養蚕の規模は、飼育の基礎となる桑葉の供給力によって大きく規制される。大宝令で義務付けられたという桑の園地栽培以来、鎌倉・室町時代を経ても、桑は古代からの園地栽培の域を出なかった。近世に入ると、桑の植付け場所は園地から田畑の畦畔・荒れ地・川縁りなどに移り、原則的に検地の対象にされるようになっていった。養蚕経営の進展に対応して、桑が畑一面に条植えされ、いわゆる桑原景観が散見されるようになるのは、安政期（1854～）以降『群馬県史 資料編12近世4-176』からであり、北毛各地に出現するのは明治初年であったという『中之条町誌 第一巻 p590』が、安政6（1859）年、利根郡上久屋村の「染谷家日雇人覚帳」には、「桑原うなへ」と「桑原草むしり」に雇人を入れた記録が見られることから、安政年間には、一部農家ですでに桑園経営が始まっていたとみてよいだろう『群馬県史 資料編12近世4-176』。

ここで上州における桑の検地対象としての扱われ方を群馬県史『通史編5近世2 p181-183』から纏めると以下のようになる。

1)　一筆ごとに桑の束数を併記し、石高換算して課税する。
2)　桑畑の品等区分を行い、斗代（標準的反当米生産量）によって石高を算定し課税する。
3)　一筆ごとに桑有・桑少等と添え書きし、石高には換算しない。
4)　畦畔桑が存在しても検地帳に記載せず、石高にも換算しない。

このうち北上州利根郡を中心にみられる扱い方が、3)の添え書き型である。

貞享3（1686）年、幕府領渡鹿野村の検地帳によると、全畑面積の12％にあたる6町8反7畝歩余について「桑有」の記載がみられ、中には6反歩も所有する農民もいた。また屋形原村では22％にあたる5町3反歩余に同様の記載がみられ、所有者は41人に及んでいた。古馬牧村の事例では、「一筆の地積がいずれも1反歩を上下する畑に多く、上層農家とくに名主級の所有地に多いという。このことから、商品経済の進展が養蚕農家を巻き込みはじめた当時の段階では、桑を栽培し、養蚕に手を染めることのできた人たちは、上層の有力農民に限られ、零細農家にはその余裕がなかった」『沼田市史 通史編2近世 p408-409』とみることができる。

近世初期においては、自己の栽桑規模を上回る養蚕が行われたとは考えられないが、養蚕が著しく盛んになり始めた元禄期前後からは、桑の需要が増し商品として売買されるようになった。渡鹿野村に隣接する沼田新町では、延宝元（1673）年から桑市が立ったという記録「延宝元年癸丑改元九月二十一日此夏より桑市合立申候」・「宝暦八年寅　延宝元年より此年迄桑市合立申候」（星野孝雄家文書）が残されている。新町では、長年にわたって桑市が続き、その間、桑市から桑を購入して養蚕を行う農家が存在したことは、ほぼ間違いないことであろう。『沼田市史 通史編2近世 p410』。惜しむらくは取引範囲、取引人数、取引量等はいずれも不明である。宝暦年間に入って、新町の桑市は消滅するが、戸別農家の桑の生産量が増加し購入需要が減少したのか、あるいは養蚕の発展にともなう桑市の簇生で淘汰されたのか、これまた結末は不明のままである。ただし桑市の取引記録ではないが、町田村の堀江家に宝暦12（1762）年の「桑売覚帳」が残されている。それによると町田村周辺の村々、遠くても後閑・師の農家に摘み葉でなく立木の状態で売られていたようである。

近世後期、桑の需要が増大し商品価値が高まっていく一方で、養蚕が零細な農家にまで普及するようになると、畑小作の際、桑木が小作の対象にされることになる。畑地にある桑木から取れる桑の量が「桑附4駄位」・「2ヶ所桑附」などと記載され『群馬県史 資料編12-177』、これを受けて、小作料も「但　桑有形ニ付小作金高下御座候」となるわけである『前掲県史 資料編15-62』。小作件数に占める桑付小作件数の割合を、慶応4年、利根郡追貝村星野家の「小作入上帳」でみると概算63％となり、桑栽培の普及と栽培農家の経営変動を窺うことができる『前掲県史 資料編12-177』。この状況を受けて、畑地の桑を質入れする桑質証文も多くみられるようになる。ときに桑場流れとして売買されるなど、その流通は一段と一般化していった『沼田市史 通史編2近世 p411』。

畦畔桑の植え付けの際、境界線から3尺離れて仕立てるという村議定は、本畑確保を前提にして桑を栽培する姿勢の表れとみられる。しかし養蚕が一層盛んとなり、桑の需要が高まるにつれ、畑をつぶして桑を仕立てる農民も出現する。文政9（1826）年、ついに沼田藩は桑畑規制の触れを回すことになる。上中下畑への桑苗の植え付けを禁止し、下々畑・山下々畑あるいは作物の実りにくい処への植え苗であっても、無断勝手を封じた。さらに「山林伐開并土手掘崩、荒地河原地等開発、桑畑ニいたし有之分ハ、有躰帳面ニ書記可相届候」とし、荒れ地を開いた場合も桑畑として役所に届けよ、との文言からも判るとおり、穀類移入藩領ならではの苦悩と同時に、免税地への運上金賦課をもくろんでいるとも思われる廻状であった『前掲市史 p412』・『沼田市史 資料編2近世-236』。

西上州の農山村でも、養蚕景気の過熱は公儀を動かし、関東御取締出役の廻状が出る事態となった。

御廻状四通之写ノ内養蚕の事

一　以廻状申達候、然バ養蚕の事農家産業の内には候得共、近来本来の農作ヨリ専務に相心得、自然田来緩怠手後に相成候類も有之甚以心得違之儀ニ付、向後本業の妨に不相成様堅可相守候、若心得違於有之ハ、急度御咎メ可被仰付候事

二　(中略)

三　桑植付之儀にては、従公儀被仰出候御趣意も有之旁々以田畑作物難出来、無拠地所見計植付可申候、決て田畑作物妨に不相成様可致候、近来ハ田畑江も無憚植付候類有之哉、追々御取糺可有之候間、向後心得違無之様可致候事

右之通り被仰出候間、村々大小之百姓并寺社迄も不漏様可申達候、　以上

子六月

勝野儀兵衛様

右村々

名主

『藤岡市史 資料編近世-253』

養蚕過熱に対する公儀の懸念の程度あるいは桑市の成立、桑質入れ証文の多数存在、農家の平均的桑園経営規模と収繭量など多くの点で、北上州と西上州では養蚕経営に対する農民の姿勢に相違があるように思える。おそらくこの問題は、養蚕専一地域と養蚕・製糸・織物一貫経営地域の労働力配分と収入依存度にかかわる事柄のように理解される。少なくとも両地域とも皆畑型の山村であり、隣国からの移入米を必要とすること、煙草・麻の商品生産地域であること、脇往還の駄賃馬稼ぎに依存する面が少なくないこと等の共通するところも多い。したがって、地域差を形成すると考えられるその他の要因も見当たらない。考えられる唯一の要因は既述の養蚕専業地帯対蚕・糸・織物一貫経営地帯の差ならびに史料の残存上の地域差だけである。

19世紀前葉、北上州で広く栽培されていた桑の品種は、福島で選出された山桑系の極早生種「市平」であった。春蚕中心の当地の事情と気候風土に合致して普及したという。明治末期になると桑の品種改良と蚕種の改良が進み、飼育回数も春蚕偏重から夏蚕・秋蚕の採用にまで進み、肥沃な沖積土壌に恵まれた南毛皆畑地域のごときは、養蚕経営の近代化とともに晩秋・晩々秋蚕の飼育にまで期間延長し、現今の濃密蔬菜産地と共通する濃密養蚕地域の成立をみるに至る。もとより多回数掃き立養蚕を可能にしたものは、鰊や合成肥料の畝間投入をはじめとする徹底した桑園の肥培管理であった。

近世中期以降の養蚕経営の規模は、上層農家については若干の史料が残され把握も可能であるが、一般農家については関連史料からの推定に頼らざるを得ない。以下、沼田市史『通史編2近世 p418-419』に従って要約する。下久屋町の上層農家倉品家の場合、「倉品家養蚕規模一覧表」をみると、天保年間は13～32貫目の間でバラツキがみられ、弘化年間に入ると30貫目前後と収繭量を拡大していく。嘉永元（1848）年には最高収繭量の37貫目を記録する。永井宿の笛木家では、「笛木家養蚕経営一覧表」によると、文政9（1826）年が11貫200匁、弘化3（1846）年には26貫目を挙げている。一方、一般の農家の場合、町田村蛹商人堀江家の「蛹仕入帳」から類推すると、寛政末期は3～4貫目を収繭するものが25％と圧倒的に多く、1～6貫目を挙げる農家層が84％に達している。文化年間後半になると、3～6貫目の階層（30～45％）と2貫目前後の階層（35～45％）が多く現われ、養蚕が零細農家層まで浸透してきたことを示している。零細農家への浸透は、寛政期の半取種（5分種）の生産・普及に負うところが大きかった。以上に示した一般農家の収繭推定量は、「繭売捌代金百分一割合取立帳」記載の上納金に時相場を乗じて換算することもできる。慶応2（1866）年の師村をみると、1～3貫目を収繭する農家層が55％と圧倒的に多く、次層は19％を占める4～5貫目のグループである。収繭量の大きい農家には20貫目を超える例もあるが、大勢は2～3貫目の階層が占めていた。なお、師村の場合も零細農家層への浸透は、半取種（五分種）の普及によるところが大きかったといわれている。

幕末期の零細農家層のさらなる養蚕参入状況は、慶応3（1867）年、中之条盆地・折田村の「蚕飼種元書上覚」における掃立枚数の筆者処理を通して読みとることもできる。戸数90戸余の当村では、養蚕農家率はほぼ80％を占め、うち蚕種2枚以上を掃き立てた農家はわずか3戸に過ぎず、一枚から一枚半の中規模農家20戸を合算しても、占める割合は28％に留まっている。これに対して4分の一枚以下の過零細掃き立て農家が21戸（29％）を占め、この中には八分の一枚農家が4戸も含まれる。この階層に掃き立て枚数半枚の養蚕農家26戸を加えると、実に65％の零細農家群の参入を認めることができる『中之条町誌 資料編-437』。零細農家の参入をともなう養蚕の普及は沼田地方でも進行した。その結果、横塚村では農家概数60戸のうち、弘化4（1847）年は31戸、嘉永5（1852）年は44戸、文久元（1861）年は45戸、慶応元（1865）年は42戸と、農家の70％は蚕を飼うようになっていた『沼田市史 通史編2近世 p420』。階層を超えた養蚕普及の問題は、同時に春・夏・秋蚕の3回掃き立の普及とともに、近世後期の農山村経済にとって一段と大きな意味を持つことになる。

他方、西毛地域の蚕糸業生産の動向は、北毛・東毛における養蚕・製糸・

織物業の地域分化をともなう発展に対して、3工程の一貫経営を特色として展開した。近世初頭から緑野郡や甘楽郡の山間部たとえば山中領上山郷、中山郷、下山郷の村々で真綿・絹の生産と貢租金納化がすでに行われていたことを、年貢割付状・請取状や検地帳の桑畑記載等によって知ることができる『群馬県史 資料編9近世 1-186』・『多野藤岡地方誌 p264-269』。さらに鏑川上流域の幕府領．西牧・南牧領でも延宝年代（1673～80年）の検地帳に桑畑の記載がみられ、養蚕の成立と代金納化が行われていたと見られる。その後まもなく、群馬県史『通史編5近世2 p180』の記載は、元禄期前後から年貢請取状記載の「綿ノ割」・「絹ノ割」という表現が「絹綿売出」に代わることから、真綿・絹の商品化が進んだことを推定している。養蚕の発展は生産対象に限らず生産手段としての桑畑・桑葉の商品化まで促進し、同時に課税対象として封建領主の把握するところとなっていった。西上州山間部の幕府領を中心とした村々おける桑を対象とした検地帳の扱いをみると、4類型の扱い方のうち「桑畑の品等区分を行い、予定された斗代（標準的反当米生産量）によって石高を算定し、課税する」という石高算入・課税方式の厳しい方法が採られている。

以上に述べたような西毛の蚕糸・織物地域としての発生期の概況を端的に括れば、「貢租段階」ということになるだろう。以下、貢租段階から「商品生産段階」への発展過程について時系列的な整理を試みる。群馬県蚕糸業史『上巻 p43-49』によれば、近世初期の上野における養蚕業は、養蚕・製糸・織物への分業化は明確ではなかったという。すでに「登せ糸」の徴証を認め得るものの、まだ一般的には3工程は農村子女によって未分化のまま織物とされるものが多かったと推定している。

しかし一方では、高橋亀吉が作成した糸市開設年代表『徳川封建経済の研究 p250』の記述について、「主要絹市の成立が中世末期から近世初期にかけてみられたこと、および主要都市が近世初期においていずれも絹市であったことは注目すべき事柄である」と前掲蚕糸業史でも指摘している。こうした絹市の成立は、絹が貢租対象と同時に売買されるべき商品の側面をも併せ持っていたことを意味している。その結果、17世紀前半正保期までに成立した西上州の下仁田・安中・宮崎・藤岡・高崎・富岡の絹市は、養蚕（織物）

業に商品生産上の画期的意義一影響と発展をもたらすことになるわけである。もとより、以後の養蚕関連業の発展を背景にして成立した絹市は、吉井・鬼石の2市場に過ぎないことから、17世紀前半頃までに、すでに絹は商品としての流通を要求するほどに生産が高まっていたことが、絹市の簇生につながったものと考える。

近世初期～中期初頭の西毛における養蚕経営規模を桑畑面積から捉えると、延宝6年の甘楽郡青倉村の水帳には村耕地総面積の5.1％を占め、同じく享保11年の秋畑村の年貢割付では桑畑5町6反3畝（5％弱）を記すことから、前掲蚕糸業史『上巻 p49』では西上州の桑園面積をほぼ5％内外と推定している。もっとも山中領のごときは幕末期になっても、桑園率31％の生利村を除いて6.7％から0.8％の間に7ヵ村が分布している。ここでは桑畑以上に楮畑が多く、紙漉きが養蚕と並ぶ重要な農間余業になっていることから派生する低桑園率であった『多野藤岡地方誌 p267-268』。さらに享保12年の秋畑村の「年貢皆済」をみると、各耕地の取永は下下畑反永123文取、野畑85文取に対して、桑畑58文取となり最も低い取永となっている。このことから、桑畑には荒蕪地に近い劣悪な耕地があてられていたことが明らかである。近世中期以降になると、村明細帳が共通に掲げるように、桑は「御年貢地に御座候」となり、畦畔・山麓・原野の高桑として植えられるようになるが、幕末期とは大きく異なり本田畑との相克もとくに問題は生じなかった。それでも絹の生産は絹永として代金納が課されていたこと、したがって養蚕業が商品生産であったことから穀作に依存し得ない山間農民にとって紙業とならぶ必須の生業となっていった『前掲蚕糸業史 上巻 p49』・『多野藤岡地方誌 p265-269』。こうして、低生産性桑園での小規模経営を包括する西毛蚕糸業地域ながら、『和漢三才図絵』（正徳2（1712）年）の中に「日野絹　日野ハ上野ノ邑ノ名ナリ今上野ノ安中、松井田、富岡之絹ヲ上ト為ス武蔵之ニ次ぐ」と記されているように、桐生仁田山絹とともにその存在を知られていくことになる。また、「而シテ高崎ヨリ産出スルハ中絹ニシテ足利、伊勢崎ヨリ産出スルハ次絹トナス薄地ナリ是ヲ山絹ト云フ」『大日本蚕史 p119』とあって、当時、日野絹が上質を以て聞こえていたことがわかる。これらのことも参照しながら『群馬県蚕糸業史 上巻 p53』では、当時西毛の養産業は東毛のそれを超えていたこと、および藤岡絹商人の活動から推して、日野絹の全国流通は桐生絹より余程早かったことも推定している。

近世中期中葉の宝暦11・12年、山中領下山郷村々の村差出明細帳には、共通して「百姓の儀は、絹・紙にて御年貢上納仕り、その外、年来の助成に仕候儀、何にても外に金銭出来方、一切御座なく候」とある。各村とも江戸時代の後半になっても、絹・紙（他に漆）以外の現金収入はまったくないということになる。続けて「蚕毎年4月始め方、掃き立、6月中仕廻申候」となり、さらに「絹稼の儀、7月始め方より、紙稼は11月末方より初め申し候」と続く。このことから西毛山中領の農間余業の概要と労働の季節配分が把握される『万場町史 p290-291』。ところが山中領下山郷における養蚕と糸取の実態を伝える史料は少ない。わずかに検地帳に基づく土地利用形態から、また年貢請取状等の記載から蚕糸業の一端を知るのみである。検地帳には畑の等級区分と並んで桑畑・楮畑・切代（替）畑と記載され、山中領検地帳の共通点となっている。

西上州の検地帳にみられる共通点は、山中領22ヵ村ならびに西牧・南牧領一帯の特徴として広く見出すことができる。そこで商品経済の浸透初期段階の元禄7（1694）年、枝郷を除く山中領22ヵ村の全反別に占める桑畑の割合をみると32%の生利村を例外にして、5～10%が5ヵ村、5%未満が14ヵ村、不明2ヵ村といずれも狭小な規模である。ちなみに桑畑総面積では35町8反7畝であった。既述の西上州における桑畑面積率5%に比べると、山中領をはじめ奥山山村の桑畑率はわずかながら低いといえるだろう。それにしても村々すべてに養蚕が行われていたことだけは確かな事実であった。養蚕の普及という現実は、規模の拡大や農家収入の増大とともに幕藩領主の収奪強化をともなって進行する。しかし一般農家にかかわるこの種の史料はほとんど存在しない。そこで山中領中山郷の名主黒沢家の史料「養蚕私記」からその変遷過程について把握しておこう。まず揚げ籠数から養蚕規模の推移をみると、寛政3年の20籠が、10年後の寛政末、享和年代には2～3倍となり、さらに10年後の文化年代の中頃には80～100籠に増加する。文政年間の半ばにはついに120籠にまで達する。この間、収繭量も増加を続け、寛政年間の10貫目前後から文化年代には20貫目を越え、文政年代には最高33貫目を記録している。黒沢家では畑・屋敷合計8町2反余を所有するが、このうち桑畑として書き出されていたのは2反2畝に過ぎなかった。このため寛政6年には9駄半の買桑をし、以後も毎年のように若干の買桑を続け、文政6年には44駄（6両2分）に及んでいる『群馬県史 通史編5近世2 p195』。

一方、西上州一円の山村および富岡絹市を拠点に活動した、坂本家の商人としての成長過程を通して、西上州蚕糸業地域の発展と繁栄に接近してみたい。貞享6年当時、約3百両だった坂本家の資産は、その後享保5年には5千5百3拾3両に膨張する。この間の取引品目は、絹のほかに麻・煙草・大小豆・木綿等であったが、このうち絹取引で得た利益の占める割合は、資産総額の約50％を占めていた。その後も絹取引の利益率は常に40～50％に相当し、麻取引とともに坂本家の商業利益の骨格を構成していた。これらの高額利益が元禄期インフレによるものではないことは明らかである。元禄11年の年間取引高1,606疋に対して享保20年には、約六千疋の4倍増となっている。こうした状況を受けて群馬県蚕糸業史『上巻53-54』では「このような絹商人の発展は周辺農村における異常な発展を無視しては考えられない。集荷範囲をみると多野郡山中領を含めて、現在の甘楽郡・碓井郡の一部にわたり、少なくとも信州・東上州には及んでいない。とすればこの時期、西上州の養蚕業がかなりの速度で発展したことを推定しても大過ないだろう」と結んでいる。黒沢家の成長と併せ考えるとこの推定は納得できる論旨である。

東上州の蚕糸・織物地域の分化・専門化に対して、西上州では各農家が養蚕—製糸—絹織を一貫して行う生産方式を幕末まで採用してきた。婦女子労働によって生絹を中心に織りだされ、また玉糸を原料とした太織や真綿も生産された。当時、江戸・京都の都市問屋商人の間では桐生地方の綾織り絹類を桐生綾（上州綾）、西上州の生絹を上州絹と呼んでいた。上州絹の製織方法は、居座機（いざりばた）による平織で「練・染・張」の仕上げ工程を残した半製品であった。絹糸の加工に湿度が深く関係することから、桐生地方以外の関東生絹産地が仕上げ加工工程を産地内で行うことができず、最後まで半製品産地にとどまり、京都・江戸の都市問屋の支配下に組み込まれることになった。上州生絹もこの工程枠の制約から抜け出すことは出来なかったが、裏地絹として評価の高かった秩父絹とともに、関東絹の代表的な存在であった。関東絹の地域的範囲を示すものとして、『絹布重宝記』（天明8年）は秩父絹・根古屋絹・八王子絹・藤岡絹・富岡絹・川越絹・夜須計絹を挙げている。

上州絹の生産は三工程が分離されず、農家経営の中で一貫して行われてきた。いわゆる婦女子の副業生産の域を出ることはなかった。このため一農家当たりの生産量も小規模で、その点、以下に掲出する明細帳の記載事例にも明らかなことである『群馬県史 資料編14近世6-131』。

寛延2年（1749）	碓井郡五料村	「桑を畑の廻りに植えおき、蚕を養い、絹に仕り候」
同年	群馬郡下滝村	「かいこ絹に仕り、1ヶ年に百疋ほどを藤岡・高崎に払い申し候」

生絹1匹（2反）を織り上げるのに上絹20日ほど、下絹10日ほどが必要とされ、その利潤は金1分くらいでしかなかったとされる。それでも農家の再生産にとって不可欠なことであった。生絹の産出地域を明治初年の『上野国郡村誌』から概観すると、生絹中心の産地は西上州の甘楽・碓井・緑野・多胡の4郡で、生絹に太織を加えた2本建ての産地として群馬郡の存在が目立ち、さらに太織に特化した絹業地域として南毛の佐位・那波郡がみられ、ここは1村当たりの生産量で他郡を圧倒している。1村当たりの高い生産量は、幕末期、元機屋の賃機経営が見られるまでに発展した伊勢崎太織生産地帯を形成していたためである『群馬県史 通史編5近世2 p239-240』。

⑷ 武蔵藍の栽培と販売圏　武蔵における藍の栽培は、近世初期以降、各地で行われていたとみられるが、生産量が増大するのは、木綿・絹の生産が盛んになる近世後半からである。新編埼玉県史『史料編近世6-707』によると、榛沢郡中瀬河岸の船問屋史料に「藍葉作の義、安永の頃より作り始まり候哉、天明・寛政追々此在々作り方多分ニ相成、其砌は栗橋・幸手在々辺より葉藍買入商人参り、私宅ニ逗留致居申候て買取舟積致し候」とあることから、榛沢郡でも安永期に始まった藍作りが、天明期以降栗橋・幸手地方に次いで盛んになっていったようである。この頃の中瀬周辺では、まだ藍玉つくりは始まっていなかったことが推定される。一方、享保11年における埼玉郡志多見村の栽培記録が、さらに文化10年、葛飾郡西大輪村の藍玉の売買記録

がみつかり、武州各地で藍栽培が盛んになっている様子が明らかになっていった。中瀬河岸後背圏でも藍栽培は普及し、文化7年、下手計村では畑104町9反余のうち14町1反余も作付し、13.5%という高い作付率を示していた『深谷市史 追補編 p145』。藍栽培の発展を反映して、この頃（文化5年）の「下手計村外16ヵ村の日雇賃金取極」のなかに、「藍つき1駄150文」なる文言『深谷市史 追補編 p395』がみられることから、中瀬河岸後背圏の藍栽培地域には藍葉を仕入れ、日雇い人を雇って藍玉を製造販売する商人が発生していることを確認できる。文政9（1826）年、阿波国の関東売り藍商人が、「近年は関東地藍発向仕り、製法鍛錬染上りよろしく、専ら地藍相用い、御国産藍用いかた薄ク相成り」と述べ、武蔵では広域的に藍栽培と藍玉つくりが展開し、徳島藩の藍を圧倒する勢いをみせていることが明らかである。

藍玉商人の成立は化政期以降、武蔵藍の栽培が活発化したことを裏付けるものであるが、同時にこの状況は木綿や絹の産地の成立発展と軌を一にするものであった。たとえば下手計村栗田家の藍玉販売先をみると、天保15（1844）年、弘化4（1847）年とも武蔵内部に仕向けられていたが、嘉永2（1849）年には常陸・下総・上野に販路を広げていく。明治期には一層他国への販売網を拡げているが、その販売先はいずれも織物業の盛んな地域であった『新編埼玉県史 通史編4近世2 p429』。

年代は不詳であるが、水戸藩の蔵元大口屋清兵衛から藩の勘定所に提出された願書（本文前出　高崎市本多夏彦氏所蔵文書）に次のように書かれている。「武蔵国の榛沢・幡羅・児玉3郡で第1の産物は藍である。藍玉の移出先は上野・下野をはじめ信濃・越後から東は常陸・上総・下総、南は甲州・相模・伊豆・駿河一円に販売してきた。武蔵3郡産の藍は阿波藍に負けない良品であり、これを育てる肥料は、干鰯・糠をおいて外にはない。また、榛沢郡中瀬河岸は藍の産地に近接し、これまで諸国に積み出してきた。このたび藍の取扱所と干鰯・〆粕置場を設置致したい。」という内容であった。この願書の趣旨に、対岸平塚河岸問屋の「荷物請払帳」（文化2年．北爪家文書）記載の肥料（酒粕338俵・あめ粕64俵）が、対岸中瀬を中心に一本木・山王道河岸に送られている事実（山田武麿 1960年 p6）をつきあわせて考えると、明らかに平塚河岸が北武蔵藍産地向けの酒粕の取りまとめ河岸であり、中瀬河岸は、北武蔵藍産地のための干鰯・〆粕・酒粕などの肥料受入れ拠点で、かつ藍玉積み出しの拠点でもあったことが理解できる。なお、藍の出荷は中瀬河岸に限定されていたわけではなく、たとえば、文政～天保期と思われる送り状（平塚河岸問屋北爪家文書）から藍玉の動きをみると、送り主は江戸と北武蔵の商人で、荷受け人は平塚近在・前橋・渋川以北沼田周辺が目立つ。少なくとも武蔵藍が平塚河岸を通じて北毛まで流通していたことは明らかである（山田武麿 1960年 p7）。

衰退期直前の北武蔵藍の産地は、大まかにみて、北部では福川・小山川・利根川流域で、南部では中山道—利根川間で栽培されていたが、これを行政地域的に纏めると本庄・深谷・妻沼・熊谷の沖積地帯ということになる。明治8年の武蔵国郡村誌をみると、栽培の中心は深谷地方で、とくに中瀬村・新戒村・宮ヶ谷戸村・沼尻村・石塚村・血洗島村・明戸村・蓮沼村等でより盛んに行われていた。遠隔地では、児玉郡の元阿保村・植竹村であり、ここも核心的産地と同じく沖積地帯であった。北武蔵藍産地の延長線上と考えられる北埼玉郡の藍栽培面積の極大期、明治30（1897）年には、705町歩が作付され『羽生市史 下巻 p237』、中瀬河岸後背圏を超える産地を形成している。北埼玉郡産藍は綿花栽培と結合して青縞を織り出す基盤となったが、大里・児玉産藍は広く各地に移出され、特産織物を創出することはなかった。

大里・児玉産藍の販路は武蔵・上野・信濃が主体であった『深谷市史 追補編 p395-396』。藍栽培の最高揚期（明治15年）には葉藍23,190貫匁を産し、作付率は畑総面積の30％、栽培農家は全体の35％に達していた。この頃、北武蔵では、かつての藍の独占的地位は相対的に低下し、養蚕経営との並立時代に移行しようとしていた。ちなみに藍の出荷方法は、藍葉・藍玉の二通りがあり、出荷の際の商品価値は、葉色の良し悪しで決まり、その良悪は干鰯・〆粕使用の有無によって決まるといわれていた。関東の葉藍の産地は上記利根川右岸の氾濫原が中心であったが、利根川左岸の太田近在でも栽培記録を認めることができる。場所は特定されていない。『足利織物史 上巻 p382』。おそらくここの場合は、利根川沿いの自然堤防・河畔砂丘と推定されるが確証はない。藍作とからんで太田近辺では綿作も見られた。具体的には小泉村明細帳の中に「土地産物木綿の外出来不申候」とあり、また古氷村明細帳には、女稼ぎとして「糸より等仕候」と報告されている『大泉町史 下巻歴史編 p458』。さらに宝永元年の世良田村年貢割付状に「棉代 永四四二文」、村明細帳に「女は冬春作方隙の節は木綿糸より、機稼ぎ仕り候」とある『尾島町誌 通史編上巻 p458』』こと等から、総合的に判断すると利根川沿いのこれらの村々でも綿花栽培と機織りがおこなわれていたと推定される。利根川氾濫原の綿花栽培範囲が、一般的に承認されている地域よりかなり北に拡大していたことが併せて考えられる。

近世中後期、武蔵藍の生産地は同時に養蚕地帯であった。とりわけ利根川・渡良瀬川・荒川の乱流域に拡がる埼玉郡は、同時に綿花栽培が積極的に推進されてきた地域であり、近世末期にはさらに養蚕も導入され、青縞織りの普及と相まって武蔵の先進的商品生産地域となっていた。商品生産の展開が、生産と販売を契機に農民層分解の引き金となることは歴史的事実である。埼玉郡の場合も例外ではなかったようである。綿花と藍栽培にはことのほか多量の干鰯や糠などの金肥投入が必要とされた。在方商人の肥料前貸し制については羽生市史では触れていないが、結果としての農民層分解の指標ともいうべき多数の質地証文が羽生村、下藤井村、上新郷村の旧家あるいは寺院に残されている『羽生市史 上巻 p447』・『羽生市史 追補 p111-123』。また、質地証文と同じ状況を示すものとしての「質奉公人」証文が残されている。身柄を質に置いての借金証文の形式をとっているが、実態は質物となった人物の労働提供を示すものである『前掲市史 p451-452』。土地売買の禁止や長年季奉公の禁止の御触書に反して、分解滑落農民たちは苦渋の選択をしなければならなかったのである。

4. 荒川水系舟運と特産地形成

A）荒川諸河岸の立地と限界ならびに後背圏の舟運荷物

幕府・諸大名たちは、城米・年貢米その他の生活必需品を江戸に廻送するための河岸場を、利根川・鬼怒川・江戸川・荒川・思川・渡良瀬川等の沿岸にあいついで取り立て、元禄3（1699）年の河岸改めの際には、ついに88か所以上にも及んでいた。いわゆる領主流通の成立である。この頃、荒川筋では、八代・五反田・鳥羽井・高尾の4河岸が成立し、新河岸川筋では、川越新・引又の2河岸が稼働していた。その後も河岸の成立は続き、元禄年間以降になると農民的商品流通の進展とあいまって、図Ⅲ-7（参照）にみるような展開を示すことになる。しかし成立した河岸の勢力圏（商圏）は河系別河岸の分布からも明らかな通り、競合河岸の商圏に制約されてやや狭小な圏域を示していた。反面、平方河岸や高尾河岸を年貢津出し河岸として利用する村々の分布圏（加藤浩 1987年）を見ると、元荒川を超えた東進の姿には、異常とも見える突出の跡を認めることもできる。

荒川の流路のうち、舟運成立の可能な範囲は荒川扇状地のほぼ扇端部までであり、これより上流は、浅瀬や急流が多く、榛沢郡末野村伊太郎発・川船役所宛の造船願書「下久下村より川下ハ大船通路有之候得共、川上之儀ハ大船通路難相成、一体右場所之内、川道凡15里程之間山合、谷川ニて、川床高く殊ニ大石岩崩等ニて、灘場数ヶ所御座候得ハ、大船通路相成兼候」（丹治健蔵 1988年 p4）に述べられているように、厳しく舟運の成立を阻んでいた。就航可能な最上流部つまり荒川遡行終点は新川河岸までで、以後、ここを越えて上流に、恒久的な河岸がつくられることはなかった。遡行終点河岸の上流域は、決して広大な空間でもなければ、秩父絹以外に特産商品が豊かな山村でもなかった。利根川水系の倉賀野河岸や鬼怒川水系の阿久津・板戸河岸にみるような、広大な後背圏と馬継ぎ輸送で結ばれたケースとは全く異質な河岸であった。その上、生産空間を上流に控えながら、商品輸送の利権が上利根川左岸諸河岸に吸収され、しかも可航流域の商圏も狭小で、紅花・薩摩芋以外には有力な商品作物も成立していなかった。限られた特産商品の秩父絹も正丸峠を越えて江戸に持ち出され、紅花の搬出も中山道経由の駄送と競合する状況であった。

こうした状況も踏まえて、荒川舟運を『平凡社日本歴史地名大系 第11号 p43』から総括すると、江戸へ向けての送り荷は米麦などの農産物や流域の薪炭などの特産物が中心であり、江戸からの登り荷は塩や干鰯等の肥料に日用雑貨などが主体となっていた。また川口・戸田地域では江戸肥の配荷が盛んに行われていた。大宮台地の紅花、川口・戸田の鋳物と蔬菜類などは取り上げられていない。きわめて一般的な内容をごく簡単に記述しているにすぎない。つまり現存する舟運史料の少なさとともに、こうした諸状況こそ荒川水運の限界と特徴であり、それゆえにまた、近世関東舟運史上において相対的に重要度の低い河川の地位に甘んじることになるわけである。

荒川上流部に舟運の成立を図る動きが全くなかったわけではない。元禄13（1700）年から宝永元年頃の間に、荒川上流秩父地方において、短期間ながら江戸の町人上原長之進らが壮大な通船計画を立て、幕府から金子886両の資金融通を受け事業を実施している。宝永元年以降の記録がないので、以後の経緯は詳らかでないが、度重なる洪水で大きな打撃を受け、通船事業は挫折したものとみられている（丹治健蔵 1988年 p33-44）。その後、1世紀ほどを経た田沼時代の経済積極政策の中で、秩父一江戸間を結ぶ荒川上流の通船計画が、秩父中津川鉱山の経営計画の一環として、平賀源内によって進められる。安永3（1774）年、新規通船を幕府に出願し、翌年、贄川村から久下村までの通船株を取得した。しかしこの船稼ぎは木材と炭の搬送に限られ、本来の目的とは大きく異なる結果に終わった（丹治健蔵 1988年 p44-47）。このことが象徴するように、荒川上流の河川運輸は、木材と炭の限定的輸送いわゆる「木のみち」＝筏流しから脱却することは出来なかった。

秩父盆地からの鉱産資源や農産物の積み出しは、以後も馬背に依存して行われることになる。皆畑村の多い山村秩父盆地の村々では、西上州・北上州と同様、米穀の移入が馬背によって行われた。中瀬河岸問屋河田文質家文書「秩父郡中荷口覚之帳（元治2年）」によると、少なくとも幕末期、江戸から秩父方面に送られる塩等の商荷は、中瀬河岸から寄居町を経由して、駄背により運ばれていたことが明らかである（丹治健蔵 1988年 p50）。秩父絹以外には各種資源に乏しい秩父盆地ではあったが、荷口確保の利権は、寄居扇状地を越えたはるか東方の上利根川14河岸問屋に握られていた。秩父盆地の商品流通を中継する寄居問屋と14河岸問屋との間の荷口をめぐる争論や、秩父荷を扱う14河岸問屋間の競合関係の発生も比較的少なく、1．2の事例を除いて見出されない。秩父盆地には、秩父絹を除けば、利権をめぐってしのぎを削るほどの経済的意味が少なかったことの表れかもしれない。

元禄3年、幕府公定廻米運賃の適正化を図るべく領主米津出し河岸を対象に行われた「河岸改め」に次いで、幕府は明和8年から安永4年頃にかけて、河岸問屋株設定のための河岸吟味を実施する。これにより、河岸問屋のあるところを「古来の河岸」と認め、さらに享保期以降に急増する農民的河岸を含めて公認の問屋株を設定し、幕府財政の確保と舟運機構の再編を図った。荒川筋では御成・荒井・戸田・玉作の4河岸が、また新河岸川筋では牛子河岸が公認された。享保期以降の河岸の成立は、農民的商品流通に結びついた商人・農民層によるものが多かった。たとえば牛子河岸では肥灰商人が問屋株を新規公認され、荒井河岸・御成河岸では農間余業の有力船持層が、問屋株を新規承認された『新編埼玉県史 通史編4近世2 p440-441』。

また、安永年間の河岸吟味を契機にして、いくつかの河岸組合が結成されている。なかでも集中的河岸分布を示す上利根川14河岸組合は、地域的な課題、経営的な矛盾に対応して、外部的にはきわめて排他・独占的かつ内部的には市場配分と自己統制を求める中世後期のギルド的性格を帯びた組織であった。14河岸組合ほど明確な目的と強い組織は持たないが、安政5（1858）年に新河岸川筋の川越五河岸間で承認された「会所仕法」の成立もその一つであった。なお、利根川筋・新河岸川筋に後れを取っていた荒川筋では、組合設立の動きは緩慢であった。わずかに、文化12（1815）年、「荒川筋運送同意書」がまとまり、上流河岸ー畔吉河岸間の協力関係の成立にまで漕ぎ着けたことがうかがえる『新編埼玉県史 通史編4近世2 p443』。文化元（1804）年、利根川中流右岸の13中小河岸群は運賃協定を結んだが、狙いは過集積立地の不協和音対策であり、新興勢力の台頭を抑止抑圧するためであった。遡ること若干年の寛政6（1794）年、大越河岸他の対無株佐波河岸出訴、同じく文化10（1813）年、大越河岸他の対川口村百姓清次出訴、そして文化13（1816）年、大越河岸と権現堂河岸の得意村をめぐる争論が発生する。いずれも、底流は新興勢力に対する既成諸河岸の既得権益擁護の動きであり、競合河岸との共存を目指したもめごとであった『大利根町史 通史編 p264-265』。

次に荒川舟運にかかわる後背圏の商品生産について寸描してみよう。荒川舟運の集・配荷圏は、武蔵東部の用排水河川群と新河岸川舟運に挟まれた中に成立する。近世期における荒川諸河岸の出入り荷については、まとまった史料がほとんど欠落し、わずかに北本市史『第一巻通史編 p928』が、市域の高尾・荒井河岸の記述の中で、登り荷として塩・干鰯・灰などの肥料と木綿・乾物・瀬戸物などの小間物類を挙げているに過ぎない。ただし下り荷では、上流諸河岸の場合、近隣3藩と旗本・直轄領からの廻米津出しについて、また下流諸河岸の場合、近郊蔬菜の積み出しについてそれぞれ具体的に取り上げている。これ以外には、幕末に近い文政年間の『新篇武蔵風土記稿』と昭和50年代の『新編埼玉県史 資料編21（荒川流域河川調査書）』に若干の記載をみるに留まる。これらによると、最下流の戸田・川口河岸では、江戸（東京）の近郊性と低湿地形を反映した蓮根・慈姑等の蔬菜類と米等を積み出し、干鰯・〆粕・下肥等の肥料と塩・木石材・食料品等を荷揚げしている。とくに川口河岸の場合は、芝川舟運（見沼通船）を利用して大宮台地の開析谷にまで集荷網が広がり、南部・赤山領の谷津田特産蓮根・慈姑の出荷を可能にしたものと考える。特産鋳物製品の積み出しが、河岸の繁栄の一端を担ったことは指摘するまでもない。

また、『近世関東の水運と商品取引 p213-214』によると、戸田河岸の場合は、中山道宿駅および在方町の商業機能と結ばれ、商品流通で栄えた。たとえば「戸田川・渡船場場所分帳」『与野市史 中・近世資料編 p873』には、積問屋5軒がそれぞれ蕨宿（23人）・浦和宿（38人）・大宮宿（16人）・与野町（13人）ならびに宿町周辺28ヵ村（90人）に及ぶ得意先商人と持ち分協定を結び、商品輸送に当たっていた。このため河岸問屋稼業は相当繁盛していたことが明らかであるという。ちなみに商荷の内容を戸田市史『資料編2近世1 p92-93』から引用すると、文政13（1830）年、「浦和宿・大宮宿・与野町商人荷物其外在々雑穀・芋ならびに前栽物船積致し、江戸表江積下ケ、且江戸表より右宿村商人日用品積上ケ、渡世致来候」ということであった。戸田河岸と同様に隣接在方町与野の商業機能と結んだ羽根倉河岸も、甲州街道と奥州街道を連結する脇往還の渡船場にあたり、年貢米津出し河岸機能のほかに与野町の市場機能の推進力として穀類と肥料・塩の交互流通を通して繁栄した。空間的な広がりだけでなく、商業機能で結ばれ経済的に密度の高い営業圏を作り出した戸田・羽根倉河岸以外にも、忍藩の城米津出しと遡行終点河岸として地位を築いた新川河岸、岩槻藩と初期の川越藩の城米津出し河岸として栄えた平方河岸、あるいは旗本領の年貢米津出しで権現堂河岸の集荷圏と競合した高尾河岸等も、荒川河岸としては比較的広い後背圏を持っていたことが推定される。

ここで荒川諸河岸を経由した公荷・商荷を特徴的に整理すると以下のようになる。下流部右岸の芝宮河岸では、武蔵野台地の洪積土壌帯を反映して薩摩芋・大根が目立つ積み荷となる。少々遡上して中流の羽根倉・平方河岸になると、陸揚げ荷物の変化は見られないが、平地林が分布する大宮台地産の薪と台地畑作の薩摩芋の積み出しが、多くの河岸でみられるようになる。平方河岸よりさらに上流の太郎右衛門・鳥羽井河岸からは、荒川の沖積土を利用した特産瓦の積み出しが行われていた。この他に史料的には不明の河岸も見られるが、ほとんどの河岸から年貢や商荷としての穀類の積み出しが行われた筈である。荷揚げ商品についても、前掲調査書・県史が指摘した諸荷物以外に、河岸立地点の上下流を問わず変更はないとみてよい『歴史の道調査報告書 第七集 荒川の水運 p14-23』。

B）荒川舟運の培養圏と台地畑作農業の変遷

荒川舟運の培養圏を地理的に把握すると、基幹部分となるのは大宮台地とこれに断続する岩槻台地ならびにその南北を占める低湿な沖積地帯である。中心となる大宮台地は、洪積土壌の畑作地帯がほとんどを占め、その外、開析谷が各地に刻まれ、谷壁滲出水と谷底湧出水によって湿地化した谷津には摘み田ー自然灌漑と直播栽培ーが営まれていた。大宮台地の摘み田は、籠瀬良明『低湿地ーその開発と変容ー p137』も指摘するように、近世初期の新田開発の推進を契機に成立した本邦有数の天水利用水田地帯であった。平場を含め水田地帯では、水稲単作が常態であった。これに対して、台地畑作経営では近世前期の場合、冬作の大小麦と夏作の粟・稗・大豆が一般的であったが、中後期以降、穀作と輪作体系の枠内で夏作に変化が生じ、多様な商品作物群が経営環境に応じて選択されるようになる。延享3（1746）年、大宮台地中央部の足立郡南村の夏作状況をみると、全体的には近世前期と同様に穀叔類が70％を占め、特段の変化は見られない。しかし芋・菜・大根が30％を占め、寛保3（1743）年の家数35戸の村としては自給規模を超える作付とみられることから、かなり商品化が行われていたものといえる。享保元（1716）年の村明細帳に灰・干鰯・油粕・粉糠・馬屋肥の使用がみられること、米麦・大豆の相場が記されていること、名主須田家に大豆買付帳が残されていること等を総合すると、商業的農業の進展がみられること、主要商品作物は穀叔類であること、大豆の商品価値がかなり高いこと等をうかがい知ることができる。河岸史料から明確に推定することは出来なかったが、荒川舟運で〆粕・干鰯・糠等の金肥を陸揚げして、主・雑穀類（他に特産商品作物を含む）を積み出すという関東平野平場農村に共通する商品流通の基本的形態（田畑勉 1965年 p45）を、南村の畑作経営分析を通して見出すことができる『新編埼玉県史 通史編4近世2 p359-361』。

畑作経営の多様化は、明和期から寛政期にかけて顕著になるといわれるが、これより半世紀を経た天保年間の大宮台地の農業経営について、足立郡中分村矢部家の事例から検討し、商品作物の抽出と荒川舟運との結合の可能性について考えてみたい。天保6（1835）年、中分村の矢部善兵衛家は、幕末期には名主を勤め、水田5反歩、畑地2町3反歩を自作する上層農家であり、すでに明和6（1769）年には農間質屋渡世を営んでいた。天保6年から12年までの種類別作付反別をみると、穀物主体の経営方針は貫かれているが、変化も見られる。その一つが冬作の大麦・小麦の中に菜種・紅花栽培が比重を高めてきたことである。天保12（1841）年の紅花栽培面積は9反歩、菜種は4反歩を占めている。作物編成・労働力配分の難しい小麦の作付が大きいのは、価格選好の結果であろう。夏作では穀叔類が多く作付されるなかに在って、薩摩芋の占める割合が高く、後年、大宮台地の代表的作物になる兆しがすでに芽生えている。もう一つの特徴は、天保8（1837）年の畑作における購入肥料代が支出総額の36％に達し、先進的商品生産地帯畿内農村に準ずる高水準の金肥使用が、紅花に象徴される商業的農業の有利な展開を可能にしている『新編埼玉県史 通史編4近世2 p367-372』。以上のことから、上層農家矢部家の場合、主要商品作物として穀叔類・菜種・紅花・甘藷が指摘され、これら作物の換金化によって大量の金肥が購入されている。いわば上述の出入り商品が、この頃の荒川舟運の成立と発展を支え、商品流通の根幹となる可能性を予測できるわけである。

幕末期の紅花・薩摩芋あるいは穀物・大豆等の舟運流通については、河岸関係史料の中にその片鱗を読むことはできるが、細部の見解は推定の域を出ないものもある。また、紅花商いの主流は上方商人と直結して全国展開し、江戸地廻り経済の成立展開を超える流通問題として捉え直す必要がある。さいわいにして、紅花に関する在郷商人の取引資料は、最上地方を除いて、他にその例をみないほどに充実した内容の下に、上尾宿近在の南村須田家と久保村須田家の両家文書を中心に現存している。ただし流通手段ならびに紅花経済に巻き込まれた一般農民の生産と階層分解の実態を明らかにする史料は残念ながら限られている。ここでは紅花の流通手段ー生産者農民から上方の問屋までの流れーについて整理し、生産と農民階層の変動については後述する予定である。まず、紅花流通における輸送手段の推移と概要について、飛脚問屋と陸上輸送の来歴を中心に史料からみておこう『上尾市史 資料編2近世1-76』。

乍恐以書付奉申上候（嶋屋佐右衛門差上候状写し）

一、（前略）奥州幷関東在々町京都へ紅花荷物運送之義ニ付、今般私共被、召出御尋御座候、右は文化度已前は都而紅花為登荷物之義ハ、私共請負仕来り東海道・中山道馬継ヲ以継立罷在、嶋屋佐右衛門・京屋弥兵衛方は奥州仙台・福嶋ニ出店有之、其最寄之ものは右出店江荷物差出、先々出店より京都迄為登方請負候而江戸店江附込、夫より京都へ為差登候義ニ御座候処、文政元寅年より同七申ノ年迄最上・仙台・水戸・武州桶川在々より京都へ為差登候紅花荷物、佐右衛門方ニ而海上船積請負仕、荷高ニ応し荷主へ前金相渡筈ニ請負仕、尤船積之儀は十組問屋江は引合示談之上為登積義ニ御座候、然ル処難破船ニ而佐右衛門方多分損金仕候間、其後船積請負之儀相談一切船積付仕陸附請負斗仕候間、文政8酉年頃よりは右奥州・羽州近郷之荷主共より直々廻船問屋方江行合船積為差登候ニ付、馬継運送荷物は邂逅壱駄弐駄位ツヽ差出候儀ニ御座候（後略）

安政2年6月6日　　　　　　　嶋屋佐右衛門外4人

御番所様

武州紅花の搬送は、上尾・桶川周辺の村々で生産が拡大する寛政期から文化年間（1789-1816年）頃までは、定飛脚問屋によって、中山道ー東海道を馬背で継立られていた。その後、生産量が一段と増大してからは、廻船問屋が江戸から大坂まで海上輸送し、大坂から伏見までは淀川舟運を利用するようになる。海上輸送の普及は、陸上輸送に比して輸送単位が大きく運賃が低廉で、しかも荷傷みが少ないという理由によるものであったが、ときには破船の危険もともなった。文政初期から散見されるようになった船積み輸送は、紅花の生産量が増大するにつれその比重を高めていった。その後、江戸打越荷が増加の勢いを増し、やがて嘉永7（1854）年、武州紅花産地の買継商人たちと江戸問屋との間に大きな争論が引き起こされることになる。株仲間解散令で失われた特権回復を狙う江戸問屋の要求「素人売買の禁止と江戸打越荷の禁止」を在郷商人・買継商人たちから拒否され、紛糾した結果の争論発生であった。

その間、武州紅花の陸上輸送は、まったく途絶したわけではなく、あえて8倍の馬継ぎ駄賃をかけて、高崎飛脚問屋経由の木曽路廻りで細々と継続されていた。以下に掲載する請取状は、飛脚問屋京屋から紅花京都陸送にかかる駄賃請取状である。

覚

一、紅花御荷物六太也　　　　但し弐拾四個

一、金弐拾両壱分也　　　　右御荷物太賃金

内金拾六両三歩弐朱也受取

但し熊谷宿より京都迄太賃金也

残金三両壱歩弐朱也

右は桶川宿竹栄様方ニ受取可申候、以上

右之通御荷物幷ニ太賃金慥ニ請取申候、以上

午八月二日　　　　　高崎

京屋弥兵衛印

桶川宿

竹原栄三郎様

同時に江戸表までの紅花搬送は、荒川舟運を利用して平方・畔吉河岸から廻船問屋に向けて積み出されていった。『上尾市史 第二巻資料編2近世1 解説 p343-353・72・76・79・80・83・84』。ただし陸送と海運の割合を示す史料はないが、少なくとも荒川舟運と結んで、争論中もかなりの紅花が廻船

問屋によって上方に搬送され続けたものとみられる。なお、紅花の生産と流通については、『武州の紅花』（上尾市教育委員会）というすぐれた報告書が、すでに公刊されていることを付記しておきたい。

C）商品流通の発展と近隣諸河岸の分布形態・商圏変動

慶長～元和期にかけて、関東各地に年貢米その他の領主荷物の輸送を主目的にした河岸場が創設される。この頃の河岸は、生産力水準と生産物の限定、輸送機構と機能の未熟さ等から本格的な河岸場と舟運は成立していなかった。荒川水運においてもこの状況には変わりなかった。しかし、寛永期に入ると、荒川の瀬替えにともなう江戸への直結河道の完成と参勤交代の制度化で、輸送条件の向上と輸送量の増大がもたらされ、荒川水系にも支流入間川と都幾川の合流点付近に平方河岸と老袋河岸が成立する。寛永期成立の河岸が、領主米津出しを一義的な仕事にしていたことは言うまでもない。近世の荒川本流に成立した河岸場数は28河岸（秩父地方3河岸を含む）、このうち、元禄の河岸改めで確認されるのは、八代・五反田・高尾・戸波谷（鳥羽井）の4河岸であった。寛永15（1638）年、幕府は仙波東照宮の再建資材の揚陸を平方・老袋両河岸に命じている。このことはすでに両河岸が河岸機能を有していたことの証左であり、川越・岩槻の諸藩や旗本領からの廻米要請を契機にして、河岸機能が整備されてきたものとみられる『新編埼玉県史 通史編3近世1 p656』。

荒川水系を中心に西関東の河岸分布上の特色とその後背圏について概観すると以下のようになる（図Ⅲ-7参照）。1)利根川中流諸河岸、具体的には栗橋から葛和田河岸までの間は、ほとんどの河岸が利根川右岸に展開する。この状況に対応して荒川本流諸河岸は、平方河岸から遡行終点新川河岸（近世.下久下河岸または江川河岸と呼ばれていた）まで、これまた明らかに左岸に集中的に分布する。向き合う両大河諸河岸間の低平な穀倉地帯には、元荒川・綾瀬川・古利根川・中川・見沼代用水等の河川・水路が、江戸に向かって流路を形成している。その結果、これらの諸河川下流部では、舟運の発達とりわけ近郊蔬菜と水稲生産に寄与する葛西船の活躍が顕著にみられた。しかし諸河川上流部では、水田経営のための井堰・溜井が各所に設けられ、就航期間が季節的に大きく制約され、また下流部での舟運は、冬季排水河川特有の

図Ⅲ-13　権現堂・大越両河岸得意村協定図（文化13年）

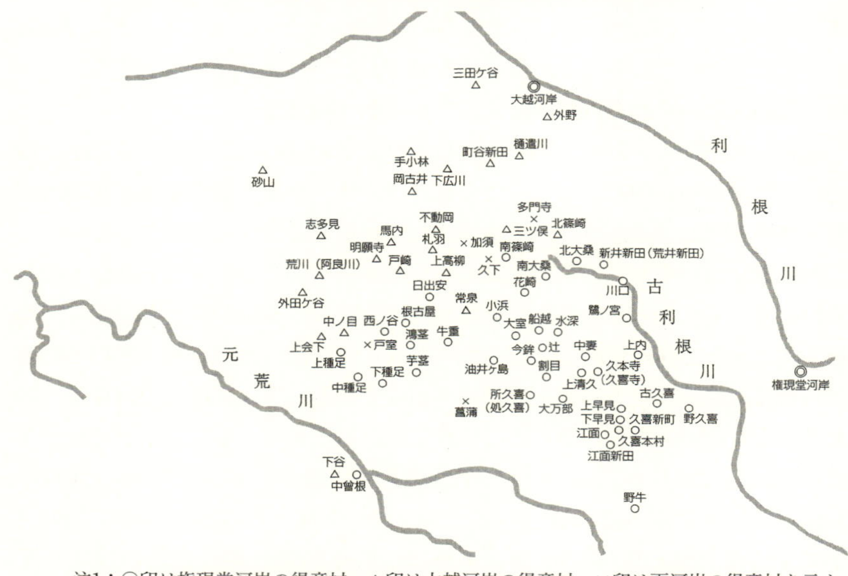

注1：○印は権現堂河岸の得意村、△印は大越河岸の得意村、×印は両河岸の得意村を示す。
注2：権現堂河岸の得意とされる葛梅村については所在など不明。
出典：丹治健蔵著『関東水陸交通史の研究』（法政大学出版局、1984）

水位低下で難航した。結局、大勢としての廻米・商荷の津出しは、向き合う利根・荒川の河岸群に回帰することになり、結果的に文化13（1816）年の利根川筋右岸の大越河岸と権現堂河岸の集荷競争に由来するような大規模な争論の発生をみることになる（図Ⅲ-13）。争論発生の13年前（文化元年）の中流右岸武蔵側の13河岸が取り決めた倉敷料と口銭に関する議定一件『羽生市史 上巻 p675-678』も、すでに過集積・過当競争傾向を意識したものと考えることができる。

この時の争論は、騎西領をはじめとする荷請け村々をめぐる市場化を争点の一つにしたものであったが、間接的には、荒川諸河岸の勢力圏とも競合関係にある三角地帯に生じた紛争であったとみることもできる。たとえば、鴻巣在．笠原村の酒造家籐兵衛は、嘉永7（1854）年、荒川高尾河岸から新酒80駄を江戸に向け送り出したが、安政2（1855）年には大越河岸から江戸神田明神下と霊厳島東湊町まで〆て40駄の酒を積送っている。河岸替えの理由は荒川の渇水によるといわれている（丹治健蔵 1988年 p74-75)。つまり笠原村周辺は河岸の選択が、多分に不安定要因によって左右される地域といえる。この可変性が大越、権現堂、高尾各河岸の紛争を招きかねないことにもなるわけである。

ただし、丹治健蔵は、新河岸の出現と地廻り経済の進展にともなう在方商人層の自由な活動に起因する争いとみており、同様にして、荒川戸田河岸5問屋の持ち分協定の締結についても、商品流通の進展にともなう河岸後背営業圏の変容を示すものとして捉えている『関東水陸交通史の研究 p258-261』。ともあれ、栗橋から葛和田河岸の間に見られた利根川中流右岸河岸群の集中的立地は、後背地域を含む関東屈指の綿作・綿業集積と藍栽培ならびに近世末期にかけての養蚕経営の発展を背景にして成立したものであり、関東の先進的商品生産地帯の一翼を占めるところであった。加えて、対岸．古河船渡河岸の舟運業者と武蔵栗橋船の大豆をめぐる集荷競争も、競争というよりも紛争に近い状況であった。商品化作物栽培の普及、商品流通の進展、河岸の集中的立地、集荷競争の発生等に見られる一連の現象は、河岸の過集積立地と存続をかけた議定の策定、河岸分け、仲間の結成などに連動していく。栗橋—葛和田間の13河岸の過集積傾向からもこの動きを認めることができた。

図Ⅲ-14により、平方河岸の商圏（後背圏）を津出し村々の分布を手掛かりにみると、染谷村・上宝来村・大和田村・大宮宿七組（以上大宮市)、南村・戸崎村・今泉村・上尾宿・貝塚村・久保村・(以上上尾市)、角泉村（川島町)、柴山村（白岡市)、真福寺村・飯塚村・笹久保新田・横根村（以上岩槻市）となる。中山道・大宮台地・元荒川を越えて、飯塚・笹久保・横根等の村々では、河岸まで4里半の附け出しを行っている。荒川河岸から東に向けて開かれた4里半という深い商圏は、元荒川を超えて菖蒲領の栢間・三箇・新堀まで荷受け圏に取り込んだ高尾河岸の場合と酷似した状況である『新編埼玉県史 通史編4近世2 p461』。荷請け範囲つまり津出し河岸の決定は、支配関係・河況・道路事情ときには慣行・河岸問屋の市場分割支配などの不条理に影響されて決まることもある。

新川河岸を大船遡行終点とする荒川筋では、河岸の立地が左岸に目立った

図Ⅲ-14　平方・高尾河岸廻米津出し村々

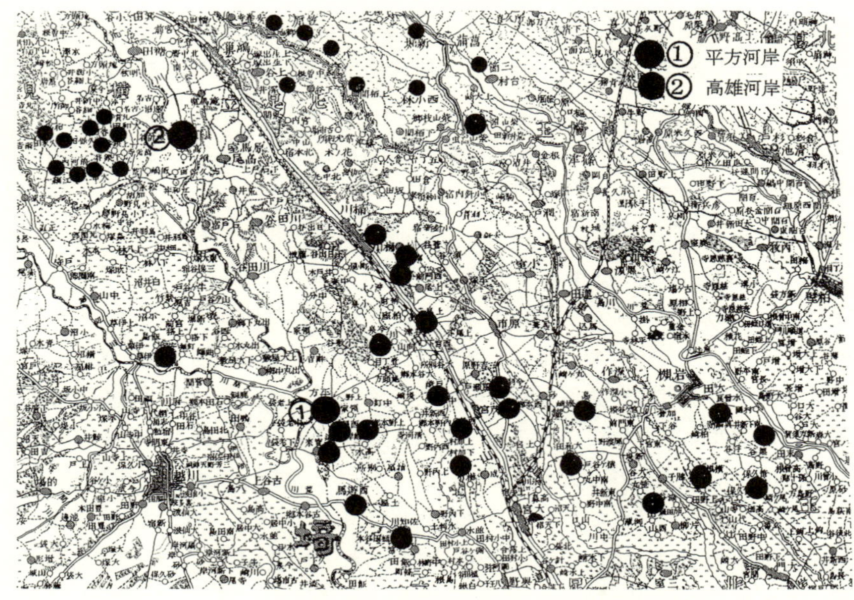

注：『新編埼玉県史 通史編4近世2（小野塚克之）』所収史料より作成

が、平方以南では、比較的均等かつ間隔をあけて分布する。正保期（1644～47年）にはじまる新河岸川舟運と、享保16（1731）年以降の見沼通船の狭間にあって、東西への商圏拡大が南部荒川河岸の課題となった『前掲県史 通史編4近世2 p460』、というよりむしろ限界となったようにみえる。とりわけ、芝川と見沼用水を結ぶ通船堀の開設以来、大宮台地中南部の商品流通はその範囲を拡げ同時に影響を与えることになる。主要な下り荷は年貢米の外に薪・野菜等であり、上り荷は塩・干鰯・糠・灰等の肥料と日常雑貨であった『新編埼玉県史 通史編4近世2 p445-447』。荒川中下流河岸と競合する、まさに同質の河岸機能であった。河岸分布の少なさと見沼通船以外の芝川・綾瀬川・元荒川等の武蔵東部水田地帯での舟運成立もそのことを証明していると考える。寛永期（1624-1643年）に岩槻藩の外港的性格の下に成立した平方河岸は、幕末期に問屋6軒を擁する荒川の中継河岸に成長する『前掲県史 通史編4近世2 p451』。後背圏に上尾宿・原市・岩槻を包括する荒川河岸中の有力河岸平方は、後背圏の広狭・形態を指標に区分した場合、戸田河岸と並んで荒川沿岸で最も大きく、かつ繁栄した河岸とみてよい。町場の形成からも納得できることであろう。

正保期（1644～47年）までの平方河岸は、荒川を越えて西の川島領まで廻米津出しの範囲に組み込んでいた。その後、新河岸川舟運の整備とともに川越藩は、平方河岸津出し村々を整理し、宝永期以降は角泉村を最後にすべての廻米津出しを新河岸川舟運に吸収することになる。新河岸川舟運には元禄の河岸改めで川越新・引俣（引又）の2河岸が登場する。後に松平信綱が川越城主として着任し、新河岸川舟運の整備に傾注した結果、河岸場の分布は、後背圏を反映して見事なまでの右岸立地を示すことになった（図Ⅲ-7参照）。

ところで、近世中期から後期にかけて、廻米津出しのために比較的遠方と思われる村々からの附け出し行程を、村明細帳から整理すると、各河岸の後背圏がおよそ把握できる。大里郡樋口村2里（新川河岸）・埼玉郡笠原村1里半（高尾河岸）・比企郡押垂村2里（鳥羽井河岸）・比企郡野本村2里（鳥羽井河岸）（五反田河岸）・横見郡大串村1里余（高尾河岸）等の限られた史料（丹治健蔵 1988年 p65-66）・『北本市史 第一巻通史編 p926』ではあるが、荒川諸河岸のごく平均的な後背圏の広がりを推定する一助にはなるだろう。ただし、平方・高尾・新川・戸田のような忍・岩槻藩ならびに旗本領の廻米津出し機能や積み替え・遡航終点・中山道接続等の特殊な性格を複合的に持った河岸では、城下近郷の村々はもとより、東端の騎西ー菖蒲ー久喜から白岡ー原市ー大宮に至る後背圏の広がりをみせる場合もある（図Ⅲ-14参照）。

一方、一旦形成された河岸の後背圏も、河岸を取り巻く環境の変化とともにしばしば消長する。たとえば、比企郡久保田村の場合、廻米津出し河岸が宝暦9（1759）年以降、長期にわたって利用されてきた高尾河岸から川田谷河岸に移り、さらに天明4（1784）年には高尾河岸からの津出しを断念して、鳥羽井の河岸問屋に為替米として手形を振り出している。理由については、浅間の山焼け降灰にともなう河況変動や天明の凶作を推定しているが、詳細は不明であるという『荒川総合調査報告書2 p508』。安政元年、埼玉郡笠原村から高尾河岸積みで江戸に送られた商荷（酒）が、翌安政2年には利根川筋の大越河岸から積まれている。荒川の渇水が理由として考えられている

(前掲丹治 1988年 p72-76)。河況変動で積み出し河岸が異なる水系に移動したり、あるいは農民や領主の意向で新水路が開発された場合にも、河岸の後背圏は変動することになる。以下、前掲丹治健蔵の研究（1988年 p66-68）および『荒川総合調査報告書2 p498-499』に基づいて、延享2（1745）年、埼玉郡菖蒲領台村組頭武兵衛の「星川・元荒川・古利根川通船願書写」より事例の一部を抜粋し紹介する。

乍恐以書付奉願候

一、御城米川岸出し之義菖蒲領村々之義者先年より権現堂関宿河岸出し来申候、右河岸迄3里余之所、弐俵付一日ニ壱駄宛と漸々附送り申候、御米御急ニ被仰節も困窮之百姓ニ而馬壱匹弐疋或ハ四人ニ而持合候躰御座候得者、村方之馬斗ニ而早速出し切候義難成数日相掛り、他村駄賃相頼候而茂雪雨等之節者悉ク道悪敷、殊ニ遠方之義駄賃等も高値ニ而至極難儀仕候、其上権現堂川瀬浅船積不罷成、関宿河岸迄艀下猶又満水ニ而艀下も不罷成候節ハ、馬附ニ而送り数日相掛り出船延引罷成、被仰付候日限間違御呵請（中略）星川・元荒川幷古利根川通船被仰付被下候ハハ、三拾俵五拾俵積小船ニ而村々勝手相成候処江船相廻し、積立次第段々出船仕候ハハ御急キ節も御触目不申候様ニ可仕候、(後略)

一、星川元荒川之義ハ利根川江も荒川江茂三り四り程ツゝ相隔、凡両川之中通りニ可御座有と奉存候、右通船被仰付被下候ハゝ、外領御城米之義右川通り江差出し百姓勝手ニ相成候村々義ハ御吟味之上被仰付被下候様ニ奉願候、尤内川之義御座候者破舟等之気遣無御座候、(後略)

一、(前略) 尤見沼代用水路義ハ先般被仰付、冬水御通し被遊候付、上大崎村関枠之戸定立被仰付候処、此度星川元荒川通船拙者奉願上候ニ付、右関枠より下船通路相成候様ニ御見分之上、水御通し被下候様ニ奉願上候、瓦曽根村関枠之義者定立ニ被仰付、石堰壱ケ所御通し被下候様ニ奉願上候、左候ハゝ川筋水沢山ニ而舟路宣可御座と存候

一、上大崎村瓦曽根関枠幷古利根川松伏大谷村関枠右三ケ所ニ而御城米積替候ニ付、御米揚場蔵地幷番小屋等之地所御見分之上奉願上候

一、右奉願上候通、私義被為仰付下置候ハハ、御城下之義不及申上ル、村々百

姓悉ク勝手罷成、其上岩槻ハ勿論、忍・館林迄も御急御荷物等之義ハ、荒川・利根川より格別早ク相届ケ□宜筋と奉存候ニ付、川通り見取絵図奉差上候、尤上大崎村関枠より御分水奉願候ニ付、只今渇水之節、右川筋之有様御見分被成下、御吟味之上御慈悲被為仰付被下置候ハハ難有奉存候、

以上が、菖蒲領台村武兵衛の星川・元荒川通船願書の概要であるが、排水反復利用河川における通船計画独特の苦心の跡がうかがえる。また提出に際し、新堀村以下領内6ヵ村が、これに共鳴・加判したことも注目される点である。

こうした廻米津出しのための川筋変更の動きは、翌延亨3年の足立郡川面村での、代官役所から村名主宛の諮問とその答申にもみることができる。要約すると「これまで1里の糠田河岸から船積みしていた廻米を、元荒川・星川・古利根川から出してはどうか」との諮問に対して、「元荒川が少々加水しているので運送は可能であろうと答申した。」という内容であった。その後、半世紀を経た足立郡大芦村から次のような願書が出された。文面を整理すると、忍城下の持田・佐間両組では、先年まで米・大豆等の廻米を荒川から手舟で行ってきた。ところがその後、売船での河岸出しを仰せ付けられるようになった。さらに享和2（1802）年から里数4里半の利根川河岸出しとなり、駄背附け出しが困難となった。しかるに近年、荒川通りの便利がよくなり、江戸表への里数も半減し、駄背附け出しも効率的に行えるようになった。この際、御手舟輸送を私に仰せ付け下さるようお願いしたい、という津出し河岸変更の願であった（丹治健蔵 1988年 p68-69）。

かつて、武蔵東部低地帯では自然的・人為的な河道変更がしばしば行われ、結果的に江戸に向かう幾筋もの河道が成立した。さらにこれら諸河川を取り巻くように高水位河川．利根川・江戸川と荒川が流下していた。いわば舟の運航範囲と河岸の後背圏とが、小規模分断的かつまた流動的側面を持つことに、西の荒川—新河岸ラインと東の利根・江戸川ラインに挟まれた武蔵東部低地帯諸河川の舟運機構が抱える特徴と限界があったといえよう。

D）河岸後背圏における近郊外縁畑作農村の商品生産

⑴　大宮・入間台地の武州紅花　**①紅花栽培地域の成立**　近世中期以降の

農業の変化として、生産性の上昇・生産物の多様化と商品化を挙げることができる。生産性の向上は、直接的には金肥を中心とした施肥量の増大からもたらされ、生産物の多様化・商品化は、貨幣経済の浸透によって激化したものであった。桶川近傍の南村では、享保期、灰・干鰯・油粕を他地域から購入して生産の増大を図っている。また元文2（1737）年、上尾宿では「油粕は近在之油屋より買候而遣ひ申候、米糠は岩附町川越町又は原市ニ而買申候、灰は越ケ谷行田町より買遣申候」（小川家文書）と記し、購入肥料の普及を示唆している『桶川市史 第一巻通史編 p370』。

一方、明和元（1764）年、下日出谷村御触書ならびに明細帳写には「素田ニて品々糞大分不用候てハ耕作実り不申候ニ付、灰粕糠ほしかこやしニ付候、尤畑方こやし大分入り申候ニ付、農業御役の間ニ大根作り、又は真木枝ニて年中忍領へ附け出し、灰ニ取換へ肥ニ仕候故、入用大分相掛り耕作仕候村方ニ御座候」と記述されているが、「入用大分相掛」という現実は、すでにこの時代普遍的にみられる現象となっていたようである（桶川市史 第四巻近世資料編-72）。生産物の多様化と商品化は徐々に進行し、明和5（1764）年の下日出谷村では、従来の主雑穀類に菜や大根が大きく加わり、蔬菜の商品化が明らかとなる。幕末期になると作物編成の多様化は一段と深まり、寛政12（1800）年の桶川宿の場合、以下に述べるとおり、穀菽類のほかに菜・大根・牛蒡・芋等の蔬菜類の増加と、後に地域を代表する紅花・茜等の工芸作物の出作りが目につくようになる（桶川宿分間絵図仕立御用宿方明細書上帳）。

一　宿内百姓男は農業の間少々宛の商や他は小揚取渡世仕候女は機織り又は賃日雇等渡世仕候
一　宿内名物名産等無御座候
一　五穀の外菜大根牛蒡芋並紅花茜の類出作仕候
一　宿内家並裏は左右共藪畑等御座候

天保6（1835）年には中分村の上層農矢部家にみるように、穀菽類・蔬菜類に加えて、菜種・胡麻・荏・木綿・紫根などの商業的性格の強い作物に薩摩芋・大和芋まで栽培され、実に多彩な作物編成となる『桶川市史 通史編1 p372』。とりわけ薩摩芋と紅花の定着は、以後大宮台地を超えて武蔵南部畑作地帯の中核的作物となっていくことになる。

武州紅花の生産は、近世後期の天明〜寛政年間（1781〜1800年）、江戸の商人が上尾宿近在の上村の農家に栽培させたのが、その始まりとされる。紅花の商品価値の高さ、先進地羽州最上地方に比べて、温暖な気候と消費地の近郊という条件に目を向けた立地誘導と考えられている。同時に江戸の有力な紅花商人にとって、「江戸近郊に産地を育成する」という営業戦略に基づいて進められたとする指摘も見られる『上尾市文化財調査報告第3集 武州の紅花 p17』。

上尾・桶川地方の紅花栽培は、商品価値を熟知した商人の指導効果『前掲文化財調査報告第3集 p15-16』ならびに綿・蚕糸業、織物産業の発展と庶民への普及を背景にして、上尾・桶川・浦和の各宿駅周辺の村々から大宮・岩槻両洪積台地上の村々にまたたく間に拡散し、五指にも満たない年月のうちに、荒川を越えて坂戸地方の村々にまで広まっていった。紅花は嫌地性が強く、その栽培には土地改良もしくは輪作体系の採用が可能な大規模耕地所有農家であることが前提条件となる。加えて紅花栽培で一定水準の品質と生産量を確保するためには、干鰯・〆粕・糠等の金肥投入が不可欠の条件となる。この条件を満たす農家は、主雑穀・大豆等の商品化能力を有する上層農家に限られる。こうして、武州紅花栽培地帯の形成は上層農家によって枠組みが進み、その後、紅花作りの高収益性に目覚めた小農層が、栽培労働の比較的容易なことと買継ぎ商人の前貸し商法と結んで、紅花栽培に広く参入していくことになる。当然、紅花栽培の前提条件を欠く小農層の作付は、規模的に厳しく限定されたものであった。大宮・岩槻台地農村の場合、荒川諸河岸を中心に、見沼通船・綾瀬川・芝川等の舟運を利用して干鰯・〆粕等の金肥使用が紅花栽培農家に広く浸透したことについてはすでに指摘した。入間台地農村の場合は、安政5年の川越五河岸船会所と入間・越辺川筋村々の新規無株問屋間に生じた船稼ぎにかかわる争論が象徴的に示している。つまり入間・越辺川合流点付近4ヵ村の無株7問屋が、100艘程の手舟を所有し近在の農民と深く結んで下り荷をせり取り、登り荷の干鰯・糠・塩を会所に無断で商い、訴えられる事件が生じた。結果的に紺屋河岸を取りつぶすことは出来なかった「新編埼玉県史 通史編3近世1 p467』。主な下り荷と考えられる紅花の行方についても不明のままであった。五河岸会所仕法の権威失墜ならびに紅花産地村々に向けた大量の金肥流入だけは確かなことであった。

②多肥栽培技術と農民層分解　天保10（1839）年の上尾宿近傍久保村の年貢割付帳から紅花の売り渡し金額ならびに栽培面積を推定すると、上層農家で1～2反、零細農家では1～2畝とみられている。栽培農家率も高く、村の総数21戸中16戸（76%）を占め、1戸当たりの平均紅花収入は1両2分となっている『上尾市文化財調査報告第3集 武州の紅花 p47-56』。少なくとも、武州紅花栽培の中枢部上尾・桶川宿周辺では、この状況はほぼ共通すると見てよいだろう。さらに確実に収穫量を挙げるために必要とされる施肥量とその購入代金を中分村の例でみると、

紅花壱反ニ付壱〆目取
糠6斗代金3分
干鰯4斗代金壱両壱分
油粕弐斗代3〆文
灰弐拾笊金壱両

合計額で3両余となり、慶応2年の相場に換算するとほとんど紅花代金と同額となる。農民資料の多くが所要経費を多めに、収入を少なめに記録する傾向があるとしても、購入代金の捻出が零細農家にとって苛酷なことだけは間違いないことであろう。そこに近世中期以降、在方買継商による小農分解の契機としての前貸し商法の横行をみることになるわけである。もっとも、前貸し商法による中下層農民の分解変質に関する研究者の論調や、このことにかかわる証文類の掲出が、北関東農村研究の場合に比べて若干軟調かつ少ないのは近世南関東農村の特徴なのか、それとも農村荒廃期からの離脱を反映した結果なのか、いずれにしても武州紅花の生産と流通の実態一商業資本と生産者農民の関係一の把握が、近世商業史・農村史の通念にかんがみたとき、門外漢の読みの浅さを含めてもいささか気になることである。

その点、わずかに「紅花は多量の金肥を要し、連作を嫌う作物であり、大量に生産することは上層農民に限られてしまう。そのため、一般小農民たちは換金作物を作るために借金を重ねるという構図の上にあり、紅花栽培もそ

の例となることを上記の史料（紅花引当借金証文4例）は示している。」という資料編解説での言及が見られ『上尾市史 第二巻資料編2 p346』、同様にして、上尾と並ぶ紅花栽培の核心地域・中継商人の集積地域である桶川市史『第一巻通史編 p346』に、以下のような記述が見出される。「宝暦・天明期の社会では、貨幣経済が広く浸透し、江戸周辺地域の農村では商品作物の流通が盛んとなり、いわゆる江戸地廻り経済圏が形成された。たとえば、市域の紅花栽培等は典型的なものの一つである。こうした貨幣経済中心の社会では、零細農民は現金収入を得るために田畑を質入れし、農間余業を専業化して次第に農業から離れていった。これに対して、農業を放棄した農民の田畑を質地として集積し、広大な田畑を所有する新たな農民層＝豪農が生まれた。その結果、本来の自給的農村構造が解体し、農民層の分解が進んだ。」改めて言及するまでもないが、この記述では余業の専業化にともなう耕作地放棄が指摘され、零細農業の継続を金肥前借で進めた結果としての質地流れ一耕作地喪失についての記述は見られない。農民層分解にかかわる上尾・桶川いずれの市史の指摘がより正鵠を射たものか、それとも両指摘併存にこそ江戸外縁農村の特質が存在することになるのか、理解に悩むところである。

小農たちが再生産もしくは年貢貢納に必要な金子を借り入れる場合、返納の条件として、紅花の収穫をこれに充てていることは注目すべき点である。借入金の用途は「此度無拠要用ニ差支」という表現が多く、金肥購入を直接書き上げた証文ないしそのことを推測させるような文言、たとえば「花廻に金拾両程借用致し候所」等の事例はほとんど見当たらない。貸付人の素性については久保村・南村の大手買継ぎ商人須田一族の名前が随所に見られる。小農にとってもっとも大きな支出機会は、貢納ないしは紅花栽培等のための金肥購入であり、その場合、もっとも借金しやすい相手の一人が、穀商・質屋を兼業する紅花買継ぎ商人であることもほぼ間違いない事実であろう。この場合の担保物件は紅花を引き当てにしているが、紅花違作の際の担保は、加判人が連帯保証する形式が一般的で、直接書類を以て所有耕地を担保する事例は管見する限り多くない。また利息についても、前貸し商法通例の15～25％という額の明記もなく、「世間並の差くわい」とか「相当の利分差加ひ」という表現で取り繕っている。金銭貸借関係のすべてがこれで済むはずはないが、付属書類の有無と内容については不明である。再度言及するが、武州紅花栽培地域では、18世紀の北関東農村とりわけ商品生産地帯における前貸し商法の普及、ならびに結果としての農民層の分解を示す史料および具体的な指摘は、見られなかったということになる。なお、参考史料として2様の紅花引当借入証文を以下に例記する。

借用申証文の事（嘉永5年9月）

一、　金壱両弐分者

右は無拠諸要ニ差支難儀仕候ニ付　貴殿江達て御無申申入　右の金子慥ニ借用申処実正也　但返済の義は来ル子9月中より丑6月紅花の節　世間並の差くわい急度御返済可仕候

若相滞候ハヽ加判人引請埒明　貴殿江少も御苦労相懸ヶ間敷候　為後日借用証文依って如件

五丁台村　借用人

加判人

口入人

下栢間村

十郎兵衛殿

『桶川市史 第四巻 近世資料編資料177』

借用申金子証文之事（安政5年正月）

一、　三分弐朱　　此引当畑4畝8歩

右は此の度無拠要用ニ付右之畑引当致し、前書之金子只今慥ニ借用申候処実正也、然ル上は当6月中紅花出来之節相当之利分差加ひ元利急度返済可申候、万一其節金子出来兼候ハヽ、右引当之地所貴殿江相渡可申候、外へ引当等無之故障申者無御座候、為念借用証文入置申候処、よっ而如件

久保村　借用人

証　人

久保村

大八郎殿

図Ⅲ-15　武州紅花の産地（弘化～嘉永年間）

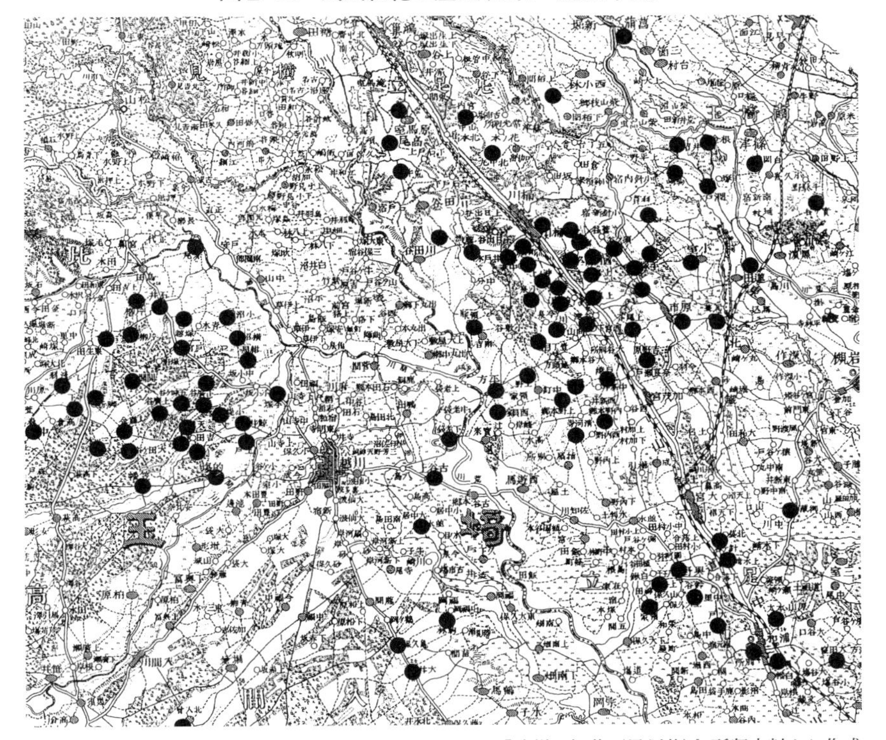

注：『武州の紅花（黒須茂）』所収史料より作成

『上尾市史 第二巻 資料編2近世1資料6』

③紅花栽培の普及と栽培地域の拡大　各地に成立した紅花栽培農家の地域的展開を示す具体的史料は残念ながら存在しない。そこで紅花栽培農家の分布を、桶川宿・上尾宿に集中する大手買継ぎ問屋の仕入れ先を通して把握することにした。もちろん、大手買継ぎ商でもすべての栽培農家・産地から仕入れているとは思えない。その点も考慮した上で、以下、南村買継ぎ問屋須田家の仕入れ帳からまとめたものが下記の産地拡大過程であり、紅花産地の分布図（図Ⅲ-15）である。最も古い天保10（1839）年の買い入れ帳では、南村を取り巻く近在の村々を中心に、やや離れて駒崎村が見られるだけである。

それが天保13年には、買入れ先は倍増し、範囲も拡大している。栽培核心地は中山道筋の村々であるが、上尾地域の西部や大宮地域の北部にも広がり、須田家から3〜4里も離れた黒浜・柏崎村も含まれてくる。その後、弘化・嘉永・安政にかけての13年間に買入れ先村々は少なからず変動する。

買入れ先の産地規模、村の生産総額に対する買入れ率、産地の収量変動、消費地の需要動向など仕入れ先村々の数を変動させる不確定要素は多い。しかしながら先年の仕入れ先村々の多くが、次年度には紅花の生産を中止しているとは考えられない。たまたま取引がなかっただけのことと推定する。したがって図中の村々は、むしろ産地の空間的配置を若干控えめに示すものとみて大過はないと考える。このことを踏まえて、取引村落数がもっとも多くみられた弘化〜嘉永年間における武州紅花の産地分布を要約すると、大宮・岩槻台地上の村々ならびに入間・越辺川に囲まれ坂戸・鶴ヶ島を載せる入間台地上の村々に荒川・中川水系の自然堤防帯の村々を一部加えて、紅花の産地が形成されたとみることができる『武州の紅花 p26-29』。取引先の分布から作成した紅花産地の輪郭を丹治健蔵の指摘『近世関東の水運と商品取引 p208』で補正すると、実際の産地の外周地帯は、東縁では宝珠花村（春日部市）、幸手宿にまで広がり、西縁では青木村（飯能市）、五味貝戸村（鶴ヶ島市）まで達し、さらに南縁では膝折村（朝霞市）、引又町（志木市）まで栽培圏に取り込んでいる。いずれも台地上経由の東西進であり、とくに武蔵野台地上の南下は薩摩芋や近郊蔬菜生産との競合を予測させる予想外の展開であった。

④紅花の輸送―陸継と水運　ここで大宮台地・入間台地の商品作物として階層・地域を超えて広く栽培された紅花の流れのうち、前項で納得ゆくまで触れることができなかった在郷中継商人と江戸廻船問屋間の流通に絞ってみておこう。産地中継商人から江戸廻船問屋までの紅花の流れは、中山道の馬背駄送と荒川・見沼代用水の舟運利用のいずれかであるが、量的には船送りが多かったといわれている。船送りでは荒川舟運が中心で、ごく稀にかつ少量の輸送に限り、見沼代用水の舟運が利用されていた。しかし江戸への距離が近かったこと、急ぎ送りの場合には確実に早く着くこと等の理由で、陸送もかなり行われていたようである『武州の紅花 p184・196』。江戸への船送り

では河岸まで駄送して積出しするが、陸送では大宮宿、蕨宿まで中継問屋の手馬で運び、その先は各宿の輸送問屋に任せている。

弘化3（1846）年の「紅花勘定帳」（須田圭治家文書）によると、川船運賃は馬背陸送駄賃の約半分であった。久保村の須田家では嘉永7（1854）年と安政2（1855）年の2年間に、江戸に陸送したものもあるが、多くは平方・畔吉・堀ノ内河岸から舟運で江戸に積み出している『上尾市史 第六巻通史編上』。また、安政2（1855）年、平方河岸問屋清兵衛が南村の須田治兵衛から依頼された船積み運送「覚」には以下のように記載されている『近世関東の水運と商品取引 p202』。

覚

一、　紅花廿四丸

右之通り慥請取、江戸南新堀井ノ上重次郎殿迄早々積送り可申上候、以上

安政2年6月16日　　　　　　平方河岸　問屋　清兵衛

南村　須田治兵衛殿

尚々、小包壱ツ深川佐賀町山喜様方行慥ニ請取申候、以上

このほか、畔吉河岸からも江戸へ船積み運送されていた。その内容は、午年7月2日付河岸問屋清七から南村須田治兵衛宛の「覚」によると、合計12個の紅花を日本橋廻船問屋利倉屋金三郎へ積み送ったことが記されている。これらの史料から丹治健蔵『近世関東の水運と商品取引 p202』は、桶川・上尾宿周辺の紅花買継ぎ商人たちが産地から集荷した商品を平方・畔吉河岸経由で江戸へ輸送し、さらに江戸の廻船問屋から上方の紅花問屋へ海上輸送していたことを述べ、合わせて近世後期の平方河岸の船積み商品で、最も注目されるのが紅花であった、という指摘をしている。

入間台地の場合は具体的史料を欠くが、おそらく紺屋河岸を拠点に越辺川筋に展開した無株手舟業者衆によって、一部は積下ったものと推定されるが、その場合、入間川合流点の畔吉ないしは平方河岸までの搬出か、もしくは平方渡船の対岸までの駄賃馬輸送かどうか、という点になると推定の域を出ることができない。ただし、紅花研究の第一人者黒須茂は『武州の紅花 p180』の中で「須田家の場合、浦和・与野方面での買入れ、西山紅花の買

い入れ分は馬附きで自店まで運んできた」こと、および安政3（1856）年に老袋村（川越市）からの荷物に「百文の駄賃を払い」あるいは安政2年の坂戸方面の買い入れでは、「弐〆百五十文　駄ちん舟ちん」を払っていること（いずれも須田家文書 1194年）を取り上げ、その到着地域は不明な部分を含むが、金額的に大層高額であることから搬送量も大きいことを指摘している。これらの文言からみる限り、西山産紅花が、馬および船を利用して、荒川諸河岸近辺まで搬出されていることは間違いないと思われる。ただし少なくとも荒川を超えて自店まで総てが運び込まれたとは考えられない。理由は生産者の手で「紅餅」に加工された状態で紅花問屋に売り渡され、問屋はそのまま袋詰めして江戸廻船問屋経由京都紅花問屋に向けて積み出すことが技術的に可能とみるからである。

明治維新期の史料では、平方が積み替え河岸の性格を持つこと『荒川 人文Ⅰ 荒川総合調査報告書2』、問屋6軒と荷船18艘を擁することに対して、畔吉河岸は問屋2軒と似艜船6艘に過ぎないことから、二者択一の積み替え河岸問題に矮小化して考えると、搬出先に関する限り、平方河岸に分があるように見えなくもない『上尾市史 第六巻通史編上 p634-635』。無株手舟業者衆の持ち船数100～500艘を仮に事実に近いものとして考えた場合、紅花の産地あるいは糠・灰等の登り荷の配荷圏の広がりと船数からみて、手舟の規模がおおよそ推定可能となる。つまり浅川化した上利根川筋の所働船のように川筋に見合った積載能力の小さい艀下船たとえば漁労舟・作舟の使用である。しかしこれを利用して、桶川・上尾宿の買継ぎ商人たちが江戸の廻送問屋まで直送したとは考えにくい。ここに平方河岸の積み替え機能が浮上することになるわけである。

ここで上方までの紅花輸送について補足すると以下のようになる。武州紅花栽培の成立当初は陸送も盛んであったが、この輸送方法では荷傷みが激しく運賃も高額のため、荷主は陸送に難を抱いていたようである。このことは江戸問屋との打越をめぐる争論の際に、京都の紅花問屋からの陸送支援協力に対して、産地中継商人たちは積極的同調を示していなかったことにも現われている。その後文政期以降、海上交通の安全性が増したこと、輸送費が陸継ぎの8分の1ほどの安さであること等の理由から、海上輸送が一層盛んとなり、武州紅花の最盛期には江戸の廻船問屋との相対契約による大坂への海上輸送が主流となっていく。大坂で揚陸された紅花は、淀川筋の舟運や馬附きで京都まで送られていった『武州の紅花 p184-186』。この間の輸送費は、弘化3年・安政6年の仕切り書によると、1丸平均3匁2分を要し、上尾一江戸間、江戸一大坂間（海運）に比しても割高であった『武州の紅花 p200』。なお、送られた紅花の量を知る総括的な資料はない。そこで期間限定資料であるが、安政2年6〜8月の3か月間に主要業者を含む13人の紅花商人が積み送った量をみると、1,235丸（9,880貫目）に達している。もちろん収穫期の出荷量のためこの数字はほぼ年間出荷量に相当すると考える。これだけ多量の紅花が上方に出荷されたことは、江戸地廻り経済の進展充実を示すものとして注目される「上尾市史 第2巻資料編2近世1 p501-505』が、反面、江戸地廻り経済における自立性の未成熟さを示す状況でもあった。

⑵ 大宮台地の薩摩芋と南部長芋　埼玉県内で薩摩芋の栽培が盛んに行われるようになるのは、化政期（1804-29年）からといわれる。上尾市史『第六巻通史編上 p654-655』ならびに桶川市史『第一巻通史編 p388-389』によると、大宮台地農村にはこの時期の史料はみられず、天保6（1835）年、足立郡中分村の矢部善兵衛家が2反歩を栽培し、3両3分を売り上げた記録が最古のものと考えられている。その後、同じく中分村の矢部三右衛門家（嘉永6年）、地頭方村の嶋田源七家（安政5年）等の販売記録が明らかになる。矢部善兵衛家の薩摩芋作付面積をみると、天保6（1835）年2反歩で収量14駄、7年3反歩で約10駄の収量となり、1駄32貫と計算しても極めて収穫は少ない。しかし売上金額は前記6年が3両3分、8年が2反8畝で3両1分となり、麦の裏作収入としては高額である。当時の薩摩芋は、備荒食でもなければ補助食でもなかったようである。むしろ庶民には手の出しにくい、高級蔬菜というべき扱いを受けていたようである『桶川市史 第一巻通史編 p388-389』。いずれにしても天保期には、中分・地頭方・大間等の村々をはじめ、台地北部で広く栽培されていたといえる。薩摩芋栽培地域は天保期以降に急速に広まり、30年後の万延元（1860）年には、大宮宿以北の少なくとも69ヵ村に及んでいたことが考えられる（図Ⅲ-16）。

薩摩芋の売却先は、矢部家・島田家ともに鴻巣の八百屋であったが、万延

図Ⅲ-16　北部大宮台地村々の薩摩芋産地（万延元年）

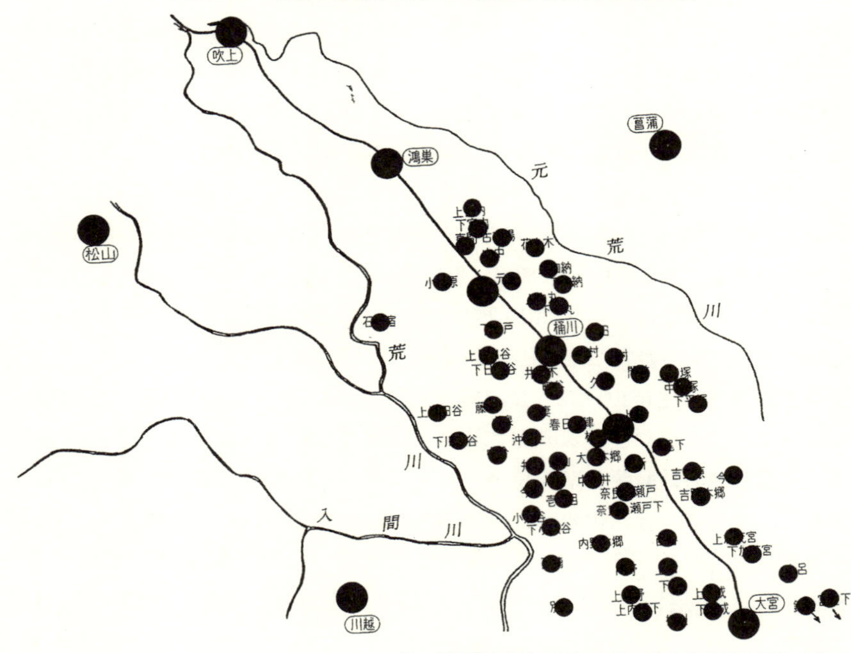

注：『桶川市史資料編148項・北本市史通史編』を加工

元（1860）年、急増した栽培農家と鴻巣薩摩芋商人との間に流通をめぐって紛争が発生する。この頃になると、薩摩芋栽培の普及と表裏の関係の下に反収と単価が上昇している。慶応3年には、中分・小敷谷村で反収80貫〜200貫を記録し、同じく慶応年間（1865〜67年）には、1駄が1両余〜2両余の収入となる。矢部家の場合、栽培面積は不明だが、薩摩芋の年間売り上げ総額は、安政6年までの2〜5両余に対して、慶応期になると25〜51両を売り上げている『上尾市史 第六巻通史編上 p654-656』。こうした記録からも判るように、幕末期の大宮台地北半では、薩摩芋栽培が農家経済・農業経営にとってきわめて重要な地位を占めていたことが理解される。

広域に分布する生産農家、莫大な生産量、高水準の流通価格、輸送能性の高い商品特性等多くの点で薩摩芋は、生産農家にとっても流通業者にとっても間違いなく魅力的商品（作物）の筈であった。万延元（1860）年と慶応

3（1867）年の争いは起こるべくして起こった。以下、万延元年7月の「鴻巣宿八百屋の薩摩芋問屋新規取立て出入り示談議定」を掲示する。

為取替申議定の事

一、村々産物薩摩芋売買の儀ニ付　此度鴻巣宿八百屋渡世の者申合　新規問屋と相定メ荷主より相対売不為致八百屋の外売買差止メ同人方ニて売買致為口銭百文ニ付弐文ツヽ取之　銭　時の相場江百文安ヲ加へ銭掛いたし金子ニて相渡し　尤売買相成候薩摩芋　荷主より売先迄為付送り（中略）扱人立入示談行届キ　左の通り取極薩摩売捌の儀は　鴻巣宿ニて此度相定メ候問屋の儀は已来急度相止メ　先規の通り荷主より勝手次第相対売買可致事

一、此度口銭として百文ニ付弐文ツヽ取候分　已来急度相止メ可申儀　銭（相）場の儀は先規の通り時の相場ヲ以　金買ニ致し可申事

一、此度扱人立入取扱ニ相成候趣意として　当8月より同12月迄　壱俵ニ付4文ツヽ売り差出可申候　勿論来ル酉正月より急度相止メ　先規の通り売買致可申事

一、時宜ニ寄鴻巣宿先々江牽越候薩摩芋荷物ハ　売主任存意何方江売捌候とも不苦事

一、荷主より相対売致候共　其場江積置買請候者より早々送り可申事

一、右の通り示談取極　和融相整候上ハ双方無申分　向後相互ニ書面の趣意相守可申事　為後日連印為取替置申処如件

万延元申7月

給々八拾弐ケ村　惣代（名称略）
鴻巣宿　八百屋（名称略）
同宿扱人（名称略）

争いの発端は、鴻巣宿の八百屋6軒が薩摩芋の自由な相対売りを禁止し、取引を独占しようともくろんだことにあった。その際、口銭として100文に付き2文を徴収するというものであった。一方、生産者側の主張は、「鴻巣宿八百屋6軒は、熊谷宿と忍町への送り荷には、馬方に申し付けて50～100文を徴収することで圧力を加え、さらに銭相場を無視して、1両に付き200文安で

交換しようとしている」と述べている。万延元年7月、生産者側は本宿村名主三郎兵衛等の呼びかけで出訴の議定を結んだ。議定に調印した村々は、鴻巣宿から大宮宿にかけての台地北半部の村々82ヵ村であった。結局、この争論は扱人が入り、生産者側の要求が全面的に認められた形の示談内済で決着した。

鴻巣宿八百屋仲間の問屋仲間結成の動きは、慶応3（1867）年にも再燃し、生産者と小売商の間に立って利益を得ようとする企てを関係村々に申し入れてきた。具体的には、薩摩芋の生産農家は、鴻巣宿内に設けた糶(せり)市場に出荷し、その際、百文につき2文5分の口銭を支払うというものであった。問屋仲間結成の再燃に対する産地村々の反対運動は、前回と同じ規模と経過を経て、和解議定が取り交わされ終結を迎えた『桶川市史 第一巻通史編 p389-390』。薩摩芋商人たちが、効率的な流通方法として糶制度の採用を表面に掲げて問屋支配の実現を企図した背後には、薩摩芋産地の発展つまり出荷量の増大という現実を感じ取ることができる。また議定書のなかに「鴻巣宿芋屋渡世の者」とか「芋屋仲間」の字句がみえることから北本市史『第一巻通史編 p864』は、薩摩芋売買の専門的業者の成立を想定している。少なくとも幕末期の大宮台地北半部の村々にみられた薩摩芋栽培が、農家経済・地域経済に及ぼす影響力と価値は、台地南半部に同時展開した長芋栽培とともに、近世江戸近郊外縁部における地域性と江戸地廻り経済の展開を語る上で、重要な意味を持つことだけは疑う余地もないだろう。

しかしながら薩摩芋の流通をみると、産地宿駅・忍・熊谷などいずれも近隣小規模消費地に限られ、生産と消費のバランスを欠いている感を免れない。幕末期の薩摩芋価格が相対的に高値で推移していたことをみても、地方市場に限定された商品とは考えにくい。荒川舟運の商荷としての記録が見られること、武蔵野農村とくに三富新田では大宮台地農村より半世紀も早く量産され、この頃起こった天明の大飢饉には、江戸送りして市井の評価を得ていること（斉藤貞夫 1982年 p123-124）、あるいは大宮台地南半部の長芋産地と江戸特権市場との確執の記録（後掲）等からみて、台地北半部の薩摩芋が鴻巣商人の手を経て、江戸市場に津出しされていたことは想定に難くない。事実、鴻巣市史『通史編2近世 p385-386』でも、荒川舟運を利用して薩摩芋の津出しが行われたであろうことを推定している。少なくとも問屋仲間結成の動きが、産地農民の強烈な反対運動で押し潰された後に、再度表面化することにはそれなりの背景―薩摩芋取扱商人の専業化・大型化と生産物流通量の増大―を踏まえたものと考える。問屋仲間結成に向けた執拗な動きの背景に江戸地廻り経済の展開を措定することで、はじめて大宮台地北部を中心とする薩摩芋の生産と流通問題の全貌が見えてくる筈である。

近世後期以降の江戸市場向け土物出荷は、『神田市場史 上巻 p9』によると、神田市場の御用青物買い上げ品のうち、長芋・百合根が鴻巣最寄りと日光御成道沿い、蓮根が赤坂溜池・不忍池・下総猿島と岡田郡内・武州越ヶ谷と草加、慈姑が川口と岩槻在大門とされていた。ここでは、天保2年の長芋の売捌きにかかわる大宮台地南部の村々と江戸特権市場問屋との出入りに触れて結びとしたい。

大宮台地南部の南部領特産薯蕷は、「南部長芋」と呼ばれ、享保20(1735)年に種芋・肥料・栽培費用が下付され、御用青物として将軍家に上納されるようになる。御用長芋の栽培上納は、「右御用相勤候節肥手間代を頂戴し」「惣百姓存寄候而御奉公ニ相勤」の文言にみられる通り、奉公・課役としての性格を持っていた。その後、延享2(1745)年に御用長芋の栽培上納は休役となり、さらに神田市場の問屋扱いとなって栽培の役務は名実ともに返上されることになった。御用長芋の取り扱いは、文化3(1803)年の南部領深作村名主八木橋惣吉による土物5品買付を経て、神田・駒込・千住市場の問屋を加えた独占的な荷受け組織=長芋会所の設立と会所の管理指導に任されることになる。ただし会所機構設立の狙いは、伝統的特権市場神田に対抗して、千住・駒込両市場が「北山物」を取り込むことによって、特権市場に参入しようとしたとみる向きもあるが『中川水系総合調査報告書2 p353』、だとすれば、集荷力・流通組織の面で、特権市場参入能力をすでに十分蓄えていたとみられる千住市場の意向が、より強く働いたものと考えられる。

この頃.文化13(1816)年の南部長芋の作付状況を見沼領7ヵ村でみると、大間木村1町3反5畝、中尾村4町5反6畝、三室村6町3反8畝、大谷口村1町9反7畝、太田窪村1町1反3畝、道祖土村1町、広ヶ谷戸村1反5畝、総計で16町5反8畝となる。長芋栽培の特化傾向は村によってバラツキが見られるが、一部にはかなり普及していると思われる村も見られる『浦和市史 近世資料Ⅲ』（武笠家文書 農事事件書類)。

この間、北山の南部領諸村を中心に長芋の栽培地域が拡散し、生産力が向上してくると、並行して産地農民と会所問屋との間に矛盾と対立が表面化していった『中川水系総合調査報告書2 p324・352-353』。天保2（1831）年、御用納め品の荷傷みにかかわる補償と取引の口銭をめぐって、生産者農民たちは長芋会所を引継いだ特権市場問屋を相手とって出訴し争いとなった。出訴は足立郡片柳村外56ヵ村と同郡戸塚村外53ヵ村に三室村が加わって、合計112ヵ村の村々を巻き込んで繰り広げられた『上尾市史 第三巻資料編3近世2. 267』・『浦和市史 近世史料編Ⅲ p326』。長芋という輸送能性の高い商品に象徴される近郊外縁の地域特性および南部長芋の産地規模の急速な成長を推定させる争論であった。

5. 新河岸川舟運の展開と北武蔵野台地の発展

A）舟運の成立ならびに新田開発と川越藩

新河岸川の流路は、川越市街の1里ほど東にある伊佐沼から流れ出す九十川に、台地の豊富な湧泉を加えて南東流し、下新倉付近で荒川に合流する河川であった。江戸時代の新河岸川は、低湿地を流れる河川の常として、各地で蛇行し、その分、流量が多く流れの緩やかな河川であった。河川の蛇行形態は、川越藩の舟運発展策としての手が加えられ、一層特徴的なものになっていった。したがって、洪水時に溢流し湛水期間も長引く流域であったが、反面、舟運の展開には恵まれた河況であった。流身25㎞そこそこの新河岸川流域に16か所の河岸が成立したことは、武蔵野台地の豊かな生産力、新河岸川の水運適性、川越藩主の水運政策等の所産によるとみられている（原沢文弥 1952年 p33)。

江戸時代における関東の舟運機構は、多くの場合領主的要請に基づいて成立したといわれるが、新河岸川舟運もその例外でなかった。『新編埼玉県史 通史編3近世1 p662』によれば、松平信綱以来、川越藩の廻米と江戸葛西からの肥料運送を目的に整備されたという。県史では肥料の内容には触れていないが、おそらく葛西舟による糞尿の搬入が予測される。当然、前橋藩の上利根川3河岸と並んで、御用河岸的性格を特徴的に具備するものであった。河岸の成立は寛永15（1638）年、焼失した川越仙波東照宮の再建に必要な資材揚陸のために、松平伊豆守によって開設された寺尾河岸を以って嚆矢とする。

乍恐以書付奉願候御事

一、松平古伊豆守様御代より御瓜・御茶御仕立被遊候処、此肥灰江戸御屋鋪幷葛西より御引取被遊候ニ付、同甲斐守様御代より河岸場之御見立被仰付（中略）川越西町より此所ニ引越河岸守相勤メ罷在候。然処六拾八年以前こい灰積候船相調候様と被仰渡金子拾両被下置候、依之古船壱艘相調御用相勤江戸葛西江船往来仕候。

一、其以後　松平伊豆守様御所替ニ付右船私親門兵衛ニ被下置只今迄船持来、江戸往来肥い灰商売仕候、尤船御年貢江戸　御竹蔵江年々無滞上納仕来申候御事

享保19年6月　『埼玉県史 第5巻 p423』

この史料からみる限り、内容は家業としての問屋商いではなく、単なる役勤めの仕事に過ぎなかったことは明らかである。当初、下肥・灰の搬入は藩の仕事としての瓜・茶の栽培に充てられ、伊豆守処替え以降は、売買目的で下肥・灰を運んだようである。商荷物としては灰・下肥が登り、おそらく蔵米が津出しされたことが考えられる。寺尾河岸が享保期頃まで衰微状態から抜け出せず（児玉彰三郎 1959年 p13）立て直しに腐心したことも、舟運初期段階の北武蔵野農村の生産力が低く、商品流通が城下町・川越藩―江戸との間で限定的に成立していたことによるものと思われる。それゆえにこそ、川越藩の保護と無関係ではなかったのかもしれない。

その後、川越藩の都市計画・年貢米輸送・新田開発・人糞搬入の要請に加えて、安永3（1774）年の河岸改めを契機にして、上新・下新・扇・牛子・寺尾のいわゆる川越五河岸30軒の船積み問屋の株が認可され、続いて安永5年、五河岸会所＝船会所の設立を以て、ここに新河岸川舟運の統制と掌握の体制が確立する。会所の業務内容の大綱は、1)船賃として1駄に付き3文の込銭を付加し、会所に集めて積み立てにする。2)奥川積問屋が積みこむ荷物量

に相違がある場合、積み荷の平等化のため積み金を分配する。3)川越商人向け江戸発送荷物は、必ず奥川積問屋近江屋久右衛門から五河岸問屋を経て送り込む。4)直積みをなくすため荷物には会所の押切印形を付ける。以上の5項目である『新編埼玉県史 通史編4近世2 p441-442』が、いずれも地域限定の規約ないし問屋の内部規定であって、上利根川14河岸組合のような市場分割を含む強力な排他的独占を目指すものではなかった。結局、このことが、安政5年の入間・越辺川沿岸村々との新規船稼ぎに関する争論に際して、紺屋河岸の取りつぶしに失敗した要因の一つと考えられるわけである。もとより会所仕法が権威を失い、新興勢力に抗しきれなかったという時代的側面も考えなければならない『新編埼玉県史 通史編4近世2 p467』。

引き続いて中流域にも福岡・志木等の諸河岸が相次いで開設されるが、このうち五河岸と引又（志木）河岸の中間諸河岸は中河岸と総称され、その多くは天明期に創設されたものとみられている。いずれの河岸も台地寄りに分布し、その商圏は川筋・道路にそって武蔵野に向かってほぼ直角に展開していた（図Ⅲ-17)。こうして近世中期末葉までに新河岸川の舟運体系が完成する。成立した諸河岸のうちでも、川越の町造りと繁栄および北武蔵野農村の経営にかかわる五河岸の存在、ならびに武蔵野新田開発とその後の商業的農業の発展にとって重要な役割を発揮した引又（志木）河岸の存在意義はいずれも大きい。この2点を抜きにして新河岸川舟運を語り尽くすことは不可能に近いことである。したがって、後程稿を改めて先学の研究成果に基づいて検討する予定である。

新河岸川舟運の成立と展開ならびに商品流通とその空間的投影である商圏の成立は、他の舟運地域の場合と若干性格が異なり、多分に川越領主の政治的意向一地域政策的配慮が加わった結果と考えられる節がある。つまり領主的要請が、前橋藩と上利根川諸河岸の場合と同じく、関東各地の諸河岸の場合以上に強く働いていたことが考えられるわけである。たとえば最古の河岸寺尾の成立は、発生的にみて川越藩の東照宮造営の意向が強く働いた結果であること、同じく扇河岸は天和2（1682）年、松平信輝の江戸屋敷類焼・新築の際の建設資材運搬河岸として取立てられたこと、川越藩の経営あるいは城下町造りと五河岸の設立・運営とが一体化している側面を持つこと（老川

図Ⅲ-17　新河岸川舟運とその取引先関係図(幕末期〜明治初年)

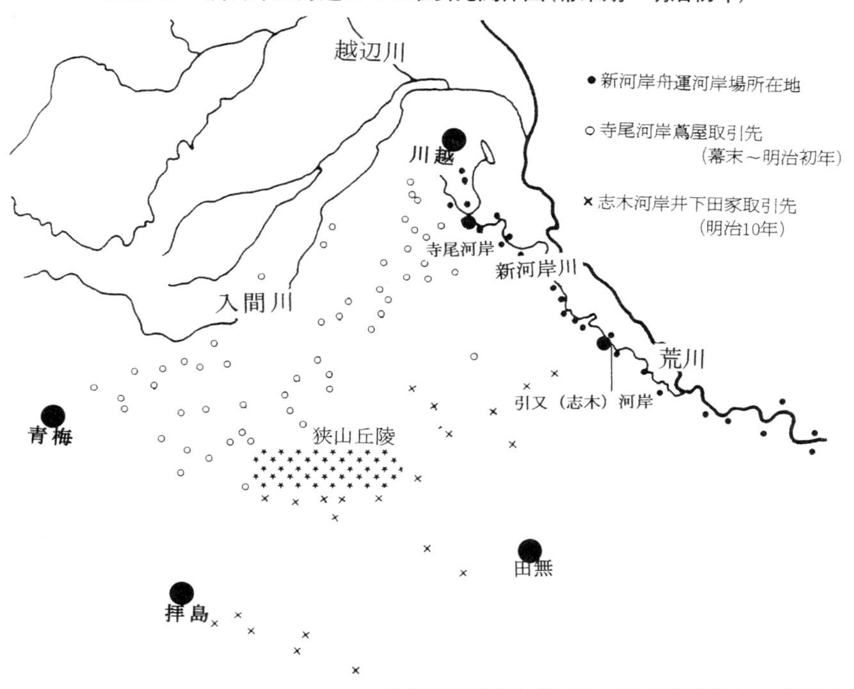

出典：「歴史評論 第111号（児玉彰三郎）」を加筆修正

慶喜 1990年 p71)、ならびに領主的商品流通の枠組みの中での五河岸の発展であったこと（児玉彰三郎 1959年 p2)、とりわけ天保12（1841）年の株仲間解散令後における軍事的観点からの河岸場統制一船会所機能の維持一は、関東諸水系にその類をみないこと等々である。結局、領主河岸的な性格は幕末になっても引き継がれ、他水系諸河岸に比して領主的御用が優先される度合いが強かったという『新編埼玉県史 通史編4近世2 p442』。

寺尾河岸に限らず川越五河岸は、近世中期、商品経済の成立展開を迎える頃まで経営不振期が継続する。一方、この間、武蔵野の村々では新田開発が進行していた。新編埼玉県史『通史編3近世1 p574-579・584-588』によると承応2（1653）年、惣奉行松平信綱、普請奉行伊奈忠治によって玉川上水の開削が開始され、同年のうちに信綱は新座郡野火止に新田を取立て、54〜

5軒の農民を移住させている。玉川上水の開削と野火止新田の取立てがほぼ同時に行われたことは、野火止用水の分水計画を開発の当初からもくろんでいたことが考えられる。幕閣の要人老中松平信綱の胸中にはすでに成案となっていた筈であろう。寛文元（1661）年、野火止新田は検地が行われ、新田4ヵ村、出作16ヵ村、都合反別504町3反4畝28歩の野火止新田が成立した。短冊型の新田景観は菅沢・北野・西堀以外に多摩郡新町宿・同郡小川新田等近世前期に開発された新田村落にも共通するものであり、かつ、元禄8（1695）年に開かれた三富新田に先行するものとされている。なお、三富新田の開発は、屋敷地・野畑も含めて開墾総反別914町4反8畝17歩で、元禄8～9（1695～96）年当時の入植農民の居宅は合計241軒であった。近世前期の積極的な開発政策の結果、享保期までの武蔵野新田の成立は80数ヵ村に達し『埼玉県史 第五巻 p386』、近世後期初頭の天保年間（1830～44年）の武蔵惣高は128万石を算するに至った『世界大百科事典21巻 p520-521』。こうした武蔵野新田農村の形成過程は、膨大な糠・灰市場の成立と穀類業者の大量発生を意味し、江戸―武蔵野間の流通需要の要請を通して、新河岸川舟運の繁栄に結ばれていくことになる。

児玉彰三郎（1959年 p14）も指摘するように、積極的に新田を開発し、武蔵野農村の生産力上昇分を掌握しようとした藩権力は、このことと並行して流通機構の整備をも目標に据えたと考えられる。しかしながら、既に開きつくされた武蔵野新田農村にとって、切添による自作耕地の拡大と自給肥料依存の余地はきわめて少なく、この面からの収益上昇は期待できなかった。残るは流通機構の整備とそこからの収益増加分であった。江戸の屎尿の届かない武蔵野の内部では、糠と灰の投入がもっとも効果的で経済的な施肥技術であり、生産力上昇手段だった。とりわけ、弱酸性土壌に加えて有機質に乏しい新開地での糠・灰の使用は、穀菽農業にとって不可欠の生産手段だったのである。こうした経営努力の結果、武蔵野農村の雑穀生産力は急速に上昇し、これに要した生産手段の導入と生産対象果実の積出しをめぐって、農業環境は大きく変貌していくことになった。

B）北武蔵野農村における雑穀栽培と糠・灰の導入

近世前期における在方市の衰退は、これに代わる在町の成立とそこへの流通機能の移行―江戸との中継市場化の進行―の結果、金肥が北武蔵野では新河岸川舟運を利用して、また狭山丘陵以南の南武蔵野では青梅街道・甲州街道の馬背輸送によって供給されることになった（伊藤好一 1958年 p3)。新河岸川舟運では、川越や引又河岸にみられたような問屋化した在町商人や中継業者的性格を帯びてくる河岸問屋の手を経て流通し、青梅街道あるいは甲州街道では、生産者農民の自分馬によって直接運ばれる場合もあった。とくに輸送費が格安な舟運の場合、河岸の市場圏は予想外に広く（図Ⅲ-17参照)、狭山丘陵南麓の中藤村でさえも「米津出し居村より引又町川岸迄6里夫より川下ヶ荒川通り川下ヶ浅草迄船積川上江拾里」（文久3年・中藤村明細帳・乙幡家文書）新河岸川を利用している（伊藤好一 1958年 p3)。また中河岸の引又河岸では、糠や灰を取り扱う穀商が急成長し、それまで川越街道経由で江戸から金肥を直接購入していた大和田・片山方面の周辺農村でも、引又河岸の穀問屋を通して購入するようになっていった（老川慶喜 1990年 p73)。原沢文弥（1952年 p42-46）も幕末から明治初期にかけての川越五河岸の商圏が、部分的ながら荒川舟運圏を超えて武州入間郡・比企郡・秩父郡・横見郡・多摩郡の一部に及んでいたことを確実視し、さらに信州飯田町や甲州表裏街道の宿駅荷物が扇町屋宿継立で新河岸に運ばれ、江戸積みされたことを遠藤家文書から指摘している。以下、文政13（1830）年の上新河岸問屋と信州飯田の山形屋利八ならびに甲府の白木屋甚左衛門の間に交わされた文書を記載する（前掲原沢論文 1952年 p44)。

一札之事　（遠藤家文書）

一、信州甲州両国諸荷物之儀武州扇町屋宿より御継立江戸積被成度由御相談ニ付御引請候処実正ニ御座候然ル上者御荷物差支無之様差札名前之通無相違御積送り可申候若万一右荷物積送方船中ニ而違乱取障等申者有之候ハゞ私とも何方迄も罷出早速埒明貴殿江聊御難儀相掛ケ申間敷候、為後日荷物積送方一札よって如件

文政13寅年正月　　武州川越上新河岸　荷物積問屋

炭屋　利兵衛

信州飯田本町　拾八人惣代

山形屋　利八殿

甲州甲府八日市

白木屋　甚左衛門殿

表Ⅲ-5　新河岸における取扱荷物の推移

年　次	下　り　荷	登　り　荷
文化3年	俵物　醤油　油粕　綿実　銭片山　素麵　板貫杉皮　屋根板　石灰　鍜治　炭	綿　油　太物　砂糖　天草　生麸　藍玉　酒酢之類　荒物　小間物　瀬戸物　鉄類　塩肴類　藍瓶　糠　干鰯　塩　石　石新川物(鰹節)
弘化2年	俵物　醤油　油粕　綿実　片山　素麵　松板　杉椴　小貫　中貫　杉皮　松三　寸類　杉戸　障子　半戸　屋根板　炭　石灰　鍜治炭	繰綿　水油　呉服　太物　織物　古着　藍玉　天草　砂糖　塩　酒　乾物　生　干魚　鰹節　紙　荒物　琉球　古鉄　荒物　瀬戸物　糠　干鰯　山灰　石

出典：『新編埼玉県史 資料編15近世6』を元に改訂

老川慶喜（1990年 p72-74）に従って近世中期末葉の新河岸における取扱商品をみると、文化3（1806）年に比べて弘化2（1845）年では下り荷の品数増加が著しく、地廻り経済の発展を反映している。弘化2年の主な登り荷には、塩・砂糖・酒・油・干魚・衣類・荒物・糠・山灰・干鰯等がみられ、下り荷では俵物・素麵・醤油・各種木材・木工品・炭・油類等のうちとくに建築用木工品の多様化が目立っていた。元禄・享保期以降の灰・糠に対する雑穀類という基本的流通形態には、本質的変更は生じていない（表Ⅲ-5）。福岡河岸・引又河岸等の中河岸においても、出入り荷物の構造は新河岸の場合とほとんど同様であった。この時期における新河岸川舟運のもっとも大きな特徴は、太物（綿織物）がもっぱら江戸からの登り荷だったという点であろう。北武蔵野一帯の農村は、新河岸川舟運を通じて江戸地廻り経済圏の一角に組み込まれていくことになるが、それはあくまでも第一次産品の供給地としてであった。明治前期の新河岸川舟運は、やがてその様相を大きく変えていくことになる。北武蔵野を含めて武蔵野農村における糠・灰重視の姿勢は、天保7（1836）年、川越五河岸の一つ寺尾河岸問屋蔦屋が扱った総水揚件数571件中糠は47.1%、灰は17.7%を占め、扱い量では糠が11,477俵、灰が5,022俵に上っていることにも表われている。その後も武蔵野農村の糠・灰への依存は衰えず、化学肥料が登場する明治26（1893）年になっても、下新河岸問屋伊勢安では年間灰8,008俵、糠3,092俵を揚げている（伊藤好一 1958年 p2)。目方に換算すると、灰が56,056貫、糠が30,920貫となる。

ここで伊藤好一の研究（1958年 p2-7）を中心に、糠・灰の流通を新河岸川舟運との関係で整理しておこう。近世中期の商業的農業の成立にかかわる肥料の流通は、在方市を端緒とする。享保16（1731）年、川越五ケ町の名主申し合わせ「市作法之覚」（水村家文書）には「北町市ニハ穀灰多ク出候ニ付当リ市日ニハ穀灰裏ヘ入表通ニ差置不申（後略)」と記され、同じく川越南町にも六斎の灰市が立った。入荷先は葛西・六郷等江戸近郊の水田地帯からの地廻り物が主であった。その後、商品経済の発展ならびに江戸が関東の中継市場として成長するにつれ、灰とともに尾張・大阪方面からの下り糠が新河岸川舟運を利用して北武蔵野地方にも流入するようになる。この段階における新河岸川諸河岸の積問屋は、輸送業者であると同時に商品の売買をする仲買業者でもあった。河岸問屋が扱う糠には下り糠と地廻り糠とがあった。地糠問屋仲間は文政13（1830）年には305人を数え、御府内・房総・相模等の近郷近国糠のほかに下り端糠と呼ばれる駿・遠・三・豆4ヵ国の糠を受け入れていた。糠問屋の多くは穀商も兼ねていた。したがって新河岸川沿岸の河岸問屋も、これらの江戸問屋仲間商人の掌握下に置かれていたことは言うまでもない。新河岸川の河岸には積問屋と大小の穀商が成立し、江戸と在方の間にあって穀類・肥料を中継していた。河岸問屋たちはそれぞれ扱荷が専門化され、引又河岸の井下田・高須家、上新河岸の河内屋、下新河岸の伊勢安が穀物・肥料を中心に扱う輸送・仲買業務を兼営していた。

C）雑穀をめぐる特権商人と新興勢力の抗争力学

本項の結びとして、特権商人の独占打破にかかわる新興勢力の動向についても前掲伊藤論文（p6-7）を主体に触れておこう。商品輸送の独占が破られることを懸念した江戸馬喰町の伝馬問屋は、享保14（1729）年、西武蔵野農民が自分馬で商荷を運ぶことを差し止め、伝馬町の助馬を利用することを要求してきた事件が、甲州街道・青梅街道筋の流通問題として浮上してきた。一方、新河岸川舟運では、河岸問屋の独占的繁盛の中から城下町商人との対立機運が醸成され、安永3（1774）年にいわゆる「番船出入」なる一件が発生する。問題は番船制度そのものというより、五河岸問屋、奥川筋船積み問屋近江屋、城下町商人それぞれの独占体質またはその維持をめぐる争いであったが、川越市史『第三巻近世編 p442』では、番船出入りの性格を以下のように把握している。「この出入りは、農民的小商品生産と、これを背景として成立した新船頭・船主を、川越商人・河岸問屋・奥川船積問屋がそれぞれどのように掌握するかをめぐって争われたものである」と。

児玉彰三郎（1959年 p16-19）は、この問題の背景と本質を次の3点に整理し分析している。問題の第一は、江戸の船積問屋近江屋久左衛門の業者的性格にかかわる事柄である。川越藩領商人の諸荷物を一手に引き受け、五河岸の船をすべて番船として自分のところに集中し、「荷物積方之儀者勿論諸荷物共送状ニ九右衛門之印形無之荷物者一切仕間敷」これによって一層独占を強化し、利益を上げることが期待される状況下にあった。二つ目の問題は以下の通りである。川越藩との相互関係を背景にして領内の流通を握る城下町特権商人たちにとって、近江屋のような前期的特権商人の独占経営には対抗せざるを得なかったろうし、さらに河岸問屋の仲買問屋化の動き一在方商人との結合の強化一にも敏感にならざるを得なかったようである。城下町商人の経営基盤を脅かすことに外ならないからである。三つ目の新しい問題も生まれていた。番船出入りの訴訟文書の中で「近年は先規ニ違船稼之者殊之外多く御座候而難儀之問屋数多御座候間（後略）」と訴えているように、新たな船持ち（出居衆他船）の出現である。出居衆は新河岸川沿岸に居住する上層農・商人と考えられ、このうち五河岸へ進出したのは南畑村出身者が多かったという（児玉彰三郎 1959年 p20）。その後、文政から天保期にかけて河岸の秩序は次第に崩れ、次々に「返り金」・「無株業者の発生」・「早船」等の問題が起こってくる。

出居衆船の出現とともに、こうした統制の乱れの一因は河岸問屋側にもあった。嘉永期頃の問屋は、ほとんど手舟を持たず、むしろ仲買業務に集中していたとさえ見られている。彼等は在方商人と肥料・塩や薪炭・材木・雑穀等の出入り流通を通して、活発な仲買行動を展開するが、反面、運航する船は別の船持ち衆と船頭に依存していたわけである。農村へのこうした商品流通の展開を背景とする大きなうねりが、後述するような安政5（1858）年の

「前川出入り」として表面化することになる。ともあれ、「番船出入り」は内済となり、その結果、五河岸問屋は運上金その他の負担を、荷主と出居衆船に転化する仕法を公認されたことで支配権を確立し、他方、奥川船積み問屋近江屋も帰帆荷物の把握権限を改めて保障された。以上の2点にみるとおり、結果的に近江屋と五河岸問屋の主張が通って、番船出入り一件はひとまずの落着を迎えることになった（児玉彰三郎 1959年 p19-20)。ここに元禄3年の河岸吟味、享保16年の河岸問屋株の公認を経て、安永5年、三者で取り交わされた内済議定に基づいて川越五河岸船会所を設立し、「会所仕法」を中心とした河岸の運営体制が確立することになる。

しかし、その後の武蔵野・入間台地農業の発展と船頭・船持ち層の台頭は、舟運関係者の動揺と多くの争論を発生させる契機となっていった。文化7(1810）年、これら争論の前哨ともいうべき「船方趣法書」が、五河岸問屋から川越惣町の大行事衆に提出された。町方からの出荷を五河岸に限定するという優遇措置に対して応えたものであるが、「新規願ケ間敷儀決し而申上げ間敷候」からうかがえるように、趣法書の提出は、町方荷物の運送権と引き換えにした趣法=舟運運送規約の提出・遵守と考えることができる『川越市史 第三巻近世 p442-443』。『同左市史 p443』が総括するように「近世初期以来、領内経済統制の要とされた城下町商人が、新しく台頭した船頭・馬士たちの不法取締りを求め、五河岸に全荷物の運送権を与えたことは、川越商人と五河岸問屋の関係が、逆転しつつあったことを予測させることである。」注目すべき動向といえる。

一方、五河岸問屋の中には、手舟を持たない業者も存在した。たとえば天明5（1785）年には下新河岸7問屋中3問屋が手舟を所有せず、また慶応3年の上新河岸では船数24艘中問屋手舟は4艘のみで、他はいずれも出居衆他船に依存している。河岸問屋が船積み業務から後退し、仲買問屋化していく中で、出居衆他船業者たちは近世後期物資流通の担い手になっていった。文化年間の2件の舟運出入りは、こうした業界勢力図の塗り替えを背景にして発生した。文化7年の出入りは、川越商人たちと奥川船積み問屋が五河岸問屋の不法を訴え出たものである。理由は、輸送中の荷傷、抜荷、馬士の法外な駄賃要求等に対する五河岸の対応と、船積み問屋近江屋への営業妨害にあった。

この出入りは五河岸側が簡単に引き下がって内済に終わった。文化12年の出入りは、五河岸問屋側が帰帆荷物積込み問屋の増加方を幕府に出訴したものである。理由は奥川船積み問屋長兵衛の積み込みに支障があるというものであった。この問題も奥川船積み問屋仲間の仲介で五河岸の主張が認められ、内済となる。これらの出入りは、安永期の番船出入り以降の舟運秩序が大きく崩れてきたことを示唆すると同時に、船積み問屋の後退と五河岸問屋の荷積み問屋から仲買問屋への変質を物語る一件であった。川越市史『第三巻近世編 p447-448』はこの間の状況を三者間における利害関係の崩壊と五河岸問屋の独占体制の確立として捉えている。

『川越市史 第三巻近世編 p449-452』によれば、独占体制を確立していった五河岸問屋の仲買業者化の動向は、反面荷積み業務からの撤退となって表面化し、同時にこれに代替する出居衆勢力の増強をもたらすことになったという。河岸問屋＝荷積み問屋の時期には、船持ち船頭とその雇い主五河岸問屋との利害関係は比較的一致していたが、五河岸問屋の変質とともに、両者の関係に微妙なズレが生じていった。嘉永3（1850）年、専業化しつつあった出居衆たちは、五河岸問屋の賃上げ要求拒否に際し、船留の挙に出た。被雇用者として公訴権を持たない彼等にとって、「船留」という実力行為は、唯一の自己主張手段であった。船頭たちが自己主張する集団に成長していくことは、川越商人・川越五河岸問屋にとってまさに脅威であった。

新河岸川舟運の力学的な状況は、奥川船積み問屋近江屋の退潮、五河岸問屋の経営体質の変化をともなう独占体制の確立、出居衆＝船頭の台頭という激しい変貌とともに進行した。川越商人たちもこうした事態の中で、自己の商業上の地位を確保すべく奥川船積み問屋株の購入を行った。これまで新河岸川および荒川筋への帰帆荷物の積み込権は江戸箱崎町の近江屋が所有していたが、嘉永元（1848）年、新河岸川筋への帰帆荷物取扱権を川越商人が取得することになったものである。関連の川筋と河岸は、新河岸川・千住川とその支流の諸河岸、具体的には新河岸川筋諸河岸、荒川下流諸河岸ならびに松山・青梅・飯能・秩父・蕨・大宮・岩槻・原市・浦和等の諸河岸であった。問屋株譲渡に関する明確な理由は示されていないが、江戸地廻り経済の発展で、在郷商人と江戸商人の間に新たな直流通機構が成立し、奥川筋船積み問屋の経営が悪化していたことも一因として考えられている。また、五河岸問屋の経営方針の変化＝仲買問屋化に由来する積荷業務軽視の営業姿勢が、川越商人たちの信頼を失なわせたという見方もなくはない。いずれにせよ、このことによって奥川船積み問屋近江屋の影響力がさらに低下し、その分川越商人の発言力が強まったことは確かなことであろう『川越市史 第三巻近世編 p442-452』。

問屋仲間の排除と小売商への直売りも、生産者と消費者の両面からの要求となって表面化してくる。結果、地廻り問屋仲間の厳しい監視の目をくぐって、直売りは普及していった。新河岸川を商品流通の動脈とする北武蔵野でも、川越五河岸の独占を大きく動揺させる問題が高麗川・越辺川筋に発生した。輸送と売買の権益を独占していた彼等に対して、入間郡紺屋村・横沼村・小沼村・比企郡下井草村・井草宿などは、近隣5郡の村方から出る荷物を引き受け、船積みをするようになった。安政年間にはおよそ500艘の手舟を擁して、「川水渇水之折柄ハ自侭ニ瀬浚等致持船手廻兼候節ハ御他領之船を相雇ひ勝手侭ニ船積渡世致し夫のみならず船帰帆の節は塩干鰯を始其外何品によらず諸荷物為積登右村々ニテ売捌」活躍ぶりであった。このため、川越五河岸の諸荷物は追々減少し、問屋・船稼ぎの者はもとより城下町商人まで難渋するありさまであった。結局、無株の手舟衆の動きを抑え込むことに失敗し、紺屋河岸の取り潰しもできなかった五河岸船会所は、ついに幕府代官所に出訴に及んだ。この訴えは直ちに容れられて出居衆たちの稼ぎは差し止められたようである（児玉彰三郎 1959年 p20-21）・（伊藤好一 1958年 p7）・『川越市史 第三巻近世編 p459-461』。

享保18（1733）年の多摩郡新町村明細帳は「畑諸作肥ニハ糠灰人糞共江戸より買上入申候」と記し、天保2（1831）年の箱根ケ﨑村明細帳に「五穀之儀者大麦小麦粟稗荏芋蕎麦土地相応仕多作出シ菜大根黍胡麻等も少々つつ作申候（中略）江戸表売出申候其外土地能品無御座候」という記述がみられる。武蔵野の農業の実態を端的に示す史料である。この糠と灰こそ武蔵野の農業生産を高めた肥料であり、この地方に流入した当時の最大の商品であった。近世後期におけるこの地方の畑作生産は、一般的には1ないし2町歩程度の経営規模を持つ本百姓によって進められたが、それは肥料を購入して穀類を作ることの中に商品流通への契機を持つものであった（伊藤好一 1958年 p2)。この主雑穀類こそ貨幣経済の浸透に対応して、北関東で積極的に生産された和紙・麻・綿花・煙草・藍・紅花等々の特産商品作物群と並ぶ、武蔵野農村の特記すべき商品作物に外ならなかった。

武蔵野農村の穀類生産と肥料の購入が本百姓によってのみ行われたわけではない。児玉の前掲報告（1959年 p24）によると、二本木村の肥料等の前貸金滞納者リストには、2町歩程度の高持から1反歩からみの過小農までバラツキがみられ、かなり零細な農民まで金肥の導入と穀作が行われていたことを述べている。伊藤も前掲論文（1958年 p5-6）の中で、在方肥料商による糠の前貸し販売と糠代金に代わる穀類の現物買い入れ、あるいは時期を見ての買い占めと価格の操作で、近世中期以来、ようやく大きくなってきた武蔵野の穀作農民の剰余を吸収していったことを指摘している。ただし、上記2論文に関する限り、関東農村で広域的に展開した商品生産と金肥使用の増大を結ぶ在方商人の前貸し商法については言及されているが、それによって引き起こされた農民階層の分化・分解とくに農間余業の進行と農村荒廃の有無に関する検証にまでは及んでいない。

D）主要河岸の商品流通と商圏

⑴　川越五河岸　　領主的運輸として出発した新河岸川舟運も、その後、北武蔵野から西北武州にかけての農村が、江戸と結びついた商品流通を高めていくのにともない、農民的商品流通の役割を担うようになっていく。この状況を背景にして川越五河岸の河岸問屋の成長と変化が表面化してくる。安永年間、五河岸の河岸問屋も、上利根川筋諸河岸の仲間結成と前後して、株仲間を結成し、新河岸川舟運の独占を確立することになるのである。『江戸地廻り経済の展開 p180-181』。

川越五河岸が五河岸として、その機能と形態を確立したのは、およそ1770～80年の頃であった。葉山禎作（1985年 p1-2）はその確立過程を次の三つの出来事を通して、端的に整理している。1)安永3（1774）年、幕府勘定方の河岸吟味によって扇河岸（問屋7軒)、上新河岸（同8軒)、下新河岸（同7軒)、牛子村（同1軒)、寺尾村（同7軒)、計30軒の船積み問屋株が認可され、以後、幕府の舟運統制と支持の下に五河岸30問屋の活躍が展開する。2)安永

5（1776）年、安永之仕法と呼ばれる五河岸会所=船会所が設立され、江戸〜川越間を廻漕する荷船への統制・掌握体制が確立する。3)天明4（1784）年、川越惣町大行事衆と五河岸船積み問屋の間で、「船方趣法書」の確認がなされ、以後、江戸〜川越城下十町四門前町間の荷物輸送を、五河岸船積み問屋が独占的・排他的に掌握することになる。

こうして川越五河岸は、江戸を中心とした領主的商品流通機構に組み込まれ、以来、この枠組みの中で五河岸は発展していく。この枠組みと河岸の領主流通的機構としての性格は、関東諸河川の他の如何なる舟運機構よりも明瞭かつ濃厚に幕末期まで維持されることになる。それは天保12（1841）年、株仲間解散令に際し、五河岸船積み問屋一統を召喚し、これまでどおり「安永之仕法」に従って、旧来の舟運機構の維持存続に努めるよう申し渡していること、さらにペルリ来航に際して、上下新河岸に「武具方御用場」を取立て、川越藩武具役の指示の下に通船御用を勤めるよう申し渡していることなどの中にも明確に表れている。なお、五河岸経営と藩権力統制に関する葉山禎作の緻密な研究「幕末期川越藩における舟運政策とその基盤」が、すでに「埼玉県史研究 第15号」に掲載されていることも併せて紹介しておきたい。

川越五河岸は新河岸川舟運の遡行終点に仙波・扇・上新河岸・下新河岸・牛子河岸・寺尾河岸の順に立地する。五河岸の一括呼称は、位置的に集積・まとまりを示すだけではなく、川越商人との関係を通して、武蔵野台地北部や入間台地の農村とも深いつながりを持つことの共通性にも由来するとみるべきだろう。川越市史によれば、河岸の設立は寛永15年以降、川越藩とのかかわりの下に多くは進められ、城下町の整備発達と連動しながら五河岸も発展していった。とくに河岸の開設が寺尾河岸から順次城下町に接近して進められたこと、扇河岸に進出した17問屋の内12問屋が城下町出身の商人であったことなどからも、城下町商業を抜きにして五河岸を語ることは出来ない、といわれるほどの深い来歴の下におかれてきた。一方、藩主にとっても川越五河岸は、近世初頭の荒川沿いの河岸に代わる重要な藩の外港として位置づけられる存在であった。廻米・公荷輸送を超える藩領経営の意義は大きかったとみてよい。具体的には特権を与えた城下町商人を通して、河岸問屋を把握し、これを梃子にして領内経済を発展させていったことである。『川越市

史 第三巻近世編 p241-247』。

その後、初期城主松平信綱以降の新田開発政策によって、武蔵野は次第に開墾され、ついに幕領農民との間で秣場出入りを繰り返すことになる。この状況は享保期の幕府の新田開発政策の推進で、多くの本村・新田農民の経営環境を一段と悪化させ、自給肥料に代わる購入肥料の導入を必須の課題として農民に迫っていった。結果、宝暦期以降、五河岸に限らず新河岸川の諸河岸は、北武蔵野農村の穀作生産にとってきわめて重要な灰・糠を揚陸し、肥料商人の手を経てこれを農村内部に配荷するための流通拠点となっていった。同時に諸河岸は増大する北武蔵野の雑穀生産と江戸における消費需要の高まりを結んで、新河岸川舟運の下り荷流通の発展をもたらし、ここに江戸地廻り経済の重要な一翼を構成することになっていく。

川越五河岸を窓口とした北武蔵野農村との商品流通は、雑穀と金肥の出入りを基軸にして、五河岸後背圏の村方35ヵ村の薪炭と村方の農民が奥地の八王子・五日市・青梅方面へ仲買して五河岸へ附け送った炭も重要な下り商品として、地廻り経済の形成にかかわっていくことになる。この炭をめぐって上新河岸炭の仲間が結束して結んだ議定が、寛政11年から元治元年にかけての「炭薪直売出入一件」である。また、上新河岸荷積み問屋の炭屋利兵衛は、文政期になると信州飯田の山形屋、甲府の白木屋との取引契約を行っている。つまり五河岸の商圏は、近隣の雑穀圏を基礎に据え、さらにこれを大きく超える後背薪炭圏の二段構成になっていたといえる『新編埼玉県史 通史編4近世2 p463』。

その結果、享保期以降安永期にかけて五河岸問屋数は次第に増加し、30軒の開業をみるまでになった。福岡河岸下流の諸河岸も農民の小商品生産活動の活発化によって、その数を増していった。しかしながら、河岸問屋の増加や河岸の発展が容易に進展したわけではなかった。「寺尾川岸場由来書」『川越市史 史料編近世Ⅲ（河野家文書）』にも見られるように、そこには新旧河岸間の対立・後背商圏の変動と新旧河岸の交替等波乱含みの中で事態は進行した。『川越市史 第三巻近世編 p250』の指摘にもあるように「農民による小商品生産活動を背景とする在郷商人の成立、これらの商品の輸送を通じて台頭してきた新興河岸・河岸問屋の存在は、城下町を中心とした領内経済の把握を目指す領主の統制を困難なものにしていった。ことに関東のように支配が錯綜しているような地域においてはなおさらであった。」幕藩領主による元禄3年と安永3年の河岸統制はこうした状況に対応する施策であった。

ともあれ、幕府の舟運統制の一環として安永3年に河岸問屋株改めが行われ、この年、五河岸問屋・川越商人・奥川船積み問屋の三者の間で、船会所設立の契機となった、いわゆる安永年間の番船出入りが発生する。この問題の本質的な考察はすでに先項で触れているので、ここでは船会所の仕法ならびにその背景とこれがもたらす流通体系の変更部分についてのみ報告する。また北武蔵農村と江戸を結ぶ新河岸川舟運体系の変遷史については城下町商人・奥川船積み問屋との力関係の推移を含めて、すでに先述したのでここでは最小限の言及にとどめたい。

相定申一札之事

一、去ル午八月中扇河岸・上下新河岸・寺尾村・牛子村問屋共寄合相談仕候処、近頃帰帆荷物之儀積入方甲乙有之、問屋共之内多くハ難儀仕候ニ付箱崎町九右衛門方江も致対談、船積み方番船ニ相極是迄通船仕来候所（後略）

一、上下新河岸之内ニ会所を立置面々之船ハ不及申、出居衆之他船ニ到迄帰帆荷物請捌次第送り状を右会所之帳面ニ写会所改印請取可申、尤役金為引当荷物壱駄ニ付三文宛其時々会所江相渡可申事

一、取集わり合之儀（中略）五河岸之御運上船役金金高ニわり合、是を請取可申、扇河岸は前書番舟破れ之趣意有之ニ付、当申年より来申年迄13か年間之間ハ右わり合を不受、其翌14年目よりわり合請取候筈ニ相極候事

一、出居衆他船之儀荷物壱駄ニ付三文宛之外ニ三文相増都合六文宛会所江相渡、是又前ケ条之通取計らい可申事

一、会所世話人之儀ハ上下新河岸問屋共之内一統入札を以相頼可申事

右之条々堅相守可申、万一何方ニ而も右之相談取極を相破候者ハ此証文を以如何様ニモ御掛り可被成候、其節一言之儀申間敷候、よって取極証文如件

安永5年申5月

『川越市史 史料編近世Ⅲ4. 番船出入規定取替一札』

以上の抜粋が示す通り、舟運秩序からはずれる出居衆他船に対する管理統制の強化、番船規定違反の仲間問屋に対する厳しいペナルティ措置の採用、船会所仲間に対する内部統制規則の制定と明文化を指摘することができる。なお、五河岸問屋が船会所に提出する「壱駄三文の船役金」は、下り荷については適用されない。

番船出入りの背景は、新たな船持ち衆つまり本件出入りの経緯の中にみられる「出居衆他船」の広汎な展開が、船持ち河岸問屋である川越五河岸の経営を揺るがしたことにある。さらにこの新船持ち衆が、荷主と相対で荷物の直積み運送をしたために、江戸の奥川船積み問屋の権利をも脅かすことになった。出入りは曲折の末ともかくも内済となり、五河岸を中心とする新しい舟運秩序が成立する。しかしこうした新秩序は旧来の城下町特権商人を包摂し、彼らを梃子とする藩権力の経済支配の意図と大きく異なるものであった。反面、河岸問屋は農民的商品経済の展開を背景に、城下町商人から在方商人へと取引相手の比重を移行し、また自らも既述のように、荷積み問屋機能に仲買機能を加えていった。その結果、川越城下町商人の集積を単独地域核にして、北武蔵野農村一帯に展開した単一流通圏から、近世商業史の中に新しい類型ともいうべき、「諸河岸を中心とした経済圏（流通圏）」の成立を促すことになったわけである（図Ⅲ-17参照）『川越市史 第三巻近世編 p258-259』・（児玉彰三郎 1959年 p22）。五河岸問屋業務の荷積み機能から仲買機能への変質は、城下町商人の営業基盤を侵食し、商品流通面での江戸—河岸—在方への移行を通して、享保期以降の川越の定期市の衰退に繋がっている（児玉彰三郎 1959年 p16）ことも考慮すべき点であろう。

五河岸問屋の流通機能をみると、それぞれに扱う荷物がおおむね決まっていたようである。たとえば、寺尾河岸問屋蔦屋では糠・灰等の肥料を主として扱い、同様に上新河岸の「麻金」は荒物雑貨類、「河内屋」は雑穀、下新河岸の「伊勢安」は糠・灰・塩・材木を扱っている『川越市史 第三巻近世編 p463』。天保4（1832）年、川越街道大井宿から乗客争奪争論で出訴をうけた早船就航後の扱い荷は、新河岸と牛子河岸の「麻金」が荒物・雑貨・早船の客、「綿儀」が薩摩芋と材木、「伊勢安」が糠・灰等の肥料類と材木、「炭屋」が薩摩芋に早船の客、「河内屋」が材木、「大島屋」が糠・灰・薩摩芋をそれぞれ主として商っていた（斉藤貞夫 1982年 p24）。下り荷の薩摩芋・材木・早船の客と登り荷の糠・灰が、北武蔵野と幕末の地域と歴史を見事に背負っていて興味深い。換言すれば、これら武蔵野北部地域が江戸地廻り経済の成立に果たした役割は、一貫して本質的変更がみられなかったことであり、さらに諸河岸問屋の業務内容の分化専門化は、北武蔵野農村の活発な生産活動と生産量の増大を示し、かつ農産物を含む農村地域としての性格も平準化していたことによるものと考える。もちろん薪炭出荷の安定的供給からは奥の深い地廻り経済圏であることが理解できる。

ちなみに、安永5（1776）年の番船出入りを契機とする船会所の設立（安永仕法の議定）から4半世紀を経た嘉永4（1852）年の五河岸の「運賃定覚」以降、諸河岸を上下した主要な商荷類をみると、登り荷物では衣類（完成品．半製品．加工原料）・食料品（乾物類）・荒物・酒・砂糖・水油・糠・干鰯・灰・塩・瀬戸物類が多く、下り荷では俵物・醤油・素麺・綿実・油粕に土地柄を反映した木材・建築用品・炭が目立っていた『川越市史 史料編近世Ⅲ 13．五河岸定運賃覚』。商品の流れを特徴的に把握すると、下り荷では主雑穀の俵物、登り荷では塩・糠・灰・干鰯が、幕末期になっても依然、五河岸を代表する流通品であることに変わりはなかった。ただし、干鰯の需要先と使用目的については不明である。また、新河岸では薪・炭・材木等の林産物を取り扱う問屋が多く、雑穀をしのぐ下り荷となっていた。狭山から北では、これらの商品が肥料と交換に新河岸へ送り出されたためである（児玉彰三郎 1959年 p24）。五河岸の場合、中下流諸河岸の商品流通と比べ特段の相違は見られなかった。天保4年の早船争論の頃と嘉永4年では20年の時差に過ぎず、いかに激動の幕末期とはいえ、そう大きな変動があったとは思えない。

河岸ならびに河岸問屋の扱い荷とその推移について大まかな整理を試みてきたが、ここで幕末期限定で存在する蔦屋の大福帳（文政12年・天保12年・文久1年・明治7年）を基に検討した児玉彰三郎（1959年 p22-24）・『川越市史 第三巻近世編 p462-467』にしたがって、問屋経営の一端について考察しておこう。文政から天保にかけて順調に伸展した仲買機能が、文久3年から後退傾向を示し周辺農村にしか働かなくなっていく。再び船積み問屋経営に押し戻されていくことになる。前川（越辺川）一件、早船一件でも知られるように、後背地農村の新しい動きに押し切られたいかんともしがたい趨勢であった。在方商人は自由に船積み問屋を選んで輸送のみを担当させ、自らは江戸問屋との直取引を行っていくことになる。彼ら在方商人たちの営業圏は広く、かつ入りくんでいたと見られている。村々の富農たちが在方の穀商・肥料商として前貸し的に農民を支配し、利益を上げたことがここでも指摘されている。なお、天保期を頂点にして蔦屋の糠取引量は総体的には減少するが、内容的には近隣の村々では増加し、宮寺・金子・谷貫等の遠方では減少している。つまり周辺農村に対しては仲買商としてかかわり、遠隔地農村に対しては船積み問屋としての機能を果たすに過ぎないものとなっていった。原因は蔦屋の仲買業務の後退の結果である。仲買業務を後退させた者こそ新たな流通経路を成立させた有力農民層であり、具体的には無株手舟業者（出居衆他船）の出現であった。農業生産の発展を背景とする新興運送業者の成立は、従来の流通経路から荷物を奪い、結果的に明治5年の仙波河岸の開設を待たずに、川越五河岸の商圏も次第に狭められ衰退に向かうことになる。

⑵　**引又河岸**　　新河岸川舟運史にとって、川越五河岸と並んで重要な役割を果たしてきた引又（志木）河岸については、史料上の制約からほとんど未解明に近い状況である『近世関東の水運と商品取引 p263』。わずかに左記丹治健蔵（2013年）の近世後期の商品流通にかかわる「地域」視点の考察(西河家文書)、ならびに維新期の交通運輸政策と新河岸川中流域の商品流通を井下田回漕店史料から追究した老川慶喜（1990年）の報告をみるにとどまる。

引又河岸は甲州街道と日光街道を結ぶ脇往還の宿場でもあった。古くは鎌倉街道の道筋にあたり、近世には河岸を中心にしていわゆる「引又道」が四通八達し、志木・富士見・大井・新座・和光・清瀬・保谷・朝霞・東村山・所沢・戸田・与野・浦和などに、広域にわたって「ひき又みち」の文字が刻銘された道標等をみることができる。この石造遺物の分布先と天保期の西川家文書中の取引先はほぼ一致するという『近世関東の水運と商品取引 p264-265』。元禄3（1690）年の河岸改めで、引又河岸は幕府の廻米津出し河岸に指定され、天保14（1843）年の「引又町明細帳」によると、天和2（1682）年にはすでに六斎市が立ち、遠近の荷物が集散したという。河岸には高瀬船4

艘、出稼ぎ船14艘が就航し、船問屋2軒、穀問屋16軒、太物屋4軒、造り醤油屋2軒、紺屋3軒等が営業する在郷町であった。

天保期、引又河岸の商荷集散の一面を西川商店と江戸問屋商人との取引商品からみておこう。丹治健蔵によると取扱量は、醤油・酢・味醂などの醸造品がもっとも多く、次いで米麦・豆類・肥料（糠）・塩等が流通している。このうち醸造品の出荷高を天保10年でみると、酢1,496樽、醤油90樽、味噌5樽であった。とくに酢については、西川商店から江戸商人に向けて相当量の自家製酢が送り込まれていたことを指摘している『前掲書 p270』。この指摘が誤謬でないとすれば、西川商店の来歴が、江戸商人と在方商人を対象に醸造品・肥料の売買で業績を伸ばし、最終的に農民金融で大地主化したとする見解に対して、商工業者的性格を改めて付加する必要があるかもしれない。なおこれらの商荷は、いずれも引又河岸または近接河岸の船で運ばれ、その際、荷積みは江戸の奥川船積み問屋近江屋によって行われている。以下、天保期、引又河岸問屋西川商店と江戸問屋商人との取引を整理すると、大量の醸造品が両者の間で売買され、穀物・豆類の売りに対する、肥料の買いという単純な流通形態に比べると、醸造品だけが仕切り状・送り状からみた限り江戸と引又河岸の間で往復売買されている。投機的取引の成立を推定することができる。

次に西川商店と武州在郷商人との商品取引の実態について、丹治健蔵の『前掲書 p295-321』を中心に整理してみよう。中山道・川越街道・秩父往還・青梅街道等を広域的に結ぶ引又道の馬背輸送と新河岸川舟運によって、多くの物資が在方商人の手を経て引又河岸に集散した。西川商店の取引対象の村々を引又河岸の商圏と読み替えると、図Ⅲ-18のような河岸の勢力圏が明らかとなる。これによると、天保期の取引圏は、南を秩父往還、東を中山道、北を川越浦和道、西を川越所沢道で画した内部の宿駅商人と在郷商人を相手に展開する。その後、弘化・嘉永期の新取引先をみると、秩父往還以南への展開と川越浦和道以北からの撤退が見られること、ならびに天保期の取引先の外縁部に新取引先が設定される傾向が顕著にみられた。以上総括すると、天保期に比べて弘化・嘉永期の引又河岸の新取引先宿駅商人と在方商人の数は大きく増大したことが考えられる。さらに引又河岸の商圏が、荒川左

図Ⅲ-18　引又河岸問屋の取引範囲とその推移（天保期－弘化・嘉永期）

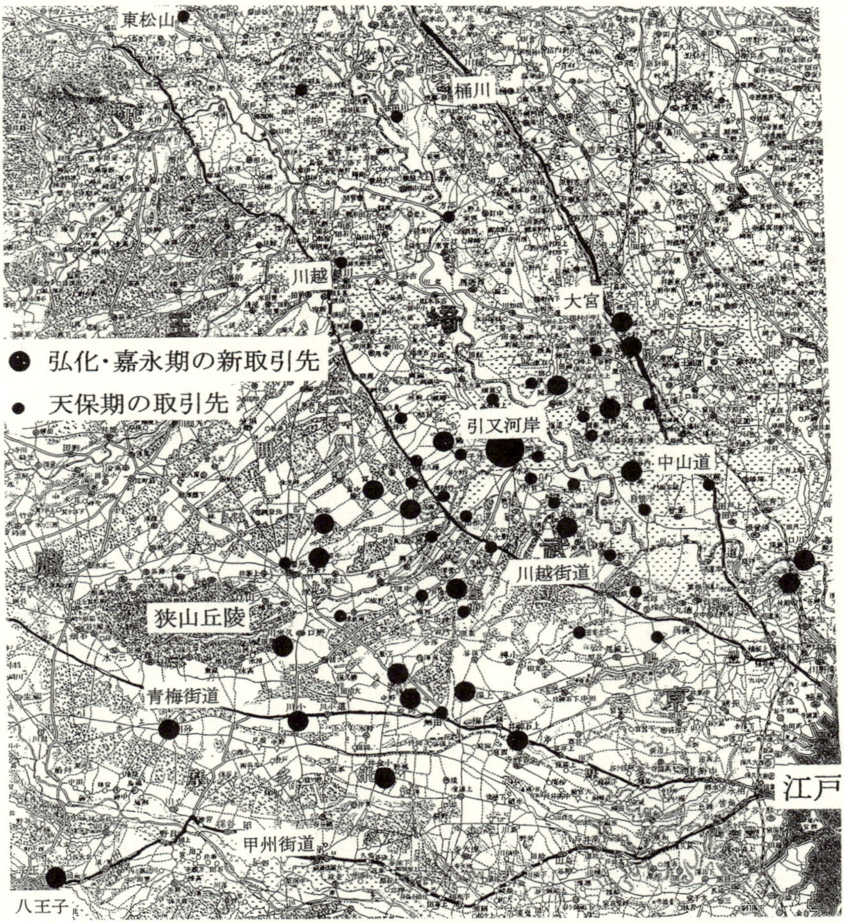

出典：丹治健蔵著『近世関東の水運と商品取引』（岩田書院、2013）を元に修正

岸の諸河岸の勢力圏を少なからず侵食し、とくに浦和・与野および近在の在郷商人との取引を活発に展開している事実は興味深いことであった。おそらく西川商店の営業規模と荷引き能力の差によって引き起こされた侵食現象と考える。また、中山道筋宿駅、荒川筋諸河岸、さらに遠隔松山方面から水陸運輸機関を利用して大量の酒粕が買い附けられている。これらの遠近諸商人

から送られてくる酒粕は、西河商店が江戸商人へ大量に積み出していた酢の製造原料に用いられたものとみることができる。

ここで天保期に続く弘化・嘉永期の西川商店の取引実態について丹治健蔵の報告書から要点を抜粋してみる。この時期の西川商店と江戸商人との取引概要を簡単に類別すれば、売り商品として代表的地域産品の雑穀・豆類・粉名、おなじく買い商品として大量の糠を筆頭に若干の〆粕・干鰯等の肥料類、ならびに塩等の食料品が取引され、さらに醸造品中の醤油のごときは、江戸と引又河岸の間で相互に流通していた（表Ⅲ-6)。この他に武州の畑作地帯では、米の生産量が少ないので、肥後米・越後米・遠野米・相馬米等を仕入れる必要があった。以下、深川佐賀町　山屋喜助との米取引に関する「覚書」を掲出する。加えて、弘化・嘉永期の取引では、西川商店の糠・〆粕の買い入れが急増している。この件についても併せて掲出しておくことにした。

弘化2年4月9日付「覚書」(西川8642号)

一　肥後二の丸米　　百五拾俵
一　筑後米　　　　　五拾俵
　〆　　　　　　　　弐百俵
　内金九拾六両也受取
　右之通り売渡候、以上
巳4月9日　　　山屋喜助
西川武左衛門殿

弘化3年閏5月28日付「荷物積払覚」(西川8816)

一　久印　糠　百俵　源五郎船
一　久印　同　百俵　今右衛門船
一　大印　同　百俵
一　上印　同　弐百俵　源太郎船
　〆　五百俵也「荷物積払」
　右之通荷物積払申候、御帳面御引合せ置可被下候、
閏5月28日　上村屋儀兵衛（印）

表Ⅲ-6　西川商店と江戸問屋商人との取引商品（弘化・嘉永期）

商　人 居住地	取引商品名	備　　考
（雑穀・豆類）		
浅草花川戸	蔵米・小麦・大豆・豌豆	西川商店から売
室町1丁目	大豆・豌豆・金時・小豆・黒豆	〃
神田紺屋町	大豆・豌豆・小豆・黒豆	〃
北本所表町	蔵米・大豆・白種	〃
千住橋戸町	大豆・魚油	〃
浅草門外	粉名・御膳粉・糠	〃
千住新石町	粉名	〃
千住	粉名・相川粉・大上粉	〃
浅草茅町	小豆・黒豆・金時・大豆	〃
深川佐賀町	米	
深川熊井町	糠	糠買
深川中島町	糠・干鰯・〆粕・金時・豌豆	鼬大豆
京橋弓町	糠・蔵米・大豆・金時・麦	糠買・他売
南茅場町	糠・豌豆	〃　〃
本八丁堀	糠・米・酢	〃　〃
本八丁堀	糠・〆粕	〃　〃
本八丁堀	糠・〆粕	
京橋弓町	糠・米	
駒込四軒町	糠・白米	
浅草門外	糠・御膳粉・粉名	糠買・他売
（塩・醸造品）		
新堀1丁目	赤穂塩・糠	買
（不明）	赤穂塩	〃
南新堀1丁目	塩・酢・醬油	塩買・他売
（不明）	酢・味醂	売
本所緑町	味噌	買

出典：丹治健蔵著『近世関東の水運と商品取引』（岩田書院、2013）を元に改訂

西武御店様

主要取引商品に次いで、特徴的な取引対象地域について触れたい。弘化・嘉永期の引又河岸問屋西川商店にとって、もっとも重要な取引地域の一つは、市場町与野あるいは川越街道の宿場町と考えられている。新興対象地域として城下町川越も取引上に浮上してくる『近世関東の水運と商品取引 p363・

372・379』。この現象が、引又河岸の一方的な商圏拡大を意味するものか、荒川・新河岸川両舟運・商業拠点の競合関係の激化で商圏の錯綜がもたらされたものかについては不明である。しかし、少なくとも単なる扇河岸の船積問屋中屋忠兵衛との得意関係の所産とは決めかねることであろう。一方、嘉永期における武州最遠の取引地は秩父大宮であったが、その後安政3（1856）年と慶応2（1866）年の受取証文（西川 11163号）・舌代（西川 13896号）・商品受注書（西川 13905号）等の存在から、八王子方面との取引が確認され、西川商店経由の取引に限ってみても、引又河岸の商圏拡大は一層明白になっていくことになる『前掲書 p381-382』。

嘉永期における引又河岸の商圏の広がりと主要商品について、「西川家文書目録 その1」から西川商店の売掛金を通して把握してみたい。もっとも多い売掛金の品目つまり主要販売商品は、糠が圧倒的で次いで〆粕が続く。醤油もかなり重要な販売商品である。売掛金にかかわる在郷商人たちの分布は、現在の北足立郡市の南部・入間郡市・東京都内市域の一部におよび、武蔵野台地北部と大宮台地南部一帯を占めている。これらの史料から引又河岸の商圏内農村では、「雑穀・豆類を出し、糠・〆粕（近世前期は灰）を入れる」という台地畑作農村の典型的商品流動を示している。なおこの時期、購入肥料の品目に灰が含まれていないのは、永年の耕作で灰を必要としないほどに熟畑化したか、または金額的な面から捨象されたか、気になる問題点の一つではある。

在郷商人相手の西川商店の掛け売り商いは、ときに売掛金の回収が滞り、ついに文久元（1861）年、上保谷村市左衛門外11名の在郷商人を相手取り野火止代官所へ出訴に及んだ。

乍恐以書付奉願上候

御領分引又町百姓武左衛門煩ニ付代召仕多左衛門奉願上候、私主人義年来農間ニ雑穀・糠・干鰯・醤油渡世仕来候処、別紙之通り売掛貸金相滞り、此迄数度催促仕候得共、品能申訳而已済方不仕ニ付、相手銘々村役人江も申出候得共、是又同様埒明不申、依之今般無拠所御奉行所様江奉出訴度之間、何卒格別之御慈悲ヲ御差出し被下置候様偏ニ奉願上候、以上

引又町
文久元酉年5月16日　　　　代召仕　多左衛門
組合惣代　弥兵衛
（後略）

売掛金残高合計は71両3朱と74貫11文であったが、掛け合いのうえ、一部返済、残金は勘弁ということで内済になった。

以上、丹治健蔵『近世関東の水運と商品取引 p386-388』に従って、天保期から弘化・嘉永期にかけての、新河岸川引又河岸問屋西川武左衛門と江戸商人および武州在郷商人との取引の実態と意義を要約すると、以下のようになる。1)江戸商人との取引が著しく伸長してきたことである。丹治健蔵はその理由を、株仲間解散令による江戸問屋商人の独占体制の崩壊と新興商人の台頭に求めている。当然、新河岸川舟運体制にも影響は及んだものと考えている。2)武州在郷商人との取引では、足立郡南部・入間郡での展開がみられ、とくに中山道沿線宿駅及び近郷在方への進出は、注目するところであるという。点の存在ながら秩父大宮・八王子との取引事例も引又河岸（西川商店）の荷引き力の強さを実感させる点である。結論として西川商店の活動は、雑穀・豆類と糠・〆粕等の肥料の出し入れを通して、少なくとも天保から弘化・嘉永期にかけて、武州地方の村々を商品貨幣経済に巻き込んでいく、きわめて重要な役割を果たしていたということになる。

6．那珂川舟運の展開と流通圏

A）那珂川舟運――限界と克服の社会史

那珂川は下野の最北端の那須岳に源を発し、多くの支流を併せて八溝山地を南に流れ、烏山・茂木辺で東方に転じ、水戸を経て那珂湊から太平洋に流れ込む流路120㎞に及ぶ大河である。夏季の流況には恵まれていたが、冬季には渇水と季節風に妨げられて舟航には難儀したようである『栃木県史 通史編5近世2 p644』。このため夏川と冬川では運賃に若干の差がつけられていたほどであった。那珂川舟運の遡行終着河岸は、近世初期以降一貫して黒羽であったが、全般的に遡航困難な河川であったことから、上利根川水系の平塚・中瀬河岸と同じく、中流の下江戸河岸と常野国境付近の河岸が中継積み替え河岸の機能を担っていた。野田・長倉河岸での積み替え作業は、小鵜飼船から鵜飼船・胴高船と呼ばれる百俵積の中型船に積み替えるものである。那珂川舟運は早くから開かれ、『下野一国』には黒羽を遡行終点として佐良土、小川、牧野等6河岸の名がみられる（図Ⅲ-19)。ちなみに黒羽河岸の出自は、上河岸問屋阿久津家の記録に次のように記されている。

当河岸場発旦（端）之儀は、明暦元年と申伝ニ御座候、其後、水戸黄門様当国那須湯本殺生石旧跡御一覧之節、御帰船差出候様、当河岸へ被仰付、則相勤候趣申伝に御座候、運送仕方之儀は、万治年中と申伝、米穀類、猶又諸荷物之内大凡酒・醤油・水油・煙草・銭荷・柏皮・かうず（楮)、乗合船其外、当所ニて売買ニ罷成候諸荷物、自分荷物積下ヶ仕来ニ御座候、

『栃木県史 通史編5近世2 p645』

野州最奥の黒羽藩はもちろん水戸藩にとっても、那珂川舟運は重大な関心事であった。すでに寛永年間より水戸藩北領の薪炭・材木が長倉や野口から積み下ろされ、水戸城・家臣屋敷の生活・普請等に充てられている。黒羽河岸を終起点とする那珂川舟運の発展は、近世中期以降の那珂川流域における商品生産の発展以上に、登り荷の塩・〆粕・干鰯などによって大きく支えられていたことが考えられる。たしかに、武茂領の貢租米、大山田地方の煙草、鷲子・高部の和紙等が烏山・馬頭などから津出しされ、さらに享保5（1720）年には会津藩の廻米が、黒羽河岸までの駄送と長倉河岸での中継を経て、内川廻りで江戸に積送られている。ルート変更による会津廻米は享保8年まで続くが、西街道五十里地点の災害復旧後も、天保年間まで折々続けられたという『前掲県史 p647-648』。

しかしながら前述のように那珂川流域での商品生産の成立も、上流から下流まで一貫した舟運利用に結ばれることは少なかった。前掲県史『p650-651』によると、野州東北部の諸大名や商人たちも那珂川舟運を通し利用するケースは一部に過ぎず、廻米・商荷も那珂川中流諸河岸で陸揚げされ、関街道等の西南方向に走る複数の道を利用して鬼怒川諸河岸に結ばれることが多かった。芳賀郡最東部の茂木町なども那珂川中流諸河岸に揚がった荷物が

図Ⅲ-19　那珂川舟運と諸河岸

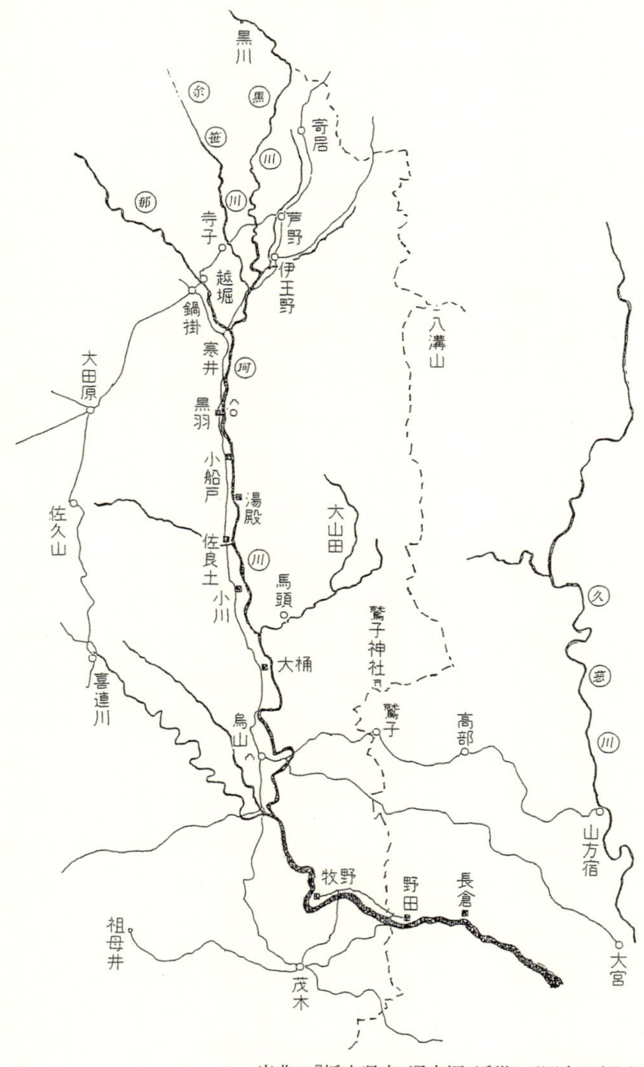

出典：『栃木県史　通史編4近世1（河内八郎）』

鬼怒川方面に向かう中継基地の機能を持った在方町であった。この場合の中継機能には、鬼怒川諸河岸に送られる和紙・煙草等の那珂川舟運下り荷と、野州東部の農村地帯に拡散していく魚肥や必需食料品等の登り荷を考えることができる。なお限られた期間と量ではあるが、奥州から下る廻米と黒羽藩の廻米は黒羽下河岸が扱い、また黒羽で売買された米や諸商品ならびに奥州方面から移送された商荷等は上河岸から積出されていった。黒羽上・下河岸から津出しされた奥州産物資を含む流通経路は、途中の諸河岸で一部陸揚げされ、鬼怒川諸河岸まで駄送されたのち再び水運に乗るものと、その後、東廻り海運の整備で那珂湊まで直送され、涸沼―陸継―北浦経由の内川廻りに乗るものとに分かれることになる。那珂川水系の物流には二つの性格つまり水系途中から鬼怒川水系への流出と、流末河口地点から陸継を経てさらに他水系へ連続する物流がみられた。前者の流れは、当時の那珂川舟運にとって功罪半ばする選択の結果であったが、後者は物流量を増しながら江戸に直結する経済的にきわめて有効なコース設定であり、那珂川舟運の物理的限界を超えるもの―いわば限界とその克服の社会史でもあった。

B）干鰯流通と野州農村支配

近世中期以降、那珂川水系の舟運中継河岸や中継在方町から野州の中央部・東部にかけての村々に向けて、不可欠の商品〆粕・干鰯・塩が大量に送り込まれていった。魚肥類は三陸沿岸をはじめ鹿島灘・北海方面から那珂湊・磯浜などの那珂川河口の肥料問屋・河岸の荷積み問屋に集められたものであり、塩は西国から海運によって運びこまれたものである。那珂川中流の下江戸河岸は、上下流間の物流を結ぶ重要な積み替え河岸であった。河岸問屋那珂家は寛永年間から営業を始めたとされているが、元禄期からは河口から積み上ってきた商品の野州各地への中継、奥州内陸諸藩の年貢米・諸荷物の運送、水戸藩領村々の年貢米運送、および周辺村々の諸荷物運送などを手広く行ってきた。下江戸河岸で積み替えられた上川（登り荷）は、飯野～烏山間の諸河岸で陸揚げされ、野州各地に配荷されていった。下川（下り荷）の産地は不明だが、送り先は水戸城下が圧倒的で、以下、那珂湊・大貫および涸沼の石﨑・海老沢行きが若干みられる。内川廻しが余命をつないでいたことが推定され、注目すべきことであろう。水戸行きの荷物は米麦・大豆が主体で、いずれも年貢米輸送である。海老沢まで送られる荷物は板で、最終的には江戸に送られた。

野州各地を対象にした干鰯・〆粕等は揚陸諸河岸近在の村々はもとより、茂木経由真岡・宇都宮等の野州中東部の商人に送られていった。飯野～大瀬までの間に揚げられた魚肥はとくに多く、芳賀郡下、那須南部、鬼怒川東岸地域まで広く売り捌かれている『栃木県史 通史編5近世2 p364-373』。結果、各地に干鰯・〆粕の流通拠点としての茂木・笠間・真岡・久下田・下館などが成立し、同時に米の集荷市場として、米価の高い山間農村に向けた流通を掌握することになる。いわゆる金肥と主穀の流通拠点としての地方市場の成立を意味する状況であり、それは特産商品の集荷・販売を通して在郷商人が成長し、質地の集積によって豪農に転身していく姿を象徴するものであった『前掲県史 近世2 p41』。

17世紀後半以降の金肥の普及にともなう生産力の上昇にもかかわらず、干鰯商人の前貸し経営によって、わずかに生じた剰余分もあらかた吸収され、農民経済の安定に寄与することは少なかった。具体的に言えば、干鰯商人と農民との接点には二つの筋道があった。一つは領主権力と湊干鰯問屋の密接なつながりの中で、苗代「介金（たすけ）」と称する干鰯購入代金が一割の利子で貸し付けられる。出来秋返済が不可能な農家には、湊干鰯問屋との間に直接的な貸借関係が生ずることも少なくなかった。二つ目は、干鰯問屋が口入人を通して、「介金」の場合よりはるかに高利の干鰯売買を前貸し形態の下に行うものである。これらのことが、農民階層の分化・分解を通して18世紀後半の農村荒廃の一因となっていった『茨城県史＝近世編 p226』。きわめて普遍的な問題として関東畑作農村に生起していた事柄であった「幕藩制市場構造の変質と干鰯中継河岸 p84」。

ともあれ、こうした問題を抱えながら、おそらく近世後期の鬼怒川舟運との競合期まで、那珂川水運経由の野州農村に対する魚肥支配は継続されたことが考えられる。魚肥支配を年代的に整理すると、最盛期の宝暦・明和から減少を続け、文政中期には最盛期の10分の1にまで落ち込む。ちなみに野州内陸部への魚肥配荷量の減少について、栃木県史『通史編5近世2 p374』は取引規模の小口化・小商人化によるとし、長野ひろ子「前掲書 p77-85・94」は、内陸地帯への干鰯輸送経路の多様化と水戸領内での干鰯需要の増大を取り上げている。両者とも決定的な説得力を欠いている感がなくもない。

少なくとも近世中期以降の鬼怒川水系における舟運機構の整備、とりわけ著しい新河岸の増設と道路事情の改善によってもたらされる流通費用の削減効果、ならびに停滞基調の那珂川水運についてのさらなる計数的検討が必要かもしれない。さいわい地元には、茨城県那珂町下江戸那珂きくえ家文書「積出船帳」・真岡市田町塚田元就家文書「嘉永七年　田畑肥〆粕干鰯買入仕上帳」等の貴重な文書が現存している。一層の解明が待たれる。

真岡の豪商塚田平右衛門の魚肥購入記録によると、嘉永7（1854）年、銚子から〆粕65俵を購入し、利根川・鬼怒川経由で宇都宮に運んだ。所要日数15日、銚子での購入代金1俵約金3分余り、宇都宮までの運賃・諸経費計1分余りを加えると金1両を若干超えることになる。同じ〆粕を磯浜で16俵仕入れ、那珂川遡行、飯野河岸荷揚げ、茂木経由で宇都宮まで運んだ。所要日数は5日、現地仕入れ価格は銚子よりやや高く金3分2朱ほど、運賃は安くて金2朱、合計すると1俵が金1両になると記されている『前掲栃木県史 p374-376』。したがって、以上の記録を正確なものとみる限り、那珂川経由野州農村行きの魚肥価格は、出荷量の激減にもかかわらず、依然、日数と費用の両面で僅かながら優位に立っていることになる。この数字を覆すことができる余地は、舟運費用の季節的変動性と規模の経済の問題ならびに宇都宮の肥料商人の倉庫から在地商人の手を経て生産者農民に届くまでの流通過程の中に存在するということになるだろう。

C）舟運の展開および河岸機能と商圏

本節の纏めとして、那珂川水系における舟運体系の展開過程と流域農村の推移ならびに河岸の機能とその影響圏（商圏）について、整理しておきたい。那珂川舟運の歴史は、仙台藩が海路廻米に踏み切った寛永10（1633）年頃『茨城県史＝近世編 p268』の東廻り航路の成立と奥羽廻米・諸荷物の黒羽津出しを背景にした内川廻りとして開幕する。内川廻りは、那珂湊─涸沼川─涸沼を経て陸継ぎで1)松川・大貫─徳宿─鉾田─北浦、2)海老沢・網掛─塔ヶ崎─北浦、3)海老沢─小川─羽生─霞ヶ浦、等がコースとして利用された。慶安4（1651）年、磐城平藩の今村仁兵衛が、巴川の下吉影から串挽に至る水路を整備して以来、このコースが広く採用されるようになっていく『鉾田町史 通史編上 p402-403』。

水戸藩領はもとより下野方面と奥羽内陸の諸物産が、那珂川を下って内川廻りを盛んに利用するようになる。那珂川の沿岸には、水戸領内の17河岸をはじめ下野茂木領の飯野河岸、烏山領の大瀬・野上河岸、黒羽領の黒羽上・下・矢ノ倉河岸が設けられて舟運に当たった。この間、那珂川上流域における煙草・和紙等の商品作物・農間余業の進展をともなう舟運機構の拡充期が訪れる。前後して、河村瑞賢によって東廻り航路の整備が進み、正保年間の「銚子入り内川江戸廻り」を経て、寛文11（1671）年「外海江戸廻り」航路が成立する。当然、内川廻りの舟運量は減少し、那珂湊の運輸上の地位の低下と水戸領の経済発展に影響が及んだ。しかしながら、那珂湊港への入津船舶数は減少したが、鹿島灘での海難事故の発生が多く、依然としてこのコースが利用される場合も少なくなかった『那珂湊市史 史料第三集解説編 p9』。たとえば、以下に記すように、白川郡からの廻米・城米輸送が、初期の海運利用から、後に黒羽からの舟運利用に変更された事例をみることもできる。（大島延次郎 1971年 p18）。

乍恐以書付奉願上候　（天保12年）

阿部能登守領分、奥州白川郡黒川新田名主半吾、並惣助一同奉申上候、当領主江戸扶持米之義、是迄海路相廻り候処、殊之外手間取数月相掛り、其上難破船等有之、年々差支勝ニ而、領主ニおいても年増心痛無此上、郷中一同心配罷在候義有之、然ル処那珂川続居村下黒川与申、野州那須郡黒羽町江凡8．9里之川路有之、近年川瀬相直り、水行至而宜敷、前書領主江戸扶持米、其外近郷村々より、江戸表江運送之諸荷物ニ至迄、右川路黒羽町迄通船仕候は、弁理宜敷、就中諸出費等多分相減、近郷村ニ自然与永続之基有之

ここで一つの問題に当面する。東廻り航路の変遷過程と利根川東遷事業の完成期との時間的不整合性の問題である。大方の文献を要約すると、1）寛永10（1634）年頃に内川廻りが成立する。2）その後、正保年中（1644-48年）に内川廻りは那珂湊から銚子湊に延進される。3）次いで寛文11（1671）年に房総廻り海運が成立する。これに対して利根川東遷運動の最終成果として、赤堀川を開削・拡張して常陸川筋に流入させ、下利根川―江戸川水運が実現する。承応3（1654）年のことである。結果、那珂湊・銚子湊経由内川廻りの

成立は、川名登によれば、時間的に不可能ということになる。この時間的矛盾に関する指摘、問題提起している事柄については、多くの著述が時期をあいまいに扱うか、もしくは事象の説明に終始し、課題をあえて回避している姿勢すら感じられる。こうした状況の中で、川名　登は矛盾を指摘しつつも他方では、輸送能力上の問題点を認めたうえで内川ルートの成立を肯定する見解を提示している。一つは常陸川上流部が湿地帯で利根川と連続していたとする見解、もう一つは常陸川上流部を太日川（江戸川）まで陸送で結んだとする説、さらに常陸川から手賀沼に乗り込み、船戸付近で陸揚げして流山付近で太日川に結ぶコースの設定である。いずれも相応の史実に基づく示唆である『近世日本水運史の研究 p6-9』。

しかし筆者は承応3（1654）年のいわゆる三番掘りによって、始めて通船が可能になったとは考えていない。むしろ寛永2（1625）年の二番掘り以降、曲折は予測されるが、通船可能な状態に近づいていたように考える。赤堀川が「備前堀」その後「赤堀」と呼ばれた時期に、補修の手を加えつつ寛永期の内川廻りが実現したと考えることは無理であろうか。事実、茨城県境町史『下総境の生活史 地誌編 p81』には「境町では承応元年に川端が欠けて渡し守屋敷が対岸に移っているように、それ以前から利根川の流入を受けて常陸川の増水が生じていたことは確かである。」という傍証に値する文言もみられる。この状況を洪水時の押し込みとみるか、豊水期の流入とみるかは微妙な問題であるが、少なくとも期間を限って、通船は可能であったことが考えられよう。最後に千葉県史の見解を紹介しておこう。「すでに慶長年間（1596-1615年）には、銚子から利根川（常陸川）へ廻船が航行できるようにするための工事が行なわれており、利根川の流路が現在のように定まる前から多くの年貢米が江戸へ運ばれていた」とする承応年間以前の説である『千葉県の歴史 通史編近世1 p19』。江戸時代初期を全盛期とする利根川―手賀沼戸張河岸陸揚げ―江戸川流山河岸積下げ説『柏のむかし』にも一考の余地はあるかもしれない。なお、千葉県史の慶長年間説についての見解は、別の機会に改めて述べる予定である。

那珂川舟運に話題を戻そう。河岸を安定・永続的に経営するためには、かなりの困難がともなう。河岸経営の困難・不振の理由は、なによりも荷不足であった。『茨城県史料＝近世社会経済編Ⅲ-121』の「宝暦13年那珂郡下江戸河岸権兵衛河岸役銭減免願」は、18世紀中頃の農村の疲弊が、荷不足を通して、河岸経営に深刻な打撃を与えていたことを物語っている。加えて、奥羽内陸物資の江戸搬送が鬼怒川をはじめ黒川・思川・巴波川の下野諸河川に切り替えられる時期を迎える。奥羽内陸物資の下野諸河川下しへの切り替えは、寛政以降、那珂川舟運における抜荷や荷物の紛失など「那珂川筋河岸之風義不宣」に加えて「船持共心得不宣時々運送相滞」り、商人たちは難儀していた。こうした舟運業者たちの「未熟之致方」が目立つようになり、結果、奥州・野州の年貢米や商人荷物の多くが鬼怒川廻しになって、那珂川上下荷物の減少を招いたのである『勝田市史 中・近世編 p612-614』。

もとより、那珂川筋水運業者の不始末だけで積下げ荷物の川筋変更が生じたわけではなかった。すでに舟運体系に変化が生じていたのである。たとえば元文2（1737）年の境河岸問屋小松原家が扱った荷物の集荷圏を見ると、奥羽南部とくに阿武隈川上流域農村と那珂川中上流域農村を明らかに掌握している。これら諸地域からの煙草荷・和紙などの諸荷物は、飯野・野口・牧野等の那珂川中流積換え河岸で陸揚げされ、駄送を経て、鬼怒川中流諸河岸から再び津出しされていた『東葛飾の歴史地理 p102』。なお、集荷地域別の荷動きについては、難波信雄の分析結果として「第二節1-D」で紹介したとおりである。

安政2（1855）年、涸沼・北浦間の下吉影を通過した陸継物資は棚倉・越後高田・長沼3藩の米1万3千余俵、商人米1千100余俵、大豆1千700余俵で往時の面影も失われていたという『茨城県史＝近世編 p275』。『茨城県史料＝近世社会経済編Ⅲ p26』は、このような那珂川筋舟運（内川廻り）の衰勢は、新しい流通環境の変化に対応する機構の整備で後れを取ったことにある、としている。

一方、こうした推移の反面で、近世中期以降、中流諸河岸における野州向け魚肥・塩の揚陸と分水嶺越えの拡散時代を経験することになる。長野ひろ子「幕藩制市場構造の変質と干鰯中継河岸」に従って下江戸河岸問屋の干鰯販路をみると、北部は大田原・黒羽、西部は鬼怒川を超えて宇都宮、南部は真岡・茂木等の在町・城下町に囲まれた野州芳賀・塩谷・那須・常州東茨城

図Ⅲ-20　那珂川舟運による野州農村への干鰯中継輸送

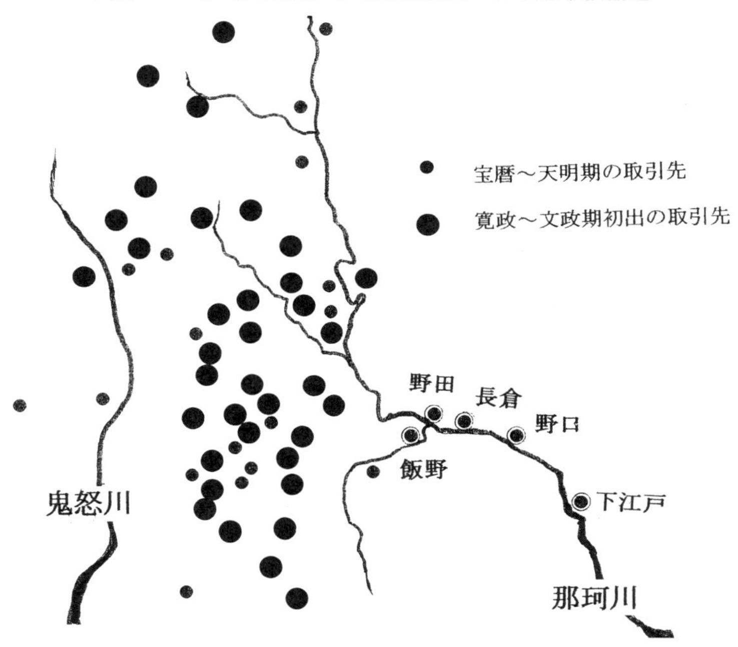

出典：津田秀夫編『解体期の農村社会と支配（長野ひろ子）』を加筆修正

の諸郡にわたって広く展開していた（図Ⅲ-20）。那珂湊の干鰯問屋に入津する魚肥は、領内産と三陸沿岸産であり、九十九里浜産は含まれていない。

その後、鬼怒川舟運との競合・後退を経て、那珂川舟運は多くの舟運地域と同じく、河川流域圏と物資流通圏とが重合するローカルでスタンダードな水運社会に落ち着くことになる。ただし那珂川舟運の衰勢は、水戸城下に結ぶ諸往還の整備を契機にして寛文・元禄期以降、水戸ならびに在郷町における商業機能の集積が進み、北部山村地域での特産商品生産の発展とあいまって流通需要の発生をみた結果、若干補強されたことを指摘しておく必要があろう『茨城県史料＝近世社会経済編Ⅲ p22-25』。野州における那珂川干鰯流通圏の縮小（一部既述）は、長野ひろ子の研究によれば、以下のようにまとめることができる。「野州での干鰯流通圏の縮小は、文化文政期の干鰯流通量の急減と、奥州・野州の城下町・在町の商人を主体にした大口取引から野州農村商人を相手にした小口取引への変化をともなって進行した。もとより鬼怒川水系における干鰯流通上の競合勢力の形成や那珂川水系流域内における干鰯需要の増大も考えなければならない問題である」「幕藩制市場構造の変質と干鰯中継河岸 p76-77」。

近世水運社会に在って、さらに江戸地廻り経済の進行する社会的政治経済的状況の中に在って、江戸に直通する可航水路を持たなかった那珂川水運の閉塞感が、宝永3（1706）年、松波勘十郎を登用して進めた水戸藩営紅葉・大貫両運河計画をはじめ、多くの先覚者たちをして、涸沼―北浦間の疎水計画に奔走させた歴史『茨城県史＝近世編 p271-274』の一因になっていることが考えられる。実りなき苦闘の歴史の果てに、奥羽内陸荷物と那珂川水系の上下荷物の多くを鬼怒川はじめ野州諸河川に奪われることになる。それでも、那珂川水運はかなり広い範囲との取引を多種にわたって継続する余力は残していた。

たとえば、近世後期初頭の寛政10年の「下江戸河岸那珂家岡附帳」『茨城県史料＝近世社会経済編Ⅲ-131』を整理すると、取引河岸は飯野河岸問屋との出し入れをはじめ、水戸河岸・長倉河岸・大貫河岸・野田河岸等の野州・北浦方面への中継河岸との流通、ならびに商業活動の中心地太田村経由の商品流通がめだっている。2地域間搬送と複数地域の継立搬送を総括すると、野州方面をはじめ北は那須・塩原・日光・会津、南は笠間・土浦から江戸に至る下り諸荷物の流れが、近世末期になっても残っていることが認められる。主要商品としては、地域特産の煙草・麻・鍋釜などが目立って多かった。那珂川水系舟運の登り荷の主体が、魚肥・塩にあったことはすでに指摘したとおりである。ただし、塩についての大島延次郎（1971年 p20）の報告では、那珂川上流域の人々は、鬼怒川を廻送した塩を阿久津河岸で陸揚げし、氏家―喜連川―佐久山を経て黒羽に搬入している。流れの激しい那珂川上流部運送で舟（塩）が波しぶきを受けることを嫌ったためであるという。また、塩が生魚とともに運送される場合は、久慈川を遡上し、大子から唐松峠越えで駄送されたといわれる。

D）那珂川流域農村の特産品生産

近世農業の基幹作物が米麦中心の主穀生産に置かれていたことは、幕藩制社会における時代を超えた原則であった。その後、自給的穀作＋煙草・和紙・紅花・綿花等を含む特産品生産が、農間余業地域の発展をともないながら、那珂川水系流域においても活発に繰り広げられていった。このうち那珂川流域および生活圏を共にする久慈川流域上流部の和紙生産ならびに下野の那須郡・常陸の那珂．久慈両郡の煙草栽培については、鬼怒川水系流域の特産品生産と流通に関する考察においてすでに触れてきた。したがって、ここでは和紙・煙草に次いで評価の高い紅花・綿花の特産品生産上の意義と、那珂川水系の舟運培養圏としての流域農業の実態について概観しておきたい。

18世紀後半から19世紀前半にかけ、常総の農業に大きな変化がみられた。限定的な範囲ではあったが、紅花・綿花・藺草・煙草等が商品作物として栽培され、加工されて全国市場に出荷されるようになる。さらに近世前期には主に農家の自家用作物だった茶・綿花等も商品化の度合いが高まり、大豆・小麦等の雑穀類も醸造業の発達を背景に、農産加工原料として地方市場に向けて流通するようになっていった『茨城県史＝近世編 p351』。

⑴　紅花および綿花の生産と流通　「水戸花」と呼ばれた水戸領産の紅花栽培は、明和7（1770）年、久慈郡太田村の豪商羽部庄左衛門が、紅花の収益性が麦作の2倍にも及ぶ（『常陸太田市史 通史編上巻 p662』では3倍に及ぶとしている）ことに着目し、奥州地方から種を取り寄せ、試作に成功したことにはじまる。その間、太田地方が紅花栽培にとって気候・土壌とも好適であることを知り、本格的に栽培加工技術の導入・研鑽に努めた。その結果、安永9（1780）年、ようやく3駄の試作品を京都の紅花問屋に他国産上花並みの値段で売りこむことに成功し、ここに生産と販売の基礎を固めることになった。紅花栽培は順調に進展し、栽培地域は久慈川流域から那珂川流域（太田地方～那珂郡）に拡大していった。生産量も順調に伸び、寛政2（1790）年の売上金は2千7百両余（50駄前後)、寛政11年には2百駄、1万両余に達した『茨城県史＝近世編 p374-376』。武州紅花に比肩されるほどの産地に成長し、世に「水戸花」の名を広めることになった。

紅花栽培の発展は主穀栽培面積の減少を来すまでに拡大し、ついに水戸藩は寛政から天保年間にかけて、しばしば紅花の作付制限令をだすに至る。

以書付申触候

紅花作付追々相減じ候様御達候得共、不心得之者間々これ在却て相過候様ニ相成り、外作手入相届かず田畑共ニ不熟之分出来候由相聞え、不束之至候条、□年よりハ老幼を除き十四歳以上、男女壱人ニ付畑方壱畝拾五歩宛ニ限り（後略）

文化四年　「天神林村御用留」（天神林町有文書）

文化4（1807）年の作付制限令は、14歳以上の農民一人当たり1畝15歩に限って栽培を許可し、これを超えた農地の紅花は引き抜かせるというものであった。その後も紅花栽培の過熱は続き、天保飢饉の際の紅花栽培全面禁止の通達にもかかわらず「今以紅花作付候もの多分有之歟ニ相聞以之外」（天保五年「太田村御用留」）という状況が続いた『前掲県史 p375-376』・『常陸太田市史 通史編上巻 p662-664』。

紅花の流通過程については不明の部分も多いが、『茨城県史＝近世編 p376』によると、太田村を中心とした羽部家等の在郷商人が集荷して京都に送り、紅花問屋と直接取引をしていたようである。しかし幕末には水戸藩の統制の下に江戸本所の石場経由で上方へ送られていった。江戸十組問屋の介在については、天保改革で一時期後退したかに思われたが、安政期（1854-59年）の問屋再興令で再び紅花流通に介在してくるようになる。介入の内容は江戸打越の禁止と口銭徴収の通告『常陸太田市史 近世史料編 174』であった。通告に従わない紅花問屋に対して、江戸の廻船問屋は荷物の差し押さえという強硬措置を取った。これを不服とする太田村の紅花問屋は直ちに出訴に及んだ『前掲近世史料編 175』が、経過は紅花問屋に不利に展開したらしく、結局は江戸本所の会所を通じて、口銭支払いを受け入れることで決着した『前掲近世史料編 247』。武州紅花商人の強固な反対運動と実を取った結末に比べると、両産地の対応の相違の大きさが明らかである。

ただし京都紅花問屋と在郷紅花商人との関係、在郷紅花商人たちの反対運動の内容等の詳細は不明である。紅花輸送についても、武州紅花の場合、初期の中山道・東海道陸継から中後期の海上輸送に移行する過程を知る史料を多く残していることに対して、「水戸花」の場合は、ほとんど在地史料に触れることが出来なかった。わずかに武州桶川宿の紅花買継問屋須田家ならびに南村須田家（分家）宛で送られた安政4年の10駄、年不詳の3駄の事例と、中利根川布施河岸から流山河岸に運ばれた陸継荷物の中に紅花の存在を見出すのみである。おそらく後者は、那珂湊―涸沼―陸継―北浦経由下利根川筋の舟運に乗った「水戸花」と思われるが、仙台・最上紅花の可能性も考えられる。布施河岸―加村（流山）河岸間を陸継で運ばれた紅花の記録は、享保・寛政・天保の各期における重要商品を書き上げた「御尋ニ付運賃駄賃取調書上帳」（北原糸子 1971年 p18-19）の中に、毎回取り上げられていることから、産地の吟味はさておいて、少なくとも荒川・中山道と並ぶ、重要な紅花流通コースのひとつであったことは確かであろう。

この年、水戸藩は1駄1両の口銭で紅花の出荷先を解放した『常陸太田市史 近世史料編 76』。以下に述べる武州紅花商人と水戸紅花商人との紅花移出にかかわるつながりも、あるいはこのことを契機に成立したことかもしれない。これによると桶川宿の須田家の場合は、水戸―府中宿―稲吉宿―土浦の順に水戸街道の宿々を継立て、土浦から西進して下総菅生邑―武州桶川宿に到達している『上尾市史 第二巻 資料編 2-78』。一方、南村須田家（分家）の荷動きを追うと、下総岩井―宝珠花―杉戸―桶川南村までは明らかであるが、水戸―下総岩井（古布内むら・長須村）間が抜けているため推定コースということになる『前掲市史 近世資料編 2-73』。おそらく桶川宿須田家の水戸街道経由と異なり、分家須田家の選択は、水戸から瀬戸井街道経由下妻に至り、そこから下妻街道を下って岩井手前で長須に向かったものとみる。以下、利根川を越えて下総古府内さらに江戸川を越えて宝珠花に至り、最寄りの杉戸宿を経て桶川に到達したことはすでに明らかにされているコースである。なお、宝珠花は武州紅花栽培地域の東端に含まれ、利根川対岸の下総岩井まで紅花産地が拡大された時期があったこと（もしくは独立産地の形成）も、一応想定しておく必要があるかもしれない。ただし関連性は極めて薄いと考える。

送り状之事

古布内むら　勘蔵附

一、紅華8箇

外ニ4箇
但シ3駄附
〆　12箇也

右之通り附送り申候間、無事着之砌ニ御改メ御請取可被成候、尤駄賃之儀は杉戸宿より先払御座候、以上

戌8月17日　　下総国　長須村　吉沢庄蔵
同　深谷太蔵

宝珠華宿　堺屋八十七殿　　杉戸宿迄350文宛之払
杉戸宿　宮野屋庄吉殿
桶川南村　須田大作殿行

荷主
伊勢屋忠右衛門

「水戸花」の流通過程における須田家介在の事例が一時的なものか、あるいは持続性を持ったものかについては不明である。しかし重量比価が高いという商品の経済的性格から、武州紅花商人が絡んだ中山道桶川宿経由のコースは間違いなく現実に存在した移出ルートである。水戸街道経由一江戸川コースや房総廻り海運等とともに、水戸街道一水海道一杉戸経由奥州街道利用も想定できるルートの一つであろう。この他、紅花そのものではないが、紅花用の袋が常陸太田村から武州紅花の問屋須田家によって購入されている。久保村須田家までの搬入ルートは、常陸太田一石塚一大橋一笠間一下館一古河一大越河岸一久保村または古河一栗橋一久保村のルートが利用された『武州の紅花 p182』。ともあれ紅花をめぐる水戸と桶川の関係は、地理的にきわめて多様なルートによって結合され、形つくられていたとも考えられる。多様なルートの成立は、いくつもの街道と河道がすべて江戸に向けて南下・南流し、利用効果も一長一短であったことと無関係ではないだろう。

那珂川ならびに久慈川水系中下流域において、紅花と比肩される綿花生産については、以下のように要約することができる。寛政3（1791）年の「太田村御用書」によって、太田村の商人が移出した商品総額およそ1万両のうち、綿花代金が半分の5千両を占め、次いで紅花代金が約2千両を占めていた。

綿花を栽培する村々は

此の地の名産木綿也、ついで大里、薬谷、酒出、太田鋳銭場跡地最上の地味とし藤田村先んず、此の地と藤田に産す、当所の綿は価も貴く商人も是を望買ふとて、小倉辺も大里辺に継候と云

表記の通りであるが、水はけのよい台地の畑に多く栽培されたという。おそらく久慈川両岸の自然堤防と洪積台地上の新田が紅花と同じく中心産地であったと推定される『常陸太田市史 通史編上巻 p661-664』。

E）那珂川舟運培養圏の農業生産と農産物流通

那珂川舟運の展開とその影響圏（商圏）ならびに培養圏の実態について、生産と流通を通して簡単な纏めを試みたい。那珂川舟運の展開を特徴的に把握すると、成立段階では、奥羽内陸の廻米津出しが舟運の発展を補強し、近世中期以降では、干鰯利用が水系を超えて野州農村に広く浸透し、結果的に両者あいまって、立地条件に必ずしも恵まれない那珂川舟運に期間限定の繁栄をもたらしてきた。こうした状況の中で、水戸藩は流通過程からの収益を企図し、専売政策の採用・株仲間や会所制度を制定して、生産と流通に対する支配を強めていった。水戸藩の商業支配は、蒟蒻・和紙・煙草を産する藩域北部農村したがって那珂川舟運に及ぼす影響も少なくなかったことが考えられる。その後、江戸出し航路の変遷及び鬼怒川舟運との競合の結果、衰勢いかんともなしがたき事態を迎えることになる。言い換えれば、那珂川舟運は水系と地域経済に見合った流通圏と貨物によって舟運体系を再編することになるわけである。

那珂川舟運の実態を少なからず規定する流域村々の農業・農産物について、『茨城県史＝近世編 p226-231』から以下管見しておこう。那珂川および隣接する久慈川流域農村の平均的農家に関する経営史料はない。したがって、得られた上層農家那珂家の作付帳や関係帳簿によって、地域農業の実態に接近してみようと考えた。水戸藩領下江戸村は北西部の山村と東部の平場農村との境界地帯に立地する。18世紀前半の下江戸村那珂家は、20石から27石余の田畑を所有し、大半は手作地と推定できる。労働力は家族と年季奉公人によって構成され、その大半は一季奉公である。奉公人は計6～7人であった。

手作地の夏期畑作物は、稗・粟・大豆が多く、芋・大根・綿・岡穂等がこれに続いた。藍・煙草も少々みられた。地味の良い畑地には大豆・粟・綿を中心に作付し、那珂川沿いや山畑には稗・粟・藍を軸に作付された。比較的忌地・好地が守られ、一定の輪作体系をなしているのは大豆・綿などであった。冬期畑作物は麦が圧倒的部分を占め、これに芥子と紅花が若干つくられている。水田では裏作の行われた形跡はない。施肥量をみると稲作―麦作―夏作の順に推移するが、金肥を中心にして施肥量の増大にもっとも比重が置かれていることが、作付帳から明らかである。農業の発達段階としては、水田2毛作は未成立だが、畑作では夏作・冬作が成立し、かなり集約的な段階に達していると見られる。下江戸村で干鰯の使用が確認された時期も18世紀前半であった。なお、同じ時期、隣接する久慈川下流部の天下野村では、粟・稗・黍・大豆・小豆・小角豆・蕎麦・菜・大根・瓜・夕顔・芋・山蒟蒻・煙草等が作付されている。常総地方の村々のどこにでも見られる自給作物を中心にした作物編成であるが、このうちとくに煙草は重要な商品作物として、以後ますます盛んに栽培されていくことになる。

18世紀末葉、常陸北部の村々で生産され、在方町太田村の商人たちが取り扱った商品作物、つまり商荷として那珂川舟運の対象になる可能性が高い農産物群は、和紙・茶・煙草・紅花・地綿など『常陸太田市史 通史編 上巻 p660-661』で、18世紀後半から栽培されるようになった紅花以外は、いずれも近世前期からの産物である。紙・煙草は太田村の商人が江戸その他の地方に出荷し、茶・地綿・紅花は他所から買い付けに入った商人に売り渡している。江戸その他の地方から流入する主要商品は、太物・呉服・古着等の繊維製品が多く、繰綿・小間物・薬種・鉄物・瀬戸物等が広く流通したとされている『茨城県史＝近世編 p210-211』が、干鰯・〆粕等の魚肥が欠落しているのは、記録上の手ぬかりである。太田村と並ぶ久慈川流域の在方町部垂村は、後背圏に保内郷を控えた有数の市場町であった。部垂村の市場と商人は、近郷の村々へ日用品や農具等を供給し、農村からは雑穀・綿・煙草・楮・茶・紅花などを買い入れている『大宮町史 p390』。紅花・綿花・煙草の栽培が商品化を目的に行われるためには、自給肥料を超える多量の金肥導入が前提となる。下江戸・小野河岸で荷揚げされた干鰯・〆粕が、久慈川の高和田河岸まで帰り荷として陸送されたことは、ここでも十分考えられることであり、同時に六斎市で流通した商品が、久慈・那珂両河川舟運を培養する貨物になっていったことも想定の範囲内のことであろう。

17世紀後半から那珂湊を拠点にして水戸藩領の村々に干鰯が送り込まれた。これらは那珂湊の干鰯問屋から在町等の仲買商人を経由して、農民の手に渡る場合もあった。那珂川舟運を通じて野州方面にも相当量の売り込みがみられたことは既述の通りである。18世紀後半以降、綿花や菜種などの換金作物栽培が盛んになるにつれ、肥効の著しい金肥需要はさらに高まっていく。下江戸村の那珂家の場合、化政期以降、菜種栽培を重視するようになり、文化3（1806）年を指数100とすると天保2（1831）年には163となり、冬作の中で裸麦（142）・小麦（118）を超えてっもとも高い伸び率を示している。その後も高い伸びは続き、慶応3（1867）年の菜種の販売額は40余両に達した『茨城県史＝近世編 p354』。

換金作物の栽培が普及するにつれ、使用される金肥の種類も増え、従来の干鰯・〆粕だけでなく菜種の絞り粕・醸造品粕が加わり、19世には北海道産鱒の〆粕も使用されるようになる。その結果、施用作物も広がり、那珂郡上高場村庄屋木名瀬家の万延元（1806）年の呈書をみると、使用金肥は鰯粕・鰹頭粕および酒・菜種・荏の〆粕などで、稲・綿・菜種・紅花等の換金作物以外に、粟・稗・蕎麦のような雑穀や大根・茄子・胡瓜といった蔬菜類にまで施されている『勝田市史 中・近世編 p630-632・914-921』。

17世紀後半から那珂川舟運経由で村々に普及してきた金肥は、商人・領主とくに干鰯商人からの前貸し形態で流通する場合が一般的であった。この前貸し商法は、その後、18世紀後半の常総全域を覆う農村荒廃の一因に連なっていくことになる。なお、太田村の2.7の六斎市や隣接する馬場村等で取引された商荷物の輸送経路については、茨城県史では一切言及されていないが、『茨城県史料＝近世社会経済編Ⅲ-131』によれば、寛政10（1798）年の下江戸河岸問屋那珂家の岡附帳には太田村との取引事例が随所に記録され、那珂川舟運と久慈川流域農村ないし久慈川との関係の深さは一つの生活圏・経済圏として理解することができる。

那珂川舟運は近世の前期段階に奥羽内陸荷物輸送を担当する地位から脱落

し、幕末文化・文政期には干鰯の野州市場を失うことになる。当然、幕末期の那珂川舟運は、黒羽河岸から那珂湊河岸までの諸河岸と、ここで集散される商荷物を中心に流通組織が再編成されることになる。配荷圏についてはすでに複数地域の継立を含む空間的把握を検討し終えている。ここでは多分に衰退狭域化された幕末期・那珂川舟運の流域村々の集荷諸荷物についての報告にとどめたい。天保7年に「那珂川筋河岸問屋仲間荷積運賃議定書」『茨城県史料＝近世社会経済編Ⅲ-129』がつくられた。これによると大宮町小野河岸を含む流域中央部の諸河岸から涸沼川最奥部の大貫河岸までの運賃体系が主要積み荷ごとに算出されている。この主要積み荷を以って流域中央部の商荷と理解し書き上げてみた。以下に列記すると米・大小豆・小麦・籾稗・氷こん・切粉・紙・煙草の類・貫敷居小割・杉. 松板の類等の農・林産物に一部特産商品が挙げられる。これらが那珂川舟運本来の下り荷の実態と考えられるものであった。下り荷の中に紅花と綿花が見えないのは、大貫河岸以外の行く先とルート、たとえば綿花は関東中央部の綿業地帯へ、また紅花については既述のような陸継―鬼怒川舟運をはじめいくつかのルートを考えることができる。なお、那珂川舟運では、下り荷の量に比較すると登り荷は格段に少なかったという（海老沢寛 1965年 p28）。ただしその具体的理由については触れていない。

F）黒羽・下江戸・水戸城下各河岸群の地域分担

那珂川舟運の骨格を構成する主要河岸には、東廻り海運の開設にともなう内川廻りの拠点港として基盤を固めた那珂湊河岸、那珂川舟運の実質的な終点として長期にわたって下り荷を受け入れ、消費してきた城下町の水戸諸河岸、那珂川可航河川の中心部に立地し、上流河岸への中継ぎ河岸として、さらに那珂川・久慈川水系有数の商業拠点河岸として発展した下江戸河岸、久慈川下り荷の受け入れ河岸として栄えた小野河岸、野州農村への魚肥流通拠点あるいは奥州内陸産諸荷物を鬼怒川舟運に結ぶための陸揚げ・陸継地点としての飯野河岸と近隣諸河岸、奥羽内陸諸藩の廻米津出しのために開かれ、曳舟延伸をともなう遡行終点河岸黒羽などがある。以下、上記諸河岸のうちから、那珂川舟運の性格を象徴するとみられる、黒羽河岸と下江戸河岸ならびに水戸城下河岸群について紹介する。

⑴　**黒羽河岸**　　近世初期の那珂川諸河岸に関する史料は少ない。黒羽河岸についても例外ではない。わずかな史料ながら、阿久津正二家文書と阿久津正二（1954年 p38-39）に従って、河岸場の発端をまずみておこう。「当河岸場発旦之儀は、明暦元年与相伝ニ御座候」とあり、さらに「運送仕方之儀は、万治年中与申伝」（河岸場発旦其他御尋ニ付奉申上候　阿久津正二家文書）とあることから、この頃開かれ、運送を開始したことがわかる。次いで、寛政10（1798）年に発せられ、文化年間に改定されたとする黒羽上・下両河岸の「定め書」から、立地と機能分担関係について抄出してみよう。黒羽河岸は黒羽城下の対岸関街道沿いの向町に上下並んで時期をずらして成立した。若干、成立期の早い上河岸では、黒羽で売買された穀類・諸商品および奥羽内陸から陸継されてきた穀類・諸商品を積下げ、下河岸では黒羽藩ならびに奥羽内陸諸家の廻米を専門に扱ってきた『栃木県史 通史編5近世2 p650-651』。

近世初期以来、那珂川の舟運は黒羽河岸を遡行終点として営まれてきたが、天保12（1831）年の黒羽河岸の「書上帳」（阿久津正二家文書）に、『当地より川上、通船一切御座無く候」とあるので、この間、上流に新河岸は開かれたことがなかったとみてよい。しかし商品経済の発展とともに多くの舟運活動がそうであったように、那珂川上流部でも終点河岸の後背圏が広大で、廻米商荷の輸送需要が強い地域の当然の帰結として、終点河岸の延伸が年々強く求められるようになっていった。天保7（1836）年、鍋掛・越堀両宿周辺と那珂川・余笹川合流点までの水路改修ならびに穀物・板・貫・材木等の積送りが許可され、翌8年の那珂川最北部の通船計画では、白河まで接近する試みが始動する。このうち余笹川合流点上手（陸羽街道渡河地点）までの那珂川舟運水路の延伸は、天保9年に実現する。河岸問屋は開設されなかったが、2里の遡上に成功することになる『栃木県史 通史編5近世2 p363-364』。その後、天保年間（1830～43年）、白川の廻米を漕運するため富士川から船頭を呼び寄せて、白川の南方2里の対村から黒羽までの7里の間を結んで、那珂川支流黒川の舟運を開いた。

上川ニおゐて御弁利ニ相成候御奉公支度、旧年心願ニ罷在候処、白川より2里黒羽より7里有之候同領対村与申処、黒川之端ニ而至極弁理之川岸場ニ御座候、依

之去（天保8年）月中、右対村迄船爲引登内見仕候

（対村ゟ黒羽迄通舟奉願下書 天保9戌年二月）

多くの苦難と障害を乗り越えて達成した遡行終点の延伸であったが、舟運の成立は下り荷に限られ、登り荷まで実現することはできなかった（大島延次郎 1971年 p14)。それでも奥羽内陸からの重量荷物が占める廻米公荷や商荷の流通には、寄与するところが大きかったようである。

原方通高久村より、黒羽江御城米御繰込ニ御座候処、右対村は白川より2里、夫より舟運ニ候得は、陸与違黒羽早着顕然の御弁利ニ御座候、（中略）下川と違ひ積荷少、登り船ニ荷物積候儀不相成候

（同上）

黒羽河岸の輸送能力を示す持ち船数を見ると、天明期（1781〜88年）には上河岸で36艘所持していたが、天保元（1830）年には26艘となる。この時期、下河岸が開設され28艘を備え付けたので、黒羽河岸では差し引き18艘の増加となる。54艘の船舶を繋留して絶えず輸送に従事したことから、黒羽河岸の繁栄を推し量ることができよう。ただし、天保4（1833）年には下河岸が8艘を減じた結果合計46艘となる（大島延次郎 1971年 p16)。これらの舟で積下げた荷物を見ると、

運送の仕方の儀は、万治年中与申伝、米穀類猶又諸荷物之内、大凡酒醤油水油煙草銭荷柏皮かうず

「御尋ニ付奉申上候書付書上覚 天保2年（阿久津正二家文書)」

この他、明暦4（1658）年からは木羽・木材・硫黄・茶・菜種・栗・絹糸・大石其の外に雑貨も輸送している。もとより、関街道や奥州街道を利用して、黒羽藩をはじめ白河藩・二本松藩・長沼陣屋などの廻米や城米もこの河岸から津出しされることが多かった。なかには白川藩の廻米津出しのように、遡行終点河岸の延伸によって、海路輸送の危険性と時間的ロスの回避が可能となり、歴史の流れに逆らう海運から水運への回帰も見られた。以下の史料に見るように遡航延長水路の開疏は、単に白河一藩を益したにとどまら

ず、諸藩の用益に供するところが大きかった（大島延次郎 1971年 p18）。

当領主江戸扶持米之義、是迄海路相廻り候処、殊之外手間取数月相掛り、其上難破船等有之（中略）右川路黒羽町迄通船仕候得は、弁理宜敷、就中諸出費等多分相減

（乍恐以て書付奉願上候 天保12年）

白川表より御廻米之儀ニ付、黒川通野州迄通船場所之内、領分村々川附之場所茂御座候ニ付、川筋御開之儀、御絵図面ヲ以委細御懸合之趣、致承知向々取調候

（同上）

（前略）諸家様御廻米、並諸荷物請払都而通船掛、通用可致規定之事

（黒川通船議定書 天保13年）

大島延次郎（前掲論文 p22）は、黒羽における会津・高田藩などの倉庫の設立や荷小屋・船頭宿を中心とする関街道沿いの街村の形成に注目して、杉山河岸を核に藩や商人の米蔵・材木蔵・船倉・川番所などが集積する水戸諸河岸とともに、那珂川舟運の中枢的拠点河岸とみている。しかしながら、関東舟運史的な観点から見ると、地域を貫く関街道の荷物すら黒羽を素通りして、鬼怒川の阿久津河岸や板戸河岸に結ばれている。たとえば、栃木県史『通史編5近世1 p609』によると会津藩では、正保元（1644）年以降、会津西街道経由で鬼怒川阿久津河岸に結び、また正保3（1646）年には原街道を開き阿久津河岸につないでいる。この頃、白河藩でも原街道経由阿久津河岸コースを利用するなど、諸藩の江戸向けの津出し経路は、鬼怒川舟運に大きく傾斜していた。自己完結性を欠いた那珂川舟運という制約のもとでの、黒羽河岸に対する諸藩の扱いは、抜きがたい地理的宿命でもあった。

⑵ **下江戸河岸**　河岸の創設年代は、「下江戸村河岸寛永元子ニ初申候」（那珂家文書　以下とくに断りがない場合はすべてこれによるものとする）に見るとおり、およそ寛永期前半である。しかし創設の契機、初期の取り扱い荷物などに関する史料は残されていない。下江戸河岸の取り扱い荷物について把握が可能になるのは、半世紀を経た貞享・元禄期からである。長野ひろ子によれば、この頃の下江戸河岸の機能は以下の4類型に大別されるという「幕

藩制市場構造の変質と干鰯中継河岸 p67-69」。

1)、干鰯中継機能：「磯湊より那珂川通干鰯諸荷物烏山茂木惣而西筋船通湊より中次先年より下江戸上泉下圷此三ヶ村ニ而、船数三拾壱艘此船方百弐拾四人ニ而御拝借金六拾四両仕、右之舟求メ先年より次送申候、(後略)」元禄期の記述であるが時期は特定できない。

2)、奥州内陸諸藩の年貢米等の諸荷物運送：那珂川はその河口部で江戸廻送路に接続することから、下江戸河岸は、野州・奥羽内陸諸藩の年貢米を中心に荷物運送に従事している。

3)、水戸藩の年貢米運送：元禄2（1689）年、下江戸村庄屋兼河岸守権兵衛が藩に差出した訴状によれば、「当村ニ四年以前寅年御蔵立申候而、其年より村々御城米納申」ということになっていた。寅年とは貞享3（1686）年である。

4)、後背地農村の諸荷物運送：河岸経由による周辺農村との荷物の集配荷つまり商荷の取り扱いである。この場合、長野ひろ子は、いずれも後背地農村での商品生産の展開に規定されて運送がなされていくとしている。

以上、貞享～元禄期における下江戸河岸の諸機能を箇条に取り上げたが、その成立の時期やそれぞれに占める比重については不明ないし異なっている。ただし元禄期以降の河岸争論の多くが、干鰯の中継をめぐって繰り返されてきたことから、下江戸河岸の性格を特徴付ける機能として、もっとも重要な意味を持つのが干鰯中継機能であったことだけは明確に指摘できる。言い換えれば、干鰯中継機能の把握が下江戸河岸の本質的理解につながるものと考える。同時に干鰯中継体制が下江戸河岸単独ではなく、隣接2ヵ村とともに維持運営されてきたことにも注目する必要がある。つまり下江戸村は権兵衛、上泉村は甚兵衛・庄蔵・庄衛門、下圷村は忠兵衛の各河岸を合わせて3ヵ村5河岸体制が成立していた。おそらく元禄期の成立以来、この体制は維持されてきたものと思われる。その間、とくに近世前期の磯浜から西筋への干鰯中継の具体像は全く判明しない。九十九里浜産の魚肥を取り入れた利根川水系の野州農村では、寛文～元禄期にすでに干鰯・〆粕の搬入が見られたが、地元ないし三陸地方産の魚肥を使用した那珂川水系では全く流通史料を欠いていた。そこで、次に近世中期の下江戸河岸を中心とした3か村5河岸体制による干鰯中継の展開過程について、長野ひろ子の研究『前掲書 p70-74』に依拠しながら整理してみたい。

3か村5河岸体制は、元禄期中葉以降、あいついでその特権を脅かされることになる。元禄11（1698）年、3か村5河岸側は隣接大内村庄左衛門河岸を相手に、郡奉行所に出訴する。出された訴状によると、庄左衛門河岸は塩荷物・御城米・岡通し荷物を請け払う河岸で、上川への荷物を扱う場合には3か村に寄舟をして船積をすることになっていた。しかるに庄左衛門は自ら磯湊からの荷物を扱い、船賃を増し言い上げて船継しているため、甚だ迷惑しているという趣旨の争論内容であった。出入り一件の結末は判明しないが、すくなくとも宝永期には、庄左衛門河岸は中継ぎ河岸の地位を獲得していることが史料的に明らかとなっている。結果、宝永期の中継ぎは4か村5河岸体制（上泉村河岸の脱落）に変化する。この新体制もまた不断の切り崩しにさらされることになる。

乍恐奉願御訴訟状之事

一、今度下国井村ニ而新川岸立可申候と願人御座候ニ付、委細御訴申上候事

一、中略

一、当十弐年以前水戸河岸善左衛門干賀諸荷物中次可仕候とて、磯湊西筋を繕新かし立申候ニ付、其時分ニも私共林十左衛門様御役所へ罷出、様々さわり之儀申上候得ハ、早速御潰被游被下候事

一、其砌御公儀様より私共方へ被仰付候ハ、向後新かし立させ申間敷候、就夫ニ右五ヶかし三年分請払帳面御改、河岸御役せん先年よりハ過分ニ川岸々ニ応シ被仰付、年送リニ御上納仕罷在候事

この訴状自体は、宝永6（1709）年、4か村5河岸が下国井村の新規河岸立に反対した願い書であるが、水戸城下善左衛門河岸なども干鰯中継を申し出ていた事実も明らかとなる。善左衛門河岸は、那珂川諸河岸を統括するほどの有力河岸である『茨城県近世史料Ⅳ＝加藤寛斎随筆 p31』。3か村5河岸はこの時、過分の役銭上納で切り抜け、その後、さらに庄左衛門河岸を仲間に組み込み、4か村5河岸体制の下で仲間組織の強化と存続を図ったもの、と長

野ひろ子はみている。

4か村5河岸体制によって増大する干鰯中継業務に対応し、独占体制の維持を懸命にはかる中継河岸に対して、享保期に再び強力な対抗河岸が出現する。上流野田河岸の画策蠢動である。野田河岸の画策は、従来のような近隣下流河岸の割り込み競合と異なり、干鰯中継体制そのものを空間的に再編しようと試みたものであった。つまり従来の干鰯中継は引き通しで最終河岸まで送られる場合と、途中で中間河岸に引き渡す場合とがあった。これに対して、享保9（1724）年、野田河岸長兵衛は諸荷物すべてを野田継にしたいと藩に願い出た。4か村5河岸体制を是認し、その上に第二の独占体制を構築しようとするものであった。その後、野田河岸の願いが承認された形跡はないという。那珂川流域干鰯流通の拡大基調の下で、これに参入しようとする有力諸河岸を中継体制の強化によって封じ込め、特権の保持を継続していたのが、元禄～享保期の下江戸河岸を中枢に据えた干鰯中継河岸の動向であった。なお、干鰯中継河岸の化政期以降の衰退とその要因については、前項で記述したとおりであるが、あえて補足するならば、下江戸河岸は他の中継諸河岸とともに、五十集（いさば）荷口改河岸として転換を遂げ、新しい状況に対応していくことになる。

那珂川中流、水戸藩領の下江戸河岸は、那珂川舟運の中継河岸として船荷の積み替えが行われた重要な拠点河岸であった。河岸問屋那珂家は寛永期開業とされ、元禄期からは那珂湊から野州各地への干鰯・〆粕の中継、奥羽内陸諸藩の年貢米・諸荷物の運送、水戸藩領村々の年貢米運送、周辺農村からの諸荷物運送を行ってきた。以下、那珂家「積出船帳」から下江戸を起点にした上川と下川の荷動きについて、いくつかの問題を指摘してみる。下川（下り荷）は、そもそもの積み出し地は不明であるが、送り先は水戸城下が圧倒的で、この他に那珂湊・大貫、涸沼の石崎・海老沢までのものもある。後者が江戸地廻り経済の一端を構成することは論をまたない。水戸までの荷物は米・籾・大豆・麦などの穀類がほとんどを占めるが、一部に特産品や木材なども見られる。海老沢まで行くのは板で、これに若干の特産品が含まれる。最終的には江戸に送られる。水戸城下への年貢米類は、総合的に勘案して那珂川・久慈川流域農山村の産出とみられる。

一方、上川（登り荷）の主体は干鰯と〆粕で、これに若干の塩・薬が加わる。重要商品の塩の搬入が浮上してこないが、峠越え等の陸継を考えてみる必要があるだろう。野州農村への魚肥流通の地域的展開、時系列的な推移と要因についてはすでに別項で述べた。このことを含めて、那珂川・久慈川舟運の上下荷の特徴とその意義について総括すると、まず、魚肥流通の多量であること、ならびに流通範囲の広域性に一驚する。次いで下川の荷種の多さと遠距離性つまり後背圏の深さにも目を奪われる。関東河川水系の片隅に展開する那珂・久慈両舟運は、下江戸河岸の魚肥中継流通を背景に、常野の農村に対して平場における穀菽類生産力の上昇と山間部における特産商品生産の成立をもたらすことになった。魚肥利用の浸透が在方資本の前貸し商法を通して、近世中後期の農民階層の分化と農村荒廃に連鎖する問題は、改めて別項で検討したい。

⑶　水戸城下河岸群　那珂川水系諸河岸の多くは中継・通過河岸的な性格が強い河岸群である。その点、水戸城下の諸河岸は消費河岸的な性格の下に推移してきた。おそらくその河岸機能は、川越五河岸をも超える消費河岸であったことが推定される。関東最大の消費能力を有する大藩城下町にふさわしく、河岸の集積もまた屈指の状況であった。『水戸市史 中巻（一）p623-625』によると、那珂川右岸・城下町寄りの杉山では、商人荷の他に藩用荷物を多く扱い、材木蔵・船蔵・川番所・水主屋敷などが立ち並んでいた。杉山の商人河岸としては、寛文・元禄期頃から山九郎河岸・善左衛門河岸・清三郎河岸・紋兵衛河岸があいついで開設され、城下町の需要に対応していた。杉山の下流には、商荷用の細谷・吉沼両河岸が立地していた。

対岸の枝川にも岩城街道・棚倉街道経由で奥州筋や奥久慈方面の荷物が集中し、水戸の城下と渡船で結ばれ、仙台河岸・五兵衛河岸・二見河岸が並立していた。それぞれの河岸は、城米輸送、那珂川筋各地への一般荷物の水陸運送、仙台一水戸・江戸一水戸間の荷物運送など、特色のある運輸を担当していたようである。「川島家回顧録」には福島地方、岩城平、常北から白河・棚倉にかけての商荷雑貨のほとんどが枝川に輻輳した『前掲市史p626』とあることから、舟運と陸上交通の接点として、さらに城下町と後背圏を結ぶ結節点として、その重要性を理解することができる。那珂川は舟運だけでは江戸に直結されない孤立的・閉鎖的舟運地域の性格が濃厚であるが、水戸城下の存在で自己完結機能も付与された舟運地域ということができる。

G）久慈川舟運と那珂川舟運の共通性と依存性

那珂川舟運の展開と密接不離の関係にある久慈川舟運は、文政3（1820）年、棚倉藩領川下村の重郎次が、塙代官所に久慈川通船許可願いを出したことを契機に本格的に始まったという。それまでの久慈川舟運は、険しい河況のため、貞享年間ころから文政期にかけて幾度となく復活と挫折の歴史を繰り返してきた（金沢春友 1961年 p134）。この間、棚倉藩の御城米搬送は明神峠越え太田村経由で那珂川の枝川河岸まで陸継しなければならなかった。農民に大きな負担を課してきた陸継が、最終的に舟運に変更されるのは21年後の天保12（1841）年のことであった『山方町史 上巻 p247』。上納米は下野宮まで舟、そこから頃藤まで筏、その先は再び舟で山方または高和田の河岸まで運ばれ、そこで陸揚げされ那珂川の小野河岸までの駄送を経てようやく積下げられることになる『環境百科 久慈川 p24』。

ここで那珂川と久慈川の舟運について、荷動きを絡めながら比較検討してみたい。共通点としては那珂・久慈両河川舟運とも上流山村地域に和紙・蒟蒻・煙草等の特産商品作物の産地を抱えていることであろう。さらに両水系の主要河岸は、通船許可願いが出される19世紀前葉のはるか以前、17世紀中葉の明暦から万治年間にかけてすでに成立し、ほぼ同時期にその機構を整えたものとされている。いずれも奥羽南部を経済圏に包含していることでも共通している『大宮町史 p374-376』。

両水系舟運の異なる性格としては、久慈川は那珂川の舟運を一部借用して初めてその舟運機能を完結できるといういわば支流舟運的な側面を持つことが指摘できる。久慈川舟運の特殊性は、流域内部で六斎の市日を設け、物資集散機能を備えた太田村・部垂村以外に、那珂川流域における水戸のごとき有力地方消費市場を持たなかったことに起因する。換言すれば経済的な自己完結性を持たない閉鎖的流域空間だったことに問題があった。このため商品流通を完結すべく久慈川舟運は、高和田河岸で荷揚げして那珂川小野河岸まで馬継ぎするか、または上岩瀬河岸から那珂川下江戸河岸・大内河岸に馬継ぎして那珂川舟運に乗せることになる。

那珂川舟運経由で流通した下り荷物は、延享2（1745）年の「諸荷物年切請高帳」によると、御米・御城米籾・稗・俵物・煙草・蒟蒻・地塩・紙荷・綿荷・斉田塩・砥石・板貫類・大小豆・籾などがあり、その多くは保内郷および大宮近郷の物産が占めていた。わけても煙草・蒟蒻・紙類はこの地方の重要な特産商品であった。この他に奥州最上・会津地方産の茶が白河から陸付で久慈川流域に運び込まれてきた『大宮町史 p382-383』。なお、登り荷については、おそらく干鰯・〆粕を含む荷物が部垂村の市日に駄賃馬の戻り荷として持ち込まれ、近郷の農民との間で取引されたことは十分考えられる『大宮町史 p378』が、確たる史料は存在しない。太田村の場合も、既述のように那珂川下江戸河岸問屋と太田村商人との間に交わされた活発な取引が示すように、久慈川下流農村への肥料・生活用品等の登り荷供給は、特産品栽培を媒介にして間違いなく成立していたものとみてよい『大宮町史 p378』。

ともあれ、那珂川・久慈川両河川は、地理的にはまったく異なる独立水系であるが、舟運体系としては馬付けを介して地域的に強い絆で結ばれ、那珂川舟運抜きでは久慈川舟運は論じきれないこと、および両流域の特産商品や穀菽類がセットで江戸地廻り経済の展開に向けて機能したことは指摘しておく必要があるだろう。なお、17世紀中葉以前、つまり久慈川舟運の主要河岸が成立をみる前の諸荷物輸送は、陸奥塙領から水戸に通じる南郷街道によって馬継されてきた。紙荷の場合、那珂川の小野河岸まで陸継されてから舟運で積下されていった。南郷街道の継立宿．部垂村は、保内郷および南奥州荷物の集散地として、また水戸への年貢米中継拠点として賑わい、舟運成立後も南郷街道では紙荷・煙草荷など一部貨物の搬出は続けられた。ただし竹貫煙草については、宝暦13（1763）年、入山上・下山上両村が竹貫村を相手に起こした附け越し出入りと、寛政8（1796）年、西野・塚本・山田3ヵ村が岡田村を相手に起こした附け越し出入りの影響によって、宝暦から寛政期にかけて塙経由里川沿いの棚倉街道を経て、太田村まで陸付搬送された時期もあった『近世交通運輸史の研究 p512-515』。その間、部垂村が太田村と並ぶ商業的集落として、久慈川流域における商品流通上の中心地的機能を喪失することはなかった。『大宮町史 p368-370』。南郷街道とともに水戸から太田村経由岩城の棚倉に至る棚倉街道も、水戸支藩の守山藩や幕府領の年貢米と山海の物資を水戸に結ぶ重要な交通路であった『水戸市史 中巻一 p563』。

ここで商品流通の季節性について、海老沢寛（1965年 p29）の所見を参考に、以下補足しておこう。荷動きには顕著な季節性が見られた。木材・薪炭などの林産物は、秋〜春にかけた農閑期が生産の最盛期となり、かつ需要期に重なるために輸送最盛期となる。春〜秋の荷動きは全般的に少ないが、春の小麦、夏の煙草・紅花、秋の米などの重要商品作物の収穫期に当たり、その多くが津出しされる時期である。地形的制約を共有する関東河川（南流型）舟運の特色として、荷動きの多い冬場が渇水期と逆風期になるため、船頭たちは川底さらいや曳舟労働に悩まされたようである。こうした通船障害を反映して諸荷物の運賃も、冬川値段は若干高値に設定されることが、那珂川筋を含む多くの河川の通例であった。

これまで述べてきたように、那珂川舟運における登り荷物．干鰯・〆粕の流通経路と、那珂川・久慈川流域の特産商品紅花・綿花・煙草・和紙（楮栽培）の生産と流通の概要について整理してきた。とくに水戸藩の特産品に対する基本的姿勢や江戸・在地問屋の農民支配の輪郭についても、史料的に不満足の内容ながら触れることができた。ただし常陸産和紙と煙草に関する記述は、流通面との関係に注目して、「第二節1、鬼怒川水系舟運と特産地形成」で野州産の和紙・煙草と一括して扱った。その際、取りこぼした古島敏雄の指摘『日本産業史大系 総論編 p292-293』「藩が特殊の年貢制度で農民が流通過程に入り込むことを抑えないかぎり、楮その他紙原料の生産や製紙は、煙草生産とともに山間部農民を商品経済に引き込む契機であった。」を取り上げ、久慈川・那珂川上流山村における和紙生産の展開過程で果たした水戸藩の対応と和紙業の流れをを総括してまとめにしたい。

水戸領北部山村に根づいた煙草栽培や農間余業の紙漉きをとおして、貨幣経済・商品流通に入り込んでいった農民に対して、歴代藩主がとった姿勢は保護奨励策の推進であり、したがって山間部農民を商品流通により深く引き込むものであった。間もなく、儲けの大きい製紙業の流通過程から、いかにして藩収益を取り出すかという点に方針が転換される。選ばれた手段が専売制度の採用であり、株仲間や会所制度を定めることであった。水戸藩の生産と流通に対する支配強化は、「西の内」や「鳥の子」の産地名がそのまま商品名として通用するほど名を挙げた和紙生産において、とくに顕著に認められた『茨城県史料＝近世社会経済編Ⅲ p23』。しかしそれ以上に、在地問屋の船前制度と講組織による生産と流通上の農民支配は厳しいものであった。とりわけ、和紙生産の増加と取引の拡大は、従来の特権問屋に代わる新興商人層いわゆる「小僧言人」の台頭を生むことになった。彼らは天保期以降幕末にかけて、かなり強力な前貸し支配を行い、生産者の意欲減退と産地衰退の遠因を創出することに連鎖していった。

7. 下利根川・霞ケ浦水系舟運と後背圏の商品生産・流通上の特質

A）利根川水系の地域区分とその根拠

利根川水系を地域的に分類する方法は、分類目的と指標の取り方によって幾通りにも分けることができる。ここにあえて措定した下利根川水系とは、交通とくに河川舟運と流域の人文・自然現象に基づく類型化によって創出された地域空間の呼称である。より具体的には後述の理由に基づいて区分された境河岸から銚子湊に至る間、ならびにこれに江戸川水系を加えた範囲である。ちなみに、上利根川水系の措定根拠は、人文的に見た場合、14河岸仲間の絆で組織化された河岸問屋集団の立地範囲であること、また自然条件ないし輸送技術上から見た場合、浅川化が激しく、積み替え中継輸送を必要とする水系であることの2点に基づいて指定した。もとより後者にかかわる艀下ならびにその後の所働船の活動水域という指摘も可能である。なお、平塚・中瀬河岸下流—下総境河岸上流を利根川中流域として区分した。

下利根川・霞ケ浦・江戸川水系を一つの類型地域として括った主な理由は、以下の諸事項に基づくものである。1)水運と陸継ぎを複数地点で連携させた舟運地域である。2)人為的河道変更の結果、浅場の成立で就航に難を生じた舟運地域である。3)流域・河岸後背圏は、畑方特産物生産が希薄な穀菽型農業地域である。4)主要商品作物の穀菽類と優れた舟運条件が結合した有数の醸造業地域である。5)東廻り海運の発達に影響され、江戸向け下り荷物に変遷が見られた舟運地域である。上記視点で把握した下利根川・霞ケ浦・江戸川舟運地域について、穀菽農業の生産と流通、言い換えれば、河岸を媒介とする商品流通を軸にした農業・農村の考察を試みるものである。

B）舟運方式の特殊性と穀菽農業地域の成立

下利根川舟運の特色の一つに艀下業務がある。艀下稼ぎの自然的成立背景は砂州の形成である。とくに天明の浅間焼け以降、冬季の浅川化は、利根川開削通流地点と鬼怒川合流地点ならびに江戸川分流地点間で顕著に進行した。このため高瀬舟などの大型船は小型の他船に荷物を分載し、喫水を浅くして航行することになる。これを行う船とその行為を利根川水系では艀下と称した。艀下稼ぎができるのは、小堀河岸・関宿河岸・松戸河岸だけの特権であった。ちなみにこの艀下は、佐原の小野川や上利根川の平塚河岸・中瀬河岸上流、さらには江戸の揚場に展開し、奥川筋の荷物を市中の隅々に配荷した艀下船とは、若干舟運史上の位置付けが異なるものである。

艀下の利用は手間と費用がかかり、そのうえ関宿廻りの運送は、時間的にも経済的にも無駄が大きかった。そこに陸継ぎを取り入れ、A字型のショートカットを採用する舟運業者が出現した。利根川右岸の布施河岸で陸揚げし、馬継ぎで江戸川左岸の加村・流山河岸まで運び、また船に乗せるルートがそれである（図Ⅲ-1参照）。このルートは多くの舟運業者に好まれ、選択された結果、荷扱い量が減少したショートカットの1号路線．鬼怒川（山王河岸）―利根川（境河岸）を結ぶ「境通り六ヵ宿」村々から再々の出訴を受け争論は長引いた。最終的には、布施河岸―加村河岸の短縮ルートが幕府公認となり、決着した。しかし、布施河岸―加村河岸間のショートカット2号路線もまた、図示したように、近隣における新河岸―新道開設ラッシュで悩まされることになる『千葉県の歴史 通史編近世2 p38-40』。なお、東廻り海運の早期段階に、那珂湊経由の涸沼―北浦ならびに涸沼―霞ケ浦を結んだ馬継・陸送もこれに準ずる輸送形態である。

⑴　醸造業地域の成立と原料産地の展開　利根川と湖沼舟運を利用する常陸台地や下総台地とその開析谷の代表的農産物は、米麦・大豆である。これらの醸造用原料産地と巨大消費地江戸を舟運が結んで各地に醸造業地域の成立をみることになる。こうして「前工業化社会」の繊維産業と並んで、手工業生産の代表とされる醤油・酒類などの醸造業が、原料立地型と同時に交通

立地型の性格を濃厚に持つ産地形成を利根川・江戸川・霞ケ浦沿岸地域で進行させていった。醸造原料とくに小麦・大豆の産地は、産地農村内部で一次加工ないし製品化される繊維関連生産地域や、江戸に直送される一般商品作物産地と異なり、醸造業地域経由という迂回流通と加工過程を経て、はじめて江戸地廻り経済圏を構成する特産物生産地帯としての地位を確立することになるわけである。

近世前期の醸造業の主流は酒造であり、城下町・陣屋町などの酒造業者は上層町人として大きな力を持っていた。領内の米穀集荷機構が城下町・陣屋町の米穀商人に握られていた段階では、これと結びついて、原料米を仕入れることのできる上層町人たちだけが酒造業に手を染めることになる。18世紀後半以降、米穀荷受け問屋の衰退とともに従来からの酒造業者の地位が相対的に低下し、代わって在方での酒造・濁り酒造・醤油醸造が盛んになっていく。たとえば、近世前期の水戸城下町の場合、119軒もあった酒屋は、天保期には株を郷村に売り払いわずか14軒となった。このため水戸の町中には在郷、土浦・府中の酒が多く入るようになっていった『茨城県史＝近世編 p383-384』。

幕末、安政3（1856）年の『重宝録』から地廻り酒の産地を見ると、まず江戸入津量は15～16万樽、地廻り産地は流山・野田・行田・高崎・佐野・常陸府中などが挙げられている。江戸との結合を視野に入れ、あるいはこれを大きくとらえている野田・流山のほかに、舟運の便、原料入手の便に依拠した行田・高崎・常陸府中、さらには舟運を利用して近隣市場・地方有力市場に展開していった佐原・鏑木・矢貫などの産地業者もあった。ただし醸造酒産地は、材料と消費の普遍性から関東各地の城下町・陣屋町を中心に、在方町・在郷にかけて万遍なく分布し、醤油醸造業に見るような集積産地や大規模業者の成立は、結城・古河・府中など一部の城下町を除いて見ることはなかった。酒造業者の社会的経済的地位は村役人・上層農民が多く、濁り酒業者は中農層が一般的であったとされる『前掲茨城県史 p384-385』。取手（酢）・流山（味醂）も酒関連業種として挙げておく必要があるだろう『千葉県の歴史 通史編近世1 p999・1007』。

近世における経済発展は、次第に江戸庶民の所得を上昇させ、生活を向上させ、近世後期には多様な食文化が開花することになる。蕎麦・蒲焼・寿司・煮売り物などの業者が叢生し、江戸は醬油の一大消費地になっていった。こうした江戸の需要に応えていたのは、18世紀までは下り醬油であった。19世紀前半までに大小多数の醸造業者が各地に成立する。文政4（1821）年には、下り醬油と地廻り物との関係は完全に逆転し、大坂からの入津割合は1.6％に低落する『茨城県史＝近世編 p1034-1035』。この頃、地廻り物の醬油産地は佐原・銚子・土浦からはじまり、野田や江戸近郊農村で生産される醬油を含めて江戸の食文化を担うことになる。

醬油つくりの原料は、小麦・大豆・塩である。千葉県の歴史『県史シリーズ p207-208』では、原料供給地について「銚子の場合、大豆・小麦は当初は周辺農村より集荷し、近世後期に至ると常陸霞ヶ浦沿岸産の大豆・小麦を購入している。野田の場合も大豆は霞ヶ浦沿岸の常州大豆が使用され、小麦は地元産のほか相州産が多く利用された。」とかなり大雑把に書き述べているが、実態は多くの産地との交渉があったとみるべきである。銚子醬油の場合、18世紀前半の宝永・宝暦期における大豆・小麦産地を銚子. 広屋家の大福帳から拾うと、東北地方産では南部大豆・福島大豆・岩城大豆・気仙沼大豆・仙台大豆がみられ、関東地方産としては常陸大豆・水戸大豆・上州大豆等の銘柄名が挙げられ「銚子醬油醸造業の開始と展開 p10（林玲子)」、積み出し地として高浜・潮来・小川・江戸崎・土浦・江戸などの地名が書き上げられている。このことに関して、『前掲書 p10』は、広屋半右衛門の口のなかで江戸からの船賃が挙げられていることなどを理由に、南部大豆・福島大豆・上州大豆などの遠隔地物は、江戸経由扱いだったことを指摘している。江戸地廻り経済圏の広域的成立と補強策の一端をその中に読むことができる。

18世紀後半には霞ヶ浦沿岸の常陸府中・鹿島・土浦の商人を通して小麦・大豆が購入され、他方、江戸の下り塩問屋から赤穂塩を仕入れ、醬油出荷の帰り荷として、空き樽とともに銚子に運ばれてきた『千葉県の歴史 通史編近世1 p1036』。ただし上州大豆や水戸大豆さらには奥羽産大豆などのキーワードを前掲千葉県史の記述や宝暦5（1755）年の万覚帳の中に見出すことはできなかった。同時期. 明和2（1765）年のヤマサ醬油の「万覚帳」でも、仕入れ先不明の上州大豆1件と江戸店仕入れの上州大豆1件ならびに水戸仕入の大豆1件の記録が散見されたにとどまる。その後は、安永7（1778）年該当なし、天明6（1786）年水戸仕入の小麦2件、寛政5（1786）年該当なし、文化2（1805）年水戸仕入の大豆1件、文化12（1815）年該当なしと続き、「醬油原料の仕入れ先及び取引方法の変遷 p104-112（井奥成彦）」が示すように、天明6年・文化2年に水戸産の小麦と大豆が若干搬入された以外は、隔地物の姿は影をひそめ、霞ヶ浦後背圏を中心に川通りを加えた近隣産地物が醬油醸造業地域の原料供給シエアーをほぼ独占的に支配する状況となる。こうした立地移動の一因として考えられることは、商品経済の進展にともなう産地変動の結果―たとえば幕末期の西関東における養蚕経営の発展が大豆生産を圧倒し、さらに醸造業の目覚ましい発展が近在・近国産原料産地の拡張にくみし、奥羽産大豆の後退の契機になった―を指摘することも可能である。文献精査を必要とする事柄の一つであろう。

次に下利根川および霞ヶ浦後背圏の主要商品作物の生産と流通について、19世紀初頭から幕末期のヤマサ醬油の小麦・大豆の仕入れ先ならびに仕入れ高の推移を井奥成彦「醬油原料の仕入先及び取引方法の変遷 p114-118」・（表Ⅲ-7）を通してみていこう。

⑵ 醸造原料の経年仕入れ先状況 **①文政～天保前期** この時期は府中・土浦などの霞ヶ浦沿岸に小麦・大豆の仕入れ先が集中していた段階である。生産面での安定化にともなって原料仕入れ先も地域・業者ともに固定化した時期である。

②天保後期～慶応元年 天保9（1838）年から安政4（1857）年までの欄は、ヤマサの原料仕入れ先が、それまでと傾向を大きく異にする時期である。資料欠落年が多く、数字に不確定の部分を含むが、傾向的には、霞ヶ浦沿岸と川通りが拮抗ないし時期と品目によっては後者が上回る場合も見られた。この傾向はとくに大豆の場合、慶応元年まで尾を引いている。安政5（1858）年～慶応3（1867）年の欄では目立たないが、それは慶応2年から仕入れ先が再び霞ヶ浦沿岸に圧倒的な集中をするためである。天保前期までは販売は江戸中心、原料仕入れは上州・常州・霞ケ浦沿岸中心にそれぞれ固まっていたのが、以後、慶応元年までは販売面で川通りを中心とした地売りが江戸売りを上回り、かつ原料仕入れでも川通りの比重が増していく。しかしそれ以降、

表Ⅲ-7　ヤマサ醤油小麦・大豆仕入れ先別比率（文政～明治）（入目帳による）

年	河岸揚総量	霞ヶ浦河岸(1)	川通(2)	遠隔地(3)	不明・その他	計
1818～27 （文政1～文政10）	小麦 23,247俵 大豆 22,369	70.7% 85.9	10.5 2.2	14.1 0.9	4.7 11.0	100 100
1828～37 （文政11～天保8）	小麦 18,671(8年分) 大豆 16,610(　〃　)	87,5 92.0	1.9 5.9	6.8 0	3.8 2.1	100 100
1838～47 （天保9～弘化4）	小麦 19,752(8年分) 大豆 19,532(　〃　)	37.0 54.2	58.5 24.9	0 4.9	4.5 16.0	100 100
1848～57 （嘉永1～安政4）	小麦 6,596(3年分) 大豆 6,380(　〃　)	54.4 35.2	27.8 64.8	14.9 0	2.9 0	100 100
1858～67 （安政5～慶応3）	小麦 9,479(4年分) 大豆 9,278(　〃　)	71.7 68.4	10.4 25.9	1.2 0	16.7 5.7	100 100
1868～77 （明治1～明治10）	小麦 14,326(5年分) 大豆 10,668(　〃　)	78.5 85.2	1.1 4.5	3.6 0	16.8 10.3	100 100
1878～87 （明治11～明治20）	小麦 17,707(6年分) 大豆 18,273(　〃　)	79.8 63.8	0.2 2.0	0 0	20.0 34.2	100 100
1893 （明治26）	小麦 6,341(1年分) 大豆 5,652(　〃　)	87.9 47.9	0 0	0 0	12.1 52.1	100 100

出典：林玲子編『醤油醸造業史の研究（井奥成彦）』（吉川弘文館、1990）

販売は江戸（東京）、原料仕入れは霞ヶ浦中心に戻っていくことになる。ともあれ、この時期の川通り諸河岸とヤマサの仕入れ・販売上の関係から、井奥成彦は「醤油原料の仕入先及び取引方法の変遷 p126」の中の一節で「江戸以外の有力地方市場の成立を窺うことができる」という指摘をしている。同時に少なくとも天保期以降の奥羽大豆や上州大豆の銘柄名は、存在が薄くなったかまたは消滅したのか、農村史・醸造史の世界に再び登場することはなかった。なお、天保飢饉以降の幕末の社会不安と重なる生産停滞を乗り切るべく、ヤマサはコスト低下で経営危機の打開を図った。換言すれば、井奥成彦の指摘にあるとおり、ヤマサに低コスト経営策を選択させるほどに、川通り村々の生産力は上昇していたとみることができる「前掲書 p118」。生産力の上昇と輸送条件の有利性は、干鰯・糠・粕などの金肥購入と小麦・大豆の津出しのための舟運に恵まれた地域性の中にあった。もちろん、畑作農業の生産力発展の地域的条件は、霞ヶ浦沿岸後背圏の村々にも該当する事柄であることは論を待たない。以下、幕末期のヤマサ醤油の原料仕入れ先と産地の推移について整理してみた。

③慶応2年～明治20年代　慶応2（1866）年以降、ヤマサ醤油の小麦・大豆の仕入れ先は、再び霞ヶ浦沿岸が圧倒的比重を占めるようになる。その原因としては、経営方針の変化とともに幕末～維新期の変動とこれに続く新政府の政策により、小規模な川通りの商人が淘汰され、逆に大規模な霞ヶ浦沿岸の商人には、それらが有利に作用したことが考えられる。以後、明治20年代末に外国産の小麦・大豆が輸入されるまで、霞ヶ浦沿岸とくに府中・土浦・真鍋から集中的に原料を仕入れることになる「醤油原料の仕入先及び取引方法の変遷 p118」。集中的な仕入れを可能にした地理的背景は、土浦（桜川）、府中（恋瀬川）とも舟運河川の下流部に位置し、流域農村の生産物集散地となっていたことである。河川流域の生産状況を反映して、土浦が大豆の集荷に比重が大きく、府中は小麦の集荷で若干勝っていた。

荒居英次「銚子・野田の醤油醸造 p106-107」によると、19世紀初頭以降、関東醤油の製造には、常陸の小麦・大豆が最適であるとされ、2大核心産地とも土浦周辺の農村に大きく依存する原料購入を行ってきた。銚子では不作で入手困難な年次に限り、下総いわゆる利根川川通りの農村から買い入れていたという。このように荒居英次は、下総産原料の買い入れをやむを得ない場合に限定しているが、これに対して井奥成彦「醤油原料の仕入先及び取引方法の変遷 p113-118」は、霞ヶ浦産原料の優位性を確認したうえで、幕末の一時期、川通りの原料が使用されたことを明らかにし、単に不作による入手難からではなく、川通り経済の発展や自社の経営上の理由から、同地の原料使用がなされたことを指摘している。醤油販売圏としての川通りの比重増大を勘案すると、川通り圏の経済力の向上は、醸造原料生産を含めた農業生産力の上昇を背景にして、実現したと考えるのが妥当のようである。もとより、川通りにおける生産力の上昇が、金肥とくに魚肥の入手条件の有利性によってもたらされたことは推察に難くないことである。

C）穀菽農業地域における商品生産の特化と醸造業

(1)　穀菽農産物の商品化と社会的背景　　明治11（1878）年の下利根川・霞ケ浦舟運にかかわる下総・常陸両国の農業生産高について、全国水準との比較を明確にするべく、千人当たりの生産高に補正を加えた井奥成彦の検討成果「醤油原料の仕入先及び取引方法の変遷 p122-124」をみると、以下のようなことが言える。下総・常陸を全国比で特徴的に把握すると、米はほぼ全国水準と同一であるが、小麦・その他の麦・大豆・雑穀などで明らかに全国水準を超えている。北・西関東の特産商品とされる麻・繭・生糸・藍葉等の繊維関連の原料生産では、逆に全国平均を大きく下回っている。その他の特産商品作物では、常陸の葉煙草・実綿と下総の芋類だけが全国水準をこえている。下総の芋類が下利根川筋に近い印旛郡産であることを除けば、常陸産の特産商品作物はいずれも川通り・霞ケ浦水運培養圏から外れ、鬼怒川・那珂川舟運圏の生産物であった。これらのことから下総・常陸に共通して言えることは、両国とも小麦・大豆に代表される普通畑作型農村. 言い換えれば穀菽型農業地域であり、さらに付言すれば、西関東の商業的・先進的農業地域に対する伝統的・後進的農業地域という対比も可能であろう。本来、近世前期の自給型農村社会の基幹的自給作物の筈であった穀菽農産物が、後に地域を代表する商品作物になりえた背景には、近世中期以降、金肥増投による生産力上昇効果としての剰余の発生、ならびにこれを需要する江戸地廻り経済の発展と流域沿岸地域における醸造業の展開があったためであると考える。

商品作物として多分に地域的に特化した小麦・大豆の産地をさらに郡単位でみると、霞ヶ浦沿岸では、府中・土浦・真鍋周辺を含む茨城郡・新治郡・筑波郡・信太郡・真壁郡、ならびに川通りでは印旛郡・葛飾郡・相馬郡・埴生郡・岡田郡・豊田郡・猿島郡および霞ヶ浦沿岸と川通りの両方を含む河内郡において特化傾向が認められた「醤油原料の仕入先及び取引方法の変遷 p124」。特化の程度を澤登寛総の研究（1981年 p34-37）から考察すると、明和年間、新治郡松塚村・高岡村では、大豆の作付が畑面積の40〜60％を占め、また文化・文政年間の新治郡大形村では、大豆の作付が畑面積の30％前後を占め、綿花栽培と肩を並べていた。文政年間の筑波郡小和田村・新治郡中根村でも畑の40％を大豆の作付が占め、とりわけ、中根村では天保年間には66％にまで拡大している。ただし、大田村のように綿作と大豆栽培が同率から次第に綿花に比重を移行させた村も見られた。桜川流域農村では、18世紀後半以降19世紀前半にかけて、農民的商品生産は大豆と綿のいずれか一方に比重をかけて発展する趨勢が見られた。この状況は、桜川流域農村が下館地方を核とする綿作地帯と土浦周辺を中心とした大豆作地帯の漸移帯に当たることを示すものである。こうした農民的商品生産の集中と分化は、農村荒廃と表裏の関係の下に進行した、という。

⑵ **醤油醸造業と農産物特化――原料流通と商業資本**　ここで穀菽農業への特化と醤油原料需要の関係について、青木直己（1978年）の研究を基礎にした井奥成彦の報告「醤油原料の仕入先及び取引方法の変遷 p125-126」を紹介する。筑波郡山口村の「小豪農」清水新左衛門家は利貸経営・土地集積・商業経営を柱として、近世後期に村内上層農に上昇した家柄である。利貸経営においては返済の大部分が穀物とくに糯米と大豆によって占められていた。この穀物返済分と周辺農村からの買い入れ分に手作り分を加えた総量が売り分である。穀物返済分の場合と同様、嘉永4（1851）年の買い入れ穀物代金176両余のうち大豆が最も多く63両を占め、同家の穀商としての大豆重視姿勢が明確に表れている。大豆の販売先は野田の醤油醸造業者が大部分であった。一方、近世中後期の関東各地の有力農家層の多くが、地域特産商品の買い付けと生産者農民への肥料販売を過酷な吸着行為をともなう「前貸し商法」によって推進したように、清水家でも穀類の買い付けと肥料（魚肥）販売をセットで展開している。この時、穀商と肥料商の機能を経営的に一体化する役割を担った部門が「利貸経営」であり、具体的には「前貸し商法」の採用であった。もっとも、この時期の前貸しは集荷目的の金子貸し付けが一般的で、干鰯・〆粕等の現物貸付は筆者の管見からは認められなかった。ただし前貸し金に対する収穫時の現物返済は、関東田畑作農村一般に見られた方式と同様であるが、貸与と返済にかかわる条件の詳細については不明である。

篠田壽夫は「江戸地廻り経済圏とヤマサ醤油 p72」において、19世紀初頭がらみの四半世紀の間に、急速に進行した江戸地廻り醤油醸造業の発展条件として、江戸食文化の形成、江戸市場への近接性、舟運条件の整備発達、恵まれた原料立地条件、農村における自家醤油生産の伝統と技術存続などを指摘しているが、その際、次のような重要な言及をしている。「関東9県は小麦の40％、大豆の35％を産出する畑作地帯であった。畑年貢は金納であり、自家消費分以外は商品化される。造り醬油屋はこの産地に買継宿を配置し、前渡し金によって（産地・農民を）支配することができた。この点は関東農村の生産力の低さに制約された他の農産加工業とは異なる。」つまり、霞ヶ浦や下利根川の後背圏にみられた商業資本による農村支配の実態が、一方において商品生産の展開を他律的に推し進め、他方において農民階層の分化分解を契機に、農村社会の変質と荒廃を一段と悪化させたとする、近世史観で具体的地域を把握するためには、「前貸し商法」の内容・質地問題・農村の階層構成・地主小作関係の推移等確認すべき事項は多い筈である。少なくとも、「他の農産加工業とは異なる」点ならびに「前渡金による農民支配と肥料前貸しによる農民支配と本質的にどう違うのか」等についての具体的な説明が欠けているため、門外漢としては理解に苦しむ。したがって、川島豊吉述『ヤマサ醬油に関する思い出話』だけで言及するのは早計のように思われなくもない。

白川部達夫は、貨幣経済の浸透に対応する肥料（干鰯・〆粕）流通の三類型分化を提示している。その1)18世紀に広く行われた肥料前貸しと収穫物の出来秋決済にみる高利貸的在方干鰯商人流通、その2)村役人を中心とした自主的な共同体的流通、その3)幕末維新期に発生した産地問屋の通売り（利根川筋直売り）の受皿とみられる比較的低利・低価格の現金決済方式の流通、以上である『江戸地廻り経済と地域市場 p134-137』。もとよりこの三類型は時期的・地域的に明瞭に区分されて成立したとは考えにくい。1)類型を中心に重層的・散発的に存在したものであり、2)・3)は少数派であったとみてよいだろう。ここで白川部達夫の金肥流通に関する類型化の試みの意味について考えてみた。結論的には、霞ヶ浦・下利根川後背圏を含めた幕末期、関東の干鰯・〆粕流通を単純に高利前貸し・出来秋決済方式で把握・一元化せず、三極構造として理解すべきであるとする見解の再確認を通して、幕末の農村荒廃からの離脱問題につなげて考えることで一応の納得をしたつもりである。

ところで江戸の問屋と醬油醸造家の間では、醬油荷物をめぐって常に駆け引きが行われていた。駆け引きの焦点となるのは醬油価格であることは言うまでもない。価格をめぐる駆け引きには、問屋と醸造家の力関係が大きく作用することになるが、銚子組を中心とするその近辺の玉造・江戸崎・水海道などの各組醸造家対新規に江戸向け醬油産地として発展してきた野田や江戸近郊の醸造家との関係も影響力を及ぼすことになる。そもそも、江戸に入津する醬油荷物は、下り醬油問屋か地廻り問屋を経由し、仲買から小売りへと販売する流通ルートができていた。こうした正規ルートを無視して問屋抜きで流通する抜け荷がしばしば行われていた。このため、文化8（1811）年の十組醬油問屋仲間が株仲間として公認されて以来、問屋と醸造家の間の確執が顕著になっていく。これに対して、文政5（1822）年の問屋側の値上げ要求を機に、銚子組を中心に玉造・水海道・野田・千葉・川越・松尾講の各組が結集して「造醬油七組」が結成され、ここに地廻り醬油流通の組織的骨格が形成され、対立の構図が鮮明になっていった『千葉県の歴史 通史編近世1 p1038・1044-1045』。

地廻り醬油の普及は、既述のように原料となる小麦・大豆産地の広域化と産地農家の栽培規模の増大をともなって進行した。その結果、背後の常総台地畑作農村と前面の霞ヶ浦舟運を控えた土浦・府中は、銚子の造り醬油屋の主要原料調達拠点の地位を確立することになった。『茨城県史＝近世編 p353』。そこで先述の原料産地の分布とそこでの原料買い付けを支配する穀商の業者的性格の考察に次いで、小麦・大豆の生産と流通を視点に概観しておこう。筑波山麓三村の太田・小和田・大形の村々では、基幹商品作物の綿作率が18世紀後半から19世紀前葉にかけて年々低下し、反面、夏期畑作率の上昇が目立ってくる。この二様の現象を引き起こした作物が、商品化を背景にした大豆の栽培面積の増大であった。実綿に比肩される大豆の行方をみると、安政4（1857）年、鬼怒川に近い結城郡山川村では、大豆500俵が薪とともに江戸に積み出されている。文言と村の立地を考えると間違いなく鬼怒川舟運経由の江戸だしである。近隣農村の大豆の行方もおおよそ見当がつく。

一方、筑波郡山口村の上層農民清水家は、近世後期、穀商を営んでいるが最も多く捌いた商品は大豆であった。このほか米麦・実綿・繰綿なども周辺農村から買い集めた。主な販売先は野田・土浦・府中・江戸などであり、ほかに近隣の商人にも売っている。野田では造り醬油屋に大豆・米を売っている。おそらく、土浦・府中の醬油醸造業者にも大豆や小麦が持ち込まれたことであろう『前掲茨城県史 p353』。山川村以外の上記村々の生産物搬送ルートが桜川舟運利用であったことは推定に難くないことである。前述のように土浦・府中は銚子造り醤油業者の原料調達拠点であった。業者は大豆・小麦を土浦・府中・真鍋や下利根川沿岸の村々、正確には河岸の荷積み問屋経由で搬入している。

近世後期の一時期、上利根川流域でも大豆産地が北上州の利根・吾妻二郡・西上州・利根川沿岸の平場皆畑地帯『伊勢崎市史 通史編2近世 p347・388』を中心に成立していた。第二節3項で触れた問題であるが、皆畑地帯の大豆の流通を見ると、商品としての流動性がきわめて高く、たとえば、『深谷郷土史料集 第二集 p66-68』（河田家文書）によれば、伊勢崎町の百姓甚五右衛門は、天保4（1833）年10月に大豆百俵を平塚河岸問屋幾右衛門へ預け入れ、右問屋の『預り手形』をもって芝町百姓清吉に売り渡した。清吉はその大豆を同年10月、前橋町百姓新兵衛に売り渡し、新兵衛もまた翌天保5年9月に蓮取村百姓源兵衛へと売り渡した。さらに源兵衛は翌々日の9月16日に右大豆百俵を、「預り手形」のまま金39両1分で中瀬村河岸問屋十郎左衛門に売り渡した。1年間に実に6人の手を経て流通している。地価上昇期の土地ころがしを思い起こさせるような大豆の動きは、生産量の年変動率の激しさや良好な保存性に由来する先物商品的な投機性と商品自体の重要性を示すものであろう。なお、この地方の大豆は、河岸問屋を中心に取引され、野田の醸造業者や江戸の穀問屋へと積み出されていった。

⑶　中利根川流域の原料産地と地域市場化　　中利根川流域でも大豆の生産が盛んに行われ、下り荷の主要商品となっていた。中利根川流域の大豆は、主に古河で開かれる市場に出荷され、在郷商人によって取引されていた『近世交通運輸史の研究 p102-103』。しかるに近年、新大豆ができても、ことのほか市場への出方が少なく、「拾二日市漸弐百俵余出来仕候処、栗橋町之商人相調、即右河岸之舟へ積入申候、并四日七日両日之市ニても六百俵程も出来仕候処、権現堂辺之商人相調、即積船右河岸より弐艘差越申候」という有様であった『前掲運輸史の研究 p102』。このため、安永5（1776）年8月、古河船渡河岸船持たちは、藩船による商荷物の運送はご容赦願いたいという願書を古河藩御船奉行に差出す仕儀となった。さらに「野州佐野・小山、下

総関宿、武州権現堂・栗橋・幸手より穀物買出し古河町毎月十二日之市江罷越、米大豆買受、時により古河河岸之船無之節、問屋相対之上買主方より船差越候得ハ、古河河岸より川下壱里隔武州本郷村江差置云々」『古河市史 通史編 p346』とあって、古河が米大豆の有力市場であること、したがって遠近在郷商人たちの買い付けが激しいこと、その結果、古河．船渡河岸船持たちの困窮もこの上なく厳しいことなどを取り上げ訴えている。こうした古河領内での他所船による直積み・直揚げ、あるいは領内農村から古河市場に出荷された大豆の大半が、他領の在郷商人によって買い取られ、他所船によって江戸に積み送られていく事実を、丹治健蔵は「安永期に入って江戸地廻り経済が在郷商人・船持・船頭によって新しい展開を見せ始めた証左とし『前掲運輸史の研究 p157』、さらに中利根川周辺地域の大豆生産と農民的商品流通の展開を端的に示す状況である」『前掲運輸史の研究 p102-103』と指摘している。

天明元（1781）年、古河船渡河岸問屋平兵衛の覚書の一節に「栗橋・幸手又は関宿・宝珠花其外近辺商人へも不及相談候而は難相成候」とあることから、古河船渡河岸にとって、武州在郷商人の存在と活動が無視できない段階にきていることを物語っている。この頃の中利根川流域の登り荷の主なものは、酒・酢・塩・糠・粕・干鰯・油・砂糖・鉄類・反物などであり、陸揚げ高の中核荷物は、糠（13,658俵）を筆頭に塩（12,867俵）・酒酢（2,474駄）明樽（3,371枡）・干鰯粕（1,718俵）など合計45,0530個となる。一方、古河船渡河岸の船積高は大豆を中心に穀物41,456俵・醤油12,803樽であった。明和・安永期には大豆は主要船積荷物であったが、天明期には醤油の比重が著しく増大し、北関東農村地帯で農産物加工業の展開が進んできたことを明らかに示している『前掲運輸史の研究 p187』。原料農産物に恵まれた地域における醤油醸造業の発展をうかがい知ることができる。同時に、19世紀初頭の北関東におけるこうした動きは、地方醤油市場の広汎な成立を背景にして進行した『上里町史 通史編上 p732』現象であることに留意する必要があるだろう。

明和8（1771）年の第一期河岸吟味では、中利根川筋の場合、古河・栗橋・木下・安食の諸河岸が、また安永3（1774）年の再吟味では、上利根川筋の場合、高島河岸他5河岸が河岸問屋株の設定・運上金上納を決めている『前掲町史 p104-107』。このような一連の河岸の動きは、これまでも述べてきたように、農民的商品流通の進展と河川交通の発達を踏まえて表面化したものであった。

醤油の先行主産地における原材料の仕入れは、品目並びに村々によってそれぞれ特色がみられる。銚子の造り醤油業者広屋儀兵衛家の場合、土浦からは大豆・小麦、府中からは小麦を中心にそれぞれ仕入れている。土浦では大豆の仕入れ割合が多く、筑波山麓の村々から集荷されたものと思われている。取引相手は穀商であり、野田のように直接在地の仲買商人と取引することは少なかったようである。さらに土浦の穀商は肥料問屋として干鰯も扱い、銚子と土浦の間には大豆・小麦と干鰯の売買を関連させた為替手形が流通するなど両地域間の商売は盛んであった「江戸地回り経済圏の展開と為替手形 p44-55」・「銚子醤油醸造業の開始と展開 p13・23-25」。結局、霞ヶ浦舟運の展開は河岸問屋経由の穀菽と魚肥の出入りを基本に構成され、さらに醸造製品が産地と消費地の間を流通してようやく完結する。この流通形態は、下利根川舟運の場合でも同様である。しかもこの場合、河岸の荷積み問屋や在地の原料集荷商人たちの機能は、原料集出荷業者から地売り醤油の配荷業者に転換することが容易に考えられる。

以上、霞ヶ浦・下利根川舟運にかかわる諸問題のうち、銚子の醤油生産と霞ヶ浦沿岸後背圏の原料生産に絞って、江戸地廻り経済の一端に関する概括を試みた。まとめとして江戸地廻り経済の展開過程について総括しておこう。享保期の7年間（1724～29年）に幕府が指定した重要下り商品のうち、江戸入津量が多かったものは繰綿・醤油・油・木綿・酒の5品で、米・炭・塩・魚油は高い年変動率に加えて入津量そのものが少なく、江戸地廻り経済圏の成立には道半ばの状況であった。享保期まで大坂市場に大きく依存していた主要商品にも、寛政期を中心に江戸地廻りでの生産にかなりの発展がみられるようになる。その背景には、幕府の江戸地廻り経済圏の育成の努力があったとみられる。成果は品目によって異なるが、立地条件に恵まれた醤油はもっとも成功した事例であった「銚子醤油醸造業の開始と展開 p22・73」。

上述のごとく、主要産地からの醤油の仕向け先は江戸であったが、後に江戸と地売りに拡大する。地売り先は利根川の河岸場と鹿島筋とに二分される。利根川筋で注目されるのは関宿であり、鹿島筋では100ないし200樽前後の荷受け先を抱え、江戸に次ぐ重要な市場となっていた「江戸地廻り経済圏とヤマサ醤油 p65-66」。さらに幕末期には江戸の需要が限界に達したことから、販路を地方市場に転じた。白川部達夫『江戸地廻り経済と地域市場 p254-255』によると、この頃、北関東とくに上野・武蔵の養蚕地帯の成長にともなって、利根川周辺の農村経済が発展し、需要が拡大したために、銚子の造醤油業者たちはこの方面に向けて、江戸の問屋を通さない直売買流通を拡大していった。一方、こうした地方市場の成立を反映して、以下に取り上げた古河の事例が象徴するような地方造醤油業者の成立が各地に拡がった。結果、大豆の集散地古河から造醤油産地への変貌が象徴する同業者の関東一円に及ぶ拡散成立は、広域的な供給過剰と江戸売りの不振状態を招くことになった。江戸地廻り醤油生産が下り醤油を圧倒し、さらに江戸売りと地売り醤油の比重が逆転するのは19世紀初頭以降のことであった。

D）湖沼舟運発展の契機と主要河岸の商圏

⑴ 湖沼舟運発展の契機　白川部達夫によると、近世初期の土浦河岸の状況を知る史料はないという『江戸地廻り経済と地域市場 p14』。一般に商品経済の発達が遅れていた関東の諸河岸は、年貢米・城米等の領主荷物の江戸廻送の必要から整備され、稼働するようになったことが考えられる。領主ルートが江戸を中心にして一応の完成を見るのは、元禄3（1690）年の「河岸改め」以降のことであった。

霞ヶ浦には幾筋もの河川、たとえば恋瀬川・桜川・園部川・小野川などが流入し、河口部の集配拠点河岸から上流に向かって多くの小河岸が展開した。桜川筋の場合、大町・佐野子・飯田・虫掛・田土部・君島・真壁などの河岸が分布し、上流域一帯の商品作物を集荷して河口部の川口河岸に集積する役割を果たしていた。集荷範囲は河口から30㎞も深い真壁地方の農村部にまで達している。土浦藩の外港として享保12（1727）年に築立られた川口河岸は、土浦藩の年貢米江戸廻送だけでなく、商品経済の活発化にともなって、江戸に向けた米・雑穀・薪・木材などが津出しされ、帰り荷の塩・酒・小間物・呉服などの商荷物を積んだ高瀬船でにぎわった。元禄期にはすでに東崎・中城両町合わせて7軒の船問屋があったという「御運上願江戸・土浦附留帳」(安永2年)。また、安永2（1773）年の左記附留帳によると、中城町に船問屋2名、東崎町に4名の名が挙がっている。主要貨物は江戸向けが年貢米や町米・醤油・酒・油・薪炭・木材・瓦などで、帰り荷は〆粕・干鰯・塩などであった『土浦市史 p491』。

霞ヶ浦北部に立地した高浜河岸も、土浦藩外港の川口河岸と並ぶ有力河岸で、商品の集配機能は友部・笠間地方にまで及んでいた。しかしながら近世における高浜河岸の上下荷の実態を示す史料は発見されていないため、幕末期の状況をほぼ伝えるものとして、明治14（1881）年の「高浜河岸の輸出入の概略」(高浜河岸問屋笹目家文書）で代替えすることにした。これによると、当時の東京積荷物の集荷圏は、西茨城郡一円、陸前浜街道以西の東茨城郡の約40ヵ村、恋瀬川流域の新治郡柿岡村周辺の約60ヵ村、さらに石岡町周辺の村々約20ヵ村に及んでいた。これらの村々からの搬出物資は、後述するように醤油醸造原料としての小麦・大豆をはじめ米・小豆・雑穀・薪炭・油・醤油・材木・瀬戸物等の品々であった。とりわけ高浜河岸を結節点とする干鰯と小麦・大豆の出し入れ流通は、以下に併記する府中商人の干鰯株仲間の結成や府中藩貸付金制度の制定と相まって一層活発に展開され、奥の深い商品生産地帯の成立を促すことになった『前掲市史 p757』。このとき恋瀬川や園部川の中小河川が舟運利用されたことは、土浦経済圏の川口河岸と桜川水系諸河岸ならびに北浦北部の鉾田河岸と巴川・鉾田川の関係『鉾田町史 通史編下 p130』・「鉾田町史 通史編上 p250」と同様に、河口集配河岸の結節機能の強化に深くかかわる問題であった。

一、今度御囲稗御買上代金之献納仕るべき由申し出、奇特の至りに付、粕干鰯売買人数拾壱人に相定め、右商売本業の間差しゆるす條、尤時相場之外仲ヶ間申合せ、〆売値上げ等致すべからざるもの也

文政二年卯七月　　　　　　　　　　　　　　御郡方役所

(『石岡市史編纂資料』第2号 p4)

一方、高浜河岸に揚げられる荷物は、塩・明樽・粕・干鰯・砂糖・蠟燭・鉄・呉服・太物・荒物・小間物等の食料・肥料・衣料・生活雑貨の品々であ

った『石岡市史 下巻（通史編）p865-866』。川口・高浜両河岸とも広い後背圏に恵まれ、河岸問屋も多く、当時の繁栄の跡が今に残されている。ちなみに、「安永3年東崎町外41ヵ村河岸問屋株運上金上納につき請書控」『茨城県史料＝近世社会経済編Ⅳ-113』によって、河岸の運上金額は、当該河岸の営業状態を直接反映するものとみなして考察すると、ほとんどの河岸の運上金査定額が、200-500文の中に納まっているのに、鉾田河岸・当ヶ崎河岸・串挽河岸とならんで、石岡の外港高浜河岸と土浦の川口河岸には、500文から1貫文の上納を命じられた河岸問屋が数名含まれていた。また霞ヶ浦・北浦関係諸河岸の数点の問屋仲間議定書に「高浜河岸外」・「東崎（川口）河岸外」の表書が見られることから、両河岸の地域河岸群中での指導的地位と営業実績の高さを読むことができる。

霞ヶ浦・北浦舟運発展の契機として二つの時期が考えられる。一つは、東廻り海運の開発にともなう那珂湊経由━涸沼━(陸継)━北浦もしくは霞ヶ浦━利根川コース水運の成立である。このコース利用は、銚子湊経由━利根川ならびにその後に開発される房総大廻り江戸湾コース利用船の増加にもかかわらず、難船を恐れる船主によって、その後も一部踏襲され霞ヶ浦・北浦舟運を支える存在となっていた。他の一つは、近世中期以降の霞ヶ浦北部沿岸後背圏における小麦・大豆産地の形成と集荷・搬出のための河岸業務の増大である。ちなみに、桜川沿岸の田畑作地帯（土浦藩領高岡村）では、宝暦以降、作付を増した大豆・綿などの商品作物の普及で、畑方年貢率も60％内外に安定することになる『土浦市史 p398』。商品生産の発展は金肥と農産物の出入りを通して土浦や府中河岸の繁栄をもたらした。銚子・野田に次ぐ原料立地型の醤油醸造業の繁栄も明樽・製品の出し入れを通して河岸の繁栄に貢献することになる。こうした地域内部の要因とともに常陸川開疏による利根川━江戸川の連結は、浅川化の悩みを抱えながらも霞ヶ浦や北浦舟運の利用価値を一段と高めるものであった。

霞ヶ浦舟運の繁栄に深くかかわる常総台地農村の穀菽農業の展開に対して、北浦舟運の発展は東廻り海運の第一期、つまり慶安4（1651）年の那珂湊━涸沼━海老沢（陸継)━巴川━串挽河岸（北浦)━利根川に至る内川廻しの完成期に訪れる。慶安4年の巴川中流下吉影から河口串挽までの通船に先立つ事業として、宮ヶ瀬から海老沢への陸路輸送の変更が行われた。その結果、巴川を50俵積船で下げ、潮来で500俵積の本船に積み替えて利根川を上る効率的な舟運経路が完成した。通船の増加に着目した水戸藩では明暦元（1655）年、海老沢に津役所を置き、宝永6（1709）年以降津役銭の徴収を図った。安政2年の徴収額は416両1分鐚244貫370文であった。一方、小川の運送方役所の運営でも天明6年には、水戸藩以外の藩から29両3分鐚226貫642文を徴収している『茨城県史＝近世編 p269-270』。このことは輸送コースの変更にもかかわらず、旧来の小川経由荷物が存在したことを意味している。その後、東廻り海運は、正保期の内川廻り（第一期）から、寛文期の銚子入り内川廻り（第二期）を経て、房総大廻り時代（第三期）に移行することになる。

⑵　土浦河岸の出入り商品と商圏の成立　　ここで霞ヶ浦舟運の拠点河岸土浦について、幕府の舟運統制の基礎となる河岸吟味との関係を見ておきたい。18世紀後半、幕府は関東の商品流通の展開を掌握するため、河岸の再吟味政策を推進する。その結果、河岸問屋株が広域にわたって設定され、運上金増徴が実現した。一方、河岸の側でも利根川筋を中心に河岸組合仲間が結成され、幕府権力を背景に問屋を核にした河岸支配の再編成が進められた。河岸吟味は明和8（1771）年に着手されたが、本格的な実施は安永2（1773）年から3年までの間に、株仲間の公認と運上金の徴収を目的に推進された。宝暦期の河岸吟味は幕領を対象に行われたが、明和・安永期の河岸吟味は、幕藩領主制を超えた一元的な河岸の支配体制の確立を目指したものであった『江戸地廻り経済と地域市場 p13』。

土浦河岸に関するもっとも古い史料は、延宝9（1681）年の船問屋の「船積願」である。要約すると1）西尾氏時代から年寄仲間8人と高瀬船16艘で廻米業務を受けてきた。2）土屋氏の代になって領主手船が増え廻米業務が減少したので、持ち船を減らした。3）近年、多額の借金をして新船4艘を仕立てたが領主手船も2艘増え、仕事も減少した。船を売りたいので了承されたい。以上の内容の願い書である。近世中期以前の河岸問屋の業務内容が公荷輸送・廻米に限られ、商売は決して楽でなかったことが見えてくる。もちろんそこには土浦藩の廻米政策とその影響も明瞭に表れている。西尾氏時代

(1618～49年) の年寄仲間8人による江戸廻米は、当然、内川ルートで行われたものとみる。常陸川(後の利根川下流)を遡行し、上流部右岸で陸揚げして江戸川に下げるという搬送方式である。

その際、「右岸揚陸と江戸川までの陸送」にかかわる史実としての扱い方に若干の疑義を感じたので、問題点の整理をしてみたい。大室村の動きをめぐる『江戸地廻り経済と地域市場 p16』の理解と『近世日本水運史の研究 p7-8』における記述との間の乖離問題である。つまり陸揚げ地点と思われる常陸川右岸の大室村が、境河岸と争った貞享4年の「返答書」のなかで、「奥筋・常陸・下総の領主荷物・年貢米をこの村に陸揚げし、江戸川左岸の花輪村まで馬継で陸送するのは、慶長末年からのことである」と主張している部分の扱いである。結局この主張はみとめられず、大室村の敗訴となったが、このことに対して、原本の著者は、「全く架空の話とは思えない。おそらく慶長・元和から寛永期にかけて、東北諸藩の荷物が盛んに通った記憶があったからに違いない」、と結んでいる。その点、原本では大室村側の主張を好意的に受け止めながらも、不確実な部分と敗訴の現実を受け入れた記載をしているが、引用本では大室村側の主張をそのまま事実として記載したところに両論の乖離問題が生じたと考える。

物資輸送経路に関する疑問と議論についてはさておいて、本論に戻そう。宝永6(1709)年、延宝9年の「船積願」に見える東崎町年寄の系譜をひく業者を中心に問屋営業が続けられたことは間違いなく、元禄・宝永期になると問屋仲間の議定が作成される。宝永6年の議定証文により、売手の主要商品を見ると、砂糖・干鰯・粉糠・塩砥・莚類・油酒・材木・莨・米・雑穀などが挙げられている。売手荷物は議定証文では通り荷物に対置されるものである。この通り荷物とは、土浦を通過する荷物で、米雑穀・薪・材木・莚類は土浦とその近辺で生産されたものが移出されたとみられる。他の産物はほとんどこの段階では外部から移入されたものとみてよいだろう。移入品の中では、干鰯・粉糠・等の金肥や瀬戸内海産の塩の流通が目立っている。こうした土浦周辺農村での金肥投入をともなう農業生産力の発展が、上記の商品移入の背景になっていることは、両者のスパイラルな関係の下での、以後の土浦河岸後背圏における穀菽農業の拡大にとって見落とせない状況となっていく。白川部達夫の指摘に従えば、延宝期の東崎町年寄仲間から、元禄・宝永期の問屋仲間への継承再編は、藩米廻送という領主的流通の要請から出発した仲間が、農民的商品流通の発展の中で、河岸問屋仲間として自らを形成する過程であった、ということになる『江戸地廻り経済と地域市場 p22-23』。河岸問屋仲間という社会的経済的組織の成立を経営的地域的にさらに前進させたのが、享保期の川口新田の開発であり、これにともなう河岸機能の整備と集積であった。

土浦の河岸吟味は、安永2（1773）年11月9日附けの差紙到着から始まる。実際の吟味は12月3日に着手された。河岸の状況についての吟味事項とその返答の何点かを、『江戸地廻り経済と地域市場 p24-26』から摘記すると以下のとおりである。

一、中城町石高何ほと有之哉
一、土浦河岸の義ハ利根川筋ニ候哉、きぬ川筋ニ候哉
一、荷物壱ヶ年ニ何ほと請払致し候哉
一、何ヲ以問屋之益ニ致候哉
一、外ニ荷主より蔵敷口銭取候哉
一、地頭の運上等ニても差出候哉
一、土浦ハ城下之事ニ候得ハ、定て繁昌之土地ニ可有之候、売買荷物等沢山可有之旨御尋
一、地頭之廻米壱ヶ年ニ何ほと相廻候哉
一、江戸表より何荷物入込候哉

以上のうち、より重要と思われる事項の回答を掲出する。

一、荷物請け払いの全体は不明であるが、問屋庄三郎の場合、米・雑穀・薪・材木ともに1万4千5百駄程度である。
一、問屋の利益は船持より小舟で500文、大船で1～2分程度の茶代をとっている。問屋だけでは渡世にならず、百姓の合間に営業している。
一、蔵敷・口銭は取っていない。
一、運上金も出していない。

一、土浦は「在々浅キ所ニて』後背圏が浅くしたがって格別の荷物もなく、町方も大名の通行が多くて困窮している。

一、藩米廻送については、総量は不明である。

一、江戸からの入込荷物は、小間物・塩・酒が少々で、町方商人が直積している。

以上が河岸吟味の際の中城町惣代の返答概要である。

翌年3月2日の吟味では、中城町の扱い荷物として米穀2千俵、醤油8千樽が申告されている。これらの数値は運上金の賦課を警戒して相当控えめに見積もられている。たとえば醤油の場合、安永2年、大國屋勘兵衛は江戸の本店に1万7千348樽の積み出しが確認されており、さらに伊勢屋庄三郎は同元年に1万5千700樽を生産し、ほとんどが江戸に送られたとみられていることから、かなり実態からかけ離れた申告といえる。土浦藩の江戸廻米にしても安永3年には2万4千俵が津出しされている。単独で請け負った伊勢屋庄三郎が廻米量を知らない筈はない。あえて藩の内情に言及することを避けたとしか思えない『江戸地廻り経済と地域市場 p26』。

河岸吟味に対する中城町惣代の返答がどこまで受け入れられたかという点も含めて、土浦河岸の運上額を有力河岸との比較でみておこう。まず請書の問題から整理していこう。土浦河岸の場合、中城・東崎町に所請けとしての運上が命じられる。一方、船問屋にも運上が課されることになる。これは町（船主）と船問屋相互の利害が調整され折衷案として請書に反映された結果とみられている。運上金は町と問屋を合わせて中城町が永3貫650文、東崎町が永1貫700文となった。両町の商業機能の差が運上永の違いになったものである。運上額を霞ヶ浦・北浦諸河岸と比較すると、塔ヶ崎河岸が最大の永4貫文、次いで土浦中城町が続き、以下、鉾田河岸永3貫文、高浜河岸永2貫600文となる。いずれも湾奥の河口部に立地し内陸の村々との交渉に恵まれた河岸である。関東有数の境河岸でさえ永2貫500文の運上であり、鬼怒川・小貝川・思川・巴波川・渡良瀬川筋69河岸中で、中城町の運上永を超える河岸は6河岸に過ぎなかった『江戸地廻り経済と地域市場 p31』。

土浦河岸の舟運機能は、桜川沿岸農村の集配荷に依存する部分が大きかった。しかしながら桜川の西方15～20㎞に舟運機能の整備された鬼怒川水系が並走するため、桜川付きの旗本領村々の一部は、小貝川を川越して鬼怒川の宗道河岸から廻米することが一般化していた。加えて、水戸藩や常陸北部の荷物は高浜・小川河岸に荷引きされ、土浦河岸に陸送されることもなかったようである『前掲書 p27』。したがって、後背圏を限定された土浦河岸が霞ヶ浦舟運の拠点河岸として評価され存続しえたのは、河岸吟味に際して重視された、水戸街道宿駅・城下町に由来する商業機能と町場人口の消費能力に依存するところが多かったものと考える『土浦市史 p389-391・495』。また土浦河岸の主要取引対象が、銚子への醤油原料の積み出しと同じく銚子湊から送り込まれる魚肥類の受け入れを基本に成立し、立地的に不利な江戸との関係は二義的なものであったことも少なからず影響してきた筈である。つまり、土浦河岸の支配圏と鬼怒川水運の影響圏との漸移帯にあたる村々では、江戸向けの領主廻米の際には鬼怒川水系宗道河岸の影響圏に属し、銚子と取引される醸造原料と魚肥については土浦河岸の流通圏に含まれることになるわけである。

承応3（1654）年の下利根川と江戸川の連結以降、関東舟運体系の完成・発展をみることになるが、霞ヶ浦・北浦の舟運も江戸との関係を深めながら一層の進展をたどっていく。土浦市史でも、江戸と銚子へのコースが賑わった記録（石田河岸「高崎家文書」）がみられ、また、川口河岸・田町河岸あたりは江戸・銚子方面との出船、入船で趣の変わった賑わいを見せたという。近世後期の土浦河岸ー霞ケ浦舟運にとって、銚子・江戸との間に甲・乙つけがたい緊密な関係が成立していたようである。この時期にはすでに土浦河岸後背圏でも綿花栽培が進み、土浦には原料立地型の醤油生産や製油業が稼働していた。こうした状況変化を反映して、江戸行き荷物も年貢米や町米・木材・薪炭のほかに醤油・酒・油・瓦などが見られ、農産加工業の立地を示唆する品目構成は江戸地廻り経済の進行を明確なものにしている。帰り荷は〆粕・干鰯・塩等のほかに小間物・呉服なども挙げられている『土浦市史 p491』。

文化8年2月、銚子今宮村の穀仲買人で「干鰯買継宿」ともいわれた山中弥七の手紙の一節を抜いてみた『近世日本水運史の研究 p42-45』。

常州府中高浜河岸まて、銚子より之運賃覚
〆粕百俵ニ付　銀40匁
干鰯百俵ニ付　銀35匁位
米　百俵ニ付　銀40匁
其外大豆小麦小豆不何寄穀物40匁割
高浜河岸より府中迄馬附、半道余壱駄ニ付銭50文
覚
一、銚子より江戸　川積運賃
〆粕百俵ニ付　銀百匁
干鰯百俵ニ付　銀75匁
右之通、常々相定ニ候得とも、其時々之催ニより又ハ船切レ歟風浪之節、
且ハ急荷物歟、右躰之節定通りニハ参り不申

上記の内容から判るように、遅くとも19世紀初頭の文化年間には、すでに銚子湊から霞ヶ浦諸河岸と江戸に向けて魚肥類が流通していた。したがって、近世中期の商業的農業の成立期に銚子湊から入荷していた魚肥類は、その後、江戸出しの帰り荷として、いわば銚子湊と並ぶ二本立てで霞ヶ浦沿岸農村に運び込まれたことも当然考えられるわけである。

E）布施河岸成立の背景ならびに河岸の性格と機能

⑴　関東舟運体系の骨格形成と浅川化の進行　本項の狙い処は、関東舟運の喉元を扼している利根川下流部と江戸川上流部の接点、具体的には布施河岸―境河岸―流山河岸が描き出すA字型輸送体系下における舟運地域の再編成とその背景、関係河岸への影響、後背圏の商品生産とその推移について、江戸地廻り経済の展開を視点に整理を試みるものである。作業にかかる前にまずお断りしなければならないことがある。史学的研究に関して全くの門外漢である筆者が、歴史的事象に歴史地理学の枠を超えた興味を持ち、それなりの納得を得るためには史学研究の成果を全面的に援用しなければならない。本項についても例外ではない。以下その研究成果『丹治健蔵 関東河川水運史の研究 p55-94』に諸説を加味し、課題と向き合うことにする。

元和7（1621）年、伊奈忠治が浅間川呑口―栗橋間の直流河道と栗橋―境

間の赤堀川の水路を新削して、利根川と常陸川の接続工事を行った。寛永18（1641）年、利根川と常陸川を結ぶ赤堀川・権現堂川・逆川の増開削工事と、関宿一金杉間の江戸川の新削工事が終わり、利根川と江戸川の分離分流という画期的工事がほぼ完了する。その間、寛永6（1629）年の荒川の流路変更と鬼怒川の利根川合流点の引き上げ工事も完成し、ここに利根川東遷と江戸川分流という関東舟運体系の骨格を構成する河川水路網が完成する。その後、承応3（1654）年の伊奈忠勝の赤堀川3番掘り、寛文5（1665）年の関宿城主板倉重常の逆川増削によって利根川の通水量も安定し、舟運河川としての実態が整うことになる。

利根川東遷の最終的な意義が実現する承応年間以前にも、常陸川筋と利根川筋を結ぶ交通の実例は、いくつかの史実を通して推定ないし確認されている。たとえば忍藩城主松平家忠の下総上代への所領替えの際、「松平家忠日記」に利根川一常陸川沿いに舟運移動したことが記され（市村高男 千葉史学21号）、寛永9（1632）年、府中平藩の地代官山口喜左衛門が米220俵を江戸に輸送『石岡市史 下巻（通史編）』している。さらに寛永11（1634）年には、下総佐原村が年貢米210俵を江戸まで廻送『近世日本水運史の研究』している。これらの事例から、佐原市史『近世編 p634-636』では、江戸と下利根川を結ぶ水路の成立を断定することはできないが、陸継箇所の存在を含めて、江戸までの廻送路が確立していたことは疑いを入れない、との見解を示している。こうした見解は、寛永期に潮来村に設置された仙台藩や弘前藩の廻米施設、あるいは那珂湊一涸沼一北浦経由の「内川廻し」ルートの開設を前提にして導き出されたものと考える。

利根川東遷と鬼怒川河口の付け替えの結果、河川環境が大きく変化し、17世紀後半になると、旧常陸川水系の鬼怒川合流点の藺沼に浅瀬や中洲が形成され、砂質堆積地形が広がった。鬼怒川が洪水のたびごとに放出した土砂は、明治13年の迅測図によると合流点下流に長さ1,800m、幅400mの大黒洲と呼ばれる巨大な中洲を形成することになる。18世紀に入ると河床の上昇は本格的になり、分岐した流路に沿って自然堤防が発達し、秣場や流作場の成立を見るほどの氾濫原の埋積と乾燥化が進行した。19世紀には、浅間の山焼け（1783年）の影響が表れて、河床上昇は一段と進んだ『下総境の生活史 地誌編 p11-15』。河況の変化は、当然、浅川化をともなって舟運の発達を阻害する大きな要因となった。浅川化の範囲は、逆川分岐点付近から鬼怒川合流点下流の野木崎にまで及んだ。寛政3（1791）年、関宿河岸青木平左衛門から小堀河岸問屋寺田重兵衛に宛てた水深調査の「覚」によると、野木崎で1.1〜1.3尺、桐ヶ作付近で0.9〜1.0尺、さらに境河岸付近では0.8〜0.9尺の浅瀬になっていた『関東河川水運史の研究 p57』。水深測定個所と季節のデータが不明のため、史料価値に問題は残るが、少なくとも渇水期の通船障害は甚だしい状況であったことだけは推定できる。

河況変動とりわけ浅川化は、『関宿近所川浅ク荷物船通り不申ニ付、利根川より江戸川江荷物付越仕候』とあるように、寛永18（1641）年の逆川・江戸川の新削後わずか10数年の間に進行し、早くも関宿近辺では浅瀬のため通船が困難となり、陸付をみるにいたっている。浅川化と舟運状況の悪化はその後もさらに進行し、明和8（1771）年の境河岸船持惣代から領主に宛てた艀下出入りに関する嘆願書によると、10月上旬から翌年2月の渇水期に100艘もの高瀬船が浅瀬に滞船し、やむなく艀下船に荷物を積み替えていると述べ、さらに下利根川筋からの大船は、1艘につき3〜4艘の艀下船を雇っていると訴えている。江戸川へ抜けるまでに何日間もかかることも稀ではなかったようである『前掲水運史の研究 p64』。

平年時の渇水期でも上記の状態であり、これが異常渇水年になると問題はさらに深刻となる。たとえば、安永7（1778）年、小堀河岸船宿寺田家の御用留帳には「川筋近年覚無御座候大渇水ニ而別而関宿札場通舟相滞り凡3．4百艘も相滞り罷在申候」（寺田家文書．水戸御用留）と記され、小堀河岸から江戸に向かった艀下船が残らず滞船し、城米・諸大名廻米がことのほか難儀している旨記載された写しがある。こうした浅瀬障害は天明の頃から一段と激しくなり、天明元（1781）年の「荷物付越願」（小松原家文書）には「逆川通近年浅瀬罷成候故、御城米を始御私領御給所御納米、其外諸船栗橋宿迄為差登、権現堂川を乗廻候故江戸表致延着難儀候」とあって、逆川が浅瀬化のために通船不能に陥り、やむなく境河岸より栗橋まで遡行し、迂回して権現堂川に入り下って江戸川に出るより方法がなかった『前掲水運史の研究 p66』。加えて、寛政4（1792）年の布施河岸荷宿惣代善右衛門らの返答書

『柏市史 資料編 p212』に、下利根川から関宿経由で流山まで積み下るためには、およそ2.3里も（余計に）かかると述べていることから、逆川が相変わらず通船困難で、権現堂川経由のコースを採用せざるを得なかった状況が推定される。境通り六ヵ宿経由の江戸行き荷物が、境河岸から布施河岸へ流れることは当然の成り行きであった。しかも六ヵ宿陸付荷物は、布施—流山間の陸付に比較すると運賃が高額になるという欠陥があった。

一方、19世紀初頭の文政・天保期には、江戸川上流部の桐ケ谷—今上間で浅間山焼けの影響と思われる浅川化が進行し、新たな舟運の難所として業者を悩ませることになった。相対する2本の重要河川に生じた交通障害に対して水運業者が講じた対策は、艀下を利用する積み替え中継輸送と船形対応であった。このうち中継ぎ積み替え輸送は、小堀・関宿・松戸3河岸が利根川及び江戸川に持ち場を設定し、その内部での艀下業務を独占的に把握し実施した。艀下業務の内容は、大型船の荷物を他船に分載することで喫水を浅くし、航行を可能にするものであった。艀下に用いられた船は、上利根川上流部・佐原河岸・江戸の揚場で稼働した小型船とは異なり、200俵積を超える中規模船であった。

他方、船形対応とは、艜船（ひらたぶね）から高瀬船への切り替えである。本来、高瀬船は利根川下流で普及したものであるが、その後、18世紀末葉ごろから艜船を抑えて利根川と江戸川舟運の中核船種として圧倒的に普及していく。近世関東舟運を代表する両大型長距離船に普及上の差がついた理由は、高速運航を可能にした高瀬船特有の船体の軽さと、それ以上に喫水が浅く、浅川運航に適応した船種だったことによる『千葉県の歴史 通史編近世2 p36-37』。こうした努力にかかわらず、浅瀬発生にともなう舟運障害は、物理的にまた経済的に克服しきれない問題を残した。この間隙を縫って浮上したのが、陸揚げと馬継による浅場回避のA型輸送路の開拓であり、陸揚げ河岸布施の成立と発展であった。

⑵　布施河岸の成立とその性格　布施河岸は利根川と江戸川の分流点下流30㎞ほどの利根川右岸に成立した。七里ヶ渡しの渡船場と脇往還笠間通りの継立村地先でもあった。元禄11（1698）年の差出帳には、「奥筋幷長子之荷物、武士様方幷商人之荷物当村河岸江着船之荷物流山河岸迄道法3里余」と

あり、すでに奥州・常総の陸揚げ荷物を流山河岸まで駄送するための、いわば江戸に結ぶための中継地の機能を担っていた。布施河岸が陸付河岸の機能を果たすようになった時期について、丹治健蔵の見解は、寛政4（1792）年、冥加金運上ならびに河岸助成出入りに際して、荷宿惣代善右衛門らが領主役所に宛てた返答書に「此段当村河岸場之義者、寛永年中より下総・常陸・奥州国々より船路積送り候処、其節ハ家数も無之、人少ニ御座候故駄賃ニ罷成候者少ク、荷主共儀当村より陸付之儀存候者稀ニ而、荷数引請も少々之儀ニ御座候」とあることから、流山河岸への荷物の付送りは、利根川の改修工事が一応完成する寛永年中までさかのぼることができるとしている『関東河川水運史の研究 p65』。布施河岸が利根川舟運体系の中で、陸付河岸としての特殊な地位を確立するのは享保期とみられる。同時に、このことは河岸の歴史的性格を規定する重要な事項となる。つまり近世初期に、領主廻米を目的に権力的に創設された河岸ではなく、近世中期以降、農村における商品経済の進展を背景にして成立する河岸群のひとつ、とりわけ船稼ぎの一般河岸に対して馬稼ぎの陸付河岸としての成立を意味することになる。

この間（元禄～享保期）、布施河岸と同様の立地条件を持つ利根川付きの村々でも、新河岸・新道を開き江戸川への付越を開始する。結果、利害関係が真っ向から対立する境通り六ヵ宿との間に下記のような争論を繰り広げることになる。1)天和2（1682）年、木野崎村の半兵衛が今上新田村の間に新河岸と新道を開き、六ヵ宿から出訴された争論、2)貞享4（1687）年、布施村隣接の大室村が境通り六ヵ宿から訴えられた駄送争論、などがその例である。とくに大室村の争論は、先年に鬼怒川吉田河岸の問屋一郎左衛門が、大室村で荷揚げして、江戸川筋の花輪村まで付け越したことに端を発する出入りがもつれて、大室村が訴えられる羽目となったものである。この頃の境通り六ヵ宿の出訴争論は、いずれも付け越の禁止で決着し、既得権益は確保されている『柏市史 近世編 p644-646』。これらの新河岸は、久保田河岸など境通り側の荷請け圏を侵食し、江戸川まで最短距離で駄送するルートの開拓を目指したものであり、新道と称する駄送経路には、自村や周辺農村からの農間駄賃馬稼ぎ層を充てるという構造を持っていた。布施村の場合もこのようにして渡船場から陸付河岸への転換を図ってきたわけである。その結果、境通り六ヵ宿との抗争に加えて各ルートが互いに荷請け範囲をめぐって、次に述べるような複雑な抗争を繰り返すことになる。

享保6（1721）年から9年にかけて布施河岸は瀬戸村を相手に争論を惹き起こす。布施河岸にとっては往還河岸の地位を確立する重要な契機となる争論であった。享保6年、布施村は下総・常陸・下野・奥州荷物の陸揚げ駄送にかかわる瀬戸村の新道稼ぎを沼田藩代官鈴木勘蔵に訴えた。その後、享保8年、瀬戸村の新道・新河岸行為の続行について、布施村と木野崎村は幕府への出訴に及んだ。翌9年に境通り六ヵ宿が布施・瀬戸・木野崎村を追訴するに至って、事態は一層複雑なものとなった。享保9年の幕府評定所の採決の結果、布施村は笠間筋往還御用の村請を根拠に荷物の付越が公認され、さらに往還御用の助成という名目を根拠に、その後もしばしば出現する新道新河岸行為を阻止する立場を獲得する。名実ともに備えた陸付布施河岸の誕生に対して、瀬戸村・木野崎村も河岸場の取立てと近在荷物の付越が認められる。しかしながら「近在」の解釈をめぐって、5里以内とする布施河岸と常陸・水戸・那須領までとする木野崎河岸との間で意見の相違が生じ、後世に禍根を残すことになる『柏市史 近世編 p646-650』。なお、境通り六ヵ宿の主張する「新河岸の抜け荷稼ぎ説」が訴訟の場で否認されたことから、これを手がかりに新河岸稼ぎを封殺し、同時に自己の既得権益を堅持しようとした六ヵ宿の法廷戦略も根底から崩壊することになった。以後、近世関東舟運体系の喉元を扼してきた陸付河岸経営は、鬼怒川久保田河岸から利根川布施河岸に大きく重心を移行することになっていく。理由として、幕府評定所の採決の背景に、輸送荷物の増大ならびに江戸地廻り経済の安定という大義名分が控えていたこと、布施河岸と水戸藩との特殊な関係が瞥見されること『柏市史 資料編6布施村関係文書下-15 p490』、などを指摘することができる。布施河岸対境通り六ヵ宿、ならびに布施河岸対近隣諸河岸間の新河岸・新道取り立に関する争論の詳細については、『布施村関係文書・上下』の紹介をもって替えたい。

ともあれ、諸々の事情たとえば浅川化にともなう迂回舟運、艀下船利用等による時間的・経済的ロスが有利に作用して、陸付河岸布施の成立発展の条件が整い、さらに享保9（1724）年、幕府評定所の勝訴裁定をかちとったことで、法的な立場が確立することになる。このことを契機にして、布施河岸は取引先問屋の分布する北浦・霞ヶ浦、下利根川筋および鬼怒川下り荷物のほぼ独占的な馬継が可能となり、江戸地廻り経済の進展とあいまって、寛政期を頂点とする盛況期を迎えることになるわけである。

陸付河岸の性格上、布施河岸には船積荷物の保管と運送を専業とする河岸問屋は存在しない。代りに陸揚荷物の保管と馬継を専門に行う「荷宿」業者が活動していた『関東河川水運史の研究 p65』。明和6（1769）年、荷宿業者と布施村の間に業務内容に絡んで争論が発生した。幕府評定所による争論の裁許は、河岸場における荷物の差配と手数料徴収を荷宿の長年の業務内容として認定し、同時に「荷問屋」という名称は、一般の問屋と紛らわしいとの理由で使用が禁止された。その後、仲間を結んでいた4軒の荷宿に、天明5（1785）年、荷物請け払の秩序をめぐり内紛が生じた。訴えを受けた田中藩船戸役所の裁定は、個別の品目ごとに差配する荷宿を確定することで決着した。こうした争論・内紛たとえば享保6（1721）年瀬戸河岸との遠国荷物運送訴訟、安永3（1774）年中峠村新規河岸との積み荷争奪訴訟、享和2（1802）年木野崎河岸との南部産鰹運送訴訟などのあいつぐ勝訴を経て、布施河岸の業者的性格が名実ともに確定していくことになった『千葉県の歴史 通史編近世2 p67-69』・『柏のむかし p61-62』。争論の多くは、利根川付きの村々が陸揚げ物資の輸送に従事しようとして、旧来からの布施河岸との間に新河岸論争をひき起こしたものであった『柏市史 近世編 p595-596』。

そもそも布施河岸は一般の河岸とは性格が異なり、安永3（1774）年の中峠村との河岸出入りにおいても、往還河岸であって運送河岸ではないことを主張している。また享保6（1721）年の瀬戸村河岸出入りに境通り六ヵ宿が追訴した一件文書によると、「往還に付属している街道のため、往還の問屋が河岸問屋を兼ねている」旨記録されている。ただし兼務河岸問屋は、間もなく往還問屋から分離されることになる。本来、五街道の問屋は宿場における交通上の最高責任者とされるが、布施村の場合、往還問屋は村方から給金つきで雇われ、物資の差配等の実務に従事する存在でしかなかった。一方、河岸問屋は往還問屋とはかなり性格を異にし、「当村川岸より船場荷物問屋之儀商人手寄次第問屋いたし来候、当時問屋四人ニ而請払仕候」と記されている。4名とも名主・組頭など村の顔役であることから、物資輸送を河岸問屋に都合よく差配できたことなど特権的な性格を持っていたようである『柏市史 近世編 p595-597』。

河岸問屋はその後、荷宿・荷問屋と呼ばれるようになる。この頃の荷宿の職務内容を、明和6（1769）年の荷宿と村方の河岸出入りの際の荷宿側の訴状から要約すると「荷問屋は着岸した荷の員数・手付荷等を改めて船頭より受け取り、馬を呼び集め村方の者に甲乙なく順番に荷を割りふった。村方の馬で不足の場合は他村の馬を雇っている。駄賃銭は一括して荷問屋が預かり、馬付帳に引き合わせて馬方に支払っている」となる『前掲市史 p597』。出入りの際、村方は荷問屋の名称は往還問屋と紛らわしいので廃止を求めたが、「年来の仕来り」として存続が認められている。その後、文化6（1809）年の「布施村御差出帳」『前掲市史 p598』が示すように「当村荷宿の儀者一ヶ月之内十五日代リニ而永三百拾弐文五分ツヽ、四人ニ而都合壱貫弐百五拾文宛年々御領主様江相納申候」とあることから、運上金を上納することで自己の営業権を確立し、次第に特権化していくことになる。

布施河岸はこれまで見てきたような河岸問屋一般とは性格が異なり、河岸問屋および在方商人の営業努力によって形成される生活圏規模の後背商圏の成立は認められず、荷宿（陸付流通業者）の努力の範囲を超えた江戸地廻り経済の動向によって河岸の繁栄が左右される、というオーダーの異なる運輸機能を担っていた点が特徴的である。また享保6（1721）年の瀬戸河岸との出入り一件以来、近隣諸河岸との荷物の積分けも布施河岸が遠国ものを、近隣諸河岸が近在ものをそれぞれ担当する、という大まかな決まりが成立していたようである『柏のむかし p60-61』。

布施河岸—流山河岸間の陸継に相当する地域としては、鬼怒川と利根川間を陸継する境通り馬継六ヵ宿を取り上げることができる。共通性がそのまま競合性となり、成立以来、両者の間でしばしば争論を繰り返したことは、すでに見てきたとおりである。もう一つ布施河岸の陸付とよく似た、しかし性格の異なるルートに「鮮魚（なま）街道」があった。迅速な輸送を必要とした鮮魚の江戸出しのために設けられた道である。利根川右岸の木下（きおろし）河岸と江戸川左岸の行徳河岸を結ぶ全長9里のいわゆる「木下街道」がそれである。布佐河岸と松戸河岸を結ぶ松戸道も鮮魚街道と呼ばれ、両街道とも銚子方面から江戸に向かう最短ルートとして江戸っ子には馴染みの道であった。

⑶ 商荷物の性格と流通 明和8（1771）年、境河岸問屋の中に積み荷をめぐる争いが発生し訴訟に持ち込まれた。争論発生の背景について、訴えを起こされた問屋の返答書から概観してみよう。返答書には「近年野州常州より送来候紙・多葉粉荷、鬼怒川を積下ケ下利根川通布施村江船揚仕、江戸川通流山江附越仕候故、野州常州之荷口ハ境通少ク罷在候」と指摘している。商荷物の減少とくに大荷物煙草荷の減少を被疑者の責任ではないとする意見開陳である。そこで布施河岸の陸付勝訴後の荷物流動について江戸地廻り経済レベルで、境河岸と布施河岸の扱い荷を比較しながら検討してみたい。

延享3（1746）年の境河岸中継の地域別商品流通状況（図Ⅲ-2参照）をみると、鬼怒川上流の烏山方面からは、煙草・青苧・白苧・漆・蠟・繊維原料などの奥羽内陸特産品の積下しが多くみられるが、農村加工業の成立を示す2次産品の流通は切粉を除いて見られない。那珂川流域（水戸方面）からは特産品の紙・切粉煙草のほかに輸送能性の高い蔬菜類・調味料ならびに衣料関係品などの積下げが注目される。以上いずれも下り荷である。他方、上州・野州など北関東に積み上る荷物は、干鰯・〆粕・糠などの金肥と塩の比重が卓越している。近世中後期の北関東畑作地帯における商品生産の先行性を示すものとして留意すべき事柄であろう。ちなみに北関東舟運が積み下す荷物は麻・紙・煙草などの山村特産品、綿・絹織物ならびに大豆に象徴される穀菽類等である『関東河川水運史の研究 p60-64』・（難波信雄 1965年 p102-103）。

境河岸経由の荷種に次いで、前掲水運史の研究『p62-64』に従って、これまでに把握された安永4（1775）年以降の荷量を整理すると、安永4年以降の請け払い荷物は漸減し、天明3（1783）年には3万7千駄から2万6千駄に減少している。浅間山の山焼けとあいつぐ凶作の影響を勘案しても、嘉永5（1852）年の1万5千駄という低落は、享保以降、境河岸の荷受け量が大きく減少していると考えざるを得ない。このことの傍証史料として天保4（1833）年の惣百姓、茶屋旅籠屋の口上書の一節「近年奥羽野州常州国々出荷物悉相減、問屋共儀は勿論、馬持共前前に引比候えは三分之一ニ減少」でも、遠隔主要産地からの出荷量の減少と境河岸の衰微を示唆していた。

一方、境河岸の衰退傾向に反して、宝暦・寛政期における布施河岸の荷受け量の推移を前掲『水運史の研究 p70』からみると、この期間の大幅な増加傾向を指摘することができる。とくに寛政初年（1789）以降の3年間の年間平均荷受け量は、1万7千駄を超え、口銭収入も144両と244貫に及んだ。寛政4年の領主への運上金上納嘆願書の文言「近年附越荷数多分ニ相成繁昌仕候間、為冥加之相応之御運上奉差上相稼申度奉存候」にあるように衰退する境河岸と正反対の繁昌であった。

表Ⅲ-8　布施河岸扱い荷物駄数
（宝暦10～明和6年）

順位	品　目	10ヵ年合計	1ヵ年 平　均	備考
1	大山田煙草	29,817.62	2,981	47%
2	塩物・干物	10,179.50	1,017	16
3	生　（魚）	6,515.00	651	10
4	紙	4,592.55	459	7
5	鰻	3,629.00	362	6
6	蒟蒻玉	2,040.50	204	3
7	竹貫煙草	1,889.07	188	3
8	蓮根	1,773.00	177	3
9	切粉煙草	1,425.01	142	2
10	たばこ入	1,172.75	117	2
11	玉子	247.03	24	0
12	火打石	170.07	17	0
			（端数切捨）	

出典：丹治健蔵著『関東河川水運史の研究』（法政大学出版局、1984）

さらに表Ⅲ-8から宝暦10（1760）年以降明和6（1769）年までの品目別荷物駄数をみると、取扱駄数が最も多いのは大山田煙草の約3万駄で、これに岩城産竹貫煙草を加えると全荷量の半分を占めることになる。その他塩物・干物・生魚・紙・鰻・蒟蒻玉・蓮根などの荷物も相当量運送している。また享保期開業の布施河岸荷宿善右衛門の引き受け荷物をみると、享保14（1729）年から紙・木綿、同19年から紅花、元文2（1737）年から酒、同4年から綿実・薬種、そして宝暦5（1755）年から醤油などが江戸向け商品として登場し、舟運発展の契機となっていく。さらに天明5（1785）年、荷宿善右衛門と佐次兵衛の間に発生した土浦産醤油1千樽余の江戸向け運送をめぐる争論や、同じく天明5（1785）年の古河船渡河岸問屋の1万3千樽に近い醤油出荷が示すように、近世中期以降の関東中央部における農村工業の進展と舟運荷物の増大を認めることができる『関東水陸交通史の研究 p255-256』。

大山田煙草と竹貫煙草の出荷経路について丹治健蔵は前掲『水運史の研究

p70-72』のなかで以下のように推定している。まず大山田煙草の場合は、1)那珂湊―涸沼―海老沢（陸揚げ)―巴川下し―北浦―布施河岸、2)那珂湊―銚子湊利根入り―布施河岸、3)小川町・喜連川町経由（陸送)―阿久津・板戸河岸―鬼怒川下し、の諸コースを想定しているが、享保以降の積み出しでは、2)のコースが多く利用されたことを推定している。奥州産竹貫煙草については、1)奥州街道経由の鬼怒川水運利用、2)関街道経由の鬼怒川水運利用、3)伊王野・黒羽・喜連川・氏家・阿久津河岸経由の鬼怒川水運利用、4)黒羽河岸―那珂川水運―那珂湊運送、5)塙河岸―久慈川水運―太田水戸運送、6)産地から勿来の九面港または小名浜港経由で江戸直送等々多くの漕運方法が、水運・海運の発達に影響されながら展開されてきたことを指摘している。

煙草荷に次ぐ海・水産物（塩物・干物類）は全荷量の16%、生魚は10%で、ともに那珂湊・銚子湊・霞ケ浦方面から下利根川を遡上してきたものであろう。とくに那珂湊の占める地位が高く、安永3（1774）年の入津荷物総量を見ると、塩物60,497駄、鰯粕45,574駄、鰹節33,552駄、干物9,579駄、魚油3,205駄、粉糠2,319駄、干鰯317駄の順でならび、ここでも関東内陸農村に共通する塩・肥料型の登り荷構成となっている。紙の出荷地は、奥州岩城のほか、常州冨野村西野内を中心とする久慈川流域65ヵ村が知られている。当時、西野内紙は久慈川舟運が整備されていなかったので、那珂川左岸の小野河岸まで陸継し、舟運で水戸や那珂湊まで積み下したものとみられる。那珂川流域では烏山周辺が有名な産地であるが、ここの紙は鬼怒川を下していたといわれている『日本産業史大系 関東地方編 p335』。鰻は北浦の鉾田や霞ヶ浦の土浦の業者が集荷したものである。寛政6（1794）年、布施河岸の荷宿佐次兵衛の扱量は船数823艘、5,967駄に及んだ『柏市史 資料編六 p338-342』。蒟蒻玉は煙草・紙とならんで水戸藩領山村地帯の主要農産物であった。また蓮根は鬼怒川左岸の下妻付近の農村地帯から出荷された。切粉煙草は荷量としては多くないが、上州舘煙草の例に見るような高崎城下町の煙草問屋(町場）と切粉加工の関係に共通する2次産品部門の成立として注目したい点である。以上布施河岸への流通商品を要約すると、海産物・煙草に代表される奥州産荷物と常総とくに水戸領産の紙・煙草・蒟蒻・鰻等の工芸作物や水産物が目立つていた。補足的であるが、表Ⅲ-8（参照）もこの頃、布施河岸を通過した荷物を細部にわたって明らかにしている史料である。

こうした江戸地廻り経済の動向を『関東河川水運史の研究 p73-75』に従って整理してみた。運賃・駄賃表から見た商品流通には、享保年中の大山田煙草をはじめ、宝暦年中には蒟蒻玉・卵・酒、明和年中には醬油が運賃・駄賃表に登載されるようになる。このほか、天明5（1785）年の布施河岸荷宿仲間の商荷物をめぐる争いの発端となった土浦産醬油1,000樽問題は、佐原・江戸崎・土浦を境に上下通りに区分けする荷受け協定で落着するが、この事実は、宝暦・明和期から関東醬油の生産が著しく向上し、江戸向け出荷量の増大を示すものである、としている。善右衛門引き受け荷物『柏市史資料編六』の中で酒荷物が「是ハ元文3年より請払仕候、明和之頃より荷数相増申候」と付記され、したがって酒も醬油と同様の傾向にあったものとみることができる。

運賃・駄賃表の中の流通商品として、明和9年の問屋仲間の出入りの際、境河岸問屋五右衛門が指摘した奥州産煙草・紙・紅花・漆などが記載されていることから、これらの諸荷物が境通り六ヵ宿を避け、布施河岸に流れていたことは明らかである。このように宝暦・天明期を画期として、江戸地廻り経済の波に乗って下利根川筋を遡ってきた奥州の海産物や常総の特産商品さらに奥州・野州の鬼怒川下し荷物が、布施河岸で陸付され流山河岸から江戸に向けて積み出されていくことになるわけである。

境・布施両河岸における商品流通量の対照的な変化を、丹治健蔵は以下の3点にまとめている。1)流通経路の改変、2)奥州と水戸領の煙草生産とくに大山田煙草の生産拡大が象徴する産地と産地規模の変動、3)宝暦～天明期（18世紀後半）の江戸地廻り経済の展開と結んで、鬼怒川・那珂川・久慈川・霞ケ浦・北浦の舟運に恵まれた常総・下野の農産物（蒟蒻玉・菜種・蓮根・卵・木綿など）と農産加工品（煙草・紙・醬油・油・酒）の生産が拡大し、新規流通商品を含めて布施河岸の荷請け量の上昇となって現れたとしている。なお、まとめの最後に、「関東農村は、河川水運を媒介として江戸との結びつきを強め、宝暦・天明期を画期として商品流通の動向に新しい展開をみせはじめた。また、関東地方の中では比較的水運の便に恵まれていた常総地方が、利根川上流地帯より若干江戸地廻り経済の進展が早かったようにも思われ、寄生地主制の生成との関係で興味深いものがある。」と述べ、重要な指摘を試みている『関東河川交通史の研究 p76-77』。もっとも筆者は、享保期以降の常総地域における質地地主の成立を多とする実体については、納得できる史料的確認はしていない。

⑷ **荷請け量と荷種の推移**　布施河岸で陸揚げされる諸荷物は、鬼怒川筋と下利根川筋に限られ、それも年度と季節によって変動する河況次第で増減をする。地廻り経済の影響を受け、荷種と荷量も変化する。この点を踏まえながら、陸揚げ駄数の推移を北原糸子（1971年 p17-18）の研究から概観すると、宝暦年間が年平均約6千駄（4ヵ年平均）、明和年間が約7千駄（5ヵ年平均）、安永年間が約9千駄（9ヵ年平均）、天明年間が約1万1千駄（8ヵ年平均）、寛政年間が1万6千駄（3ヵ年平均）、文政年間が1万3千駄（5ヵ年平均）と推移する。文政期以降は請け払い量が不安定になり、布施河岸の繁栄にも陰りが生じたとみられるようになる。

次に、布施河岸から加村河岸へ付け越した主要品目は、米・油・酒・茶に加え竹貫産等の奥州煙草・大山田煙草・切粉煙草などの煙草類、岩城産紙・西ノ内紙などの紙類、干肴・生魚・鰻・蒟蒻玉・紅花・水戸産火打石・荒物類などであった。このうち岩城産紙が寛政期に姿を消すのに対して、西ノ内紙が天保期に登場する。また大山田煙草や切粉煙草が天保期に姿を消すのに対して、代わって奥州煙草が登場するなど、類縁商品の中でも産地間の盛衰が見られた。一方、寛政期や天保期に酒・鰻・生魚・蒟蒻玉が新たに登場する。これらの荷物はその多くが水戸藩内の特産品で、銚子湊廻着の奥州産荷物に加えて、小川・塔ケ崎などの北浦諸河岸から積み出されたものが多かった『柏市史 近世編 p654-655』。近世後半の奥羽・東関東における商品生産を大まかに把握すると、農村工業の後進性を反映して酒造業や搾油業以外の製造業には見るべきものがなく、紅花・蒟蒻・茶・煙草などの商品栽培と農間余業の紙の生産がその存在を主張していたにとどまる。むしろ水産物に地域性を映し出しているようである。

享保期、布施河岸は農村における商品経済の進展を契機に成立し、鬼怒川下し、銚子入り、常州北浦、霞ヶ浦からの江戸向け船積み諸物資の流通拠点として利用された。奥羽内陸に及ぶ奥の深い布施河岸通過荷物は、その後、寛政期頃になると紅花・蒟蒻・水産物などの水戸藩内産商品輸送に重心が移行するようになる。布施河岸の集荷圏・扱荷の変更は、水戸都市特権商人による奥州物産江戸廻しの隔地間商いが漸次その中心的地位を低下させ、水戸藩領内の特産物生産の発展を背景に据えた江戸積みに、重心が移行するようになった結果とみられる（北原糸子 1971年 p16-19）。

⑸　陸継の地域経済効果と駄送体制　布施河岸から江戸川までの陸継がいかに多くの経済効果をともなうかという点については、享保期を中心に下利根川右岸付の村々で頻発した新河岸・新道問題一件、ならびに18世紀末葉から19世紀前葉にかけて出荷地側商人と江戸商人が結託して企図した新河岸・新道問題の発生が明らかに物語っている。たとえば布施村では、村中の馬持ちによって往還継立とともに加村河岸までの継立も行ってきた。このため元禄11（1698）年には153頭、寛保元（1741）年145頭、文化6（1809）年222頭の駄馬を所有していた。駄賃稼ぎの運営は、村内6集落に当番日を割り振り、これに従って坪と呼ばれる各集落の馬持ちが駄賃稼ぎに従事し、村内に平等に収益を配分する仕組みの「河岸徳」となっていた『柏市史 近世編 p652』。

北原糸子（1971年 p34）によれば、明和8（1771）年の馬持ちの階層構成は、5石を境に上層では各戸が馬を持ち、下層では所有割合は急激に減少する。もっとも、この年はとくに馬数が少なく、村の家数183戸に対して馬数は84匹に過ぎない年であった。村内馬持ち数が家数を大幅に上回るのは、文化6年であって、それ以前は馬数と家数は同じまたは若干下回る程度であったという。これらのことから、寛政期頃までは、高持上層に馬数の増加が見られ、この傾向の下に村全体の馬数も増加基調をたどったものと推定している。しかし化政期以降は様相が異なっていく。「荷宿手馬分、先年ハ払残荷斗付送候所、当又右衛門代ニ相成、馬4、5匹所持致勝手次第駄送仕」左記史料は、文政12年の荷宿善右衛門に対する村方の訴状の一節である。これは駄送にかかわる村方規制を否とする荷宿側の動きを含めた馬数の増加であって、そこには馬持ち層が下層に広がる動きではなく、農家間の馬持ち数に格差が拡大したことを示唆する状況が見られるとしている。いずれにせよ、下層にいくにしたがい駄賃稼ぎから排除される傾向にあったとしている（北原糸子 1971年 p34-35）。

北原（1971年 p36）の計算によると、駄賃馬稼ぎの仕事は、1か月の当番割り当て5日、1日ひとり2駄となっていた。稼ぎ人たちは布施―流山間を1日2往復したといわれ、その駄賃は250文と算出される。1か月1貫250文、年間15貫文前後の収入になる計算である。このほか量的には比較にならない程度ながら、加村河岸からの返り荷として綿・太物・荒物類・酒・油などの近在荷があったとみられる。しかしこの数字は荷動きがもっとも多かった寛政期のものであり、加えて布施河岸への着岸荷の実態は一時期に集中する傾向があった。したがって、他村雇馬、荷主手馬による駄送も考えられることから、村人の年間15貫文前後の収入は容易に実現できる額ではなかったようである。結論的には農間余業の域を超える額ではなかったといえる『柏市史 近世編 p654』。この点は付子についても「横村方馬与違ひ、其御河岸より参候付子衆ハ子供勝ニ而」（加村河岸問屋から布施の問屋宛書簡）から、駄送の担い手は補助労働力の子供たちが一般的であったとみている。

なお、荷宿口銭をみると、寛政末期の善右衛門家の場合、年間収入は荷物口銭と船積み荷口銭の合計で73～83貫文余となる。付子の収入に比較するとかなり大きく異なるが、両者の間には表面上の数字以上の隔たりがあるという。たとえば、寛政期の村方騒動に見るごとく、荷宿との対立を軸とする河岸内部の対立が生じると、馬持ち百姓に限らず村方挙げての抗争が永きにわたって継続することになる。このことは、「荷宿の特権が馬持ち百姓には不当に高い内容を持つとの認識が根底にあったからに他ならない」北原糸子（1971年 p37）はこう指摘している。結局、農間余業的性格の駄賃稼ぎを農民階層の分解視点から捉えなおすと、単純輸送業務のみにかかわる陸付河岸の存在は、関係村落にとって、農民層分解の一契機にはなりえても、商品生産の場合のようなドラスチックな分解を引き起こす要因とはならず、むしろ農民層の平均的な分布構成に作用した（北原糸子 1971年 p37）ということになる。

最後に、布施河岸の確立過程および河岸としての性格と機能の変化について、北原糸子に従ってまとめを試みておきたい。「河岸としての確立は、競合する近隣諸河岸との抗争を経て、荷請け先後背圏の確保を完了し、然るのちに荷請けに関する河岸内部秩序（配分調整）の構築を終えて完成する」と考える。

布施河岸の場合、その歴史的性格から、輸送荷物は産地の動向に左右されるという受け身の側面を強く持つことは否定できない。一般的な積み下ろし河岸とことなり、河岸問屋・在方商人の営業努力を超える力が商圏の範囲と商品の流通量をしばしば決定する。反面新河岸・新道の出現も繰り返され、争論発生が後を絶たなかったことも歴史的事実である。布施河岸の確立過程に見られる争論は、まず境通り六ヵ宿との新舟運秩序創出のための争論として始まる。七里ヶ渡．渡船場の付越し荷物の駄送実績、浅場の発生という物理的障害、江戸地廻り経済の進展という大義名分などを利用して争論を有利に導き、発展の基礎を作り上げていった。その後の享保〜寛政期の出入りは、利根川付き村々の新河岸・新道開設をめぐって発生し、荷請け地域の分割で決着する。遠国荷附け越権を公認された布施河岸の荷受け範囲は拡大・安定化していった。次の段階の抗争は元文〜寛政期に多発する。特徴的な面は、江戸商人と他領商人が結託して策動する場合と、生産地商人が自ら河岸立を願出る場合とがあった。このときの争論は、明和期に承認願出の3件を除いて、新流通路の開拓は見られなかったが、巨大な商人資本が動いたこともあって、村方とくに問屋は自分村の衰微を懸念して、大きな動揺をきたしたようである（北原糸子 1971年 p22-23）。

宝暦・明和期に布施河岸を通過した主要荷物は、煙草・紙・水産加工物・生魚・蒟蒻などの常州水戸藩の特産品であることに大きな特徴があった。延享3（1746）年の境河岸経由商品に奥州内陸産品が多くを占めていたことに比べると、布施河岸における商品流通上の画期的な変化といえる。これは享保期以降、水戸藩においては、都市特権商人による奥州物産江戸廻しの隔地間商業が、その中心的地位から後退し、代わって水戸藩内の特産物取引に重点が移行したことの反映である『水戸市史 中巻1』。ちなみに、加村から布施に送られた主な商品は、綿・太物・荒物・酒油類であった。ここで注目すべき点は、北原糸子も指摘（1971年 p20）するように、寛政期以降、舟積荷と称して、村内・近在の雑穀類を川舟で布施河岸から出荷するようになったことである。寛政段階、問屋口銭の10％を占める程度の比重で、幕末まで加村への駄送荷量を凌駕することはなかったが、近在・村内の諸色を船持ち・

船頭が請負い、地域市場で商品化するという新しい流通形態の出現である。荷物の請払い機能に限定されていた布施河岸の歴史的性格を否定した変化といえる。しかしその変化も荷宿本来の性格変更にまでは至らず、流通上の一過程としての荷の請け払いに限定され、荷宿自らの荷主商人としての発展はみられなかった。このことについて、北原（1971年 p20）は後背地水戸の特産物の生産構造に規定されたものと考え、江戸問屋による生産過程の強固な掌握が、非特権的商人の介入の余地を遮断し、布施河岸問屋を当初から荷請け払い問屋として限定してきた（海野福寿 1956年）・（長倉保 1970年）結果である、と展望している。

境通り六ヵ宿、次いで近在利根川付き村々との抗争出入り後に来る問題は、付越権を公認された遠国荷の荷宿内部での配分にかかわる係争問題の処理であった。寛政期の布施河岸には4荷宿が存在し、二組に分かれてそれぞれが月の前半後半の荷の請払を担当する仕組みであった。天明5（1785）年、請払荷の配分をめぐって出入りが起こった。それまでも優位に立っていた名主善右衛門組が更なる優位の獲得を狙って、これまで慣例的に処理されてきた荷分けを議定化し、荷宿機構の整備を画策したことが原因であった。結果は善右衛門の狙い通りの内容で明文化されて落着した。度重なる名主荷宿善右衛門家の横暴は、やがて村方騒動の火種となって表面化する。

北原（1971年 p39-40）によると、荷宿内部の荷分け抗争後間もない寛政4（1792）年、名主荷宿善右衛門の横暴に対する小前層の根深い反発を根底に据えた村方騒動が発生した。騒動の契機は河岸冥加永の納入をだれが行うかということにあった。村方としては問屋の横暴を抑えるべく村持河岸として河岸永の納入を主張し、善右衛門と激しく対立した。村方騒動以降、善右衛門家の権威は弱体化し、文政末期には一見些細なことを契機に村方騒動が発生するようになる。善右衛門家の発言力の低下は、村方一統の離反と重なって、以後の布施河岸の存立体制の弱体化へと連動していった。

結びとして、布施河岸他のＡ字型流通経路の成立と抗争の陰に隠れて、脚光を浴びることのなかった手賀沼の戸張河岸について補足したい。江戸時代初期にはすでに全盛期を迎えていたとされる戸張河岸は、鮮魚や急ぎ荷物を輸送するため、利根川から手賀沼に入り戸張河岸で陸揚げし、江戸川の加村・流山河岸経由で江戸へ積送るものであった。戸張河岸の全盛期を江戸時代初期とする考え方には、利根川東遷運動における赤堀川三番掘りの完成前と絡む舟運上の重要な意味が含まれると考える。その後、寛文2（1662）年以降の度重なる手賀沼干拓工事で、通船に支障をきたすようになり、河岸は衰退の道をたどったという。衰退期以降でも依然、流山に向かう駄賃馬稼ぎの人馬が多く、道路破損の著しい柏村は文化9（1812）年、戸張村を相手に争論を起こしたほどである。河岸が廃止される時期は不明であるが、おそらく布施河岸の繁栄や「鮮魚街道」の成立期とも関係があるものと思われる『柏のむかし p63-64』。ともあれ、関東舟運史上における戸張河岸の歴史的評価を確定できるような史料は、残念ながらこれまでのところ見出されていない。

8．中川水系低地帯の商品生産と舟運発達の制約条件

ここで問題とする中川水系低地帯の地理的範囲は、北については、会の川締切口を頂点にして展開する乱流氾濫原から南は毛長川─小合溜井の自然堤防帯までの間をいう。別の言い方をすれば、近世初期、利根川と荒川の瀬替えによって耕地が拡大し、新田集落の成立が進展した古利根川筋と元荒川筋の低地帯を中心に、大宮台地─野田台地間一帯に広がる田畑作農村地帯を指す、ということもできる。

農業的には北半域が米麦・大豆を中心にした穀菽農村であり、かつ、南半域は江戸屎尿の配荷圏を包括する田畑穀作地域である。これらの地域は北に向かって綿花・藍の商品作地域の傾向を深めながら推移し、南に向かって蔬菜作の比重を高めながら近郊農業地域に移行する。

中川水系低地帯の交通系統は、江戸の求心力の支配下にある諸街道筋の陸運利用と、ほぼ江戸方向に南下する諸河川の水運利用とが考えられる。ただし、中川水系低地帯の諸河川は、いずれも農業用・排水路的性格が歴史的に形成され、舟運利用と大きく競合し、これを制約する存在となっていた。

A）中川水系低地帯の新田開発と用排水改良

⑴　利根川・荒川の瀬替えと関東流・紀州流治水土木技術　利根川東遷や荒川の瀬替え効果のうち、本項では、新田開発と用排水改良にかかわる関東

流土木技術の展開を中心に取り上げた。利根川東遷改修事業で最初に行われたのが、2分流のうち南流する会ノ川筋を締切り、東へ流れる川筋に一本化することであった。東流する川筋は浅間川—会ノ川の古川—権現堂川—庄内川—太日川を経て江戸湾に注いだ。この改修と久下村地先で荒川を締め切り、和田吉野川筋に落とした結果、武蔵東部の中川水系低地帯は著しく水位が下がり、新田開発の条件が整った。水位の低下した旧河道一帯には、多くの後背低湿地と池沼が残された。池沼の下手に堤防を築き、下流の湿地帯には排水堀を通して新田化すると同時に、池沼を整備して用水源の確保を図った。これらの一連の水利土木事業を推進したのが、関東代官伊奈忠治・忠次親子であった。寛永年間を中心に、同じような構造の下に整備開発が進められた池沼には、見沼・笠原沼・黒沼・河原井沼・小林沼などがあった『白岡町史 通史編上巻 p424-425』。この時、関東郡代伊奈忠治・忠次親子によって推進された治水技術が、いわゆる「低水位遊水地方式」の関東流であり、金肥普及以前の農業技術段階に相応する氾濫沃土灌漑であった。

八代将軍吉宗は財政再建策として様々な施策を打ち出すことになるが、その一つに大河川中下流域の新田開発の推進があった。中川水系低地帯は典型的な対象地域として着目された。ここには二つの開発対象地域が存在していた。一つが1,200町歩に及ぶ巨大な用水源見沼をはじめ、多くの農業用水池と兼用遊水地であった。これら水源池を持つ村々は、湛水被害の発生でしばしば用水受益村々との間に紛争を繰り返していた。紛争は笠原沼の場合がとくに激しく、溜池上流部村々の排水不良問題および溜池周辺村々の湛水—荒れ地の発生—問題は関係の村々を激しく対立させ、協議は難航した『宮代町史 通史編 p306-312』。用水源の干拓新田化は、新田用水の新規発生とともに下流受益農村の代替え水需要の大量発生問題を内包していた。さらに当時の溜池の多くは、上流からの流下水に対する遊水地機能を負わされていたため、その干拓新田化は溢流被害を広く下流域に及ぼす危険性を持っていた。しかも中川水系低地帯は、同時に高水位河川利根川・江戸川・荒川で周囲を囲まれ、地形的に洪水発生型農村地帯であった。

対応策は新規農業用水の確保と排水機能の充実ならびに高水位堤防の構築であった。この状況に対応すべく任用されたのが吉宗子飼いの家臣伊沢弥惣兵衛為永であった。後に紀州流治水土木技術と呼ばれる「高水位堤防方式」の展開である。前者の溢流を前提にした関東流治水技術に対して、後者は堤防でこれを制圧する治水技術であった。彼の代表的実績は、享保13（1728）年完成の見沼代用水路の建設とこれによる関東流（伊奈流）治水開発方式の全否定ともいえる溜池干拓と新田化の推進であった。見沼代用水は、下中条の利根川から毎秒44立方米を取水し、後々見沼通船の制約施設となる柴山伏越と瓦葺掛渡井の設置で元荒川や綾瀬川との交差箇所をクリアーして送られる。見沼代用水の完成に先立つこと10年弱の享保4（1719）年には、上川俣の利根川から取水し、幸手領ほか13万余石を灌漑する葛西用水が完成した。武蔵東部低地帯の用水組織網の骨格がここに形成されることになる。

中川水系低地帯を灌漑する2系統の用水路も、その性格と歴史は大きく異なるものであった。たとえば、見沼代用水は見沼干拓と同時進行し、1年足らずで用排水分離のきわめて新しい方式の下で事業は完成した。対する葛西用水は、開田状況に合わせて徐々に継竿の様に水路を延長していった用水で、その特徴は用排水未分離（排水反復利用）と後々舟運の発達を阻害する溜井の建設にあった。こうして多くの湿地帯や池沼の干拓が進み、新田の成立がもたらされることになる。見沼代用水からの用水供給によって干拓された池沼は、笠原沼・小針沼・屈巣沼・栢間沼・小林沼・柴山沼・皿沼・河原井沼・黒沼などであった『宮代町史 通史編 p307』。ただし沼地の中央部が深いものは落し堀による排水が完了せず、櫛の歯状の堀揚げ田という独特の景観を残して終了した池も各地に見られた。独特の景観が消滅するのは高度経済成長期の内水面圃場整備事業の展開を待たねばならなかった『土地・水・地域 p62』。

江戸時代の大河川の管理体制が確立するのは寛永～慶安期といわれる。瀬替えに象徴される大河川の一元的統御の行われる時代であり、同時に大河川中下流域の沖積低地に新田開発が推進される時期である。武蔵にもそれが典型的に表れている『新編埼玉県史 通史編3近世1 p558-559』。慶安期作成とされる『武蔵田園簿』によると、武蔵国の22郡中新田の名を付す村々は108ヵ村あり、そのほとんどが低地帯に分布する。しかも108ヵ村の新田の80%が中川水系低地帯の足立・埼玉・葛飾3郡に集中的に分布している。なかでも古利根川以東と綾瀬川下流部の展開は目を引く。元荒川を小針領家村地先の備前堤で遮断し、流末に近い地域で排水河川伝右川を開削し、新田開発のための自然的基盤を整備したことの効果『前掲県史 p561』は、元禄郷帳の新田分布にも見ることができる。なお、中川水系低地帯の開発過程を二合半領に限ってみると、中川沿いの村々が中世集落を母体に成立し、江戸川沿いの村々は近世開発や親村からの分村によって成立している『三郷市史 通史編Ⅰ p486』。換言すれば、この地域の開発は、中世期に自然堤防帯等の微高地から緒に就き、近世の瀬替えを待って後背低湿地の開発新田化が進行し完成したということができる。

享保期以降の開発に流作場新田がある。瀬替えと落し堀を前提にした後背低地帯の開発と異なり、生産力形成条件が整備されない中での開発には問題が多く、第Ⅲ章第一節で述べたように、流作場を対象にした新田開発の成功例を見出すことは、若干、困難をともなうことである。同時に、藍・綿花・養蚕等の商品生産の場として重要視されている河川氾濫原の新田化の扱い方にも、史料不足の中での一般化という危険な過ちを犯していないか、これらもまた気になる事柄の一つである。

⑵ 中川水系低地帯の農業生産力上昇と特産品生産の地域性　瀬替えを足掛かりにして推進された新田開発と大規模用排水改良事業は、新田を含む低地帯農村の水稲ならびに商品作物の生産力水準の上昇に一定の効果をもたらした。その結果、江戸の穀倉地帯としての地位を確立することになる米を中心に、綿花・藍ならびに青縞や白木綿生産が、顕著な地域性を帯びながら広く展開することになる。そこで新田開発にともなう自立小農の成立、貨幣経済の農村浸透などの近世中期から後期にかけての社会的経済的変化の中で、低地帯の村々の商品生産がどう展開していったか、以下、この点を中心に据えて検証してみたい。そもそも当時の低地帯農村の平均的姿は、自然堤防の発達ならびに高・低位三角州の形成で水掛りの悪い微高地が想定外に多く、畑地と水田が交錯するいわゆる田畑作の村々が一般的であった。水田は一毛作が卓越し、見沼代用水と葛西用水の末流地区や二合半領には、排水不良の強湿田型土壌地帯が高度経済成長期直前まで持ち越されていた（新井・野村 1971年 p13-26)。格別の強湿田地帯とされる洪積台地の開析谷では、直播の

摘田が行われるようになっていった『低湿地―その開発と変容― p119』。

まず、史料の得られた中川水系低地帯北部の白岡と加須を中心に、表題に接近してみたい。既述のように中川水系低地帯は平場沖積農村であるが、微地形変化によって田畑作地帯というよりむしろ畑地率が上回る地帯となっていた。しかしながらすべての集落が平場沖積農村に包括されるわけではない。一部の集落は大宮台地の岡泉支台や白岡支台上に立地し、台地畑作と低地水稲作を併せ営んでいた。前者が加須で後者は白岡である。それぞれ中川水系低地帯を代表する典型的な農村であると考えてよい。

白岡地方の農業の基本的性格を示す田畑別割合は、『武蔵田園簿』・『武蔵国郡村誌』によると、水田475町2反9畝（34%）、畑919町6反8畝（66%）であった。生産される作物は農民の主食用大麦を筆頭に米が拮抗し、以下、大豆・小麦が続く。関東畑作農村で重用された粟・稗・蕎麦などの雑穀類は、白岡全域でごくわずかの栽培面積をとどめるにすぎない。この状況から近世末期～近代初期にかけての白岡地方の農民は、明らかに穀菽型農業を営んでいたことが判明する。遡って近世前期末葉の農業生産を正徳6（1716）年の「埼玉郡小久喜村差出」で見ると、年貢用米作と自家消費用の麦・粟・芋などのほかに小物成として荏胡麻・大豆・餅米を栽培している『白岡町史 通史編上巻 p461』。自給体制の作物選択からは、まだ商品化の動きを読むことはできない。間もなく領主・農民の商品生産指向が表面化するようになっていく。こうした動向に対応して、享保期、主穀中心の幕府の農業政策に商業的性格が加味されてくる。小久喜村でも商品性の高い茶の栽培が登場するようになる。（延享3年「小久喜村明細帳」）。同時に余剰労働力の商品化をもくろんで「男衆の縄・俵編み」「女子の機織り」などの農間余業が普及していった『白岡町史 通史編上巻 p470』。

一般的に言って、寛政期には関東地方の農村にも貨幣経済が浸透し、農業生産における作物構成も商品化を目的にしたものへと移行していく。白岡地方における近世末期の主要作物は、先に『武蔵国郡村誌』から引用したとおりであるが、18世紀末の農村荒廃期に比べると、金肥増投の結果として米麦・大豆の増収効果と剰余の発生も見られるようになってくる。また女子の機織りの成果が、白木綿・縞木綿・木綿織糸・木綿縫い糸などの余業製品・

表Ⅲ-9　近世後期・武蔵南東部の在方市と主要商品

郡　名	市立地	市　　日	主要取引商品
新　座	引又町	3・8	穀類・諸品
足　立	鳩ケ谷宿	3・8	諸物
	蕨宿	7/11・12/26	時用の物
	浦和宿	2・7	穀物・木綿布類
	桶川宿	5・10	米穀
	原市村	3・8	米穀・前栽
	与野町	4・9	穀物
埼　玉	岩槻町	1・6	木綿
	越ケ谷宿	2・7	時用の物
	粕壁宿	4・9	諸品
	菖蒲町	2・7	米穀・農具
	久喜町	3・8	穀物・木綿
	町場村	4・9	木綿
	忍城下町	1・6	木綿
	上新郷	5・10	諸品
葛　飾	平沼村	1・6	雑穀・農具
	三輪野江村	3・8	穀物
	幸手宿	2・7	穀物・諸品
	杉戸宿	5・10	時用の物
	栗橋宿	1・6	穀物・諸品

注：主要商品の記載がない在方市は省略した
出典：『新編埼玉県史 通史編4近世2（黒須茂）』を元に改訂

繭などの特産商品となって騎西・加須・忍・幸手・羽生・久喜などの六斎の集荷市に流通していくことになる『騎西町史 通史編 p487-491』。他方、穀菽農業地帯を反映した生産物が岩槻・幸手・久喜・栗橋・菖蒲・原市・桶川等の市町（いちまち）に穀商・仲買人によって売られていった『前掲町史 p470』・『久喜市史 通史編上巻 p685』。つまり、多くの在方町を成立させるほどの商品経済の発展と、中川水系低地帯村々の商品生産能力の高まりを推定させる状況とみて大過ないだろう。とりわけ、葛飾郡では農村部の平沼村・三輪野江村にまで、穀類を主要取引商品とする市立がみられた（表Ⅲ-9）。

次いで、沖積低地農村加須地方の場合を『武蔵国郡村誌』で見ると、田畑の構成割合は、水田が卓越する村11ヵ村に対して畑が卓越する村は24ヵ村に達している。農産物も白岡地方の村々と同じく、大麦を筆頭に米・大豆・小麦の順に低下し、雑穀類に至ってはこれも白岡地方と同様にごく少量に過ぎなかった。穀菽農村の性格は流通面にも反映されていた。加須地方の村々でも貨幣経済の浸透をはじめ気象災害・年貢増徴・商業資本の収奪等によって農民層の分解が進行し、滑落零細農民の農間商い渡世が急増した。天保9年の農間商いの商人や職人の合計は、加須地方の総軒数の28%におよんだ。3軒に1軒近くは農業以外の収入を必要としていたことが明らかである。

なかには穀商29人と太物商10人等のように上層農家や村役人出自の商人たちも含まれていた。いずれも加須地方の主要特産商品である穀菽類の江戸出しと、羽生・加須・騎西の六斎市に出荷される青縞30万反の隆盛（嘉永～安政年間）に連なる存在であり『加須市史 通史編 p417-418』、江戸地廻り経済の展開にかかわる業者たちであった。ちなみに青縞は、武蔵東部の利根川・荒川の氾濫堆積土壌帯に栽培されるようになった木綿と藍を原料に、女子の農間余業として織り出されていた木綿平織物が、手前遣いからやがて地域を代表する商品になったものである。その意味では、木綿と藍も穀菽類と並ぶ中川水系低地帯の重要商品化作物であったといえる（図Ⅲ-21）。これらの重要商品はいずれも仲買人・買継問屋によって集荷され、利根川の大越河岸もしくは権現堂川の権現堂河岸から江戸に向けて積下げられていった『久喜市史 通史編上巻 p680』。

白岡・加須地方に次いで、高位三角州を広く抱え、文政期の宿規模が武蔵5位の在郷町粕壁を中心とする粕壁地方の近世中期以降の商品生産の推移をみておこう。天保期と思われる粕壁市の主な相場立を見ると、米・糯米・大麦・小麦・大豆・小豆・菜種・胡麻などがある『春日部市史 通史編Ⅰ p677』。六斎市の相場立てに記載される作物とは即地域の重要商品作物に他ならない。菜種・胡麻は貴重作物であっても栽培面積が少なく、商品作物としての重要度は穀菽類よりはるかに劣る。このことを実証する数字として、文政8年「粕壁宿諸商人書上」には、米穀商39軒（うち穀問屋10軒）とあり、この他にも醤油、酒、質、薪炭などの商いを兼営する穀商たちも存在した。さらに天保5（1834）年、穀問屋たちが穀市の運営をめぐって、自らの経営基盤強化をもくろんだ際の議定には、41人もの穀類仲買人の署名が見られた『加須市史 通史編 p681』・『春日部市史 近世史料編Ⅲ-二 p1012』。流通関係業者が多数存在するという事実は、粕壁を穀類集散拠点たらしめた在方

図Ⅲ-21　中島家の藍葉集荷・藍玉販売先分布図

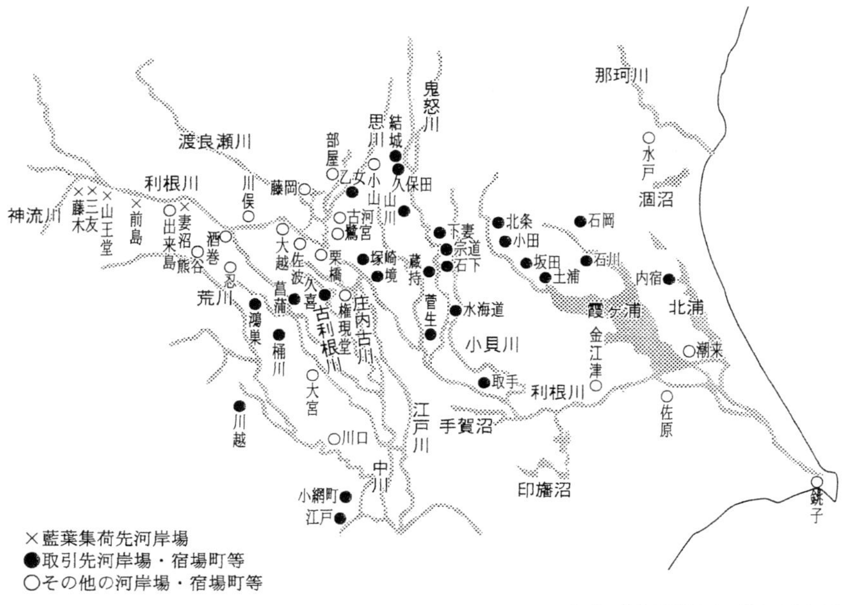

出典：『大利根町史（児玉典久）』

村々の産地機能はもとより、穀類流通の商業的魅力と流通量の大きさを示すものである。

六斎の穀市に集荷された穀類は、穀問屋、仲買人を通して江戸市場へ運ばれていったという。江戸までの流通手段や経路についての記載はないが、弘化2年の粕壁宿の穀物渡世・万蔵と権現堂河岸で艀渡世を営む多兵衛との江戸積下げをめぐる出入り一件『前掲市史 通史編1 p682』からみて、間違いなく権現堂河岸から江戸出しが行われていたことが考えられる。さらに近世後期の岩槻を見ると、「多彩な商品が生産され、その荷の多くは（元荒川の）新曲輪河岸他から船で輸送された」『岩槻市史 通史編 p627』とあることから、農業用水利用との競合や季節性をともなう水位変動によって制約されながらも、基本的に水路に恵まれていたこともあって、舟運利用が主流であったことはほぼ間違いないことであろう。

金肥需要の高まりにつれ、在郷町や村々にも肥料商を営む農間余業者が出現するようになる。こうした金肥は主に舟運によって流通していたことから、古くからの河岸場であった西金野井・西宝珠花・関宿・権現堂・大越等の利根川・権現堂川・江戸川などに面した河岸場では、元禄期頃から肥料商が活動していたようである『春日部市史 通史編Ⅰ p675』。反面、多くの肥料商は同時に穀商であった。したがって干鰯・〆粕・糠などの金肥受け入れ河岸は、同時に穀類の重要江戸出し河岸として機能したことが考えられる。中川水系諸河川の主要河岸機能も本質的にこれらの河岸と同類であることが、これまでの検証で明らかにされてきた。

穀類以外の特産品生産あるいは商品生産として、春日部市史では木綿、菜種、蔬菜、長芋、牛蒡、薩摩芋を上げている『通史編Ⅰ p683』。粕壁地方の農村でも木綿はとくに重要な商品作物であり、中川水系低地帯の氾濫原の砂質沖積土壌帯に共通する生産物であった。この他土物蔬菜が目立つ農産物である。土物蔬菜は保存性が高く、したがって輸送能性に優れた農産物である。いわば遠距離輸送に耐えることから近郊外縁部農村を代表する作物といえる。これらの土物類は、練馬の大根、浦和の長芋などの名産地が示すとおり、多くは洪積土壌を適性とする作物群でもあることから、おそらく粕壁でも西部の洪積台地上の畑作として生産されたことが推定可能である。ただし牛蒡については、春日部市史『通史編Ⅰ p686-687』が指摘するように古利根川と古隅田川間（梅田村）の砂質沖積土壌地帯で栽培されていたものであろう。また天保期になると粕壁宿周辺の村々で促成の「もやしもの」が盛んに栽培されるようになる。しかし間もなく売り買い禁止の触れが出ることになる。春日部市史ではこの動きを市場出荷志向の高まりと捉えているが、出荷先については、岩槻、粕壁等の消費能力の高い城下町や宿駅への出荷を推定しているようである。そもそも「もやしもの」出荷は、鮮度が価値であることを勘案すると、江戸出しの普及は無理が多かったとみるべきである。むしろ地域市場の形成としてとらえる方が、より経済的な意味が大きいといえる状況であろう。

ともあれ、きわめて労働集約的で技術的にも高度な商業的農業の芽生えは、すでに江戸近郊農業の影響が粕壁周辺村々に及んでいることを示唆するものと思われる。江戸との関係を示すもう一つの状況として、享保期から目立つようになる江戸屎尿の導入がある。備後村の森泉家の場合は、松伏河岸の下肥商人から購入している『前掲市史 p676』。粕壁における江戸下肥の購入は、森泉家に限らず、天保15（1844）年に粕壁宿組合村々一統が結んだ議定によると、すでに汲み取り人がいるところへの介入・糶取は罷りならぬこと、汲み取り値段を一割引き下げること、不正な商売に対しては関東取締り出役の取り締まりを願い出ること等々『春日部市史 近世史料編Ⅴ粕壁宿補遺3』、かなり組織的な取組みであったことが理解できる。下肥普及の広がりと農民にとっての必要性の強さを示す議定であった。江戸屎尿の搬入が古河船渡河岸の内陸部まで行われ、地元舟運業者との間に物議をかもした事例『近世交通運輸史の研究 p158-160』を仮りに例外的一件としても、すでに粕壁あたりまで下肥の日常的な搬入圏であったとみることができる。もとよりこの問題は、農民的商品流通の高まりに対して、藩権力と結合した旧体制が存続をかけて対立した歴史的にも重要な意味を持つことであった。このことについては、上記研究書の中ですでに丹治健蔵が指摘するところである。

粕壁地方村々における商品作の具体的な動きも、享保18年の「備後村鏡書上帳」の記載「農業之間前栽物江戸出候商之稼ぎ何ニても無御座候、農業之間男ハ縄莚等手前ニて遣候分仕候、女ハ布木綿着料之分少ゝツゝ仕候不足之分ハ買調申候、田畑耕作之外稼ぎニ成候程之儀何ニても無御座候」から文化2年の『備後村村方明細書上帳』の「男女農業之間男縄女ハ糸はた手業御座候　五穀之外少々之野菜作申候」へと表現が微妙に変わってくる『春日部市史 近世史料編Ⅴ村況-4・10』。とくに女子の機織り仕事と蔬菜栽培を書上で容認することは、現実的にはかなり大きな変化が農村で進行していたとみて間違いないだろう。

最後に江戸近郊蔬菜栽培圏の最遠部とみられる30㎞圏上の岩槻について、補足的考察を試みておきたい。岩槻の城附郷村を地形的に概括すると、岩槻台地と台地を開析して流下する元荒川と綾瀬川の流域低湿地帯からなり、この低湿地帯は、微地形的には両河川によって形成された自然堤防と後背低地からなっている。諸村の水田率は102ヵ村のうち34ヵ村が50％以上で、68ヵ村は50％未満である『岩槻市史 通史編 p559』。中川水系流域一般の村々と同じく、水田率の低い村は自然堤防帯もしくは洪積台地上にあり、一方、高い村は後背低湿地や池沼に面した地域に存在する。

岩槻市史『通史編 p628』では近世中頃の農産物を『耕作仕様書』に依拠して次のように述べている。便宜上概括すると、大小麦・稲・大小豆・葉果根菜類・荏胡麻・芥子菜・長芋・つくね芋・薩摩芋から綿花・紅花・茜に至るまで、関東平場畑作農村ならどこでも栽培できる品種が網羅されている。その書の一節に、「これらの作物は北足立郡から埼玉郡にかけて栽培され、販売に供されていたと推定している」と記されている。実際には販売されたとは思えない作物も多く含まれているが、注目すべき点は、中川水系低地帯を中心に武蔵南部一帯に栽培されたとする推定である。一つ先読みすれば、白岡、粕壁、加須の諸地方に共通して見られた穀菽類と綿花・藍の商品作物の栽培は近世中期頃にはすでに岩槻地方でも見られ、しかも近世中期以降の商品作物としての重要性は、低地帯一帯の農村にも敷衍できる問題とみることができるからである。なお、『岩槻志略』に「毎月一・六の日市立ありて繁昌す、穀物・野菜・木綿織類・其外交易売買の盛んなること近郷に勝れたり」とあることも、前期3地方の生産・流通状況に共通する証左といえよう。

岩槻地方の商業的農業の進展は、近世中期以降の干鰯・〆粕の導入に大きくかかっていたと思われるが、導入・普及期については明確でない。多分、元禄・享保期頃から近隣在方町から買い求めた糠・灰とともに使用されたものと推定される。江戸屎尿の搬入の事実についても記載はない。元荒川・綾瀬川遡上舟運による配荷圏とみるが、史料・文言に触れる機会はなかった。それでも岩槻地方の村々では、江戸地廻り経済を意識した商品作物として菜種・藍・紅花・牛蒡・蓮根・慈姑等の栽培に力を入れるようになっていった。ことに良質の長芋・牛蒡や人気の蓮・慈姑は、貨幣経済の進行とともに江戸などへ盛んに出荷されていった『岩槻市史 通史編 p626』。

江戸指向の遠距離型の蔬菜類出荷の外に、農間余業の機織り子女が織り出す白・青縞木綿の原料生産と穀菽類の生産を反映して、宝暦2（1752）年の書上では、久保宿町で綿売り宿7軒、穀物問屋5軒、渋江町では綿売り宿2軒、白木綿問屋5軒と同仲買16人、穀物問屋など、林道町では木綿問屋2軒と穀物問屋、辻村と上野村に穀物問屋等々多くの問屋の立地展開が見られるが、これらは主な商家の書上げ分のみと市史ではみている『岩槻市史 通史編

p627』。穀商と綿業に特化した岩槻の商業機能の集積状況とこれを支える周辺村々の生産力の旺盛さを推定できる、評価すべき書上である。

大消費地江戸の穀倉地帯といわれた中川水系低地帯でも、石高制米納年貢を原則とする近世徴租法は、近世中期以降になると農民層の広汎な分解を背景に、村落の変化を基礎にした年貢米の地払い、石代金納など徴租の変転が見られ、農民自身による米穀商品化の機会が増大していった『中川水系総合調査報告書2 p345』。

こうした大局的な変化を踏まえながら中川水系低地帯村々の商品生産を見ると、岩槻─粕壁あたりを境界帯にして、北部の農間余業に直結した工芸作物栽培型の地域と南部の輸送能性が高い近郊外縁型の蔬菜生産地域の成立を見出すことができる。しかも南北両地域は、穀菽農業地帯という共通項によって統合された同質地域でもある。同時にこの南北性は江戸屎尿配荷圏いう指標によっても分類可能と思われる。ちなみに武蔵における江戸屎尿の搬入船は、明治初期の『武蔵国郡村誌』によると、荒川と新河岸川の合流点及び古利根川と綾瀬川の合流点を拠点にして中継ぎ展開し、弘化2（1845）年の時点には、二合半領・松伏領・新方領・八条領・平柳領・戸田領の58か村に廻送されたという『新編埼玉県史 通史編4近世2 p472-473』。もとよりこの境界帯の成立が、利根川中流左岸地帯の穀菽型農業地帯への移行、あるいは中川水系の南部で近郊農業地帯に移行する場合も含めて、きわめて漸移的な隣接地域への推移をともなうものであることは言うまでもない。

たとえば、粕壁に北接する葛飾郡金崎村の豪農土生津家の場合、畑・畑田成耕地所有の卓越を反映して、販売額は圧倒的に米麦・大豆が多く、綿花や藍等の商品作物の展開が低い平凡な経営であった。なかでも米の割合は高く、収穫量で主要3作物の60〜70％を占めていた『新編埼玉県史 通史編4近世2 p507-510』。この状態は上記の金崎村と三郷地方の中間に立地する松伏領藤塚村の場合でも穀作・穀売り依存という点で本質的な相違はなかった。つまり藤塚村では畑の占有割合が圧倒的に高く、このことを反映して商品作物の大麦・大豆・小豆を主体に江戸出しし、一部を越谷市（いち）に出荷する。木綿・煙草は手前遣いに限られている。水田は裏作不能の湿田で、楮・漆・桑の商品化作物も見られなかった『春日部市史 史料編Ⅴ村況─118』。その点、中川水系低地帯（中川ー江戸川間）における秋落型泥炭質土壌地帯の穀類商品化型農村に準ずる地域とみてよい。低地帯の南東部、具体的には三郷地方の境木村の村況として、享保19（1734）年の「村鑑帳」にも次のように記載されている『三郷市史 近世史料編Ⅰ p292-296』。

一、当村男女渡世之儀は、農業一通ニて渡世送申候、併風雨朝夕、男ハ縄・俵・むしろ等仕、女ハ飯料等之拵、其外衣類縫・洗濯・木綿糸機等仕候、尤糸機之儀、商売罷成候程出来不申候、且又、前栽物作売出候儀、一切無御座候、尤名物と申程之物無御座候
一、当村里方外之かせき無之、農業一通ニて渡世送申候、殊ニ先年新利根川押、田畑皆損同前ニ罷成候年も度々在之、先規より水損場ニて、大小之百姓痛申候、其近年打続キ田方干損・水損ニ逢、賑候儀無御座候
一、当村土地之儀は、砂交地とすくも土ニ御座候、并寒暑之儀は、江戸同前ニ御座候

これらの記載に村々の田畑構成割合7対3ないし6対4を加味して、三郷市史は近世の三郷地方を、稲作中心の主雑穀農村であると結んでいる。正徳6（1716）年の「葛飾郡彦倉村差出」でも全く同様の記載が見られる。もちろん、「両毛作り無御座候」は近村すべてに見られ、また一部には「産物田方早生方作付申候」も見られ、近現代の早場米地方の片鱗をのぞかせていた。享保18（1733）年に作成された「彦倉村鑑帳」、延享3（1746）年の「大善村村鏡帳」にも、前栽物は作っていないことが記され、三郷地方の村々が江戸近郊における蔬菜生産の展開動向と異なる対応を見せていた『三郷市史 通史編Ⅰ p743・760』ことが明らかである。この対応は穀類商品化型農村という点において、金崎村・藤塚村にきわめて近い姿であるというべきだろう。

結局、後世のいわゆる二合半領早場米単作地帯との共通性が明らかなことから、粕壁以南の中川ー江戸川間の低地帯は、前述した南北型農村とは別種の穀作農村地帯として、類別すべき挟在地域であると考えた。この粕壁以南の江戸川寄り低地穀作農村では、耕地の3〜4割を占める畑地で主食・自給用の麦小麦とわずかばかしの雑穀・蔬菜を作り、単作水田に作った米は年貢用に宛て、干鰯・〆粕・江戸肥の投入で得た剰余米分を唯一の商品化作物とし

て市場出荷する経済的な停滞地域であった『中川水系総合調査報告書2 p345』。参考として穀作型村々の米の販売先を主要順に見ると、粕壁宿穀商人、越ヶ谷宿穀商人、宝珠花・西金野井等の近隣河岸場、村内・近接村々などの関係業者で、多くは古利根川・元荒川・江戸川の河岸またはその利用が考えられる在方町に出荷されていった（「金銀貨覚帳・万覚帳」土生津家文書）・『前掲県史 p509-510』。

B）中川水系舟運の特質と諸課題

近世、中川水系低地帯には、綾瀬川・元荒川・見沼代用水路・古利根川・権現堂川・江戸川の諸河川に舟運が開かれた。舟運河川の多くは、上流水源を保有しないこと、排水集流河川であること、用排水未分離河川であること等の諸特性から、水位の季節的変動・農業的利用との競合が発生し、安定した荷物輸送に支障をきたすことが多かった。一般舟運とは性格と目的が全く異なるが、下肥輸送の舟運も無視することはできない。水路・揚場・業者の存在・流通などの面で、舟運の研究対象としての存在理由を、それぞれの水系舟運が等しく共有すると同時に、江戸近郊というきわめて重要な要件も併せて共有すると考えるからである。

以下、本項では、元荒川・綾瀬川・見沼通船（代用水）の3舟運を中心に、水路の特性・主要河岸の商圏と商荷等について検討してみよう。古利根川舟運については、松伏溜井・琵琶溜井等の舟運制約条件の存在が、元荒川舟運と共通するため後者の検証を以ってこれに替えた。

⑴ 元荒川舟運の特性と主要河岸の商荷・商圏　元荒川は荒川から分離されて以来、灌漑用水として流域の村々を潤してきた。その間、用水確保のために榎戸堰、三っ木堰、宮地堰、末田須賀堰、瓦曽根堰などが相次いで建設された。その結果、元荒川の水位が低下し、また堰の通過には荷物の積み替えが必要となり、就航上の大きな障害となった。就航上の障壁は自由な水運の発達を妨げ、長大な河身に比べると河岸場の成立は少なかった。市町村史等によって明らかにされてきた河岸を上流から取り上げると、蓮田から越谷にかけて川島河岸、辻河岸、新曲輪河岸、末田河岸、須賀河岸、大橋際河岸、瓦曽根河岸などの存在が知られている。この他に吹上、鴻巣に伝承に残る河岸があり、さらに文献（「御廻米村々俵数積立の控」嘉永7年原田家文書）にも

〆切・竹之花・大船・谷中の諸河岸名が見られる『歴史の道調査報告書 第13集 元荒川の水運 p13』。いずれも岩槻東部から越谷にかけての間に立地が推定されている。以上の諸河岸のうち岩槻城下の新曲輪河岸と越谷宿に隣接する瓦曽根河岸が流域の拠点河岸と考えられてきた。

領主流通時代の年貢廻米に際し、溜井の通過という要所を控えた瓦曽根河岸と岩槻藩を後盾にした新曲輪河岸の両者は、通船の差配権をめぐって享保16（1731）年、元文4（1739）年、延京元（1744）年等の争論を繰り返した。その間、水路は次第に整備されていった。それでも西方村のように水路が満水状態ならば、元荒川水運を利用して廻米する（享保10（1725）年村明細帳）が、飯塚村や真福寺村（天明3年・明和6年村明細帳）では4里以上を陸送し、荒川の平方河岸から津出ししている。同様に菖蒲領の村から高尾河岸まで陸送し積下げている場合も見られた。こうした遠方津出しの理由は、元荒川の水量が不安定であったことにもよるが、それ以上に幕領の上記村々は、岩槻藩領の舟運を公的に使用することを憚ったものとみられている『前掲元荒川の水運 p14』。

ここで元荒川舟運と溜井の関係について『岩槻市史 通史編 p618』からみておこう。岩槻藩は年貢米の廻送に際して、江戸川筋より空き船を借り出してきた。この船を岩槻に廻送する場合、非灌漑期には堰台を乗り越して船を上手に送り、湛水期には堤防に転（まわり）木を仕掛けて舟を溜井に移すことになる。元文5（1740）年、瓦曽根村は、これに対して土手や石堰の破損を理由に空船の廻送を拒んだ。新曲輪町ではこのことを不服として訴訟に及んだ。結局、堤防や堰の破損が生じた際には新曲輪町で修理すること、堰台を渡るときには曳舟で渡すことで一件落着した。満船の場合の堰越えについては、従来から言われているように、荷物を積み替えて堰の上下をつなぐことになる。ともあれ、その後、近世後期に入ると商品経済の活発な展開にともない、商荷が著しく増大した結果、両河岸の間に緊密な協定が成立したらしく『前掲市史 p618』、舟運の途絶が生ずるほどの争論が発生することはなかった。

近世も中期以降になると、農村への貨幣経済の浸透とともに河岸の役割も急速に重要性を増していった。河岸機能つまり物資の動きについて、新曲輪河岸問屋原田家の史料（天保年間の荷物出入帳）から把握された部分に限り、大まかに整理して取り上げてみた『岩槻市史 通史編 p619-625』。新曲輪河岸から出荷された諸荷物としては、年貢米の外に近隣の村々で生産される薪炭・加工用材と木工品・綿実・種水油などが多く、太物も少量ながら見られる。一方、入荷荷物類は干鰯・糠・灰・諸粕などの肥料類・塩をはじめ食料品・嗜好品・雑貨類などきわめて多種・多量に及んでいる。奢侈に近い商品の移入実態が、岩槻の町方人口の増加と彼らの生活水準の向上の結果なのか、あるいは城付村々の生産力の所産なのか、農村荒廃からの離脱期とはいえ、理解に苦しむほどの移入商品の内実だけは確かなことである。要するに、新曲輪河岸は、岩槻近在の特産農林生産物と金肥および日常生活用品との出し入れを通して、江戸と地元農村の結節機能を果たしてきたことになるが、結節機能の空間的表現と考えられる河岸の商圏規模について、解明できる近世史料に触れることはできなかった。少なくとも、穀類・岩槻木綿と干鰯・糠の出し入れの際の、河岸問屋または城下町問屋の営業記録文書が残されていなかったことは、大いなる研究上の痛手であった。

そこで近世後期の新曲輪河岸の商圏について、明治6年の上述史料『前掲報告書 元荒川の水運』を以って代替え検討を試みておこう。新曲輪河岸は岩槻城下新曲輪町の右岸に立地した。この河岸は町名主原田家が問屋を営み、江戸時代から明治初期にかけて、岩槻藩領の年貢米や特産商品あるいは生産・生活用品の移出入で活況を呈したという。河岸問屋原田家は、新曲輪河岸を中心に辻・末田・須賀各河岸を差配し、岩槻藩の御船方として廻米すべてを任された御用商人であった。嘉永7（1854）年の「御廻米村々俵数積立之控」によると、平野・長宮・加倉・谷下各村々の年貢米1,236俵を積みだしている。以下、近世資料で得られなかった重要商品の出し入れについて、明治6年の登り下り「荷物控之帳」記載の荷物の流れ『歴史の道調査報告書第13集. 元荒川の水運 p19-21』を中心に追ってみよう。

新曲輪河岸で荷揚げされた登り荷物を見ると、灰・種粕・干鰯等の肥料の占める割合がきわめて高い。灰は越谷の商人が中継して送り込んでくる量が過半を制し、河岸周辺の大宮・蓮田・伊奈地方の村々33ヵ村に配荷されている。もっとも天保7年の記録では、岩槻新曲輪河岸は、糠・灰の積み出し中継河岸の性格がみられ、また出荷の時期が秋口に集中していることから、畑作麦に施される肥料と推定される。明治6年の糠の流通量の少なさの意味がいまひとつ不明確である。種粕は中川流域の吉川や古利根川の川藤から市宿町の商人鍵屋勘兵衛の下へ集中的に送られてくる。肥料に次いで塩・海産物・石灰も多い。石灰は北関東の農村では火山灰土壌の改良材として広く使用されているが、ここでは岩槻近在の紺屋に送られていくことから用途は染色にあったとみられる。

積下げられる下り荷については、米の割合がもっとも高く、種水油を中心に胡麻油・荏油等の油類・酒粕、さらには地域特産の柿・桐・薪等の林産物も多くみられる。沖積低地帯と一部洪積台地を含む岩槻地方の自然とこれに規制された農業を反映した移出物構成となっているが、とりわけ江戸向け蔬菜とくに輸送能性の高い根菜類の出荷は、近現代近郊農業地帯の成立に道を開く注目すべき事柄といえる。主力商品である米の流通が安行村の商人に大きく掌握され、宝暦2（1752）年には10指に近い穀物問屋を擁した城下町商人の存在にもかかわらず、その後の沽券にかかわる程の事態は何に起因するのか、歴史に素人の筆者でも興味は深い。同様に宝暦期に多くの綿売り宿・木綿問屋と仲買人の「書上」記録の存在に反して、幕末期前後の新曲輪河岸の積下げに木綿関連の商品名を見ることができないのは、領主的流通から農民的流通へのドラスチックな変動と、新旧勢力の交代を含めた岩槻町の木綿流通市場からの脱落を示唆するものであろうか。一言付記するならば、綿実の出荷は記録されているが、繰棉の行方は不明である。あるいは、「II章三節３項」で指摘したように「近世末期～近代初頭の村山絣・青梅縞の原綿糸として、志木経由奥武蔵地方に送付（馬継ぎ）され」、舟運に乗らなかったことも推定される。なお、柿は食用の生柿と赤山渋といわれ赤山領・南部領から岩槻の笹久保・笹久保新田にかけて生産されるものとの2種類がある。桐は越谷近在と粕壁に送られ特産加工品となる『前掲報告書 p22』。結びに新曲輪河岸の商圏を見直すと、灰の流通で明らかにされた33ヵ村はもとより、年貢米廻送で浮上した差配下の3河岸まで拡大した場合、岩槻藩領のかなりの村々を間接的支配下に置いたとみることも可能である。

瓦曽根河岸は、埼玉郡瓦曽根村の溜井と元荒川を区切る土手に立地し、「西方河岸」と呼ばれていた。近世、瓦曽根溜井の下流には江戸まで堰がなかった。したがって瓦曽根河岸は早くから元荒川舟運の代表的な重要河岸として栄えた。成立の時期は不明であるが、遅くとも享保年間には成立していたものとみられている『歴史の道調査報告書 第13集 p23』。

その後、安永2（1773）年に瓦曽根村では既設河岸（下の河岸）に対抗して上の河岸を開き、争論となるが、両者が合併して「瓦曽根河岸」と称することで内済となる。元荒川と葛西用水は溜井の手前で合流し、この溜井に流れ込んでいた。溜井の下流側には水量調節用の堰が設けられ、左岸側には「松圦」という水量調節用の排水路を掘り、そこから元荒川の本流を下流に流していた。江戸から瓦曽根溜井まで大型の高瀬船で遡上し、ここで小型の船に荷物を積み替えることになる。積替え地点が松土手と呼ばれる中堤であった。瓦曽根河岸で下り荷を積み替える船は、末田須賀堰下流の荷船と、古利根川を下り松伏溜井から逆川を経て瓦曽根溜井に至る荷船とであった。

設立当初の瓦曽根河岸は、岩槻藩の年貢米はもとより、忍藩柿の木領8ヵ村の年貢米まで請け負う領主流通河岸であった。近世中期以降、貨幣経済の農村浸透に対応して、米・糯米・大豆・醸造品・菜種油・木綿など中川水系低地帯の代表的商品生産物の江戸出荷、いわゆる江戸地廻り経済の展開を見ることになる。主な船荷は、越谷宿の商人たちによって集められた荷物であった。とりわけ、新曲輪河岸、瓦曽根河岸に共通する重要商品の出入りは、米を出し肥料を入れるという動きに集約することができる『前掲報告書 第13集 p24』。

最後に排水反復利用型の古利根川・元荒川の舟運終末期の概況について、『新編埼玉県史 資料編21 近代・現代3産業・経済1 p419-428』から瞥見してみよう。明治末期の古利根川舟運の場合は、上流水源地帯から松伏堰まで用水期間のみ舟運の便が開けていた。松伏堰下流は四季にわたり通船可能とはいえ、「河床浅キカ為メ大船ヲ行ルコト難シ」と記されている。一方、元荒川については、瓦曽根堰下流2里18町の間に限り通船の便は開けていたが、溜井堰上流では河水浅く用水引き入れ堰等のために通船不能の河況とされていた。少なくとも近世後期までは、荷物の積み替えという煩雑な手続を必要としながらも、かなりの物流が堰を上下して岩槻新曲輪河岸と越谷瓦曽根河岸を結んでいた筈であった。しかしながら両河川舟運とも「沿岸ノ越谷・粕壁両町ヲ除クノ外ハ他ニ繁華ノ市邑ナク又著シキ物産トテモアラサルヲ以テ運輸ノ盛況ヲ致サス」とあり、肥料の運搬のみが盛んであったと付記される状況になっていた。調査報告書には、綾瀬川舟運についても「己往年期ニ於テ斯業ノ著シキ盛衰ナク今後亦見ルヘキモノ非ラサルヘシ」『関東河川水運史の研究 p307』とあることから明治末期の中川水系諸河川の舟運は、見沼通船下流域を除いて明らかな終末期を迎えていたことが感じ取れる調査報告書内容であった。衰退の主因は、日本鉄道・東武鉄道と馬車輸送という新規交通手段の出現と考えられている。

⑵　綾瀬川流域の開発と舟運　　綾瀬川は、慶長年間に伊奈備前守忠次の築堤によって荒川から分離され（伊奈町椢川家文書)、以来、小針領家村地先に発する独立河川となる。分離の目的は下流の洪水防止と新田開発であった。慶長6（1629）年に熊谷の久下地先で荒川が瀬替えされ、新田開発や曲流河川の改修は一層容易になったといわれる。とくに寛永年間から延宝年間にかけての伝右川の新設『西方村旧記』で排水状態が改良され、下流部の新田開発が一挙に進行した。また、延宝8（1680）年に川通りの用水堰止めが一切禁止となり、排水河川機能に統一されたことで、岩槻から江戸までの直行舟運の途が開かれ『歴史の道調査報告書 第14集 綾瀬川の水運 p12』、浮塚河岸・内匠（榎戸）河岸上流部の各地に河岸場が設けられるようになった『中川水系 人文Ⅲ 中川水系総合調査報告書2 p343』。

綾瀬川の舟運は、江戸時代初期から年貢米輸送などに利用されていたと思われるが、初期の史料を欠いているため確かなことはわからない。元禄から享保期にかけて商人・農民の需要を満たすために新たな河岸場が簇生した。そうした河岸の一つ簀の子河岸では、天明5（1785）年に船株の議定を行っており、この議定書によると、すでに安永2（1773）年に積問屋株に組み入れられ、廻米をはじめ薪・こやし・買荷などを積送り、舟渡世稼をしていると記されている『日本歴史地名大系 第11巻 p52-53』。

綾瀬川は、昭和初期の本格的改修まで各地で蛇行し、新河岸川同様、小河川ながら水量も多く流れも緩やかな舟運適性河川であった。しかしながら川底が浅いため就航した船は100石積までといわれ、舟運に利用されたのは主に蓮田周辺より下流であった。当時の笹久保新田上流河岸は、釣上新田・戸塚村・内匠新田・久左衛門新田・浮塚村・宮ヶ谷塔村・深作村・柏崎村の各河岸で持船総数は20艘といわれた『岩槻市史 通史編 p616』。近世後半に稼働していた河岸は綾瀬川五河岸と呼ばれていたが、詳細については不明である。その後、天明5（1785）年、簀子河岸を五河岸に組み入れる議定が交わされるが、依然、有力五河岸としては妙見・暇・銀蔵・藤助・甚左衛門河岸を推定するにとどまっていた『岩槻市史 通史編 p615』。元治元（1864）年に関東取締り出役による舟改めが行われ、ようやく簀子・妙見・戸井・暇・半七・藤助の6河岸が御用河岸として確定した。

『武蔵国郡村誌』によると加倉の妙見河岸は50石船1艘・20石船2艘、戸塚の銀蔵河岸が50石船7艘・20石船9艘・15石船16艘、草加河岸が似艜船5艘・伝馬船6艘を備え綾瀬川舟運で活動していた。このほかに江戸時代に活発に営業した半七河岸や日光道中の往還ばたに立地し、荷船10艘・伝馬船10艘・川下小舟19艘を備え、昭和期まで営業を続けた藤助河岸があった。綾瀬川諸河岸は、近世後期の商品作物や年貢米輸送にも重要な役割を担ってきたが、天保9（1838）年の村明細帳によると、一部の河岸たとえば七左衛門村の年貢津出し河岸のように、通常は新綾瀬川通り大間野村や腰巻村の河岸場から積み出してきたが、渇水の時には元荒川の瓦曽根河岸もしくは古利根川の榎戸河岸から津出しすることもあったという『越谷市史 第一巻 p754』。伝右川の開削で排水が良好になり新田開発が進行した半面、水位低下で舟運に若干の問題が生ずるようになったものとみられる。

「郡村誌」には埼玉県内の河岸として簀子・馬込・妙見・尾ヶ崎・暇・銀蔵・腰巻・蒲生・草加の9河岸が挙げられているが、近世も末期になると河岸場の増加とともに争論の発生も見られるようになる。新兵衛新田他9ヵ村は、文政6（1823）年以来、戸塚村平沼新田河岸から訴訟を起こされていた。9ヵ村による無許可の蔬菜・米などの積み出しを訴えられたものであった。一方、9ヵ村側も、平沼新田河岸が1里も上流にあって不便だから新河岸開設を認めてほしいと主張して譲らなかった。結局、文政12（1829）年に新河岸が取り立てられて結着した（会田家文書）『日本歴史地名大系 p53』が、この争論一件は以下の事例とともに、幕末期の綾瀬川流域における商品生産の高まりを示す注目すべき事柄であった。

これより先、18世紀後半の安永2（1773）年「綾瀬川通船舟数書上」から綾瀬川を通行する船数をみると、笹久保新田から上に行く舟20艘のうち、舟運上300文の舟4艘、350文3艘、400文12艘、800文1艘となっていた『浦和市史 近世史料編Ⅲ p741』。同じ時期の安永元（1772）年、高畑村の船主彦右衛門の持ち船は5艘であったが、翌年に6艘、翌々年の3年には10艘に急増していたようである。こうした動きは、綾瀬川流域村々で商品生産が活発化し、江戸に廻送する荷物と帰り荷の肥料やその他必需品の輸送が舟運の需要増加を招いたものとみられる。

近世における舟運荷物については年貢米に触れるのみで、小商品生産の発展を示唆する農民流通の具体的史料は、少なくともまとまった形では存在しない。明治20年代の『中川流域河川調査書』を基本に言及されているだけである。この頃の流通事情は、まだ近世末期の延長と考えられたことから、転用記載価値は一応認めうると考える。要約すると積下げ荷物は米・白木綿・味噌・醬油が主体で、このうち米が90％を占めたという。登り荷としては、各種肥料と食糧品を中心に秩父・入間の木材も送られている『歴史の道調査報告書 第14集 p13』。要するに米を出して肥料・日常品を入れるという綾瀬川舟運の特徴は、元荒川舟運の性格と共通することだけは指摘できるだろう。

⑶　見沼通船とその特殊性　　次に中川水系低地帯の西の一角に展開した見沼通船について整理してみたい。見沼通船堀は見沼代用水完成3年後の享保16（1731）年、井沢弥惣兵衛為永と鈴木文平・高田茂右衛門兄弟らによって出願・築造された。代用水の完成で見沼をはじめとする流域の多くの沼の開発が可能となり、新田開発が進行した。このため増加する年貢米輸送のために見沼通船の開通は必然的な要請となり、結果、新田開発の進展と並行して通船計画も進行したとみるべきであろう『見沼土地改良区史 p853』。通船には幟の使用、神田花房町の屋敷地貸与と杭立の許可、沿線での会所許可等種々の特典を含む規定が定められた。特記すべき特典は、用水不要期でも通水を許可した点であり、他に例をみない点は、用排水分離河川での通船許可であろう。見沼通船の開設は創設関係者への特権待遇だけでなく、幕府にとっても確たる計算のもとに進められた形跡がある。

見沼通船発端探索並当時風聞取調帳（天保8年酉歳）

（前略）

右通船之儀第一御城米其外御用物並御給所米御運送、次に百姓方諸前栽売荷とも積取候上は御国益御救にも可相成旨を以て、願通被仰付候由御座候。

（後略）

たとえば、小原昭二は、元禄期以降の関東農村における農民的小商品生産の展開と、これによる農村の質的変化に着目し、商品流通機構を手中に収めることで農村収奪をより効率的に進めることまで計算に入れた幕府の姿勢を、見沼用水路の建設計画の中に読むことができるとし、それは中艜（なかひらた）船以下の船の運航が可能な水路建設にあらわれているという（小原昭二 1977年 p6）。上掲の抜粋および前後の省略箇所を読む限り、見沼代用水路の建設段階で計算されていたのは、廻米と近郊農村化過程の村々の蔬菜搬出の便までであり、商品生産の進展する農村からの収奪は、その後の通船経営の展開から随時顕象化した問題と考えるのは読みの甘さであろうか。取調書の文面には表されていないが、見沼代用水路の沿線に幕府の直轄領と旗本の知行地が集中していることも、開発当初から舟運を織り込んだ設計がなされたことの一因と考えられている『浦和市史 通史編II p423』。さらに見沼通船にかかわる特殊な性格として、以下のような特定の舟だけの独占権が認められていた点も指摘しておきたい。「私所持船を以、一手ニ御廻米御用物并売荷物等も運送可仕株式之旨申聞候ニ付、譲受候義ニ御座候」『近世社会経済史研究 p150』。

通船区間は、北は見沼代用水路須戸橋から柴山伏越を経て、芝川―荒川―隅田川を通じて、神田川筋、永代橋筋まで結んだ。その後、宝暦年間から交差は伏せ越に限定され、以後の通船は伏せ越地点下流に制約され、上流荷物はここで積換えられることになった。通船の時期については用水期間を除く9月から翌年2月までがあてられたが、中悪水路（芝川）の通水はこの限りではなかった。この時期はたまたま米の収出荷期に当たり、流域の村々から年貢米をはじめ多くの商荷を積下げ、江戸からは肥料・海産物・嗜好品などを積み上る『流域をたどる歴史 p23-24』のに好都合の時期でもあった。

通船は、見沼代用水の西縁用水と東縁用水の交わる八丁堤まで積下げ、そこから両用水の中間を流れる排水河川芝川まで通船堀を掘削し積下げるものであった。水量の比較的豊かな用水路上・中部と水量の漸増する排水下流部を結び、その際、水位3mの差を閘門で操作して連結する画期的な通船であった『見沼土地改良区史 p854』。開設当初の通船は、江戸と埼玉郡を直結就航していたが、宝暦9（1759）年の柴山伏越の完成で上平野河岸（平野村）が終点となった『菖蒲町の歴史と文化財 通史編 p173』。ただし西縁用水路は水深が浅く、河幅も狭かったので櫓を用いることが困難であった。したがって、西縁用水路では就航に若干難があり、このため積載は沿線の荷物に限られ、通し通船には主として東縁用水路が利用された『見沼土地改良区史 p858』。もっとも松村安一（1944年 p32）によれば、東縁用水は水路距離が短いために瓦葺まではこのコースが利用されたが、同時に東縁用水では通船水が少なく、瓦葺地先での乱杭露出による船荷の積み替えを避けて、用水期より2ヵ月遅れて通船水が通るようになるまでの間は、西縁用水が利用されたという。

川口から柴山伏越までの間には荷積場59ヵ所が設けられた。荷積場の機能を河岸と理解した場合、かなり頻度の高い河岸の分布状態であることが判る。小原昭二（1977年 p7）によると次のような記載がみえる。見沼通船においては河岸の名称はなく、「積場」もしくは「荷揚場」と呼称されていた。実際には河岸の役割を果たしていたが、幕府の河岸帳には登録されていなかった。いわゆる「河岸」は、勘定奉行の支配下にあり、一定の冥加金の納入を義務付けられていた。しかし見沼代用水の河岸はその義務免除の措置を受けていた（松村安一 1944 p35）。当然、積荷場も自由に設けることができ「御府内永代橋筋神田川筋武州足立郡見沼井筋最寄勝手次第荷物積立不苦候」と、まったく規制を受けていなかった。こうした実態にさらにいくつかの状況を加えて、松村（前掲論文 p34-35）は、見沼通船に対する幕府の巧妙かつ周到な保護姿勢を指摘している。これらのことが、後に相対積を助長させ大きな混乱を招く原因になるわけである。間もなく、船頭と荷主が勝手に積み下ろしをする相対積は増加の一途をたどるようになる。厳しい取り締まりにかかわらず積場以外での相対積は絶えなかった。

見沼通船の設立当初段階では、通船を許可された船は40艘であったが、稼働船数は必ずしも固定的ではなく、天宝年間には25艘に減っている。こうした場合には他所舟を雇い入れるか、他船の乗り入れを認めて対応している。見沼通船のもっとも重要な仕事は年貢米輸送であった。『見沼土地改良区史 p865-866』によると、流域全体の荷扱い量は不詳であるが、天保2（1831）年、平野河岸で扱った一ツ橋家の廻米は約4,000俵、北袋河岸扱いの山田家廻米は946俵に及び、また天保4年、根岸河岸扱いの伊奈代官所廻米は768俵となっている。通船は廻米輸送の外に多量の商荷輸送の便も果たした。下り船は流域産の穀物・野菜・薪炭等を中心に両国柳橋の積問屋に送り込んだ。中でも穀類の数量は多く、天保2年の上平野河岸への申し入れ数1万俵のうち、3,760俵を河岸揚げしている。また北袋河岸への申し入れ数5,000俵のうち、1,096俵を柳橋の河岸で揚げている。

下り荷の蔬菜は、近世後期以降の浦和地方の商品生産の筆頭に挙げられ『浦和市史 通史編II p460』、土物五品（長芋・束芋・雁芋・百合根・蓮根）や川口・大門の慈姑とともに江戸市場に出荷されていたことから、一部蔬菜は見沼舟運に乗ったことが十分考えられる。ただし、「前栽物・里いも・せうが・にんじん・長いも等少々つつ作り申し候、是ハ江戸神田・金杉へ、作り候百姓ハ持参仕り売り申し候」（享保10年「三室村村鑑帳」）『前掲市史 p460』とあり、18世紀前葉では個人の直接出荷も少なくなかったとみるべきだろう。18世紀後半になると在方商人の成長がみられ、彼らによる江戸の複数蔬菜市場との取引もみられるようになる。登り荷では、肥料・塩・魚類・乾物・荒物・雑貨などであった。通船利用で沿岸村々間の取引も行われていた『見沼土地改良区史 p866』。ちなみに、『新編埼玉県史 通史編4近世2 p447』は、このときの登り荷の肥料を具体的に干鰯・糠・灰に特定している。

ここで松村安一（1944年 p41）の推論に基づいて、見沼通船の主要積場とその営業範囲を整理すると以下のように纏めることができる。川口（川口・鳩ヶ谷）、根岸（浦和）、北袋（大宮）、瓦葺（原市・上尾）、風渡野（岩槻）、上閏戸（桶川）、上平野および柴山（久喜・菖蒲・騎西・加須・行田・熊谷吹上・鴻巣）等の積場が、それぞれ後背圏としての在方町と結ばれ、中心地八丁とともに繁栄したようである。

もともと見沼通船の積場（河岸）は59か所が指定され、ほとんど無制限に近い状況であった。その後用水路保全の必要から積場は15か所に整理統合されるが、ほとんど実効はなくいたるところで相対積が行われることになる。このために積場（河岸）を核にした商圏の成立は、後背圏の在方町を控えた一部の積場以外は、浅くかつ分散的であったことが考えられる。加えて東部に綾瀬川と元荒川の水運が成立し、西部には荒川水運が展開して厳しい集荷・営業環境を呈していた。たとえば、見沼通船北部の瓦葺から平野までの間の村々は、通船開始まで廻米津出しを権現堂河岸または平方河岸から行っていた『見沼代用水沿革史 p1131』。しかも商圏範囲を確定できる具体的資料は存在しない。そこで便法的に享保16（1731）年制定の「御定船賃川口東縁（西縁）」に書きあげられている60か所の村々（江戸神田筋・永代筋と諸荷物、人々が往来したと考えられる村々）（松村安一 1944年 p35-38）と、これに天保11（1840）年の船割役と八丁会所復活ならびに通船堀修理の願い書「乍恐以書付奉申上候」『前掲沿革史 p1130-1135』に連署した42か村を見る限り、通船利用村々は沿線の村とその後背2〜3か村にすぎないようである。ただし「願い書」の中に「今般御呼出村々ハ不及申其外御料私領数百ヶ村弁理宜乍恐御国益ニ茂相響村々御救ニ相成」とあることから、農民史料とはいえ、通船の後背圏はこれを上回る『見沼代用水沿革史 p1130-1135』とみてよいだろう。

少なくとも、明治初期〜中期にかけての見沼通船終着点の上平野河岸（平野会社）における諸荷物扱い範囲（図Ⅲ-22）を見ると、いずれも河岸から北西方向に展開し、明治11年には鴻巣・熊谷・行田・加須を結ぶ線まで、また16年にはこの線を超えて深谷・高崎・館林まで流通圏を拡大する。しかしその後は、明治16年の高崎線開通によって仕向け先範囲が急速に縮小され、近隣町村に限定されていった。流通圏の変化は中継機能からターミナル機能への変質をともなって進行した。結局、見沼通船の物流は終着河岸からは意外に深く展開したが、途中の諸河岸では荒川と綾瀬川・元荒川舟運さらに中山道宿駅との競合で、また明治初年からは高崎線との競合で流通圏を限定され、結果、西側は中山道宿駅で限られ、東側では川口・鳩ヶ谷・岩槻あたりを超えることはなかったようである『見沼通船と物資の流通 p11-29』。

図Ⅲ-22　見沼通船上平野河岸の諸荷物流通圏の推移

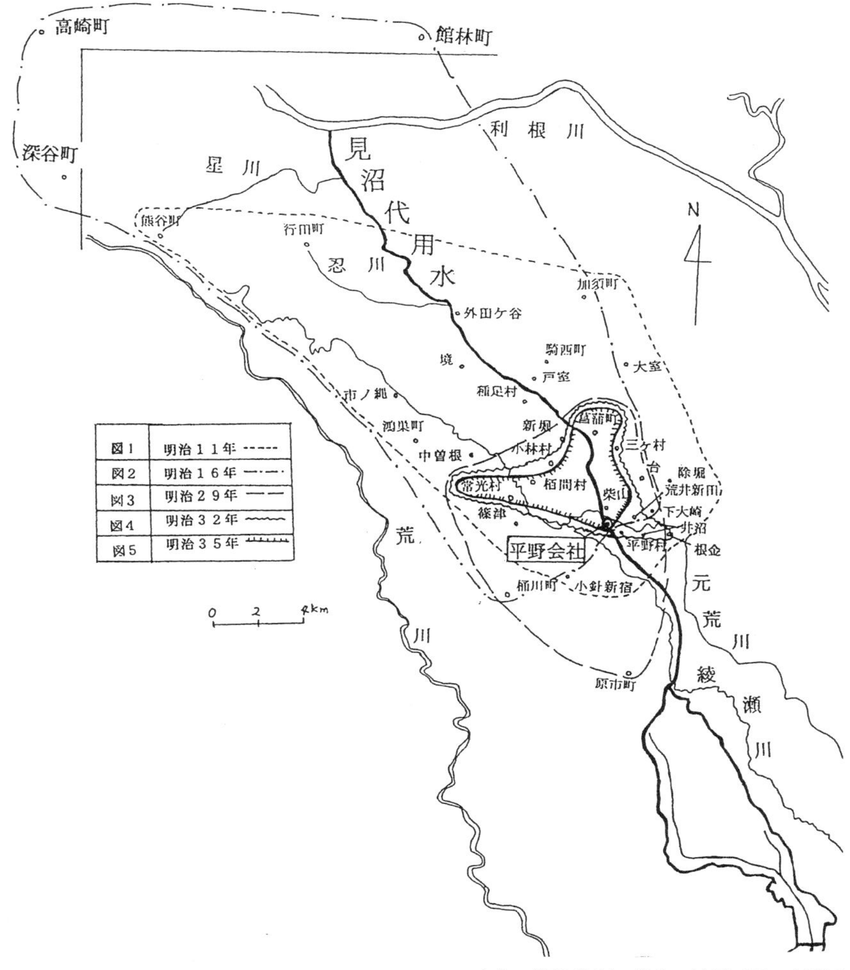

出典：『見沼通船と物資の流通（村田文雄)』

見沼通船では決められた舟株所有船数しか就航できなかったが、「一体見張所（川口）内え是迄乗込候他船は肥え船、灰船、漁舟に限り相通其外井筋荷積に不拘船は差許上下通船為致来申候」「相渡置候書付之事」『前掲沿革史

p1126』肥船・灰船・漁船は自由に航行できた。とくに中悪水（芝川）の堀の内河岸から川口までの間では肥舟の出入りが多かったという。なお、見沼通船で活動した船種は一般に似艜船（にたりひらたぶね）と呼ばれる廻米100～150俵積が多く、大きさは一定していなかった。航行は船頭が舵を取り、人夫数人が両岸を引き上った。時には帆をかけ、櫓も使ったという。船割は主に尾間木村八丁会所で行ったため、船頭の多くは大間木新田・下山口新田に住んでいた。また、農間期には荷物積場の船荷の積み下ろし労働に付近の農民が多数出役した『見沼土地改良区史 p864-865』。

見沼通船経営は純然たる民間経営であった。しかしその経営は、既述のように井沢弥惣兵衛とのいきさつ、旗本領の集積、用排水分離河川での舟運事業などの特殊な状況のなかで成立したことから、幕府の関与もこうした特殊性を考慮して、多分に特権的・保護的な姿勢の下に進められた。見沼通船の経営組織は、差配・船主・船割に分類される。差配は運上金納入と水路整備、船主は出資者、船割はほぼ一般の河岸問屋に相当する。通船経営の開始当初、高田家は船主として参加し、鈴木家は差配として参画した。両家の激しい確執は利益配分をめぐってこの時すでに芽生えていた。確執はやがて複雑な支配関係『新編埼玉県史 通史編4近世2 p448』とも絡んで、見沼通船の存立にかかわる程の対立の深化をもたらし、文政改革へと連動していくことになる。

ここで葉山禎作（1984年 p31-32）が以下の観点からまとめた見沼通船の歴史を紹介しておこう。彼は、見沼通船事業の利権をめぐる高田（神田会所）・鈴木（八丁会所）両家の激しい対立関係の成立を、「旧来の舟運機構の弛緩・動揺とその基盤をなす代用水沿岸農村・農民の生産と生活の変化にあるとみなす」との視角から通船史を4期に区分し、以下のように述べている。

一、見沼通船の舟運機構は、享保16（1731）年に成立し、見沼通船史の第一期としての展開過程が確定される。

一、その後、18世紀末～19世紀初頭を迎えて舟運機構は弛緩し動揺しはじめる。代用水沿岸農村における農業生産の発展が、舟運機構の基盤を掘り崩すからである。これが見沼通船史における第二期である。

一、この時期における農業生産の発展は、商品経済の拡大をもたらし、それが代用水沿岸の積立場＝河岸に零細な新興積問屋を発生させる。零細積問屋の活躍は、享保以来の積問屋にとっては、直積み、直揚げの横行にほかならない。これが旧来の舟運機構を弛緩させ、動揺させる。この事態に対処して機構の改編が断行される。文政10（1827）年にはじまる文政通船改革がそれである。この進行過程が見沼通船史の第三期に当たる。この改変の狙いは、積問屋を舟運機構の末端に組み込み、舟運機構を再編強化することである。

一、しかし文政通船改革は、出発当所から諸利害の対立を激発させる。その結果、舟運機構の再編強化は挫折し、そこから通船史の第四期がはじまる。この時期、享保以来の舟運機構の急速な解体が進行する。

以上が見沼通船と舟運機構の変化に関する検討の前提として整理された史的展開過程の内容である。彼の見沼通船史観は、通船と沿岸農民の相互関係の地域的投影を試みようとする場合、きわめて有効な史的総括であり基本的知見となるものである。しかし小論では、葉山が自説で触れている小原昭二（1977年 p2・9）の論旨「化政期以降急速に発達する代用水沿岸農民たちの商品生産を高く評価し、既存の舟運機構の否定、つまり船持・船頭出現につながる事態」に対する考察の中の一節「沿岸農民の商品生産の高まり」の実態こそが問題点であった。

いわば仕法替えに至る幕府の動きは、一見、通船方の紛争解決であるが、真の意図は見沼舟運機構のテコ入れと農村収奪の一層の強化にあるといわれている。こうした幕府の対応（小原昭二 1977年 p12）を引き出した農民の経済力とその伸長を、見沼通船とのかかわりのなかで把握することこそ興味の対象であった。しかし得られた知見は、1)通船繁栄の一因を、緻密な積場の配置と後半期における直積の展開が、農民・在方商人の通船需要を最大限に掘り起こした可能性が考えられること、2)見沼通船流域でも肥料と米が基幹的上下流通商品であったこと、換言すれば関東平場農村では、米穀こそもっとも有利で高価な商品であり、特産商品作物であったこと、3)さらに土物五品をはじめとする蔬菜類が江戸近郊の立地条件を生かして栽培され、見沼舟運で積下げられたこと、などにとどまった。在方商人の行動範囲と通船・積場の結節機能としての商圏について、検討できる史料に触れることはできなかった。

結局、江戸近郊外縁部の中川水系低地帯の村々では、農民層分解の広域的な進行に反して、関東畑作農村で普遍的に認められた在方商人の農民吸着行為について、少なくとも県・市町村史を中心とした文献検索から確認することはできなかった。ちなみに解析した市町村史は、川口・浦和・三郷・八潮・岩槻・幸手・杉戸・春日部・鷲宮・蓮田・白岡・加須・大利根・羽生と埼玉県の各通史近世編である。得られた結果は、「八条領」の村々を取り上げた八潮市史『通史Ⅰ p966』の指摘「丘陵地帯に比べて葛飾・埼玉・足立3郡の沖積低地では、百姓一揆がほとんど発生しなかった。それは地借層にさえ売米の余地があったことによるものである。」と無関係ではありえない筈である。もとより史料の有無と事実の有無を混同するつもりはない。

⑷　中川水系流域の江戸下肥流通効果と流通圏　江戸市民の生活の中から雑多な廃棄物が排出される。塵芥・屎尿・糠などで、いずれも江戸ごみ・江戸肥・江戸糠などの品名の下に流通していった。このうち、塵芥類については、林玲子（1974年 p80-86）によると、「享保期以前は埋め立て処理が一般的であったが、その後、近郊農業の発展とともに、一部は肥料として農家に引取られるようになった模様である。もっとも商業的農業が発展していた大坂に比べると、その利用は量的にも組織的にも著しく遅れていたといえる。海路を廻船で房総に送られ、名産薩摩芋などの栽培農家で活用されるようになるのは、近世末期以降のことであるが、それまでの間の塵芥に対する幕府の処理方針・方式・機構等については明らかでない。」という。『明良帯録』にも「葛西権九郎、日々辰之口に船二艘懸りで、御城内ごみ芥を積みて葛西に送る」と記載され、野菜どころの肥料に用いられていたことが推定される。事実文化期頃の亀戸村では商品作物栽培のために畑地に下肥と芥（江戸ごみ）が、田地に下肥が用いられている『江東区史 上巻 p587』。また、伊藤好一は、天明期の中田新田で温床の発熱材として江戸ごみを利用して促成栽培がおこなわれるようになったことを報告『日本産業史大系 関東地方編 p63』し、その後、寛政年間になると、江戸ごみを利用した温床促成栽培技

術は砂村を中心に普及し、再三の禁令にもかかわらず初物として江戸へ送られていった『前掲産業史大系 p63』・『江東区史 上巻 p584-585』。

江戸糠は品質的に優れた下り糠とともに、武蔵野台地の新田村々に駄送あるいは新河岸川舟運で運ばれ、灰といっしょに主雑穀栽培に広く用いられていった。一方、江戸肥は、近世中期にあっては、江戸西郊の畑作地帯で盛んに使用されていた『越谷市史 第一巻 p743』が、その後、後述の理由から東郊と北郊で蔬菜・水稲の生産力上昇に不可欠な肥料として導入されるようになり、葛西船によって葛飾・足立・埼玉諸郡の農村深く浸透していった。寛政期以降、江戸に直結する諸河川では肥船の活動が目立ちはじめ、江戸市中の雪隠から屎尿をくみ取って、肥船に積みこみ在方の肥商人に盛んに送り届けていた『新編埼玉県史 通史編4近世2 p471』。これに対して春日部市史『通史編1 p676』では、下肥を専門に輸送する船を俗に葛西船といい、享保期ごろから江戸川・中川・古利根川・元荒川・綾瀬川などを頻繁に往き来していたという。

このように下肥流通の成立期には三者三様の認識の違いが見られるが、実際は農村部への商品経済の浸透期と参勤交代の制度化された時期から類推すればおよその推定は可能な筈であろう。専業の汲み取り業者や屎尿流通業者が発生する以前には、近郊の蔬菜作農民たちが自家用の屎尿として特定の商家や武家屋敷に出入りして、汲み取り仕事を行っていた。当初段階の汲み取りは互恵の立場で行われていたが、屎尿需要の増大つまり近郊農業の発展と近郊外縁部の水田農村での広域普及の結果、単なる廃棄物が経済財に転化し、その入手は渡辺善次郎が「都市屎尿の回収機構」で詳述するように現物謝礼から貨幣購入に変化した。流通形態も近郊農民と江戸市民の相対交渉から、流通量の増大・流通範囲の拡大を背景にして、問屋の成立と専門運輸業者の出現をみるまでになった、というのが概略の経緯とみていいだろう。

屎尿の流通は、幕府の交通政策の下で庶民が自由に街道輸送できる唯一の物資であった。しかし陸送（駄送）は2荷が単位とされ、大量輸送能力は欠落していた。その点、後に下肥輸送を一手に行うことになる葛西船の場合、平均一船で50荷を搬送した。「江戸屎尿ー中川水系諸河川ー東・北郊水田地帯ー米と蔬菜の複合経営」の図式はこうして形成された。幕府は肥船に対しても規制を加えない方針だったので、水路のある限りどこまでも遡行した。見沼通船堀さえ例外ではなかった。ちなみに明治7年の見沼通船会社設立当時、傘下の下肥船（50石積）は61艘、船夫122人を擁していたという『関東河川水運史の研究 p307』。

ここで幕末期の中川水系諸河川における下肥船の稼働状況をみておこう。はじめに史料の比較的よくそろっている明治初年の東京府下の河川別肥船数を総観する。肥船の分布は、中川612艘、舟堀川267艘、江戸川240艘、荒川126艘、綾瀬川69艘、小松川67艘等の河川に多く稼働していたことが明らかである『都市と農村の間 p317 付表』。総計1,600艘ほどの肥船は、一度に7-8万荷の輸送力を持っていたとみられている。この数字は、府下のみの肥船数とみられることから、実際の中川水系諸河川の肥船数は、地元埼玉の肥船を加算する必要がある。当然この場合、埼玉に登ってくる肥船は、府下の肥船の一部と考えなければならない。地元埼玉の河岸を拠点にする下肥船（川下小舟）の数は正確な統計でみることはできないが、たまたま表面化した数字を見ると古利根川の松伏河岸近辺で9艘、綾瀬川の藤助河岸で19艘という事例にであった『越谷市史 第一巻 p753-754』。実態はかなりの数に上ることが考えられる。

そこで明治初期の『武蔵国郡村誌』に目を向けてみた。結果、足立郡63艘、埼玉郡29艘となり、江戸近接2郡に集中していた。村別では早瀬50艘、内谷12艘、八潮地方の大瀬・大曾根・木曽根が各5艘と比較的まとまっていた。足立郡の場合は荒川本流と新河岸川、埼玉郡の場合は古利根川と綾瀬川のそれぞれ合流点に分布が集中している。幕末期、この2地点が肥船の拠点として活動していたことは明らかである『新編埼玉県史 通史編4近世2 p472-473』。結局、この数字に武蔵葛飾郡の肥船と府下から登ってくる葛西船を加えたものが、本書で扱う中川水系流域諸河川の下肥船の稼働数ということになろう。

中川水系諸河川における稼働肥船がどこまで遡上し、どの範囲まで配荷したかについて以下の史料で検討してみた。江戸川区史によれば、弘化2（1845）年の時点で、二合半領・松伏領・新方領・八条領・平柳領・戸田領等の58ヶ村に江戸屎尿が供給されたという『前掲県史 p473』。この文言を若干具体的に見直してみよう。弘化2年当時の下肥陸揚げ河岸が56ヵ所判明している。このうち目的に合致した水系に限り取り上げた。江戸川通りでは小金領の6ヵ村、二合半領の7ヵ村、古利根川通りでは二合半領の2ヵ村・松伏領の1ヵ村・新方領の1ヵ村・八条領の1ヵ村、荒川通りでは平柳領の1ヵ村・上下新倉領の2ヵ村・戸田領の1ヵ村、芝川通りでは平柳領の3ヵ村、綾瀬川通りでは淵江領の草加宿がそれぞれ陸揚げ河岸となっていた『都市と農村の間 p318 付表』。これでみると、中川水系諸河岸のうち最奥部の陸揚げ河岸は、古利根川通り松伏領の松伏村ということになる。実際の配荷圏は、陸揚げ河岸から本川や排水河川を舟運で進入し、あるいは駄背で送り込むため、さらに上流と内陸に拡大することが考えられる。松伏河岸の下肥問屋から仕入れた備後村森泉家の場合もその一例である『春日部市史 近世Ⅳ p779』。さらに天保14（1843）年の下肥値下げ運動の際の署名簿「天保14年午恐以書付奉願上候『諸色調類集』17」から最上流部地域を抽出すると、弘化2（1845）年の松伏河岸の屎尿配荷圏は次のようになる『都市と農村の間 p301-303』。

松伏下肥河岸配荷圏のうち河岸周辺から内奥にかけて分布する村々は、川藤・下赤岩・上赤岩・下内川・上内川等であるが、江戸川筋の配荷圏と洪積台地にさえぎられて内部への広がりは制約されている。一方、上流に向かっては、牛島・新川・藤塚・銚子口・赤沼・大川戸等の10ヵ村落が展開するが、最上流部の屎尿配荷地域と考えられるのは、粕壁宿上手の新川村となっている。なお、二合半領地域が9河岸村落を含む81ヵ村を挙げて下肥価格値下げ運動に参入しているのは、主穀全面依存型農村の屎尿依存度の強さを物語る状況といえよう。

下肥は、肥料としての効力が強く、しかも肥やけを起こすことがなく、米や蔬菜の肥料として不可欠のものであった。価格的にも近世中頃までは十分小農層にも手の届く商品であった。その後、肥培効果の高さは価格の発生と高騰を呼び、舟運業者の不正の横行と農民の反発あるいは下肥価格の高騰をめぐって下肥問屋と農民との間に多くの争論対立を発生することになった。もともと下肥価格は、田方や麦作の仕付け期に高値となる傾向にあった『越谷市史 第一巻 p744』が、幕末期には異常の高値になった。これを反映して、農民をもっとも大きく結集させたのが下肥価格引き下げ運動であった。寛政元年、武蔵・下総1,016か村を結集した値下げ運動、同じく天保14年、283か村の全村署名を取り付けた値下げ嘆願は、史料的意味が高い運動であった。効果については後者の場合、評価は二分され、あまり効果はなかったとする越谷市史『p744』、見事に一割の値下げに成功したとする江戸川区史『p430』、それぞれ見解は異なっていた。一方、江戸近郊農民と屎尿流通業者との対立関係の高揚期を寛政・天保期とする見方に対して、商業的農業が摂河泉一帯に広く展開していた大坂の場合は、早くも元禄期に町方の下肥仲間と生産者農民との間に汲み取りの権利をめぐって対立が発生し、安永期までには大坂町内の汲み取り権は在方下肥仲間の手に握られた形となっていた(林玲子 1974年 p46-47)。

次いで、渡辺善次郎『都市と農村の間 p304-307』に従って都市下肥の回収機構について整理しておきたい。彼の指摘にもあるように、江戸周辺農村の近郊農村化過程は都市屎尿の肥料化への過程である。同時に近世都市屎尿の歴史は、その商品化の歴史でもある。江戸城をはじめ各大名屋敷には多くの家臣団が居住し、大量かつ良質な下肥を発生させていた。この下肥を入手できたものは、さまざまな農産物提供を引き受け、そこに出入りしていた上層農民たちであった。彼らは一般に実際の下掃除は下請人に委託し、入手した下肥は転売して利益を得るという仲買人的性格の存在と考えられてきた。しかしその後の江戸の発展は、町方人口の増加によってもたらされた。都市人口の膨大な部分を構成する彼らもまた、農産物の需要者であり屎尿の供給者であった。この小口需給には一般農民も対応できた。結果、有力農民と都市屎尿の汲み取りを共有できることになったわけである。有力農民の上納品と大名屋敷の下掃除権に対応するのが一般農民の現物供与と町屋の下掃除権であった。渡辺はこの辺の経緯をこうまとめている。「夥しい数の農民と町屋の間に汲み取り関係が形成されれば、屎尿と礼物をめぐって次第に一般的交換比率が成立する成り行きとなる。かくして下肥は商品となった。」『前掲書 p307』。

下肥流通の一般化・広域化にともなう専門業者の成立と性格ならびに下掃除人の階層性に関して、渡辺善次郎『前掲書 p309-313』は次のような指摘をしている。吉祥寺村「下掃除場所書上」作成の際の議定書に「当組合之義は葛西領始、川附村々船肥運送之場所と違ひ、馬附・担・小車ニ而自分遣丈ヶ之下肥運取候義ニ付、格別之荷数ニも無之候得共」とあるように、江戸からの下肥輸送は東郊では船、西郊では馬・人肩・小車によっていた。往きの空桶の上に野菜・薪炭・草箒等を積み、大半は市場に出し、一部は汲み取り先に渡して下肥を持ち帰ることになる。都市が発展し、市域が拡大するにつれ、近郊農家が直接汲み取りに行くことは次第に困難となる。そこに専門の業者が発生する余地が生まれる。東郊でも事情は同じであるという。江戸の下肥を手に入れるためには船や人手などの面でかなりの資力を必要とした。結果、一船50荷を積稼ぐ彼らの輸送力は格段に高く、そこにまた下肥仲介人的性格が生まれる素地があった。天保9（1838）年、下総の国葛飾郡稲荷木村の場合、村民42人中11人が下掃除人になっていた。下掃除人の持ち高は一般に高く、10石以上の農民10人中の8人が下掃除人となっていたことは、多分に階層性の高い仕事であることを示している。しかも11人中の9人までが「炭薪舟商売」を兼ね、青物も積んだ。江戸の青物市場で「綾瀬口の荷」とよばれた野菜が、葛西船が運んでくる野菜類であった。

本項の結びとして、葛西船をはじめとする中川水系諸河川の舟運効果を流域農民の農業経営を視点に整理し、終章としたい。下肥といえば葛西が想起される。ことほど左様に両者の関係は緊密である。たとえば江戸向け蔬菜供給上の主導権を一貫して掌握してきたのが葛西地方であった。葛西地方の蔬菜供給力の基盤は、屎尿を主体とした金肥投入で高めた水田生産力によって生活の基礎を確保し、その上に価格変動幅の大きい投機的な蔬菜栽培を導入したことで実現したといえる。また細密な水路網に恵まれたことで葛西船の活動に見るように江戸肥の利用がきわめて容易となり、さらに蔬菜の江戸出しでも、馬背搬送に比べると大量かつ荷傷みの少ない状態で出荷することができた。野菜荷船に対する中川番所の夜間通行許可という特別扱いとともに、この面からも米作り・蔬菜作りに果たした貢献度の大きさを理解することができる。江戸川区史『p405』も東郊の農業を以下のように捉えている。「水田稲作によって米を確保し、畑作によって野菜を生産することができたことは、地方の単一農業地帯に比べ非常に恵まれた立場にあったということができるであろう。ここに江戸川区農業の特色を見出すのである。」上述の一連の状況は、本項の対象とする中川水系流域地方、とくに流域南部の近郊農業地帯と流域中部の穀作地帯にもほぼ適応する条件であった。

渡辺『都市と農村の間 p289-300』は、これらの地域で江戸から2〜3里の最近郊地帯を下肥専用型の農村であるとし、享保6年・笹ヶ崎村の実態を以下に例示「田畑こやし、田方壱反に付下ごへ30荷つゝ、此の代金3分ツゝ、畑方壱反に付下ごへ60荷つゝ、此の代金壱両弐分、是は麦作夏作共之積りに御座候」している。江戸から4〜5里の村々になると、下肥を中心に他の肥料も併用するようになっていく。享和3年・宮久保村では「肥之儀、下屎・馬屋こえ・小ぬか等重ニ相用ひ、其外えんとう油かす等相用ひ申候」となる。この距離段階では、下肥の反当投入量も半減し代りに魚粕が加えられている。江戸肥の最大利用地帯の東郊農村においても、下肥利用圏の範囲はほぼ5里の圏内にあり、河川輸送の便があっても、せいぜい8〜9里が限界であるとしている。

これに対して江戸北方の足立・埼玉・武蔵葛飾郡にかけての村々では、下肥の利用圏は江戸から4〜5里の地点で終わっている。しかもこの間の農村では、下肥を主体にして他の金肥を含む肥料との併用が一般的であるという。ここには東郊地帯の最近郊圏でみたような下肥専用の村々は見られない。さらに以遠の村々になると、自給肥料と干鰯の比重が高まってくる。その傾向は表Ⅲ-10にも表れている。ただし上尾宿の下肥は自給肥料である。たとえば元禄15年の大室村明細帳には「当村こやしの儀秣場無御座候へ而干鰯買調壱反ニ付弐俵三俵と入こやし仕候」とあり、正徳6（1716）年の葛梅村では、「田畑こやし之儀不足ニ御座候ニ付関宿河岸ニ而干か買申候但シ村中ニ而壱ヶ年ニ金弐拾両程ツゝ調候大積以書上申候」と記され、この地域の肥料不足を干鰯の購入で補っている。ところでこの表には、武蔵3郡の江戸近接地帯と中川ー江戸川間の早場米を特色とする二合半領・松伏領・新方領の穀作地帯の史料が見られない。少なくとも天保14（1843）年の下肥値下げ運動の嘆願書に記載されている松伏領北部の村々は、当時下肥使用農村であったことが十分推定されるところであり、実際、史料にも現れている。ここは江戸からすでに8〜9里も離れ、粕壁宿を北に越えた村々であった。

表Ⅲ-10　江戸北郊農村の肥料事情

（距離単位：里）

国　郡	村	年　　代	肥　　　　料	距離	資　　料
武蔵国足立郡	川口町村	享和 4(1804)	干鰯、下肥、灰、糠、刈草、下水	3.5	『武蔵国村明細帳集成』
	根岸村	享和 4(〃)	〆粕、豆腐から、下肥	3.5	〃
	代山村	安永 9(1778)	馬屋肥、灰、油粕、干鰯少々	7	〃
	染谷村	延享 3(1746)	干鰯、酒粕、荏粕、糠、灰、馬屋肥	8	〃
	上尾宿	元文 2(1737)	油粕、米糠、灰、真土、馬屋肥、下肥	9	〃
埼玉郡	八条村	元文 2(1737)	干鰯、下肥、酒粕	5	『日本歴史』373. 利根論文
	小久喜村	延享 3(1746)	灰、干鰯、糠、馬屋肥	12	『武蔵国村明細帳集成』
	除堀村	文政 2(1819)	干鰯、酒粕、荏粕、灰、その他「手前雑肥」	12.5	〃
	江面村	寛政10(1798)	蚕豆、豌豆、馬屋肥、掃溜肥、大豆、灰	13	〃
	葛梅村	正徳 6(1716)	干鰯	14	〃
	〃	享保14(1729)	干鰯、馬屋肥		〃
	大室村	元禄15(1702)	干鰯	14	〃
	〃	文政 3(1820)	干鰯、酒粕、馬屋肥、灰、豌豆		〃

出典：渡辺善次郎著『都市と農村の間』（論創社 1983）

西郊については、伊藤好一『江戸地廻り経済の展開』が1960年代にすでに指摘しているように、下肥が無償ないしわずかな現物謝礼で入手できた頃は、雑穀生産のための江戸下肥が駄背搬送によって武蔵野深く運び込まれていた。その後価格の発生と高騰で、西郊の村々は19世紀前半頃までに下肥市場から完全に脱落し、糠・灰市場に交替していった。ちなみに、古島敏雄に従って下肥利用圏にかかわる城下町金沢の事例を見ると、「城下町にもっとも近い場所では人糞尿や侍の厩から出る馬糞を買い取り、販売用の野菜を作る。金沢から1里以内の地は小便・厩肥（武家から買い取る）を主に用い、3里までの土地は糞尿・油粕・干鰯を用い、4里ほどのところは人糞・灰・干鰯・生鰯を用いている、と述べている『江戸時代の商品流通と交通 p32-33』。金沢の下肥流通圏の展開構造が、圏構造的であるかベルト構造的であるかについての詳細は不明である。舟運の成立についても同様である。しかし少なくとも距離的には、江戸の場合と酷似した展開を示している。駄送を前提にしても想定可能な展開パターンである。したがって蔬菜類の価格が引き合う限りにおいて、近世後期の諸都市は基本的に都市規模に見合う同質・同規模の下肥流通圏を持つことが考えられるわけである。

引用・参考文献と資料

会津若松市広聴課市史編纂担当（1992）：『会津若松市史　上巻歴史編4近世1』.

青木虹二（1959）：「真岡木綿」地方史研究協議会編『日本産業史大系　関東地方編　p249-255』東京大学出版会.

青木直己（1978）：「幕末期関東後進地帯における豪農経営の一事例」関東近世史研究第10号.

阿久津正二（1954）：「黒羽河岸」下野史学第5号.

上尾市教育委員会編（1978）：『武州の紅花』.

上尾市教育委員会編（1992）：『上尾市史　第二巻資料編2古代・中世・近世1』.

上尾市教育委員会編（1995）：『上尾市史　第三巻資料編3近世2』.

上尾市教育委員会編（2000）：『上尾市史　第六巻通史編上』.

荒居英次（1959）：「銚子・野田の醤油醸造」地方史研究協議会編『日本産業史大系　関東地方編』東京大学出版会.

荒居英次（1959）：「九十九里浜の鰯漁業と干鰯」地方史研究協議会編『日本産業史大系　関東地方編』東京大学出版会.

荒居英次（1961）：「近世野州農村における商品流通」日本大学人文科学研究所紀要第三号.

荒居英次（1970）：「近世農村における魚肥使用の拡大」日本歴史第294号.

新井鎮久・野村康子（1971）：「中川水系、見沼代用水地域における土地利用の変化と水利用」地理学評論45巻第1号.

新井鎮久（1985）：『土地・水・地域』古今書院.

井奥成彦（1990）：「醤油原料の仕入先及び取引方法の変遷」林玲子編『醤油醸造業史の研究』吉川弘文館.

池田村史編纂委員会（1964）：『池田村史』.

石岡市史編纂委員会（1983）：『石岡市史　中巻Ⅱ』.

石岡市史編纂委員会（1985）：『石岡市史　下巻（通史編）』.

伊勢崎市編（1993）：『伊勢崎市史　通史編2近世1』.

市村高男（1992）：「中世東国における房総の位置」千葉史学21号.

伊藤好一（1958）：「南関東畑作地帯における近世の商品流通」歴史学研究219号.

伊藤好一（1959）：「江戸近郊の蔬菜栽培」地方史研究協議会編『日本産業史大系 関東地方編』東京大学出版会．
伊藤好一（1966）：『江戸地廻り経済の展開』柏書房．
井上定幸（1981）：「近世西上州における麻荷主の経営動向」群馬県史研究14号．
井上定幸（2004）：『近世の北関東と商品流通』岩田書院．
井上定幸（2005）：「峠を越えた人と物の交流」地方史研究協議会編『交流の地域史』雄山閣．
茨城県史編纂委員会（1973）：『茨城県史料 近世社会経済編Ⅰ』．
茨城県史編纂近世史第1部会編（1975）：『近世史料Ⅳ＝加藤寛斎随筆』．
茨城県史編纂委員会（1985）：『茨城県史＝近世編』．
茨城県立歴史館編（1988）：『茨城県史料＝近世社会経済編Ⅲ』．
茨城県立歴史館編（1993）：『茨城県史料＝近世社会経済編Ⅳ』．
今井隆助（1974）：『北下総地方史』峰書房出版．
岩島村誌編集委員会（1971）：『岩島村誌』．
岩槻市史編纂室編（1985）：『岩槻市史 通史編』．
薄根村誌編纂委員会（1959）：『薄根村誌』．
浦和市総務部市史編さん室（1981）：『浦和市史 近世史料編Ⅰ』．
浦和市総務部市史編さん室（1984）：『浦和市史 近世史料編Ⅲ』．
浦和市総務部市史編さん室（1988）：『浦和市史 通史編Ⅱ』．
海野福壽（1956）：「水戸藩和紙生産地帯における在郷商人の展開」農業経済研究27巻4号．
江戸川区役所編（1955）：『江戸川区史』．
海老沢寛（1965）：「往時の那珂川水運について」茨城県高等学校地理学会 会報第二号．
大石慎三郎（1959）：「上州の砥石」地方史研究協議会編『日本産業史大系関東地方編』東京大学出版会．
大泉町誌編集委員会（1983）：『大泉町誌 下巻（歴史編）』．
大島延次郎（1971）：「近世における那珂川の漕運」日本歴史第278号．
大田区史編纂委員会（1976）：『大田区史 中巻』．
大館右喜（1981）：『幕末社会の基礎構造』埼玉新聞社．
大利根町教育委員会（2004）：『大利根町史 通史編』．
大町雅美ほか（1974）：『栃木県の歴史 県史シリーズ』山川出版．
大宮町史編纂委員会（1977）：『大宮町史』．
老川慶喜（1990）：「新河岸川舟運と商品流通」交通史研究23号．
小笠原・川村（1971）：『千葉県の歴史 県史シリーズ』山川出版．
岡田昭二（1989）：「幕末期の上利根川通船の展開」交通史研究第22号．
小川町史編纂委員会（2003）：『小川町史 通史編上巻』．

奥田久（1961）：「内陸水路としての渡良瀬川の歴史地理学的研究」宇都宮大学学芸学部　研究論集第10号.
奥田久（1976）：「内陸水路としての河川の特殊性と中請積替河岸」宇都宮大学教養部　研究報告第9号.
桶川市史編集室（1982）：『桶川市史 第四巻近世資料編』.
桶川市史編集室（1990）：『桶川市史 第一巻通史編』.
尾島町誌専門委員会（1993）：『尾島町誌 通史編上巻』.
鬼石町誌編纂委員会（1984）：『鬼石町誌』.
小野塚克之（1986）：「荒川舟運の聞き書き」埼玉県史研究第17号.
籠瀬良明（1972）：『低湿地―その開発と変容―』古今書院.
柏市史編纂委員会（1971）：『柏市史 資料編6布施村関係文書下』.
柏市史編纂委員会（1976）：『柏のむかし』.
柏市史編纂委員会（1995）：『柏市史 近世編』.
春日部市教育委員会編（1982）：『春日部市史 近世史料編Ⅲ-二』.
春日部市教育委員会編（1987）：『春日部市史 近世資料編Ⅳ』.
春日部市教育委員会編（1990）：『春日部市史 近世史料編Ⅴ』.
春日部市教育委員会編（1994）：『春日部市史 通史編Ⅰ』.
加須市史編纂室（1981）：『加須市史 通史編』.
勝田市史編纂委員会（1978）：『勝田市史 中世編・近世編』.
加藤浩（1987）：「高尾河岸における廻米について」埼玉地方史第20号.
金沢春友（1961）：「久慈川の舟運と江戸回漕路」水利科学5-2.
鹿沼市史編纂委員会（2000）：『鹿沼市史 資料編近世1』.
上里町史編集専門委員会（1992）：『上里町史 資料編』.
上里町史編集専門委員会（1996）：『上里町史 通史編上巻』.
川越市庶務課市史編纂室（1972）：『川越市史 史料編近世Ⅲ』.
川越市庶務課市史編纂室（1983）：『川越市史 第三巻近世編』.
川名登（1984）：『近世日本水運史の研究』雄山閣出版.
神田史場史刊行会（1968）：『神田市場史 上巻』.
菊地利夫（1958）：『新田開発 上巻』古今書院.
菊地利夫（1958）：『新田開発 下巻』古今書院.
騎西町教育委員会社会教育課編（2005）：『騎西町史 通史編』.
北原糸子（1971）：「河岸機構と村落構造」茨城県史研究第20号.
北本市史編纂委員会（1994）：『北本市史 第一巻通史編』.
木戸田四郎（1960）：『明治維新の農業構造』お茶の水書房.
木村礎・伊藤好一（1960）：『新田村落』文雅堂書店.
桐生織物史編纂会（1974）：『桐生織物史 上巻』図書刊行会.
群馬県蚕糸業史編纂委員会（1955）：『群馬県蚕糸業史 上巻』群馬県蚕糸業協会.

群馬県史編纂委員会（1977）:『群馬県史 資料編9近世1』.
群馬県史編纂委員会（1978）:『群馬県史 資料編10近世2』.
群馬県史編纂委員会（1980）:『群馬県史 資料編11近世3』.
群馬県史編纂委員会（1982）:『群馬県史 資料編12近世4』.
群馬県史編纂委員会（1985）:『群馬県史 資料編13近世5』.
群馬県史編纂委員会（1986）:『群馬県史 資料編14近世6』.
群馬県史編纂委員会（1990）:『群馬県史 通史編4近世1』.
群馬県史編纂委員会（1991）:『群馬県史 通史編5近世2』.
群馬県文化事業振興会編（1977-1991）:『上野国郡村誌1-18』.
江東区編（1997）:『江東区史 上巻』.
鴻巣市市史編纂調査会（2004）『鴻巣市史 通史編2近世』.
古河市史編纂委員会（1973）:『古河市史 資料別巻』.
古河市史編纂委員会（1982）:『古河市史 資料近世編（町方地方）』.
古河市史編纂委員会（1988）:『古河市史 通史編』.
越谷市史編纂委員会（1975）:『越谷市史 第1巻』.
児玉彰三郎（1959）:「江戸周辺における商品流通の諸段階」歴史評論第111号.
小原昭二（1977）:「幕末期における川舟統制の崩壊過程」埼玉民衆史研究第三号.
埼玉県農林総合研究センター 土壌担当（内藤健二）所管資料.
埼玉県県民部県史編纂室（1979）:『新編埼玉県史 資料編10近世1』.
埼玉県県民部県史編纂室（1981）:『新編埼玉県史 資料編11近世2』.
埼玉県県民部県史編纂室（1982）:『新編埼玉県史 資料編12近世3』.
埼玉県県民部県史編纂室（1982）:『新編埼玉県史 資料編21近代・現代3産業経済1』.
埼玉県県民部県史編纂室（1983）:『新編埼玉県史 資料編13近世4』.
埼玉県県民部県史編纂室（1984）:『新編埼玉県史 資料編15近世6』.
埼玉県県民部県史編纂室（1987）:『荒川 人文Ⅰ 荒川総合調査報告書2』.
埼玉県県民部県史編纂室（1988）:『新編埼玉県史 通史編3近世1』.
埼玉県県民部県史編纂室（1989）:『新編埼玉県史 通史編4近世2』.
埼玉県県民部県史編纂室（1993）:『中川水系 人文Ⅲ 中川水系総合調査報告書2』.
埼玉県史編纂委員会（1936）:『埼玉県史 第5巻』.
埼玉県史編纂委員会（1937）:『埼玉県史 資料編6』.
埼玉県立さきたま資料館編（1987）:『歴史の道調査報告書 第七集 荒川の水運』.
埼玉県立博物館・埼玉県教育委員会編（1991）:『歴史の道調査報告書 第13集 元荒川の水運』.

埼玉県立博物館・埼玉県教育委員会編（1991）:『歴史の道調査報告書 第14集 綾瀬川の水運』.
斎藤叶吉（1977）:「鉱工業」藤岡謙二郎編『日本歴史地理総説 近世編』吉川弘文館.
斎藤貞夫（1990）:『武州・川越舟運』さきたま出版会.
境町史編纂委員会（1997）:『境町史 歴史編上』.
境町史編纂委員会（2004）:『下総境の生活史 地誌編』.
猿島町史編纂委員会（1998）:『猿島町史 通史編』.
佐野瑛（1997）:『大日本蚕史 第一編正史上・下（復刻版）』龍渓書舎.
澤登寛総（1981）:「常陸国土浦藩の市場統制と流通構造」法政史論第9号.
佐原市役所編（1966）:『佐原市史 近世編』.
篠田壽夫（1990）:「銚子醤油醸造業の開始と展開」林玲子編『江戸地廻り経済圏とヤマサ醤油』吉川弘文館.
志村茂治（1938）:「初期肥料市場の研究」日本大学商経研究会　経済集志第11巻第1号.
下妻市史編纂委員会（1994）:『下妻市史 中巻』.
菖蒲町教育委員会社会教育課編（2006）:『菖蒲町の歴史と文化財 通史編』.
白岡町史編纂委員会（1989）:『白岡町史 通史編上巻』.
白川部達夫（2001）:『江戸地廻り経済と地域市場』吉川弘文館.
白川部達夫（2012）:「近世後期主穀生産地帯の肥料商と地域市場」東洋大学文学部紀要　第65集（史学科篇第37号).
新修世田谷区史編纂委員会（1962）:『新修世田谷区史 上巻』.
新篇武蔵風土記稿　上之巻一新座郡目録　巻二入間郡目録.
須藤清市（1962）:「越名馬門河岸の今昔」下野史学14号.
世界大百科事典　21巻（平凡社).
関城町史編纂委員会（1987）:『関城町史 通史編上巻』.
高崎市市史編纂委員会（2004）:『新編高崎市史 通史編3近世』.
高橋亀吉（1932）:『徳川封建経済の研究』先進社.
高橋場町誌編纂委員会（1995）:『高橋場町誌』.
高山村史編纂委員会（1972）:『高山村誌』.
館林市誌編集委員会（1969）:『館林市誌 第2巻』。
田中昭（1957）:「烏川・利根川の水運（上)」群馬文化第23号.
田中昭（1958）:「烏川・利根川の水運（下)」群馬文化第24号.
多野藤岡地方誌編集委員会（1976）:『多野藤岡地方誌』.
田端勉（1965）:「河川運輸による江戸地廻り経済の展開」史苑第26巻第1号.
丹治健蔵（1961）「利根川舟運の展開」歴史地理553号.
丹治健蔵（1984）『関東河川水運史の研究』法政大学出版局.

丹治健蔵（1984）『関東河川水運史の研究 付録史料』法政大学出版局.
丹治健蔵（1988）「近世荒川水運の展開（二）」交通史研究第20号.
丹治健蔵（1996）『近世交通運輸史の研究』吉川弘文館.
丹治健蔵（2007）『関東水陸交通史の研究』法政大学出版局.
丹治健蔵（2013）『近世関東の水運と商品取引』岩田書院.
秩父織物変遷史編集委員会（1960）：『秩父織物変遷史』.
千葉県史料研究財団（2007）：『千葉県の歴史 通史編近世1』.
千葉県史料研究財団（2008）：『千葉県の歴史 通史編近世2』.
土浦市史編纂委員会（1975）：『土浦市史』.
手塚良徳（1962）：「近世板戸河岸の研究」下野史学第14号.
手塚良徳（1971）：「渡良瀬川上流の河川運輸」白山史学会第15・16合併号.
東京都（1955）：『東京市史稿 市街篇44号』.
栃木県史編纂委員会（1975）：『栃木県史 資料編近世3』.
栃木県史編纂委員会（1981）：『栃木県史 通史編4近世1』.
栃木県史編纂委員会（1984）：『栃木県史 通史編5近世1』.
栃木県史編纂委員会（1984）：『栃木県史 通史編5近世2』.
戸田市（1983）：『戸田市史 資料編2近世1』.
富岡市市史編纂委員会（1991）：『富岡市史 近世通史編・宗教編』.
富沢碧山（1970）：『吾妻郡誌 復刻版』西毛新聞社.
豊田武（1979）：『流域をたどる歴史 第一巻』ぎょうせい.
中井信彦（1961）：『幕藩社会と商品流通』塙書房.
中井信彦（1980）：「元禄享保期における関東在郷商人の成長」山田武彦編著『上州近世史の諸問題』山川出版.
中瀬村誌編纂会（1971）：『武州榛沢郡中瀬村史料』.
中之条町誌編纂委員会（1976）：『中之条町誌 第一巻』.
中之条町誌編纂委員会（1983）：『中之条町誌 資料編』.
長倉保（1955）：「会津藩における藩政改革」堀江英一編著『藩政改革の研究』お茶の水書房.
長倉保（1970）：「関東農村の荒廃と豪農の問題」茨城県史研究16号.
長倉保（1972）：「北関東畑作農村における農民層分化と分業展開の様相」神奈川大学経済学会 商経論叢7巻4号.
長野ひろ子（1978）：「幕藩制市場構造の変質と干鰯中継河岸」津田秀夫編『解体期の農村社会と支配』校倉書房.
那珂湊市史編纂委員会（1978）：『那珂湊市史 史料第三集』.
難波信雄（1965）：「近世中期鬼怒川ー利根川水系の商品流通」歴史第30・31輯.
沼田市史編纂委員会（1997）：『沼田市史 資料編2近世』.
沼田市史編纂委員会（2001）：『沼田市史 通史編2近世』.

野村兼太郎（1948）：『近世社会経済史研究―徳川時代―』青木書店．
野村兼太郎（1959）：「近世の江戸」地方史研究協議会編『日本産業史大系 関東地方編』東京大学出版会．
萩原進（1978）：『西上州・東上州』上毛新聞社出版局．
長谷川伸三（1981）：『近世農村構造の史的分析』柏書房．
羽生市史編集委員会（1971）：『羽生市史 上巻』．
羽生市史編集委員会（1975）：『羽生市史 下巻』．
羽生市史編集委員会（1976）：『羽生市史 追補』．
林玲子（1967）：『江戸問屋仲間の研究』お茶の水書房．
林玲子（1968）：「江戸地回り経済圏の成立過程」大塚久雄ほか編『資本主義の形成と発展』東京大学出版会．
林玲子（1974）：「近世における塵芥処理」流通経済論集8巻4号．
林玲子（1977）：「江戸地廻り経済圏の展開と為替手形」茨城県史研究第37号．
林玲子（1990）：「銚子醤油醸造業の開始と展開」林玲子編『醤油醸造業史の研究』吉川弘文館．
葉山禎作（1984）：「見沼通船における会所と積場（上）」埼玉県史研究第13号．
葉山禎作（1985）：「幕末期川越藩における舟運政策とその基盤」埼玉県史研究第15号．
原町誌編纂委員会（1960）：『原町誌』．
原沢文弥（1952）：「武州新河岸川交通の歴史地理学的研究」東京学芸大学研究報告第3輯．
常陸太田市史編纂委員会（1981）：『常陸太田市史 近世史料編』．
常陸太田市史編纂委員会（1984）：『常陸太田市史 通史編上巻』．
深谷市史編纂会（1975）：『深谷市史 追補編』．
深谷郷土資料編集会（1985）：『深谷郷土史料集 第二集』．
藤岡市史編纂委員会（1990）：『藤岡市史 資料編近世』．
藤岡市史編纂委員会（1997）：『藤岡市史 通史編近世・近現代』．
藤田五郎（1952）：『封建社会の展開過程』有斐閣．
藤原次孫編（1994）：『東葛飾の歴史地理』千葉県東葛飾地方教育研究所．
藤原町史編纂委員会（1980）：『藤原町史 資料編』．
藤村潤一郎（1968）：「上州における飛脚問屋」史料館研究紀要第1号．
古島敏雄（1950）：「近世における商業的農業の展開」『社会構成史体系』日本評論社．
古島敏雄（1951）：『江戸時代の商品流通と交通』御茶ノ水書房．
古島敏雄（1961）：「農業の発展―稲作を中心に」地方史研究協議会編『日本産業史大系 総論編』．
古島敏雄（1963）：『近世日本農業の展開』東京大学出版会．

古島敏雄（1975）：『日本農業技術史』東京大学出版会.
平凡社大百科事典　3巻・9巻（平凡社）.
平凡社地方資料センター編（1993）：『日本歴史地名大系第11号』平凡社.
鉾田町史編纂委員会（2000）：『鉾田町史 通史編上巻』.
鉾田町史編纂委員会（2001）：『鉾田町史 通史編下巻』.
本庄市史編集室（1989）：『本庄市史 通史編II』.
前橋市史編纂委員会（1975）：『前橋市史 第三巻』.
前橋市史編纂委員会（1985）：『前橋市史 第六巻資料編1』.
万場町誌編纂委員会（1994）：『万場町誌』.
三郷市史編纂委員会（1990）：『三郷市史 近世史料編Ⅰ』.
三郷市史編纂委員会（1995）：『三郷市史 通史編Ⅰ』.
水戸市史編纂委員会（1968）：『水戸市史 中巻（一）』.
見沼土地改良区編（1988）：『見沼土地改良区史』.
宮代町教育委員会編（2002）：『宮代町史 通史編』.
宮本又司（1943）：『日本商業史』龍吟社.
村田文雄（1995）：『見沼通船と物資の流通』.
桃野村史編纂委員会（1961）：『桃野村誌』.
矢口圭二（1997）：「常総の畑作」地方史研究協議会編『地方史事典』弘文堂.
八潮市史編纂委員会（1989）：『八潮市史 通史編Ⅰ』.
安岡重明（1955）：「商業的発展と農村構造」宮本又次編著『商業的農業の展開』有斐閣.
八千代町史編纂委員会（1987）：『八千代町史 通史編』.
山方町誌編纂委員会：『山方町誌 上巻』.
山田武麿（1957）：「利根川平塚河岸における幕末の商品流通」群馬文化第48号.
山田武麿ほか（1974）：「群馬県の歴史 県史シリーズ』山川出版.
山田武麿（1980）：「元禄・享保期における北関東在郷商人の成長」『上州近世史の諸問題』山川出版.
結城市史編纂委員会（1983）：『結城市史 第五巻近世通史編』.
横銭輝暁（1961）：「江戸近郊農村における商品生産と村落構造」地方史研究第11巻6号.
与野市企画課市史編纂室（1982）：『与野市史 中近世資料編』.
与野市企画課市史編纂室（1987）：『与野市史 通史編』.
早稲田大学経済史学会編（1960）：『足利織物史 上巻』足利繊維同業会.
渡辺善次郎（1983）：『都市と農村の間』論創社.

終　章

江戸地廻り経済圏の成立と関東畑作農村の地帯形成

1. 近世関東畑作農村の地帯形成とその前提

(1)　実物経済から貨幣経済への転換　関東畑作農村における商業的農業の発展と舟運機構の発達は、とりわけ近世中期以降、購入肥料と農産物の出し入れを通してきわめて密接な関係の下に進行した。商業的な農業地帯形成およびこれと相互依存関係にある舟運機構の整備充実について明らかにするためには、いくつかの前提事項（背景）をまず確認しておかなければならない。そのための、もっとも基本的な作業の一つが経済体制の特徴的把握であろう。経済体制の特徴的把握は、実物経済から貨幣経済化への推移、ならびに領域経済から全国経済化への進行の理解にかかっている。宮本又次『日本商業史p143-149』の考察を文献解題的に整理すると、前者．貨幣経済の普及と一般化は、以下の諸要因に求めることができる。

第一の原因は金銀の増産である。第二の原因は幕府の貨幣政策にあった。貨幣の鋳造発行権の独占は、第一の原因を踏まえた巨額な貨幣発行とあいまって、貨幣経済を著しく促進した。第三の原因は交通の発達である。とくに参勤交代制度が、貨幣使用量と交通の発達に及ぼす影響は大きかった。第四の原因は都市の発生発達にあった。米穀経済の間接性・非効率性が鋳貨使用を一層盛んにし、武家・商工業者など都市生活者の増大とあいまって通貨使用量の増加をさらに促進した。第五の原因は生活水準の向上によってもたらされた。奢侈の普及が貨幣の需要を高め、流通量を増やしていったことは、藩札発行とともに貨幣経済の発達と深いかかわりを持つものであった。以上の宮本又次の考察項目のうち、第三原因の交通に関しては財貨の移動として、また第四原因の都市の成立については財貨需要の発生普及として、さらに第五原因の生活水準の向上については二次的財貨需要の発生つまり貨幣経済の深化として、それぞれが、前期的商業資本の介在をともなう財貨の生産と流通、つまり「農業（農村工業）の商品生産と生産物商品化ならびに舟運機構の発達」に対して、きわめて重要な意義を持つに至ると考える。

こうして貨幣が経済活動の中心となり、その流通は都市生活からついに農村の生産活動まで渦中に巻き込むことになっていった。とりわけ、農村における商品経済の展開は、自立小農層をして、農業生産力の上昇と剰余の確保およびその商品化を追求させることになり、他方において、生産力向上のための干鰯・〆粕・糠・灰などの金肥前借導入に奔走させることになる。こうした外部状況の進展に規制されて、元禄期以降、北関東農山村の和紙・煙草・麻・蒟蒻・干瓢ならびに関東平場農村地帯の河川氾濫原、洪積台地では開発新田を中心に藍・紅花・木綿・薩摩芋の商品生産地帯が成立する。若干遅れて近世中後期には、利根川水系に沿って農村工業の醤油・味醂産地の集中立地が見られ、城下町・陣屋町には酒造業が万遍なく成立する。この状況に対応して、関東平場農村には金肥投入効果としての剰余発生分が、自給枠と貢租枠を超えて大豆・大麦・米の特産品生産地帯を形成していった。また、関東北西部山麓の村々には養蚕・製糸・織物工業が絹業圏と地帯形成をともなって広域的な展開を示しはじめる。江戸近郊でも蔬菜栽培地域がようやく地帯形成をともないながら進展の度を速めていった。

⑵　領国経済――分国経済の破綻　商業的農業地帯の成立発展と相互依存関係にある舟運機構の整備充実を総括し、江戸地廻り経済の把握につなげるために必要とみられる他の一つは、領国経済から全国経済化への進行の問題である。この問題は二元的対立の下に進行した。前者は分国経済の維持を企図するものであり、社会的分業・津留をその手段として駆使した。後者は地廻り経済の枠を超えて、これを全国経済にまで拡大改組しようとするものであり、そのために大坂―江戸間の下り荷物流通上の体制的関与と江戸地廻り経済圏の早期確立誘導策がとられた。この二つの経済地域の二元的対立こそ近世経済の特異性であり、かつ近世経済体制の特質を理解するキーワードとなるものであった。

二元的対立も近世中期以降、諸大名の分国・領域主義の維持が次第に困難となり、全国経済化の流れに合流せざるを得なくなっていく。原因は交通の発達、貨幣の流通、諸大名の殖産興業策が指摘されている『前掲書 p146』。交通の発達に限って言えば、商品生産の発展期言い換えれば関東舟運上の農民的流通期には、複数の領国を貫流する河川形態と交通手段としての必要性から、その効果的な流れを遮断する分国主義は、もはや交通経済の側面からも存在理由を喪失し、ほぼ全面的に崩壊したとみてよい。封建領主たちが領内特産商品の移出をはかり、他国産品の入国を厳しく制止できる時代は終わっていた。津留と藩営専売制度を俎上に載せるまでもないことである。ともあれ、ここで確認しておきたいことは、貨幣経済化と全国経済化の新しい流れは、農民をして必要の原則から商品価値の原則に生産物の選択基準を大きく変える方向で作用したことである。

以上、関東畑作地帯の農業生産活動と農村社会の在り方を規制する、貨幣経済化と全国経済化の意味する事柄について、宮本又次『日本商業史』に依拠して展望した。次に幕藩体制の存立基盤としての自立小農制の展開過程について、その成立ならびに分解に基づく寄生地主制の進行と農村荒廃まで含めて、1)新田開発の推進、2)金肥の普及と商業的農業の展開、という3領域2課題をからめた考察を試みる。最後に、本論で重点的に取り上げてきた検討結果「関東河川舟運の展開と特産物生産地帯の形成」を通して「江戸地廻り経済の展開」のまとめを試みる予定である。なお、引用・参考文献については、本論既出のものは省略し、新規記述文献についてのみ記載することにした。

2. 新田開発と小農の成立

(1) 新田開発の推移と小農自立　領主の貢租収納の増大や農民の再生産確保の狙いをもって進められた新田開発は、寛文・延宝期の大幅な新田打ち出しを中心に、近世初期の検地に比べるとかなり大規模な耕地と生産の拡大をもたらした。関東地方における拡大傾向はその後も元禄・享保期まで継続し、武蔵野・相模野・常総台地・笠懸野をはじめいたるところに大小の新開地が成立することになる『栃木県の歴史 県史シリーズ9 p207』。洪積台地の新田開発のうち、武蔵野台地の場合をみると、開発は元禄～享保期に隆盛期に達し、近世に開発された持添新田137の80%、新村建設172の66%がこの期間に開発された。古村・古新田が持添新田によって自営耕地を拡大し、新村建設によって過剰人口を放出したのである。武蔵野新田82ヵ村をみても持添新田によって村域を拡大した古村34、新村を建設して新田百姓を放出した古村48、その新田百姓は総数1,002戸に達した『新田開発 下 p384』。

近世初期の新田経営の適正規模は、幕府勘定所によると1農家当たり4～5町歩であったが、武蔵野開発の初期段階には2町7反3畝余、享保期においては、1町7反2畝歩に縮小されている。この数字を菊地利夫『前掲書 p379-380』は、以下の理由から適正規模の推移と理解している。もっとも大きな理由は、享保期に糠の使用が一般化することによったものと考えた。当時の糠の施肥量は反当たり3～6表で、金額にしておおよそ2分、永557文となる。土地生産力としては、大麦で代表すると近世初期に6斗、中期に8斗、末期に10.3斗へと上昇したことを指摘している『前掲書 p377』。

こうした大規模な畑新田開発に先立って近世前期には、大河川流域に水利土木技術に裏打ちされた新田村々が創設されることになる。近世前期～中期までの新田開発は、利根川上・下流とその支流渡良瀬・鬼怒・小貝川流域の低湿地帯を中心に水田開発を主体に進められた。その結果、関東地方における正保～明治期の石高増加106万石．新田率21に対して、利根川水系沿岸の石高増加は41万石．新田率25を示していた。石高増加と新田率の著しいこれらの地域に比較して、三浦・伊豆・房総半島や常陸台地・利根川中流部では石高増加と新田率ともに低調であった。石高増加は関東郡代伊奈氏累代の治水・新田開発の成果であり、さらに紀州流井沢氏の池沼干拓の努力に負うところが大きかった『新田開発 改訂増補版 p151-152』。なお、関東で近世前期に集中的に新田開発が進行したのは、幕府が江戸地廻り経済圏の確立を急いだことにも見逃せない理由の一つがあった。

関東における新田開発を整理すると、前期が小農自立の条件整備と水田開発にあり、中期は小農自立体制の完成と畑新田の造成という把握が可能であろう。さらに畿内新田の町人請・商品作経営に対して、関東の新田は村請・雑穀作経営が主流であったという理解もできる。菊地利夫『新田開発 上 p56』が指摘する、関東地方の新田開発が村請を主流とすることの意義は、「村請開発の目的は明白に零細農の救済にある」こと、さらに「他村からの開発願いをも許可することもあるべし」という幕府の意向（明和安永度御触書付留一）からも判るように、この時期の新田開発が小農自立を切迫した課題として受け止めるようになった結果、村内開発の場合の自村優先権も崩壊せざるを得なかったのである。

近世初期に集中的に展開した関東新田開発は、石高制を背景にして、まず関東郡代伊奈氏によって武蔵東部の低湿地帯を対象にした水田新村つくりから発足する。三橋時雄（経済史研究27-3）によると、「水田新村の適正規模は、中期までは1戸当たり2～3町歩、後期のそれは大体1町歩が一般的であった」という。中一後期の差は、購入肥料の普及にともなう生産力上昇によってもたらされたとみてよい。

開発事業は、瀬替えと低水位遊水地方式をとる関東流水利土木技術を駆使して推進され、近世初期の農業水利土木技術段階と水稲作自給肥料段階に照応した開発形態に特徴があった。そもそも、大河川流域の沖積土壌地帯は本来的に肥沃であり、加えて灌漑用水の供給と氾濫溢流水による沃土の供給で、一定の収穫は保証されていた。とはいえ、低湿地帯の水田化は、近隣の本村にとって不可欠な刈敷場・秣場の消滅を意味し、農業経営の維持存続に重大な懸念が生じることになった。やがてこのことは金肥導入、商品生産の展開、小農層の分解を経て農村荒廃へと発展していく重要な契機の一つとなるわけである。

⑵　自立小農の経営的性格　一方、享保改革の一環として取り組まれた武蔵野をはじめ各地の畑新田開発では、周辺の村々と開発推進主体との間に、自給肥料源としての刈敷をめぐって激しい入会地論争が頻発した。沖積土壌地帯に比較して生産力の低い洪積土壌地帯では、開発の進行は深刻な問題を内在させていた。開発新田の土壌は、本村の長年肥培管理されてきた土壌に比べると、生産力的にはきわめて劣悪な状況であった。こうして新田開発は二つの影響を関東畑作農村に与えることになる。ひとつは零細農家が寸暇を惜しんで開いた切添新田や享保改革期までに開かれた新田入植者への農地分与条件が、鍬下年季とともに農民保護的な性格を持ち、結果、小農成立の一面を形成したことである。もう一つの影響それもきわめて大きな影響は、自給肥料源の喪失に代わる金肥の導入と普及であった。前者は近世前～中期の幕藩体制の生産力基盤を構成する小農自立の問題を内包し、後者は近世中～後期の自立小農層の分解滑落を通して寄生地主制の成立と農村荒廃に発展し、

幕藩体制を崩壊に追詰める問題の序章となるものであった。ともあれ、幕藩体制下の農民・農業の史的展開過程は、自立小農層の歴史そのものを如実に反映したものといえる。

関東農村地帯における小農成立は、後述するように、近世初頭以来の数次にわたる検地と幕藩領主の小農育成策により、隷属農民を従えた土豪経営が解体され、結果、寛文・延宝期頃までにほぼ普及を終えたとみられている『新編埼玉県史 通史編4近世2 p339』。以下、安良城盛昭『幕藩体制社会の成立と構造 p181-221』の論考を参照し、自立小農成立の諸側面について整理したい。自立小農は直系単婚家族を主体とした生産単位であるが、労働力は各戸によってバラツキがみられ、保持する技術力も必ずしも平均的ではない。耕作する耕地も個々に地力差が存在するが、おしなべて5反歩から1町歩程度の所有規模とされる。使用農具は鎌・鍬を特徴とし、地主経営が牛馬にひかせる犂耕に対して、深耕可能な鍬の使用は小農経営の生産力形成条件として評価されている。こうして休閑地制度の排除と刈敷投入の有肥農業を基礎的条件として、畑作における多毛作体系の一般化・輪作体系の確立・水田裏作の端緒的成立などを内容とする集約的近世農業の特質が形成されることになる。これと小規模農民経営の諸性格が結合して、小農自立を推し進め、さらには近世社会の成立を担保する生産力基盤が確立されていった。

17世紀中葉に幕藩体制は一応の確立をみたといわれる。確立した幕藩体制の経済的基盤を構成する小農制の成立過程は、寛永・慶安期までは譜代下人や小百姓を隷属させ、これらを家父長制的に支配する地主層の比重がまだ大きいが、その後の生産力の発展、隷属農民の自立闘争、領主の検地政策などの各種の小農自立策によって、17世紀後半、ほぼ寛文・延宝期頃までに、小農経営は農業生産上の基幹階層として成長を遂げることになる。基幹階層として成長した自立小農層の体制的把握と、小農村落の確定は、元禄期までの検地によって達成されることになる。

近世前期の経済発展は、戦国期から江戸初期にかけて生み出された生産諸力の向上を背景に、自立小農層によって担われた農業生産の集約化と新田耕地面積の飛躍的拡大によってもたらされた。しかも幕藩制の政治経済の構造が、米納年貢制を基本とする石高制をとりつつも、同時に領主米を中心にあらゆる生産物の活発な商品化によって、はじめて再生産が維持できる仕組みの下にあったため、当初、自給的性格が強かった農村にも近世中期以降、次第に商品貨幣経済が浸透していくことになる『栃木県史 通史編5近世2 p1-2』。とくに元禄から享保期にかけての関東畑作農村では、すでに成立していた代金納制と畑方永納制に触発されて、自給経済社会から貨幣経済社会へのダイナミックな変貌が進行する。

3. 商業的農業の展開と自立小農および在方商人資本

⑴ 金肥導入と商業的農業の展開　ここで新田開発の実態と経済効果および自立小農の成立過程と経営的性格形成にかかわる考察に次いで、小農経営における金肥導入と農業技術の前進、商業的農業の展開と自立小農層の対応について展望しておこう。栃木県史『通史編5近世2 p39』によると、近世中後期の関東とりわけ北関東農村では、農民的商品経済の発展と特産地の形成が進展する一方、激烈な農村荒廃が進行するという一見相反する事態が見られた。中世紀末、雑年貢の対象であった蠟・漆・炭・煙草などの特産品は、近世的貢租体系の下で金納化・代納化され、煙草などの一部を除いて、余業の比重が低下した。代わって近世小農体制の展開とともに、新特産商品が経営的比重をより高めながら、常州・野州の関東北部農山村と上州・武州の関東西部農山村ならびに関東平野の中央部平場農村地帯に出現することになる。

近世中期以降、関東地方に進行する特産品生産地帯の展開過程を類型化すると、以下のように整理できる。1)低劣な主雑穀生産力の補完代替え措置ならびに代金納化対策として、関東北部から西部の山付の村々に成立した楮(製紙)・桑（養蚕)・麻・煙草・蒟蒻などの商品生産と余業化の進展、2)利根川・古利根川・元荒川・鬼怒川・小貝川等の氾濫原に開かれた沖積新田、九十九里平野の砂質土壌新田、武蔵野の洪積土壌新田等における平場農村型の綿花・藍・紅花の産地ならびに桑園（養蚕）の成立と余業化の進展、3)近世末期、前記1). 2)の先行商品生産地帯の成立以降、周縁の本田畑に向けて展開する商品作物（綿花・桑園）の本格的侵入と産地の拡大、4)近世中期以降、金肥投入効果としての生産力上昇による剰余の発生と醸造原料需要の増大によって促進された関東平場田畑作農村の穀菽農産物の商品化、等々である。

周知のようにこれらの特産品生産について、幕府・諸藩は当初厳しい禁圧政策を採用し、ついで抑止不能と見るや新田立地誘導策を中心に、隔年栽培や二分の一栽培策に転じた。その成果が2)に述べた概要であった。菊地利夫は新田における商品生産の発展理由の一端を「自然条件の適地性」にあるとしている『新田開発 下巻 p386-387』が、実際には氾濫沖積土壌地域や一部の沿海砂質土壌地域以外は、生産力の面で必ずしも適性を有さないという問題を内包していた。しかもこの沖積新田地帯さえも、しばしば洪水に見舞われる水損地であり、また干損多発地であった。したがって、後々、西日本で裏作の菜種を挟んで激しく競合することになる綿花と甘蔗のうち、排水良好な砂質新田の甘蔗栽培と上記沖積新田の綿花・桑園経営以外に特筆すべき適性は見られなかったと考える。西南日本の干潟干拓新田に拡大した綿花栽培にしても、塩害に強いという消極的適性によるものであった。

結局、新田地帯における商品栽培の発展は、封建的法規制が少ない『新田開発 下巻 p386』こと以外、新田に由来する理由は必ずしも明確には認められない。これらの状況を勘案すると、少なくとも関東地方の新田商品生産では、新開地ゆえの土地豊度（熟畑化）の低さからみて、主雑穀生産並ないしそれ以上の金肥投入が必要とされたと考えるべきであろう。加えて関東地方の新田で栽植されていた桑・綿花・藍・紅花などは、格別地力依存度（金肥投入）の高い作物であった。このことから、近世末期の商品生産の波動が、しばしば新田の枠を超えて本田畑に侵入した理由の一端を推定することも可能であろう。収益の極大化を志向した商品生産農家にとって、生産力の高い本田畑への侵入は二重の魅力だったはずである。同時に、近世後期の畑作新田における封建的法規制をともなう立地誘導策の強行が、商品作物の集中的産地形成に及ぼした影響力も無視できない問題であった『新田開発 下巻 p386』。他方、商品経済の渦に巻き込まれながらも依然、多肥集約化された主雑穀生産は、米納・石高制に強く規制されて、体制的に農業経営の首座に据え置かれ続けていくことになる。

休閑地制度の排除と輪作体系を組み込んだ近世的多肥集約型農業の存続発展は、刈敷投入量の如何によって決まると考えても過言ではない。こうした肥料需要に反し、その供給源の入会地・流作場は新田化されて消滅し、近世中期以降も、従来の刈敷型自給肥料農業を継続できたのは（あるいはせざるを得なかったのは）、武蔵西部西多摩山村・秩父盆地山村・上野北部山村にほぼ限られてしまった。干鰯・糠を中心とする購入肥料への依存は、こうしたのっぴきならない需給関係の変化を背負って、発生したものである。これら金肥の関東内陸への輸送経路は、封建領主たちが廻米津出しのために整備した河川舟運を用いて河岸問屋経由で流入し、在方商人の手を経て農村内部に拡散していった。しかも金肥依存度の高まりは、結果的に小農層の疲弊をもたらすと同時に、上層農民の生産力を一層高め、不均等発展が進行することになる『新編埼玉県史 通史編4近世2 p340』。

元禄・享保期における商品生産の高まりと、これに対応する小農たちの金肥前借り購入を契機に、前期的商業資本の激しい吸着と農村荒廃が展開する。成立して間もない自立小農たちを渦中に巻き込んだ農村荒廃と小農分解の進行は、北関東農村に人口減少をともなってより激しく顕在化した（表終章-1）。商品生産と農村荒廃の同時進行は、人口動態の南北性と農業生産活動の東西性に見るような地域格差も成立させながら関東各地を席巻していった。とりわけ、西関東における先進的商品生産地域の形成が江戸地廻り経済の展開に及ぼした影響は、利根川水系舟運の発展とともに評価されるべき問題であった。

天保期後半以降の農村荒廃克服の要件として、長谷川伸三『近世農村構造

表終章-1　近世後期の北関東諸国の人口推移

国　名	享保6年	寛延3年	宝暦6年	天明6年	寛政10年	文化1年	文政5年	文政11年	天保5年	弘化3年	明治5年
下　野	100 (560,020人)	99.0	95.3	77.6	73.8	72.2	70.5	67.1	61.1	67.6	89.0
上　野	100 (569,550人)	101.1	101.8	91.8	90.3	87.3	80.2	81.5	79.3	75.2	89.1
常　陸	100 (712,387人)	92.0	90.0	72.2	69.2	68.1	69.6	69.6	64.2	73.2	91.1
関東地方	100 (5,123,703人)	98.5	97.1	85.4	84.9	83.8	82.8	84.8	81.4	86.6	101.0
東北地方	100 (2,840,489人)	94.3	92.1	83.4	86.0	87.0	89.0	92.4	92.6	88.7	122.7

出典：『栃木県の歴史 県史シリーズ（大町雅美他）』

の史的分析 p51-53』は、長野ひろ子（1974年・1976年）、須永昭（1975年・1976年）、広瀬隆久（1972年・1976年）の諸論文を基にして次のようにまとめている。意とするところを筆者の文責において箇条に整理すると以下のようになる。農村荒廃が克服されるのは、1)年貢減免・貸付金の保証等を中心とした領主仕法の展開、2)上向商品経済による農民経営の再生産条件の改善、3)農間稼ぎや商品生産による現金収入の増加、4)農業生産の向上と年貢収奪の抑制、5)農民経営の再生産を保障しうる村落機構への変更、6)家内労働力の確保、などによるとしている。

⑵　商品生産の進行と幕府・小農層の対応　17世紀末葉以降の貨幣経済の農村浸透や自給肥料源の喪失にともなう金肥需要の増大とこれに基づく商品生産のさらなる展開が、本畑・新田の基本的経営形態と考えられる大麦・大豆の二毛作経営の利潤を超えたとき、そこには封建領主にとって体制的には好ましくない、しかし殖産興業策的には多分に経済価値の高い商品作物栽培が進行することになる。一例をあげれば、養蚕・綿作・甘蔗作・煙草作・菜種作などの展開である。以下、菊地利夫の労作『新田開発 下巻 p387-394』の一部を、「商品生産と新田開発」に関する幕府の対応視点から抄出し紹介する。

商品生産の早期段階で最初に栽培禁止令が出るのは煙草作であった。天正年間（1573～91年）に普及し始めた煙草は、元和3（1617）年の禁止令以降も繰り返し栽培禁止令が出される。禁止令は10回を超えるが、後に順次条件が緩和され、霊元7（1667）年の禁止令では「於諸国在々所々　本田畑之たばこ作候事　自今以後可被致停止之　但野山を新規ニ切起作候儀ハ不苦候　右之趣各御代官中　可被申不候」となり、本田畑での栽培禁止、新田畑での許可へと変更されていく。寛文～延宝期に頻発した栽培禁止令の効果のほどは不明であるが、元禄期に再び本畑での煙草栽培の拡大が始まったと思われる。元禄15（1702）年の禁止令では、ついに「前々より多葉粉本田畑に作間敷旨　度々相触候得共　連々たばこ大分作出し候　来未年たばこ作儀　当年迄作り来り候半分作之　残る半分之処は土地相応之穀物可作之候　若相背輩於有之ハ可為典事者也」とのお達しを受けることになる。『新田開発 下巻 p387-388』の著者は、当初、本田畑に立地した煙草栽培は、繰り返される禁止令によって、新田にその栽培地を拡大していったことは疑う余地もないとしているが、本田畑における栽培継続もまた後を絶たなかったとみるのは、筆者の考えすぎであろうか。

本畑の専用桑園化は天保5（1834）年、千曲川氾濫原に比較的早い段階に現れたが、それまでは中上層農家を中心に、畦地や河畔・荒れ地などの栽植と山桑を利用して小規模な養蚕が続けられてきた。養蚕が生業として社会的に認知されるようになるのは、近世中期以降のことであった。天保年間の千曲川氾濫原における穀菽栽培（大豆・大麦の二毛作）と養蚕経営の詳細な収支比較史料を見ると、養蚕経営が銀34匁余り上回っていた『信濃蚕糸業史上巻 p18』。こうして本畑から桑園への移行は、養蚕の利益が水田稲作や大豆・大麦を基本とする畑地二毛作の利益を超える近世末期頃から本格化していく。関東の養蚕先進国上州の農村で、本格的展開を見るのは安政年間以降のことであった。桑園の本畑侵入は、あいだに「あわせなみ」と呼ばれる圃場細分化と分割線に沿って桑を条植えする方法を経て行われた。激しい桑園化の進行に対して、幕府は「あわせなみ」は看過したが、全面的な桑園化には元治4（1864）年についに禁止令を出すに至った。

木綿作は鬼怒川・古利根川・元荒川などの氾濫原の沖積新田を中心に展開した。しかし寛永20（1643）年、早くも栽培禁止令が出るが、中期には解除された。本田畑裏作を認められた菜種栽培とともに、他の商品作物とは異なる展開過程を示す作物であった。地方落穂集に「木綿は稲作に劣らず　所務却って多き年とも有り　去れば稲作の勘定を以て貢納を勤める故　公の御所務にも不障　是に於て上田に作るも御構いなきなり」『日本経済叢書 9巻 p756』とされ、本田の上田にさえ作付することができた。結果、西日本では干潟干拓新田が綿作地となり、東日本の関東では内陸の沖積低地帯が綿作地帯として開発されていった。

西日本では木綿作が稲作を圧倒し、甘蔗と激しく競合した。ただし関東地方の甘蔗作は相州大師河原と池上新田で若干の普及をみたに過ぎない。橘樹・久良岐両郡の寄洲300余町歩の開墾と甘蔗植付け許可は出ているが、実現された形跡はない。稲作や綿作との競合事例も管見の限りその例をみない。『新田開発 下巻 p388-389』によると、菜種は寛永20（1643）年に最初の栽培禁止令が出るが、後に増産奨励作物として指定される。関東地方で菜種栽培が問題になるのは奨励期以降であり、綿実と並ぶ主要灯油原料として、地廻り経済の展開と深く結合する作物であった。このため天保5（1834）年には幕府の指導はさらに積極化し、「菜種之儀は晩春には刈取仕廻候事故　田畑にも仕付　刈取跡早苗植付候而も間に合候事故　左候得ハ両毛取上（中略）麦作の障に不相成様仕付け（後略）」田畑の後作導入から、果ては流作場にまで拡大栽培を勧めている。商品作物の本田畑への侵入と余作化の激しい進展に対する禁圧政策は、諸大名の一部でも採用され、なかでも水戸藩の紅花栽培に対する干渉は有名であった。

小括として、幕府の商品作物栽培に対する干渉姿勢を要約すると、基本的には禁止事項から条件付き承認事項に代わること、ならびに新開地栽培の奨励に代わっていくことの2点であった。近世後期、幕府の新田を対象にした煙草・木綿・桑・甘蔗などの商品作物栽培の奨励策に対応して、元禄・享保期成立の関東畑新田の一部が、農業的な先進地域になるのはこの段階であった。鬼怒川流域の氾濫原あるいは利根川・荒川の旧河道の氾濫原に開かれた平場畑新田と武蔵野台地の畑新田に綿作地帯が成立し、さらに近世末期には、西関東の山麓一帯の武蔵野・相模野が桑園新田化しながら、日本の養蚕地帯の一角を形成する歩みをたどっていった『新田開発 下巻 p538』。いわば関東畑作農民にとって、近世中期までの新田開発の持つ意味は小農自立の推進力であり、と同時に近世中後期では、商業的農業の展開と先進的農業地域形成の推進力でもあったのである。菊地利夫『新田開発 下巻 p386-387』は、「新田開発による商品農業地帯の形成と拡大こそ、近世新田の持つ最大の経済的意義である」としているが、その際、新田の自然的条件が商品作物栽培上の適性をもつことおよび商品作物栽培上の封建的制約が少なかったことも併せて指摘している。

以上、新田における商品作物栽培と幕府の対応について述べてきたが、最後に『栃木県史 通史編5近世2 p118』に従って、商品生産における商業資本と小農層の関係について触れ、結びとしたい。肥料前貸し制による農民階層の分解と商品生産上の階層性をともなう不均等発展の結果、17世紀後半までに成立した自立小農層は崩壊の淵に追い込まれていった。そもそも、金肥の導入は、小農にとって土地生産力増強の技術的基盤であると同時に、小農経営自体が本来的に持つ不安定さを増幅させていく要因でもあった。質地地主小作関係はこのような金肥導入を契機に胚胎し、元禄期以降の関東畑作農村における農民層分化・分解の主流となっていく。宝暦期以降の年貢増徴策・石代納・先納金と絡んで、小農経営の貨幣経済化と前期的資本の小農吸着は一段と推し進められ、崩壊の危機は避けがたいものとなっていった『前掲県史 p118』。崩壊の淵には、大量の小作農民の発生と農村荒廃の広域展開が待っていた。また、自立小農層崩壊の対極には、穀商・肥料商・荷主問屋・金融業などを兼営する在方資本の地主化が進行した。もちろん、自立小農層の分解・滑落要因は、金肥導入と商品生産の進展の中だけに存在したわけではなかった。

⑶　商品生産の深化と自立小農の変質・解体　『新編埼玉県史 通史編4近世2 p339-345』では、小農を変質させる諸要因として以下のような指摘をしている。1)小農の経営構造は必ずしも平均的ではなく、麁(そ)田畑の割合が高く、経営規模の小さい小農は成立当初から不安定な経営環境の下におかれていた。2)村落社会の構造的特質つまり水利権や入会地管理権は上層農民に握られていったこと、また生産活動は個人の恣意を超え、村社会の共同体的規制の下で行われるため、村役人層以外の小百姓ははじめから制約された条件下におかれていた。3)自立小農層を変質させる支配機構の圧力、具体的には享保期前後における年貢増徴策の強行も小農崩壊の重大な要因とされる。結果、凶作と絡んで関東各地なかんずく北関東畑作農村に潰れ百姓の多発をみている。4)小農変質の顕著な要因に商品生産の進展がある。参勤交代を契機にした交通の発達、なかでも関東地方の場合、河川舟運と脇往還の発達は、元禄・享保期以降の農民的流通の整備を背景にして、各地に特産品作物の産地・農間余業地域・農村工業地域の成立を促がした。その際、商人資本の前貸し制による生産過程への介入と吸着行為は、他律的な性格を帯びた商品生産と階層分解を小農層に波及させることになった。その後の経過については先述の通りである。上述のような自立小農の変質解体論に加えて、直接的な要因として、『新編埼玉県史 通史編4近世2 p477』では、寛保2（1742）年の大水害、天明3（1783）年の浅間山焼けと度重なる大洪水、文政4（1821）年

の旱魃、天保期の冷害などの自然災害を取り上げている。年貢増徴策の強行や助郷制度の重圧は言わずもがなの小農解体要因であった。

最後に、『新編埼玉県史』の小農変質論に対置して、長谷川伸三『近世農村構造の史的分析 p203-204』の農民層分解論を要約し、紹介しておきたい。長谷川伸三によれば、農村とりわけ北関東農村の荒廃をもたらした農民層の分解（自立小農の変質解体）は、ことに明和〜寛政期と文化〜天保期に進行したという。前者．明和〜寛政期の場合、分解・没落要因の第一は、享保〜宝暦期の過重な年貢負担、とくに宝暦期に特徴的な石代納の強制が考えられている。このことは、農民に商品生産を強要し、代納業務を代行する村役人に新たな収奪の道を開くことになった。第二の要因は、再生産に必要な十分条件を欠いた不完全自立小農たちが、不安定な状況を抱えたまま没落の危機にさらされたことである。第三の要因は、商品流通が生産力発展の裏付をともなわない状況のもとで展開し、農民層を一方的に商品流通に巻き込み没落の危機に直面させたというものである。

一方、後者．文化〜天保期の場合の農民層分解は前者ほど激しくなかった。理由は、零細農民の多くが、明和〜寛政期にすでに淘汰されていたこと、またこの段階の離村が、経営的行き詰りによるものではなく、再生産上で相対的に有利な地域への労働力移動の性格を持つことを挙げている。要するに明和〜寛政期に比して社会的・地域的分業がある程度進み、結果、分解によって農業経営から離脱した貧農も、より有利な条件を求め農村相互間・農村と在郷町の間を流動し始めたことを指摘している。なお、補足すれば、生産力向上の裏付を持った商品生産の発展が見られ、農村荒廃克服の兆しが表れるのは、天保〜安政期の頃であった『近世農村構造の史的分析 p204』。

近世中後期以降の小農経営を分析核として、「新田開発」・「金肥普及」・「商業的農業」の各キーワードを絡ませた考察に次いで、結びの章として「関東河川舟運の展開と特産物生産地帯の成立」を手がかりに「江戸地廻り経済圏の成立・展開」のまとめを試みる。第一・二・三章で検討してきた近世関東の畑作農業の総括に際して、長谷川伸三『近世農村構造の史的分析 p2-3』の関東農村の地域性にかかわる以下の整理事項を基礎的知見とし、そのうえに所定の作業を積み上げてみたい。

4. 江戸地廻り経済の展開

(1) 舟運の発展と特産物生産地帯の形成　長谷川伸三は前記研究書において、第二次大戦後精力的に進められた近世農村史研究の中で、関東農村の性格付けに関する古島敏雄の先駆的見解「関東農村では、前期的資本の収奪は必ずしも強くはなく、商品生産も農民層分解も停滞的である」『近世日本農業の展開（1963）』に対して、その後の研究成果は、関東農村が多様な側面を持ち、一概に停滞的として性格づけできないことを明らかにした。第一に地域性の問題をとらえ、余業・余稼ぎの対象ともいうべき特産物生産地帯、水田の比重が高い米作地帯、生産力が停滞的な自給地帯の3類型が併存すること、第二にいずれの地帯でも、大なり小なり商品生産・流通の展開と農村荒廃を同時進行的に経験することが明らかにされてきた。同時に、1960年代前半の「商品流通と在郷商人」、1970年代の「農村荒廃」の把握をめぐって論議が集中したことを指摘し、併せて自身の研究テーマ「近世関東農村の特質の解明」に迫る方法として、第一に統計的手法によって、農業生産の地域的特質を把握する。第二に農民的商品生産・流通の展開と農民層分解の特質をめぐる論点の整理を試みる。第三に農民闘争の激化と幕府支配の崩壊をめぐる論点を整理する。以上の3点を取り上げている『近世農村構造の史的分析 p2-3』。本稿の執筆内容と深くかかわる事項が少なくない。

元禄時代以前、関東平野中央部の平場農村は、水田地帯と田畑作地帯および皆畑地帯に区分され、作物的には米麦雑穀作もしくは雑穀大豆作が一般的な姿であった。水田二毛作技術の普及はまだ端緒的段階にあったが、ともに雑穀生産の占める割合と自給肥料依存度の高さで共通していた。同時にここは、米納年貢制・石高制の上に成り立つ幕藩体制の支持基盤として重要な意味を持つ農業地帯であった。農民たちは実物経済と極限状況の年貢収奪の中で、生活を切りつめて得たわずかな剰余を農具・薬種等に替え、再生産を繰り返してきた。その後近世中期以降、貨幣経済の浸透と商品生産の発展するなかで、関東畑作農村の主要部を占める平場畑作農村の農民たちは、近世前期の作物構成をほぼそのままの比重で継承し、急速に普及してきた金肥使用と醸造原料需要の増大を梃子に、むしろ伝統的な作物．穀菽類の商品化を通して、主穀生産地帯としての地位を強化していった。山間部農村に比較すると、相対的に耕地規模と地力に恵まれ、労働効率も高い平場農村では、商品貨幣経済の浸透に対して、自給的性格を色濃く残した穀菽農業を継続することに特段の支障はなかったのである。

平場畑作農村の存在理由は、体制的にも小農経済的にも主穀生産地帯であることに主眼が置かれていた。結果、利根川中・下流域・江戸川流域・荒川流域・新河岸川流域等の沖積低地帯はもとより、武蔵野台地をはじめ各地の洪積台地にも、前述の発展要因を契機に、米麦、雑穀型の穀菽生産地帯が広く成立していくことになる。一見、確かな足跡を残しながら華やかに展開する山村地帯の商品生産に比較したとき、多分に保守的で自給的性格の濃厚な農村とも思える平場農村の主雑穀生産こそ、栽培農家にとって、実はもっとも安定した生産力上昇と経済効果の高い商品化作物だったとみるべきかもしれない。こうして、関東地方の農村では、宝暦・天明期から化政期にかけて農産物の商品化が飛躍的な発展を遂げることになる。

田畑勉（1965年 p45）が指摘したように、安永年間、関東中央部平場農村産の主雑穀類が、中利根・江戸川の河岸商人によって江戸に向けて出荷されていった。平場農村で生産された江戸向け主雑穀類は、越谷・岩槻・鳩ヶ谷・北葛飾の平沼・三輪野江・幸手・杉戸・栗橋などの特産物市場化傾向を強めつつあった六斎市（穀市）で取引され、在方商人の手で諸河川を積下されていった（表Ⅲ-5参照）。主雑穀類の江戸出荷は、古河船渡河岸をはじめ新河岸川や武蔵東部の見沼通船（代用水）等の中小河川諸河岸からも盛んに積下げられていった。一方、武蔵野台地の穀（麦・雑穀）作地帯でも扇町屋・所沢・川越・飯能・小川・松山に穀市が開かれ、穀商の手を経て新河岸川舟運もしくは駄送で江戸に流通した。

平場畑作農村に比べると、相対的にも絶対的にも耕地条件―土壌・地形・水利・肥沃度―が劣悪で耕地所有規模も狭小な上州の山中入り・山中領・利根入り・東入り・西入りをはじめとする各地の山村では、作物選択範囲の狭さと生産力が限られ、近世以前から漆・蠟・和紙・煙草あるいは養蚕・生糸・織物などの農間余業や余稼ぎ、さらに山林資源に依存する特産品生産が随所に見られた。近世中期以降とくに商品生産が盛んに行われたのは、楮・漆・櫨のうちとくに楮の採取栽培による紙漉きであった。著名な和紙産地は、八溝・鷲子山地の久慈川上流と那珂川上流地方の山村をはじめ、足尾山地の彦間川上流山村、関東山地の槻川・鏑川支流・神流川流域山村などがあげられる。養蚕・生糸・織物は西関東山付の村々を主産地にして幕末期以降急速に普及していく。

利根川中流左岸の猿島台地や入間川中流域狭山丘陵と加治丘陵南麓の茶・利根川中流域右岸と鬼怒川―小貝川間に開かれた沖積新田の綿花ならびに武蔵藍・荒川中流域左岸大宮台地と右岸入間台地および久慈川―那珂川間に広がる那珂台地の紅花・足尾山地東麓の思川上流支谷群と黒川扇状地の野州麻・北上州の片品川と吾妻川流域および西上州の鏑川上流域と神流川流域の上州麻等の産地がそれぞれ形成された。上州麻の産地と重なるように、北上州の利根・吾妻両郡の山間部と西上州の鏑川沿岸の河岸段丘から緑野・碓井・群馬3郡にかけて煙草の産地が形成され、相州大住郡の波多野と足柄上郡の松田にも煙草の商品生産地域が広く展開した。いわゆる関東畑作農村における商品生産地帯の成立である（図終章-2参照）。

上述のように関東北部から西部の丘陵・山付の村々を中心にして、帯状に伸びる煙草・麻・和紙の商品生産地帯が展開を見せていた。平均耕地所有面積が少なく、低生産力土壌の貧しい農山村に、所要耕地面積をより多く必要とする輪作型・多肥施用型の商品作物がなぜ、いかにして導入されることになったのか。扶食・年貢用の穀物さえ十分確保できない山村農業に、価格変動幅の大きい商品作物を導入した二つの要件を考えることができる。一つは経営環境が著しく劣悪なるが故に作物の立地範囲が限定され、平場農村に普及していた穀蔬農業の導入は経済的にきわめて不利な状況だったことである。したがって狭小な耕地から収益の極大化を図るためには、ふたつめの要件ともいうべき資本と労働を多投する集約的な経営が不可欠となり、ここに商品作物栽培地域の成立を見ることになる。ちなみに、資本多投という経営的性格の中に金肥前借り、収穫物出来秋払い方式の在方商人による吸着の契機が存在していたわけである。

一方、これらの商品生産地帯は、歴史的に北・西上州の皆畑地帯の分布に象徴される畑作の村々として、穀類のかなりの部分が会津、信濃、越後からの米の移入によって賄われてきたところであった。以下に詳述するような奥武蔵・西武蔵地方における林業の成立とその後の近世末期にかけての織物業の繁栄も、武蔵野新田農村からの雑穀の移入とこれを背景に成立した余作・余業の所産であった。秩父織物業の成立と発展を支えた扶食用武州米の移入は、秩父盆地の村々でも見られた。

関東山地南端加治丘陵および多摩川と秋川上流の山村集落ならびに狭山丘陵縁辺のいわゆる奥武蔵の村々は、人口圧に発する古村としての耕地拡張の要求を持添新田の開墾で解決するか、もしくは武蔵野新田への人口放出策をとる必要があった『新田村落 p21-22』。集落の内情を踏まえた対応を経て、武蔵野新田の雑穀生産力が上昇し、剰余の蓄積が実現される。連動して古村の経営にも変化が生じてくる。すなわち、古村での普通畑作とくに雑穀栽培の地位が低下し、かわって檜原村、日原村などの秋川・多摩川・入間川上流山村を中心に薪炭・用材需要が高まり、青梅、五日市、飯能などの炭市は殷賑をきわめるようになる『江戸地廻り経済の展開 p151・154-159』。図式的には新田＝穀物生産地帯、古村＝林産物生産地帯の成立であり、両者は相互補完的な関係の下に商品生産を展開していくことになる『新田村落 p8』。

その後まもなく、古村では雑穀作を継続しつつも山稼ぎに加えて製糸織物業への転換が始まる。この頃の雑穀作は自給肥料のみに依存し、不足分を町場から購入するまでに比重が低下していった。秩父盆地における普通畑作の地位が、養蚕と絹織物業の発展や移入米事情の影響を受けて、低下傾向をたどった経過と酷似するものであり、同じく北毛での商品生産の普及と峠越えの移入米が、穀作農業に与えた影響にも共通することが考えられる。換言すると、北毛・秩父・奥武蔵の商品生産や山稼ぎと外部からの穀類移入は、舟運条件の欠落にともなう金肥導入の困難性と穀類生産力の停滞を一契機にして成立・展開したことが考えられ、商品生産の発展と普通畑作の比重低下は、スパイラルな関係の下に進行したことが指摘できる。

『新田村落 p329』によると、当初、武蔵野新田では余剰農産物の商品化にはじまり、やがて水車加工穀類の商品化へと進むことになる。幕末期には在方商人経由の江戸との穀類と糠・灰などの出し入れ流通が後退し、かわって養蚕・藍作・茶栽培などの商業的農業が浸透してくるようになる。他方、山方奥武蔵地方では普通畑作は一段と軽視され、それまで家計補助的な地位にあった林産物生産や織物業が次第に重視されるようになっていく。この間、新田と古村との穀物と薪炭をめぐる地域的な分業関係『前掲書 p324』は、流通形態を若干変更させながらも継続する。古村の商品生産は、新田の穀物生産に支えられながら継続することになるわけである。まさに北上州や秩父における商品生産地帯の成立を外部地域からの移入米が支えた関係と同類だったのである。ちなみに関東辺縁地域の商品生産の成立展開は、主穀栽培条件の低劣さだけに起因するわけではない。農業生産力形成条件の金肥採用が、輸送費の制約から経済的に困難な村々であったことも軽視できない問題点と考える。近世関東で最後まで刈敷型の自給肥料農村であったことを、改めて指摘するまでもなかろう。なお、生産物が江戸市場を対象にしていることから、立地的に恵まれた飯能・青梅・五日市・八王子などの渓口集落の在方商人たちは、古村の奥武蔵・西武蔵における織物業の繁栄につれて、次第に江戸地廻り経済圏の産地問屋として成長していくことになる。

(2) 農村工業地域の形成と原料産地の発展　米麦雑穀類以外の余作対象作物では、上記作物のほかに綿花栽培と養蚕（栽桑）があり、さらに余業の範疇に入る農村工業の綿・絹織物業と醸造業の成立がみられた。農村工業の成立展開については、綿花・繭・大豆・麦等の特産商品作物と穀菽類の原料化を通して、商業的農業の発展と深くかかわっていることから、まず平場畑作農村における綿花栽培地域について整理しておこう。

近世中期以降、下野国の芳賀郡から常陸国の真壁郡に至る鬼怒川・小貝川流域の氾濫原（砂質土壌地帯）には綿花新田が開かれ、さらに一部洪積台地へと綿作地は拡大していった。真岡木綿に代表されるこの産地に、桜川・思川・古利根川・元荒川などの自然堤防帯と九十九里平野の砂質土壌地帯の綿作が加わって、関東の核心的綿花産地が形成された。真岡木綿の初出史料は17世紀後半であるが、安永〜寛政期を通じて鬼怒川舟運を利用する真岡・結城・下妻などの在方町は、飛躍的な発展を遂げることになる。商業的農業の展開で一歩先行するといわれた西関東農村に迫るものがあった。なお、九十九里平野の砂質土壌地帯に藍作をともなって成立した綿作地帯は、地元産の魚肥利用を基盤にして、武蔵岩槻木綿とともに副次核的な八日市場木綿の産地を形成していた。関東三大綿業地の一角を形成する八日市場木綿の生産と流通上の実態については、具体的な資料に乏しい。それでも得られた資料から寸描すると、表終章-2の状況が明らかとなる。農間渡世記録から綿糸・綿織物などの綿業関係業者の分布を手がかりに、上総綿業農村を含めた綿作地域の範囲を推定すると、上総の武射・長柄・山辺から下総の香取・匝瑳の5郡、27ヵ村にわたる地域を抽出することができる。近世期の綿業が多くの場合、産地生産農家の婦女子労働で行われてきたことを考えると、あながち的外れの推計とは言えないだろう『千葉県の歴史 通史編近世1 p1015-1016』。ちなみに岩槻を中心にした武蔵南東部綿作地帯と関連綿業地帯の地域的展開は、図Ⅲ-11（参照）のように整理することができる。

真岡木綿に代表される綿花生産の経営的比重は、中心部と縁辺部の差はあるが、金肥投入で上昇した水稲生産力と剰余の確保を基盤にして、収量・価格変動の少なくない綿花の商品生産に参入した点で江戸東郊水田地帯に共通していることが考えられる。経営的な安全性を指向する農家の姿勢を反映して、綿花の栽培面積も畿内農村に比べるとかなり低く抑えられ、真岡木綿の全盛期を若干超えた安政年間（1850年代）の芳賀郡の作付率は畑地の18%であった『下妻市史 中巻 p715』。

地綿を原料にして、近在農家の婦女子の手で織り出された木綿は、農間余稼の枠に制約されてきわめて零細なものであった。それでも最盛期の化政期には、真岡木綿の産出量は年間38万反に及んだという『栃木県史 通史編5近世2 p6』。製品の質は江戸市場で好評を博したが、織布工程面でついに幕末期まで「いざり機」の技術段階を抜け出すことができず、天保12（1841）年の奢侈禁止令を契機に生産量を急速に低下させていった。綿業関連の流通のうち、近世中期以降の真岡木綿の流れは、鬼怒川水系を江戸に向けて製品が積下され、幕末期には、化政期に高機を導入して生産性を高めた佐野・足利の綿織物地帯へ向けて原料供給の流れが目立ってくる。後者の場合は、移出先で製品化された織布が、渡良瀬川舟運によって江戸に向かった。綿業地域の発展にかかわる舟運の重要性を理解することができる。なお、綿・絹織物の原料産地の分布を反映して、織物産地の展開は足利─熊谷─川越─青梅ラインの東方に綿織物産地と集散地が立地し、西方に絹織物産地と集散地が高密度で展開していた（図Ⅲ-11参照）『日本歴史地理総説 近世編 p273-274』。

表終章-2　九十九里平野村々の農間渡世と施用肥料(村明細帳による)

国	郡	村	年	農　間　渡　世	肥　　料
上総	武射	蓮沼	1721(享保6)	漁猟鰯網・日用取・木綿織・塩掃	干鰯・厩肥
下総	香取	万力	1731(享保16)	莚・縄・木綿織	厩肥・土肥・干鰯
上総	武射	小堤	1732(享保17)	秣・薪・縄・木綿織	刈草・地糞・干鰯
下総	匝瑳	野手	1745(延享2)	魚猟網拵・塩焼稼・木綿稼・網糸麻賃稼	—
下総	匝瑳	下富谷	1745(延享2)	縄・莚・木綿稼	—
下総	匝瑳	時曽根	1745(延享2)	縄・莚・木綿稼	—
下総	香取	古山	1745(延享2)	莚・縄・木綿稼	—
下総	匝瑳	母子	1745(延享2)	縄・莚・木綿稼	—
上総	武射	蓮沼	1746(延享3)	漁猟鰯網・日用取・木綿織・塩掃	干鰯・厩肥
上総	山辺	東金町	1760(宝暦10)	木綿糸・機	—
上総	長柄	高根本郷	1761(宝暦11)	木綿・縄・莚	—
下総	匝瑳	椿	1778(安永7)	縄・莚・木綿糸	干鰯
上総	長柄	牛込	1788(天明8)	漁猟・塩稼・木綿糸・織	—
上総	長柄	北日当	1793(寛政5)	縄・莚・糸・はた	—
上総	長柄	椎木	1793(寛政5)	干鰯・莚	—
上総	長柄	東浪見	1793(寛政5)	魚漁塩浜稼	—
上総	長柄	小萱場	1793(寛政5)	薪取・木綿織	—
上総	武射	蓮沼	1793(寛政5)	船乗漁猟稼・塩稼	干鰯・厩肥
上総	長柄	北日当	1800(寛政12)	なし	—
下総	匝瑳	東小笹	1802(享和2)	浜稼・糸・木綿	干鰯・粕
下総	匝瑳	横須賀	1802(享和2)	縄・莚・木綿織	干鰯・糠・粕類・踏草
上総	長柄	関	1802(享和2)	縄・木綿織	厩肥・下肥・油粕・干鰯
下総	匝瑳	横須賀	1805(文化2)	縄・莚・木綿織	干鰯・糠・粕類・踏草
上総	長柄	総寿新田	1816(文化13)	浜稼・糸・はた	—
下総	香取	万力	1817(文化14)	莚・縄・木綿織	厩肥・土肥・干鰯
上総	武射	小堤	1828(文政11)	薪取・秣・木綿織	—
上総	山辺	片貝	1828(文政11)	魚漁・地曳網麻糸	干鰯
上総	長柄	椎木	1837(天保8)	干鰯・莚	干鰯
下総	匝瑳	東小笹	1838(天保9)	浜稼・糸・木綿	干鰯・魚粕
上総	山辺	片貝	1850(嘉永3)	魚漁・地曳網麻糸	干鰯
上総	長柄	中里	1851(嘉永4)	塩稼	干鰯
上総	長柄	総寿新田	1868(慶応4)	浜稼・糸・木綿	—
上総	長柄	小泉	1872(明治5)	漁猟日雇取・糸取・木綿売	—
上総	長柄	小泉	1874(明治7)	糸・はた	—
上総	長柄	幸治	1874(明治7)	漁業・紡績	—
上総	山辺	片貝	不詳	魚漁・地曳網麻糸	干鰯・人馬の糞

出典：『千葉県の歴史 通史編近世1（井奥成彦）』

図終章-1　明治初期、島村付近の利根川氾濫原の桑園分布

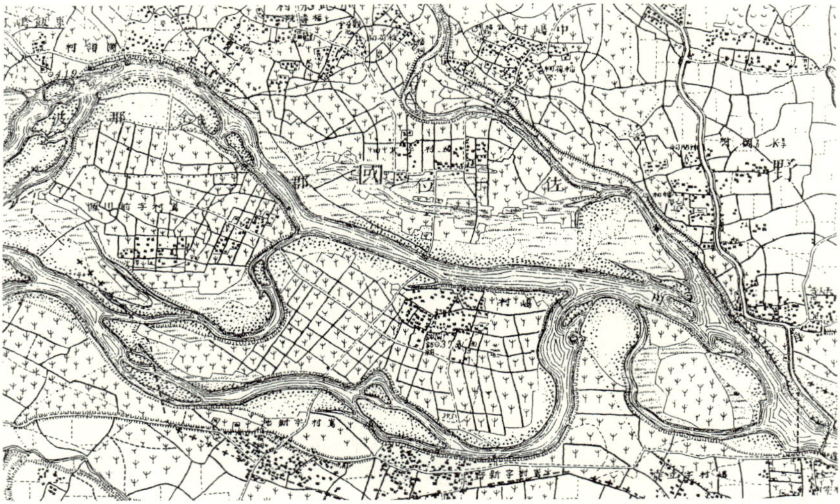

注：明治18年、迅速図（深谷）による

次いで、養蚕・製糸・絹織物産地の概要について整理してみたい。近世初頭から西上州の山中領・東上州渡良瀬川上流山中入りをはじめ、ほぼ上州全域にわたって養蚕は行われていた。それが生業として評価されるようになるのは、近世中期の商業的農業の進展以降のことである。18世紀半ば頃には、蚕業地域の地域分化が進み、北毛・南毛の皆畑地域の養蚕（図終章-1)、赤城南麓・東麓の製糸、桐生・伊勢崎の織物に特化した地域と西上州の蚕・糸・織物の三工程一貫地域が成立した。近世後期になると、養蚕経営は零細農家層にまで普及するようになり、地域的にも広く浸透していった。その結果、北毛では、買桑や桑市の成立が示すように養蚕経営の商業的性格は深まっていったが、栽桑面で桑原仕立てを見るようになるのは、化政期以降のことであった。なお、武州地方の養蚕も上州養蚕との連続性が強く、状況的には相違は少なかった。

関東の養蚕経営の地域的分布をみると、享保8（1723）年の五十里大洪水によって、鬼怒川中下流域の養蚕地帯が砂押しで壊滅的打撃を受けるまで、この地帯一帯は、東の境界地域を形成していたとみられる。しかし農家経済に占める余作としての地位は、かつて大洪水で壊滅した結城種と呼ばれる有名蚕種の存在が示すように、周辺農村に比べると相対的に高かったようである『八千代町史 通史編 p548』。養蚕地域の成立はこのほかに、多摩丘陵や丹沢山塊の山麓にもやや集中的な分布がみられた『神奈川県史 通史編3近世2 p523-525』。

上州を中心とする養蚕業の発展に対応して、関東西部山麓地方には多くの絹業地域が成立した。絹業地域は十指に近い機業圏からなっている。これは近世中期頃から江戸方面への出荷が増えるにつれ、工程分化や地域分化を経て形成されたものである。以下主な機業圏とその特徴について、日本歴史地理総説『近世編 p275-276』の所見を軸に私見を交えながら整理する。

結城機業圏) 結城を集散地とし、近世中期に生産が盛んとなる。鬼怒川を利用して江戸へ出荷する。機業工程は農家が一貫して行う。奢侈禁止令以降は綿織物や交織物も生産するようになる。

足利機業圏) 明和年代からとくに発展し、江戸出荷も始まる。文化年代に高機が移入され全盛期を迎える。奢侈禁止令以降絹織物から綿織物に重心が移行する。以後桐生支配から脱出し、その間、機業分化が始まる。天保年代までに元機屋と賃機の発生と専門化が進行する。織布の輸送は渡良瀬川の舟運利用が支配的とみられた。

桐生機業圏) 機業圏の成立は貞享〜享保年間の絹市の市立以降である。大間々絹市との競争を経て桐生絹市の優位性を確立し、西陣の紋織・高機の導入で桐生機業圏の地位を不動にした。同時に機業分化と周縁農村の養蚕・製糸・織物への地域分化も進み、先進的織物生産地の確立をみることになる。製品の移出は高級品輸送の観点から破船事故・水濡れ事故を避けるべく陸運を主体に進められた。京坂地方へは木曽路経由中山道継立、もしくは江戸経由東海道継立が行われ、江戸までは熊谷宿から中山道継立が利用された。ときには渡良瀬川舟運で猿田河岸から積下げたことも推定される。

伊勢崎機業圏) 付近村々で自蚕自糸自織方式のいざり機による太織が生産され、享保年代頃から商品化されるようになる。宝暦年間の市立で機業圏も成立する。機屋と賃機・紺屋・原料糸の賃挽は分業化されたが、他の工程は維新期まで専門化されることはなかった。江戸・京坂への移出は利根川舟運によるといわれている。

秩父機業圏）　中世成立の根小屋生絹が商品化されるのは、大宮郷に絹市が立った元禄年代からである。近世中期以降生産は増えるが、いざり機のため限界があった。機屋が発生するのは天保年代であり、明和年代には近在産原料が不足し、他国産原料を入れるまでに発展した。織物の出荷は正丸峠越で陸路を江戸に送った。

八王子機業圏）　織物取引の歴史は古く中世にはすでに市立が見られた。近世には甲斐絹が取引され、技術も伝播し、八王子機業圏成立の契機となった。機業農家の成立も、耕地の狭小な山村丘陵地の村々にしばしば見られる農間余稼ぎ・余業の性格を典型的に持つものであった。3里四方に散在する機業農家の製品は、近世後期に広範に輩出する在方商人によって集荷され、八王子市に持ち込まれた。江戸との取引が活発化するのは元禄年代である。移送経路は状況的に見た場合、八王子織物をはじめ所沢織物・五日市織物ともに甲州街道の陸継に落ち着くことになるが確証はない。文政年間には桐生・足利から熟練の業者が来住し、帯地・高級織物の生産も行われるようになるが、養蚕・製糸・織布3工程の一貫生産は変わらなかった。生産過程の専門化と地域分化が進行するのは、明和年代以降のことであった。正田健一郎の指摘によれば、八王子宿の北西側、山寄り北郷の村々は織物生産地域、相模寄り南郷の村々は製糸業地域、さらに座間以南で厚木以北の相模川両岸の村々は原料繭を供給する養蚕地域にそれぞれ分化した『日本産業史大系関東地方編　p138-147』。天保の改革以降八王子織物は衰退の途をたどるが、他の機業圏と同じく綿織物・交織物に転換し、近代初頭の再編期を迎えることになる。なお、西上州生絹機業圏と武蔵生絹機業圏については小規模機業圏のため割愛した。

ここで江戸地廻り経済の牽引力となった醤油生産を中心に、醸造業の立地と原料産地の展開についてまとめておきたい。第Ⅲ章第二節7項で触れてきたように、醤油製造の主原料は、大豆・小麦・塩である。このうち小麦の産地は霞ヶ浦北域の常陸を中心に相州を加えた地方である。大豆ほどには特定産地を問題にすることは少ない。おそらく製品としての醤油の品質に及ぼす影響が少ない原料と考える。一方、大豆についてはかなり多くの銘柄産地名が挙がっている。18世紀前半では、品質的に評価の高い土浦後背圏産の大豆を核に、奥羽地方物（南部・福島・岩城・気仙沼・仙台）と関東物（常陸・水戸・上州）が使用されていたが、19世紀前葉以降、隔地物大豆の移入が大幅に減少し、代わって経営的比重を高めた土浦後背圏産大豆に川通り産を加えた原料が中心の座を占めることになる。主産地交代に先立つことおよそ半世紀前の明和・文政期以降、土浦・府中後背圏と下総地方の川通りでは、小麦と大豆の地域特化傾向が進行の兆しを見せていた。同時に醤油の普及は、産地の広域化と原料栽培農家の作付規模の増大をともなって進行した。

関東平野中央の平場畑作地帯の商品作物は、穀類ならびに大豆の比重が高いいわゆる穀菽類であったことはすでに述べたとおりである。平塚・古河船渡両河岸の大豆流通が示すように、上・中・下利根川筋（=川通り）の原料産地の地位が評価されるようになったのは、どの地域にもまして、干鰯や糠使用が容易で、生産力上昇効果も大きかったことによるとみられる。この状況を創出した霞ヶ浦や利根川の河岸機能は、醤油原料と金肥の出し入れを通じて、農民的商品流通の確立を明瞭に物語っている。

醤油醸造業は、利根川・霞ケ浦水運に恵まれた佐原・土浦・野田・銚子などに地域的な集積をともなって立地した。立地条件的には、原料立地と江戸市場を射程圏内に捉えた消費地立地の両面を勘案して成立した。その点、酒造業が封建領主の払い米入手に便利で、かつ消費対象を膝下に抱えた城下町や陣屋町に万遍なく成立したのと若干異なるものである。上述のごとく、主要産地からの醤油の仕向け先は江戸であったが、後に江戸と川通り（地売り）に拡大し、さらに幕末期には江戸の需要が限界に達したことから販路を地方市場に転じた。白川部達夫『江戸地廻り経済と地域市場 p254-255』によると、この頃、北関東とくに上野・武蔵の養蚕地帯の成長にともなって、利根川周辺の農村経済が発展し、需要が拡大したために、ヤマサをはじめ銚子の伝統的醤油醸造業者たちは、この方面に向けて、江戸問屋を通さない直売買流通を増大していった。他方、天保期以降における地方市場の成立を反映して、古河の事例が象徴するような地方造醤油業者の成立が各地に拡がった。結果、造醤油業者の関東一円への拡大は、広域的な供給過剰と江戸売りの不振状態を招くことになった。江戸売りと地売りならびに下り醤油と地廻り物の比率が逆転するのは、19世紀初頭以降のことであった。

⑶　江戸近郊農業の地帯形成と流通　関東畑作地帯における江戸地廻り経済の展開に際して、その供給を京坂・畿内に依存することのできない、あるいは依存が困難な物資は蔬菜であり、薪炭・木材であった。これら諸物資の供給は、江戸市民の生活に不可欠な存在であることから、開府の歴史と同時に発足することになる。なかでも蔬菜生産は、鮮度保持の必要上江戸近郊に限定されて立地することになった。蔬菜栽培の歴史的・地域的特徴と流通については、第II章第三節において検討した。したがって、ここでは「蔬菜産地の地帯形成と流通」の側面に限定して述べるにとどめたい。

江戸城下の町ごとに成立した初期の蔬菜産地は、参勤交代制の実施による町場化で消滅し、近世中期以降、急速に膨張する人口に対応して、地帯形成の端緒的成立をともなう新しい産地形成が進行した。結果、葛西に代表される東郊水田地帯の島畑と湿田に短寸根菜類・葉菜類・蓮根・慈姑・花菖蒲等が、また北郊大宮台地南縁と中川水系自然堤防帯・高低位三角州上にも、薯蕷を除く葛西型の近郊蔬菜産地が形成された。東・北郊における産地形成は、屎尿投入で生産力上昇を実現した水田米作農家が、剰余の発生と農家経済の安定化を担保に、収穫量と価格の変動幅が大きい商品栽培に参入した結果と考える。洪積台地・台地開析谷・平場地帯・自然堤防帯などの地形的変化と豊富な栽培品目を背景に形成されたこの産地は、以後、江戸への蔬菜供給上の主導権を継続的に確保していくことになる。他方、練馬・駒込・目黒とりわけ練馬に代表される江戸西郊の洪積台地には、大根に象徴される根菜類の産地が形成され、近郊蔬菜産地の地帯形成の一翼を担うことになる。こうして、日本橋から30㎞圏内の村々までが江戸向け蔬菜の供給地となり、地帯形成もかなり明瞭な形を示すものとなっていった。

この頃までの江戸近郊蔬菜産地の発展は、江戸市民の急速な増加と付随する大量需要の発生という生物学的な状況に基づくものであって、全国経済化や貨幣経済化という関東畑作地帯における商品生産の前提になる問題とは、必然性や相関関係の乏しい状況の下に進行したといえる。しかし、享保期における幕府の農政転換—殖産政策の積極的推進は、江戸向け近郊蔬菜の産地形成に対して、品目的・地域的に影響を与えることになった。とくに舟運事情に恵まれた地域では、芋類・根菜類・蓮根等の輸送能性の高い作物が、30km圏の外方たとえば北武蔵野（薩摩芋）・大宮台地（薯蕷．薩摩芋）・猿島台地（牛蒡．蓮根）において楔状に突出した産地を形成していった。楔状の突出産地の形成を可能にした条件は、南武蔵野の馬背輸送を除けば、新河岸川・荒川南部（平方・柴宮・戸田・川口河岸）・中川水系用排水河川・江戸川等の舟運と諸河岸とくに小河岸群の存在が、屎尿と蔬菜類の流通に大きく貢献した結果である。繰り返し指摘するが、水稲生産力の上昇に果たした屎尿の投入効果は、舟運を抜きにしては語れない問題であり、水稲生産力の上昇を看過しては、近郊農村における蔬菜産地の地帯形成と、同じく近郊農村外縁における主穀生産地帯の形成は論じきれない重要な問題であったといえる。

小括として近郊農業の特殊性の一端について検討しておきたい。江戸近郊農村では、元禄・享保期以降、小農経営が変質解体する。その要因は、自然災害・飢饉・年貢増徴策・貨幣経済の浸透等の関東畑作農村荒廃の理由と特段の相違はない『新修世田谷区史　上巻 p712-724』。異なる点といえば、分解で生じた労働力が都市労働力として江戸に流出し、地主経営の成立基盤をむしろ弱体化する方向に作用したこと、および常陸・下野・上野の北関東3国のような激しい人口減少に象徴される農村荒廃は顕象化しなかったようである。

一方、商品作物としての主穀生産ないし畑方特産物生産に際して、関東畑作地帯の産地農民たちのなかには、肥料前貸・出来秋決済制による商人資本の厳しい収奪で落魄の憂き目をみる者も少なくなかった。むしろ関東畑作農村では一部地域の一部時代を除いて、ほぼ例外なしに前貸商法に組み込まれ、天保13（1842）年の利子引下げ令が出るまで、25%〜12%の高利吸着にさらされてきた（白川部達夫 2012年 p123-126)。

しかし管見する限り、江戸近郊農村では、商業資本の吸着によるとみられる小農の解体分解現象を文献・史料上から見出すことはなかった。生産要素としての屎尿・糠等を相対的に低価格で入手し、蔬菜栽培に取り入れたことが、近郊畑作の生産力上昇と農家経済の安定に少なからず貢献したことは確かなことである。既述の小農解体とその要因についても、分解に基づく労働力の江戸流出とみるだけでなく、小農の余業・余稼ぎ選択肢上の一つとして、農家労働力流出を先行させた結果の「偽分解現象」とみることも可能であろう。

5. 河岸問屋の機能的変質と農業地域形成力

(1) 河岸問屋機能の複合化と結節機能の強化　関東平野には、本邦のいかなる平野にも見られない細密な河川網が、比較的バランスよく分布し、これら河川の侵食・堆積作用を受けて広い農耕空間が形成されている。しかも諸河川の流向はその多くが南流し、江戸ないし江戸方向に河口を開いている。こうした河川環境を基盤に、江戸地廻り経済の確立を意識する幕府の利水政策によって、利根川・荒川両幹線水系を中心にした関東舟運体系が成立する。幕藩領主たちの廻米輸送にはじまる公荷輸送は、参勤交代の制度化によってその量を増し、領主的流通の色彩を濃厚にしていった。国境付近の陸継をともなう鬼怒川・那珂川などの有力河川では、奥羽内陸まで江戸地廻り経済圏に組み込んだ舟運の発展をみることになる。

河岸の整備をともなう領主的流通の進行も、近世中頃になると、商品生産の発展と輸送量の増大によって、脇往還の開削や新道整備と新河岸の増設に象徴される農民的流通の時代へと移行する。農民的流通の時代における河岸の機能と変化について、これを江戸地廻り経済の展開とのかかわりの中でみると、農業生産に必要不可欠な肥料と同じく農民生活に欠くことのできない塩や生活物資が河岸に揚げられ、在方商人の手で各地に配荷されていく。一方、在方商人たちは農村から穀類や畑方特産商品を河岸まで搬出し、江戸に向け河岸問屋の手を経て出荷する。つまり江戸と関東畑作農村の商品流通上の結節点であることが、より重要な河岸の存在意義となっていくことになる。もっとも近世中期頃までの河岸は、領主的流通と結合した荷積問屋機能だけの存在でしかなかったが、天保期頃までには農民的流通の発展を背景にして、中瀬・平塚河岸をはじめ利根川上・下流部河岸問屋のように中継業者化し、市立まがいの経営が上利根川各地の河岸で行われるようになる。河岸場を中心として商品流通も活発化し、米・大豆などの農産物が預り手形で取引され、江戸の穀問屋へ大量に送り出されていった。河岸問屋の機能的変化は、新河岸川舟運における川越五河岸・引又河岸などにも明瞭に認められた。いわゆる近世後期に進行した河岸機能の交通運輸的性格から商業的性格への変化を示すものであり、それはまた、河岸機能の複合化をともなう結節機能の一層の強化を意味する状況ともいえるものであった。

⑵ 河岸の立地形態と商圏の成立　河岸の分布形態は、河川によってかなり特徴的な変化を示す。変化の背景は、後背地農村の広狭、農業的生産力の大小、競合河岸の有無、地形的障害の有無など多面的である。河岸分布にみられる特徴は、上利根川中流部右岸と新河岸川右岸の集中的立地に最も顕著に表れている（図Ⅲ-7参照）。前者利根川中流部右岸は主雑穀・菽類生産を主体とし、これに利根川・会の川の自然堤防帯を基軸とした藍・木綿の商品栽培と紺染め木綿平織の青縞生産に、幕末以降急速に発展する養蚕を加えた、西関東型先進的商品生産地帯の一翼を形成していた。右岸河岸群は文禄3（1594）年の会の川締切りを契機に進めた新田開発、河川整理、用水開削などで地域農業の生産力基盤を整えた羽生領・忍藩の平場田畑作農村『羽生市史 上巻 p539・577-578. 下巻 p222-255』を商圏とし、後者新河岸川右岸河岸は雑穀栽培に特化した武蔵野新田をはじめとする洪積台地上の畑作地帯を取引圏として成立した。

上利根川中流右岸の酒巻ー栗橋両河岸間に立地する河岸の多くは地廻り河岸とみられる。たとえば、明和・安永期における領内他所船との争い、行徳領・東葛西領他所船との出入り『古河市史 通史編 p333』、商人荷輸送をめぐる栗橋船・前林船・境船との競合、権現堂・栗橋・幸手などの武州商人による古河の穀市での買い付けと他所船での江戸積み、さらには権現堂河岸問屋と大越河岸問屋の営業権をめぐる出入りの発生などなど、古河を発火点とする多くの紛争にほとんど巻き込まれることがなかったことにも、固定的な商圏で成り立つ地廻り河岸の性格を読むことができる。それでも、利根川中流右岸地域での相対的な過集積傾向の発生は、対面の荒川左岸にややまとまって立地する競合河岸の分布から推定が可能であり、過集積傾向に関する丹治健蔵の指摘の一文「武州13河岸問屋仲間は、いずれも近世中期以降、江戸地廻り経済の進展とあいまって成立した河岸と推定されるが、協定を結ぶことによって、接近した河岸同士の得意先をめぐる過当競争を防止しようとしたものであろう」『羽生市史 上巻 p675-676』に見るとおりである。一方、新河岸川河岸群はほとんど右岸に展開し、武蔵野台地上の農村と江戸を結んで雑穀・薪炭と糠・灰の出し入れをもって、経済的な関係を作り上げてきたことを明示している。こうした地域関係を反映して、河岸の商圏も新河岸川から直角方向に一定の幅を以て深く展開している（図Ⅲ-17参照)。

上利根川14河岸群もかなり集中的な立地を示ものであった。集中的な河岸立地を可能にした経済的基盤を箇条に整理すると、1)倉賀野河岸の持つ上・信諸藩に及ぶ広大な後背圏と五料・川井・新各河岸の前橋藩・沼田藩全域にわたる影響圏の深さをまず指摘することができる。とくに遡行終点河岸上流には、赤城南面から北毛にかけて農山村が広く展開し、特産物生産具体的には麻・煙草・大豆・繭とその製品を産出する経済的空間を形成している。2)上利根川上流部西方一帯の農村は、関東畑作農村の中でもっとも先進的な畑方特産物生産地帯とされ、麻・煙草・蒟蒻・大豆・藍・生絹などと糠・魚肥・塩との交易を通して14河岸への輸送荷の提供と受け入れを継続してきた。3)その結果、14河岸では、過集積の弊害と思われるような事態、たとえば荷扱いをめぐる同業仲間間の争論などは、一本木河岸が近隣河岸を相手取って出訴した一件以外その例を聞かない。そこには、新河岸・新道開設拒否あるいは組合仲間の結束と得意先分割など、14河岸組合仲間に過集積の弊害が及ぶことを避けるべく制定された議定効果を認めることができる。

渡良瀬川筋にも、4か所の留まり河岸の成立と河岸後背圏の狭さが物語るように過集積傾向の発生が見られた。明和年間に足利織物の生産量の増加と葛生石灰の流通量が増加し、渡良瀬川舟運は盛んになっていく。この状況のなかで河岸問屋衆は、文化6（1809）年に「河岸分け」協定を締結する。当然、この協定は、河岸の過集積状況を露呈するものとなり、河岸荷積問屋衆の停滞局面打開のための市場分割とみなされることになる。ともあれ、渡良瀬川筋にも河岸の過集積傾向が認められ、上記の河岸分けとともに、古河船渡河岸のような商圏確保のための先行的対応が画策されたことも確かである。

ところで河岸には用途に応じた各種の類型を見出すことができる。もっとも一般的な河岸は、荷主の求めに応じて所定の送り先へ荷物を送付する荷積み河岸（問屋）である。ほとんどの河岸問屋はこの形態といえる。次いで各地でよく見かけるのが中継河岸である。この河岸は多くの場合、江戸直行船の遡行終点で積み荷を艀舟に積み替え、上流河岸に中継ぎするための河岸である。積替え河岸ともいう。中継河岸と可航終点河岸間の荷物の上下は艀船が分担する。天明の浅間山焼け以来、一段と浅瀬化の進んだ平塚ー倉賀野河岸間に、漁猟船や作小舟が瀬取り船として活躍することになる。いわゆる所働船(ところばたらきぶね)の出現である。中継河岸は那珂川の下江戸河岸にも該当し、野州の飯野〜烏山間6河岸に主として干鰯が継送られた。その他、思川の友沼・網戸・乙女の3河岸は、高瀬船から小鵜飼船への積み替え中継河岸であり、また思川と巴波川の合流点には新波・部屋両中継河岸が機能していた。中継荷物は登り荷では江戸からの糠・塩、銚子方面からの干鰯が多く、下り荷は米・麻・煙草などが主なものであった。この他、舟運成立初期段階の中継河岸としては、鬼怒川の山川河岸、渡良瀬川の古河船渡河岸などを挙げることができる。渡良瀬川では、その後、舘林藩主による河川改修の影響で河床上昇箇所が生じ、結果、奥戸・野田両河岸が積み替え中継河岸になったという(奥田久 1976年 p57)。浅瀬化を主因とする艀舟への積み替え河岸以外にも、輸送手段の変更にともなう舟運から陸継への「A字型」ショートカットの際の積み替え河岸として、鬼怒川の久保田河岸、下利根川の布施河岸などなどを取り上げることができる。

小括に替えて遡行終点河岸つまり留まり河岸について付言する。舟運の発達は限りなく上流へと可航部分を引き上げ、河岸の設置を試みてきた。関東地方のように江戸地廻り経済の推進が急務とされたところでは、特産物生産はもとより、林産資源の開発と利用が強く求められることになる。しかしながら、北関東の鏑川・利根川支流吾妻川に見るごとく積年の悲願が実り、河岸の開設をともなう舟運が成立してもその恩恵を享受する間もなく、洪水被害で一朝にして荒廃に帰するのが通例であった。荒川上流秩父盆地の舟運利用は平賀源内の努力をしてもついに果たされることはなかった。利根川本流上流・吾妻川・荒川上流などいずれも筏流し（木の川）で終わっている。

それでも那珂川支流黒川のように、白河藩廻米輸送のために津出しの片道舟運だけでも成功させたいという願いを込めて、白河に向けて1寸刻みに水路を延伸していった例もみられた。遡行終点でしかも舟運河川の延伸不能の場合、たとえば鬼怒川最上流の阿久津・板戸河岸、那珂川最上流の黒羽河岸、久慈川最上流の塙河岸、利根川水系最上流の倉賀野河岸等では、主要街道の利用・脇往還の開削などによって信越・奥羽内陸と駄送を用いて結びつきを深め、江戸地廻り経済の推進に傾注することになるわけである。

6. 商品生産の展開と肥料前貸し流通の広域浸透

(1)　魚肥生産と流通　　近世農業は米麦の主穀生産を基本にしながらも、地域によっては各種の商品生産を展開していた。主穀生産を支えた近世前期の肥料は、一般的に言って緑肥（刈敷）・堆肥・厩肥であったが、17世紀中ごろ以降は商品生産の高まりとともに、次第に購入肥料の使用が見られるようになり、幕末期までには地域的・階層的にかなり一般化していく。関東畑作地帯で主に使用された購入肥料は、干鰯・鰯〆粕などの魚肥と油粕・米糠・灰などの植物性肥料であった。

近世初頭以降における関西漁民の関東出稼ぎ漁業の進展は、当然地元民の漁業進出の契機となり、沿岸村落の漁村化が進んだ。結果、近世中期の元禄・享保期までには、両者の間で激しい競合・対立が生じることになるが、間もなく元禄16（1703）年の大津波で漁村と漁網は壊滅し、享保末年には出稼ぎの漁師・干鰯商人ともども消滅した。『近世の漁村 p366-373』。出稼ぎ漁民の生産物．干鰯を上方に中継転送する機能の下に成り立っていた浦賀干鰯問屋も、出稼ぎ漁業の衰退とともに没落する運命にあった。

荒居英次『近世の漁村 p372-381』によると、関西出稼ぎ業者に代わって鰯網漁に進出した地元漁師の網総数は、関東臨海5か国の合計が1,200～1,300張に達したという。大量の漁獲鰯は中小商人によって集荷・加工され、鹿島灘産の干鰯は北浦諸河岸への駄送を経て、さらに河岸から大船津や銚子に運ばれた。そこから九十九里浜北部産の干鰯と一緒に有力商人（地元干鰯問屋）の手で高瀬船に積まれ、江戸・境・関宿の干鰯問屋に出荷されていった。九十九里浜産の干鰯流通も中期以降は地元商人によって行われた。搬出は主に浜付後背地農民の駄送によって房総半島を横断し、江戸湾の千葉海岸諸河岸から江戸の干鰯問屋に送られた。ごく一部は外房の先端を回って、浦賀・江戸の干鰯問屋まで海上輸送されていった。こうした地元漁民による干鰯生産と流通の発展を背景にして、新興の江戸・境・関宿の干鰯問屋があいついで出現し、浦賀干鰯問屋にとって代わる形勢を示した。とりわけ網主への前金貸与をともなう干鰯の集荷独占によって、浦賀干鰯問屋を圧倒していった江戸干鰯問屋の発展はめざましく（志村茂治 1938年 p94)、享保末年には200万俵前後の干鰯入荷高を確保するに至っている。荒居英次『近世日本漁村史の研究 p504』もすでに指摘するところである。

以上に挙げた干鰯流通の基礎となる産地と干鰯問屋の配置問題は、利根川水系舟運と荒川水系舟運による干鰯流通を前提にしたものであるが、荒居論文のこの把握の仕方には、那珂湊干鰯問屋の成立をはじめとする那珂川・久慈川水系における干鰯流通問題が欠落している。ちなみに上記常陸の独立水系への魚肥の積み出しは、鹿島灘ならびに奥州産で充当されていた。こうして近世中期以降、各地に成立した干鰯問屋から河岸の荷積問屋によって積み出され、さらに在方商人の前貸し営業の手を経て、生産者農民の需要に応えることになるわけである。

近世中期以降の干鰯・〆粕流通は幕末期に大きく変化する。魚肥流通形態を変化させた社会的条件は、需要の拡大であった。近世前期の関東畑作農村では農業生産は自給肥料によって展開されてきたが、中期の元禄・享保期以降、畑方特産物生産地帯とともに主穀生産地帯においても魚肥使用は一般化し、とくに緑肥に乏しい平場農村や新田農村に広く普及した。関東地方における金肥の普及は、後述するように魚肥に限らず、糠・灰・屎尿など種類別分化と地域性をともなって進行した。魚肥の場合、地域的な普及にもかかわらず、反当投入量は畿内の水準より格段に低く、享保期の西摂津村々の反当3俵に対して、干鰯普及の先進地下野農村の場合、米麦二毛作田で1〜2俵、一毛作田で1俵にすぎなかった。しかしその後、次第に投入量を増しながら、山間農村にまで普及範囲を拡大していった（荒居英次 1970年 p45)。反当投入量の増加が反当収量の増大と剰余の発生を招き穀商・穀市の成立を通して、平場農村の農産物（米麦）流通を進展させることになっていった（荒居英次 1961年 p126-128)・『近世の漁村 p384』。魚肥需要の増大は、農産物流通の進展と同時に干鰯流通形態上の大きな変質をもたらした。

江戸の干鰯問屋は、すでに天保改革時の株仲間解散令で大きな打撃を受けていた。立て直しを図る暇もなく、浜方漁村と地方農村を結ぶ新流通ルートの成立拡大によって、干鰯荷受量は急激に減少していった。そもそも近世中期以降の江戸の特権的干鰯問屋の前貸し仕入れは、ほぼ得意先が地域別になっていて、4場所からなる江戸干鰯問屋は銚子・東上総・安房・九十九里浜を、関宿・境干鰯問屋は九十九里浜・銚子から鹿島灘にかけての地域と三陸海岸までを、さらに浦賀干鰯問屋は相模・安房・東上総の3地域をそれぞれ得意先地域にしていた。得意先漁場の網主に対する問屋の支配形態は、経営資金に対する丸仕入・半株仕入・三分株仕入など前貸し額の割合に応じて、積送らせるものであった『近世の漁村 p386』。こうした特権的干鰯問屋の網主前貸し支配も、幕末期になると、在方干鰯問屋の成長と特権干鰯問屋を経由しない直取引によって大きく崩され、流通形態の変質に連なっていった。結果、中継河岸境の衰退の一因とされた農間商いによる魚肥取扱量の増大、領主権力による直買いと直送、新興商人の抜け荷買い、浜方で直接仕入れて利根川を遡行し、北関東・西関東農村に直売するいわゆる産地問屋の通売り商法の出現等の流通経路の多様化が進行した。とくに幕末維新期における通売り商法の新展開は、在方干鰯商人の経営にも大きく影響し、18世紀的な前貸し生産物決済方式は様変わりすることになった『江戸地廻り経済と地域市場 p136』。

荒居英次は、近世中後期．元禄から宝暦期にかけての関東農村の村明細帳の分析を通して、魚肥使用の実態解明を試みている。結果を要約すると、近世中期以降、関東地方の平場農村では、農家の階層と特産物生産の有無を超えて広汎な普及が見られたという。しかも「村方書上」事項扱いが明示する普及の一般化ならびに他肥料との併用の多様性から、魚肥使用上の一定の技術段階の成立を想定している『近世日本漁村史の研究 p518-519』。さらに延享3年の境河岸干鰯問屋史料「諸荷物船賃・駄賃定帳」（小松原家所蔵）によると、干鰯の舟運価格は金壱分につき上州行20俵、鬼怒川行50俵、同じく〆粕は上州行15俵、鬼怒川行35俵となっている。また比較的近距離の巴波川積換え河岸の部屋、思川積換え河岸の乙女が干鰯1俵につきそれぞれ18文、古河河岸が12文となっている。これらのことから、少なくとも18世紀中ごろの延享年間には、北関東の上州・野州にも魚肥の使用が浸透していたものとみてよい。事実、思川筋の場合、元禄・享保期からすでに干鰯の流入が知られている『近世日本漁村史の研究 p522』。ここで一つ指摘しておきたいことがある。2倍を超える野州と上州の魚肥価格差の問題である。この差が上州の金肥使用を糠・魚肥混成型にし、さらに北上州畑方特産物生産地帯における異例ともいうべき自給肥料型経営の大きな要因になっていると考えるからである。

魚肥流通は境干鰯問屋だけの専売事項ではない。当然、江戸干鰯問屋でも扱ってきた。一例をあげれば、元禄10年、上州富岡町坂本家の干鰯仕入れ事例を示すことができる。安永5年、上州平塚河岸史料の関宿干鰯問屋からの仕入れも例示することができる。魚肥使用の普及が、近世中期以降、関東地方の農村において広範に展開したことは明白な事実であった。問題は主穀生産地帯における魚肥使用の場合である。荒居英次は、商業的農業が展開しなかった関東田方農村で、干鰯・〆粕使用がどのような意味と内容の下になされたか、という問題意識に対して、「代金出来秋払いの建前をとっていたからである」と自答している。後に寄生地主制の成立を通して農村荒廃の一因となる肥料前貸し制は、ここにも展開していたとみている。出来秋払いにしても、米麦の一定量の商品化が可能な再生産構造を持っていなければ干鰯・〆粕の使用はできない。野州都賀・南河内郡での農産物（主穀）の商品化はこのことを明らかにしている（荒居英次 1961年 p116-119)。この場合の農産物商品化はわずかな剰余の範囲内に限定される。当然、魚肥の購入額と施肥量にも限度が生じることになる。それにもかかわらず、主穀農村の零細農民たちはしばしば限度枠を超えた窮迫購入に及び、滑落の危機にさらされることになる。ただし経年的には、享保期の下野米麦作農村での干鰯投入量は、二毛作田で反当り1～2俵、水稲一毛作田で1俵程度に過ぎなかったが、その後、幕末期にかけて漸次使用量を増しながら普及範囲を拡大し、生産力を上げていった『近世の漁村 p384』。生産力の上昇は剰余の発生に結果し、米麦の商品流通の展開とこれに依存して成長した在方商人の活動と在方町での穀市の成立をみることになる。

⑵ 金肥普及の地域性と前貸し流通 既述のように、近世. 関東の金肥普及には明らかな地域性が見られる。境河岸から上州・野州への干鰯の輸送費は2倍に及ぶ地域格差を示していた。仕入れ価格は同一とみられるから、地

域格差を形成する現地農村での販売価格は、基本的には、舟運費用に河岸から現地農村までの駄送費用と在方商人の儲けを加算した額で決まるとみてよい。ところで農村で金肥を使用する場合、いくつかの採用決定条件が考えられる。1)輸送費を含む販売価格、2)作土の土壌学的性質、3)金肥の肥効特性、以上の3点でほぼ決まると考える。1)浜からの遠近・河岸からの遠近・水陸輸送手段の違い・在方商人の販売方法などは、輸送費と前期的商業資本の運動法則を通して販売価格に投影される。2)土壌粒子の粗細と化学性とくに新開地の多い関東畑作地帯では、酸性の強い火山灰土壌の問題が金肥採用にも影響すると考える。3)商品作物の多様性は作物の数だけ肥料の効用も多様化するものと考えておく必要がある。この場合、実際の金肥投入では、施用の時期・量・回数・複数肥料との組み合わせなどのうち、とくに組み合わせの問題では、依然、伝統的な自給肥料が重視され、これとの組み合わせをはじめ、各種醸造品の絞り粕・油粕などの利用が複雑に組み合わされて施肥内容は構成されていた。ただしここでは施肥技術的側面についての考察は捨象した。

上記3点を踏まえながら関東畑作農村の金肥使用上の地域性について概説する。その際、北関東農村において象徴的に現象化した農村荒廃とその因子、とくに金肥流通と一体化して農民層分解の直接的契機となった「前貸し商法」の有無についても確認することにした。また、近世日本のどこよりも経済活動の広がりと地域性の創出において、関東地方ほど河川網の配置と利用が有効に機能してきた単位地域は、他にほとんど例をみないであろう。そこで左記の前提に基づいて、近世関東畑作地帯の金肥普及（使用）の地域性に関する試論を水系（舟運）視点に立って述べることにした。以下、本論掲出史料に基づいて大まかに整理すると、次のように分類することもできる。

1)干鰯・〆粕専用の常総型地域。漁場のある九十九里浜・鹿島灘などの浜方に近接した農村地帯にみられる干鰯・〆粕使用卓越型地域である。この1)型地域には、干鰯を多投する藍・綿花の栽培が成立した八日市場を中心に、下総から上総にかけての地域も、当然包括されるとみてよい（表終章-2参照）・『千葉県の歴史 通史編近世1 p1016』。自分馬などによる駄送が多く、干鰯流通も内陸部のように在方商人の前貸し制で牛耳られる事例は少ないと推定するが、確証となる史料は見られない。この他にも、煙草・紅花産地の久慈川および那珂川流域と同流域中流部諸河岸から分水嶺越で、主雑穀栽培の盛んな鬼怒川東部一帯にも干鰯が送り込まれ、卓越型地域が成立している（図Ⅲ-20参照）。万延元（1860）年、那珂川流域農村の野々上郷における肥料事情を見ると、水田稲作では数種の自給肥料と鰯粕、畑作でも下糞をはじめ各種の自給肥料と鰯粕を中心にして、菜種・荏・酒の〆粕が適宜組み合わされ使用されている『茨城県史＝近世編 p358-359』。田畑作のうち、主雑穀と綿花や菜種のような商品作に鰯粕の使用が普及していることは当然としても、粟・稗・蕎麦から蔬菜類に至るまで金肥が投入されていることは、鰯漁村が近く、金肥の入手が極めて容易であることによるものと考える。なお、分水嶺越の干鰯・〆粕流通は、鬼怒川舟運との競争に押され、近世後期の文政期中頃までにはほぼ終焉期を迎える。各水系農村地帯における17世紀後半以降の干鰯普及と、結果としての小農生産力の上昇も、干鰯商人の前貸し商法で剰余発生分はあらかた吸収され、農民層の分解を通して、18世紀後半の農村荒廃に連動していくことになる。

上述のように干鰯・〆粕専用の常陸型地域として、鬼怒川水系上流部と鬼怒川左岸の野州農村も編入することができる。鬼怒川水系流域一帯では、近世中期以降．那珂川経由で干鰯が流入したが、文政期の中頃からは、鬼怒川経由の干鰯・〆粕が流域農村の魚肥使用農家を支配していった。魚肥流入は、享保・元禄期以降の綿作・煙草作・穀菽生産の成立展開要因となっていくが、反面、ここでも在方商人による前貸し商法で、農民層分解と農村荒廃が進行することになっていった。なかでも煙草作における魚肥投入量は大きく、その分、商業資本の支配は深く及んだとみられる。前期商業資本の農村支配は、金肥依存度のきわめて高い綿花栽培においても推進され、支配は真岡木綿の加工過程に行われる前払い金制によって流通面にも及んだ。同様にして和紙生産にみられた在地問屋の前貸し金制度（船前制度）も生産と流通面の支配を貫徹させるものであった。わけても新興商人層（小僧言人（こせり））の台頭と彼らの強力な前貸し支配は、生産者の意欲減退と産地衰退の遠因となるものであった。

北浦・霞ケ浦・下利根川流域周辺の村々も干鰯・〆粕などのいわゆる魚肥

需要農村であった。鹿島灘の魚肥が北浦諸河岸への駄送を経て下利根川筋を遡上し、九十九里浜北部の魚肥は銚子湊から利根川を直送されたものとみられる。魚肥需要農村は領国的には下総・常陸の一部を占め、麦・大豆を代表的農産物とする穀菽農業地域である。本来、近世前期の自給的農村社会の基幹作物が、後に地域を代表する商品作物に変化した背景には、近世中期以降の魚肥増投と結果としての生産力上昇ー剰余の発生ー商品化ー江戸地廻り経済の発展という一連のうねりがあったのである。このうねりの中で、関東各地の有力農家が地域特産商品の買い付けと肥料の販売を前貸し商法で推進したように、地元常陸国筑波郡山口村清水家でも穀類と肥料の買い付け・販売を一体化した「利貸経営」いわゆる「前貸し商法」を進めた。もっとも、この時（幕末期）の前貸しは集荷目的の金子貸し付け（収穫時現物返済）であって、一般的な魚肥の高利現物貸し付けではなかったようである。この状況から、少なくとも近世末期までに、一揆に象徴される農民の行動力が力関係の変化を通して前期資本の行動パターンに軌道修正を選択させたことが考えられる。ただし貸付と返済にかかわる詳細については不明である。

2)干鰯・〆粕（主）糠（従）混用の野州西南部型地域。この地域の農民流通を担う舟運河川は、鬼怒川（右岸）・思川・巴波川・黒川である。このうち後者3河川は極めて小規模な河川であるが、元禄・享保期以降、肥沃な農村部での主穀生産と鹿沼扇状地を核にした有力商品作物．麻生産の発展を背景にして活発な舟運を展開していた。

これらの諸河川流域への登り荷は干鰯・糠・塩の占める割合が高く、とくに足尾山地東麓の鹿沼地方の農村では、麻栽培のために大量の干鰯が搬入された。麻の栽培には、麻の裏作に導入される荏の絞り粕利用も重要であったが、産地における荏搾油業の展開と麻栽培との相互依存関係は、必ずしも発展的なものではなかった『栃木県史 通史編5近世2 p105』。野州西南部への主要登り荷は、江戸から糠・塩が関宿河岸問屋を経て古河船渡河岸に運ばれ、さらに干鰯・〆粕などの魚肥類は、下利根川を遡上し、境河岸の干鰯問屋を経由して、糠などと一緒に麻および主穀生産地帯に分荷されていった。この地域における金肥需要の類型を干鰯・〆粕（主）糠（従）型に分類したが、根拠は地域の中核商品作物野州麻栽培にとって、魚肥需要が他のいかなる商品作物にもまして高いこと、さらに野州南西部平場農村では一般に水田稲作経営農家が卓越し、もっとも重要な肥料は干鰯・〆粕とされていたことの2点である。稲作における干鰯、麦作における糠それぞれの重要性は、春先に干鰯と〆粕を前貸しし、秋口に糠を前貸しする、という米麦の栽培方法の違いに合わせた取引の仕方にもよく表れている。

当然、野州麻以外の商品生産は米穀に偏し、糠を不可欠とする麦類・菽類の栽培は、畑作の比率が高い上州に比較すると確かに少ないことが考えられる。加えて白川部達夫（2012年 p112-119）の検討成果によると、魚肥と糠の使用割合は年度によって変動するが、その差は必ずしも大きくはない。価格的に見て干鰯と糠はほぼ等しく、〆粕はその3倍ほど高いが、使用量を経年的に見ると、〆粕の販売量が明らかに増大している。これらのことから、魚肥（主）と糠（従）の関係が形成されたとみることができる。古河船渡河岸を発着点とする上下荷を破船史料から検討すると、糠の書上史料が少なからず存在するが、登り荷の場合、行き先が北関東農村として一括して扱われ、上州・野州の区別はなかった。しかし難波信雄（1965年）の境河岸問屋小松原家文書（延享3年船賃駄賃定書・天明4年訴訟文書）の分析結果によると「上州・鬼怒川筋・乙女川方面へ塩魚・干鰯・粕が送られる。上州方面へはそのほか糠・穀物が送られている」とあり、上州の農業地域的性格―南・北上州での皆畑地域（糠需要型穀菽農村）の広域的分布、北上州・西上州における信・越米の買米農村の広汎な存在、多種類肥料普及にみる先進的特産物生産地域の形成―を的確に指摘している。このことも野州では糠の重要性が上州に比べて相対的に低いことを反証する文言であろう。

ちなみに黒川・思川上流域の野州麻生産は、厳しい経営上の性格と中農肥大化という階層変動上の特色を持っていた。結論だけ紹介すると、前貸し経営で麻場農民を掌握した前期的商業資本は、付加価値生産の大きい加工業の現地展開を否定することで吸着と保身を図り続けた。結果、麻場農村では小農の欠落、農村荒廃と特産地化の進行、余業機会の増大という事態の中から、地主手作り経営の困難さと質地―小作関係の停滞が同時発生し、そこから中農肥大化傾向が浮上したわけである。生産・流通から産地の構造的支配にまで及んだ前期的商業資本の展開の姿である。

3)糠（主）干鰯・〆粕（従）混用の上州・武州型地域。この地域一帯への金肥供給は、上利根川・中利根川・荒川の本支流と諸河岸の舟運によって行われた。金肥を多用する商品作物とその産地を整理すると、北上州の煙草・麻、西上州の同じく煙草と麻ならびに大豆が指摘される。赤城南面から利根川にかけての畑作地帯では、大麦と結合した大豆も重要な畑方特産商品作物であった。幕末期以降、急速に発展する養蚕経営が集約的な桑園栽植を出現させ、魚肥使用を促進するのは明治期以降のことであった。平場水田作・田畑作地域の展開する中利根川・江戸川流域一帯の特産物生産は大豆を含む穀菽生産に大きく特化し、生産物は近隣在方町（表Ⅲ-9参照）・城下町などの穀市や在方穀商人たちによって集荷され、古河船渡河岸・大越河岸・権現堂河岸などから江戸出しされていった。

武州の糠・干鰯混用型地域としては、先進的商品生産地帯西上州の連続地域と考えられる、児玉・幡羅・埼玉・葛飾諸郡の利根川沿岸村々に栽培された武蔵藍産地をまず取り上げる必要がある。ここでの藍栽培は、上州産酒粕が対岸平塚河岸から中瀬河岸に送られ、そこから干鰯・〆粕とともに北武蔵藍産地に配荷されて用いられた。地元では上州産酒粕が肥料として重視されてきたようであるが、それ以上に栽培農家の中には、「藍葉のあがり具合を決めるのは干鰯投入にかかっている」、という考え方が浸透していたことから、その使用と評価は小さくはなかったことだけは確かであろう。

荒川平方河岸を中心に江戸向け出荷されていった紅花の産地は、大宮台地を中心に西は入間台地・東は岩槻台地に及ぶ広汎なものであった。紅花栽培に使用された肥料は、慶応3（1867）年における中心的産地中分村矢部家の場合、糠・干鰯・油粕・灰などが挙げられ、その施肥割合は紅花畑1反歩に付き糠6斗（金三分）、干鰯4斗（金壱両壱分）・油粕2斗（代三貫文）・灰20笊（金壱両）であった。量的には糠・灰が多く、金額的には干鰯の比重が高かった。しかも野州水田農村のように干鰯と下り糠の価格差がほとんどない事例も見られたことを考え合わせると、紅花栽培において、魚肥と糠の比重の大小を軽々に論じることには困難な面があると思われる。しかし普及段階でみると、南村では近世中期の商品経済の発展とともに糠・灰ならびに干鰯・〆粕がほぼ同時期に採用された農家と、逆に輸送条件的により有利な糠・

灰・油粕などの導入が先行した農家が見られた。とくに植物性金肥の買い入れ先では、中山道の継立と荒川の舟運に恵まれた大産地江戸に依存するだけでなく、元文2（1737）年の上尾宿農家の事例に見るように、油粕は近在の油屋から、糠は岩附（槻）・川越・原市から、さらに灰は越谷・行田など、いずれも近隣の町場からの仕入れで賄っている。したがって商業機能の整備された中山道宿場町桶川・上尾近在の村々では、伝統的にも魚肥以上に植物性金肥の持つ意義が大きかったと言えるだろう『上尾市史 第六巻 通史編上 p657』。なお、この他に大宮台地北半部には薩摩芋の産地が成立し、南半部には長芋の産地が形成されていたが、肥料事情については不明である。

糠（主）干鰯・〆粕（従）という地域中核肥料の使用上の比重差に基づく分類は、これを定量的に判定する根拠に乏しい。しかし定性的に判定する文献・史料に出会う機会は少なくない（表III-3参照）。たとえば、文化5（1808）年に伊勢崎河岸で荷揚げした主な登り荷を見ると、「4月から糠・干鰯之入荷が始まり、10月まで続く。この間、5月から9月まで塩はほとんど見られない。干鰯は5月に入荷しただけで、以後、10月までの登荷は糠一色となる。」このように糠依存度の高い農村であることが明らかである『伊勢崎市史 通史編2 近世1 p493』。平塚河岸問屋自身も明和5（1768）年の名細帳（北爪家文書）に「こやしは小ぬか・わらを使い、ここが畑作地帯ゆえ、それらはすべて他所より買い入れている。」と記載している『近世日本水運史の研究 p184』。また、古河河岸周辺で難破した船の上州向け荷物を見ると、糠の積載量が格別に高い数値を占めていたことも、単に糠の評価が高い地域だけでなく、上州平場穀作農村が糠と穀菽類の出し入れを通して江戸地廻り経済の一翼を構成していたことを示している。少なくとも大麦（冬作）と大豆（夏作）を軸にした近世畑作における作付体系の確立は、糠の投入と施肥効果を抜きにしては語り切れない普遍的な問題であろう。ただし、平塚河岸問屋と中島村手舟稼ぎ人十兵衛との干鰯商いをめぐる度重なる争論発生からも明らかなように、干鰯も重要な金肥であったことを改めて指摘しておく必要がある。結局、以上の点を根拠にして「糠（主）干鰯・〆粕（従）」型の地域類型を設定したわけである。

特産物生産地帯の成立にとって、干鰯・〆粕あるいは灰・糠の導入は不可欠に近い重要事項である。それゆえにこそ、各地の小農たちは、一家の浮沈をかけて在方商人の苛酷ともいえる前貸し経営と向き合ってきたのである。北上州の吾妻川流域や沼田盆地周辺に成立した麻と煙草の産地でも、荷主問屋による生産物をはじめ桑・田畑に至るまで質草とする金融支配と生産物支配が行われてきたが、関東農村のほとんどすべての特産物生産地帯で、普遍的に存在した肥料前貸制による農民支配は、北上州の場合、筆者の調査からは見出すことができなかった。理由は一つ、北上州の村々では商品生産の展開にもかかわらず、金肥導入がなされた形跡が存在しなかったからである。倉賀野・五料河岸上流部への舟運が成立不能であったこと、その結果としての代替え駄送費が、商品の販売価格に大きく食い込む状況であったことなどによるものであった。麻や煙草の搬出にともなう返り荷としての搬入の形跡もみられなかった。北上州における畑方特産品生産を成立させたものは、需要のごく一部を満たすに過ぎない沼田・中之条・原町等の城下町や在方町の屎尿・地元産酒粕・水車稼業の糠類に自給肥料を加えたものであった。あくまでも基本的には自給肥料依存型の商品生産であった。麻の場合、これに土地条件と気象条件が優れた一部集落の上畑が選ばれて、産地の中枢地帯が形成をみたわけである。それでも経営条件の良くない利根郡の東入り地域では、下等品質の麻しか生産できなかったし、煙草作においても、西上州の舘煙草に比べると世評は必ずしも十分でない状況が推定される。

近世中期以降、特産物生産地帯の広域的成立状況の中で、自給肥料に依存する経営を継続したのは、林業ならびにその後の織物業の発展で、農業依存度の低下した関東山地沿いの秩父・奥武蔵地方の山村以外には、北上州の山村だけであった。関東中央部の平場農村のように、穀菽農業だけで貨幣経済の浸透に対応できる農村と異なり、あるいは西上州の鏑川・神流川流域農村のような先進的畑方特産物生産地帯と異なり、北上州農村では自給肥料および土地と労働の集約的経営だけで、畑方特産物生産を継続しなければならなかったのである。

前期的商業資本とりわけ在方商人による商品生産と流通の支配は、関東各地の諸河川本支流域において、かなり顕在化しながら進行したことが考えられる。しかしながらごく一部の地域では、在方商人による前貸し支配が必ずしも顕在化しなかった事例も見られた。利根川最上流部の北上州農村と荒川左岸の大宮台地農村もその一例であった。前者の場合は、顕著な金肥前貸し制を見出すことができなかったことと絡んで、農民層分解まで論及されることがなかったのかもしれない。一方、大宮台地農村では、紅花をはじめ薩摩芋と長芋の商品生産が積極的に展開され、小農層の紅花問屋への金肥融資依存がそれなりに行われたはずにもかかわらず、質地小作関係の成立や農民層の分解現象の報告事例は少なかった。研究者の論調も穏やかで、あるいは農村荒廃が、南関東では相対的に激烈でなかったことを反映した結果かもしれない。

4)糠・灰使用の武蔵野新田型地域。元禄期にはじまり享保期に一般化する糠の普及で、武蔵野台地の新田集落の経営は安定する。火山灰土壌地帯における糠の使用は、酸性土壌に不足しがちのリン酸分を補給する上からもきわめて有効な肥料であり投与であった。江戸糠の大量流通期と一致する武蔵野の新田開発は、適正耕地規模の大幅縮減が示すように糠と灰の使用によって生産力の上昇を実現していった。土壌適性の面だけでなく一般的な生育管理面から見ても、大麦をはじめ雑穀類の生産にとって、糠のもたらす肥培効果は大きかった。また酸性土壌の武蔵野新田では、灰の果たす酸性土壌の改良効果も有効であったが、カリ質肥料としての側面も見落とせないことである(埼玉県農林総合研究センター資料)。

武蔵野新田地方の農業生産にとって不可欠な糠・灰は、青梅街道・甲州街道あたりを境に以北では新河岸川舟運で搬入し、在方商人あるいは中継業者化した諸河岸の荷積み問屋の手で、武蔵野の村々から奥武蔵の山付の村々にまで配荷されていった。帰り荷は山村の炭と武蔵野の主・雑穀類が主要荷物であった。街道以南の南武藏野の村々でも出入りする商品は北武蔵野の場合と同様であったが、輸送手段が駄送という点で異なるものであった。元禄・享保期以降に顕在化するこれらの上下荷は、天保7（1836）年の寺尾河岸問屋蔦屋の荷揚げ量で見ると、糠が11,477俵、灰が5,022俵に上っていた。その後、嘉永4～5（1851～52年）年の引又河岸西川商店の「覚書」から売掛商品名を整理すると、総数29件中糠が15件、〆粕が6件を占め、売掛金の大半が糠ではなかったかと考えられるほどである（表Ⅲ-6参照）・『関東河川水運史の研究 p381』。

武蔵野農村における糠・灰重視姿勢は、明治になっても変わらず、化学肥料が登場する明治26（1893）年の下新河岸問屋伊勢安では、糠3,092俵、灰8,008俵を揚げていた（伊藤好一 1958年 p2）。なお幕末期に近くなると、ときおり、干鰯と〆粕の荷揚が新河岸川舟運にみられるようになる。しかしその用途については、入間台地の紅花栽培、新河岸川左岸の水稲栽培、武蔵野農村の麦・雑穀栽培等が考えられるが、いずれも確証はない。

糠・灰で生産力を上げ、発生剰余分の主雑穀を売り出すことで商品流通の契機をつかんできた武蔵野農村では、この主雑穀類こそ、貨幣経済の浸透に対する北関東での畑方特産物生産と同じく、さらには関東平場田畑作農村における大麦・大豆主体の穀菽生産と同様に、存在理由を共有する武蔵野農村の特記商品作物に他ならなかったのである。

武蔵野農村における穀類生産も、伊藤好一（1958年 p5-6）が指摘するように、「在方肥料商人たちは、糠の前貸し販売と価格操作をともなう穀類の買い入れによって、近世中期以降、わずかに増大した農民の剰余を吸収していった」という。ただし、肥料前貸し商法にともなう農民階層の分解、とくに農間余業者の叢生と農村荒廃の進行については、上記の論文では触れていなかった。武蔵野農村の小農分解について論究しているのは、伊藤・木村がその後にまとめた『新田村落 p286-289』においてであった。要点のみ抄録すると以下のようになる。

幕末期になると江戸向け穀類生産地帯としての武蔵野新田農村では、繭・茶・藍などが商品作物として新たに加わり、仕向け先の変更をともないながら漸次入れ替わっていく。武蔵野穀作農村の新しい動きに連動して、織物生産が展開する。狭山丘陵南麓では、肥料商に代表される在方商人の土地集積は、天明期をピークに次第に頭打ちとなり、代わって化政期以降、新たな商品生産の差配として織物業者の土地集積が展開する。彼らの経済的実力は、賃機業からマニファクチュアーへの転換過程で養われたものであろう。結果、地元の小農たちは、商品生産の多角化、深化と質地関係の成立を介して階層分解に追い込まれる機会が増えていった。「江戸表又者在々商人方より右肥糠灰借り請仕仕付、麦作肥代者秋作之力を以返済」（児玉彰三郎 1959年

p26)・『江戸地廻り経済の展開 p87』が示すように前貸し制の展開も見られた。こうした状況を踏まえて伊藤・木村は、武蔵野新田では代金納制の実施で早くから雑穀類の商品化の機会に触れ、さらに明和・安永・天明期以降の商品経済の普及で農民階層の分解はある程度進行したとしながらも「近世中期以降の畑作農業の優位性を畑地の増加、畑地における商品作物の広域的普及、農村工業の進展が原料需要の増大を通して畑作の商品生産を促進していることなどから説明し、さらに武蔵野畑作農村では、一村退転に至るという激しい村落窮乏の状態は見られなかった」と結んでいる『新田村落 p258-261』。

5)下肥専用の江戸近郊農村型地域。江戸近郊蔬菜作農村ならびにその外縁水田水稲作地域では、肥効性の高い屎尿利用地域が形成されていた。利用地域の範囲は、西郊で日本橋から30kmあたりまでの近郊蔬菜栽培地帯、北郊で洪積台地南端と中川自然堤防帯、高・低位三角州近辺までの近郊蔬菜および水稲作地帯、さらに東郊では江戸川前面の葛飾地方にまで及ぶ近郊蔬菜と稲作地帯を含むものであった。下肥利用地域は、近世中期以降、需要増大にともなう下肥価格の上昇で、江戸西郊では30km圏外帯からの後退が生じ、東郊ではさらなる需要増加を背景にした価格引き下げ争論が発生する。肥料商人と対決した東郊の村々は、南葛飾・北葛飾・東葛飾のほぼ全域に及んだ。下肥需要圏から脱落した西郊では、糠を代替え肥料として採用し、最終的には武蔵野新田地域の糠使用圏に同化吸収されていくことになる。一方、東郊では、下肥投入で水稲生産力を上げ、生活の安定を担保しながら経済的に不安定な蔬菜の商品生産に傾注していった。

下肥普及型地域のうちとくに江戸西南郊には、下肥・魚肥の混用地域の形成が見られた。以下、混用地域における金肥普及上の問題点ー農民層分解ーに絞って一見しておこう。『大田区史 中巻 p226』によると、享和2 (1802) 年、下丸子村では「田方1反歩について干鰯1石ほど、下肥17～18荷ほどを必要とするが、近年では、肥料が米穀値段より高値となり引き合わない」ことを取り上げ、また同年、八幡塚村の明細帳でも「田方1反歩について〆粕1石ほどと下肥40荷ほど、畑方で下肥25荷を入れるとしているが、下丸子村と同様に肥料代の高騰で経営が圧迫されている」という記録がみえる。肥料代の購入は春先に前借し、出来秋に代金または現物で返済する方法がとられた。収穫期にかかる小農の負担は重く、小作料と肥料代に収穫の大半が当てられ、災害・凶作・基幹労働力の病気などに直面すると経営破たんは目に見えていた。こうして18世紀以降の金肥高騰による自立小農の分解と直小作が増加し、奉公人の賃金高騰によって富裕農家層の手作り経営から小作経営への変質が進行した『大田区史 中巻 p250-253』。

近郊農村の逼迫した肥料事情や労働力事情は、南郊に限ったことではなく、西郊の村々でも一般的に見られる現象であった。元禄・享保期以降、小農経営の変質解体が進行した。小農経営の崩壊にともなう余剰労働力の発生は、江戸への吸収または農間余業化され、地主経営の成立基盤を弱体化させていった『新修世田谷区史 上巻 p712-724』。限られた区史分析の結果として得られた二つの傾向をあえて要約すると、労働市場江戸を控えた近郊農村の荒廃は北関東のそれに比較したとき、一村退転や欠落・堕胎のような悲惨にして激烈な状況が見られないこと、ならびに近代日本農業の基本的経営形態ともいえる米プラス蔬菜の商品栽培を、きわめて有利な舟運体系の下で、しかもきわめて有効な下肥の投入を以て実現した江戸東郊農村について、一歩深めた検討を要することの2点を改めて痛感する次第である。

反面、下肥と魚肥を組み合わせた経営の場合、農家の経済負担が大きく小農の分解滑落要因になっていった。分解に際して発生した余剰労働力の去就を見ると、江戸への流出が目立ち、農業雇用賃金の上昇とともに富裕農家の手作り経営や地主経営の不安定要素の一つになっていることが理解される。江戸近郊農村における余剰労働力の発生形態を見ると、階層分解の結果他律的に生じた場合と、零細農家の再生産維持手段として自律的に放出し、農業経営を放棄する場合が考えられる。後者は相対的に余業・余作・労働力流出の機会に恵まれた江戸近郊農村ならではの対応であり、とくに後者基幹的労働力の放出は「偽農民層分解」ともいうべき江戸近郊農村独特の生計手段選択肢の一つであろう。

(3)　金肥使用地域の類型化と形成要因　　近世関東の金肥使用には明らかな地域性が見られた。地域性の形成要因としては、次のような事項が考えられる。1)作物別必須肥料の存在、2)作土の土壌学的諸性質、3)肥料の種類別・

地域別価格差、4)輸送手段の東西性、以上4点である。このうち1)は作物別施肥効果の問題である。複数種類の施肥において、栽培作物に異なる投入効果が生じた場合、以後当然、最適肥料を選択使用することが考えられる。結果、それぞれの金肥使用地域にも肥料使用上の個性が生じ、類型化が可能になるとみられる。しかしながら、糠あるいは〆粕・干鰯ともに、紅花・藍・煙草・麻などの商品作物にとって甲乙つけがたい有効肥料であった。したがって、関東畑作農村において認められた肥料使用上の地域性は、3)の肥料の種類別・地域別価格差によって形成されたとみることができる。

肥効特性に基づく生育の差を明確に示した肥料は、武蔵野地方における2)の土壌特性に反応した灰と糠であった。後述するように、その他の地域において認められた肥料使用上の地域性も、2)の土壌学的諸性質に少なからず規制されながら形成されたと考える。もとより武蔵野農村の肥料選択には、3)の販売価格が作用していることも明白である。

ところで、2)に関する限り、火山灰起源の洪積土壌地帯では、投与する肥料に土壌改良効果を期待することになる。当然、沖積土壌帯の場合とは異なる肥料が投入され、金肥使用上の地域差一類型化を生じることになる。しかも関東地方のように同じ火山灰土壌でも、北関東の浅間・赤城・榛名系火山群の堆積物と南関東の火山灰土壌を形成した富士・箱根系の火山群の堆積物とは土壌の性質が微妙に異なることも考えられる。今回の埼玉県内研究機関に対する調査では、両火山灰土壌の理化学的性質に関する具体的データは、必ずしも十分得られたとはいい難い。しかしながら、奥田久の指摘（1961年p19）「野州石灰が土壌酸性度の比較的高い関東平野の北部の農村において独占的地位を保っていた」にもあるように、文化年間以降、関東西部の中川水系・荒川・新河岸川を除くほとんどすべての諸河川諸河岸に葛生石灰が送り込まれた。その際、糠・干鰯混用型を示す上州畑作地帯の麦・大豆・雑穀栽培における糠・灰の積極的使用と一緒に、石灰が投入されたことが考えられる。事実、若干年代は下がるが、明治27年に北埼玉郡役所が実施した調査によると、肥料の反当投入量の一部に、灰10〜20貫目、石灰10〜30貫目という数字が見られることから、利根川沿いの武蔵地方でも、明らかに使用された形跡を認めることができる『羽生市史 下巻 p229』。他方、葛生石灰の受け入れも八王子石灰の搬入も、全く記録上に見られなかった西関東の火山灰台地武蔵野農村では、糠と一緒に大量に持ち込まれた灰が、酸性土壌の改良材として効果を上げていたことが推定される。

元来、近世関東の畑作地帯と端緒的水田裏作において盛んに栽培されてきた小麦は、酸性・過湿などの不良土壌にやや強く、また大麦は排水良好で比較的肥沃な石灰質土壌を好むとされているが、同時にきわめて風土環境への適応性が強く、加えて生育期間が短いこと、秋播きであることなどから、水田裏作や大豆栽培との結合性が高いという性質を持っている『平凡社大百科事典3・9巻』。つまり大麦・小麦とも若干の土壌改良資材の投入で十分関東畑作地帯に適応できる作物であった。とくに緑肥・堆肥・厩肥などには酸性中和効果が含まれていることから、中和剤を兼ねた自給肥料として、少なくとも葛生石灰の投入が普及する文化年間以前からその効用が自覚され、北関東畑作農村の穀菽農業に使用されていたことが想定される。

干鰯・〆粕等の魚肥と灰の併用は、〆粕に不足するカリ分を補いかつ分解を促進することからきわめて有効な施肥技術と思われる。なかでも、糠や干鰯にはリン酸・窒素分が多く含まれ、火山灰土壌地域におけるリン酸分の補給とともに大切な施肥技術とされていた（埼玉県農林総合研究センター資料）。一方、関東西部の武蔵野地方では、石灰の搬入実績は皆無に近いが、その分、灰と糠が村々の隅々まで大量に送り込まれていた。糠・灰と雑穀の出し入れで武蔵野台地の商品経済は成り立っていたほどの重要肥料であった。灰は酸性土壌の中和効果が期待され、糠は酸性土壌に不足するリン酸分を補うために投入されたものである。作土の土壌学的性質を踏まえた糠・灰と魚肥の混合使用地域はこうして成立し、類型化地域として把握されることになった。

3）の肥料の品目別・地域別価格差によって生じる類型化の問題は、干鰯・〆粕の産出地からの距離の差、つまり交通条件の可否にともなう価格差を反映した類型化地域―たとえば下利根川・霞ケ浦・那珂川・鬼怒川各流域の魚肥単独使用地域から外側に向かって魚肥・糠混合利用地域への移行、あるいは江戸東郊での下肥利用地域ないし西郊での糠卓越地域の分布は、その典型的事例である。境干鰯問屋から積み出される鬼怒川行干鰯代金、金壱分に付50俵と上州行20俵『近世日本漁村史の研究 p521』の差が、野州農村を干鰯単独使用地域化し、上州農村を干鰯・糠混合利用地域化した一因になったことは疑う余地もないことである。なお、4)の江戸近郊の東西で認められる舟運と駄送上の輸送量の格差、具体的には下肥2荷（駄送一単位）対50荷（葛西船一艘）の格差に象徴される下肥利用圏と糠灰利用圏の成立については、改めて説明するまでもないことであろう。

以上に述べた金肥利用上の地域的把握は、その内部に特産物生産としての主穀生産地帯と畑方特産物生産地帯を包括させながらこれを地域化したものである。その意味では前掲4-(1)の「舟運の発展と特産物生産地帯」—換言すれば「江戸地廻り経済の展開」の地域的総括的展望に対して、「金肥普及の地域性と形成要因」では、金肥使用上の地域性を形成する要因分析というレンズを通しその分類と地域化を試みたものである。両者は「対」の問題であり、同時に近世関東畑作地帯の商品生産と農村工業の展開を通して、江戸地廻り経済の地域的課題にアプローチするための試論の一部でもあった。

7. 総　括

「関東畑作農村の商品生産と舟運」に関するこれまでの検討結果のうち、最初に「商品生産の地域的展開—地帯形成—とその背景」を取り上げ、関東畑作農村全般についての整理と理解を試みる。次いで、長谷川伸三の近世関東農村の地域的総括を参照して、生産的側面を一歩深めたまとめ—「林業生産の進展と山村社会の変質」・「商品生産と農村荒廃」に関する地域視点からの考察—を試みる。最後に「江戸地廻り経済の展開」と絡めて関東畑作農村にける地帯形成過程の構造的把握を試み総括とする。

近世関東畑作農業の地帯構成を特徴的に総観すると、自給的主雑穀生産地帯と特産物（商品）生産地帯に大別され、さらに特産物生産地帯は主穀生産地帯と畑方特産物生産地帯に分類可能である。本書では、特産物生産地帯のうちとくに畑方特産物生産地帯に軸足を置いて検討する。

(1)　関東畑方特産物生産地帯の形成と商品生産　　関東畑方特産物生産地帯の成立は、封建領主の過酷な年貢増徴策の下で、農業本来の主雑穀生産にとって、経営条件が大きく欠落した山間山付の村々を中心に進行した。近世中後期に北関東から西関東にかけて久慈川、那珂川、鬼怒川、渡良瀬川支流思川・巴波川・黒川、利根川および支流の吾妻川・片品川・烏川・鏑川・神流川各河川の上流部農村ならびに関東山地と丹沢山地前面の荒川・秋川・多摩川上流農村に展開した余業や余作としての和紙・煙草・蒟蒻・麻・繭・薪炭の産地形成についてはすでに詳述した。また、北部火山群・関東山地内部の盆地及びその前面の洪積台地や沖積段丘面に密度の高い養蚕地帯いわゆる穀桑型農村が成立し、さらに各山麓渓口部の絹業集落を中心に関東平野を取り巻くように結城・佐野・館林・足利・桐生・伊勢崎・秩父・小川・所沢・飯能・青梅・村山・五日市・八王子などの機業地帯が形成され、一部は絹業圏の成立を見るに至った。

水系上流農村における商品生産の発展は、領主的流通における廻米輸送や公荷搬送にともなって整備された舟運機構を利用しながら進行し、とりわけ元禄・享保期以降の商品生産の発展は、商品輸送量の増大と舟運の発達をスパイラルな関係の下に推進することになった。関東縁辺部農村の畑方特産物と関東中央部平場農村の主穀ならびに金肥の移出入の増加は、河岸の整備・増設はもとより、河岸を拠点に活動する上層農民出自の在方商人の発生ならびに在方町に穀市の設立を促した。在方商人の活動は「肥料前貸し・代金出来秋現物払い」商法によって、あらゆる場面をとらえて、成立後間もない自立小農たちを階層分解の危機に追い込み、質地小作関係の淵に陥れるものであった。

近世後期から末期にかけての商品作物の農村浸透は、たびかさなる幕府・諸藩の禁令にもかかわらずとどまることがなかった。幕府の禁圧政策の強行に反して、幕末期の関東縁辺部と平野中央部の平場農村を含めた各地の商品栽培は、しばしば本田畑にまで侵入するところとなる。こうした状況に対して、幕府・諸藩は本田畑での主穀生産の確保を図るべく、商品作物の新田誘導策に転じ、さらに一部商品作物の作付限定承認へと後退した。政策的な商品作物の立地誘導は、結果的に集積産地形成上の重要な契機となった。その結果、利根川・古利根川・元荒川・鬼怒川・黒川などの中・大型河川の氾濫原あるいは武蔵西部の洪積台地などに開かれた新田地帯で、綿花・藍・紅花などの栽植地が産地を形成していった。関東北部・関東西部山付村々の穀桑型農村とならぶ集中的な平場畑方特産物生産地帯の成立である。後々、穀類

Plus α 型農業は、穀菽型農業から分化しこれに対置される様式として、近現代日本畑作農業の定型となるものであった。

『日本農業技術史 p362-364』によると、とくに煙草の場合には、慶長17（1612）年の喫煙・作付の禁令以降、寛永期2回、寛文期6回、延宝期2回の禁令を経て、ついに元禄15（1702）年には「前々よりたばこ本田畑ニ作り間敷旨度々相触置候得共連々たばこ大分作出し候、来午年たばこ作候儀当年迄作来半分作之、残半分之処ニハ土地相応の穀類可作之候、若相背輩於有之ハ可為曲事者也」従来の作付面積の半分まで認める仕儀となった。新田における商品栽培は、幕府の妥協の所産として成立したものであったが、所詮、新田転作だけでは、貨幣経済の浸透で堰を切られた畑作物商品化の激流に抗しきれなくなっていたのである。結果、江戸から遠く離れた関東辺縁の山間農村まで貨幣経済の渦中に飲み込み、農民階層を分解の波にさらすことになっていった。

貨幣経済の浸透に対応した商品生産の展開は、主穀生産地帯でも進行した。17世紀の後半、畑方特産物生産地帯の成立と軌を一にして、関東平野中央部を中心とする前記中・大型河川流域と霞ヶ浦・北浦沿岸一帯の平場田畑作農村でも、米・雑穀類・大豆などのいわゆる穀菽農業が成立し、生産物商品化と金肥導入を契機にして農民層の分解が進行した。醸造業の進展でこの動向はさらに加速していく。本来ならば、農村手工業地域の形成と原料産地の展開については、江戸近郊農業地帯と同じく、一項を設定すべき重要事項と考えるが、すでに霞ヶ浦舟運地域をはじめ農業生産と舟運の関係を検証する際に、必要に応じて各箇所で取り上げてきた。近郊農業についても、成立基盤の地域的分析と農民階層の分解論を中心に第II章第三節1項ならびに2項で言及した。したがって、ここでは結論にとどめ、詳細については触れないことにした。

魚肥投入にともなう生産力上昇効果―剰余発生―を契機とする平場穀菽農村の商品化の芽生えも、荒居英次（1961年）の指摘（野州下初田村）を見るまでもなく、あらかた在方商人の前貸し商法で摘み取られ、この地域にも農民層分解の危機が醸成されていくことになる。農産物商品化にかかわる問題点の整理に次いで、以下、江戸近傍の林業生産上の諸相について要約し記載する（詳細については、「第II章第三節4項」を参照されたい）。

⑵　**林業地域の形成と山村社会の変質**　近世初期の江戸の巨大な用材需要は、大坂以東の下り荷と関東地廻り荷の供給に支えられていた。こうした需要に刺激されて江戸近傍にも西郊の四谷林業、関東山地から流出する河川に沿って西川林業・青梅林業が興り、房総にも山武林業が成立した。江戸近傍林業は、吉野林業の経営手法を取り入れ、密植強間伐によって小径木から小角材と足場丸太を生産する点で、磨き丸太と足場丸太の四谷林業の集約性と共通する特徴を持つものであった『日本地誌 5巻 p93-97』。これらのことから、江戸近傍林業は典型的な近郊林業地域の成立ということができる。なお、林業地域の諸相については、木材生産の青梅林業地域と薪炭生産の津久井林業地域を指標地域として抽出し、以下に述べることにした。

青梅林業地域の場合を松村安一の研究『日本産業史大系　関東地方編 p186-196』に従って若干詳細にみると、近世前期はまだ微力な地元資本による天然林の採取林業段階であったが、中期の享保年間になると、木場の特権商人と在方資本との提携が進み経済的な強化が実現した。同時に先進林業地域からの労働力の受け入れと筏師（流通業者）の成立で、青梅林業は構造的に整備され、経営的な前進期を迎えることになる。結果、林産物商品化の進展とともに農民層の分解が進行した。土地を集積し原木生産力を高める階層と林業労働者の発生である。分解上向農民が金融業や商業部門を開業するのは、前貸し制による山村農民支配を含めて、商品生産が進行する関東畑作農村の姿と変わるところはなかった。この間、灰・糠の普及で刈敷肥料源の里山の機能が変質し、人工林化の機運を強めていった。平行して里山機能の一部が入会山に移行するようになる。

その後、化政から天保期にかけて入会山に分収林が設定された。当初、分収林は持ち分権を否定して発足したが、途中から権利が譲渡対象となり、これを集積した山林地主の発生と大規模経営体の成立を促し「関東地方における林地とその開発 p29」、この側面からも農民層分解の一因となっていった。そもそも近世初期段階では、薪炭生産にせよ、木材生産にせよ、居山の天然林を伐るかまたは切替畑の循環過程で林木を伐るかのいずれかであった。近世中期以降、切替畑が植林され、文政期頃には炭山・杉山として流通の対象となっていく。結果的に零細な切替畑所有農民は持山を年季売りして、林業労働者としての道を選ぶことになる。農民層の分解の姿をここでも見出すことになる『新田村落 p276』。

林業生産の中で木材生産と並ぶ経済価値を持つのが薪炭生産である。薪炭生産は、平地林の卓越する関東各地の洪積台地とりわけ御林で広域的に推進されるが、御林の薪炭生産は、領主経済の消費対象とされ、享保期以降の江戸市民の需要に供されることは、必ずしも一般的ではなかった。市民的需要に対応する薪炭産地は、関東山地南西部の場合、相模川支流道志川渓谷の青根山・秋川渓谷上流山村・愛甲．津久井両郡を含む中津川渓谷山村などに地域的まとまりをもって成立した。立地条件は木材の場合と同様に河川事情に強く規制されるが、武蔵野台地の山付の村々の場合にみるように新河岸川ときには江戸まで駄送することもあった。

津久井林業地域の製炭業の進展は、「奥山」の社会的性格に大きな変化をもたらした。社会的性格の変化はII章四節 4 項⑵・⑶で詳述した。したがって、ここでは要点のみの指摘にとどめたい。津久井の製炭は、「内山散在」と「奥山」を対象に行われていた。ところが、「内山散在」利用の一般化とともに権利意識が高揚し、これにつれて「奥山」は人々の生産の場として意識されるようになっていった。これらの権利意識の発生が部落間・村落間の争論を通して、次第に奥山の帰属を明確にし、その社会的性格を変えていくことになったものである。

また、出荷労働にともなう手続き的な煩雑さと不利益を忌避した農民たちは、自立的な生産・出荷者の地位を捨てて名主・内外の商人の下請けや賃取り稼ぎ人に転落していった。運上金課徴と納入方法上の規制が農民たちの社会的性格を変えた事例である。江戸中期以降、この状況は後発在方商人の出現でさらに促進されていく。生産関係と流通形態の変化は、山の利用面にも変貌の兆しを見せ始めた。有力農民が専業製炭業者化して下層農民を炭焼き労働に使役するようになることは、入会地入山の原則一本百姓の平等な入山権一の崩壊を意味するものであった。近世後期の西多摩山地における林業の発展は、入会林野を次第に個別的用益対象に移行させ、やがては入会の解体を契機にして山村社会の崩壊を促す存在となっていくことになる。

⑶　商品生産の進展と農村荒廃の進行　　下野農村における荒居英次の報告（前掲）にもあるように、金肥導入の際の小農対応は、窮迫販売による資金調達かまたは窮迫購入ともいうべき「干鰯前貸し商法」に依存し、商人の吸着に耐えなければならなかった。この厳しい現実に、年貢増徴策、浅間の山焼け、あいつぐ凶作が相乗的に作用した結果、生産力上昇（金肥投入効果）に裏づけられた商業的農業の成立発展と、農民層分解が創出した激しい農村荒廃とが同時進行することになる。農民層分解とその末期形態とも考えられる農村荒廃は、下野・常陸の北関東農村にことのほか厳しく顕在化した。水戸藩士藤田幽谷は、水戸藩領の村落衰微は17世紀の財政難にかかわる年貢増徴策の強行に始まるとし、『世事見聞録』の著者は、北関東の人口減少・田畑荒廃は享保期から始まったことを指摘している『新田開発 下巻 p489-490』。

宝暦・天明期以降、急激に進行した農村荒廃は、化政期から天保期前半にかけての戸数・人口の際立った減少に象徴される。原因については、戦前からの蓄積をともなう諸説が提示されているが、通説的には10石未満層の没落、水呑・前地などの没落農民の欠落と結果としての荒れ地、手余り地の増大などが挙げられ『栃木県史 通史編5近世1 p41』ている。ここでは、長倉保・永原慶二（1955年 p42-48）の研究の要点だけを指摘しておきたい。両者は荒廃の要因として、「物質的条件が未成熟のままでの小農自立政策の強行が、自立したばかりの弱小農民層の没落を促進したこと、また隷属農民の自立は、彼らの賦役労働に依存する地主経営を破綻させ、さらに潰れ百姓・潰れ地の増大は、地主手作り経営を困難にし、村方地主の発展を著しく遅らせた」ことを明らかにしている。

戦後、近世関東地方の農業の商品化を分析するとき、古島敏雄の見解『近世における商業的農業の展開 p66』がしばしば取り上げられ、以下の文言が基準的見解として扱われる場合が多かった。一言でいえば、「関東農業は江戸の商品需要によって直接影響されることが少なく、農業生産によって裏付けられた積極的な農民階層の分化をみなかった」という見解である。畿内農業の商品生産に比較して、関東農業の低生産性と階層分化の低位性を明確に指摘している。そしてかかる階層分化の積極性の喪失が、高利貸的経営による土地集積と下層農民の家計補助的・消費的雑業への参入を一般化することになったという。この景況は、足利・桐生・秩父・八王子などの機業中心地、江戸近郊蔬菜産地、常陸の煙草特産地などを除く関東農村一般の姿であるとしている。おそらくこの見解は、南関東臨海農漁村とくに鰯曳網漁地域にも適応することができるはずである。

しかしその後の研究で明らかにされてきたように、関東農村における商品生産と農村荒廃の同時進行は、人口動態の南北性、農業生産活動の東西性に見るごとき地域差を成立させながら関東各地を席巻していった。とりわけ西関東における製糸・織物を含む先進的商品生産地域の形成と利根川・霞ケ浦舟運の便に立脚した醸造業地域の成立が、江戸地廻り経済の展開に及ぼした影響は、原料産地農村の発展と農民的流通の拡大とともに評価されるべき側面であった。同時に、綿花・藍・紅花などの商品作物の産地形成を見ることのなかった関東平場主穀生産地帯でも、穀菽農業の推進にともなう米と大豆の商品化を契機にして商業的農業の導入展開＝階層分解の道程を歩みだすことになるわけである。

⑷　関東畑作農村の地域的性格形成とその要因　　長谷川伸三『近世農村構造の史的分析 p3-6』が試みた近世関東農業の最終形態を示すともいえる全国農産表（明治10年）の分析結果によると、東関東4国（安房・上総・下総・常陸）を主穀生産国に位置付け、西関東諸国（上野・下野・武蔵・相模）の大豆・雑穀・特有農産物生産地域に対して、農業生産力が低いうえに商品作物生産の展開も見られない自給的・後進的な性格の濃い国々としている。この自給的性格が因果となって、東関東諸国では貨幣経済の相対的に微弱な浸透、在方商人の吸着不全、そして結果的に農民層分解の遅滞効果をもたらしたと考えることもできるが、実証史料は持ち合わせていない。ただしこうした状況の中で、農民層分解の進行を排除し、農村荒廃や人口減少という関東農村の一般的状況から離脱した農漁村地域も存在した。沿岸漁業の活発な展開が見られた常陸・安房・上総の浜付村々の場合である。ここでは近世中期以降、鹿島灘および九十九里浜の鰯地曳網漁業の繁栄期が続き、これに内陸村々の過剰人口が吸収され、結果的に漁期の不連続性という非経済性を含みながらも、相対的に安定した労働力需給の地域バランスが成立していた。

荒居英次の報告によると、近世後期（安永年間）における九十九里浜の地曳網漁の所要労働力は、1張につき船方の平水夫が小地曳の場合でも50人以上、さらに岡方の曳網が1張につき100人ほど必要とされ、これに網付商人が18〜40人ほど網ごとについていたという。当時、九十九里浜の曳網総数はおよそ200張とみられていたことから、単純計算上では少なく見積もっても概算3.5万人を超える労働需要となる。このうち曳網・網付商人・関連業務の多くは、後背農村出身の農間余業者であった（表Ⅲ-10参照）『日本産業史大系 関東地方編 p241-242』・『近世の漁村 p380-381』。元文2（1737）年頃の関東臨海5ヵ国の網数は1,200〜1,300張に達したという『近世の漁村 p373』。九十九里浜の鰯地曳網漁業の労働需要を3.5万人とすることには問題が残る。平水夫が下船して曳き手に回るとすれば、2.5万人ということになるからである。ただし菊地利夫『房総半島 p177』は近世末期の九十九里浜の大地曳網の網元数を約300家、漁業従事者を約4万人とみている。3.5万人説と必ずしも大きな差は見られない数値である。

延享2（1745）年、鹿島灘北部の勝下村の場合、2艘の両手まわし地曳網漁に舟子20人を要する程度の小規模単位の漁が多く、近世後期になってようやく九十九里浜並みの40〜50人規模に大型化するようになるが、それでも九十九里浜の小地曳網漁のレベルを抜け出ていない。また天保13（1842）年の浜付14ヵ村の漁船数も35艘と記されていることから知られるように、鹿島灘の鰯地曳網漁は九十九里のそれに比べると小規模低調であった『旭村の歴史 通史編 p293』・『茨城県史料＝近世社会経済編II p26-27』。この状況は鹿島灘における網株の分割所有からも納得できることであるが、同じ茨城県史『近世編 p394-395』でも、近代初頭の両浜の網数の差を20%程度と捉え、ともに有数の鰯地曳網漁場として紹介している事例もみられる。このことが近代になって鹿島灘の鰯地曳網漁業が盛んになったことを示す数字なのか、もしくは両漁場の盛衰を示す周期にずれでも生じた影響なのか、いずれにしても、若干説明不足の文言であることは確かである。

鰯網漁には、漁労期間の限定あるいは近世初頭以降昭和初期までに6回の豊漁期と5回の不漁期が周期的に見られた『前掲村史 p301』『房総半島 p178』という制約はあるが、これらに馬継などの労働需要を加えると膨大な産業社会の成立を想定することも可能である。18世紀後半の関東農村の荒廃期にあって、人口増加国安房と微減少国上総・下総・相模の出現『神奈川県史 通史編3近世2 p246-248』を可能にする経済的基盤の一端が、沿岸漁業の繁栄の中に存在していたとみて大過ないだろう。

地曳網漁業のもたらす地域経済とくに労働力需給上の意味は大きく、江戸近郊農村にも比肩される地域社会成立の基礎となった。網主にとって網子の確保は重大な関心事であり、かくして高い前金による引き抜きや、小作地の貸し出しによる網主―水主の雇用関係に地主―小作関係の縛りの追加、さらには領主権力に依拠した議定書の拘束力利用など様々の確保策がとられることになる『千葉県の歴史 通史編近世2 p138-139』・『旭村の歴史 通史編 p292-293』。

このため、享保16（1731）年、代官見立．町人請負で成立した塚崎新田には、まったく出百姓がなく、やむなく異例の応募条件―新田内での自作地の購入所有（下記証文参照）と幾多の特典をつけてようやく新田の過半を開発し、残余は近隣古村からの出作小作によって消化することができたほどである『新田開発 下巻 p508-509』。

一、私共持地之外　貴殿所持之地所私共より開発仕候　三年之間従御代官様御割付之通を以相納　四年目より小作年貢を以相納候

一、尤小作地之儀に御座候得は　三ヶ年相過候開発地貴殿に御取上け被成　何処之者江小作に御入れ被成候共　又者御手作被成候共違背申間敷候

享保10年　塚崎百姓証文」（東金市家徳家文書）

地曳網漁業の繁栄にともなう労働力不足傾向は、新田入植者不足問題に限らず、醤油醸造業界にも以下の資料が示すような波紋を及ぼすことになった『醤油醸造業史の研究 p155-156』。

申渡之事

一、蔵々惣領若者日雇之者迄、給金相増呉候願之趣一同出席いたし願書披見各存外之儀、右訳ハ

一、近年漁事有之ニ付、働キ之者無少自然と年々給金相増候ハ九年已前と引競

候而ハ余程高給金ニ相成候

一、仕込両味塩真木等迄高値之処、江戸表仕切直段追々下落申参、此節別而不引合当惑いたし候

（後略）

文政八年　　　　　　　造醤油屋　仲間

酉十一月

蔵々杜氏中

文政8年、蔵人たちが杜氏を通じて主人に給金値上げを要求したことに対して、要求は受け入れられない旨の返答と理由を述べた史料である。近年、漁業景気で労働力を奪われ、蔵人確保のためこれまで給金を上げざるを得なかった。しかし諸般の事情でこれ以上の値上げには応じられない、というわけである。

ただし大局的には、鹿島灘や九十九里浜における地曳網漁業の繁栄や銚子の醤油醸造業の発展にともなう労働力需要の発生とその波及効果は、あくまでも沿岸地域農村限定『醤油醸造業史の研究 p147-149』とりわけ海上郡の農家の次三男を主たる対象にした現象「醤油醸造業における雇用労働 p149-157」であった。東関東とくに常陸・下総の多くの村々は、長谷川伸三も示唆するように、生産性の低い水田と平地林に覆われた未開の洪積台地が象徴する自給的主穀生産型の後進的農村地帯であり、西関東農村の先進性に比較すると対極的な地域であったことには変わりがなかった。むしろ問題とすべきは、多彩な商品化作物と広汎な農家副業製品の商品化を背景にした西関東の商業的農村の展開は、東関東との対比問題のレベルを超えて、江戸地廻り経済を大きく支えた主導的農村地帯として捉え直す意義を持つと考える。

東関東の房総・常陸4国は人口動態の面で激減地域と安定地域に分けられる。その理由は、激しい人口減少・農村荒廃・農民一揆が続発した北関東型の常陸・下総に対して、農村荒廃と一揆の報告事例が少ない南関東型の上総・安房『神奈川県史 通史編3近世2 p442-443』という明らかに類型の異なる地域にそれぞれ所属していたことによるものである。ちなみに『前掲県史 p443』では、南関東の国々に百姓一揆がなかったのは、分断支配が輻輳

する非領国型地域であったことを要因として取り上げている。若干の補足を試みるとすれば、特段語るべき一揆が見られなかった背景には、非領国型地域化にともなう村落共同体的性格の希薄化とこれが内包する連帯意識の欠落を指摘できる。

もとより、近世後期の南関東に農村荒廃や農民層の積極的分解（両極分解）がなかったわけではない。しかしながら橘樹郡小倉村・津久井郡太井村・久良岐郡上大岡村における自立小農層の分解と地主・小作関係の成立問題を報告した神奈川県史『通史編3近世2 p249-253』、都筑郡王禅寺村における中農層を分解基軸とした地主・小作関係の展開を報告した長谷川伸三『近世農村構造の史的分析 p74-92』、埼玉郡青柳村他6ヵ村の蔬菜作村々における商品化を契機とする農民層の分解を論じた横銭輝暁（1961年 p30-32）などによると、分解滑落した過小農たちが消費的農間渡世、武家屋敷奉公、日雇い稼ぎに流出し、必ずしも小作農として地主手作り経営や質地地主のスムースな展開に結びつかなかったという指摘もみられた。

関東畑作農村の南北性が示す重要な地域類型の成立は、再三指摘してきた商品生産上の進行度の違い、浅間の山焼けをはじめとする自然災害と凶作・飢饉の発生状況『新編埼玉県史 通史編4近世2 p477・655』.『境町史 歴史編上 p295-307』、西関東の特有農産物生産と均衡する房総3国の海産物生産（近世農村構造の史的分析 p3-5）、農産物・労働力・肥料の需給市場としての江戸の経済的・社会的影響力（新修世田谷区史 上巻 p712-724）.（大田区史 中巻 p250-253）、農民的結集の困難な非領国型地域の存在（神奈川県史 通史編3近世2 p442-444）、小田原藩の定免制と農民生活の安定（神奈川県史 通史編3近世2 p5）など多くの要因の総和に基づいて生じたものであった。

⑸　関東畑作農村の展開過程と構造的把握　　主題設定上の基本的認識を構成する重要事項を歴史的流れに沿って整理すると以下のようになる。1)新田開発・検地の推進と自立小農の成立、2)新田開発（秣場の喪失）と金肥の普及、3)金肥普及と商品生産の地域的拡大（産地形成）、4)商品生産の拡大と舟運の発展、5)河岸の結節機能と在方資本の農村吸着、6)自立小農層の分解と農村荒廃の進行、以上の6項目に絞った流れを踏まえて主題が設定され、下記の事項が明らかになった。

商品生産の発展を刺激し、その展開と表裏の関係にある舟運とくに河岸の実態を、関東全舟運河川を対象に把握し、併せて上下荷の出入りを通して、河岸の結節機能を確認し、総括した。商品生産地帯の展開（地廻り経済圏の成立）では、関東山付の村々の場合、穀作不良地域の代替え作物として煙草・楮（和紙）・麻・蒟蒻等の栽培と養蚕が広く成立した。関東地方の辺縁部ともいえるこれら山付の村々における商品生産の展開は、江戸の旺盛な消費需要と整備された舟運機構の所産とみることができる。しかしながら水運の便が成立しなかった僻遠の山村でも、商品生産の導入は進んだ。むしろ購入肥料に依存しえないこれらの村々では、生産性の停滞的な刈敷型農業からの脱却はより切実な問題であったことが考えられる。こうして北毛・秩父・奥武蔵に養蚕と織物の商品生産地域が成立展開を見ることになる。結果、金肥投入の行われないこれらの村々では、普通畑作農業の比重はさらに低下し、穀類自給率の地域的低下による外部からの移入米穀依存度の深化を招くことになっていった。

また鬼怒川・利根川・荒川等の乱流砂質土壌地帯の新田農村では、綿業経済の発展を背景に綿花・藍の中核的産地が形成され、武州・常州の洪積台地には紅花栽培が進展した。いずれも地帯形成（産地化）をともなう（図終章-2）が、それぞれの作付率は畿内農村に比較すると明らかに低位段階に留まり、自給生産を基盤としその上に商品生産を組み立てたものであった。なお、綿・絹業地帯の分布では、かなり明瞭なすみわけを認めることができる。

一方、山付村々や平場の畑方特産物生産地帯の展開に対して、格別の商品作部門を持たなかった利根川・鬼怒川中上流域や霞ヶ浦沿岸周辺における洪積台地と沖積低地帯の平場田畑作型農村でも、穀菽農業の広域的展開が見られた。穀菽農業は、本来、表作の大豆と裏作の大麦との強固な結合をともなう自給的農業であったが、近世中期以降、自給部門の大豆と貢租部門の米が生産力上昇効果としての剰余の発生によって、有力な商品作物に転化したものである。醸造業の発展がこの状況に拍車をかけることになった。商品生産の一層の進展は、利根川・江戸川等の中下流部に醤油醸造業を成立させ、「くだりもの」を圧倒する1号商品となり、さらに関東山地山麓一帯における絹業圏の成立を核にして西関東先進農村地帯の形成が進んだ。商品生産の発

図終章-2　近世末期、関東畑作農村における商品生産の地帯形成

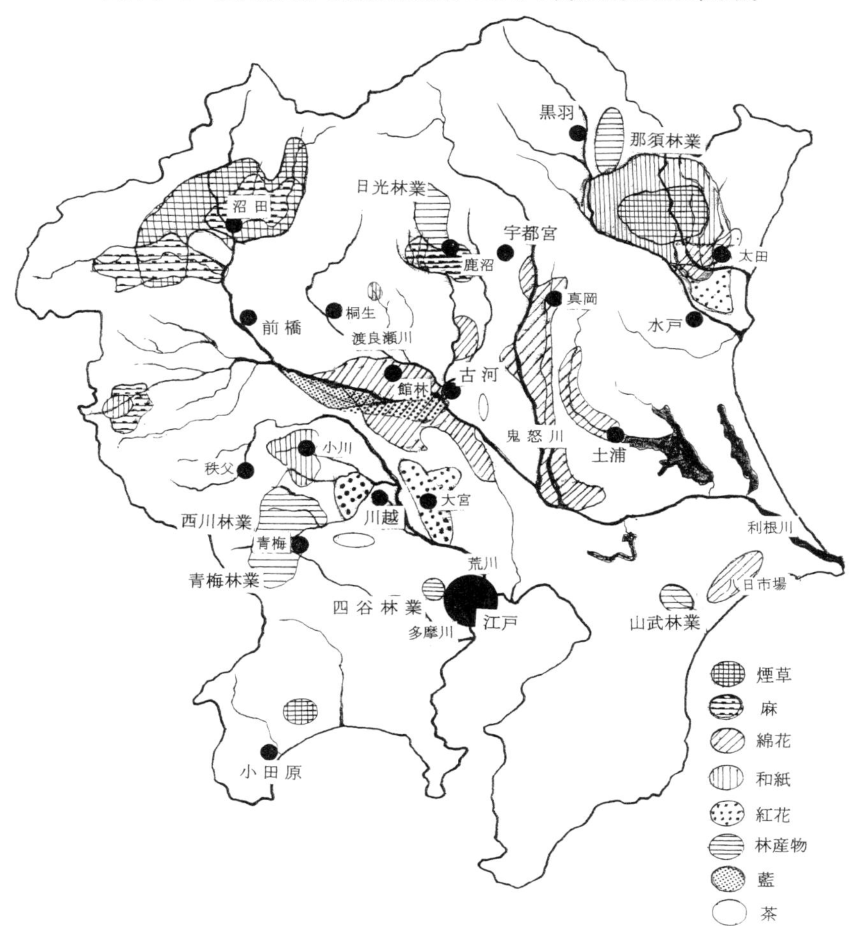

補正資料1）群馬県史 通史編4近世2。
2）千葉県の歴史 通史編近世1。
3）茨城県史＝近世編。
4）栃木県史 通史編4近世1・同通史編5近世2。
5）新編埼玉県史 通史編3近世1。
その他、常陸太田市史上巻・館林市誌・尾島町史上巻・小川町史上巻・西上州．東上州（萩原進）・武州の紅花（上尾市教育委員会）・羽生市史上・下巻。
出典：「日本歴史地理総説 近世編挿入図幅」を補筆・修正して編集。

展を推進力とした西関東の穀桑型農村地帯の成立は、自給農村的性格を残す東関東の穀菽型農村地帯に対して顕著な東西間格差をもたらすことになった。

先学の成果の一般化と江戸地廻り経済圏レベルでの全体化に次いで、これまでの作業過程で得た新規知見を箇条に述べると、まず特産物生産地域の成立に関与する干鰯・〆粕・糠・灰・江戸肥等の金肥使用の地域性に着目し、関東レベルでの類型化とその要因を明らかにした。同時に貨幣経済の激しい農村浸透の中で、有力畑方特産物生産地帯の一部には北毛にみるような自給肥料依存型の産地が存在することを確認し、規定要因が遠隔需要地における金肥の高価格水準にあることを推論した。さらに前期的商業資本による農村吸着の実態を、金肥前貸し制の普及と小農分解を通して検討し、南北間対応格差の存在が把握できた。この場合の格差の成立は、金肥利用と労働市場の地域差に大きく左右されていた。また、醤油醸造業の原料産地の追跡や高級織物の京坂・江戸への移出手段とルートの特定についても一応の成果を得た。前者醸造用原料産地は、一般に生産力形成条件が優れた平場主穀型農村において穀菽農業形態の下に成立し、後者輸送手段の選択は、水陸輸送の長短と商品の経済性との組み合わせ結果によってきめられ、主として桐生織物と秩父織物は陸路を馬背で送られ、足利織物と伊勢崎織物は舟運で江戸に積下されていった。

最後にこれまでの考察内容を構造化して要約すると、近世関東畑作農村におけるA)農業生産活動の東西性、B)金肥需要の地域性、C)人口動態における南北性、以上の成立要因とその背景になる諸々の状況が、地域統合機能一在方商人（前期的商業資本）と河岸問屋（舟運機構）の結合による集配荷機能一の発揮を介して農業地帯形成に関与し、江戸地廻り経済圏の成立・展開の地域的・歴史的骨格を形成することになった。換言すれば、「A)の特産商品とB)の金肥が、在方商人の手で河岸を拠点に商圏レベルで出し入れされ、さらに舟運を媒体にして、河岸が商圏としての村々と江戸を統合する結節点として機能するようになる。その過程で在方商人資本の小農吸着と農民階層間の不均等発展によって生産力格差が拡大する。結果、農民階層の分解と農村荒廃の最終形態としてC)の人口変動が、関東農村の地域性を反映しながら進行することになる」、以上のように整理することが可能である。

【引用・参考文献と資料】

旭村史編纂委員会（1998）:『旭村の歴史 通史編』.
上尾市教育委員会編（2000）:『上尾市史 第六巻通史編上』.
荒居英次（1959）:「九十九里浜の鰯漁業と干鰯」地方史研究協議会編『日本産業史大系関東地方編』.
荒居英次（1961）:「近世野州農村における商品流通」日本大学人文科学研究所紀要第3号.
荒居英次（1963）:『近世日本漁村史の研究』新生社.
荒居英次（1970）:「近世農村における魚肥使用の拡大」日本歴史第294号.
荒居英次（1970）:『近世の漁村』日本歴史学会編（日本歴史叢書26）吉川弘文館.
安良城盛昭（1959）:『幕藩体制社会の成立と構造』御茶ノ水書房.
伊勢崎市編（1993）:『伊勢崎市史 通史編2近世1』.
伊藤好一（1958）:「南関東畑作地帯における近世の商品流通」歴史学研究219号.
伊藤好一（1966）:『江戸地廻り経済の展開』柏書房.
茨城県史編纂委員会（1973）:『茨城県史料＝近世社会経済編Ⅰ』.
茨城県史編纂近世史第2部会編（1976）:『茨城県史料＝近世社会経済編Ⅱ』.
茨城県立歴史館編（1985）:『茨城県史＝近世編』.
太田区史編纂委員会（1976）:『太田区史 中巻』.
大町雅美ほか（1974）:『栃木県の歴史 県史シリーズ』山川出版.
奥田久（1961）:「内陸水路としての渡良瀬川の歴史地理学的研究」宇都宮大学学芸学部研究論集第10号.
奥田久（1961）:「内陸水路としての渡良瀬川の歴史地理学的研究」宇都宮大学学芸学部研究論集第10号.
奥田久（1976）:「内陸水路としての河川の特殊性と中請積換河岸」宇都宮大学教養部研究報告第9号.
神奈川県県民部県史編集室（1983）:『神奈川県史 通史編3近世2』.
川名登（1984）:『近世日本水運史の研究』雄山閣出版.
菊地利夫（1958）:『新田開発 上巻』古今書院.
菊地利夫（1958）:『新田開発 下巻』古今書院.
木村礎・伊藤好一（1960）:『新田村落』文雅堂書店.
古河市史編纂委員会（1988）:『古河市史 通史編』.
児玉彰三郎（1959）:「江戸周辺における商品流通の諸段階」歴史評論第111号.
埼玉県農林総合研究センター　土壌担当（内藤健二）所管資料.
埼玉県県民部県史編纂室（1989）:『新編埼玉県史 通史編4近世2』.
境町史編纂委員会（1997）:『境町史 歴史編上』.
志村茂治（1938）:『初期肥料市場の研究』日本大学商経研究会 経済集志第11巻

第1号.
下妻市史編纂委員会（1994）：『下妻市史 中巻』.
正田健一郎（1959）：「八王子周辺の織物・製糸」地方史研究協議会編『日本産業史大系 関東地方編』東京大学出版会.
白川部達夫（2001）：『江戸地廻り経済と地域市場』吉川弘文館.
白川部達夫（2012）：「近世後期主穀生産地帯の肥料商と地域市場」東洋大学文学部紀要第65集（史学科篇第37号）.
新修世田谷区史編纂委員会（1962）：『新修世田谷区史 上巻』.
鈴木ゆり子（1990）：「醤油醸造業における雇用労働」林玲子編『醤油醸造業史の研究』吉川弘文館.
瀬谷義彦ほか（1973）：『茨城県の歴史 県史シリーズ』山川出版社.
大日本蚕糸会信濃支会編（1975）：『信濃蚕糸業史 上巻』
滝本誠一（1915）：『日本経済叢書 第九巻』日本経済叢書刊行会.
立石友男・澤田徹朗（1975）：「関東地方の林地とその開発」日本大学地理学科50周年記念論文集.
田畑勉（1965）：「河川運輸による江戸地廻り経済の展開」史苑第26巻第1号.
丹治健蔵（1984）：『関東河川水運史の研究』法政大学出版局.
千葉県史料研究財団（2007）：『千葉県の歴史 通史編近世1』.
千葉県史料研究財団（2008）：『千葉県の歴史 通史編近世2』.
栃木県史編纂委員会（1984）：『栃木県史 通史編5近世1』.
栃木県史編纂委員会（1984）：『栃木県史 通史編5近世2』.
長倉保・永原慶二（1955）：「後進＝自給的農業地帯における村方地主制の展開」史学雑誌第64編第1・2号.
長野ひろ子（1978）：「幕藩制市場構造の変質と干鰯中継河岸」津田秀夫編『解体期の農村社会と支配』校倉書房.
難波信雄（1965）：「近世中期鬼怒川－利根川水系の商品流通」歴史第30・31輯.
尾留川・青野編（1968）：『日本地誌 第五巻』二宮書店.
長谷川伸三（1981）：『近世農村構造の史的分析』柏書房.
羽生市史編集委員会（1971）：『羽生市史 上巻』.
羽生市史編集委員会（1975）：『羽生市史 下巻』.
藤岡謙二郎編『日本歴史地理総説 近世編』吉川弘文館.
古島敏雄（1950）：「近世における商業的農業の展開」『社会構成史体系』日本評論社.
古島敏雄（1963）：『近世日本農業の展開』東京大学出版会.
古島敏雄（1975）：『日本農業技術史』東京大学出版会.
平凡社大百科事典 3巻・9巻（平凡社）.
松村安一（1959）：「青梅の林業」地方史研究協議会編『日本産業史大系関東地

方編』東京大学出版会.
三橋時雄（1942）:「江戸期における耕作規模の縮小化」経済史研究27巻3号.
宮本又次（1943）:『日本商業史』龍吟社.
八千代町史編纂委員会（1987）:『八千代町史 通史編』.
横銭輝暁（1961）:「江戸近郊農村における商品生産と村落構造」地方史研究第11巻6号.

著者紹介

新井鎮久（あらい やすひさ）

1932年　群馬県に生まれる

1958年　埼玉大学教育学部卒業

1970年　日本大学大学院博士課程修了

理学博士

（元）専修大学文学部教授

著書（単著）

『開発地域の農業地理学的研究』大原新生社　1975年

『地域農業と立地環境』大明堂　1977年

『土地・水・地域—農業地理学序説—』古今書院　1985年

『近郊農業地域論—地域論的経営論的接近—』大明堂　1994年

『近世・近代における近郊農業の展開 —地帯形成および特権市場と農民の確執—』古今書院　2010年

『自然環境と農業・農民 —その調和と克服の社会史—』古今書院　2011年

『産地市場・産地仲買人の展開と産地形成 —関東平野の伝統的蔬菜園芸地帯と業者流通—』成文堂　2012年

近世 関東畑作農村の商品生産と舟運
——江戸地廻り経済圏の成立と商品生産地帯の形成——

2015年11月20日　初版第1刷発行

著　者　新　井　鎮　久
発行者　阿　部　成　一

〒162-0041　東京都新宿区早稲田鶴巻町514番地
発行所　株式会社　成　文　堂
電話　03(3203)9201(代)　Fax　03(3203)9206
http://www.seibundoh.co.jp

製版・印刷　藤原印刷　　製本　弘伸製本

ISBN 978-4-7923-9256-7 C3025　　検印省略

定価（本体8300円＋税）